MATHÉMATIQUES
&
APPLICATIONS

Directeurs de la collection:
G. Allaire et M. Benaïm

53

MATHÉMATIQUES & APPLICATIONS
Comité de Lecture / Editorial Board

Directeurs de la collection:
G. ALLAIRE et M. BENAÏM

Instructions aux auteurs:

Les textes ou projets peuvent être soumis directement à lun des membres du comité de lecture avec
copie à G. ALLAIRE OU M. BENAÏM. Les manuscrits devront être remis à l'Éditeur
sous format LATEX 2e.

Eric Cancès
Claude Le Bris
Yvon Maday

Méthodes mathématiques en chimie quantique. Une introduction

 Springer

Eric Cancès
Claude Le Bris
École Nationale des Ponts et Chaussées
avenue Blaise Pascal 6-8
77455 Marne-la-Vallée Cedex 02
France
e-mail : cances@cermics.enpc.fr
e-mail : lebris@cermics.enpc.fr

Yvon Maday
Laboratoire Jacques-Louis Lions
C.N.R.S. et Université Pierre et Marie Curie
B.C. 187, 4 place Jussieu
75252 Paris Cedex 05
France
e-mail : maday@ann.jussieu.fr

Library of Congress Control Number: 2005938217

Mathematics Subject Classification (2000): 35Bxx, 35Jxx, 35Pxx, 49Kxx, 65N25, 65Z05, 81Q05, 81Q10, 82Bxx

ISSN 1154-483X
ISBN-10 3-540-30996-9 Springer Berlin Heidelberg New York
ISBN-13 978-3-540-30996-3 Springer Berlin Heidelberg New York

Springer est membre du Springer Science+Business Media
© Springer-Verlag Berlin Heidelberg 2006
springer.com
Imprimé en Pays-Bas

Imprimé sur papier non acide 3141/SPI Publisher Services - 5 4 3 2 1 0 -

Préface

Ces notes sont issues de deux cours de DEA. Dès 1996, à l'initiative de l'un d'entre nous (Y. Maday), fut en effet créé au sein du DEA d'*Analyse numérique* de Paris VI un cours de *méthodes mathématiques et numériques pour la chimie quantique*. Ce cours a été enseigné jusqu'en 2000 par Y. Maday et C. Le Bris, puis par M. Defranceschi et C. Le Bris de 2001 à 2004. Depuis 2005, ce cours est enseigné par G. Turinici et E. Cancès, ce dernier ayant par ailleurs assuré de 1999 à 2004 un cours similaire, plus axé sur les techniques numériques, au sein du DEA *Equations aux dérivées partielles et applications* de Paris IX.

Ces notes s'adressent donc d'abord à des *apprentis* mathématiciens intéressés par l'analyse non linéaire et prêts à se laisser séduire par la physique mathématique. Pour les mathématiciens professionnels souhaitant connaître les motivations de ceux de leurs collègues qui s'intéressent aux aspects mathématiques des modèles de Chimie Quantique, ces notes peuvent constituer une introduction à des ouvrages moins élémentaires comme

– *Handbook of numerical analysis. Volume X : special volume : computational chemistry*, C. Le Bris Ed., North-Holland, 2003,

qui a pour ambition de dresser l'état de l'art de la connaissance mathématique et numérique sur le front de la recherche dans ce domaine, ainsi que de présenter un aperçu des questions posées et des défis pour les années à venir. S'il faut fixer un niveau, disons que ces notes se situent au niveau M du nouveau cycle LMD, et plus précisément au niveau M2. On a aussi ici la prétention de montrer, si la nécessité s'en fait encore sentir, que s'il est fréquent que des questions mathématiques devancent les besoins de la Physique et ne trouvent leur application que longtemps après leur analyse, il n'est pas rare non plus que dans l'étude de problèmes physiques, on puisse isoler des questions mathématiques intrinsèquement intéressantes susceptibles de donner naissance à des techniques nouvelles applicables ailleurs. Ainsi, on montrera en particulier que les modèles de Chimie Quantique fournissent un cadre naturel et propice à l'exposé de notions et de techniques de base, mais aussi de méthodes de pointe dans le domaine des EDP non linéaires et du calcul variationnel.

On ne trouvera pas ici de chapitre préliminaire regroupant l'essentiel des connaissances théoriques prérequises. Quitte à alourdir un peu l'exposé de certaines démonstrations, nous avons préféré introduire les notions une à une, quand elles s'avéraient nécessaires. Bien sûr, est-il besoin de le préciser, nous ne prétendons pas rivaliser sur ces aspects théoriques avec des traités existants qui font référence, ne serait-ce que parce que nous ne donnerons pas les preuves de ces résultats théoriques. Nous nous contenterons de décrire ce que nous croyons être, encore une fois, *l'esprit* de ces résultats. Si originalité il y a, elle réside exclusivement dans la mise en situation de ces quelques résultats de base. Le lecteur plus savant nous pardonnera, nous l'espérons, cette lourdeur, et ne se privera surtout pas de sauter allègrement ces paragraphes de rappels.

Nous traiterons les résultats propres aux modèles de chimie quantique étudiés avec le même caractère volontairement "synthétique". Plutôt que de nous enfermer dans les détails des preuves, pour lesquels nous renverrons le lecteur à des articles bien plus complets que ces notes, nous nous attacherons à mettre en lumière les phénomènes et les méthodes. Tout en formant le vœu que le lecteur rigoriste excuse la liberté que nous prenons de privilégier l'esprit plutôt que la lettre.

Dans l'optique décrite ci-dessus, *la Chimie Quantique n'est donc qu'un prétexte*. Un prétexte pour enseigner les méthodes variationnelles, l'analyse non linéaire, les équations aux dérivées partielles. Mais, on n'oubliera bien sûr pas que *la Chimie Quantique est aussi une finalité* en prouvant un certain nombre de résultats précis sur des modèles effectivement utilisés par les praticiens.

Le plan que nous suivrons est le suivant.

Le premier chapitre est une introduction à la modélisation dans ce domaine. Laissant de côté pour l'instant les aspects mathématiques, il s'attache à dresser le décor dans lequel le reste du livre va évoluer. Il décrit la typologie des principaux modèles de Chimie Quantique Moléculaire que nous aborderons. Heuristiquement, il cible quelques difficultés mathématiques, qui seront longuement analysées avec rigueur dans les autres chapitres. Nous l'avons constaté, l'obstacle naturel pour l'étudiant en mathématiques est souvent le bagage nécessaire, en termes de sciences physiques, pour comprendre, au moins dans leurs grandes lignes, les tenants et les aboutissants de la modélisation. Ici, l'outil essentiel est la Mécanique Quantique. En appui du Chapitre 1, nous avons donc regroupé dans l'Annexe A un rapide exposé des notions essentielles dans ce domaine. Cela va sans dire, cette annexe (comme l'Annexe B dont il sera question ci-dessous) ne se substitue pas à un authentique cours sur le sujet, mais prétend seulement fournir un support d'apprentissage, voire orienter vers les bons ouvrages spécialisés.

Avec le deuxième chapitre, nous attaquons les mathématiques. En nous laissant momentanément aller à la facilité d'une formule, nous pourrions dire, à l'examen des modèles introduits au premier chapitre, que la Chimie Quantique pourrait être appelée, du point de vue mathématique, le domaine du *non* : *non* linéaire, *non* convexe, *non* compact. Le Chapitre 2 envisage précisément un cas où un de ces *non* n'existe pas encore. On traite d'un problème modèle posé sur un ouvert borné, en attendant de lever cette restriction au chapitre suivant (en fait deux des *non* ont disparu, puisque le modèle est aussi convexe, mais le caractère borné domine ce second caractère). Cette simplification permet de faire le point sur un certain nombre de connaissances mathématiques nécessaires pour aborder le problème général, tout en s'affranchissant des difficultés considérables propres aux domaines non bornés. C'est donc dans ce deuxième chapitre qu'on trouvera les premiers rappels d'Analyse Fonctionnelle et de Calcul Variationnel du niveau de maîtrise (M1). Il faut absolument noter l'observation suivante : on introduit dans ce deuxième chapitre des notions qui auraient très bien pu être introduites directement sur le cas non borné, c'est-à-dire au troisième chapitre ; cependant, si on fait le choix de les introduire dans ce cas borné, c'est parce qu'elles ne sont pas spécifiquement liées au cas des ouverts non bornés (ou parce qu'elles auraient tout au moins paru disproportionnées dans ce cadre). En revanche, les notions qui seront présentées au troisième chapitre sont celles qui sont particulières au cas non borné et ne pouvaient donc pas être introduites dans le cas borné. De même, certaines preuves du deuxième chapitre pourraient être rendues plus élégantes en utilisant des techniques plus sophistiquées, qui s'avéreront nécessaires dans le cas non borné. On a choisi pourtant de laisser de côté ces preuves, parce qu'il est toujours plus sain de "faire avec les moyens du bord".

Avec le troisième chapitre, on aborde pour la première fois un problème de minimisation posé sur un domaine non borné, et on s'attaque de front à des difficultés de niveau recherche. Nous commençons par reprendre le modèle étudié au chapitre 2, mais en le posant cette fois sur l'espace tout entier. La situation est bien plus complexe, mais reste encore traitable par des techniques relativement classiques, essentiellement parce qu'un des *non* mentionné plus haut est absent : le problème est encore convexe. Nous mettrons en exergue le lien entre les difficultés rencontrées pour établir l'existence d'un minimum au problème de minimisation et des questions de Théorie spectrale pour une classe d'opérateurs auto-adjoints. Il nous a semblé, d'expérience, que les notions de théorie spectrale étaient souvent mal connues des étudiants, et surtout de ceux qui choisissaient de s'intéresser au sujet de ce livre. Nous avons donc pris une nouvelle fois le parti de regrouper dans une annexe, l'Annexe B, un résumé des notions essentielles. Soulignons de nouveau que cette annexe n'a aucune prétention.

Le quatrième chapitre est celui où on présente la méthode de concentration-compacité, qui joue un rôle privilégié dans l'étude des problèmes posé sur des ouverts non bornés comme les nôtres. Nous y verrons comment se comporte une suite minimisante générique, et pourquoi dans les bons cas, on peut conclure à la compacité de ces suites. Ceci nous permettra de traiter un problème de minimisation pour lequel les techniques du Chapitre 3 s'avèrent inefficaces, essentiellement parce que le problème considéré cette fois n'est pas convexe.

Le cinquième chapitre présente (il est amplement temps de le faire, diront certains) une application des techniques acquises aux chapitres précédents à un modèle *effectivement* utilisé dans la pratique : le modèle de Hartree-Fock. Ce modèle est à la base d'au moins la moitié des codes de Chimie Quantique du marché, et, en un certain sens qu'il est impossible d'expliquer ici (les experts comprendront qu'on fait ici allusion à la formulation Kohn-Sham des modèles de fonctionnelle de la densité), sa nature mathématique sous-tend en fait l'intégralité des codes dits *ab initio* (voir le Chapitre 1). Du point de vue mathématique, la nouveauté par rapport aux Chapitres 2 à 4 est que ce modèle est *vectoriel* au sens où la fonction test est en fait un n-uplet de fonctions tests ($n > 1$). Ceci amène quelques difficultés techniques, mais nous expliquerons dans ce chapitre pourquoi en fait la situation est très voisine de celle rencontrée au Chapitre 3.

Avec le sixième chapitre, nous attaquons la résolution numérique des modèles. Nous détaillons sur l'exemple du modèle de Hartree-Fock la mise en œuvre de l'approximation de Galerkin, la construction d'algorithmes SCF (*self-consistent field*) destinés à résoudre le problème de dimension finie ainsi obtenu, et les techniques de dérivées analytiques permettant d'optimiser par rapport à certains paramètres externes (dans notre cas les positions des noyaux) une fonction (ici l'énergie des électrons) définie elle-même par un problème d'optimisation sous contraintes. Nous traitons aussi brièvement le cas des modèles de type Kohn-Sham et des modèles dits *post Hartree-Fock*.

Au septième chapitre se poursuit l'analyse numérique de l'approximation des équations de Hartree-Fock. La méthode usuellement utilisée est une discrétisation variationnelle qui consiste à choisir tout d'abord un espace de fonctions d'essai de dimension finie. La forte non linéarité de ce problème conduit à utiliser des espaces de fonctions d'essai adaptées au problème à discrétiser. Ces espaces, en particulier, seraient impropres à l'approximation d'un problème d'une autre nature. C'est ce que l'on explique dans la première section sur un exemple simple de calcul de fonctions propres en introduisant la méthode de synthèse modale. On expose les raisons qui font que cette méthode est très efficace et aussi pourquoi utiliser ces fonctions d'essai pour un autre type de problème conduirait à une convergence beaucoup moins rapide. On présente ensuite l'analyse de la meilleure approximation par des gaussiennes de la solution d'un problème très simple de type Hartree Fock, ainsi qu'une alternative issue de la section 1 adaptée au problème de Hartree-Fock. La section 7.5 explique dans quelle mesure le problème variationnel peut, même dans ce cas très non linéaire, procurer une solution numérique qui approche la solution exacte, aussi bien que la meilleure approximation par des éléments de l'espace des fonctions d'essai. Il s'agit ici d'une analyse dite *a priori* qui qualifie l'algorithme d'approximation. On présente ensuite l'analyse dite *a posteriori* où, une fois les calculs faits, on est capable de donner une validation quantitative de ces calculs. Il ne s'agit pas de dire qu'on fait aussi bien qu'il est possible mais de donner des nombres. La validation que l'on propose ici prend, en particulier, la forme de *barres d'erreur* sur une "mesure" déduite de la solution calculée.

Le Chapitre 8 consiste en une analyse numérique détaillée des algorithmes SCF construits au Chapitre 6. Nous exhibons en particulier les raisons pour lesquelles les algorithmes utilisés tout au long du XXe siècle dans les logiciels de Chimie Quantique n'étaient pas satisfaisants et conduisaient souvent soit à une absence de convergence (ce qui est un problème) soit à la convergence vers autre chose qu'une solution du problème (ce qui est pire car on ne s'en aperçoit pas forcément!). L'analyse numérique de meilleurs algorithmes de convergence construits par deux d'entre nous est proposée au lecteur sous forme d'exercice.

Les modèles dont il a été question dans les Chapitres 1 à 8 décrivent un système moléculaire isolé. Or les systèmes physico-chimiques les plus intéressants du point de vue des applications sont le plus souvent en forte interaction avec leur environnement. C'est notamment le cas des systèmes en phase condensée, solide ou liquide. Le Chapitre 9 est une introduction à la simulation moléculaire en phase condensée et traite de deux cas limites : le cas d'un solide cristallin parfait et celui d'une molécule en solution dans lequel les molécules de solvant sont modélisées par un modèle de continuum diélectrique censé rendre compte des interactions électrostatiques entre la molécule en solution et son environnement.

Dans le Chapitre 10, on retourne sur des questions d'analyse mathématique de modèles, mais en traitant de problèmes un peu différents de ceux des chapitres précédents dans la mesure où on se concentre sur des questions d'unicité, alors que c'est la question de l'existence qui était le moteur de notre analyse aux Chapitres 2 à 5. Plus précisément, on considère l'équation d'Euler-Lagrange associée à des problèmes à potentiel périodique, issus de la modélisation des cristaux parfaits, et on se pose la question de l'unicité de la solution de cette équation dans une classe très générale. Le fait d'aborder ces questions d'unicité nous conduit naturellement à exposer les techniques les plus courantes intervenant dans ce genre d'analyse, à savoir en écrasante majorité des techniques basées sur le principe du maximum et les résultats qui en sont dérivés. Fidèles à la ligne directrice de ces notes, nous ferons, quand nécessaire dans ce chapitre, un certain nombre de rappels sur le principe du maximum, et nous mettrons en œuvre cet outil sur les modèles qui nous intéressent.

Le Chapitre 11, final, présente un amalgame (volontairement sans structure) de problématiques reliées aux problèmes et techniques que nous avons développés dans ce livre. Il fournit une ouverture, ou, conformément à son titre, *des ouvertures* vers d'autres thèmes de recherche, montrant ainsi que la chimie quantique et la simulation moléculaire en général sont loin de former un champ de la science déconnecté des autres, mais bien plutôt un champ de plus en plus en prise directe avec les autres domaines, au premier rang desquels la Science des Matériaux et la Biologie.

Nous tenons à remercier M. Barrault, G. Bencteux, X. Blanc, I. Catto, A. Deleurence, F. Lodier et G. Turinici pour leurs précieux commentaires sur les versions successives de ce texte.

Paris,   Eric Cancès
juillet 2005   Claude Le Bris
                                                               Yvon Maday

Table des matières

1

Présentation succincte des modèles

Ce premier chapitre est une introduction aux modèles de la chimie quantique. Sa lecture ne présuppose aucune connaissance spécifique de physique, et peut être abordée directement par un étudiant du niveau de la maîtrise de Mathématique (M1). Nous conseillons toutefois au lecteur qui dispose d'un peu de temps de parcourir l'Annexe de mécanique quantique à la fin de ce volume. Cela lui permettra de mieux cerner la nature physique des objets mathématiques (fonctions d'onde, opérateurs hamiltonien, variables de spin) qui apparaissent dans le texte qui suit.

1.1 Modéliser la matière à l'échelle moléculaire

Il existe toute une zoologie de modèles pour décrire la matière à l'échelle moléculaire, qu'on classe généralement en trois catégories par ordre de précision décroissante :

1. les modèles *ab initio* ;
2. les modèles semi-empiriques ;
3. les modèles empiriques.

Les modèles *ab initio*, dont l'archétype est le modèle de Hartree-Fock, sont des modèles quantiques dérivés directement (nous verrons comment) de l'équation de Schrödinger. Ils permettent en théorie d'avoir accès à toutes les propriétés physico-chimiques du système, hors réactions nucléaires et phénomènes relativistes. Ces modèles ne font intervenir que des constantes fondamentales de la physique et ne comportent donc aucun paramètre empirique. Selon la précision souhaitée, les modèles *ab initio* permettent aujourd'hui de simuler des systèmes moléculaires comportant jusqu'à 100 ou même 1000 atomes[1].

---

[1] Ces ordres de grandeur sont relatifs au calcul d'une solution stationnaire (en général du fondamental, c'est-à-dire de l'état le plus stable du système). Les calculs dynamiques sont extrêmement lourds mais deviennent peu à peu accessibles ;

Les principaux modèles *ab initio* sont présentés en détail dans les sections suivantes de ce chapitre : ce sont présisément ces objets que nous nous proposons d'étudier sous l'angle mathématique et numérique tout au long de ce livre.

Pour satisfaire (ou plutôt susciter) la curiosité du lecteur, nous consacrons maintenant un paragraphe à chacune des deux autres catégories.

Les modèles empiriques ne sont pas des modèles quantiques. Les atomes y sont modélisés par des points matériels ou des sphères dures qui obéissent à une dynamique newtonienne et interagissent *via* des potentiels empiriques dont les paramètres sont ajustés à l'aide de calculs quantiques ou de données expérimentales. Les modèles empiriques présentent plusieurs inconvénients majeurs : ils ne donnent pas accès aux propriétés électroniques, ils ne permettent guère de simuler des réactions chimiques et ils possèdent peu de capacités prédictives sur les molécules non encore synthétisées[2]. En revanche, ils peuvent être mis en œuvre pour des systèmes comportant plusieurs millions d'atomes ce qui permet par exemple le calcul par moyennes statistiques d'énergies libres ou de coefficients de transport (coefficients de diffusion, de conductivité thermique, de viscosité, ...).

Enfin, les modèles semi-empiriques sont des modèles quantiques simplifiés comportant un certain nombre de paramètres empiriques. Ils sont parfois utilisés comme moyen terme lorsqu'une description quantique est nécessaire mais que la taille du système ne permet pas un calcul *ab initio*. Ils permettent également d'obtenir une première approximation de la solution d'un problème quantique qui sert ensuite de point de départ à un calcul itératif *ab initio* (cf. section 6.2.5).

Le choix d'un modèle doit se faire en fonction des propriétés physico-chimiques qu'on cherche à calculer, de la taille du système et des moyens de calcul disponibles. Notons qu'il est possible de coupler différents modèles : on parle alors de méthode hybride. Ainsi, pour étudier l'action d'une hormone sur un site actif d'une protéine, on peut utiliser un modèle *ab initio* pour décrire le "petit" système moléculaire constitué de l'hormone et du site actif et un modèle de dynamique moléculaire pour décrire le reste de la protéine, qui peut comprendre plusieurs dizaines de milliers d'atomes, ainsi que les molécules d'eau qui l'entourent ; on peut même coupler tout cela avec des modèles de l'échelle macroscopique. Ces méthodes hybrides semblent être une voie d'avenir pour le traitement des systèmes de grande taille et sont à l'heure actuelle en plein développement.

---

ils restent cependant limités à des échelles de temps très courtes, de l'ordre de la picoseconde (10^{-12} s), ce qui est nettement insuffisant pour nombre d'applications.

[2] Il est très hasardeux de transférer des potentiels empiriques optimisés pour certains systèmes à un autre système, même "voisin".

1.2 A la recherche du fondamental

Toutes les méthodes étudiées dans ce livre concernent la résolution d'un problème bien particulier : la détermination de l'état fondamental, c'est-à-dire de l'état de plus basse énergie, d'un système moléculaire à l'aide d'un modèle *ab initio* de la chimie quantique. La recherche de l'état fondamental se trouve être *le* problème standard de la chimie quantique, sur lequel tout modèle doit faire ses preuves. Il s'agit aussi d'un problème clé car il constitue souvent une étape préliminaire incontournable à la détermination des propriétés physico-chimiques du système étudié (voir sur ce point le Chapitre 11 et les références bibliographiques citées à la fin de ce chapitre).

Dans l'écrasante majorité des calculs de chimie quantique, la recherche de l'état fondamental s'effectue dans l'approximation de Born-Oppenheimer des noyaux classiques, cadre dans lequel nous travaillerons désormais. Cette approximation est discutée en détail au sein de la section A.3.2 de l'annexe de mécanique quantique. Grosso modo, elle signifie qu'il est légitime de considérer en première approximation les noyaux comme des particules classiques. Dans cette approximation, un système moléculaire sera donc composé pour nous

1. de M noyaux, assimilés à des charges ponctuelles, dont on désignera par $\bar{x}_1, \cdots, \bar{x}_M$ les positions dans $\mathbb{R}^3$, et par $z_1, \cdots, z_M$ les charges électriques ;

2. et de N électrons décrits non pas par leurs positions et leurs vitesses dans $\mathbb{R}^3$, car ils ne peuvent en aucun cas être considérés comme des particules classiques, mais par une fonction d'onde notée ψ_e.

Donnons maintenant sans plus attendre la forme mathématique du problème de la recherche du fondamental sous l'approximation de Born-Oppenheimer. Il s'écrit

$$\inf \left\{ W(\bar{x}_1, \cdots, \bar{x}_M), \quad (\bar{x}_1, \cdots, \bar{x}_M) \in \mathbb{R}^{3M} \right\} \tag{1.1}$$

$$W(\bar{x}_1, \cdots, \bar{x}_M) = U(\bar{x}_1, \cdots, \bar{x}_M) + \sum_{1 \le k < l \le M} \frac{z_k \, z_l}{|\bar{x}_k - \bar{x}_l|}$$

$$U(\bar{x}_1, \cdots, \bar{x}_M) = \inf \left\{ \langle \psi_e, H_e^{\{\bar{x}_k\}} \psi_e \rangle, \quad \psi_e \in \mathcal{H}_e, \ \|\psi_e\|_{L^2} = 1 \right\} \tag{1.2}$$

$$H_e^{\{\bar{x}_k\}} = - \sum_{i=1}^{N} \frac{1}{2} \Delta_{x_i} - \sum_{i=1}^{N} \sum_{k=1}^{M} \frac{z_k}{|x_i - \bar{x}_k|} + \sum_{1 \le i < j \le N} \frac{1}{|x_i - x_j|}.$$

$$\mathcal{H}_e = \bigwedge_{i=1}^{N} H^1(\mathbb{R}^3).$$

La structure complexe de ce problème mérite quelques lignes de commentaires. L'approximation de Born-Oppenheimer consiste à supposer que les noyaux sont des particules classiques (non quantiques) ponctuelles qui se meuvent dans le potentiel moyen W. La position d'équilibre la plus stable du système est donc obtenue comme dans tout problème de mécanique classique en minimisant l'énergie potentielle W. Celle-ci comprend deux termes :

1. le terme $\displaystyle\sum_{1 \leq k < l \leq M} \frac{z_k \, z_l}{|\bar{x}_k - \bar{x}_l|}$ qui décrit la répulsion internucléaire (forces de Coulomb) ;

2. le terme $U(\bar{x}_1, \cdots, \bar{x}_M)$ qui correspond au potentiel effectif ressenti par les noyaux dû à la présence du nuage électronique. La valeur de ce potentiel en un point $(\bar{x}_1, \cdots, \bar{x}_M) \in \mathbb{R}^{3M}$ est obtenue en cherchant le fondamental de l'hamiltonien électronique $H_e^{\{\bar{x}_k\}}$ sur l'espace des fonctions d'onde admissibles (antisymétriques de par le principe de Pauli et normalisées puisque le module au carré d'une fonction d'onde s'interprète comme une densité de probabilité). Rappelons

   – que le premier terme de $H_e^{\{\bar{x}_k\}}$ correspond à l'énergie cinétique des électrons (Δ_{x_i} désigne le laplacien par rapport à la variable $x_i \in \mathbb{R}^3$), le deuxième à l'interaction coulombienne noyaux-électrons et le troisième à la répulsion coulombienne interélectronique,

   – et que la notation

$$\bigwedge_{i=1}^{N} H^1(\mathbb{R}^3)$$

désigne l'espace vectoriel des fonctions de

$$\bigotimes_{i=1}^{N} H^1(\mathbb{R}^3)$$

totalement antisymétriques vis-à-vis de l'échange des coordonnées de deux électrons quelconques. Les éléments de $\mathcal{H}_e$ sont autrement dit les fonctions d'onde $\psi : (\mathbb{R}^3)^N \longrightarrow \mathbb{R}$ qui vérifient

$$\int_{\mathbb{R}^{3N}} \left(|\psi(x_1, x_2, \cdots, x_N)|^2 + |\nabla\psi(x_1, x_2, \cdots, x_N)|^2 \right) dx_1 \cdots dx_N < +\infty$$

et

$$\psi(x_{p(1)}, x_{p(2)}, \cdots, x_{p(N)}) = \epsilon(p)\psi(x_1, x_2, \cdots, x_N),$$

p désignant une permutation quelconque des indices et $\epsilon(p)$ sa signature.

Remarque 1.1 *Le lecteur averti aura remarqué que nous semblons avoir "oublié" les variables de spin. La raison de cette "omission" est que dans la plupart des études mathématiques et en particulier dans les preuves d'existence, les variables de spin ne jouent aucun rôle sinon celui d'alourdir le formalisme. Pour simplifier la lecture des expressions mathématiques, on raisonnera ici sur des modèles "sans spin". Le lecteur curieux de faire connaissance avec le concept de spin pourra toutefois se reporter à l'annexe de mécanique quantique ainsi qu'à la section 1.6* *dans laquelle sont décrits les principaux modèles de chimie quantique prenant en compte le spin des électrons. Notons également qu'on se limite à considérer des fonctions d'onde à valeurs réelles (et non pas complexes). Cela est justifié car on s'intéresse ici exclusivement à l'état fondamental, qui peut être supposé réel puisque si ψ est vecteur propre de $H_e^{\{\bar{x}_k\}}$, $Re(\psi)$ et $Im(\psi)$ le sont aussi.*

Rechercher le fondamental de la molécule consiste donc à minimiser l'énergie $W(\bar{x}_1, \cdots, \bar{x}_M)$ en résolvant le problème (1.1) dit d'*optimisation de géométrie*. D'un point de vue mathématique, il s'agit d'un problème de minimisation *sans contraintes* sur l'espace de dimension *finie* $\mathbb{R}^{3M}$. Nous verrons brièvement comment résoudre numériquement un tel problème à la section 6.3.

La spécificité du problème (1.1) est que la fonction à minimiser (l'énergie potentielle W) est elle-même le résultat (au terme de répulsion internucléaire près) du problème de minimisation (1.2) qui porte usuellement le nom de problème électronique. Nous sommes cette fois-ci face à un problème de minimisation *sous contrainte* (puisqu'on impose $\|\psi_e\|_{L^2} = 1$) sur l'espace de dimension *infinie* $\mathcal{H}_e$.

On s'intéresse exclusivement dans toute la suite de ce chapitre au problème électronique. Le problème de l'optimisation de géométrie ne sera abordé qu'au Chapitre 6 et sous l'angle purement numérique[3].

Concentrons-nous donc sur la résolution du problème électronique (1.2) pour une configuration donnée des noyaux, qu'on récrit pour simplifier les notations

$$\inf \{\langle \psi_e, H_e \psi_e \rangle, \quad \psi_e \in \mathcal{H}_e, \quad \|\psi_e\|_{L^2} = 1\} \tag{1.3}$$

avec

$$\mathcal{H}_e = \bigwedge_{i=1}^{N} H^1(\mathbb{R}^3),$$

$$H_e = -\sum_{i=1}^{N} \frac{1}{2}\Delta_{x_i} + \sum_{i=1}^{N} V(x_i) + \sum_{1 \le i < j \le N} \frac{1}{|x_i - x_j|},$$

$$V(x) = -\sum_{k=1}^{M} \frac{z_k}{|x - \bar{x}_k|},$$

les $\bar{x}_k$ étant ici des paramètres de $\mathbb{R}^3$ fixés une fois pour toutes.

Seuls les deux exemples de l'ion hydrogénoïde (cf. section 6.1) et de l'ion H_2^+, pour lesquels $N = 1$ ont une solution analytique connue [131], et en raison de la taille de l'ensemble des fonctions d'onde admissibles, on ne peut attaquer

---

[3] Pour ne pas allonger démesurément cet exposé, nous ne dirons (presque) rien des résultats théoriques, d'ailleurs encore très partiels, concernant le problème d'optimisation de géométrie.

directement la résolution numérique de ce problème de minimisation que pour des systèmes ne comportant qu'un ou deux électrons.

Pour des systèmes chimiques plus complexes, on dispose essentiellement de deux classes de méthodes d'approximation :
- les méthodes de type Hartree-Fock (cf. sections 1.4 et 6.2.7),
- et les méthodes de type fonctionnelle de la densité (cf. section 1.5),

que nous examinerons plus loin en détail. Nous présenterons brièvement au Chapitre 11 une troisième classe de méthodes, moins utilisées à l'heure actuelle, mais très prometteuses, dites de Monte Carlo quantiques (*Quantum Monte Carlo*) ; celles-ci consistent à estimer la valeur du minimum (1.3) par une méthode probabiliste [104].

1.3 Problème de N-représentabilité

Expliquons à ce stade la raison pour laquelle on ne peut pas simplifier le problème (1.3) en exploitant la structure particulière de H_e qui fait que chaque terme de cet hamiltonien couple au plus deux électrons. Nous introduirons à cette occasion le formalisme des opérateurs densité et des matrices densité dont nous nous servirons à la section 6.2.5 consacrée aux algorithmes numériques, ainsi qu'au Chapitre 8 qui la développe.

A toute fonction d'onde électronique $\psi_e \in \mathcal{H}_e$, on associe pour tout $1 \le p \le N$ l'opérateur, noté $\mathcal{D}_{\psi_e,p}$ et appelé *opérateur densité d'ordre p*, de $\bigotimes_{i=1}^{p} L^2(\mathbb{R}^3)$ dans lui-même, défini par le noyau[4]

$$\tau_{\psi_e,p}(x_1, \cdots, x_p; x_1', \cdots, x_p') = \frac{N!}{p!(N-p)!} \int_{\mathbf{R}^{3(N-p)}} \psi_e(x_1, \cdots, x_p, x_{p+1}, \cdots, x_N)$$
$$\psi_e(x_1', \cdots, x_p', x_{p+1}, \cdots, x_N) \, dx_{p+1} \cdots dx_N$$

noyau lui-même appelé *matrice densité d'ordre p*. En mettant à profit l'antisymétrie de la fonction d'onde, on montre que

$$\langle \psi_e, H_e \psi_e \rangle = \mathrm{Tr}(H_{e,2} \mathcal{D}_{\psi_e,2})$$

où Tr désigne la trace[5] et où l'opérateur $H_{e,2}$ sur $\bigotimes_{i=1}^{2} L^2(\mathbb{R}^3)$ est défini formellement par

---

[4] Rappelons que le noyau $a(x, x')$ d'un opérateur A est formellement défini par

$$\forall u, \qquad (Au)(x) = \int a(x, x') \, u(x') \, dx'.$$

Cette définition un peu vague suffit à comprendre notre propos.

[5] Rappelons que la trace d'un opérateur linéaire A sur un espace de Hilbert séparable $\mathcal{H}$ est définie par

$$H_{e,2} = \frac{1}{N-1}(-\frac{1}{2}\Delta_{x_1} - \frac{1}{2}\Delta_{x_2} + V(x_1) + V(x_2)) + \frac{1}{|x_2 - x_1|}.$$

Le problème (1.3) est donc équivalent au problème

$$\inf\{\text{Tr}(H_{e,2}\mathcal{D}_2), \quad \mathcal{D}_2 \in \mathcal{M}_2\}, \qquad (1.4)$$

où

$$\mathcal{M}_2 = \{\mathcal{D}_2 \in \mathcal{L}(\otimes_{i=1}^2 L^2(\mathbb{R}^3)) \quad / \quad \exists \psi_e \in \mathcal{H}_e, \quad \mathcal{D}_{\psi_e,2} = \mathcal{D}_2\}, \qquad (1.5)$$

$\mathcal{L}(\otimes_{i=1}^2 L^2(\mathbb{R}^3))$ désignant l'espace des opérateurs linéaires sur $\otimes_{i=1}^2 L^2(\mathbb{R}^3)$. Pour $\mathcal{D}_2 \in \mathcal{M}_2$, calculer $\text{Tr}(H_{e,2}\mathcal{D}_2)$ est un problème *indépendant du nombre d'électrons N que comporte le système et accessible aux méthodes numériques usuelles* (c'est une intégrale sur $\mathbb{R}^6$). Toute la difficulté consiste à caractériser *directement* l'ensemble $\mathcal{M}_2$ des opérateurs densité d'ordre 2, sans remonter comme dans (1.5) à la définition de cet ensemble par les fonctions d'onde. Ce problème théorique fondamental, dit de *N-représentabilité des opérateurs densité d'ordre 2*, est encore ouvert à l'heure actuelle. On ne dispose en effet que de conditions nécessaires (non suffisantes) pour qu'un opérateur densité d'ordre 2 soit N-représentable. En minimisant l'énergie sur l'ensemble des opérateurs densité d'ordre 2 qui vérifient ces conditions nécessaires, on obtient, au prix d'un coût de calcul important, une borne inférieure de l'énergie exacte [165].

Outre les opérateurs et les matrices densité, on définit la *densité électronique* ρ_{ψ_e} associée à la fonction d'onde ψ_e par

$$\rho_{\psi_e}(x) = \tau_{\psi_e,1}(x;x) = N \int_{\mathbb{R}^{3(N-1)}} |\psi_e(x, x_2, \cdots, x_N)|^2 \, dx_2 \cdots dx_N.$$

Contrairement aux autres objets définis jusque-là (fonctions d'onde, opérateurs et matrices densité), la densité électronique ρ_{ψ_e} a la propriété d'être directement mesurable expérimentalement, par diffraction de rayons X par exemple.

1.4 Modèle de Hartree-Fock

La méthode de Hartree-Fock est une approximation variationnelle du problème électronique (1.3) consistant à restreindre l'ensemble de minimisation

---

$$\text{Tr}(A) = \sum_{i=1}^{+\infty}(\phi_i, A\phi_i),$$

$(\phi_i)_{i\in\mathbb{N}^*}$ désignant une base hilbertienne de $\mathcal{H}$. Le sous-espace fermé des opérateurs sur $\mathcal{H}$ tels que cette série est absolument convergente est appelé espace des opérateurs à trace ; il est généralement noté $\mathcal{L}^1(\mathcal{H})$. Ces définitions sont intrinsèques car ni l'absolue convergence, ni la somme de la série ne dépendent de la base hilbertienne choisie (on pourra le vérifier à titre d'exercice).

$\{\psi_e \in \mathcal{H}_e, \quad \|\psi_e\|_{L^2} = 1\}$ aux seules fonctions d'onde ψ_e qui s'écrivent comme un *déterminant de Slater*

$$\psi_e(x_1, \cdots, x_N) = \frac{1}{\sqrt{N!}} \det(\phi_i(x_j)) = \frac{1}{\sqrt{N!}} \begin{vmatrix} \phi_1(x_1) & \cdots & \phi_1(x_N) \\ \cdot & & \cdot \\ \cdot & & \cdot \\ \cdot & & \cdot \\ \phi_N(x_1) & \cdots & \phi_N(x_N) \end{vmatrix} \quad (1.6)$$

de N fonctions d'onde monoélectroniques orthonormées ϕ_i appelées *orbitales moléculaires*. On note

$$\mathcal{W}_N = \left\{ \Phi = \{\phi_i\}_{1 \leq i \leq N}, \quad \phi_i \in H^1(\mathbb{R}^3), \quad \int_{\mathbb{R}^3} \phi_i \phi_j = \delta_{ij}, \quad 1 \leq i, j \leq N \right\}$$

l'ensemble des configurations de N orbitales moléculaires. En désignant par $\mathcal{S}_N$ l'ensemble des déterminants de Slater

$$\mathcal{S}_N = \left\{ \psi_e \in \mathcal{H}_e \, / \, \exists \Phi = \{\phi_i\}_{1 \leq i \leq N} \in \mathcal{W}_N, \, \psi_e = \frac{1}{\sqrt{N!}} \det(\phi_i(x_j)) \right\},$$

le problème de Hartree-Fock s'écrit donc

$$\inf \{ \langle \psi_e, H_e \psi_e \rangle, \quad \psi_e \in \mathcal{S}_N \}. \quad (1.7)$$

Soit $\Phi = \{\phi_i\}_{1 \leq i \leq N} \in \mathcal{W}_N$ et $\psi_e \in \mathcal{S}_N$ le déterminant de Slater issu de Φ. Les propriétés suivantes résultent d'un calcul simple laissé en exercice au lecteur :

$$\tau_\Phi(x, x') = \tau^1_{\psi_e}(x; x') = \sum_{i=1}^N \phi_i(x) \, \phi_i(x'), \quad (1.8)$$

$$\mathcal{D}_\Phi = \mathcal{D}^1_{\psi_e} = \sum_{i=1}^N (\phi_i, \cdot)_{L^2} \phi_i, \quad (1.9)$$

$$\rho_\Phi(x) = \rho_{\psi_e}(x) = \sum_{i=1}^N |\phi_i(x)|^2. \quad (1.10)$$

On obtient alors après un calcul classique (voir problème 1.1) l'expression de $\langle \psi_e, H_e \psi_e \rangle$ en fonction des ϕ_i :

$$\langle \psi_e, H_e \psi_e \rangle = E^{HF}(\Phi) \quad (1.11)$$

avec

$$E^{HF}(\Phi) = \sum_{i=1}^N \frac{1}{2} \int_{\mathbb{R}^3} |\nabla \phi_i|^2 + \int_{\mathbb{R}^3} \left(\sum_{i=1}^N |\phi_i|^2 \right) V$$

$$+ \frac{1}{2} \int_{\mathbb{R}^3} \int_{\mathbb{R}^3} \frac{\left(\sum_{i=1}^N |\phi_i(x)|^2 \right) \left(\sum_{i=1}^N |\phi_i(x')|^2 \right)}{|x - x'|} \, dx \, dx'$$

$$- \frac{1}{2} \int_{\mathbb{R}^3} \int_{\mathbb{R}^3} \frac{\left| \sum_{i=1}^N \phi_i(x) \phi_i(x') \right|^2}{|x - x'|} \, dx \, dx'.$$

Cette fonctionnelle s'écrit sous forme plus compacte en utilisant la matrice densité d'ordre 1, notée τ_Φ, et la densité électronique, notée ρ_Φ :

$$E^{HF}(\Phi) = \sum_{i=1}^{N} \frac{1}{2} \int_{\mathbf{R}^3} |\nabla \phi_i|^2 + \int_{\mathbf{R}^3} \rho_\Phi V \qquad (1.12)$$

$$+ \frac{1}{2} \int_{\mathbf{R}^3} \int_{\mathbf{R}^3} \frac{\rho_\Phi(x)\,\rho_\Phi(x')}{|x - x'|}\, dx\, dx'$$

$$- \frac{1}{2} \int_{\mathbf{R}^3} \int_{\mathbf{R}^3} \frac{|\tau_\Phi(x, x')|^2}{|x - x'|}\, dx\, dx'.$$

Dans le membre de droite de l'expression ci-dessus, le premier terme représente l'énergie cinétique de la fonction d'onde et le deuxième terme l'interaction électrostatique entre noyaux et électrons. La répulsion interélectronique se manifeste dans le troisième terme, dit de *répulsion coulombienne*, qui peut s'interpréter comme l'énergie coulombienne classique de la densité électronique moyenne ρ_Φ, ainsi que dans le quatrième terme, dit *terme d'échange*, qui est d'origine quantique : il résulte de l'antisymétrie de la fonction d'onde (voir l'exercice 1.1 à la fin de ce chapitre). On peut donc écrire le problème de Hartree-Fock sous la forme

$$\inf \left\{ E^{HF}(\Phi), \quad \Phi \in \mathcal{W}_N \right\}. \qquad (1.13)$$

Notons qu'en restreignant l'ensemble de minimisation, on a en un certain sens compliqué la fonctionnelle d'énergie à minimiser, puisque celle-ci a perdu son caractère quadratique.

Remarquons que l'énergie électronique du système, qui est l'infimum sur $\{\psi_e \in \mathcal{H}_e, \quad \|\psi_e\|_{L^2} = 1\}$ de la fonctionnelle d'énergie $\langle \psi_e, H_e \psi_e \rangle$, est toujours inférieure à l'énergie de Hartree-Fock, qui est l'infimum de la même quantité sur le sous-ensemble $\mathcal{S}_N$ de $\{\psi_e \in \mathcal{H}_e, \quad \|\psi_e\|_{L^2} = 1\}$. La différence entre ces deux énergies est appelée *énergie de corrélation*. Il existe des modèles *ab initio* plus sophistiqués que le modèle de Hartree-Fock permettant d'obtenir une approximation de l'énergie de corrélation. Nous reviendrons sur ce point à la section 6.2.7.

On peut récrire le problème de Hartree-Fock à l'aide du formalisme des opérateurs densité d'ordre 1. Pour $\psi_e \in \mathcal{S}_N$ on montre en effet que

$$\tau^2_{\psi_e}(x_1, x_2; x_1', x_2') = \tau^1_{\psi_e}(x_1; x_1')\tau^1_{\psi_e}(x_2; x_2') - \tau^1_{\psi_e}(x_1; x_2')\tau^1_{\psi_e}(x_2; x_1').$$

Cette propriété fait qu'il est possible d'écrire l'énergie électronique d'un déterminant de Slater à partir du seul opérateur densité d'ordre 1 : on a ainsi

$$\langle \psi_e, H_e \psi_e \rangle = E^{HF}(\Phi) = \mathcal{E}^{HF}(\mathcal{D}_\Phi), \qquad (1.14)$$

avec

$$\mathcal{E}^{HF}(\mathcal{D}) = \mathrm{Tr}(h\mathcal{D}) + \frac{1}{2}\,\mathrm{Tr}(\mathcal{G}(\mathcal{D}) \cdot \mathcal{D})$$

où Tr désigne la trace[6], où

$$h = -\frac{1}{2}\Delta + V$$

représente l'hamiltonien de cœur du système moléculaire, et où pour tout $\phi \in H^1(\mathbb{R}^3)$ et tout $x \in \mathbb{R}^3$

$$(\mathcal{G}(\mathcal{D}) \cdot \phi)(x) = \left(\rho_\mathcal{D} \star \frac{1}{|y|}\right)(x)\,\phi(x) - \int_{\mathbb{R}^3} \frac{\tau_\mathcal{D}(x,x')}{|x-y|}\,\phi(x')\,dx',$$

en notant $\tau_\mathcal{D}$ la matrice densité d'ordre 1 associée à l'opérateur densité $\mathcal{D}$ (i.e. son noyau) et $\rho_\mathcal{D}(x) = \tau_\mathcal{D}(x,x)$ la densité électronique. Il est en outre facile de caractériser l'ensemble des opérateurs densité d'ordre 1 issus d'un déterminant de Slater d'énergie finie : il suffit de regarder l'expression (1.9) pour se convaincre du fait que ce sont les projecteurs orthogonaux de rang N sur $L^2(\mathbb{R}^3)$ à image dans $H^1(\mathbb{R}^3)$. Le problème de Hartree-Fock (1.13) est donc équivalent au problème

$$\inf\left\{\mathcal{E}^{HF}(\mathcal{D}), \quad \mathcal{D} \in \mathcal{P}_N\right\}, \tag{1.15}$$

avec

$$\mathcal{P}_N = \left\{\mathcal{D} \in \mathcal{L}^1, \quad \mathrm{Ran}(\mathcal{D}) \subset H^1(\mathbb{R}^3), \quad \mathcal{D}^2 = \mathcal{D} = \mathcal{D}^*, \quad \mathrm{Tr}(\mathcal{D}) = N\right\},$$

$\mathcal{L}^1$ désignant l'espace des opérateurs à trace sur $L^2(\mathbb{R}^3)$. Remarquons que si $U \in U(N)$ est une matrice orthogonale de rang N et si $\Phi \in \mathcal{W}_N$, $U\Phi$ et Φ conduisent au même déterminant de Slater. Un minimiseur de (1.13) est donc défini à une matrice orthogonale près. La formulation (1.15) permet entre autres choses de se débarrasser de cette invariance, ce qui la rend plus facile à manipuler dans certaines circonstances.

Les propriétés mathématiques du modèle de Hartree-Fock sont étudiées au Chapitre 5. Sa résolution numérique fait quant à elle l'objet de la section 6.2.

---

[6] La définition de la trace d'un opérateur est donnée section précédente. Signalons ici que si $\Phi = \{\phi_i\}_{1 \le i \le N} \in \mathcal{W}_N$, on a en particulier pour tout opérateur A sur $L^2(\mathbb{R}^3)$,

$$\mathrm{Tr}(A\mathcal{D}_\Phi) = \sum_{i=1}^{+\infty}(\phi_i, A\mathcal{D}_\Phi\phi_i)_{L^2} = \sum_{i=1}^{N}(\phi_i, A\phi_i)_{L^2},$$

où $(\phi_i)_{1 \le i < +\infty}$ est une base hilbertienne de $L^2(\mathbb{R}^3)$ construite en complétant l'ensemble $(\phi_i)_{1 \le i \le N}$. L'expression $\mathrm{Tr}(A\mathcal{D}_\Phi)$ a donc un sens dès que A envoie $H^1(\mathbb{R}^3)$ dans $H^{-1}(\mathbb{R}^3)$, ce qui est le cas pour h et pour $\mathcal{G}(\mathcal{D}_\Phi)$, comme nous le verrons ultérieurement.

1.5 Théorie de la fonctionnelle de la densité

Les méthodes issues de la théorie de la fonctionnelle de la densité (DFT, *Density Functional Theory*), très populaires en physique du solide, occupent depuis quelques années une place grandissante dans les simulations de la chimie moléculaire. Elles consistent à rechercher l'énergie et la densité électronique du fondamental du problème (1.3) en résolvant directement un problème de minimisation de la forme

$$\inf\left\{ F(\rho) + \int_{\mathbf{R}^3} \rho V, \quad \rho \in L^1(\mathbb{R}^3), \quad \rho \geq 0, \quad \int_{\mathbf{R}^3} \rho = N \right\}, \qquad (1.16)$$

où F est une *fonctionnelle de la densité* électronique ρ qui ne dépend que du nombre d'électrons que comporte le système (et ne dépend pas en particulier du potentiel V créé par les noyaux).

Ce sont *potentiellement* des méthodes *ab initio* même si dans l'état actuel des connaissances ce sont plutôt *stricto sensu* des méthodes semi-empiriques puisque les fonctionnelles de la densité utilisées dans la pratique comportent des paramètres empiriques. On s'accorde cependant généralement à classer les méthodes DFT dans la catégorie *ab initio*.

1.5.1 Justifications théoriques

Il n'est pas évident *a priori* qu'on puisse ramener le problème (1.3) à un problème de la forme (1.16). La première justification théorique des modèles DFT a été avancée par Hohenberg et Kohn [109] en 1964. Nous présentons ici l'approche de Levy, reprise et complétée par Lieb [150], consistant d'abord à remarquer que le problème de minimisation (1.3) peut être récrit sous la forme

$$\inf\left\{ F(\rho) + \int_{\mathbf{R}^3} \rho V, \quad \rho \in \mathcal{I}_N \right\}$$

où

$$\mathcal{I}_N = \left\{ \rho, \quad \exists \psi_e \in \mathcal{H}_e \text{ tel que } \|\psi_e\|_{L^2} = 1 \text{ et } \rho_{\psi_e} = \rho \right\}.$$

En notant H_e^0 l'analogue de l'opérateur H_e pour $V = 0$, la fonctionnelle $F(\rho)$, dite de Levy-Lieb, est définie pour tout $\rho \in \mathcal{I}_N$ par

$$F(\rho) = \inf\left\{ \langle \psi_e, H_e^0 \psi_e \rangle, \quad \psi_e \in \mathcal{H}_e, \quad \|\psi_e\|_{L^2} = 1, \quad \rho_{\psi_e} = \rho \right\}.$$

On a maintenant le résultat (non trivial !) suivant [150] :

$$\mathcal{I}_N = \left\{ \rho \geq 0, \quad \sqrt{\rho} \in H^1(\mathbb{R}^3), \quad \int_{\mathbf{R}^3} \rho = N \right\},$$

qui résout la question (dite de *N-représentabilité* des densités) de la caractérisation de $\mathcal{I}_N$, et qui justifie complètement la forme du problème (1.16).

La théorie de la fonctionnelle de la densité permet ainsi de ramener le problème de minimisation (1.3) à la minimisation d'une fonctionnelle sur $\mathcal{I}_N$, ce qui semble plus à la portée des moyens de calculs disponibles. La difficulté est qu'on ne connaît pas d'expression de la fonctionnelle $F(\rho)$ pour $\rho \in \mathcal{I}_N$ qu'on puisse utiliser en pratique pour mener à bien les calculs. A l'heure actuelle, on ne dispose que de critères qualitatifs qu'on sait vérifiés par la fonctionnelle $F(\rho)$ et de plusieurs approximations de cette fonctionnelle satisfaisant certains de ces critères. Ces approximations reposent sur des évaluations exactes (ou du moins très précises) de la fonctionnelle de la densité d'un système de référence "proche" du système exact de N électrons en interaction :

– dans les modèles de type Thomas-Fermi, le système de référence est le gaz homogène d'électrons ;
– pour les modèles de type Kohn-Sham, le système de référence est un système de N électrons *sans interaction* (mais obéissant toujours à la statistique de Fermi).

1.5.2 Modèles de type Thomas-Fermi

Les premiers modèles de fonctionnelle de la densité sont apparus dès les années 30, c'est-à-dire bien avant la justification théorique apportée par Hohenberg et Kohn. Il s'agit du modèle de Thomas-Fermi et de ses dérivés qui sont obtenus par transposition au cas moléculaire du comportement d'un gaz homogène d'électrons. Parmi tous ces modèles, qui sont bien de la forme (1.16), citons entre autres

– le modèle de Thomas-Fermi lui-même

$$F(\rho) = C_{TF} \int_{\mathbf{R}^3} \rho^{5/3} + \frac{1}{2} \int_{\mathbf{R}^3} \int_{\mathbf{R}^3} \frac{\rho(x)\rho(y)}{|x-y|} \, dx \, dy$$

– le modèle de Thomas-Fermi-von Weizsäcker

$$F(\rho) = C_W \int_{\mathbf{R}^3} |\nabla\sqrt{\rho}|^2 + C_{TF} \int_{\mathbf{R}^3} \rho^{5/3} + \frac{1}{2} \int_{\mathbf{R}^3} \int_{\mathbf{R}^3} \frac{\rho(x)\rho(y)}{|x-y|} \, dx \, dy$$

– et le modèle de Thomas-Fermi-Dirac-von Weizsäcker

$$F(\rho) = C_W \int_{\mathbf{R}^3} |\nabla\sqrt{\rho}|^2 + C_{TF} \int_{\mathbf{R}^3} \rho^{5/3} - C_D \int_{\mathbf{R}^3} \rho^{4/3}$$
$$+ \frac{1}{2} \int_{\mathbf{R}^3} \int_{\mathbf{R}^3} \frac{\rho(x)\rho(y)}{|x-y|} \, dx \, dy$$

où les constantes C_{TF}, C_W et C_D ont (en unités atomiques, cf. annexe de mécanique quantique) les valeurs suivantes : $C_{TF} = \left(\frac{3^{5/3}\pi^{4/3}}{10}\right)$, $C_W = 0.093$ (mais $C_W = 1/2$ dans l'article original de von Weiszäcker [226]), $C_D = \frac{3}{4}\left(\frac{3}{\pi}\right)^{1/3}$.

Bien qu'ils reproduisent correctement un certain nombre de phénomènes naturels (cf. [211] par exemple), les modèles de type Thomas-Fermi sont assez rudimentaires et ne sont plus guère utilisés en chimie. Ils restent cependant intéressants à étudier d'un point de vue théorique, car tout en étant plus simples que les modèles de Hartree-Fock ou de Kohn-Sham (cf. section suivante), puisque ce sont des modèles scalaires, ils présentent néanmoins des difficultés mathématiques semblables à celles qu'on rencontre dans les modèles plus réalistes (minimisation sous contrainte, perte de compacité à l'infini, présence de potentiels coulombiens, fonctionnelles non locales, non-convexité) et servent donc en quelque sorte de bancs d'essais aux méthodes mathématiques. Parmi les nombreuses études réalisées sur les modèles de Thomas-Fermi, citons notamment les travaux de Lieb et Simon [154], de Lieb [149], de Benguria, Brézis et Lieb [21], de Catto et Lions [61], de Catto, Le Bris et Lions [63, 64], ainsi que les références [22, 24, 134, 137, 211].

Plusieurs chapitres de ce livre sont consacrés aux modèles de type Thomas-Fermi :

- l'étude mathématique du modèle TFW fait l'objet des Chapitres 2 et 3 ; pour permettre au lecteur peu familier avec le calcul variationnel d'aborder en douceur ces techniques, on se place au Chapitre 2 sur un ouvert borné, ce qui simplifie notablement le problème. On ne prend en compte la difficulté réelle, l'éventualité d'une perte de compacité à l'infini, qu'au chapitre suivant ;
- le Chapitre 4 s'attaque à l'étude mathématique du modèle TFDW qui présente une difficulté supplémentaire (de taille) par rapport au cas précédent : la fonctionnelle d'énergie n'est pas convexe en ρ ;
- on retrouve ensuite le modèle TFW au Chapitre 10 mais cette fois-ci non pas dans le cadre moléculaire, mais dans le cadre cristallin : une infinité de noyaux disposés en les nœuds d'un réseau périodique.

1.5.3 Modèles de type Kohn-Sham

Le modèle de Kohn et Sham [128] consiste à récrire la fonctionnelle $F(\rho)$ sous la forme

$$F(\rho) = T_{KS}(\rho) + J(\rho) + E_{xc}(\rho).$$

avec

$$T_{KS}(\rho) = \inf \left\{ \frac{1}{2} \sum_{i=1}^{N} \int_{\mathbf{R}^3} |\nabla \phi_i|^2, \quad \Phi = \{\phi_i\} \in \mathcal{W}_N, \quad \rho_\Phi = \rho \right\},$$

$$J(\rho) = \frac{1}{2} \int_{\mathbf{R}^3} \int_{\mathbf{R}^3} \frac{\rho(x)\,\rho(y)}{|x-y|} \, dx\, dy,$$

et donc $E_{xc}(\rho) = F(\rho) - T_{KS}(\rho) - J(\rho)$ et à prendre une expression approchée pour la fonctionnelle dite d'échange-corrélation E_{xc}. Le modèle de Kohn-Sham s'écrit donc

$$\inf \left\{ E^{KS}(\Phi), \quad \Phi \in \mathcal{W}_N \right\} \tag{1.17}$$

où pour tout $\Phi = \{\phi_i\}_{1 \le i \le N} \in \mathcal{W}_N$,

$$E^{KS}(\Phi) = \sum_{i=1}^{N} \frac{1}{2} \int_{\mathbf{R}^3} |\nabla \phi_i|^2 + \int_{\mathbf{R}^3} \rho_\Phi V$$
$$+ \frac{1}{2} \int_{\mathbf{R}^3} \int_{\mathbf{R}^3} \frac{\rho_\Phi(x)\, \rho_\Phi(y)}{|x-y|} \, dx \, dy + E_{xc}(\rho_\Phi)$$

et où comme auparavant $\rho_\Phi(x) = \sum_{i=1}^{N} |\phi_i(x)|^2$. Pour ne pas alourdir ce cha-
pitre, nous ne détaillons pas ici le cheminement qui conduit au modèle de
Kohn-Sham et renvoyons le lecteur intéressé à la bibliographie. Signalons
simplement que les fonctionnelles $T_{KS}(\rho)$ et $J(\rho)$ s'interprètent comme des
approximations de l'énergie cinétique et de l'énergie de répulsion interélectronique d'un nuage d'électrons de densité ρ dans son état fondamental. La
méconnaissance de la fonctionnelle $F(\rho)$ est donc reportée sur le terme correctif $E_{xc}(\rho)$ qui ne représente qu'environ 10 % de l'énergie totale. Pour cette
raison, les modèles de type Kohn-Sham utilisés en pratique, dans lesquels
on remplace la fonctionnelle $E_{xc}(\rho)$ exacte par une approximation, donnent
de bien meilleurs résultats que les modèles comme ceux de type Thomas-
Fermi dans lesquels on cherche à approcher directement la fonctionnnelle $F(\rho)$.
Notons que la construction d'approximations de la fonctionnelle d'échange-
corrélation est encore à l'heure actuelle un domaine de recherche actif.

La validité du modèle de Kohn-Sham (1.17) dépend exclusivement de la qualité
de la fonctionnelle d'échange-corrélation approchée $E_{xc}(\rho)$ utilisée dans le
calcul. Dans l'approximation LDA (*local density approximation*), on suppose
que la fonctionnelle d'échange-corrélation E_{xc} s'écrit sous la forme

$$E_{xc}(\rho) = E_x(\rho) + E_c(\rho),$$

où E_x et E_c désignent respectivement les fonctionnelles d'échange et de corrélation (cette séparation a un sens physique), et que ces deux fonctionnelles
sont locales, c'est-à-dire de la forme

$$E(\rho) = \int_{\mathbf{R}^3} \epsilon(\rho(x)) \, dx,$$

où ϵ est une fonction de $\mathbf{R}^+$ dans $\mathbf{R}$. Leur expression est obtenue par extrapolation des formules valables pour un gaz homogène d'électrons. On obtient
ainsi pour la fonctionnelle d'échange

$$E_x^{LDA}(\rho) = -\frac{3}{4} \left(\frac{3}{\pi} \right)^{1/3} \int_{\mathbf{R}^3} \rho^{4/3}.$$

La fonctionnelle de corrélation d'un gaz homogène d'électrons n'a pas d'expression analytique simple mais la fonction $\rho \mapsto \epsilon_c(\rho)$ (de $\mathbb{R}^+$ à valeurs dans $\mathbb{R}$) peut être calculée numériquement point par point par une méthode de Monte Carlo. L'existence d'un minimiseur du problème de Kohn-Sham LDA pour des fonctionnelles d'échange-corrélation "raisonnables" est prouvée dans [135].

On peut raffiner l'approximation LDA, qui vient de l'approximation "gaz homogène d'électrons" ($\rho = $ Cste), en incorporant des corrections en $|\nabla \rho|$

$$E(\rho) = \int_{\mathbf{R}^3} \epsilon(\rho(x), |\nabla \rho|(x)) \, dx.$$

On obtient ainsi les modèles *gradient corrected* (GC), parmi lesquels on peut citer la fonctionnelle d'échange de Becke [17] et les fonctionnelles de corrélation de Lee, Yang et Parr [139] et de Perdew et Wang [179].

1.6 Compléments : modèles avec spin

Nous avons jusqu'à présent ignoré les variables de spin dans l'écriture de la fonction d'onde. Comme leur nom l'indique, les variables de spin rendent compte de l'état de spin des particules qui composent le système ; ce sont des variables *discrètes* qui sont reliées aux diverses représentations de dimension finie du groupe des rotations d'espace. Pour un électron, particule élémentaire de spin $1/2$, la variable de spin, notée σ, ne peut prendre que deux valeurs qu'on notera ici $|+\rangle$ (*spin up*) et $|-\rangle$ (*spin down*). La fonction d'onde décrivant les N électrons d'un système moléculaire s'écrit

$$\psi(x_1, \sigma_1; \cdots; x_N, \sigma_N)$$

et cette fonction d'onde se doit d'être

1. antisymétrique vis-à-vis de l'échange des coordonnées d'espace et de spin de deux électrons :

$$\psi(x_{p(1)}, \sigma_{p(1)}; \cdots; x_{p(N)}, \sigma_{p(N)}) = \epsilon(p)\psi(x_1, \sigma_1; \cdots; x_N, \sigma_N),$$

pour toute permutation p des N particules, $\epsilon(p)$ désignant la signature de la permutation p ;

2. normalisée en le sens suivant

$$\sum_{\sigma_1, \cdots, \sigma_N} \int_{\mathbf{R}^{3N}} |\psi(x_1, \sigma_1; \cdots; x_N, \sigma_N)|^2 = 1.$$

Il est donc naturel de définir l'approximation de Hartree-Fock en reprenant ce qui a été fait à la section 1.4, c'est-à-dire en restreignant l'ensemble de minimisation $\{\psi_e \in \mathcal{H}_e, \quad \|\psi_e\|_{L^2} = 1\}$ aux fonctions d'onde ψ_e qui s'écrivent comme un déterminant de Slater

$$\psi_e = \frac{1}{\sqrt{N!}} \det(\phi_i(x_j, \sigma_j))$$

de N fonctions d'onde monoélectroniques orthonormées ϕ_j possédant cette fois-ci une variable de spin $\sigma_j \in \{|+\rangle, |-\rangle\}$ et appelées pour cette raison *spin-orbitales moléculaires*. Il s'agit ensuite de minimiser l'énergie de Hartree-Fock

$$\widetilde{E}^{HF}(\Phi) = \sum_{i=1}^{N} \frac{1}{2} \int_{\mathbf{R}^3} \sum_{\sigma} |\nabla \phi_i|^2$$

$$+ \int_{\mathbf{R}^3} \rho_\Phi V + \frac{1}{2} \int_{\mathbf{R}^3} \int_{\mathbf{R}^3} \frac{\rho_\Phi(x) \, \rho_\Phi(x')}{|x - x'|} \, dx \, dx'$$

$$- \frac{1}{2} \int_{\mathbf{R}^3} \int_{\mathbf{R}^3} \sum_{\sigma, \sigma'} \frac{|\tau_\Phi(x, \sigma; x', \sigma')|^2}{|x - x'|} \, dx \, dx'$$

où

$$\tau_\Phi(x, \sigma; x', \sigma') = \sum_{i=1}^{N} \phi_i(x, \sigma) \, \phi_i(x', \sigma'), \quad \text{et} \quad \rho_\Phi(x) = \sum_{i=1}^{N} \sum_{\sigma} |\phi_i(x, \sigma)|^2,$$

sur l'ensemble

$$\widetilde{\mathcal{W}}_N = \left\{ \Phi = \{\phi_i\}_{1 \leq i \leq N}, \quad \phi_i \in H^1(\mathbf{R}^3 \times \{|+\rangle, |-\rangle\}), \right.$$

$$\left. (\phi_i, \phi_j) = \sum_{\sigma \in \{|+\rangle, |-\rangle\}} \int_{\mathbf{R}^3} \phi_i(x, \sigma) \, \phi_j(s, \sigma) \, dx = \delta_{ij}, \quad 1 \leq i, j \leq N \right\}$$

des configurations de N spin-orbitales moléculaires.

Ce modèle, dit de Hartree-Fock général, est en fait toutefois peu utilisé en pratique dans les calculs. On lui préfère les modèles *Unrestricted Hartree-Fock* (UHF) ou *Restricted Hartree-Fock* (RHF)[7] que nous allons maintenant décrire en quelques lignes.

Le modèle RHF est un modèle de Hartree-Fock à couches fermées directement issu du concept, fondamental en chimie, de *paire d'électrons de Lewis* [144]

---

[7] Il y a à ce niveau une ambiguïté entre les dénominations utilisées en mathématiques et en chimie. Le sigle RHF signifie en général *Reduced Hartree-Fock* dans la littérature mathématique et correspond à une version simplifiée du modèle de Hartree-Fock (sans spin) dans laquelle on omet le terme d'échange $-\frac{1}{2} \int_{\mathbf{R}^3} \int_{\mathbf{R}^3} \frac{|\tau_\Phi(x, x')|^2}{|x - x'|} \, dx \, dx'$.

(on ne peut donc mettre en œuvre le modèle RHF que lorsque le système comporte un nombre pair d'électrons). A chacune des $p = N/2$ paires de Lewis est associée une fonction d'onde spaciale $\phi_i \in H^1(\mathbb{R}^3)$ peuplée par deux électrons, un électron de type *spin up*, dit α, et un électron type *spin down*, dit β. Les fonctions d'onde admissibles dans le modèle RHF sont donc les déterminants de Slater construits à partir d'un ensemble de N spin-orbitales de la forme

$$\{\phi_1\,\alpha, \phi_1\,\beta, \cdots, \phi_p\,\alpha, \phi_p\,\beta\},$$

où $\phi_i \in H^1(\mathbb{R}^3)$ et $\int_{\mathbb{R}^3} \phi_i \phi_j = \delta_{ij}$ pour $1 \leq i, j \leq p$, et où les fonctions α et β, qui n'agissent que sur la variable de spin, sont définies par

$$\alpha(|+\rangle) = 1, \quad \alpha(|-\rangle) = 0, \quad \beta(|+\rangle) = 0, \quad \beta(|-\rangle) = 1.$$

Pour une fonction d'onde ψ_e de la forme RHF, on note

$$\tau_\Phi(x, x') = 2\tau_{\psi_e}^1(x, |+\rangle; x', |+\rangle) = 2\tau_{\psi_e}^1(x, |-\rangle; x', |-\rangle) = 2\sum_{i=1}^p \phi_i(x)\,\phi_i(x'),$$

$$\rho_\Phi(x) = \tau_\Phi(x, x) = 2\sum_{i=1}^p |\phi_i(x)|^2,$$

et on a par ailleurs

$$\tau_{\psi_e}^1(x, |+\rangle; x', |-\rangle) = \tau_{\psi_e}^1(x, |-\rangle; x', |+\rangle) = 0.$$

On obtient ainsi un modèle sans variables de spin explicites qui s'exprime en fonction des p orbitales ϕ_i sous la forme

$$\inf\left\{E^{RHF}(\Phi), \quad \Phi \in \mathcal{W}_p\right\}, \tag{1.18}$$

$$E^{RHF}(\Phi) = \sum_{i=1}^p \int_{\mathbb{R}^3} |\nabla\phi_i|^2 + \int_{\mathbb{R}^3} \rho_\Phi\,V + \frac{1}{2}\int_{\mathbb{R}^3}\int_{\mathbb{R}^3} \frac{\rho_\Phi(x)\,\rho_\Phi(x')}{|x - x'|}\,dx\,dx'$$
$$-\frac{1}{4}\int_{\mathbb{R}^3}\int_{\mathbb{R}^3} \frac{|\tau_\Phi(x, x')|^2}{|x - x'|}\,dx\,dx'.$$

Le modèle UHF est un modèle qui, contrairement au modèle RHF, permet de décrire les structures électroniques des systèmes à couches ouvertes (comme les radicaux libres). Dans ce modèle, on impose à chacune des N spin-orbitales moléculaires d'être ou bien de type *spin up*, c'est-à-dire de la forme $\phi_i(x)\,\alpha(\sigma)$, ou bien de type *spin down*, c'est-à-dire de la forme $\phi_i(x)\,\beta(\sigma)$. Les fonctions d'onde admissibles du modèle UHF sont donc les déterminants de Slater construits à partir d'un ensemble de N spin-orbitales de la forme

$$\left\{\phi_1^\alpha\,\alpha, \cdots, \phi_{N_\alpha}^\alpha\,\alpha; \phi_1^\beta\,\beta, \cdots, \phi_{N_\beta}^\beta\,\beta\right\}$$

avec $N_\alpha + N_\beta = N$. En notant

$$\tau_{\Phi^\alpha}(x, x') = \sum_{i=1}^{N_\alpha} \phi_i^\alpha(x)\phi_i^\alpha(x'), \qquad \tau_{\Phi^\beta}(x, x') = \sum_{i=1}^{N_\beta} \phi_i^\beta(x)\phi_i^\beta(x'),$$

$$\rho_{\Phi^\alpha}(x) = \sum_{i=1}^{N_\alpha} |\phi_i^\alpha(x)|^2, \quad \rho_{\Phi^\beta}(x) = \sum_{i=1}^{N_\beta} |\phi_i^\beta(x)|^2, \quad \rho = \rho_{\Phi^\alpha} + \rho_{\Phi^\beta},$$

le problème UHF s'écrit

$$\inf_{N_\alpha + N_\beta = N} \inf \left\{ E^{UHF}(\Phi^\alpha, \Phi^\beta), \quad (\Phi^\alpha, \Phi^\beta) \in \mathcal{W}_{N_\alpha} \times \mathcal{W}_{N_\beta} \right\},$$

où

$$
\begin{aligned}
E^{UHF}(\Phi^\alpha, \Phi^\beta) = &\sum_{i=1}^{N_\alpha} \frac{1}{2} \int_{\mathbf{R}^3} |\nabla \phi_i^\alpha|^2 + \sum_{i=1}^{N_\beta} \frac{1}{2} \int_{\mathbf{R}^3} |\nabla \phi_i^\beta|^2 \\
&+ \int_{\mathbf{R}^3} \rho V + \frac{1}{2} \int_{\mathbf{R}^3} \int_{\mathbf{R}^3} \frac{\rho(x)\,\rho(x')}{|x - x'|} \, dx\, dx' \\
&- \frac{1}{2} \int_{\mathbf{R}^3} \int_{\mathbf{R}^3} \frac{|\tau_{\Phi^\alpha}(x, x')|^2}{|x - x'|} \, dx\, dx' \\
&- \frac{1}{2} \int_{\mathbf{R}^3} \int_{\mathbf{R}^3} \frac{|\tau_{\Phi^\beta}(x, x')|^2}{|x - x'|} \, dx\, dx'.
\end{aligned}
$$

En pratique, on se donne *a priori* N_α et N_β par des arguments de chimie et on résout simplement

$$\inf \left\{ E^{UHF}(\Phi^\alpha, \Phi^\beta), \quad (\Phi^\alpha, \Phi^\beta) \in \mathcal{W}_{N_\alpha}^S \times \mathcal{W}_{N_\beta}^S \right\}. \tag{1.19}$$

On peut représenter les fonctions d'onde admissibles pour les modèles de Hartree-Fock général, de Hartree-Fock sans spin, RHF et UHF par des diagrammes (Figure 1.1).

Le formalisme de la fonctionnelle de la densité permet également de spécifier l'état de spin du système. Il existe ainsi des modèles spécifiques pour les systèmes à couches ouvertes : ce sont les modèles LSD (*local spin density*) qui font intervenir les densités électroniques partielles ρ_α et ρ_β relatives aux électrons de type *spin up* et *spin down* respectivement.

1.7 Résumé

La recherche de l'énergie fondamentale d'un système moléculaire isolé est le problème central de la chimie quantique. Sous l'approximation de Born-Oppenheimer des noyaux classiques, ce problème s'exprime sous la forme de deux problèmes de minimisation imbriqués :

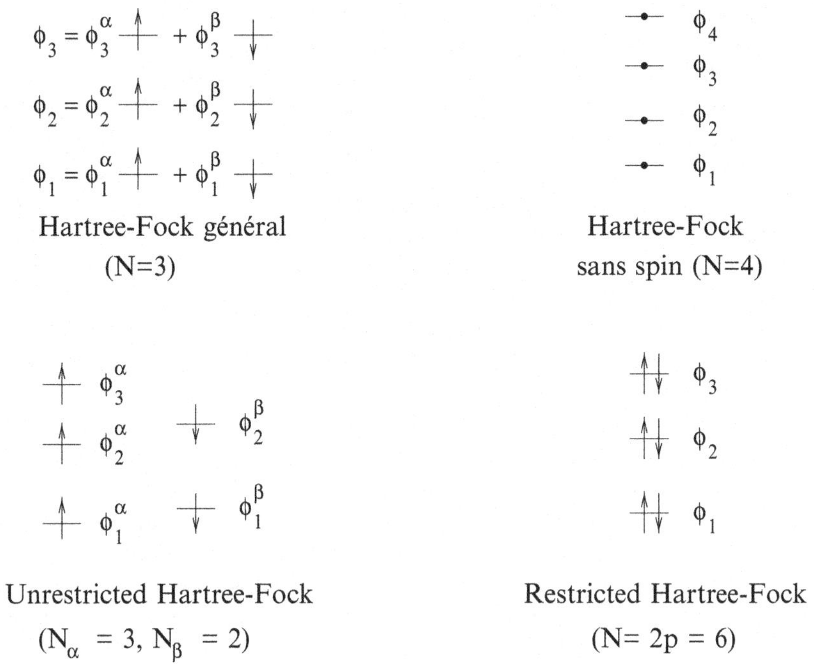

$$\phi_3 = \phi_3^{\alpha} \uparrow + \phi_3^{\beta} \downarrow$$

$$\phi_2 = \phi_2^{\alpha} \uparrow + \phi_2^{\beta} \downarrow$$

$$\phi_1 = \phi_1^{\alpha} \uparrow + \phi_1^{\beta} \downarrow$$

Hartree-Fock général
(N=3)

— ϕ_4

— ϕ_3

— ϕ_2

— ϕ_1

Hartree-Fock
sans spin (N=4)

$\uparrow$ ϕ_3^{α}

$\uparrow$ ϕ_2^{α} $\downarrow$ ϕ_2^{β}

$\uparrow$ ϕ_1^{α} $\downarrow$ ϕ_1^{β}

Unrestricted Hartree-Fock
(N_{α} = 3, N_{β} = 2)

$\uparrow\downarrow$ ϕ_3

$\uparrow\downarrow$ ϕ_2

$\uparrow\downarrow$ ϕ_1

Restricted Hartree-Fock
(N= 2p = 6)

Fig. 1.1. Représentation de la structure électronique dans les modèles de Hartree-Fock.

- le problème extérieur, dit d'optimisation de géométrie, consiste à minimiser l'énergie potentielle W des M noyaux consituant le système moléculaire, considérés comme des particules classiques. Mathématiquement, c'est un problème de minimisation sans contraintes sur l'espace de dimension finie $\mathbb{R}^{3M}$;
- le problème intérieur consiste en l'évaluation de la fonction W en un point donné $(\bar{x}_1, \cdots, \bar{x}_M)$ de $\mathbb{R}^{3M}$. Il faut pour cela calculer le potentiel effectif créé par les N électrons qui composent le système, décrits en mécanique quantique par une fonction d'onde ψ_e. Mathématiquement, le problème électronique s'écrit (on oublie le spin)

$$\inf \left\{ \langle \psi_e, H_e^{\{\bar{x}_k\}} \psi_e \rangle, \quad \psi_e \in \mathcal{H}_e, \ \|\psi_e\|_{L^2} = 1 \right\}$$

avec

$$H_e^{\{\bar{x}_k\}} = -\sum_{i=1}^{N} \frac{1}{2} \Delta_{x_i} - \sum_{i=1}^{N} \sum_{k=1}^{M} \frac{z_k}{|x_i - \bar{x}_k|} + \sum_{1 \le i < j \le N} \frac{1}{|x_i - x_j|}.$$

et

$$\mathcal{H}_e = \bigwedge_{i=1}^{N} H^1(\mathbb{R}^3).$$

Il s'agit là d'un problème de minimisation sous contraintes d'une fonctionnelle quadratique sur un espace de dimension infinie.

En raison de la taille de l'espace $\mathcal{H}_e$, on ne peut pas attaquer le problème électronique directement. Pour le résoudre, on dispose essentiellement de deux classes de méthodes d'approximation

- les méthodes de type Hartree-Fock, qui sont des méthodes variationnelles (on minimise sur un sous-ensemble de la sphère unité L^2 de $\mathcal{H}_e$) ; lorsque le sous-ensemble en question est constitué des déterminants de Slater de N orbitales moléculaires, on obtient le problème de Hartree-Fock ;
- les méthodes de type fonctionnelle de la densité : on récrit l'énergie sous la forme d'une fonctionnelle qui ne dépend que de la densité électronique (et non plus de la fonction d'onde). Si l'existence d'une fonctionnelle de la densité est établie sur le plan théorique, aucune expression exploitable numériquement n'en est connue. On est donc réduit à n'utiliser que des approximations de cette fonctionnelle. Parmi elles, on trouve les fonctionnelles de type Thomas-Fermi, peu utilisées en pratique mais utiles sur le plan théorique pour se faire la main sur les problèmes mathématiques de la chimie quantique, et les fonctionnelles de type Kohn-Sham qui donnent lieu à des problèmes analogues sur le plan formel aux problèmes de Hartree-Fock.

Dans tous les cas, on aboutit à un problème de minimisation sous contraintes égalités d'une fonctionnelle non linéaire sur $(H^1(\mathbb{R}^3))^N$ ou sur $L^1(\mathbb{R}^3, \mathbb{R}^+)$.

1.8 Pour en savoir plus

Il existe de nombreux ouvrages d'introduction aux modèles et aux méthodes de la chimie quantique, notamment :

- F. Jensen, *Introduction to computational chemsitry*, Wiley 1999 ;
- I.N. Levine, *Quantum chemistry*, Prentice Hall 1991 ;
- W.J. Hehre, L. Radom, P.v.R. Schleyer and J.A. Pople, *Ab initio molecular orbital theory*, Wiley 1986 ;
- A. Szabo and N.S. Ostlund, *Modern quantum chemistry : an introduction to advanced electronic structure theory*, Macmillan 1982.

Plus complets, mais d'une lecture plus difficile, citons aussi

- T. Helgaker, P. Jorgensen and J. Olsen, *Molecular electronic-structure theory*, Wiley 2000 ;
- R. McWeeny, *Methods of molecular quantum mechanics*, Academic Press 1992 ;

pour les modèles de fonctions d'onde (classe à laquelle appartient le modèle de Hartree-Fock) et

- R.M. Dreizler and E.K.U. Gross, *Density functional theory*, Springer 1990 ;

– R.G. Parr and W. Yang, *Density-functional theory of atoms and molecules*, Oxford University Press 1989 ;

pour les modèles de type DFT. Nous recommandons également

– J.B. Foresman and A. Frisch, *Exploring chemistry with electronic structure methods*, Gaussian Inc. 1996 ;

qui est en fait un manuel d'apprentissage d'un logiciel de chimie quantique du commerce. Il y est notamment bien expliqué, sur une série d'exemples très concrets, comment exhiber les propriétés physico-chimiques d'un système à partir de calculs de chimie quantique.

Une présentation plus mathématique peut être lue dans

– E. Cancès, M. Defranceschi, W. Kutzelnigg, C. Le Bris and Y. Maday, *Computational quantum chemistry : a primer*, in : *Handbook of numerical analysis. Volume X : special volume : computational chemistry*, Ph. Ciarlet and C. Le Bris eds., North Holland 2003.

Pour une initiation à la dynamique moléculaire, nous conseillons

– M.P. Allen and D.J. Tildesley, *Computer simulation of liquids*, Oxford Science Publications 1987.

– D. Frenkel and B. Smit, *Understanding molecular simulation*, Academic Press 1996.

– T. Schlick, *Molecular Modeling : An Interdisciplinary Guide*, Springer-Verlag 2002.

Pour ce qui est des modèles semi-empiriques, nous orienterons le lecteur vers

– J. Sadlej, *Semi-empirical methods of quantum chemistry*, Horwood 1985.

– G.A. Segal, *Semiempirical methods of electronic structure calculations*, Plenum 1977.

1.9 Exercices

Exercice 1.1 Les notations sont celles de la section 1.4. L'objectif de ce problème est de retrouver l'expression du problème de Hartree-Fock pour $N = 2$. Le cas général n'est pas plus compliqué mais le formalisme est plus lourd. On raisonnera formellement en admettant que les intégrales dans lesquelles apparaît une singularité coulombienne sont bien définies (cela sera prouvé au Chapitre 2). Soit donc $\Phi = \{\phi_i\}_{1 \leq i \leq 2} \in \mathcal{W}_2$ et

$$\psi_e = \frac{1}{\sqrt{2!}} \det(\phi_i(x_j)) = \frac{1}{\sqrt{2}} \begin{vmatrix} \phi_1(x_1) & \phi_1(x_2) \\ \phi_2(x_1) & \phi_2(x_2) \end{vmatrix}$$
$$= \frac{1}{\sqrt{2}} (\phi_1(x_1)\phi_2(x_2) - \phi_1(x_2)\phi_2(x_1))$$

le déterminant de Slater engendré par Φ.

1. Vérifier que ψ_e est un élément normalisé de $\mathcal{H}_e$ et prouver (1.8), (1.9) et (1.10).

2. Montrer que

$$\langle \psi_e, \left(-\frac{1}{2}\Delta_{x_1} - \frac{1}{2}\Delta_{x_2} + V(x_1) + V(x_2) \right) \psi_e \rangle$$

$$= \frac{1}{2} \int_{\mathbf{R}^3} |\nabla \phi_1|^2 + \frac{1}{2} \int_{\mathbf{R}^3} |\nabla \phi_2|^2 + \int_{\mathbf{R}^3} |\phi_1|^2 \, V + \int_{\mathbf{R}^3} |\phi_2|^2 \, V$$

$$= \frac{1}{2} \int_{\mathbf{R}^3} |\nabla \phi_1|^2 + \frac{1}{2} \int_{\mathbf{R}^3} |\nabla \phi_2|^2 + \int_{\mathbf{R}^3} \rho_\Phi V.$$

3. Montrer que

$$\langle \psi_e, \frac{1}{|x_1 - x_2|} \psi_e \rangle = \frac{1}{2} \int_{\mathbf{R}^3} \int_{\mathbf{R}^3} \frac{\left(\sum_{i=1}^{2} |\phi_i(x)|^2 \right) \left(\sum_{i=1}^{2} |\phi_i(x')|^2 \right)}{|x - x'|} \, dx \, dx'$$

$$- \frac{1}{2} \int_{\mathbf{R}^3} \int_{\mathbf{R}^3} \frac{\left| \sum_{i=1}^{2} \phi_i(x) \phi_i(x') \right|^2}{|x - x'|} \, dx \, dx'$$

$$= \frac{1}{2} \int_{\mathbf{R}^3} \int_{\mathbf{R}^3} \frac{\rho_\Phi(x) \, \rho_\Phi(x')}{|x - x'|} \, dx \, dx'$$

$$- \frac{1}{2} \int_{\mathbf{R}^3} \int_{\mathbf{R}^3} \frac{|\tau_\Phi(x, x')|^2}{|x - x'|} \, dx \, dx'.$$

4. En déduire l'équivalence des problèmes (1.7) et (1.13).

5. Démontrer la deuxième égalité dans (1.14) et en déduire que le problème (1.15) est équivalent aux problèmes (1.7) et (1.13).

Exercice 1.2 Ecrire le problème de la recherche du fondamental de la molécule d'hydrogène H_2 sous l'approximation de Born-Oppenheimer (on rappelle que la molécule H_2 comprend deux noyaux identiques de charges $z = 1$ et deux électrons). Donner les approximations Restricted Hartree-Fock et Unrestricted Hartree-Fock du problème électronique correspondant.

Un problème modèle sur un domaine borné

Comme annoncé ci-dessus, nous allons commencer par l'étude d'un problème modèle sur un ouvert borné de $\mathbb{R}^3$. Nous expliquerons ainsi pourquoi les problèmes réels que nous rencontrerons dans la suite sont appelés *localement compacts* : en les restreignant à des ouverts bornés, ils deviennent (assez) faciles à traiter par des techniques de calcul variationnel standard.

A l'abord de ce chapitre, nous considérons comme connues et maîtrisées les notions suivantes : le calcul différentiel sur les espaces vectoriels normés, les bases de la théorie de la mesure et de l'intégation (notamment la définition des espaces L^p, $1 \leq p \leq +\infty$), la théorie des distributions.

Pour un "professionnel" de l'Analyse, un traitement direct du problème que nous allons considérer dans ce chapitre prendrait une ou deux pages. Ici, nous allons aborder ces questions très progressivement et en faisant un certain nombres de digressions, dans le but d'amasser le plus grand nombre possible de notions, de résultats, de techniques, car tous nous seront utiles dans les chapitres suivants. La longueur de ce chapitre n'est donc pas représentative de la difficulté du cas traité : nous "capitalisons" pour l'avenir.

Avertissement important : Dans la collecte de résultats d'analyse fonctionnelle que nous menons ici, aussi bien que dans les chapitres suivants, nous nous fixons la règle suivante. Nous formulons ces résultats dans l'espace $\mathbb{R}^3$ (car c'est l'espace physique), même si la plupart d'entre eux admettent une généralisation à $\mathbb{R}^N$. De plus, nous nous plaçons souvent dans des hypothèses plus fortes que nécessaire. Les extensions à des cas plus généraux, ainsi que les raffinements éventuels sont indiqués en remarque. Nous ne donnerons la plupart du temps aucune preuve de ces résultats qui sont des "grands classiques" de l'Analyse. Nous présenterons simplement l'idée maîtresse de la démonstration ; des preuves dans des cas simples feront l'objet d'exercices. Quoi qu'il en soit, tout le matériau pour les preuves, extensions, raffinements, peut être consulté dans les références indiquées en fin de chapitre.

2.1 Présentation du modèle

Soit Ω un ouvert borné de $\mathbb{R}^3$, dont nous supposons la frontière raisonnablement régulière. Nous ne souhaitons pas nous étendre sur cette régularité, puisque la frontière est appelée à disparaître dans les chapitres ultérieurs. Disons un peu cavalièrement que la régularité de l'ouvert Ω est celle qui permet d'établir tous les résultats usuels d'analyse fonctionnelle et de théorie des équations aux dérivées partielles (essentiellement les Théorèmes 2.2, 2.24, 2.29 et 2.31) que l'on va citer plus bas. Elle sera précisée lorsque cela sera nécessaire. De toute façon, pour les aspects qui nous intéressent, on pourrait très bien se restreindre au cas d'une boule.

Sur cet ouvert, nous considérons l'espace de Sobolev $H^1(\Omega)$ des fonctions de carré intégrable dont le gradient est aussi de carré intégrable :

$$H^1(\Omega) = \left\{ u \in L^2(\Omega), \quad \nabla u \in \left(L^2(\Omega)\right)^3 \right\},$$

$$\|u\|_{H^1(\Omega)} = \left(\|u\|^2_{L^2(\Omega)} + \|\nabla u\|^2_{L^2(\Omega)} \right)^{1/2},$$

et plus précisément celles des fonctions de $H^1(\Omega)$ qui sont nulles au bord $\partial\Omega$ du domaine Ω, à savoir celles qui forment l'espace

$$H^1_0(\Omega) = \left\{ u \in H^1(\Omega), \quad u|_{\partial\Omega} = 0 \right\}. \tag{2.1}$$

Remarque 2.1 *Cette définition (2.1) exploite le fait que nous travaillons avec un ouvert régulier (la régularité du bord permet de définir la trace $u|_{\partial\Omega}$ de la fonction $u \in H^1(\Omega)$). En toute généralité, rappelons ici que l'on peut aussi définir les espaces $H^1(\Omega)$ et $H^1_0(\Omega)$ comme suit. L'espace $H^1(\Omega)$ est l'adhérence pour la norme H^1 de l'espace $C^\infty(\bar{\Omega})$ des fonctions de classe C^∞ dans $\bar{\Omega}$. Quant à $H^1_0(\Omega)$, c'est l'adhérence, toujours pour la norme H^1, cette fois de l'espace $C^\infty_0(\Omega)$ des fonctions de classe C^∞ à support compact dans Ω (i.e. nulles près du bord). On notera qu'en particulier $C^\infty_0(\Omega)$ est dense dans $H^1_0(\Omega)$ pour la norme H^1, et est dense dans $H^1(\Omega)$ pour la norme L^2. Cette définition de $H^1_0(\Omega)$ ne requiert pas la régularité du bord du domaine.*

Quitte à le translater, nous supposons désormais que le domaine Ω contient 0, l'origine de l'espace.

Pour un paramètre $\lambda > 0$ fixé, nous introduisons maintenant le problème de minimisation suivant

$$I^\Omega_\lambda = \inf \left\{ E^\Omega(u), \quad u \in H^1_0(\Omega), \quad \int_\Omega |u|^2 = \lambda \right\}, \tag{2.2}$$

$$E^\Omega(u) = \int_\Omega |\nabla u|^2 - \int_\Omega \frac{Z}{|x|} u^2 + \int_\Omega |u|^{10/3}$$

$$+ \frac{1}{2} \iint_{\Omega \times \Omega} \frac{u^2(x) u^2(y)}{|x - y|} \, dx \, dy. \tag{2.3}$$

L'objectif de ce chapitre est de montrer que ce problème de minimisation admet un minimiseur, lequel est unique au signe près.

Nous allons vérifier plus bas que ce problème de minimisation est correctement posé, mais attardons-nous une minute sur la signification physique de ce problème.

En posant $\rho = u^2$, on peut interpréter le problème (2.2) comme un modèle de type Thomas-Fermi-von Weizsäcker pour un atome. Nous avons brièvement introduit ce modèle au Chapitre 1 et donné ses origines physiques. La fonction ρ est la densité électronique, que nous contraignons ici à être supportée dans Ω (contrairement à la "vraie" densité qui, elle, est à support sur l'espace $\mathbb{R}^3$ tout entier). L'intégrale $\displaystyle\int_\Omega \rho$, qui dans (2.2) vaut λ, est le nombre total d'électrons du système moléculaire étudié. En pratique, λ est donc un nombre entier, mais pour des raisons mathématiques qui deviendront claires dans le chapitre suivant, il est commode de considérer le problème (2.2) pour tout $\lambda > 0$ réel. La fonctionnelle E^Ω modélise l'énergie du cortège électronique de densité $\rho = u^2$. Le terme $-\displaystyle\int_\Omega \frac{Z}{|x|} u^2$ représente l'energie potentielle associée à l'attraction coulombienne créée par un noyau de charge Z placé à l'origine. On indique d'ores et déjà que les résultats que nous allons établir sur ce cas atomique sont (à l'exception de ceux de la Section 2.4.4) valables pour le cas d'une molécule, c'est-à-dire le cas où $-\displaystyle\int_\Omega \frac{Z}{|x|} u^2$ est remplacé par

$$-\sum_{k=1}^K \int_\Omega \frac{z_k}{|x - \bar{x}_k|} u^2 \text{ avec } \sum_{k=1}^K z_k = Z.$$ La section 2.5 reviendra sur ce point. Le terme $\dfrac{1}{2} \displaystyle\iint_{\Omega \times \Omega} \frac{u^2(x) u^2(y)}{|x - y|} \, dx \, dy$ est une évaluation de l'énergie de répulsion électrostatique des électrons entre eux. En fait, cette évaluation est une évaluation par excès, nous reviendrons plus tard sur ce point ; noter simplement ici que dans un modèle aussi grossier, un électron se repousse lui-même ! Les deux termes de E^Ω restant sont des termes modélisant l'énergie cinétique des électrons. D'abord, le terme $\displaystyle\int_\Omega \rho^{5/3}$ est un terme issu de la théorie cinétique des gaz. Au premier ordre, il modélise l'énergie cinétique des électrons par celle d'un gaz homogène uniforme d'électrons. Pour affiner cette approximation, on adjoint au terme en $\displaystyle\int_\Omega \rho^{5/3}$ un terme correctif de type $\displaystyle\int_\Omega |\nabla u|^2$ (bien noter que c'est le terme en gradient qui est un terme correctif du terme en $\rho^{5/3}$ et non l'inverse). Devant ces deux termes, il y a en fait des coefficients positifs, qui peuvent dépendre du système moléculaire étudié. D'un point de vue mathématique, tout se passe comme si ces coefficients valaient 1. De même, on se place pour les termes électrostatiques dans des unités telles que la charge de l'électron vaut 1. Ces remarques sur les coefficients multiplicatifs

des termes et sur les unités employées sont valables pour tous les modèles que nous étudierons dans ce cours, et on ne les rappelera pas dans la suite.

Regardons maintenant le problème (2.2) avec un œil mathématique.

2.2 Préliminaires

La première chose à prouver est que ce problème est bien défini, au sens où tous les termes de l'énergie $E^{\Omega}(u)$ prennent bien un sens pour un u arbitraire dans $H_0^1(\Omega)$ (on pourrait aussi bien travailler sur $H^1(\Omega)$, se reporter à l'Exercice 2.10 que l'on fera après la lecture *complète* de ce chapitre).

2.2.1 Le problème est bien défini

Il est clair que le premier terme $\int_{\Omega} |\nabla u|^2$ est bien défini, c'est même pour lui donner un sens que l'on a choisi de travailler avec des fonctions H^1.

Regardons maintenant le terme $\int_{\Omega} |u|^{10/3}$. On ne sait pas *a priori* que u est une fonction de $L^{10/3}(\Omega)$. Pourtant, c'est bien le cas, en raison du résultat suivant

Théorème 2.2 Injections continues de Sobolev en dimension 3 *Soit $\Omega = \mathbb{R}^3$, $\Omega = \mathbb{R}^2 \times]0, +\infty[$, ou Ω un ouvert borné de classe C^1 de $\mathbb{R}^3$. Alors l'espace $H^1(\Omega)$ s'injecte de façon continue dans $L^p(\Omega)$ pour tout $p \in [2, 6]$. En d'autres termes, pour tout $p \in [2, 6]$, il existe une constante C telle que*

$$\forall u \in H^1(\Omega), \quad \|u\|_{L^p(\Omega)} \leq C \|u\|_{H^1(\Omega)}.$$

Remarque 2.3

1. *Ce théorème est en fait un cas particulier d'un résultat plus général concernant une dimension d'espace arbitraire N. Nous verrons au Théorème 2.29 une extension de ce résultat.*

2. *La constante C peut en fait être choisie indépendante de $p \in [2, 6]$ et de Ω.*

3. *Si Ω est borné, alors le résultat est vrai pour tout $p \in [1, 6]$, et on verra à la section suivante (Théorème 2.24) qu'en fait l'injection est, sous une hypothèse restrictive sur p, beaucoup mieux que continue.*

Venons-en au terme $\int_{\Omega} \dfrac{1}{|x|} u^2$. Il existe plusieurs façons de montrer que ce terme est bien défini pour une fonction u de classe H^1. La façon la plus simple est la suivante. On commence par remarquer que, en dimension 3, la singularité $\frac{1}{|x|^\alpha}$ est intégrable localement pour tout $\alpha < 3$ puisque :

$$\int_{|x| \leq 1} \frac{1}{|x|^\alpha} dx = 4\pi \int_0^1 r^{2-\alpha} dr.$$

On en déduit que la fonction $x \mapsto \frac{1}{|x|}$ appartient à $L^p(\Omega)$ pour tout $1 \leq p < 3$ et donc en particulier à $L^2(\Omega)$. De son côté, la fonction u arbitraire dans $H^1(\Omega)$ appartient à $L^4(\Omega)$ en vertu des injections de Sobolev ci-dessus (on a bien $1 \leq 4 \leq 6$). On peut donc bien écrire le produit scalaire dans $L^2(\Omega)$ de $\frac{1}{|x|}$ et de u^2, ce qui donne un sens au terme $\int_\Omega \frac{1}{|x|} u^2$.

Terminons par le terme

$$\iint_{\Omega \times \Omega} \frac{u^2(x)u^2(y)}{|x-y|} \, dx \, dy. \tag{2.4}$$

Il est d'abord possible de montrer "à la main" qu'il est bien défini, et ce de la façon suivante. Pour x fixé dans Ω, la quantité $\int_\Omega \frac{u^2(y)}{|x-y|} dy$ est bien définie, précisément en vertu du raisonnement fait ci-dessus pour montrer que le terme $\int_\Omega \frac{1}{|x|} u^2$ l'était. C'est le produit scalaire dans $L^2(\Omega)$ de deux fonctions de $L^2(\Omega)$. De plus, grâce à l'inégalité de Cauchy-Schwarz, il est facile de voir qu'il existe une constante C_Ω dépendant de Ω (prendre par exemple $C_\Omega = \left(\int_{B(0,R_\Omega)} \frac{1}{|x|^2} dx \right)^{1/2}$, où R_Ω désigne le diamètre de Ω et $B(0, R_\Omega)$ la boule de centre 0 et de rayon R_Ω), telle que

$$\forall x \in \Omega, \quad \int_\Omega \frac{u^2(y)}{|x-y|} \, dy \leq C_\Omega \left(\int_\Omega u^4(y) dy \right)^{1/2}.$$

La fonction $x \mapsto \int_\Omega \frac{u^2(y)}{|x-y|} \, dy$ étant continue (encore à cause de l'inégalité de Cauchy-Schwarz, c'est un bon exercice que nous laissons au lecteur, voir Exercice 2.1), on en déduit que cette fonction est uniformément bornée sur Ω, et donc en particulier que c'est une fonction de $L^2(\Omega)$ (en fait on peut se contenter de dire que c'est une fonction L^∞ donc de classe L^2). On peut donc considérer son produit scalaire L^2 avec une autre fonction de $L^2(\Omega)$, à savoir u^2, ce qui donne un sens à (2.4).

La preuve un peu laborieuse ci-dessus présente l'avantage de ne faire usage d'aucune notion nouvelle. En revanche, elle n'est pas très "parlante", et ne pourra pas se généraliser aux cas beaucoup plus complexes que nous considérerons par la suite. Nous indiquerons plus loin une manière plus élégante de procéder.

En attendant, nous avons prouvé que tous les termes de l'énergie $E^\Omega(u)$ étaient bien définis pour $u \in H^1(\Omega)$.

Montrons maintenant que l'infimum I_λ^Ω est fini.

2.2.2 La borne inférieure est finie

Nous allons tout d'abord rappeler une inégalité essentielle.

Théorème 2.4 (Inégalité de Hölder) *Soit Ω un ouvert (non nécessairement borné) de $\mathbb{R}^N$, et soient p et q deux éléments de l'intervalle $[1, +\infty]$ tels que $\frac{1}{p} + \frac{1}{q} = 1$ (p et q sont alors dits* conjugués). *Pour tout couple $(u,v) \in L^p(\Omega) \times L^q(\Omega)$, on a $uv \in L^1(\Omega)$ et*

$$\|uv\|_{L^1(\Omega)} \le \|u\|_{L^p(\Omega)} \|v\|_{L^q(\Omega)}.$$

Remarque 2.5 *Noter que pour $p = q = 2$, on retrouve l'inégalité de Cauchy-Schwarz.*

Pour prouver que la borne inférieure I_λ^Ω n'est pas $-\infty$, il s'agit de s'intéresser aux termes négatifs de E^Ω, et dans notre cas il n'y en a qu'un, à savoir le terme $-Z \int_\Omega \frac{1}{|x|} u^2$. Pour contrôler ce terme, plusieurs stratégies sont possibles. Une stratégie consiste à utiliser l'inégalité de Hölder pour $p = \frac{5}{2}$ et $q = \frac{5}{3}$:

$$\left| -\int_\Omega \frac{1}{|x|} u^2 \right| \le \left\| \frac{1}{|x|} \right\|_{L^{5/2}(\Omega)} \|u^2\|_{L^{5/3}(\Omega)}$$

$$= \left\| \frac{1}{|x|} \right\|_{L^{5/2}(\Omega)} \|u\|_{L^{10/3}(\Omega)}^2. \tag{2.5}$$

Remarquons maintenant qu'en oubliant à bon droit des termes positifs dans l'énergie, on peut écrire, que pour tout $u \in H^1(\Omega)$, on a

$$E^\Omega(u) \ge \int_\Omega |u|^{10/3} - Z \int_\Omega \frac{1}{|x|} u^2 \tag{2.6}$$

$$\ge \|u\|_{L^{10/3}}^{10/3} - Z \left\| \frac{1}{|x|} \right\|_{L^{5/2}(\Omega)} \|u\|_{L^{10/3}(\Omega)}^2. \tag{2.7}$$

On fait alors l'observation suivante. Le membre de droite de (2.7) est une fonction de la forme $X \mapsto |X|^{10/3} - aX^2$ où X est une variable muette qui a remplacé $\|u\|_{L^{10/3}}$, et a un coefficient réel (positif). Une telle fonction est clairement minorée sur $\mathbb{R}$, par une constante $-C$ qui dépend de a. On peut donc écrire que pour tout $u \in H^1(\Omega)$, on a

$$E^\Omega(u) \ge -C,$$

ce qui montre que la borne inférieure I_λ^Ω est finie.

Remarque 2.6 *En fait, on vient de prouver (ce qui n'est pas important pour l'instant) que I_λ^Ω est bornée inférieurement par une constante qui ne dépend pas de λ. On verra plus loin qu'on peut en fait montrer que I_λ^Ω est bornée inférieurement par une constante qui ne dépend pas non plus de Ω.*

Dans le petit raisonnement ci-dessus, on utilise seulement le fait que le potentiel électrostatique coulombien $\dfrac{1}{|x|}$ est un potentiel appartenant à $L^{5/2}(\Omega)$ quand Ω est borné (noter que $\frac{5}{2}$ est le réel conjugué de $\frac{5}{3}$, l'exposant intervenant dans l'énergie cinétique). En réalité, parce qu'on dispose du terme en gradient en plus du terme en $\rho^{5/3}$, on peut donner une preuve du fait que l'infimum est fini en utilisant seulement la propriété plus faible que $\dfrac{1}{|x|}$ appartient à $L^p(\Omega)$ pour au moins un $p \geq \frac{3}{2}$. Cette preuve pourra donc se généraliser à des cas plus nombreux. Elle se décline en deux variantes, selon que la singularité est seulement $L^{3/2}$ ou qu'elle est L^p pour un certain $p > \frac{3}{2}$.

On introduit pour cette nouvelle preuve deux inégalités. La première est une conséquence directe de l'inégalité de Hölder.

Théorème 2.7 (Inégalité d'interpolation) *Si p, q et r sont trois réels dans $[1, +\infty[$ liés par la relation $\dfrac{1}{r} = \dfrac{\alpha}{p} + \dfrac{1-\alpha}{q}$ pour un certain $\alpha \in [0,1]$, alors, pour tout $u \in L^p(\Omega) \cap L^q(\Omega)$, on a $u \in L^r(\Omega)$ et*

$$\|u\|_{L^r(\Omega)} \leq \|u\|_{L^p(\Omega)}^\alpha \, \|u\|_{L^q(\Omega)}^{(1-\alpha)}.$$

Remarque 2.8

1. *La preuve de cette inégalité à partir de celle de Hölder est simple : on applique l'inégalité de Hölder à $|u|^{r\alpha}$ et $|u|^{r(1-\alpha)}$ pour les exposants conjugués $\dfrac{p}{r\alpha}$ et $\dfrac{q}{r(1-\alpha)}$.*

2. *On comprend pourquoi cette inégalité porte le nom d'inégalité d'interpolation : il s'agit de contrôler la norme L^r en interpolant $\dfrac{1}{r}$ entre $\dfrac{1}{p}$ et $\dfrac{1}{q}$.*

La seconde est plus difficile :

Théorème 2.9 (Inégalité de Sobolev-Gagliardo-Nirenberg)

Il existe une constante C telle que, pour toute fonction $u \in H^1(\mathbf{R}^3)$, on ait

$$\|u\|_{L^6(\mathbf{R}^3)} \leq C \, \|\nabla u\|_{(L^2(\mathbf{R}^3))^3}. \tag{2.8}$$

Remarque 2.10 *Le fait que $H^1(\mathbb{R}^3)$ s'injecte (de façon continue) dans $L^6(\mathbb{R}^3)$ a déjà été vu au Théorème 2.2. Ici, le point capital est qu'au membre de droite de (2.8) figure $\|\nabla u\|_{(L^2(\mathbf{R}^3))^3}$ et non $\|u\|_{H^1(\mathbf{R}^3)}$, ce qui est mieux!*

Remarque 2.11

1. *Si Ω est un ouvert de $\mathbb{R}^3$, alors le prolongement par zéro en dehors de Ω d'une fonction de $H^1_0(\Omega)$ est une fonction de $H^1(\mathbb{R}^3)$ (et ce prolongement définit un opérateur linéaire continu de $H^1_0(\Omega)$ dans $H^1(\mathbb{R}^3)$). L'inégalité (2.8) est donc vraie sur $H^1_0(\Omega)$. Il est facile d'en déduire que, pour tout $p \in [2,6]$, $\dfrac{1}{p} = \dfrac{\alpha}{2} + \dfrac{1-\alpha}{6}$, il existe une constante C telle que, pour tout $u \in H^1_0(\Omega)$, on a*

$$\|u\|_{L^p(\Omega)} \le C \, \|u\|_{L^2(\Omega)}^{\alpha} \, \|\nabla u\|_{L^2(\Omega)}^{1-\alpha}. \tag{2.9}$$

Ceci entraîne (utiliser l'inégalité $ab \le \varepsilon a^r + \varepsilon^{-s/r} b^s$ pour $\dfrac{1}{r} + \dfrac{1}{s} = 1$) que pour tout $p \in [2,6]$ et pour tout $\varepsilon > 0$, il existe une constante C_ε telle que, pour tout $u \in H^1_0(\Omega)$, on a

$$\|u\|_{L^p(\Omega)} \le \varepsilon \, \|\nabla u\|_{L^2(\Omega)} + C_\varepsilon \, \|u\|_{L^2(\Omega)}. \tag{2.10}$$

Bien que (2.8) et (2.9) ne soient pas vraies sur $H^1(\Omega)$ (considérer une fonction constante non nulle), il est possible de montrer que (2.10) reste vraie (voir l'Exercice 2.2).

2. *Comme pour les autres inégalités ci-dessus, (2.8) est un cas particulier d'une inégalité beaucoup plus générale.*

Munis de ces deux inégalités, nous attaquons notre nouvelle preuve, d'abord dans un cadre utilisant seulement le fait que la singularité est $L^{3/2}$. La preuve est alors basée sur la simple observation suivante : si le potentiel d'attraction du noyau était L^∞, il n'y aurait pas de difficulté à minorer l'énergie puisqu'on aurait alors $-Z \displaystyle\int_\Omega \frac{1}{|x|} u^2 \ge -Z\|\frac{1}{|x|}\|_{L^\infty} \int_\Omega u^2 = -Z\|\frac{1}{|x|}\|_{L^\infty}\lambda > -\infty$. Malheureusement on ne peut pas faire cette estimation puisque $\|\frac{1}{|x|}\|_{L^\infty}$ n'existe pas à cause de la singularité. Qu'à cela ne tienne! Si le potentiel d'attraction explose, il explose seulement sur une petite zone autour de l'origine, et il explose, par exemple, de façon $L^{3/2}_{loc}$. Nous pouvons ainsi écrire que, en découpant le domaine Ω en une petite boule de rayon $\varepsilon > 0$ centrée autour de l'origine et son complémentaire dans Ω, que

$$\int_\Omega \frac{1}{|x|} u^2 \le \|\frac{1}{|x|}\|_{L^{3/2}(B_\varepsilon)} \left(\int_\Omega u^6\right)^{1/3} + \|\frac{1}{|x|}\|_{L^\infty(\Omega \setminus B_\varepsilon)} \int_\Omega u^2.$$

En utilisant alors l'inégalité de Sobolev-Gagliardo-Nirenberg, on en déduit

$$\int_{\Omega} \frac{1}{|x|} u^2 \leq \|\frac{1}{|x|}\|_{L^{3/2}(B_{\varepsilon})} \int_{\Omega} |\nabla u|^2 + \|\frac{1}{|x|}\|_{L^{\infty}(\Omega \setminus B_{\varepsilon})} \int_{\Omega} u^2.$$

Il est alors facile, en choisissant ε assez petit, de montrer par exemple que

$$E^{\Omega}(u) \geq \frac{1}{2} \int_{\Omega} |\nabla u|^2 - Z \|\frac{1}{|x|}\|_{L^{\infty}(\Omega \setminus B_{\varepsilon})} \lambda,$$

d'où l'on déduit la borne inférieure recherchée. On notera que, dans cette preuve, cette borne inférieure n'est pas uniforme en λ.

Dans le cas où la singularité est mieux que $L^{3/2}$, on raisonne un peu différemment. Fixons un réel p dans l'intervalle $]\frac{3}{2}, \frac{5}{2}]$, désignons par q le réel conjugué, qui est donc dans $[\frac{5}{3}, 3[$, et bornons le terme d'attraction des noyaux de la façon suivante :

$$\left| -\int_{\Omega} \frac{1}{|x|} u^2 \right| \leq \|\frac{1}{|x|}\|_{L^p(\Omega)} \|u\|_{L^{2q}(\Omega)}^2$$

$$= \|\frac{1}{|x|}\|_{L^p(\Omega)} \|u\|_{L^{10/3}(\Omega)}^{2\alpha} \|u\|_{L^6(\Omega)}^{2-2\alpha}, \qquad (2.11)$$

où l'on a utilisé l'inégalité d'interpolation pour contrôler la norme L^{2q} en fonction des normes $L^{10/3}$ et L^6, ceci étant possible pour un certain $0 < \alpha \leq 1$ puisque $2q$ est inférieur strict à 6, et supérieur à $\frac{10}{3}$. En utilisant maintenant l'inégalité de Sobolev-Gagliardo-Nirenberg, nous obtenons

$$\int_{\Omega} \frac{1}{|x|} u^2 \leq C \|\frac{1}{|x|}\|_{L^p(\Omega)} \|u\|_{L^{10/3}(\Omega)}^{2\alpha} \|\nabla u\|_{L^2(\Omega)}^{2(1-\alpha)}. \qquad (2.12)$$

Nous reprenons alors le raisonnement conduisant à l'établissement de la formule (2.6), cette fois en tenant compte du terme en gradient. Pour $u \in H_0^1(\Omega)$, on a :

$$E^{\Omega}(u) \geq \int_{\Omega} |\nabla u|^2 + \int_{\Omega} |u|^{10/3} - Z \int_{\Omega} \frac{1}{|x|} u^2$$

$$\geq \|\nabla u\|_{L^2(\Omega)}^2 + \|u\|_{L^{10/3}}^{10/3} - C \|\frac{1}{|x|}\|_{L^p(\Omega)} \|u\|_{L^{10/3}(\Omega)}^{2\alpha} \|\nabla u\|_{L^2(\Omega)}^{2(1-\alpha)}.$$

$$(2.13)$$

La fonction $(X, Y) \mapsto X^2 + Y^{10/3} - aX^{2(1-\alpha)}Y^{2\alpha}$ étant minorée sur $\mathbb{R}^+ \times \mathbb{R}^+$, on aboutit à la même conclusion.

Nous allons enfin donner une quatrième preuve du fait que $I_{\lambda}^{\Omega} > -\infty$. Elle est plus rapide, mais exploite la forme particulière du potentiel coulombien $\frac{1}{|x|}$. On fait appel à l'inégalité suivante.

Théorème 2.12 (Inégalité de Hardy) *Pour tout $u \in H^1(\mathbb{R}^3)$, on a*

$$\|\frac{u}{|x|}\|_{L^2(\mathbf{R}^3)} \leq 2 \|\nabla u\|_{L^2(\mathbf{R}^3)}. \qquad (2.14)$$

Une manière de borner le terme d'attraction du noyau est alors la suivante. Par l'inégalité de Cauchy-Schwarz, on a

$$\int_\Omega \frac{1}{|x|} u^2 \leq \| \frac{u}{|x|} \|_{L^2(\Omega)} \|u\|_{L^2(\Omega)}.$$

Donc, en utilisant l'inégalité de Hardy, toute fonction $u \in H_0^1(\Omega)$ vérifie

$$\int_\Omega \frac{1}{|x|} u^2 \leq 2 \|\nabla u\|_{L^2(\Omega)} \|u\|_{L^2(\Omega)}.$$

En utilisant cette fois que la norme L^2 est astreinte à valoir $\sqrt{\lambda}$ dans l'ensemble sur lequel on minimise, on obtient

$$\int_\Omega \frac{1}{|x|} u^2 \leq 2 \lambda^{1/2} \|\nabla u\|_{L^2(\Omega)}, \tag{2.15}$$

et on conclut en raisonnant comme ci-dessus, cette fois avec le polynôme $X \mapsto X^2 - aX$.

2.2.3 Les suites minimisantes sont bornées

Le fait que $I_\lambda^\Omega > -\infty$ était un préliminaire nécessaire à notre étude. Cependant notre objectif est autrement plus exigeant. Nous souhaitons montrer que notre modèle permet de décrire correctement l'état fondamental d'un atome. En particulier, cela signifie que nous cherchons à prouver l'existence d'un minimum pour (2.2). Une première étape dans cette étude est de se poser la question : Que peut-on dire d'une suite de u convenables dont l'énergie approcherait I_λ^Ω ? Nous introduisons donc sur l'exemple du problème (2.2) la notion suivante.

On appelle *suite minimisante* du problème (2.2) toute suite $(u_n)_{n \in \mathbf{N}} \in H_0^1(\Omega)$, vérifiant

$$\begin{cases} \lim_{n \to \infty} E^\Omega(u_n) = I_\lambda^\Omega \\ \int_\Omega |u_n|^2 = \lambda, \quad \forall n \in \mathbf{N}. \end{cases} \tag{2.16}$$

La première remarque à faire est qu'*il existe toujours au moins une suite minimisante* (dès qu'on minimise sur un ensemble non vide). En effet, par définition d'une borne inférieure, il existe pour tout $n \in \mathbf{N}$ au moins une fonction u_n dans l'ensemble de minimisation telle que

$$E^\Omega(u_n) \leq I_\lambda^\Omega + 2^{-n},$$

et la suite $(u_n)_{n \in \mathbf{N}}$ est alors clairement une suite minimisante.

Considérons donc une suite minimisante arbitraire du problème (2.2).

Comme $\lim E^{\Omega}(u_n) = I_{\lambda}^{\Omega}$, on sait qu'il existe une constante C *indépendante* de n telle que, pour tout $n \in \mathbb{N}$,

$$E^{\Omega}(u_n) \leq C. \tag{2.17}$$

En procédant par exemple à l'aide de l'inégalité (2.5), on en déduit

$$\|\nabla u_n\|_{L^2(\Omega)}^2 + \|u_n\|_{L^{10/3}}^{10/3} - Z \left\| \frac{1}{|x|} \right\|_{L^{5/2}(\Omega)} \|u_n\|_{L^{10/3}(\Omega)}^2 \leq C, \tag{2.18}$$

ce qui impose, compte tenu du fait que la fonction $X \mapsto X^{10/3} - aX^2$ est minorée sur $\mathbb{R}^+$ et tend vers $+\infty$ lorsque X tend vers $+\infty$, que les quantités $\|\nabla u_n\|_{L^2(\Omega)}$ et $\|u_n\|_{L^{10/3}(\Omega)}$ sont bornées indépendamment de n. En adjoignant au fait que $\|\nabla u_n\|_{L^2(\Omega)}$ est bornée le fait que par hypothèse on a aussi $\int_{\Omega} u_n^2 = \lambda$, on en déduit que

la suite $(u_n)_{n \in \mathbb{N}}$ est bornée dans $H^1(\Omega)$.

Cette propriété va être capitale pour la suite de l'étude.

Nous venons donc de prouver que le problème de minimisation (2.2) possédait les trois propriétes suivantes :

1. la fonctionnelle d'énergie est bien définie sur l'ensemble (non vide) sur lequel on la minimise,

2. la fonctionnelle d'énergie est inférieurement bornée sur cet ensemble,

3. les suites minimisantes sont bornées dans une *bonne*[1] topologie.

Un problème de minimisation satisfaisant les trois conditions ci-dessus est souvent dit *bien posé*. Cela signifie qu'on peut se poser à bon droit le problème de l'existence d'un minimum pour ce problème de minimisation. C'est ce que nous allons faire maintenant.

2.3 Compacité du problème

Comme souvent en mathématiques, exhiber un objet vérifiant des conditions prescrites (ici être un minimum de (2.2)) est une question difficile, liée à la notion topologique de compacité, laquelle a précisément la propriété de "créer" des objets particuliers à partir de suites. Ceci explique que nous commencions par un point de vocabulaire.

---

[1] On reconnaît qu'il y a un peu de flou dans cette notion intuitive de *bonne* topologie, mais la plupart du temps, cette bonne topologie s'impose d'elle-même à la vue du problème.

Un problème de minimisation du type de (2.2) est dit *compact* si la borne inférieure qu'il définit est atteinte, autrement dit ici s'il existe au moins une fonction $u_\Omega \in H_0^1(\Omega)$ vérifiant

$$
\begin{cases}
E^\Omega(u_\Omega) = I_\lambda^\Omega \\
\displaystyle\int_\Omega |u_\Omega|^2 = \lambda.
\end{cases}
\tag{2.19}
$$

Nous allons prouver dans cette section que le problème (2.2) est effectivement compact.

2.3.1 Convergence faible des suites minimisantes

Considérons une suite minimisante $(u_n)_{n\in\mathbf{N}}$ arbitraire. Rappelons tout d'abord le résultat essentiel de la section précédente :

la suite $(u_n)_{n\in\mathbf{N}}$ est bornée dans $H^1(\Omega)$.

Que peut-on dire à partir d'une telle constatation ? *A priori*, le fait que $(u_n)_{n\in\mathbf{N}}$ soit bornée pour la norme H^1 ne suffit pas à affirmer qu'elle converge pour cette topologie, et donc à créer une fonction u, limite des $(u_n)_{n\in\mathbf{N}}$, qui soit susceptible de résoudre notre problème. En effet, on peut par exemple considérer sur le segment $[0, 2\pi]$ la suite $u_n(x) = \dfrac{1}{n} sin(nx)$ qui est bornée dans $H_0^1(0, 2\pi)$; il est facile de voir que $(u_n)_{n\in\mathbf{N}}$ converge vers la fonction identiquement nulle dans $L^2(0, 2\pi)$, et qu'elle ne peut pas converger vers 0 dans $H^1(0, 2\pi)$ puisque

$$
\int_0^{2\pi} |u_n'(x)|^2 \, dx = \int_0^{2\pi} cos^2(nx) \, dx = \pi.
$$

Pourtant, si on ne peut pas affirmer qu'une telle suite converge pour la topologie de H^1, on peut en déduire qu'elle converge pour une topologie moins fine. En d'autres termes, en définissant une notion de compacité moins exigeante, on donne à une suite arbitraire plus de chances d'être convergente, le prix à payer étant, on le verra ci-dessous, de disposer de moins d'informations sur l'objet limite ainsi créé. Il convient à ce propos de se souvenir de la notion de topologie faible, que l'on définit ici séquentiellement.

Definition 2.1. *Soit E un espace de Banach, de dual E'. On dit qu'une suite $(x_n)_{n\in\mathbf{N}}$ d'éléments de E converge faiblement vers $x \in E$, si, pour tout élément $f \in E'$, on a $\langle f, x_n \rangle_{E',E} \underset{n\to+\infty}{\longrightarrow} \langle f, x \rangle_{E',E}$ dans $\mathbb{R}$.*

Il est d'usage de noter la convergence faible par $x_n \rightharpoonup x$. Pour éviter toute ambiguïté, on dit souvent qu'une suite convergente (au sens de la topologie naturelle) est *fortement* convergente, et on réserve la notation $x_n \longrightarrow x$ à ce cas. Il est bien sûr clair qu'une suite qui converge fortement converge faiblement, et on peut montrer que les deux notions coïncident en dimension finie, et seulement en dimension finie. Mais la topologie faible est surtout utile dans notre contexte parce qu'elle possède les très utiles propriétés suivantes :

Théorème 2.13 *1. Une suite $(x_n)_{n \in \mathbf{N}}$ qui converge faiblement est bornée et sa limite faible x vérifie*

$$\|x\|_E \leq \liminf_{n \to +\infty} \|x_n\|_E. \tag{2.20}$$

2. Dans un espace de Banach réflexif ($E = (E')'$), on peut extraire de toute suite bornée une suite convergente pour la topologie faible.

Remarque 2.14 *Encore une fois, nous citons le résultat ci-dessus sous une forme simplifiée, particulièrement adaptée à notre cadre de travail. La propriété 2 qui est essentielle pour nous, est en fait une conséquence dans le cas des espaces de Banach réflexifs d'une propriété analogue pour un autre type de topologie faible. On se reportera si nécessaire aux ouvrages de référence.*

Si l'on se souvient maintenant que les espaces L^p sont réflexifs pour $1 < p < +\infty$ (il est capital de noter que les cas $p = 1$ et $p = +\infty$ ne sont pas convenables), on peut donc énoncer le résultat

Corollaire 2.15 *Pour $1 < p < +\infty$, une suite $(u_n)_{n \in \mathbf{N}}$ bornée dans L^p est, à extraction près, convergente pour la topologie faible, c'est-à-dire qu'il existe une extraction α et une fonction $u \in L^p$ (dépendant éventuellement de l'extraction) telle que, pour tout $v \in L^q$ ($\frac{1}{p} + \frac{1}{q} = 1$),*

$$\int u_{\alpha(n)} v \longrightarrow \int uv.$$

Bref, à extraction près, on retiendra que pour une suite dans L^p ($1 < p < +\infty$), être bornée ou être faiblement convergente, c'est la même chose.

Comme un espace de Hilbert est un espace de Banach réflexif, nous avons de même le

Corollaire 2.16 *Une suite $(u_n)_{n \in \mathbf{N}}$ bornée dans $H_0^1(\Omega)$ est, à extraction près, convergente pour la topologie faible, c'est-à-dire qu'il existe une extraction α et une fonction $u \in H_0^1(\Omega)$ (dépendant éventuellement de l'extraction) telle que, pour tout $v \in H_0^1(\Omega)$,*

$$\int_\Omega u_{\alpha(n)} v + \int_\Omega \nabla u_{\alpha(n)} \cdot \nabla v \longrightarrow \int_\Omega uv + \int_\Omega \nabla u \cdot \nabla v. \tag{2.21}$$

Remarque 2.17 *On ne doit pas être étonné de la formulation (2.21) : il s'agit bien sûr du produit scalaire sur $H_0^1(\Omega)$. On pourrait tout aussi bien dire que, pour tout $w \in H^{-1}(\Omega)$, on a*

$$\langle w, u_{\alpha(n)} \rangle_{H^{-1}, H_0^1} \longrightarrow \langle w, u \rangle_{H^{-1}, H_0^1},$$

puisqu'à chaque $w \in H^{-1}(\Omega)$ correspond par le Théorème de représentation de Riesz un unique $v \in H_0^1(\Omega)$ (vérifiant en fait $-\Delta v + v = w$) tel que l'on ait identiquement en $f \in H_0^1(\Omega)$,

$$\langle w, f \rangle_{H^{-1}, H_0^1} = (v, f)_{H_0^1}.$$

On utilise ici l'identification du dual d'un Hilbert avec ce Hilbert lui-même.

Examinons en détail le cas d'une suite $(u_n)_{n \in \mathbb{N}}$ bornée en norme H^1. En particulier, les suites $(u_n)_{n \in \mathbb{N}}$ et $(\partial_i u_n)_{n \in \mathbb{N}}$ $(i = 1, 2, 3)$ sont donc bornées en norme L^2. D'après le Corollaire 2.15, on peut donc supposer, quitte à choisir une extraction commune aux 4 suites (il suffit d'extraire successivement) que

$$u_n \overset{L^2}{\rightharpoonup} v,$$

$$\partial_i u_n \overset{L^2}{\rightharpoonup} w_i.$$

Les questions naturelles sont : a-t-on $v = u$ et $w_i = \partial_i u$, où u est la limite faible H_0^1 de $(u_n)_{n \in \mathbb{N}}$? Remarquons d'abord que nécessairement $w_i = \partial_i v$. En effet, la convergence faible dans L^2 implique la convergence au sens des distributions, puisque les fonctions de classe C^∞ à support compact sont L^2 et que le produit scalaire L^2 coïncide alors avec le crochet de dualité au sens des distributions. Donc $(u_n)_{n \in \mathbb{N}}$ converge vers v et $(\partial_i u_n)_{n \in \mathbb{N}}$ converge vers w_i au sens des distributions. Or, la convergence au sens des distributions implique la convergence des dérivées. Donc $(\partial_i u_n)_{n \in \mathbb{N}}$ converge au sens des distributions vers $\partial_i v$. Par unicité de la limite au sens des distributions, on a donc $w_i = \partial_i v$.

Pour savoir si $v = u$ nous pouvons par exemple remarquer que, conformément à la Remarque 2.17, on peut écrire la convergence faible dans H_0^1 comme la convergence contre toute fonction H^{-1} (c'est en fait la Définition initiale 2.1). Donc cette convergence est aussi vraie contre toute fonction L^2 (qui est a fortiori H^{-1}). Par unicité de la limite faible L^2, on a donc $v = u$. On peut aussi procéder différemment et faire appel au Théorème suivant.

Théorème 2.18 *Une fonction* linéaire, *continue d'un espace de Banach E (muni de sa topologie forte) dans un espace de Banach F (muni de sa topologie forte), est continue de E muni de sa topologie faible dans F muni de sa topologie faible.*

Remarque 2.19

1. *La preuve de ce théorème est simple (elle est en fait équivalente à l'argument que nous avons fait pour montrer $v = u$). La réciproque est aussi vraie, et c'est un résultat profond.*

2. *On ne soulignera jamais assez que l'hypothèse fonction linéaire est essentielle.*

Utilisons ce résultat pour l'injection continue de Sobolev de $H_0^1(\Omega)$ dans $L^2(\Omega)$ du Théorème 2.2 : la suite u_n est donc faiblement convergente dans L^2 vers u, et on conclut donc $v = u$.

Revenons maintenant à notre suite minimisante $(u_n)_{n \in \mathbb{N}}$. Comme elle est bornée dans $H_0^1(\Omega)$, on peut supposer, quitte à extraire, qu'elle converge faiblement vers $u \in H_0^1(\Omega)$. Voici donc notre objet particulier créé, cette fonction u.

La question naturelle à se poser à son sujet est : que valent $E^\Omega(u)$ et $\displaystyle\int_\Omega u^2$?

Ceci revient à s'interroger sur ce qu'on peut dire de la quantité $f(u)$ quand u est la limite faible d'une suite $(u_n)_{n \in \mathbb{N}}$ et f une fonction à valeurs réelles. Si la fonction f était continue sur l'espace fonctionnel muni de sa norme naturelle et si la suite convergeait fortement, on aurait bien sûr $f(u) = \lim f(u_n)$. Dans le cas de la convergence faible, ce n'est plus nécessairement vrai. On sait seulement

Théorème 2.20 *Si la fonction f définie sur un Banach E à valeurs réelles est convexe et semi continue inférieurement[2] pour la topologie forte, alors elle est semi continue inférieurement pour la topologie faible, et on a donc en particulier*

$$f(x) \leq \liminf_{n \to +\infty} f(x_n)$$

dès que $(x_n)_{n \in \mathbb{N}}$ converge faiblement vers x.

Ce théorème résulte directement d'un autre résultat important :

Théorème 2.21

1. *Un ensemble fermé pour la topologie faible est aussi fermé pour la topologie forte[3].*

2. *Un ensemble convexe fermé pour la topologie forte est fermé pour la topologie faible.*

---

[2] On rappelle qu'une fonction $f : E \longrightarrow]-\infty, +\infty]$ est dite semi continue inférieurement (pour une certaine topologie) si pour tout $\alpha \in \mathbb{R}$ l'ensemble $\{x \in E, \ \phi(x) \leq \alpha\}$ est fermé (pour la topologie en question).

[3] Ne pas se laisser abuser par le vocabulaire : *un faiblement fermé est donc fortement fermé !*

Remarque 2.22 *Les Théorèmes 2.20 et 2.21 suggèrent que, dit de manière un peu schématique, quand il y a de la convexité (donc a fortiori quand il y a de la linéarité) dans le paysage, topologie forte et topologie faible jouent quasiment le même rôle. Cette remarque n'est bien sûr pas à prendre au pied de la lettre.*

Ce résultat va nous permettre de progresser un peu sur la connaissance de la limite faible u de notre suite minimisante. Les fonctions $v \mapsto \int_\Omega v^2$ et $v \mapsto \int_\Omega |\nabla v|^2$ sont quadratiques et positives donc convexes. La fonction $v \mapsto \int_\Omega |v|^{10/3}$ est de même convexe. Toutes sont continues de $H_0^1(\Omega)$ dans $\mathbb{R}$ (noter que pour la troisième on utilise le Théorème 2.2). On peut donc affirmer, grâce au Théorème 2.20,

$$\int_\Omega u^2 \leq \liminf_{n \to +\infty} \int_\Omega u_n^2, \tag{2.22}$$

$$\int_\Omega |\nabla u|^2 \leq \liminf_{n \to +\infty} \int_\Omega |\nabla u_n|^2, \tag{2.23}$$

$$\int_\Omega |u|^{10/3} \leq \liminf_{n \to +\infty} \int_\Omega |u_n|^{10/3}. \tag{2.24}$$

Remarque 2.23 *En appliquant le Théorème 2.13, on peut aussi retrouver (2.22), (2.23) et (2.24).*

Le cas de la fonction $v \mapsto \iint_{\Omega \times \Omega} \dfrac{v^2(x)v^2(y)}{|x-y|} \, dx \, dy$ bien que moins simple en apparence relève en fait de la même observation. Le point de départ consiste à remarquer que pour une fonction w suffisamment régulière, on a

$$\iint_{\mathbf{R}^3 \times \mathbf{R}^3} \frac{w(x)w(y)}{|x-y|} dx dy = \int_{\mathbf{R}^3} \left| \nabla \left(w \star \frac{1}{|x|} \right) \right|^2. \tag{2.25}$$

Les Exercices 2.3 et 2.4 à la fin de ce chapitre sont destinés à formaliser, justifier et utiliser cette observation dans le but de montrer la convexité du terme de répulsion inter-électronique.

Au vu de l'Exercice 2.4 et du Théorème 2.20, nous avons donc

$$\iint_{\Omega \times \Omega} \frac{u^2(x)u^2(y)}{|x-y|} \, dx \, dy \leq \liminf_{n \to +\infty} \iint_{\Omega \times \Omega} \frac{u_n^2(x)u_n^2(y)}{|x-y|} \, dx \, dy. \tag{2.26}$$

Rappelons maintenant qu'on cherche à prouver l'existence d'un minimum pour (2.2) et qu'on espère que u pourrait être un tel minimum. Bien qu'on ne sache pour l'instant que (2.22), on aimerait bien avoir $\int_\Omega u^2 = \lambda$, ce qui entraînerait automatiquement par définition de la borne inférieure que $E^\Omega(u) \geq I_\lambda^\Omega$. Il resterait alors à prouver $E^\Omega(u) \leq I_\lambda^\Omega$, ce qui est aussi $E^\Omega(u) \leq \liminf E^\Omega(u_n)$. En regroupant (2.23), (2.24) et (2.26), on constate qu'on dispose déjà d'une information utile sur tous les termes de $E^\Omega(u_n)$, sauf sur le terme d'attraction des noyaux. A ce stade du raisonnement, les deux seules questions qui nous restent à résoudre sont donc

$$\int_\Omega u^2 \overset{?}{=} \lim \int_\Omega u_n^2, \tag{2.27}$$

$$\int_\Omega \frac{1}{|x|} u^2 \overset{?}{=} \lim \int_\Omega \frac{1}{|x|} u_n^2. \tag{2.28}$$

Pour répondre à ces deux questions, il nous faut plus d'information sur la suite $(u_n)_{n \in \mathbf{N}}$. Ceci sera l'objet de la sous-section suivante.

Regardons maintenant (2.28). On est tenté de dire qu'il suffit pour prouver cette assertion de montrer que $(u_n^2)_{n \in \mathbf{N}}$ converge faiblement vers u^2 dans $L^{5/3}(\Omega)$ et d'utiliser le fait que, puisque $\frac{1}{|x|} \in L^{5/2}(\Omega)$, on a (2.28) par définition de la topologie faible sur $L^{5/3}(\Omega)$. Ceci serait exact. Malheureusement, si on sait bien que la suite $(u_n^2)_{n \in \mathbf{N}}$ est bornée dans $L^{5/3}(\Omega)$, donc faiblement convergente à extraction près dans cet espace, *on ne sait pas* si sa limite est u^2 (donner un contrexemple en exercice). C'est une difficulté standard : la fonction $t \mapsto t^2$ est bien continue de $L^{10/3}(\Omega)$ dans $L^{5/3}(\Omega)$, mais comme elle n'est pas linéaire on ne peut pas appliquer le Théorème 2.18, et affirmer que la suite $(u_n^2)_{n \in \mathbf{N}}$ est faiblement convergente vers u^2 dans $L^{5/3}(\Omega)$!

On constate donc que nous n'en savons encore pas assez sur la suite $(u_n)_{n \in \mathbf{N}}$ pour conclure. L'information manquante va nous être fournie par un Théorème très puissant d'Analyse Fonctionnelle.

2.3.2 Convergence forte des suites minimisantes

Le théorème essentiel que nous allons utiliser est le suivant

Théorème 2.24 (Théorème de Rellich-Kondrachov) *Soit Ω un ouvert borné de classe C^1 de $\mathbb{R}^3$. L'espace $H^1(\Omega)$ s'injecte de façon compacte dans $L^p(\Omega)$ pour tout $1 \leq p < 6$.*

Il est utile de faire plusieurs commentaires sur ce résultat capital.

1er commentaire : La section précédente nous a montré que, très grossièrement dit,

Si on a des bornes sur u_n, alors $(u_n)_{n \in \mathbf{N}}$ converge faiblement.

Désormais, nous savons donc que, *sur un borné,*

**Si en plus on a des bornes sur les dérivées de u_n,
alors $(u_n)_{n \in \mathbb{N}}$ converge fortement.**

Tout ceci s'entend bien sûr à extraction près.

2ème commentaire : Il faut noter bien sûr que sans l'hypothèse que la suite est bornée en norme H^1, la conclusion est fausse : penser à une suite qui oscille de plus en plus, et par exemple à $u_n = sin(nx)$ sur le segment $[0, 2\pi]$. Cette suite est bornée dans L^2, elle est même bornée pour la norme du sup ! Pour la topologie faible L^2, elle converge vers la fonction nulle (la convergence faible est d'une certaine façon à associer à un point de vue à l'échelle supérieure : "en moyenne", la suite tend vers 0). Mais bien sûr, elle ne converge pas fortement vers 0 en norme L^2. Et ceci n'est pas étonnant puisque la suite des gradients n'est pas bornée en norme L^2.

3ème commentaire : Si le domaine Ω n'est pas borné, la conclusion est aussi fausse (en général, car il existe cependant des domaines non bornés très particuliers pour lesquels certaines injections, comme celle de H^1 dans L^2, sont compactes ; on peut de même montrer la compacité de certaines injections pour $\mathbb{R}^N$ sous réserve d'une hypothèse comme le caractère radial -voir le Théorème 3.9-). On pensera à l'exemple d'une fonction de classe C^∞ à support compact, que l'on translate à l'infini dans l'espace. On reviendra longuement sur cet exemple dans les chapitres ultérieurs.

4ème commentaire : Il est utile de remarquer que l'injection dans $L^6(\Omega)$ n'est pas compacte. Un exemple d'une suite bornée dans $H_0^1(\Omega)$, convergente forte dans tous les $L^p(\Omega)$, $1 \leq p < 6$, et ne convergeant pas fortement dans $L^6(\Omega)$, est fourni par la construction suivante. On prend pour Ω la boule unité centrée à l'origine de $\mathbb{R}^3$, et on définit la fonction f, radiale, affine en $r \in [0, 1]$, nulle sur la sphère de rayon 1, et valant 1 à l'origine (c'est un cône renversé). On prolonge cette fonction en dehors de la boule unité par la fonction identiquement nulle. Puis, on considère pour $n \geq 1$ la suite $f_n = \sqrt{n} f(nx)$, qui ressemble donc à un pic de plus en plus effilé autour de l'origine (voir Figure 2.1). Cette suite de fonctions appartient à $H_0^1(\Omega)$, et il est aisé de voir que
$$\int_\Omega |\nabla f_n|^2 = \frac{4}{3}\pi \text{ et } \int_\Omega |f_n|^p = n^{p/2-3} \int_\Omega |f|^p, \text{ pour tout } 1 \leq p < \infty. \text{ On en}$$
déduit que $(f_n)_{n \in \mathbb{N}}$ converge fortement vers 0 dans tous les L^p, $1 \leq p < 6$, alors que sa norme L^6 est constante. Elle ne peut donc pas converger fortement vers la fonction nulle dans $L^6(\Omega)$. En fait, l'exemple de la suite $(f_n)_{n \in \mathbb{N}}$ est générique au sens suivant : sur un borné de $\mathbb{R}^3$, la seule perte de compacité L^6 possible pour une suite bornée en norme H^1 est une concentration autour d'au moins un point, du type de la concentration de la suite $(f_n)_{n \in \mathbb{N}}$ autour de l'origine.

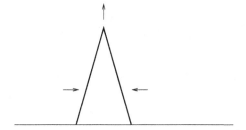

Fig. 2.1. Concentration d'une fonction autour d'un point.

<u>5ème commentaire :</u> En écho aux deuxième et quatrième commentaires, on peut en fait remarquer la chose suivante. Sur un borné, une suite qui converge faiblement mais pas fortement n'a le choix qu'entre deux comportements. Soit elle *oscille*, c'est le cas de la fonction sinus dans le deuxième commentaire, soit elle se *concentre*, c'est le cas du quatrième commentaire, et ce second cas nécessite qu'elle converge presque partout contrairement au premier. Bien sûr, une suite peut présenter un mélange des deux comportements, mais on ne sort pas de ces deux familles. Sur un ouvert non borné, d'autres comportements viendront s'ajouter à ces deux possibilités.

<u>6ème commentaire :</u> D'où vient ce résultat de compacité ? essentiellement du Théorème d'Ascoli, qui stipule qu'une suite de fonctions $(f_n)_{n \in \mathbf{N}}$ continues sur un compact K telle que $|f_n(x+h) - f_n(x)|$ est petit uniformément en n et en $x \in K$ dès que h est assez petit converge à extraction près. En combinant ce théorème avec le fait que $|f_n(x+h) - f_n(x)|$ est essentiellement contrôlé par ∇f_n (penser aux accroissements finis), on obtient l'essence du Théorème 2.24. Le lecteur pourra trouver la preuve détaillée dans les références de fin de chapitre.

En appliquant le Théorème ci-dessus à la suite minimisante $(u_n)_{n \in \mathbf{N}}$, nous pouvons donc supposer, quitte à extraire, que la suite $(u_n)_{n \in \mathbf{N}}$ converge fortement dans $L^2(\Omega)$ et dans $L^{10/3}(\Omega)$. Il en résulte que à la fois (2.27) et (2.28) sont vraies, et que donc u est un minimum du problème (2.2).

Remarque 2.25 *Il est important de noter que l'existence d'un minimiseur a été obtenue indépendamment de toute contrainte sur les valeurs de λ (le nombre d'électrons) et de Z (la charge totale du noyau). Nous verrons au chapitre suivant qu'il n'en sera pas de même lorsque le problème est posé sur $\mathbb{R}^3$. D'un point de vue physique, l'interprétation est la suivante : si on empêche les électrons de s'échapper à l'infini, ce qui est le cas ici puisqu'on travaille sur un borné, un nombre donné Z de charges positives peut lier (c'est-à-dire former un système stable) avec un nombre arbitrairement grand λ d'électrons.*

En fait, on peut même montrer que la convergence (à extraction près) de $(u_n)_{n \in \mathbf{N}}$ vers u, que l'on savait être une convergence faible dans $H_0^1(\Omega)$, est en fait une convergence forte dans cet espace (cette observation n'a bien sûr rien de général, mais est liée à la nature particulière de notre problème). En effet, nous avons prouvé

$$\begin{cases} \displaystyle\liminf_{n\to+\infty} \int_\Omega |u_n|^{10/3} \geq \int_\Omega |u|^{10/3}, \\[2mm] \displaystyle\liminf_{n\to+\infty} \frac{1}{2} \iint_{\Omega\times\Omega} \frac{u_n^2(x)u_n^2(y)}{|x-y|} \geq \frac{1}{2} \iint_{\Omega\times\Omega} \frac{u^2(x)u^2(y)}{|x-y|}, \\[2mm] \displaystyle\lim_{n\to+\infty} -\int_\Omega \frac{1}{|x|}u_n^2 = -\int_\Omega \frac{1}{|x|}u^2, \\[2mm] \displaystyle\lim_{n\to+\infty} -E^\Omega(u_n) = -E^\Omega(u). \end{cases}$$

D'où, en sommant les quatre assertions,

$$\liminf_{n\to+\infty} -\int_\Omega |\nabla u_n|^2 \geq -\int_\Omega |\nabla u|^2,$$

c'est-à-dire

$$\limsup_{n\to+\infty} \int_\Omega |\nabla u_n|^2 \leq \int_\Omega |\nabla u|^2. \tag{2.29}$$

Nous appliquons maintenant le

Théorème 2.26 *Une suite $(u_n)_{n\in\mathbf{N}}$ qui converge faiblement vers u dans $H_0^1(\Omega)$ (respectivement dans $L^p(\Omega)$, $1 < p < +\infty$) et qui vérifie*

$$\|u\| \geq \limsup_{n\to+\infty} \|u_n\| \tag{2.30}$$

(et donc $\|u\| = \lim \|u_n\|$ en vertu du Théorème 2.20) où la norme $\|\cdot\|$ désigne la norme H^1 (respectivement L^p, $1 < p < +\infty$) converge fortement vers u dans $H_0^1(\Omega)$ (respectivement dans $L^p(\Omega)$, $1 < p < +\infty$).

Et (2.29) nous permet de conclure à la convergence forte H^1.

Notons pour finir que, pour le moment, nous ne savons pas si u est indépendant ou non de la suite minimisante, et de l'extraction, choisies. Ceci sera en fait une conséquence directe de la propriété d'unicité (au signe près) que nous verrons plus loin. En anticipant sur cette propriété, nous pouvons dire que pour toute suite minimisante $(u_n)_{n\in\mathbf{N}}$, $(u_n)_{n\in\mathbf{N}}$ convergera vers une limite ne dépendant pas de la suite.

Plus généralement, il s'agit maintenant pour nous d'explorer les qualités d'une limite u.

2.4 Propriétés d'une fonction minimisante

Nous considérons une fonction u minimisant le problème (2.2), et nous nous posons la question : quelles propriétés particulières a-t-elle ? Sa propriété fondamentale, de laquelle découleront toutes les autres, est de vérifier ce qu'on appelle l'équation d'Euler-Lagrange associée au problème de minimisation (2.2).

2.4.1 Equation d'Euler-Lagrange

Nous allons rappeler ici la notion d'équation d'Euler-Lagrange et la notion de multiplicateur de Lagrange, deux notions qui seront omniprésentes dans la suite de ces notes.

Disons pour introduire le résultat qui va suivre qu'il est l'extension du résultat trivial suivant : si une fonction f différentiable de $\mathbb{R}$ dans $\mathbb{R}$ atteint un minimum en $x_0 \in \mathbb{R}$, alors $f'(x_0) = 0$.

Théorème 2.27 *Soit V un espace de Banach, et E et J deux fonctionnelles de V dans $\mathbb{R}$, différentiables (au sens de Fréchet). On suppose que $u \in V$ vérifie*

$$\begin{cases} E(u) = \inf\{E(v), \quad v \in V, \quad J(v) = 0\}, \\ J(u) = 0. \end{cases} \tag{2.31}$$

Alors, si $J'(u) \not\equiv 0$ dans V', il existe un réel θ tel que l'on ait l'égalité dans V'

$$E'(u) + \theta J'(u) = 0. \tag{2.32}$$

*On appelle (2.32) l'*Equation d'Euler-Lagrange *du problème de minimisation, et θ le* multiplicateur de Lagrange *associé à u.*

Remarque 2.28 *Bien noter qu'on ne prétend pas qu'il existe un tel u, et qu'on ne dit pas non plus que tout u vérifiant (2.32) est un minimum.*

Il est clair que dans le cas qui nous intéresse nous avons $V = H_0^1(\Omega)$, $E(v) = E^\Omega(v)$, $J(v) = \int_\Omega v^2 - \lambda$. Il s'agit d'abord de vérifier que E et J ainsi définies sont différentiables. Le cas de J est bien sûr le plus simple et il est aisé de voir que, en chaque point $v \in H_0^1(\Omega)$, la différentielle de J en v s'exprime, pour tout $h \in H_0^1(\Omega)$, par

$$\frac{1}{2} J'(v) \cdot h = \int_\Omega vh.$$

On laisse au lecteur l'exercice consistant à prouver que la fonctionnelle E^Ω est elle aussi différentiable et que sa différentielle est donnée, pour tout $h \in H_0^1(\Omega)$, par

$$\frac{1}{2} E'(v) \cdot h = \int_\Omega \nabla v \cdot \nabla h - Z \int_\Omega \frac{1}{|x|} vh + \frac{5}{3} \int_\Omega |v|^{4/3} vh + \iint_\Omega \frac{v(x)h(x)v^2(y)}{|x-y|}.$$

En vertu du Théorème 2.27, nous pouvons donc affirmer qu'une fonction minimisante u vérifie, pour un certain $\theta \in \mathbb{R}$ et tout $h \in H_0^1(\Omega)$,

$$\int_\Omega \nabla u \cdot \nabla h - Z \int_\Omega \frac{1}{|x|} uh + \frac{5}{3} \int_\Omega |u|^{4/3} uh + \iint_\Omega \frac{u(x)h(x)u^2(y)}{|x-y|} + \theta \int_\Omega uh = 0. \tag{2.33}$$

En prenant h une fonction quelconque de $C_0^\infty(\Omega)$, il est facile de voir que ceci entraîne

$$-\Delta u - Z\frac{1}{|x|}u + \frac{5}{3}|u|^{4/3}u + \left(\int_\Omega \frac{u^2(y)}{|x-y|}dy\right)u + \theta u = 0, \qquad (2.34)$$

au sens des distributions. L'étude de (2.34) va nous en apprendre beaucoup sur u.

2.4.2 Régularité

Nous allons montrer dans cette section que le fait que u soit solution de l'équation (2.34) lui confère une bien plus grande régularité que la régularité qu'on lui connaissait a priori, à savoir H^1. En effet, nous montrerons en particulier que, en dehors du point 0, u coïncide avec une fonction de classe C^∞. Le mécanisme que nous allons détailler est en gros basé sur l'analogue du raisonnement suivant : si une fonction réelle u, dérivable deux fois, vérifie sur la droite réelle $u'' = u$, alors en fait u'' est aussi dérivable deux fois, donc u est dérivable quatre fois, etc... et donc u est indéfiniment dérivable (bien sûr, on peut dans ce cas simple intégrer cette équation et déterminer u, mais ce n'est pas la question car ce ne sera pas toujours possible !). Pour mettre en œuvre un raisonnement de ce type sur (2.34), il nous faut malheureusement être technique. Nous sommes donc amenés à énoncer, toujours sans démonstration, quelques résultats pointus.

Tout d'abord, nous rappelons que l'espace de Sobolev $H^1(\Omega)$ que nous manipulons depuis le début de ce chapitre n'est en fait qu'un cas particulier des espaces de Sobolev $W^{k,p}$ d'ordre supérieur, dont on rappelle qu'ils sont définis comme les espaces des distributions dont toutes les dérivées partielles jusqu'à l'ordre global k sont de classe L^p :

$$W^{k,p}(\Omega) = \left\{ u \in L^p(\Omega), \quad \frac{\partial^{|\theta|}u}{\partial x^\theta} \in L^p(\Omega), \quad 1 \le |\theta| \le k \right\}. \qquad (2.35)$$

On a par exemple, $H^1(\Omega) = W^{1,2}(\Omega)$. Cet espace est bien sûr muni de la norme

$$\|u\|_{W^{k,p}(\Omega)} = \left(\sum_{|\theta| \le k} \|\frac{\partial^{|\theta|}u}{\partial x^\theta}\|_{L^p(\Omega)}^p \right)^{\frac{1}{p}}. \qquad (2.36)$$

Introduisons aussi la classe d'espaces fonctionnels suivante, dits espaces de Hölder, pour $0 < \alpha < 1$:

$$C^{0,\alpha}(\bar\Omega) = \left\{ u \in C(\bar\Omega), \quad \sup_{x \ne y \in \bar\Omega} \frac{|u(x) - u(y)|}{|x-y|^\alpha} < +\infty \right\} \qquad (2.37)$$

et, pour $0 < \alpha < 1$ et $k \ge 0$,

$$C^{k,\alpha}(\bar{\Omega}) = \left\{ u \in C^k(\bar{\Omega}), \quad \frac{\partial^{|\theta|} u}{\partial x^\theta} \in C^{0,\alpha}(\bar{\Omega}), \quad 1 \leq |\theta| \leq k \right\}. \tag{2.38}$$

Nous posons que $C^{k,0}(\bar{\Omega}) = C^k(\bar{\Omega})$, et munissons les espaces $C^{k,\alpha}(\bar{\Omega})$ ($k \geq 0$, $0 < \alpha < 1$) de la norme

$$\|u\|_{C^{k,\alpha}(\bar{\Omega})} = \|u\|_{C^k(\bar{\Omega})} + \sup_{|\theta|=k} \sup_{x \neq y \in \bar{\Omega}} \frac{\left| \frac{\partial^{|\theta|} u}{\partial x^\theta}(x) - \frac{\partial^{|\theta|} u}{\partial x^\theta}(y) \right|}{|x-y|^\alpha}. \tag{2.39}$$

Munis de ces définitions, nous donnons maintenant un résultat qui généralise le Théorème 2.2.

Théorème 2.29

1) Cas de l'espace tout entier

On a les injections suivantes :
- *si $\frac{1}{p} - \frac{k}{3} > 0$, l'espace $W^{k,p}(\mathbb{R}^3)$ s'injecte de façon continue dans $L^q(\mathbb{R}^3)$ pour $\frac{1}{q} = \frac{1}{p} - \frac{k}{3}$,*
- *si $\frac{1}{p} - \frac{k}{3} = 0$, l'espace $W^{k,p}(\mathbb{R}^3)$ s'injecte de façon continue dans $L^q(\mathbb{R}^3)$ pour tout $p \leq q < +\infty$,*
- *si $\frac{1}{p} - \frac{k}{3} < 0$, l'espace $W^{k,p}(\mathbb{R}^3)$ s'injecte de façon continue dans $L^\infty(\mathbb{R}^3)$, et, si $k - \frac{3}{p}$ n'est pas entier, $W^{k,p}(\mathbb{R}^3)$ s'injecte de façon continue dans $C^{m,\alpha}(\mathbb{R}^3)$ pour $m = [k - \frac{3}{p}]$ et $\alpha = k - \frac{3}{p} - m$.*

2) Cas d'un borné

Soit Ω un ouvert borné de classe C^1 de $\mathbb{R}^3$. Alors,
- *si $\frac{1}{p} - \frac{k}{3} > 0$, l'espace $W^{k,p}(\Omega)$ s'injecte de façon continue dans $L^q(\Omega)$ pour tout $q \geq 1$ tel que $\frac{1}{q} \geq \frac{1}{p} - \frac{k}{3}$, l'injection étant compacte si $\frac{1}{q} > \frac{1}{p} - \frac{k}{3}$,*
- *si $\frac{1}{p} - \frac{k}{3} = 0$, l'espace $W^{k,p}(\Omega)$ s'injecte de façon compacte dans $L^q(\Omega)$ pour tout $1 \leq q < +\infty$,*
- *si $\frac{1}{p} - \frac{k}{3} < 0$, l'espace $W^{k,p}(\Omega)$ s'injecte de façon compacte dans $C(\bar{\Omega})$, et, si $k - \frac{3}{p}$ n'est pas entier, $W^{k,p}(\Omega)$ s'injecte de façon continue dans $C^{m,\alpha}(\bar{\Omega})$ pour $m = [k - \frac{3}{p}]$ et $\alpha = k - \frac{3}{p} - m$, l'injection étant compacte pour $0 \leq \alpha < k - \frac{3}{p} - m$.*

Le second résultat qui nous sera utile ici est un résultat dit de *régularité elliptique*. Schématiquement, ce résultat dit la chose suivante : si on contrôle la régularité du laplacien sur un ouvert régulier, c'est-à-dire d'une *certaine* combinaison de *certaines* dérivées partielles secondes d'une fonction H_0^1 (ne pas oublier que la fonction dépend de plusieurs variables d'espace), alors on contrôle en fait *toutes* les dérivées partielles secondes, et donc la fonction est de classe H^2.

Remarque 2.30 *Plus précisément, les résultats que l'on va mentionner maintenant disent qu'on contrôle la régularité de la façon indiquée ci-dessus, à condition que la fonction soit nulle au bord du domaine. Ces résultats s'adaptent dans le cas où la fonction n'est plus nulle au bord : on contrôle alors toutes les dérivées partielles jusqu'au second ordre si on contrôle le laplacien et la valeur au bord. Nous verrons plus loin une application d'un résultat de ce type.*

Dans l'esprit, ces énoncés sont donc tout à fait proches des résultats liés au principe du maximum, que nous verrons dans un prochain chapitre.

Théorème 2.31 ("Régularité elliptique") *Soit Ω un ouvert borné de $\mathbb{R}^3$. Soit $u \in H_0^1(\Omega)$ vérifiant*

$$-\Delta u = f, \tag{2.40}$$

au sens des distributions pour un certain f. Soient $k \geq 2$, $1 < p < +\infty$, $0 < \alpha < 1$.

- *Si Ω est de classe C^k, et $f \in W^{k-2,p}(\Omega)$, alors $u \in W^{k,p}(\Omega)$. De plus, on a l'inégalité dite estimée L^p*

$$\|u\|_{W^{k,p}(\Omega)} \leq C\|f\|_{W^{k-2,p}(\Omega)}, \tag{2.41}$$

pour une certaine constante C indépendante de u et f.
- *Si Ω est de classe $C^{k,\alpha}$, et $f \in C^{k-2,\alpha}(\bar{\Omega})$, alors $u \in C^{k,\alpha}(\bar{\Omega})$. De plus, on a l'inégalité dite estimée de Schauder*

$$\|u\|_{C^{k,\alpha}(\bar{\Omega})} \leq C\|f\|_{C^{k-2,\alpha}(\bar{\Omega})}, \tag{2.42}$$

pour une certaine constante C indépendante de u et f.

Remarque 2.32 *Noter que les cas $\alpha = 0, 1$ et $p = 1, +\infty$ sont exclus.*

Avant de l'appliquer, il est instructif de comprendre, avec un argument simple sur un cas simple, pourquoi la propriété de régularité elliptique est vraie. Plaçons-nous dans $\mathbb{R}^3$ (par exemple) et considérons une fonction $u \in H^1(\mathbb{R}^3)$ qui vérifie

$$-\Delta u = f \in L^2(\mathbb{R}^3),$$

ce qui correspond au cas $k = p = 2$ du Théorème 2.31, premier point.

Rappelons alors une définition possible des espaces $H^k(\mathbb{R}^3)$, $k = 0, 1, 2, ...$, qui utilise la transformée de Fourier, ici notée par un chapeau :

$$u \in H^k(\mathbb{R}^3) \text{ si et seulement si } \sqrt{1 + |\xi|^2 + ... + |\xi|^{2k}}\,\hat{u}(\xi) \in L^2(\mathbb{R}^3).$$

Par exemple, si $k = 0$ on retrouve bien le fait que la transformée de Fourier envoie $L^2(\mathbb{R}^3)$ dans lui-même, et on utilise ensuite le fait que $\widehat{\dfrac{\partial u}{\partial x_j}}(\xi) = i\xi_j\,\hat{u}(\xi)$.

Dans le cas de notre fonction u, nous avons donc à la fois $\sqrt{1 + |\xi|^2}\hat{u}(\xi) \in L^2(\mathbb{R}^3)$ et $|\xi|^2\hat{u}(\xi) \in L^2(\mathbb{R}^3)$, d'où $\sqrt{1 + |\xi|^2 + |\xi|^4}\hat{u}(\xi) \in L^2(\mathbb{R}^3)$, ce qui est exactement dire $u \in H^2(\mathbb{R}^3)$. On a ainsi obtenu la régularité voulue. Dans ce langage, on voit que contrôler le Laplacien, c'est contrôler $|\xi|^2 |\hat{u}(\xi)|$ et donc en particulier tous les $\xi_i.\xi_j |\hat{u}(\xi)|$, c'est-à-dire toutes les dérivées partielles $\dfrac{\partial^2 u}{\partial x_i \partial x_j}$. De façon synthétique, on pourrait donc dire que, dans ce cadre simple, la régularité elliptique n'est rien d'autre que l'inégalité de Cauchy-Schwarz ! Pour obtenir le résultat sur un ouvert borné régulier, on fait *localement* à l'intérieur de l'ouvert le même raisonnement que sur l'espace tout entier, en localisant, puis on traite de manière particulière le voisinage du bord (qui, par régularité, se ramène à un plan). Bien entendu, de telles preuves sont techniques, et on en a donné seulement l'esprit.

Reprenons maintenant notre fonction minimisante u, dont nous savons pour l'instant qu'elle appartient à $H_0^1(\Omega)$ et qu'elle vérifie (2.34). Posons

$$f = Z\frac{1}{|x|}u - \frac{5}{3}|u|^{4/3}u - \left(\int_\Omega \frac{u^2(y)}{|x-y|}dy\right)u - \theta u. \qquad (2.43)$$

Nous avons donc

$$-\Delta u = f. \qquad (2.44)$$

Que pouvons-nous dire *a priori* sur la régularité de f ? Comme $u \in H_0^1(\Omega)$, il est assez facile de voir que $f \in L^2(\Omega)$. Le terme le moins aisé à traiter est $\dfrac{1}{|x|}u$, et on peut par exemple utiliser (2.14) pour montrer qu'il est L^2. Nous laissons les autres termes au lecteur. Il en résulte que (2.44) est vraie non seulement au sens des distributions, mais aussi au sens L^2. Mieux, en appliquant alors le Théorème 2.31, on obtient

$$u \in H^2(\Omega). \qquad (2.45)$$

Compte tenu du Théorème 2.29, cela implique $u \in C^{0,\alpha}(\bar{\Omega})$ pour tout $\alpha < \frac{1}{2}$. On va améliorer cela : conservons pour l'instant le fait que $u \in L^\infty(\Omega)$. On peut voir que ceci impose (considérer encore une fois le terme le plus "méchant", à savoir $\frac{1}{|x|}u$) que f soit dans L^p pour tout $1 \leq p < 3$. Avec le Théorème 2.31, on obtient donc

$$u \in C^{0,\alpha}(\bar{\Omega}) \quad \text{pour tout} \quad 0 \leq \alpha < 1. \qquad (2.46)$$

Regardons maintenant ce qui se passe en dehors du point 0, puisque c'est la singularité en $\dfrac{1}{|x|}$ qui nous crée les difficultés. Nous devons tout d'abord faire une remarque sur le Théorème 2.31. Conformément à ce que nous avons annoncé à la Remarque 2.30, une estimation, qui fait intervenir la valeur au bord de u, et qui généralise (2.42) est encore valable si on ne considère pas la solution u de l'équation de Laplace (2.40) nulle au bord du domaine régulier, mais une solution égale à une fonction régulière sur ce bord, à condition qu'on se restreigne à un sous-domaine strictement inclus dans le domaine de départ. Plus précisément, si f est de classe $C^{0,\alpha}$, $\alpha > 0$ (attention! pour f seulement continue, ce qui va suivre est faux), et si u est de classe C^0 au bord, alors u est de classe $C^{2,\alpha}$ sur tout sous-domaine fermé strictement inclus dans l'ouvert Ω et on a de plus un contrôle de la norme $C^{2,\alpha}$ du type de l'estimation (2.42)[4]. En fait, on sait même que si u est supposée de classe $C^{2,\alpha}$ sur le bord, et f de classe $C^{0,\alpha}$ jusqu'au bord compris, alors u est de classe $C^{2,\alpha}$ jusqu'au bord compris. Si maintenant B est une boule ouverte dont la fermeture est contenue dans Ω et ne contient pas le point 0, la fonction f est sur $\bar{B}$ de classe $C^{0,\alpha}$, pour tout $0 \leq \alpha < 1$, puisque sur $\bar{B}$ la fonction $\dfrac{1}{|x|}$ est de classe C^∞. On peut donc déduire de cette extension du Théorème 2.31 que u est de classe $C^{2,\alpha}$ pour tout $0 < \alpha < 1$ sur une boule plus petite, et donc f aussi. En déplaçant alors le centre de la boule, on peut recouvrir tout l'ouvert $\Omega\backslash\{0\}$. On peut recommencer alors le même argument pour montrer que u est de classe $C^{4,\alpha}$ pour tout $0 < \alpha < 1$. Pour le moment, pour une raison technique et non fondamentale due à la présence d'une non linéarité non entière dans l'équation, nous ne pouvons pas aller au-delà dans ce raisonnement : l'obstruction est provoquée par le terme de puissance $7/3$, qu'on ne peut pas dériver plus de deux fois, sauf à faire apparaître une puissance négative de u dont on ne connaît pas (encore) l'existence. Nous terminerons ce raisonnement ci-dessous en montrant, une fois prouvé le fait que $u > 0$ sur Ω, que nous pouvons obtenir *in fine*

$$u \in C^\infty(\Omega\backslash\{0\}). \qquad (2.47)$$

Si on avait considéré un potentiel d'attraction du noyau sans singularité, on aurait bien entendu immédiatement obtenu u de classe C^∞ sur Ω tout entier. L'équation (2.34) serait alors vraie au sens classique. Dans notre cas, on a un peu moins de régularité à cause du noyau.

2.4.3 Unicité

Remarquons en premier lieu qu'il est facile de montrer, sans faire appel aux techniques des deux sous-sections précédentes, que toute fonction u minimisant (2.2) conduit à une seule et unique densité u^2. En effet, il suffit de remarquer que si u minimise (2.2), alors u^2 minimise

$$\inf\left\{\mathcal{E}^\Omega(\rho), \quad \rho \geq 0, \quad \sqrt{\rho} \in H_0^1(\Omega), \quad \int_\Omega \rho = \lambda\right\}, \qquad (2.48)$$

---

[4] Il faut en fait modifier un peu (2.42) en ajoutant une norme de u au membre de droite.

$$\mathcal{E}^\Omega(\rho) = \int_\Omega |\nabla\sqrt{\rho}|^2 - \int_\Omega \frac{Z}{|x|}\rho + \int_\Omega \rho^{5/3} + \frac{1}{2}\iint_{\Omega\times\Omega} \frac{\rho(x)\rho(y)}{|x-y|}\,dx\,dy \quad (2.49)$$

Or ce problème est la minimisation d'une fonctionnelle strictement convexe, $\mathcal{E}^\Omega$, sur un ensemble convexe (voir les Exercices 2.3 et 2.8 à la fin de ce chapitre). Il en résulte que son minimum, s'il existe, est unique.

On peut en fait faire un peu mieux, et montrer que si u est une solution de l'équation d'Euler-Lagrange pour un certain θ et si u est telle que $\int_\Omega u^2 = \lambda$, alors u^2 est l'unique minimum de (2.48) et θ est unique (bien noter que ce résultat est plus fort que celui qui précède). Nous admettons dans la suite ce résultat, qui est loin d'être simple à prouver.

Une autre remarque simple à faire est que si u minimise (2.2), alors $-u$ et $|u|$ le minimisent aussi. Il suffit pour cela de noter que, pour $u \in H^1(\Omega)$,

$$\int_\Omega |\nabla u|^2 = \int_\Omega |\nabla|u||^2, \qquad (2.50)$$

ce qui est un exercice classique sur l'utilisation des fonctions $u_+ = \max(u, 0)$ et $u_- = -\min(u, 0)$.

Désormais, quitte à changer u en $|u|$, nous considérons donc un minimum $u \geq 0$ de (2.2).

Nous allons montrer d'abord que $u > 0$, en utilisant l'équation d'Euler-Lagrange, et nous en déduirons ensuite que u est unique au signe près, c'est-à-dire qu'il existe exactement deux minima pour (2.2), à savoir u et $-u$.

Pour montrer que $u > 0$, nous allons utiliser un résultat très utile de Théorie des EDP elliptiques : l'inégalité de Harnack. Avant d'énoncer ce résultat, tentons de faire sentir d'où il sort. Prenons notre exemple simplissime de l'équation $u'' = f(u)$ sur un ouvert de la droite réelle, pour une fonction f très régulière vérifiant $f(0) = 0$. Supposons qu'on dispose d'une solution $u \geq 0$ de cette équation, de classe C^1 par exemple. Supposons enfin qu'il existe un point x_0 tel que $u(x_0) = 0$. Alors nécessairement $u'(x_0) = 0$, puisque la fonction est positive. Nous avons donc une solution u d'une équation du second ordre, dont la fonction nulle est par ailleurs solution, qui vérifie $u(x_0) = u'(x_0) = 0$. L'unicité clamée par le Théorème de Cauchy-Lipschitz entraîne l'égalité $u \equiv 0$. Dans notre cas, nous souhaiterions faire le même type de raisonnement : supposons que notre minimum $u \geq 0$ s'annule quelque part, on sent que cela impose que le gradient s'y annule aussi (au moins en un certain sens), et on aurait envie d'en déduire, comme en dimension 1, que cela impose que la fonction soit localement nulle. Le moyen nous en est fourni par le résultat suivant.

Théorème 2.33 (Inégalité de Harnack) *Soit $\Omega \subset \mathbb{R}^3$. Soit $u \in H^1(\Omega)$, $u \geq 0$, solution sur Ω de*

$$-\Delta u + V u = 0, \tag{2.51}$$

pour une fonction V bornée sur Ω. Alors, pour tout $R > 0$, il existe une constante C, dépendant seulement de Ω, R, et $\|V\|_{L^\infty}$, telle que l'on ait, pour tout $y \in \Omega$ tel que la boule $B_{4R}(y)$ soit contenue dans Ω,

$$\sup_{B_R(y)} u \le C \inf_{B_R(y)} u. \tag{2.52}$$

Remarque 2.34 *Dans la mesure où une fonction H^1 n'est pas nécessairement continue, les bornes* sup *et* inf *apparaissant dans (2.52) sont un* sup *et un* inf *essentiels. Par exemple,* sup *est défini comme*

$$\sup u = \inf \{k, \quad u \le k \text{ presque partout dans } \Omega\}.$$

Si bien sûr u est continue, ces notions coïncident avec les notions habituelles de bornes supérieure et inférieure.

Remarque 2.35 *Encore une fois, ce résultat est vrai sous d'autres hypothèses : il est vrai en dimension N, il est vrai pour d'autres types d'opérateurs que $-\Delta + V$ (l'important est que l'opérateur soit strictement elliptique). Si on renforce la régularité de u, en la supposant par exemple $W^{2,3}$, alors on peut obtenir l'estimée (2.52) pour tout $y \in \Omega$ tel que la boule $B_{2R}(y)$ soit contenue dans Ω. En revanche, l'hypothèse $u \ge 0$ est essentielle pour obtenir (2.52).*

Ce Théorème appelle un certain nombre de commentaires destinés à souligner sa force.

- D'abord, il montre que si une solution $u \ge 0$ s'annule en un point (si u n'est pas continue ceci est à prendre au sens où inf $u = 0$ sur toute boule ouverte autour de ce point), alors u est identiquement nulle localement (voir la Remarque 2.37 ci-dessous). C'est l'usage que nous ferons de ce théorème dans ce Chapitre. Mais en fait, il est beaucoup plus puissant que cela.
- Pour une fonction donnée $u > 0$ au voisinage d'un point y, on peut toujours, sans même contraindre u à être solution d'une EDP, poser $C = \frac{\sup_{B_R(y)} u}{\inf_{B_R(y)} u}$ et obtenir (2.52), mais la constante dépend alors de R bien sûr, mais aussi de y et de u.

  Ici, on affirme plus : à u donné, on peut rendre la constante C indépendante du point y (pourvu qu'on dispose d'un contrôle uniforme de la norme de V apparaissant dans l'équation et que y reste assez loin du bord du domaine).
- Encore mieux : on peut aussi rendre la constante C indépendante de la solution u. Ces deux propriétés ne sont bien sûr vraies que parce qu'on ne traite pas une fonction u quelconque, mais une solution u de l'EDP (2.51).

- Enfin, comme C ne dépend que de la norme de V, et pas explicitement de V lui-même, les affirmations précédentes sont uniformément vraies pour toute une classe d'EDP dont les paramètres partagent une borne $\|V\|$ commune.

On remarquera que l'équation d'Euler-Lagrange (2.34) que nous avons à traiter ici ne rentre pas sous la catégorie (2.51), parce que la singularité de l'attraction des noyaux empêche V d'être borné. Nous devons donc utiliser une extension du Théorème ci-dessus, à savoir.

Corollaire 2.36 *Le résultat du Théorème 2.33 reste vrai si la fonction V est seulement $L_{loc}^p(\Omega)$ pour un certain $p > \frac{3}{2}$ (la constante C dépendant alors de $\|V\|_{L^p(B_{4R}(y))})$.*

Revenons maintenant à notre question : $u > 0$? En appliquant le Corollaire ci-dessus à l'équation (2.34), on obtient facilement que si la fonction u s'annule en un point (rappelons que u est continue), alors elle est identiquement nulle. En effet, si x_0 désigne un tel point, on peut trouver R convenable pour l'inégalité de Harnack (dépendant seulement de la distance de x_0 au bord de Ω) et on en déduit $u \equiv 0$ sur $B_R(x_0)$. De là, on peut recouvrir peu à peu le domaine Ω tout entier par une suite de boules $B_{R_n}(y_n)$, de rayons variables R_n, telles que $B_{R_{n+1}}(y_{n+1})$ coupe $B_{R_n}(y_n)$ et est telle que $B_{4R_{n+1}}(y_{n+1}) \subset \Omega$. On propage ainsi de proche en proche le fait que $u \equiv 0$ sur toutes ces boules, et donc finalement sur Ω tout entier (un raisonnement classique de connexité conduit à la même conclusion). Comme $\int_\Omega u^2 = \lambda > 0$, on aboutit bien sûr à une contradiction, ce qui montre $u > 0$ sur Ω.

Remarque 2.37 *L'utilisation que nous avons faite de l'inégalité de Harnack est grosso modo la suivante : 1) si $u \geq 0$ s'annule en un point, alors u est nulle au voisinage de ce point, 2) de proche en proche, u est nulle partout. Pour cela, nous avons bien sûr utilisé le fait que u avait un signe. En fait, on peut faire la seconde partie du raisonnement sans faire appel à l'inégalité de Harnack et donc sans l'hypothèse $u \geq 0$. Le résultat qu'il faut alors invoquer est connu sous le nom de principe d'unique continuation, et on peut schématiquement l'énoncer comme suit : pour une équation du type (2.51) (en particulier), toute solution nulle sur un ensemble de mesure non nulle est nulle partout.*

La conséquence immédiate est que comme u^2 est unique et u continue dans Ω, on a donc séparation des branches et les seuls minima de (2.2) sont donc u et $-u$.

Donnons quelques autres conséquences de la propriété $u > 0$.

D'abord, une remarque sur la régularité s'impose. Maintenant que nous avons prouvé $u > 0$ sur Ω, et en fait u minorée par une constante strictement positive sur chaque ouvert strictement inclus dans Ω, nous pouvons achever la preuve de régularité entamée à la sous-section précédente : la fonction $u^{7/3}$ est elle aussi par exemple de classe $C^{4,\alpha}$ pour tout $0 < \alpha < 1$ sur tout ouvert inclus strictement dans Ω, et donc, par régularité elliptique, u est de classe $C^{6,\alpha}$ sur un tel ouvert. En itérant, on obtient l'assertion (2.47) à savoir u de classe C^{∞} en dehors du noyau. Notons pour conclure sur ces questions de régularité que u n'est certainement pas de classe C^2 partout. En effet, en divisant (2.34) par u, à bon droit puisque $u > 0$, on obtiendrait alors que $\frac{1}{|x|}$ est borné sur Ω, ce qui est bien sûr faux !

Une deuxième conséquence est la suivante. On a déjà montré que u était l'unique minimum, au signe près, de (2.2), mais on a mieux : les couples (u, θ) et $(-u, \theta)$ sont les uniques couples (v, μ) vérifiant

$$-\Delta v - Z\frac{1}{|x|}v + \frac{5}{3}|v|^{4/3}v + \left(\int_\Omega \frac{v^2(y)}{|x-y|}dy\right)v + \mu v = 0, \qquad (2.53)$$

et $\int_\Omega v^2 = \lambda$. En effet, on a mentionné plus haut que si (v, μ) vérifiait l'équation d'Euler-Lagrange et si v^2 avait la bonne masse, alors v^2 était la densité minimisante de (2.48). Comme $u > 0$, on a donc $\rho > 0$, et donc $u^2 = v^2$ implique $u = v$ ou $u = -v$. L'égalité des multiplicateurs $\theta = \mu$ suit. En fait, on a une manière de caractériser, à $\lambda = \int_\Omega u^2$ fixé, la solution $u > 0$. Notons

$$L = -\Delta - Z\frac{1}{|x|} + \frac{5}{3}u^{4/3} + \int_\Omega \frac{u^2(y)}{|x-y|}dy, \qquad (2.54)$$

où l'on remarque que L ne dépend pas de u mais seulement de λ *via* le minimum ρ de (2.48). L'équation (2.34) peut se réécrire

$$Lu + \theta u = 0. \qquad (2.55)$$

L'observation essentielle que nous faisons est la suivante : puisque $u > 0$, nous allons montrer que $\frac{1}{\sqrt{\lambda}}u$ minimise

$$\inf\left\{\langle Lv, v\rangle, \quad v \in H_0^1(\Omega), \quad \int_\Omega v^2 = 1\right\}, \qquad (2.56)$$

ce qu'on désigne en disant que, à normalisation près, u est *la première fonction propre* de l'opérateur L sur Ω avec donnée au bord nulle, et $-\theta$ *la première valeur propre* (on s'expliquera dans un instant sur l'article défini *la* première fonction propre). En effet, par le même raisonnement que celui qui nous a permis de conclure à l'existence d'un minimum pour (2.2), on peut prouver qu'il existe u_1 minimisant (2.56) (c'est même plus simple !). En suivant encore les lignes ci-dessus, on obtient que, quitte à changer u_1 en sa valeur absolue, on peut choisir $u_1 \geq 0$ et donc $u_1 > 0$. Un tel u_1 est donc unique. C'est *la* première fonction propre de L. Calculons maintenant

$$\langle Lu, u_1 \rangle = \int_\Omega \left(-\Delta u - Z \frac{1}{|x|} u + \frac{5}{3} |u|^{4/3} u + \left(\int_\Omega \frac{u^2(y)}{|x-y|} dy \right) u \right) u_1.$$

A cause de la régularité H^2 que nous avons prouvée plus haut sur u (la même régularité tenant pour u_1 par un raisonnement identique), on peut à bon droit utiliser la formule de Green pour montrer que, ces deux fonctions étant nulles au bord,

$$\int_\Omega -\Delta u \cdot u_1 = \int_\Omega -\Delta u_1 \cdot u.$$

On en déduit

$$\langle Lu, u_1 \rangle = \langle Lu_1, u \rangle,$$

ce qui, en utilisant les équations d'Euler-Lagrange et en notant $-\theta_1$ le multiplicateur associé à u_1 (i.e. la première valeur propre de L), entraîne

$$-\theta \int_\Omega u u_1 = -\theta_1 \int_\Omega u_1 u.$$

Comme $u > 0$ et $u_1 > 0$, on a $\int_\Omega u u_1 > 0$ et donc $\theta = \theta_1$. Ceci implique

$$\left\langle L \frac{u}{\sqrt{\lambda}}, \frac{u}{\sqrt{\lambda}} \right\rangle = -\theta = -\theta_1 = \langle Lu_1, u_1 \rangle,$$

et donc $\frac{u}{\sqrt{\lambda}}$ minimise (2.56), et $\frac{u}{\sqrt{\lambda}} = u_1$. En d'autres termes, nous venons de prouver que $\frac{u}{\sqrt{\lambda}}$ est bien la première fonction propre de L, et $-\theta$ sa première valeur propre.

On notera donc bien la chose suivante. En u, le problème n'est pas convexe, et *a fortiori* pas strictement convexe ; on n'a donc pas de moyen de montrer que u est unique, au signe près. En revanche, comme le problème en ρ est strictement convexe, on sait que u^2 est unique. Mais on ne peut déduire l'unicité au signe près de u à partir de celle de ρ que si l'on sait que ρ ne s'annule pas, c'est-à-dire si l'on établit l'existence d'un $u > 0$ minimum. Dans ce cas, si on fixe la masse totale $\int_\Omega u^2$, les seules solutions de l'équation d'Euler-Lagrange sont (u, θ) et $(-u, \theta)$. C'est ce qui se passe ici.

Voyons maintenant une conséquence standard de la propriété d'unicité : dans les cas favorables, on en déduit que la fonction minimisant le problème variationnel partage les mêmes symétries que le problème lui-même.

2.4.4 Symétrie radiale

Nous considérons dans ce paragraphe le cas particulier où le domaine Ω est une boule de rayon R centrée en 0. Le problème de minimisation (2.2) présente alors la particularité suivante : si l'on change la fonction $u(x, y, z)$ en la fonction $u(\mathcal{R}(x, y, z))$ où $\mathcal{R}$ est une rotation de l'espace $\mathbb{R}^3$ autour de l'origine, la fonctionnelle d'énergie $E^\Omega(u)$ n'est pas modifiée. Si on choisit pour u le minimum positif de (2.2), on en déduit donc que $u(\mathcal{R}(\cdot))$ est aussi un minimum positif. Grâce à l'unicité que nous avons montrée à la sous-section précédente, on en déduit $u = u(\mathcal{R}(\cdot))$ pour toute rotation $\mathcal{R}$ autour de 0, et donc u est une fonction à symétrie radiale.

Ceci est bien sûr très particulier au cas que nous avons choisi et est dû au fait que Ω est une boule *et* que le seul noyau est placé en son centre. Le problème physique que l'on étudie est donc lui-même invariant par rotation autour de l'origine. Et il était donc légitime de s'attendre à ce que le minimum de la fonctionnelle partage cette symétrie. Attention! Ce n'est pas toujours le cas, il existe des situations physiques où on assiste à ce qu'on appelle une *brisure de symétrie*, c'est-à-dire où la solution ne présente pas la symétrie à laquelle on s'attendait.

En fait, il est possible, sous une hypothèse particulière, de montrer ici un peu plus, à savoir que u est une fonction non seulement radiale (fonction de la seule distance r à l'origine), mais aussi *décroissante* par rapport à la variable r. On renvoie le lecteur à l'Exercice 2.12 pour cette intéressante application de la notion de fonction symétrisée de Schwartz.

2.5 Une remarque sur le cas d'une molécule

Il est important de noter que tous les arguments qui ont été faits ci-dessus, à l'exception bien sûr de ceux de la dernière sous-section sur la symétrie radiale, peuvent être faits dans le cas où la fonctionnelle d'énergie n'est plus (2.3) mais

$$E^\Omega(u) = \int_\Omega |\nabla u|^2 - \sum_{k=1}^K \int_\Omega \frac{z_k}{|x - \bar{x}_k|} u^2 + \int_\Omega |u|^{10/3}$$
$$+ \frac{1}{2} \iint_{\Omega \times \Omega} \frac{u^2(x) u^2(y)}{|x - y|} \, dx \, dy, \tag{2.57}$$

pour des positions $\bar{x}_k$, $1 \le k \le K$ fixées. En d'autres termes, on a remplacé l'atome (1 noyau de charge Z placé à l'origine) par une molécule (K noyaux, chacun de charge z_k, placés en des points $\bar{x}_k$). Comme seule comptait dans les arguments ci-dessus la nature de la singularité $\frac{1}{|x|}$ au noyau, on comprend bien que nos raisonnements s'appliquent fidèlement à ce nouveau cas. C'est un bon exercice de le vérifier.

2.6 Résumé

Nous avons étudié dans ce Chapitre un problème de minimisation sur un ouvert borné de $\mathbb{R}^3$. Ce problème est la réplique sur un borné d'un problème de minimisation posé sur l'espace tout entier que nous allons étudier au Chapitre suivant. L'étude sur un borné nous a permis d'introduire un certain nombre de résultats d'Analyse Fonctionnelle et de Théorie des EDP elliptiques qui vont nous être utiles dans toute la suite de ces notes. Essentiellement, nous avons montré que les suites minimisantes étaient bornées dans un espace de Sobolev, et donc convergeaient faiblement, à extraction près, dans cet espace. En vertu de la compacité de l'injection de Sobolev sur un borné, nous en avons déduit l'existence d'au moins un minimum pour le problème de minimisation. En étudiant en détail l'équation d'Euler-Lagrange vérifiée par un minimum, et en utilisant un résultat de régularité elliptique, nous avons conclu à une régularité de cette fonction, et ensuite à son unicité au signe près. Tout au long de ce Chapitre, nous nous sommes servi de nombreuses inégalités, dont les inégalités de Hölder, qui réapparaîtront aussi à de nombreuses reprises dans la suite. Outre les notions et les techniques introduites ici, ce qu'il convient de retenir de ce Chapitre, c'est que, pour les problèmes que nous regardons : **sur un borné, tout se passe bien.**

2.7 Pour en savoir plus

Commençons par mentionner que, si le lecteur a quelques lacunes sur les prérequis pour aborder la lecture de ce chapitre, il pourra se reporter
- pour la Théorie de la mesure, au tome III du *Cours d'Analyse* de L. Schwartz, réédité chez Hermann en 1993,
- pour la Théorie des distributions, à la *Théorie des distributions*, du même auteur.

Les résultats que nous venons d'énoncer peuvent se trouver, avec leurs preuves et de nombreuses extensions, dans
- H. Brézis, *Analyse Fonctionnelle, Théorie et Applications*, Masson,
- R. A. Adams, *Sobolev Spaces*, Academic Press 1975,
- E.H. Lieb and M. Loss, *Analysis*, Graduate studies in Mathematics, volume 14, AMS 1997.

et aussi dans l'ouvrage nettement plus technique suivant
- D. Gilbarg and N.S. Trudinger, *Elliptic partial differential equations of second order*, Springer Verlag 1997.

Pour d'autres compléments, on pourra aussi se reporter à
- W.P. Ziemer, *Weakly differentiable functions*, Springer 1989.
- L.C. Evans and R.F. Gariepy, *Measure Theory and fine properties of functions*, Studies in Advanced Mathematics, CRC Press 1992.

2.8 Exercices

Exercice 2.1 Montrer que, pour $p > 3$, et $u \in L^p(\Omega)$ fixée, la fonction

$$x \mapsto \int_\Omega \frac{u^2(y)}{|x - y|} \, dy$$

est continue.

Exercice 2.2 Pour $\varepsilon > 0$ et $p \in [2, 6[$ fixés, on considère le problème de minimisation

$$\inf \left\{ \varepsilon^2 \int_\Omega |\nabla u|^2 - \left(\int_\Omega |u|^p \right)^{2/p} , \quad u \in H^1(\Omega), \quad \int_\Omega u^2 = 1 \right\}. \quad (2.58)$$

Montrer que cet infimum est fini. En déduire que l'inégalité (2.10) est encore vraie pour $u \in H^1(\Omega)$. L'infimum est-il atteint ?

Exercice 2.3

1. Montrer que la fonctionnelle

$$\rho \mapsto \iint_{\mathbf{R}^3 \times \mathbf{R}^3} \frac{\rho(x)\rho(y)}{|x - y|} \, dx \, dy$$

   est bien définie, continue, sur $L^1(\mathbb{R}^3) \cap L^3(\mathbb{R}^3)$ (plus dur : le montrer sur $L^{6/5}(\mathbb{R}^3)$). Montrer de plus qu'elle y est strictement convexe et positive. On remarquera que $\dfrac{1}{4\pi|x|}$ est la solution élémentaire du Laplacien en dimension 3.

2. Montrer que, si Ω est un borné de $\mathbb{R}^3$,

$$\rho \mapsto \iint_{\Omega \times \Omega} \frac{\rho(x)\rho(y)}{|x - y|} \, dx \, dy$$

   a des propriétés analogues.

Exercice 2.4 Montrer, en s'inspirant de l'Exercice ci-dessus, que la fonction

$$u \mapsto \iint_{\Omega \times \Omega} \frac{u^2(x)\, u^2(y)}{|x - y|} \, dx \, dy \quad (2.59)$$

est convexe et continue sur $H_0^1(\Omega)$.

Exercice 2.5 Montrer l'assertion *(i)* du Théorème 2.13.

Exercice 2.6 On se place dans un espace de Hilbert V séparable. On admettra qu'un tel espace admet une base hilbertienne. On considère dans V une suite $(u_n)_{n \in \mathbf{N}}$ bornée pour la norme hilbertienne. En décomposant u_n sur une base hilbertienne de V, et en étudiant les suites des coefficients u_n^k de u_n sur cette base, montrer qu'on peut extraire de $(u_n)_{n \in \mathbf{N}}$ une sous-suite convergeant pour la topologie faible de V. Ceci constitue une preuve, dans ce cadre particulier, du Théorème 2.13, alinea (ii), et aussi de son Corollaire 2.15.

Exercice 2.7 Démontrer le Théorème 2.21 et déduire de ce résultat une preuve du Théorème 2.20.

Exercice 2.8 Montrer que la fonctionnelle

$$\rho \mapsto \int_{\mathbf{R}^3} |\nabla \sqrt{\rho}|^2$$

est convexe sur $X = \{\rho = u^2, \ u \in H^1(\mathbb{R}^3)\}$. Est-elle strictement convexe ? Lorsque Ω est un ouvert borné de $\mathbb{R}^3$, mêmes questions pour la fonctionnelle

$$\rho \mapsto \int_{\Omega} |\nabla \sqrt{\rho}|^2$$

sur $X = \{\rho = u^2, u \in H^1(\Omega)\}$?

Exercice 2.9 *(difficile)* On considère $L = -\Delta + W$ avec W continue, en tant qu'opérateur défini sur $H_0^1(\Omega)$, pour Ω ouvert borné régulier de $\mathbb{R}^3$. On dit que la première valeur propre de cet opérateur avec donnée au bord de Dirichlet nulle est strictement positive si

$$\lambda_1(L) = \inf \left\{ \langle Lu, u \rangle, \quad u \in H_0^1(\Omega), \quad \int_{\Omega} u^2 = 1 \right\} > 0.$$

On admettra dans la suite que si cette condition est vérifiée, l'opérateur L vérifie le principe du maximum faible, c'est-à-dire qu'il vérifie la propriété suivante : pour toute fonction w de classe C^2 sur Ω telle que $Lw \leq 0$ dans Ω, on a $\sup_{\Omega} w = \sup_{\partial \Omega} w$ (voir la preuve de cette propriété au Chapitre 10, Théorème 10.19).

1. Montrer que s'il existe une fonction $v > 0$ sur Ω telle que $Lv \geq 0$ alors $\lambda_1 \geq 0$.

2. Pour $u \in H_0^1(\Omega)$, on pose $L_u = -\Delta - V + |u|^{2p-2}$ où $p > \frac{3}{2}$, V continue. On suppose qu'on dispose de deux fonctions u et v de $H_0^1(\Omega)$ telles que dans Ω on ait $u \geq 0$ et $v > 0$, et

$$L_u u \leq 0 \leq L_v v.$$

Montrer alors que $u \leq v$ dans Ω. On pourra utiliser (après l'avoir prouvé) l'inégalité suivante : $a^q \geq b^q + q b^{q-1}(a - b)$ pour $q \geq 2$.

3. Considérons maintenant un réel θ et une fonction $u \in H_0^1(\Omega)$ non nécessairement de signe constant dans Ω tels que $\int_\Omega u^2 = 1$ et

$$-\Delta u + V u + |u|^{2p-2} u + \theta u = 0.$$

Montrer que nécessairement $u = \sqrt{\rho_0}$ ou $u = -\sqrt{\rho_0}$, où ρ_0 est le minimum de

$$\inf \left\{ \int_\Omega |\nabla \sqrt{\rho}|^2 + \int_\Omega V \rho + \frac{1}{p} \int_\Omega \rho^p, \quad \rho \geq 0, \ \sqrt{\rho} \in H_0^1(\Omega), \ \int_\Omega \rho = 1 \right\}.$$

On pourra utiliser l'inégalité de Harnack et aussi (en l'admettant, voir sa preuve au Chapitre 10) l'inégalité dite de Kato :

$$-\Delta |u| \leq -\operatorname{sgn}(u)\, \Delta u.$$

Exercice 2.10 Au lieu de considérer le problème (2.2), on considère

$$I_\lambda^\Omega = \inf \left\{ E^\Omega(u), \quad u \in H^1(\Omega), \quad \int_\Omega |u|^2 = \lambda \right\}, \tag{2.60}$$

pour la même fonctionnelle d'énergie (2.3). Autrement dit, les fonctions sur lesquelles on minimise ne sont plus astreintes à valoir 0 sur le bord du domaine. Montrer qu'il existe un minimum pour (2.60). Ecrire l'équation d'Euler-Lagrange qu'un minimum vérifie. Montrer que le minimum est unique au signe près.

Exercice 2.11 On se propose de montrer l'Inégalité de Poincaré sous sa forme la plus simple : si Ω est un domaine borné, il existe une constante C dépendant uniquement du domaine Ω, telle que, pour tout $u \in H_0^1(\Omega)$, on ait

$$\int_\Omega u^2 \leq C \int_\Omega |\nabla u|^2. \tag{2.61}$$

On comprend bien sûr que l'interprétation intuitive de cette inégalité est la suivante : si on part d'une valeur petite ($u = 0$ au bord), et si la pente est faible (au sens où $\displaystyle\int_\Omega |\nabla u|^2$ est petit), alors on ne peut pas atteindre des valeurs très fortes (au sens où $\displaystyle\int_\Omega u^2$ est petit aussi). Pour montrer (2.61), on introduit le problème de minimisation

$$\inf\left\{\int_\Omega |\nabla u|^2, \quad u \in H_0^1(\Omega), \quad \int_\Omega u^2 = 1\right\}. \tag{2.62}$$

Montrer que l'infimum est fini, puis qu'il est atteint en une fonction unique au signe près. En déduire en particulier (2.61) en identifiant la constante C. Si Ω est un cube, calculer C. Que se passe-t-il pour

$$\inf\left\{\int_\Omega |\nabla u|^2, \quad u \in H^1(\Omega), \quad \int_\Omega u^2 = 1\right\}? \tag{2.63}$$

Exercice 2.12 On suppose dans cet exercice que le domaine Ω est une boule centrée à l'origine. Toute fonction $u \in H_0^1(\Omega)$ peut être prolongée par la fonction nulle en dehors de Ω pour donner une fonction de $H^1(\mathbb{R}^3)$, qu'on note encore u.

La fonction symétrisée de Schwarz de u, notée $u^\star$ et définie sur $\mathbb{R}^3$ (et, par restriction, sur Ω), est construite comme suit. On pose, pour $t > 0$,

$$\mu(t) = \text{mes}\left\{x \in \mathbb{R}^3, \ |u(x)| > t\right\},$$

puis

$$u^\sharp(s) = \sup\left\{t > 0, \ \mu(t) > s\right\},$$

et enfin

$$u^\star(x) = u^\sharp\left(\frac{4}{3}\pi|x|^3\right).$$

La fonction $u^\star$ ainsi construite est radiale décroissante. Bien sûr, si u est radiale décroissante $u^\star = u$. On a de plus les trois propriétés très utiles suivantes.

Pour toute fonction F continue telle que $F(u)$ soit intégrable,

$$\int_{\mathbb{R}^3} F(u) = \int_{\mathbb{R}^3} F(u^\star).$$

Pour tout couple u, v dans $L^2(\mathbb{R}^3)$,

$$\int_{\mathbb{R}^3} uv \le \int_{\mathbb{R}^3} u^\star v^\star.$$

Pour tout $u \in H^1(\mathbb{R}^3)$,

$$\int_{\mathbb{R}^3} |\nabla u^\star|^2 \le \int_{\mathbb{R}^3} |\nabla u|^2.$$

En exploitant ces trois propriétés et le résultat de l'exercice 2.3, montrer que sous l'hypothèse $\lambda \leq Z$, le minimum positif de (2.2) est radial décroissant.

On utilisera en particulier le Théorème de Gauss de l'électrostatique, qui sera revu à de multiples reprises aux chapitres suivants.

3

Le même problème sur l'espace tout entier

Avec ce chapitre, nous rentrons dans le vif du sujet : les problèmes variationnels que nous allons étudier désormais sont posés sur l'espace tout entier.

Nous commençons par regarder le modèle de TFW, introduit au Chapitre 2 sur un ouvert borné, cette fois posé sur l'espace $\mathbb{R}^3$. Son étude formera l'essentiel de ce chapitre. Nous y soulignerons notamment les différences fondamentales avec le cas borné. A la Section 3.5, nous verrons une variante de ce modèle, à savoir la situation purement radiale, dont nous verrons qu'elle introduit quelques nuances par rapport au modèle standard. A la fin de ce chapitre, nous étudierons aussi un autre problème de type fonctionnelle de la densité, le modèle de Thomas-Fermi avec correction de Fermi-Amaldi. Nous motiverons plus précisément l'étude de ce modèle au début de la Section 3.6 qui lui est entièrement consacrée.

Dans ce chapitre et dans les suivants, nous adoptons la convention d'écriture suivante : quand on ne précise pas le domaine d'intégration et/ou la variable d'intégration, il est implicite que l'on intègre sur l'espace tout entier $\mathbb{R}^3$ avec la mesure de Lebesgue. De même, quand on écrit un espace fonctionnel sans indiquer le domaine (L^p, H^1, ...), il s'agit là aussi de l'espace tout entier.

3.1 Le modèle de TFW sur $\mathbb{R}^3$: Premières propriétés

Le problème de Thomas-Fermi-von Weizsäcker sur $\mathbb{R}^3$ est le problème de minimisation suivant :

$$I_\lambda = \inf \left\{ E(u), \quad u \in H^1(\mathbb{R}^3), \quad \int_{\mathbb{R}^3} |u|^2 = \lambda \right\}, \tag{3.1}$$

$$E(u) = \int_{\mathbb{R}^3} |\nabla u|^2 - \int_{\mathbb{R}^3} \frac{Z}{|x|} u^2 + \int_{\mathbb{R}^3} |u|^{10/3}$$
$$+ \frac{1}{2} \iint_{\mathbb{R}^3 \times \mathbb{R}^3} \frac{u^2(x) u^2(y)}{|x - y|} \, dx \, dy. \tag{3.2}$$

En posant $\rho = u^2$, ce problème est aussi

$$I_\lambda = \inf \left\{ \mathcal{E}(\rho), \quad \rho \geq 0, \quad \sqrt{\rho} \in H^1(\mathbf{R}^3), \quad \int_{\mathbf{R}^3} \rho = \lambda \right\}, \qquad (3.3)$$

$$\mathcal{E}(\rho) = \int_{\mathbf{R}^3} |\nabla \sqrt{\rho}|^2 - \int_{\mathbf{R}^3} \frac{Z}{|x|} \rho + \int_{\mathbf{R}^3} \rho^{5/3}$$
$$+ \frac{1}{2} \iint_{\mathbf{R}^3 \times \mathbf{R}^3} \frac{\rho(x)\rho(y)}{|x-y|} \, dx \, dy. \qquad (3.4)$$

A des constantes près qui ne jouent aucun rôle dans l'analyse mathématique que nous allons conduire, on retrouve ainsi le modèle de TFW décrit au Chapitre 1. La première chose à faire est, comme au Chapitre 2, de vérifier que le problème (3.1)-(3.2) est bien posé. Comme au Chapitre 2, on souligne bien sûr le fait que les résultats que nous allons établir sur ce cas atomique sont valables pour le cas d'une molécule, c'est-à-dire le cas où $- \int_{\mathbf{R}^3} \frac{Z}{|x|} u^2$ est remplacé par

$$- \sum_{k=1}^{K} \int_{\mathbf{R}^3} \frac{z_k}{|x - \bar{x}_k|} u^2 \text{ avec } \sum_{k=1}^{K} z_k = Z.$$

3.1.1 Le problème est bien posé

Il s'agit d'abord de vérifier que tous les termes de l'énergie (3.2) ont bien un sens pour $u \in H^1(\mathbf{R}^3)$. Clairement, les deux seuls termes susceptibles de poser une difficulté sont $\int_{\mathbf{R}^3} \frac{Z}{|x|} u^2$ et $\iint_{\mathbf{R}^3 \times \mathbf{R}^3} \frac{u^2(x)u^2(y)}{|x-y|} \, dx \, dy$. Il y a plusieurs façons de s'y prendre pour montrer qu'ils sont bien définis. On peut par exemple commencer par remarquer que

$$\frac{1}{|x|} \in L^p(\mathbf{R}^3) + L^q(\mathbf{R}^3), \qquad (3.5)$$

pour au moins un couple $(p,q) \in [\frac{3}{2}, 3[\times]3, +\infty]$ (et en fait pour tous). Ceci est bien sûr une conséquence du fait que la singularité en $\frac{1}{|x|^\alpha}$ est intégrable à distance finie dans $\mathbf{R}^3$ si et seulement si $\alpha < 3$, alors qu'elle est intégrable à l'infini dans $\mathbf{R}^3$ si et seulement si $\alpha > 3$. Comme $u \in H^1(\mathbf{R}^3)$ par hypothèse, u^2 appartient en particulier à $L^r(\mathbf{R}^3)$ pour tout $1 \leq r \leq 3$, et en particulier pour les valeurs conjuguées de p et q qui sont respectivement dans $]\frac{3}{2}, 3[$ et dans $]1, \frac{3}{2}[$. En utilisant l'inégalité de Hölder, on obtient donc l'existence du terme $\int_{\mathbf{R}^3} \frac{Z}{|x|} u^2$. De plus, en choisissant par exemple $p = \frac{5}{2}$ et $q = \frac{7}{2}$, on a l'estimation

$$\int_{\mathbf{R}^3} \frac{1}{|x|} u^2 \leq C^{te} \left(\|u\|_{L^{10/3}}^2 + \|u\|_{L^{14/5}}^2 \right), \qquad (3.6)$$

qui pourra nous être utile plus loin. Au lieu d'employer (3.5), on peut utiliser l'inégalité de Cauchy-Schwartz et celle de Hardy et obtenir

$$\int_{\mathbf{R}^3} \frac{1}{|x|} u^2 \leq 2\|u\|_{L^2} \|\nabla u\|_{L^2}. \tag{3.7}$$

On s'amusera en exercice à chercher d'autres façons de procéder.

Pour le terme d'intégrale double, on peut par exemple procéder comme suit ; à cause de l'inégalité de Hardy et de l'invariance par translation de $\mathbb{R}^3$, on a, pour x fixé,

$$\int_{\mathbf{R}^3} \frac{u^2(y)}{|x-y|}\, dy \leq \left(\int_{\mathbf{R}^3} \frac{u^2(y)}{|x-y|^2}\, dy \right)^{1/2} \left(\int u^2 \right)^{1/2}$$

$$\leq 2 \left(\int_{\mathbf{R}^3} |\nabla u|^2 \right)^{1/2} \left(\int u^2 \right)^{1/2}, \tag{3.8}$$

ce qui montre que la fonction mesurable $x \mapsto \displaystyle\int_{\mathbf{R}^3} \frac{u^2(y)}{|x-y|} dy$ est bornée sur $\mathbb{R}^3$, c'est-à-dire appartient à $L^\infty(\mathbb{R}^3)$, et on obtient donc l'existence de l'intégrale double. Au passage, on a prouvé

$$\iint_{\mathbf{R}^3 \times \mathbf{R}^3} \frac{u^2(x)u^2(y)}{|x-y|}\, dx\, dy \leq C^{te} \|\nabla u\|_{L^2} \|u\|_{L^2}^3. \tag{3.9}$$

Il est bien sûr possible de procéder autrement, et nous allons maintenant donner une autre manière, en introduisant une inégalité très utile, qui a en fait déjà été utilisée sous des formes particulières, sans le dire !

Théorème 3.1 (Inégalité d'Young) *Soient* $u \in L^p(\mathbb{R}^N)$ *et* $v \in L^q(\mathbb{R}^N)$ *avec*

$$1 \leq p \leq +\infty, \quad 1 \leq q \leq +\infty, \quad \frac{1}{p} + \frac{1}{q} = 1 + \frac{1}{r}.$$

Alors $u \star v \in L^r(\mathbb{R}^N)$ *et*

$$\|u \star v\|_{L^r(\mathbf{R}^N)} \leq \|u\|_{L^p(\mathbf{R}^N)} \|v\|_{L^q(\mathbf{R}^N)}.$$

En utilisant cette inégalité et (3.6), on peut écrire

$$\iint_{\mathbf{R}^3 \times \mathbf{R}^3} \frac{u^2(x)u^2(y)}{|x-y|}\, dx\, dy = \int_{\mathbf{R}^3} (u^2 \star \frac{1}{|x|}) u^2$$

$$\leq \|u^2 \star \frac{1}{|x|}\|_{L^r} \|u\|_{L^{2s}}^2$$

$$\leq C^{te} (\|u\|_{L^{2r_1}}^2 + \|u\|_{L^{2r_2}}^2) \|u\|_{L^{2s}}^2, \tag{3.10}$$

pour $\dfrac{1}{p} + \dfrac{1}{r_1} = 1 + \dfrac{1}{r}$, $\dfrac{1}{q} + \dfrac{1}{r_2} = 1 + \dfrac{1}{r}$, $\dfrac{1}{r} + \dfrac{1}{s} = 1$. Nous laissons au lecteur le soin de choisir les bons exposants pour formaliser le raisonnement.

L'étape suivante est de montrer que l'infimum défini par (3.1) est fini, ce qui revient à contrôler le terme d'attraction du noyau. En utilisant (3.7), et les propriétés du polynôme $X \mapsto X^2 - aX$, on peut conclure facilement. On laisse au lecteur l'exercice facile de conclure avec (3.6) et l'inégalité d'interpolation.

En raisonnant comme au chapitre 2, on en déduit de même que

les suites minimisantes de (3.1) sont bornées dans $H^1(\mathbb{R}^3)$.

Soit $(u_n)_{n \in \mathbf{N}}$ une telle suite. Désignons par u sa limite faible au sens $H^1(\mathbb{R}^3)$ (au besoin on a extrait une sous-suite). Il est aisé de voir, à l'aide du Théorème de Rellich-Kondrachov, que l'on peut supposer de plus, quitte à extraire une sous-suite, que u est la limite forte de $(u_n)_{n \in \mathbf{N}}$ au sens $L^p_{loc}(\mathbb{R}^3)$, pour tout $1 \leq p < 6$, c'est-à-dire que $(u_n)_{n \in \mathbf{N}}$ converge fortement vers u dans $L^p(\Omega)$ pour tout ouvert borné Ω. On pourra expliquer en exercice la raison pour laquelle on peut toujours supposer que la *même* suite $(u_n)_{n \in \mathbf{N}}$ converge localement fortement dans *tous* les $L^p(\Omega)$, p quelconque dans $[1, 6[$ et Ω borné quelconque.

On notera bien la différence avec le fait, qui n'est pas encore établi, mais le sera à la section 3.2, que $(u_n)_{n \in \mathbf{N}}$ converge fortement vers u dans $L^p(\mathbb{R}^3)$.

Essayons maintenant de procéder comme au chapitre 2 et de rassembler le maximum d'informations sur u. On vise bien sûr à prouver que u est un minimum pour le problème (3.1). La première remarque est qu'on ne peut pas déduire brutalement

$$\int_{\mathbf{R}^3} u^2 = \lambda, \tag{3.11}$$

puisqu'on n'a pas d'injection compacte de $H^1(\mathbb{R}^3)$ dans $L^2(\mathbb{R}^3)$. Ce sera la principale difficulté.

Cependant on a

$$\int_{\mathbf{R}^3} u^2 \leq \lambda, \tag{3.12}$$

par application du Théorème 2.20, et on peut de plus obtenir l'information sur l'énergie

$$E(u) \leq \liminf_{n \to +\infty} E(u_n). \tag{3.13}$$

Pour établir (3.13), la seule nouvelle difficulté par rapport au cas borné étudié au chapitre 2 est de montrer

$$-\int_{\mathbf{R}^3} \frac{1}{|x|} u^2 \leq \liminf_{n \to +\infty} -\int_{\mathbf{R}^3} \frac{1}{|x|} u_n^2,$$

ce qu'on va montrer en prouvant

$$\int_{\mathbf{R}^3} \frac{1}{|x|} u^2 = \lim_{n \to +\infty} \int_{\mathbf{R}^3} \frac{1}{|x|} u_n^2. \tag{3.14}$$

Dans le cas où $\mathbb{R}^3$ est remplacé par un borné, ceci découle de la convergence locale de $(u_n^2)_{n \in \mathbf{N}}$ vers u^2 dans $L^{5/3}$ par exemple (la convergence faible suffit, mais en fait elle est forte). Ici, on doit être un peu plus précautionneux. L'astuce consiste à exploiter le fait que le potentiel $\frac{1}{|x|}$ tend vers 0 à l'infini, ce qui va nous permettre de nous ramener au cas borné. Pour $\varepsilon > 0$ fixé arbitrairement, on sait qu'il existe un rayon R assez grand tel que $\frac{1}{|x|} \leq \varepsilon$ pour x en dehors de la boule de rayon R centrée à l'origine, et donc, uniformément en n, on a à la fois

$$\int_{B_R^c} \frac{1}{|x|} u_n^2 \leq \varepsilon \lambda, \tag{3.15}$$

et

$$\int_{B_R^c} \frac{1}{|x|} u^2 \leq \varepsilon \lambda \tag{3.16}$$

A l'intérieur de la boule de rayon R, on sait par ailleurs que $(u_n^2)_{n \in \mathbb{N}}$ converge fortement vers u^2, et donc

$$\int_{B_R} \frac{1}{|x|} u^2 = \lim_{n \to +\infty} \int_{B_R} \frac{1}{|x|} u_n^2, \tag{3.17}$$

En regroupant (3.15), (3.16) et (3.17), on obtient facilement (3.14). Gardons en mémoire que l'on a utilisé le fait que le potentiel $\frac{1}{|x|}$ appartient à $L^p(\mathbb{R}^3) + L_\varepsilon^\infty(\mathbb{R}^3)$, pour un certain $p > \frac{3}{2}$, $L_\varepsilon^\infty(\mathbb{R}^3)$ désignant l'espace des fonctions mesurables f qui tendent uniformément vers 0 à l'infini au sens où

$$\lim_{R \to +\infty} \|f\|_{L^\infty(B_R^c)} = 0.$$

Les inégalités (3.12) et (3.13) sont pour le moment les seules informations que nous pouvons obtenir sur u. Quand nous sommes parvenus à ce stade au Chapitre 2, nous avons remarqué qu'on avait l'égalité dans l'analogue de (3.12), ce qui nous a permis de montrer

$$E^\Omega(u) \geq I_\lambda^\Omega,$$

d'où nous avons déduit l'égalité dans (3.13) et donc que u était un minimum du problème. Ici, il va nous falloir une étape supplémentaire. Nous allons d'abord introduire un problème de minimisation dont notre u est certainement un minimum, ce qui nous fournira, *via* l'équation d'Euler-Lagrange associée à ce problème, de nouvelles informations sur u. Ces informations à leur tour nous permettront de conclure. En d'autres termes, la logique est un peu la même que celle du Chapitre 2 : à un certain stade du raisonnement, on ne dispose plus d'assez d'information sur la limite (au Chapitre 2, c'était quand on voulait conclure à l'unicité du minimum, ici c'est déjà pour conclure à son existence). Ce manque d'information est le prix à payer pour avoir utilisé la convergence faible. On écrit alors une EDP vérifiée par la limite (rappelons que vérifier une EDP non triviale est une information formidable sur une fonction donnée), et de l'étude de cette EDP vient l'information manquante.

3.1.2 Introduction du problème à contrainte relâchée

Pour reconnaître notre limite u comme le minimum d'un problème de minimisation, il est assez naturel, compte tenu de (3.12), d'introduire

$$\tilde{I}_\lambda = \inf \left\{ E(u), \quad u \in H^1(\mathbb{R}^3), \quad \int_{\mathbb{R}^3} |u|^2 \leq \lambda \right\}, \tag{3.18}$$

pour la même fonctionnelle d'énergie

$$E(u) = \int_{\mathbb{R}^3} |\nabla u|^2 - \int_{\mathbb{R}^3} \frac{Z}{|x|} u^2 + \int_{\mathbb{R}^3} |u|^{10/3} + \frac{1}{2} \iint_{\mathbb{R}^3 \times \mathbb{R}^3} \frac{u^2(x) u^2(y)}{|x - y|} \, dx \, dy.$$

Ce problème est dit problème avec *contrainte relâchée* puisque la seule différence avec le problème initial (3.1) est que l'on a remplacé la contrainte d'égalité par une contrainte d'inégalité. La différence est malgré tout de poids : la boule unité de L^2 est un ensemble convexe, alors que la sphère unité ne l'est pas. Cette différence explique pourquoi le traitement du problème $\tilde{I}_\lambda$ est en fait plus simple que celui du problème I_λ : la convergence faible suffit le plus souvent sur les ensembles convexes, alors que pour les ensembles non convexes il faudrait établir de la convergence forte (on consultera utilement l'Exercice 2.7).

On remarque que par les mêmes arguments que ceux employés ci-dessus pour (3.1), le problème (3.18) est bien posé. Ce que nous allons prouver maintenant c'est qu'en fait on a l'égalité des infima

$$I_\lambda = \tilde{I}_\lambda, \tag{3.19}$$

et à l'aide de (3.13) on en déduira immédiatement que u est un minimum de (3.18). Pour montrer (3.19), nous allons en fait montrer que la fonction $\lambda \mapsto I_\lambda$ définie pour $\lambda \geq 0$ est une fonction décroissante, ce qui entraîne évidemment (3.19). En d'autres termes, nous allons maintenant prouver

$$\lambda \geq \alpha \geq 0 \quad \Longrightarrow \quad I_\lambda \leq I_\alpha. \tag{3.20}$$

Pour montrer (3.20), nous allons *rajouter de la masse à l'infini*, formule qui va devenir claire dans un instant.

Soit $\alpha < \lambda$, nous voulons montrer $I_\lambda \leq I_\alpha$. Fixons $\varepsilon > 0$. Par définition de la borne inférieure I_α et par densité des fonctions C^∞ à support compact dans $H^1(\mathbb{R}^3)$, on peut trouver une fonction $v \in C_0^\infty(\mathbb{R}^3)$ telle que $\int_{\mathbb{R}^3} v^2 = \alpha$ et

$$E(v) \leq I_\alpha + \varepsilon. \tag{3.21}$$

D'autre part, on prétend que l'on peut trouver une fonction $w \in C_0^\infty(\mathbb{R}^3)$ telle que $\int_{\mathbb{R}^3} w^2 = \lambda - \alpha$ et

$$\int_{\mathbf{R}^3} |\nabla w|^2 + \int_{\mathbf{R}^3} |w|^{10/3} + \frac{1}{2} \iint_{\mathbf{R}^3 \times \mathbf{R}^3} \frac{w^2(x)w^2(y)}{|x-y|} \, dx \, dy \leq \varepsilon. \qquad (3.22)$$

On construit une telle fonction w par un procédé qui sera omniprésent dans la suite, le procédé de changement d'échelle, en anglais *scaling*. Fixons en effet une fonction $\varphi \in C_0^\infty(\mathbf{R}^3)$ telle que $\int_{\mathbf{R}^3} \varphi^2 = \lambda - \alpha$. Prenons un coefficient $\sigma > 0$ et posons $w(x) = \sigma^{3/2}\varphi(\sigma x)$. On note que cette construction est choisie en particulier pour assurer $\int_{\mathbf{R}^3} w^2 = \int_{\mathbf{R}^3} \varphi^2$. On peut vérifier que

$$\int_{\mathbf{R}^3} |\nabla w|^2 + \int_{\mathbf{R}^3} |w|^{10/3} + \frac{1}{2} \iint_{\mathbf{R}^3 \times \mathbf{R}^3} \frac{w^2(x)w^2(y)}{|x-y|} \, dx \, dy$$
$$= \sigma^2 \int_{\mathbf{R}^3} |\nabla \varphi|^2 + \sigma^2 \int_{\mathbf{R}^3} |\varphi|^{10/3} + \frac{1}{2}\sigma \iint_{\mathbf{R}^3 \times \mathbf{R}^3} \frac{\varphi^2(x)\varphi^2(y)}{|x-y|} \, dx \, dy,$$

d'où l'on déduit facilement que pour σ assez petit, w ainsi construit vérifie (3.22). Construisons maintenant la fonction suivante : on désigne par e_1 un vecteur unitaire de $\mathbf{R}^3$, et on pose, pour $t > 0$, $f(x) = v(x) + w(x + te_1)$. Pour t assez grand, les supports de v et $w(\cdot + te_1)$ sont disjoints, puisqu'on pousse le support de w loin de l'origine, et on a donc $\int_{\mathbf{R}^3} f^2 = \alpha + \lambda - \alpha = \lambda$, d'où $E(f) \geq I_\lambda$. En évaluant les différents termes de $E(f)$, on peut facilement voir que, en choisissant t assez grand, on peut assurer (on prendra garde à bien contrôler le terme "triangle" dans l'interaction électronique entre la fonction v et la fonction $w(\cdot + te_1)$)

$$E(f) \leq E(v) + \int_{\mathbf{R}^3} |\nabla w|^2 + \int_{\mathbf{R}^3} |w|^{10/3} + \frac{1}{2} \iint_{\mathbf{R}^3 \times \mathbf{R}^3} \frac{w^2(x)w^2(y)}{|x-y|} \, dx \, dy + \varepsilon$$
$$\leq (I_\alpha + \varepsilon) + \varepsilon.$$

On en déduit $I_\lambda \leq I_\alpha + 2\varepsilon$, pour tout $\varepsilon > 0$, et donc on obtient (3.20). L'égalité (3.19) est une conséquence directe, et u est donc un minimum de (3.18). Avant d'en tirer profit, il est utile de regarder avec un autre point de vue la preuve que l'on vient de faire.

3.2 Compacité du modèle TFW

Au stade où nous en sommes, nous avons établi qu'une suite minimisante $(u_n)_{n \in \mathbf{N}}$ de (3.1) convergeait à extraction près vers un minimum u du problème à contrainte relâchée (3.18). Une conséquence de l'égalité $\tilde{I}_\lambda = I_\lambda$ est que l'on a bien

$$E(u) = I_\lambda = \lim_{n \to +\infty} E(u_n), \qquad (3.23)$$

mais, pour prouver que u est un minimum de (3.1), il nous faut encore prouver que *la contrainte est saturée*, à savoir que l'on n'a pas seulement $\int_{\mathbf{R}^3} u^2 \leq \lambda$, mais

$$\int_{\mathbf{R}^3} u^2 = \lambda. \tag{3.24}$$

3.2.1 Etude de l'équation d'Euler-Lagrange

Pour ce faire, nous allons procéder comme annoncé : nous allons écrire l'équation d'Euler-Lagrange vérifiée par u, minimum du problème de minimisation (3.18). Il s'agit d'abord de remarquer que le problème (3.18) n'est pas exactement couvert par le Théorème 2.27, puisque la contrainte est une inégalité, et non pas une égalité du type $J(u) = 0$. Nous introduisons donc l'extension suivante du Théorème 2.27 :

Théorème 3.2 *Soit V un espace de Banach, et E et J deux fonctionnelles de V dans $\mathbb{R}$, différentiables (au sens de Fréchet). On suppose que $u \in V$ vérifie*

$$\begin{cases} E(u) = \inf\{E(v), \quad v \in V, \quad J(v) \leq 0\}, \\ J(u) \leq 0 \end{cases} \tag{3.25}$$

Alors, si $J'(u) \not\equiv 0$ dans V', il existe un réel θ tel que l'on ait l'égalité dans V'

$$E'(u) + \theta J'(u) = 0. \tag{3.26}$$

De plus, le multiplicateur de Lagrange θ est positif ou nul, et il est nul si $J(u) < 0$.

Remarque 3.3 *De deux choses l'une :*
  – *soit $J(u) = 0$ et alors, u est aussi le minimum du problème*

$$\inf\{E(v), \quad v \in V, \quad J(v) = 0\},$$

  ce qui entraîne par application du Théorème 2.27 qu'il vérifie (3.26); la propriété $\theta \geq 0$ peut se montrer en développant $E(u + tv)$ au voisinage de u;
  – *soit $J(u) < 0$, et alors on peut facilement voir que la fonctionnelle E atteint un minimum local en u (pour $\|v - u\|_V$ petit, on a $J(v) \leq 0$ et donc $E(v) \geq E(u)$); il en résulte que $E'(u) = 0$ par un argument de calcul différentiel standard; on a donc bien (3.26) avec $\theta = 0$.*

En appliquant ce théorème, on peut affirmer que u vérifie

$$-\Delta u - Z\frac{1}{|x|}u + \frac{5}{3}|u|^{4/3}u + \left(\int_{\mathbf{R}^3} \frac{u^2(y)}{|x-y|}dy\right)u + \theta u = 0, \tag{3.27}$$

pour un certain réel $\theta \geq 0$.

Raisonnons maintenant par l'absurde, et supposons que la contrainte n'est pas saturée, à savoir

$$\int_{\mathbf{R}^3} u^2 < \lambda. \qquad (3.28)$$

Nous avons alors

$$-\Delta u - Z\frac{1}{|x|}u + \frac{5}{3}|u|^{4/3}u + \left(\int_{\mathbf{R}^3} \frac{u^2(y)}{|x-y|}dy\right)u = 0. \qquad (3.29)$$

Nous faisons alors la remarque suivante (qui n'est en fait pas aussi innocente qu'il y paraît, voir à ce sujet la section 3.3 ci-dessous) : depuis le début, on peut, quitte à changer la suite $(u_n)_{n \in \mathbf{N}}$ en la suite $(|u_n|)_{n \in \mathbf{N}}$, supposer que la suite $(u_n)_{n \in \mathbf{N}}$ est presque partout positive ou nulle (bien noter qu'on *particularise* la suite minimisante). De plus, la convergence locale forte entraîne, à extraction près, la convergence presque partout; on peut donc s'arranger comme ci-dessus pour que la suite $(u_n)_{n \in \mathbf{N}}$ converge presque partout sur $\mathbf{R}^3$ vers u, et nous avons donc $u \geq 0$. Nous allons prouver successivement que $u > 0$, que u est régulière, puis qu'il n'existe pas de telle solution $u > 0$ dans $L^2(\mathbf{R}^3)$ de (3.29), ce qui concluera notre raisonnement par l'absurde et montrera que la contrainte est saturée, donc qu'il existe un minimum à (3.1).

Désignons par

$$W(x) = -Z\frac{1}{|x|} + \frac{5}{3}|u(x)|^{4/3} + \left(\int_{\mathbf{R}^3} \frac{u^2(y)}{|x-y|}dy\right), \qquad (3.30)$$

de sorte que (3.29) peut se récrire

$$-\Delta u + Wu = 0. \qquad (3.31)$$

Montrons d'abord $u > 0$. Il est facile de voir en utilisant des arguments déjà détaillés plus haut que $W \in L^p_{loc}(\mathbf{R}^3)$ pour au moins un $p > \frac{3}{2}$, et que l'on a $\sup_{x \in \mathbf{R}^3} \|W\|_{L^p(B_1(x))} < +\infty$ (où $B_1(x)$ désigne la boule unité centrée en x). On exprime cette dernière propriété en écrivant que $W \in L^p_{unif}(\mathbf{R}^3)$. En utilisant l'inégalité de Harnack, nous savons donc que si u s'annule quelque part sur $\mathbf{R}^3$ alors il est identiquement nul. Clairement, cela impose en particulier $\tilde{I}_\lambda = 0$. Nous allons montrer que ceci ne peut pas être pour $\lambda > 0$ (noter que contrairement au cas borné, il faut travailler un peu pour montrer que le cas apparemment trivial $u \equiv 0$ ne peut effectivement pas se produire ici; il y a donc des cas où il faudra être vigilant sur ce point). Nous allons prouver que pour $\varepsilon > 0$ assez petit, nous avons $I_\varepsilon < 0$. A cause de (3.20), cela entraînera, quitte à choisir ε encore plus petit pour avoir $\varepsilon \leq \lambda$, que $I_\lambda < 0$ ce qui contredira $u \equiv 0$. L'idée est comme plus haut d'utiliser un scaling, mais en étant un peu plus précis. Nous fixons une fonction $v \in \mathcal{D}(\mathbf{R}^3)$ (qu'on peut prendre à symétrie sphérique si on veut mais ce n'est pas nécessaire ici; ce le sera en revanche à la section 3.5), telle que $\int_{\mathbf{R}^3} v^2 = 1$. A partir de cette fonction, nous bâtissons, pour $\sigma > 0$, la fonction v_σ définie pour tout $x \in \mathbf{R}^3$ par $v_\sigma(x) = \sigma^2 v(\sigma x)$. Il est facile de voir que $\int_{\mathbf{R}^3} v_\sigma^2 = \sigma$ et

$$E(v_\sigma) = \sigma^3 \int_{\mathbf{R}^3} |\nabla v|^2 - \sigma^2 \int_{\mathbf{R}^3} \frac{Z}{|x|} v^2 + \sigma^{13/3} \int_{\mathbf{R}^3} |v|^{10/3}$$
$$+ \frac{1}{2} \sigma^3 \iint_{\mathbf{R}^3 \times \mathbf{R}^3} \frac{v^2(x) v^2(y)}{|x - y|} \, dx \, dy,$$

d'où l'on déduit que pour σ assez petit $E(v_\sigma) < 0$ et donc $I_\sigma < 0$. Ceci prouve donc $I_\lambda < 0$ pour tout $\lambda > 0$.

A ce stade, nous avons donc obtenu $u > 0$. C'est une réédition facile des arguments du Chapitre 2 que de montrer que, comme u est solution de l'EDP (3.27) sur $\mathbf{R}^3$, on a u de classe C^∞ en dehors du noyau, et u localement H^2 autour de l'origine. Nous utilisons alors le résultat suivant qui est dû à E.H. Lieb et B. Simon.

Théorème 3.4 *Soit $u > 0$ une fonction de classe C^2 solution sur $\{|x| > R\}$ de l'inéquation*

$$-\Delta u + W u \geq 0, \tag{3.32}$$

pour un certain potentiel W vérifiant la propriété suivante : la partie positive de la moyenne sphérique[1] de W, fonction qui est notée $[W]_+$, appartient à $L^{3/2}(\{|x| > R\})$. Alors $u \notin L^2(\{|x| > R\})$.

Commençons par utiliser ce théorème pour conclure notre raisonnement, puis nous ferons de multiples commentaires sur la nature de ce résultat.

Nous allons vérifier que, sous l'hypothèse $\lambda \leq Z$, on peut appliquer le Théorème 3.4 et conclure.

Comme $u \in L^2(\mathbf{R}^3)$, on a $|u|^{4/3} \in L^{3/2}$ et montrer que $[W]_+ \in L^{3/2}(\{|x| > R\})$ pour le potentiel W défini par (3.30) et pour un certain R que l'on prendra par exemple égal à l'unité, revient à montrer que

$$\left[-Z \frac{1}{|x|} + \left(\int_{\mathbf{R}^3} \frac{u^2(y)}{|x - y|} dy \right) \right]_+ \in L^{3/2}(\{|x| > 1\}). \tag{3.33}$$

---

[1] Rappelons que si f est une fonction de $L^1_{loc}(\mathbf{R}^3)$, sa moyenne sphérique est la fonction de $L^1_{loc}(\mathbf{R}^3)$ notée $[f]$ et définie presque partout par

$$[f](x) = \frac{1}{4\pi |x|^2} \int_{S_0(|x|)} f(y) \, dy,$$

$S_0(|x|)$ désignant la sphère de rayon $|x|$ centrée en 0.

Pour montrer ceci, nous allons mettre en œuvre un raisonnement qui sera largement réutilisé par la suite. L'idée maîtresse repose sur le Théorème de Gauss de l'électrostatique (ou son analogue en Théorie de la gravitation, à savoir le Théorème de Newton) : une distribution de charges à symétrie sphérique remplissant une boule crée en un point extérieur à cette boule un potentiel électrostatique identique à celui qui serait observé si toute la charge était concentrée au centre de la boule.

Une manière mathématique de voir cela est de résoudre l'équation de Poisson $-\Delta V = f$ pour une fonction f à symétrie sphérique, avec la condition $V(x) \longrightarrow 0$ à l'infini. On voit facilement, en ramenant cette EDP à une simple équation différentielle ordinaire sur la demi-droite réelle que l'on résout à la main, que le potentiel V est donné sur l'espace $\mathbb{R}^3$ par la formule
$$V(x) = \int_{\mathbf{R}^3} \frac{f(y)}{\max(|x|,|y|)} dy.$$

Revenons maintenant à l'assertion (3.33). L'opérateur moyenne sphérique étant toujours désigné par $[\cdot]$, on a, par linéarité de l'opérateur Laplacien, $[u^2 \star \frac{1}{|x|}] = [u^2] \star \frac{1}{|x|}$ (en effet, $\Delta[u^2 \star \frac{1}{|x|}] = [\Delta(u^2 \star \frac{1}{|x|})] = -4\pi[u^2] = \Delta([u^2] \star \frac{1}{|x|})$) et les deux fonctions tendent vers 0 à l'infini). Donc, par application du Théorème de Gauss,
$$\left[u^2 \star \frac{1}{|x|}\right] = \int_{\mathbf{R}^3} \frac{[u^2(y)]}{\max(|x|,|y|)} dy.$$

Il résulte en particulier de cette relation que
$$0 \leq \left[u^2 \star \frac{1}{|x|}\right] \leq \frac{1}{|x|} \int_{\mathbf{R}^3} [u^2] = \frac{1}{|x|} \int_{\mathbf{R}^3} u^2.$$

Nous en déduisons
$$\left[-Z\frac{1}{|x|} + \left(\int_{\mathbf{R}^3} \frac{u^2(y)}{|x-y|} dy\right)\right] \leq \frac{-Z + \int_{\mathbf{R}^3} u^2}{|x|} \leq 0, \qquad (3.34)$$

puisque par hypothèse de notre raisonnement par l'absurde $\int_{\mathbf{R}^3} u^2 < \lambda \leq Z$ (noter que si on avait une molécule au lieu d'un atome, c'est-à-dire un potentiel $\sum_{k=1}^{K} \frac{z_k}{|x - \bar{x}_k|}$ avec $\sum_{k=1}^{K} z_k = Z$, l'inégalité (3.34) resterait vraie pour $|x| \geq \max_k |\bar{x}_k|$, car le potentiel d'attraction des noyaux se traiterait aussi par le Théorème de Gauss). Il en résulte que (3.33) est trivialement vraie puisque $\left[-Z\frac{1}{|x|} + \left(\int \frac{u^2(y)}{|x-y|} dy\right)\right]_+ = 0$. Ceci termine notre raisonnement : on applique le Théorème 3.4, on aboutit à une absurdité, donc (3.28) est fausse et $\int u^2 = \lambda$. Il faut noter que par le même raisonnement que celui qui a été fait dans le cas borné au chapitre 2, cela implique que la suite $(u_n)_{n \in \mathbf{N}}$, dont on savait qu'elle convergeait faiblement dans $H^1(\mathbb{R}^3)$, converge en fait fortement dans cet espace et donc aussi dans tous les L^p, $2 \le p \le 6$.

On vient en définitive de montrer la

Proposition 3.1. *Sous l'hypothèse* $\lambda \le Z$, *le problème (3.1) (atomique ou moléculaire) admet un minimum.*

Remarque 3.5 *Il résulte du raisonnement ci-dessus que pour le minimiseur* u *du problème, qui vérifie donc* $\displaystyle\int_{\mathbb{R}^3} u^2 = \lambda \le Z$, *on a* $\theta > 0$. *On pourra détailler ce point en exercice.*

Remarque 3.6 *A ce stade, l'hypothèse* $\lambda \le Z$ *apparaît comme suffisante, vue notre technique de preuve, mais il n'est pas clair qu'elle soit nécessaire. En fait, à partir notamment du résultat de la Remarque 3.5 on peut montrer que pour certains* λ *immédiatement supérieurs à* Z, *il existe encore un minimiseur, et aussi montrer que pour* λ *assez grand, il n'y a plus de minimiseur. Voir à ce sujet la fin de la Section 3.4.*

Remarque 3.7 *D'un point de vue physique, il semble naturel qu'une hypothèse du type* $\lambda \le Z$ *intervienne. On s'y attendait. Maintenant que le problème est posé sur l'espace tout entier, un nombre* Z *de protons ne peut pas retenir à son voisinage un nombre* λ *arbitrairement grand d'électrons. La situation est radicalement différente de celle du cas borné (voir la Remarque 2.25).*

Revenons maintenant sur la nature du Théorème 3.4.

3.2.2 A propos de Théorie spectrale

Il est utile pour comprendre cette nature de faire un double détour par la physique et la théorie spectrale des opérateurs (deux domaines qui sont l'objet de deux annexes spécifiques à la fin de ce cours, où on trouvera donc des développements sur ce qui n'est que survolé ici). Commençons par indiquer deux points de vocabulaire. Supposons que l'équation d'Euler-Lagrange d'un problème de minimisation se mette sous la forme

$$-\Delta u + Wu + \theta u = 0. \tag{3.35}$$

Alors une solution u de cette équation qui appartient à $L^2(\mathbb{R}^3)$ est un *état lié* du système, puisque cette fonction décrit un état stationnaire du système. Mathématiquement, il s'agit d'une fonction propre de l'opérateur $-\Delta + W$ associée à la valeur propre $-\theta$. Un opérateur s'écrivant ainsi est appelé *opérateur*

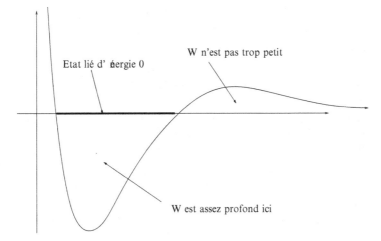

Fig. 3.1. Un "bon" potentiel pour lequel il existe un état fondamental L^2.

de Schrödinger . La question que nous allons examiner est la suivante. Suppo-sons que le potentiel W tende vers 0 à l'infini (on pourrait de même considé-rer une autre limite à l'infini, il suffit de décaler W d'une constante). Quelles qualités faut-il avoir sur W pour assurer l'existence d'un état lié d'énergie nulle ?

Raisonnons une minute de façon classique (par opposition à quantique). Pour pouvoir enfermer une particule et lui assurer un état stable dans lequel elle restera indéfiniment, il faut une "bonne" boîte. Autrement dit (voir Figure 3.1), il faut avoir quelque part dans l'espace $\mathbb{R}^3$ un puits de potentiel suffisamment profond et abrupt pour qu'il retienne la particule à l'intérieur. Du point de vue mathématique, ce puits est réalisé par le potentiel W : si on veut un état lié d'énergie nulle (le zéro ici n'est qu'une affaire de convention), il faut que W prenne quelque part une valeur vraiment négative et fasse un bon "creux" autour de cette valeur, au sens où le potentiel va remonter suffisamment au-dessus de 0 pour emprisonner l'état d'énergie nulle. En d'autres termes, il faut assurer le fait que l'état n'ait pas intérêt à aller à l'infini (ce qui est en fait associé à une probabilité faible de passage en dehors du puits de potentiel par effet tunnel), ou autrement dit que le potentiel soit suffisamment au-dessus de la valeur propre à l'infini. Ce que dit en substance le Théorème 3.4, c'est : si le potentiel W est trop petit à l'infini (c'est-à-dire ici si la partie positive de sa moyenne sphérique est $L^{3/2}$, ce qui est une mesure de la petitesse de W), alors il ne peut pas y avoir d'état lié d'énergie nulle. Bien sûr, on n'affirme pas qu'il n'y a pas du tout de solution non triviale de $-\Delta u + W u = 0$. Donnons un exemple simplissime. Sur $\mathbb{R}^3$, l'équation $-\Delta u - u = 0$, dont le potentiel satisfait pourtant les hypothèses du Théorème 3.4, admet la solution $u(x, y, z) = sin(x)$ qui n'est bien sûr pas $L^2(\mathbb{R}^3)$. Physiquement, cela est à relier au fait que les ondes planes décrivent des particules libres, qui sont donc des états non liés.

Du point de vue mathématique, la question que nous sommes en train d'examiner est en fait une question difficile de théorie spectrale. Il se trouve que pour la classe d'opérateurs que nous regardons, la limite à l'infini est en fait la borne inférieure du spectre essentiel, notre question est donc : le bas du spectre essentiel est-il ou non une valeur propre de l'opérateur ? à cette nuance près que nous nous restreignons au cas où la fonction propre est positive, la question étant donc plus précisément : le bas du spectre essentiel est-il ou non la plus petite valeur propre de l'opérateur ?

Il est important de mentionner qu'il existe toute une classe de résultats du même type que le Théorème 3.4, et qui relèvent donc du même esprit physique. A titre d'exemple, citons-en quelques-uns, qui ont trait à des problèmes de Physique ou de Chimie Quantique. Nous en verrons d'autres dans la suite de ces notes.

Un résultat très fin, qui implique en fait le Théorème 3.4, est le résultat suivant dû à B. Simon. Si on suppose que le potentiel W vérifie les deux conditions suivantes :

$$\lim_{\lambda \longrightarrow 0} \lambda^{3/2} \text{Mesure}\{x; W_+(x) > \lambda\} = 0, \qquad (3.36)$$

$$\sup_{\lambda} \lambda^{3/2} \text{Mesure}\{x; W_+(x) > \lambda\} < +\infty, \qquad (3.37)$$

alors une solution $u \geq 0$ de

$$-\Delta u + W u \geq 0$$

n'appartient pas à $L^2(\mathbb{R}^3)$. Le lecteur qui a fait l'Exercice 2.12 remarquera qu'en fait, l'énoncé même de ce résultat suggère qu'on peut faire appel pour sa preuve à la notion de symétrisée de Schwarz.

Ce résultat, comme d'ailleurs le Théorème 3.4, suggère que le comportement en puissance qui est le cas limite est le cas d'un comportement à l'infini de W_+ en $\dfrac{1}{|x|^2}$. Il se trouve qu'on connaît exactement le cas limite, c'est un résultat de R. Benguria et C. Yarur : si W est continu et $[W]_+ \leq \frac{3}{4|x|^2}$ à l'infini alors la solution $u \geq 0$ de $-\Delta u + W u = 0$ n'est pas L^2, alors que l'on peut trouver une solution L^2 pour $W \equiv \dfrac{C}{|x|^2}$ avec $C > \frac{3}{4}$ arbitraire. Nous verrons dans la suite de ces notes d'autres résultats de non-existence de valeur propre pour des opérateurs de Schrödinger, et en particulier des résultats qui ne font pas appel à une hypothèse de signe sur la solution u (voir le Théorème 3.13 ; noter en effet que tous les résultats ci-dessus traitent de fonctions $u \geq 0$). D'une façon générale, les résultats sans hypothèse de signe (et qui n'utilisent pas d'hypothèse du type condition du second ordre, contrairement à ce que nous ferons plus loin) sont rares.

3.3 Premier contact avec la concentration-compacité

La méthode dite de *concentration-compacité* a été introduite au début des années 80 par P-L. Lions. Nous l'utiliserons explicitement au Chapitre 4, mais il nous paraît utile d'y faire déjà référence dans le cadre assez simple de ce troisième chapitre.

Cette méthode est une méthode de portée très générale, qui permet notamment d'analyser en détail les pertes de compacité possibles pour des suites minimisantes de problèmes variationnels. Ici, compte tenu de notre cadre de travail, nous nous restreignons au volet de cette méthode lié à l'étude des problèmes localement compacts, au sens où nous avons défini cette notion au chapitre 2. Mais il faut savoir qu'il existe un autre volet de cette méthode qui a trait à certaines pertes de compacité sur les bornés (en liaison avec le quatrième commentaire sur le Théorème 2.24 du Chapitre 2).

Ce qui rend cette méthode particulièrement attractive pour l'étude des problèmes de chimie quantique, c'est, outre bien sûr le fait qu'elle autorise à conclure dans des cas difficiles restés jusqu'alors non résolus, que cette méthode permet une approche *systématique* des problèmes de minimisation très intimement liée avec l'intuition physique. Elle formalise rigoureusement un type de raisonnement usuel en Physique. Notre but ici est de regarder le travail que nous venons d'effectuer aux sections précédentes à travers le prisme de l'approche concentration-compacité.

Une étape importante du raisonnement ci-dessus a consisté à montrer l'assertion (3.20), à savoir

$$\lambda \geq \alpha \geq 0 \quad \Longrightarrow \quad I_\lambda \leq I_\alpha.$$

Dans le langage de la concentration-compacité, cette inégalité est l'application au cas particulier du modèle de TFW d'une inégalité générale, dite *inégalité de sous-additivité* :

$$\lambda \geq \alpha \geq 0 \quad \Longrightarrow \quad I_\lambda \leq I_\alpha + I_{\lambda - \alpha}^\infty. \tag{3.38}$$

Dans cette inégalité, nous définissons le dernier terme comme suit. On note $E^\infty(v)$ et on appelle *fonctionnelle d'énergie à l'infini*, la fonctionnelle obtenue à partir de la fonctionnelle d'énergie $E(v)$ en translatant la fonction test v à l'infini. Autrement dit, on obtient ainsi l'énergie invariante par translation contenue dans la fonctionnelle initiale. Dans notre cas, la fonctionnelle E^∞ s'obtient à partir de E en supprimant le terme d'attraction du noyau :

$$E^\infty(u) = \int_{\mathbf{R}^3} |\nabla u|^2 + \int_{\mathbf{R}^3} |u|^{10/3} + \frac{1}{2} \iint_{\mathbf{R}^3 \times \mathbf{R}^3} \frac{u^2(x)u^2(y)}{|x - y|} \, dx \, dy, \tag{3.39}$$

et correspond ici à l'énergie qu'aurait une densité d'électrons placée infiniment loin du noyau. Le *problème à l'infini* est alors défini par

$$I_\lambda^\infty = \inf \left\{ E^\infty(u), \quad u \in H^1(\mathbb{R}^3), \quad \int_{\mathbb{R}^3} |u|^2 = \lambda \right\}. \tag{3.40}$$

Remarque 3.8 *Nous ne prétendons pas que la définition que nous venons de donner du problème à l'infini est la plus générale qui soit, en particulier parce qu'on ne peut pas toujours définir la fonctionnelle d'énergie à l'infini aussi simplement que dans le cas TFW ci-dessus. Que veut en effet dire "à l'infini" quand il y a beaucoup de façons d'aller à l'infini ? Ici, il se trouve que toutes les façons sont équivalentes.*

Regardons comment nous avons fait pour prouver (3.20). Nous avons translaté de la masse à l'infini, et en fait ce que nous avons prouvé à l'aide de notre fonction test w, c'est en particulier que, pour le modèle de TFW, le problème à l'infini est nul :

$$I_{\lambda-\alpha}^\infty = 0. \tag{3.41}$$

En effet, nous avons montré en choisissant bien w que $I^\infty \leq 0$ alors qu'il est clair sur (3.39) que $I^\infty \geq 0$. Ensuite, prouver (3.20) était donc équivalent à prouver (3.38).

A ce point du raisonnement, nous ne savions pas encore que la contrainte était saturée, ou autrement dit que (3.1) admettait un minimum. Imaginons un instant que nous ayons disposé de l'assertion

$$\lambda > \alpha \geq 0 \implies I_\lambda < I_\alpha. \tag{3.42}$$

Nous aurions alors pu conclure : en effet, si la masse du minimum de $\tilde{I}_\lambda$ vaut $\int_{\mathbb{R}^3} u^2 < \lambda$, alors en posant $\alpha = \int_{\mathbb{R}^3} u^2$, nous avons une contradiction dans l'inégalité ci-dessus. C'est donc que $\int_{\mathbb{R}^3} u^2 = \lambda$ et le raisonnement est fini.

En fait, encore une fois, (3.42) est un cas particulier de l'*inégalité de sous-additivité stricte*

$$\lambda > \alpha \geq 0 \implies I_\lambda < I_\alpha + I_{\lambda-\alpha}^\infty. \tag{3.43}$$

Pour prouver que l'on n'avait pas $\int_{\mathbb{R}^3} u^2 < \lambda \leq Z$, nous avons en fait prouvé un peu mieux : nous avons montré (avec (3.34)) que le multiplicateur dans (3.27) ne pouvait pas s'annuler pour $\int_{\mathbb{R}^3} u^2 \leq \lambda \leq Z$. Comme nous allons le voir au moins formellement, ce que nous avons prouvé, c'est en fait (3.42).

Commençons par l'affirmation suivante. Formellement (et cela peut en fait être rendu rigoureux), on a

$$\frac{d}{d\lambda} \tilde{I}_\lambda = -\theta_\lambda, \tag{3.44}$$

où θ_λ désigne le multiplicateur de Lagrange associé au minimum u_λ de $\tilde{I}_\lambda$. En effet, écrivons, comme $\tilde{I}_\lambda$ admet pour minimum u_λ, que $\tilde{I}_\lambda = E(u_\lambda)$, et dérivons cette égalité par rapport à λ sans nous poser de questions sur la rigueur du calcul :

$$\frac{d}{d\lambda}\tilde{I}_\lambda = E'(u_\lambda) \cdot \frac{du_\lambda}{d\lambda} = -\theta_\lambda \int_{\mathbf{R}^3} u_\lambda \frac{du_\lambda}{d\lambda} = -\theta_\lambda, \tag{3.45}$$

car pour tout λ, $\displaystyle\int_{\mathbf{R}^3} u_\lambda^2 = \lambda$. On lit sur la formule (3.44) que θ_λ est positif ou nul puisque $\tilde{I}_\lambda$ est décroissant, mais (3.44) a surtout la conséquence suivante : si $\theta_\lambda > 0$, alors la fonction $\tilde{I}_\lambda$ est strictement décroissante localement par rapport à λ. Comme on sait $\tilde{I}_\lambda = I_\lambda$, cela veut donc dire que la fonction $\alpha \mapsto I_\alpha$ est décroissante strictement pour α proche de λ. En d'autres termes, quand nous avons prouvé que pour $\lambda \leq Z$ le multiplicateur était strictement positif, nous avons montré la sous-additivité stricte dans l'intervalle $[0, Z]$. En fait, la sous-additivité stricte est vraie aussi un peu au-delà de Z, et la raison pour cela est que le multiplicateur est strictement positif même en $\lambda = Z$. Ce raisonnement sera généralisé au chapitre 4 à un cas où le problème à l'infini n'est pas nul. Nous verrons que techniquement les choses sont plus dures, mais que l'esprit de la preuve reste le même.

Nous avons annoncé ci-dessus qu'un des intérêts de l'approche concentration-compacité était qu'elle formalisait un raisonnement usuel en physique. De quel raisonnement s'agit-il ? Voyons-le maintenant.

Pour étudier la stabilité d'un système en physique, on fait couramment le raisonnement suivant : le système se mettra naturellement dans une configuration qui minimise son énergie. Donc si l'on peut réaliser une partition du système initial, noté S, en deux sous-systèmes A et B tels que la somme des énergies des sous-systèmes A et B pris séparément soit égale à l'énergie du système global $A + B = S$, alors le système S ne pourra pas être stable, il y aura une chance qu'il se décompose. En revanche, si quelle que soit la partition $A + B$ de S, la somme des énergies des sous-systèmes A et B pris séparément est strictement supérieure à l'énergie du système global $A+B = S$, alors le système S n'aura pas "intérêt" à se décomposer. Il faut lui fournir de l'énergie si on veut qu'il le fasse, et donc le système est stable. Puisque l'état des deux sous-systèmes pris séparément est en fait l'état où l'un des sous-systèmes est pris infiniment loin de l'autre, ce que nous venons de dire, c'est : si $E(A + B) < E(A) + E^\infty(B)$ alors le système $A + B$ est stable. C'est la sous-additivité stricte. On voit donc le lien intime de cette approche avec la physique.

Pour conclure cette section, faisons une remarque qui peut avoir son importance dans certains cas. Le raisonnement que nous avons fait aux sections précédentes a consisté à prendre une suite minimisante arbitraire, et à montrer que, quitte à la changer en sa valeur absolue, et à extraire une sous-suite, elle convergeait vers un minimum. Au signe près, nous allons montrer dans la section suivante que ce minimum est unique. Comme une suite qui n'a qu'une seule valeur d'adhérence converge tout entière vers cette valeur d'adhérence unique, qui est donc sa limite, ce que nous aurons montré à ce stade, c'est : toute suite minimisante positive ou nulle converge (sans avoir à extraire) vers le minimum positif. De même, toute suite minimisante négative ou nulle converge (sans avoir à extraire) vers le minimum négatif. En revanche, nous ne savons rien sur le comportement d'une suite minimisante arbitraire ; on ne sait même pas qu'on peut en extraire une sous-suite qui converge. Or la convergence de *toutes* les suites minimisantes peut être une propriété très utile, d'un point de vue physique pour des questions de stabilité, et aussi d'un point de vue numérique pour faire la preuve de la convergence d'un algorithme de recherche du minimum. En fait, l'approche concentration-compacité va nous être utile sur ce point.

Une stratégie, qui est utile dans certains cas, est la suivante : on choisit *une bonne* suite minimisante dont on montre qu'elle converge (on a tout à fait le droit de particulariser suffisamment cette suite pour obtenir des informations supplémentaires dessus), et que cette convergence implique l'inégalité de sous-additivité stricte ; on prouve alors dans un second temps que l'inégalité de sous-additivité stricte implique la convergence à extraction près de toutes les suites minimisantes.

Il faut enfin noter que sans faire appel à l'approche concentration-compacité, mais en utilisant la condition du second ordre et le Théorème 4.7 du Chapitre 4 à venir, on obtiendrait la convergence à extraction près de toutes les suites minimisantes.

3.4 Qualités du minimum de TFW

Soit u un minimum du problème (3.1). Il est solution de l'équation d'Euler-Lagrange associée, à savoir

$$-\Delta u - Z\frac{1}{|x|}u + \frac{5}{3}|u|^{4/3}u + \left(\int_{\mathbf{R}^3}\frac{u^2(y)}{|x-y|}dy\right)u + \theta u = 0, \qquad (3.46)$$

au sens des distributions (au moins) sur $\mathbf{R}^3$, pour un certain réel $\theta \geq 0$. On sait (voir Remarque 3.5) que, si l'on a supposé $u \geq 0$ et $\int_{\mathbf{R}^3} u^2 \leq Z$ alors $\theta > 0$. En fait, cette stricte positivité du multiplicateur θ pour le cas neutre $\lambda = Z$ permet de montrer qu'il existe un minimiseur un peu au delà de Z, c'est-à-dire permet de montrer l'existence de certains ions négatifs dans ce modèle. La propriété $\theta > 0$ est de même vraie un peu au delà de $\lambda = Z$, pour des λ un peu supérieurs à Z (se reporter à la fin de cette section, et à la littérature fournie en fin de chapitre). On consultera la Figure 3.2 pour voir la situation. Pour l'instant, nous souhaitons nous intéresser aux propriétés d'une solution de (3.46).

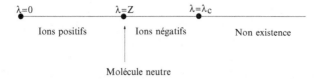

Fig. 3.2. Dans le modèle TFW, les ions positifs existent. De même la molécule neutre, et des ions un peu négatifs. Mais, au-delà d'une valeur critique λ_c, il n'y a plus de minimiseur, donc d'état fondamental. Ceci est conforme à ce qu'on attend physiquement : personne n'a jamais vu d'ions O^{200-}.

Soit $u \in H^1(\mathbb{R}^3)$ une solution (non nécessairement signée) de (3.46). Montrons d'abord que $u \in H^2(\mathbb{R}^3)$. Pour cela nous remarquons que

$$-Z\frac{1}{|x|}u + \frac{5}{3}|u|^{4/3}u + \left(\int_{\mathbb{R}^3} \frac{u^2(y)}{|x-y|}\,dy\right)u + \theta u \in L^2(\mathbb{R}^3).$$

Le seul terme pour lequel il n'est pas évident qu'il appartienne à $L^2(\mathbb{R}^3)$ est le terme $(u^2 \star \frac{1}{|x|})u$. On note par exemple qu'il suffit de prouver que $u^2 \star \frac{1}{|x|} \in L^4(\mathbb{R}^3)$, ce qu'on montre en utilisant l'inégalité de Young avec par exemple $\frac{1}{|x|} \in L^{5/2} + L^{7/2}$ et $u^2 \in L^{20/17} \cap L^{28/27}$ (ne pas être affolé par les exposants, on peut faire pire). En utilisant (3.46), on en déduit $\Delta u \in L^2(\mathbb{R}^3)$. Pour une fonction $u \in L^2(\mathbb{R}^3)$, cela entraîne $u \in H^2(\mathbb{R}^3)$ (noter que c'est l'analogue du résultat de régularité elliptique sur un borné au chapitre 2). En effet, si $\hat{u}$ désigne la transformée de Fourier de u, nous avons $\hat{u} \in L^2(\mathbb{R}^3)$ et $|\zeta|^2\hat{u} \in L^2(\mathbb{R}^3)$ donc $(1 + |\zeta|^2)^2|\hat{u}|^2 \in L^1(\mathbb{R}^3)$ ce qui équivaut à $u \in H^2(\mathbb{R}^3)$.

Une conséquence directe du fait que $u \in H^2(\mathbb{R}^3)$ est que u tend vers 0 à l'infini. En effet, on a par l'inégalité de Cauchy-Schwartz,

$$\int_{\mathbb{R}^3} |\hat{u}|d\zeta \leq \left(\int_{\mathbb{R}^3} \frac{1}{(1+|\zeta|^2)^2}d\zeta\right)^{1/2} \left(\int_{\mathbb{R}^3} |(1+|\zeta|^2)^2|\hat{u}|^2 d\zeta\right)^{1/2}$$

et donc $\hat{u} \in L^1(\mathbb{R}^3)$, ce qui montre que u tend vers 0 à l'infini.

Une autre conséquence est qu'en utilisant le Théorème 2.29, nous en déduisons $u \in L^\infty(\mathbb{R}^3)$ et $u \in C^{0,1/2}(\mathbb{R}^3)$. En utilisant la régularité elliptique sur toute boule arbitraire (la restriction de u au bord de la boule est une fonction bornée car u est continue et $L^\infty(\mathbb{R}^3)$), on obtient comme au Chapitre 2 que u est localement $C^{0,\alpha}$ pour tout $\alpha < 1$ et de classe C^∞ en dehors de l'origine.

Supposons maintenant que notre solution $u \in H^1(\mathbb{R}^3)$ est positive ou nulle. D'après la régularité qui précède et l'inégalité de Harnack, on peut montrer, et c'est même plus simple techniquement que dans le cas borné, que $u > 0$ ou $u \equiv 0$. Si l'on est en train de traiter du minimum de la fonctionnelle d'énergie, ce dernier cas est exclu et on a donc $u > 0$. Par le même raisonnement qu'au Chapitre 2, on en déduit donc l'unicité du minimum au signe près. Cela implique en particulier que le minimum soit à symétrie radiale dans notre cas. En fait, il est possible de montrer, comme dans l'Exercice 2.12, que pour $\lambda \leq Z$, le minimum est en fait radial décroissant. Mais revenons un instant à une solution $u \geq 0$ de (3.46). Nous avons vu ci-dessus qu'elle tendait vers 0 à l'infini, mais en fait nous prétendons que, si elle est associée à un multiplicateur θ strictement positif (ce qu'on sait être le cas au moins pour $\lambda < Z$), une telle solution est à décroissance exponentielle. Plus précisément, si donc $\theta > 0$, alors pour tout paramètre $0 < \mu < \theta$, il existe une constante M telle que, $u(x) \leq M \exp(-\sqrt{\mu}|x|)$. Pour cela, nous remarquons que l'équation d'Euler-Lagrange peut s'écrire $(-\Delta + \mu)u = (W + \mu - \theta)u$ où on sait déjà que u tend vers 0 à l'infini. Nous avons donc $u = E \star (W + \mu - \theta)u$ où E désigne la solution élémentaire sur $\mathbb{R}^3$ de l'opérateur $-\Delta + \mu$, à savoir $E(x) = \frac{1}{4\pi|x|} \exp(-\sqrt{\mu}|x|)$. Nous avons donc :

$$u(x) = \int_{\mathbb{R}^3} E(x - y)(W(y) + \mu - \theta)\, u(y)\, dy.$$

Comme u tend vers 0 à l'infini, W aussi, et donc pour R assez grand nous avons $W(y) + \mu - \theta < 0$ pour $|y| \geq R$. Il en résulte, comme on sait $u \geq 0$ que

$$u(x) \leq \int_{|y| \leq R} E(x - y)(W(y) + \mu - \theta)u(y)\, dy,$$

et il est alors simple de montrer que le second membre peut être majoré par une expression de la forme $M \exp(-\sqrt{\mu}|x|)$. Dans le cas où le multiplicateur θ s'annule, on peut montrer, avec plus de difficultés, une estimation un peu différente, qui est encore un type de décroissance exponentielle, et nous renvoyons le lecteur à l'Exercice 3.2.

Terminons cette section en faisant le point sur l'essentiel de ce que nous avons prouvé. Il existe un minimum, unique au signe près, du problème I_λ pour $\lambda \leq Z$. En passant par l'approche concentration-compacité (voir le détail au Chapitre 4), on pourrait en fait montrer que toutes les suites minimisantes convergent à extraction près sous la même hypothèse.

En fait, nous n'avons rien dit (sauf rapidement aux Remarques 3.6 et 3.7) du cas $\lambda > Z$. Il se trouve, mais nous ne le montrerons pas ici, qu'il existe une valeur critique finie, notée λ_c, strictement supérieure à Z, telle que : pour $\lambda \leq \lambda_c$, les suites minimisantes sont convergentes (à extraction près), et donc il existe un minimum (unique au signe près) ; pour $\lambda = \lambda_c$, le multiplicateur associé au minimum s'annule ; pour $\lambda > \lambda_c$, les suites minimisantes ne convergent plus au sens fort, il n'y a pas de minimum à I_λ et le minimum de $\tilde{I}_\lambda$ est le minimum de I_{λ_c}. D'un point de vue physique, λ_c représente le "nombre" maximal d'électrons qu'un noyau de charge Z peut lier (voir Figure 3.2). Nous mettons *nombre* entre guillemets car rien ne nous dit que λ_c soit un entier. Les $\lambda - \lambda_c$ électrons perdus ont été, en langage physique, ionisés, et, en langage mathématique, se sont échappés à l'infini.

3.5 Le cas purement radial

Nous examinons dans cette section une variante du problème de TFW considéré jusque-là. Il s'agit de ce que nous appelons ici le problème *purement radial*. Notre remarque de départ est la suivante : dans le cas où il n'y a qu'un seul noyau, c'est-à-dire le cas atomique, on s'attend à avoir une fonction minimisante qui présente la symétrie radiale. C'est effectivement ce que nous avons prouvé ci-dessus en utilisant des propriétés particulières du modèle de TFW. Dans ces conditions, pourquoi n'avoir pas cherché dès le début un minimum radial, au lieu de le chercher parmi les fonctions quelconques ?

Dans notre cas, nous avons déjà prouvé que le minimum était radial, et on s'attend bien sûr à retomber sur le même minimum. Mais dans un cas moins simple que TFW où on aurait échoué dans la tentative de prouver l'existence d'un minimum sans prescrire de symétrie particulière, on peut se poser la question de savoir ce qui se passe quand on se restreint au cadre radial. Est-ce qu'une telle restriction facilite l'existence d'un minimum ? On peut en effet l'espérer puisque plus l'espace sur lequel on minimise est petit (c'est-à-dire "compact" au sens non mathématique du terme), plus on a de chances qu'il existe un minimum. En général, la réponse est oui, mais il se trouve qu'ici la situation reste quasiment aussi compliquée que dans le cas standard, parce que nous considérons exactement le cas limite $p = 2$ (voir le Théorème 3.9 et la Remarque 3.10 ci-dessous). Cependant, ce cas radial apporte quelques nuances sur les techniques utilisées et il permet de mettre en valeur certains points du raisonnement. Bien que de faible importance pratique, nous lui trouvons des vertus pédagogiques.

On note $H^1_r(\mathbb{R}^3)$ le sous-espace de $H^1(\mathbb{R}^3)$ formé des fonctions à symétrie sphérique, et on définit le problème variationnel

$$I^r_\lambda = \inf \left\{ E(u), \quad u \in H^1_r(\mathbb{R}^3), \quad \int_{\mathbf{R}^3} |u|^2 = \lambda \right\}, \qquad (3.47)$$

pour la même énergie $E(u)$ que d'habitude, à savoir (3.2).

Nous allons montrer que, pour tout $\lambda \leq Z$, le problème (3.47) admet un minimum, unique au signe près, et que (toujours au signe près) ce minimum coïncide avec celui de (3.1).

D'une certaine manière, le cas radial est à rapprocher du cas borné du Chapitre 2. En effet, nous disposons dans ce cas du résultat suivant de compacité (dû à Strauss) :

Théorème 3.9 *L'injection de $H^1_r(\mathbb{R}^3)$ dans $L^p(\mathbb{R}^3)$ est compacte pour $2 < p < 6$.*

Remarque 3.10 *Bien noter que, par rapport au Théorème de Rellich-Kondrakov concernant le cas d'un domaine borné, on perd la compacité de l'injection dans le cas $p = 2$. Un contre-exemple standard est le suivant : on fixe $u \in C_0^\infty(\mathbb{R}^3)$ radiale telle que $\int_{\mathbb{R}^3} u^2 = 1$, et on regarde la suite $(u_n)_{n \in \mathbb{N}^*}$ définie par $u_n(x) = \dfrac{1}{n^{3/2}} u(\dfrac{1}{n} x)$. Alors il est facile de voir que l'on a $\int_{\mathbb{R}^3} |\nabla u_n|^2 = \dfrac{C^{te}}{n^2}$ et $\int_{\mathbb{R}^3} u_n^2 = 1$, d'où l'on déduit par l'inégalité d'interpolation que $(u_n)_{n \in \mathbb{N}^*}$ converge fortement vers la fonction nulle dans tous les $L^p(\mathbb{R}^3)$ pour $2 < p \le 6$ mais certainement pas dans $L^2(\mathbb{R}^3)$.*

Donnons une idée d'une preuve possible de ce résultat, que nous trouvons très instructive sur la simplification amenée, quant aux questions de compacité, par le fait de considérer des fonctions radiales. Nous avons en fait le lemme suivant :

Lemme 3.11 *Si $u \in H_r^1(\mathbb{R}^3)$, alors u est presque partout égale à une fonction continue qui vérifie, pour $|x| \ge 1$, l'inégalité*

$$|u(x)| \le \frac{C}{|x|^{1/2}} \|\nabla u\|_{L^2(\mathbf{R}^3)}, \tag{3.48}$$

où la constante C ne dépend pas de u.

A l'aide de ce lemme, prouvons le Théorème 3.9. Prenons une suite bornée $(u_n)_{n \in \mathbb{N}}$ dans $H_r^1(\mathbb{R}^3)$. Quitte à extraire, nous supposons qu'elle converge faiblement vers u. Soit $2 < p < 6$, nous allons montrer que $\|u_n - u\|_{L^p(\mathbb{R}^3)} \longrightarrow 0$. Pour un rayon $R > 0$ arbitraire, nous avons, grâce à l'inégalité (3.48) :

$$\int_{B_R^c} |u_n - u|^{p-2} |u_n - u|^2 \le \frac{C}{R^{p/2-1}} \|\nabla(u_n - u)\|_{L^2(\mathbf{R}^3)}^{p-2} \int_{B_R^c} |u_n - u|^2$$

$$\le C^{te} \frac{1}{R^{p/2-1}}$$

On peut donc choisir R assez grand pour avoir cette intégrale inférieure à $\varepsilon/2$ fixé à l'avance (noter que c'est là qu'on utilise $p > 2$). D'autre part, pour cette valeur de R, on a convergence forte (quitte à extraire) de la suite $(u_n)_{n \in \mathbb{N}}$ vers u pour la topologie de L^p sur la boule de rayon R à cause du Théorème de Rellich-Kondrachov. On peut donc conclure à la convergence forte sur tout l'espace. Ce que nous avons donc vu dans cette preuve c'était que l'inégalité (3.48) permettait une majoration *uniforme* (en n) de la queue des intégrales, et que nous étions alors ramenés au cas d'un borné.

Remarque 3.12 *On notera le lien très fort entre le caractère compact d'une suite de fonctions et la propriété de disposer d'une majoration uniforme des* *queues des intégrales, provenant par exemple de la majoration uniforme de la suite de fonctions (dans l'esprit du Théorème de convergence dominée de Lebesgue).*

Revenons maintenant à notre problème (3.47). Sans même utiliser le Théorème 3.9, on peut appliquer mot pour mot le raisonnement utilisé dans le cas standard. Le problème est bien posé, et quitte à extraire, nous pouvons supposer que la suite minimisante $(u_n)_{n \in \mathbb{N}}$ arbitraire converge faiblement vers u. Cette fonction u vérifie encore

$$\int_{\mathbf{R}^3} u^2 \leq \lambda, \tag{3.49}$$

$$E(u) \leq \liminf_{n \to +\infty} E(u_n) = I_\lambda^r. \tag{3.50}$$

Il s'agit à ce point de faire deux remarques. D'abord, on dispose d'un peu plus d'informations que dans le cas standard sur le comportement des termes de l'énergie puisque on peut en fait prouver, à l'aide du Théorème 3.9, que

$$\lim_{n \to +\infty} \int_{\mathbf{R}^3} |u_n|^{10/3} = \int |u|^{10/3}, \tag{3.51}$$

et

$$\lim_{n \to +\infty} \frac{1}{2} \iint_{\mathbf{R}^3 \times \mathbf{R}^3} \frac{u_n^2(x) u_n^2(y)}{|x-y|} \, dx \, dy = \frac{1}{2} \iint_{\mathbf{R}^3 \times \mathbf{R}^3} \frac{u^2(x) u^2(y)}{|x-y|} \, dx \, dy. \tag{3.52}$$

La preuve de (3.51) est triviale, et celle de (3.52) fait l'objet de l'Exercice 3.3 (noter que dans le cas standard on n'avait que des limites inférieures). Malheureusement, à cause du fait que le cas $p = 2$ n'est pas concerné par le Théorème 3.9, on ne peut pas conclure plus facilement que dans le cas standard (noter que si la contrainte était de la forme $\int_{\mathbf{R}^3} |u|^p = \lambda$ avec $p > 2$ on pourrait conclure directement sur le cas radial, alors que le cas non radial demanderait les mêmes techniques que le cas $p = 2$), et il nous faut adopter la même stratégie que ci-dessus, avec cependant quelques variantes que nous allons maintenant indiquer (voir Section 3.1.2 pour les notations).

Nous introduisons le problème à contrainte relâchée

$$I_\lambda^r = \inf \left\{ E(u), \quad u \in H_r^1(\mathbb{R}^3), \quad \int_{\mathbf{R}^3} |u|^2 \leq \lambda \right\}, \tag{3.53}$$

dont nous prouvons que l'infimum est égal à I_λ^r en utilisant une fonction w un peu différente de celle utilisée ci-dessus (qui n'était pas radiale, puisqu'on était amené à faire une translation). On introduit en effet une fonction $\varphi \in C_0^\infty(\mathbb{R}^3)$ qui vérifie les propriétés suivantes : elle est à symétrie sphérique, elle satisfait $\int_{\mathbf{R}^3} \varphi^2 = \lambda - \alpha$, elle a son support dans la couronne sphérique $1 \leq |x| \leq 2$.

En posant $w(x) = \sigma^{3/2}\varphi(\sigma x)$, on voit facilement que, pour σ petit, w satisfait encore (3.22), et il reste à considérer $f(x) = v(x) + w(x)$ avec un coefficient σ encore plus petit pour terminer le raisonnement. L'astuce provient bien sûr du fait que le choix de la fonction φ ci-dessus permet aux supports de v et w de s'éloigner mutuellement.

La fonction u est donc minimum du problème à contrainte relâchée. Quitte à la changer en sa valeur absolue, on peut la supposer positive et faire donc le même raisonnement que dans le cas standard pour conclure à l'existence d'un minimum sous l'hypothèse $\lambda \leq Z$. On prendra cependant garde à un point : le fait que u soit minimum de $\tilde{I}_\lambda^r$ entraîne que, pour toute fonction $v \in H^1_r(\mathbb{R}^3)$, on a, pour un certain θ réel,

$$\int_{\mathbf{R}^3} \nabla u \cdot \nabla v + \int_{\mathbf{R}^3} \left(-Z\frac{1}{|x|}u + \frac{5}{3}|u|^{4/3}u + \left(\int_{\mathbf{R}^3} \frac{u^2(y)}{|x-y|}dy \right) u + \theta u \right) v = 0.$$
(3.54)

Comme (3.54) n'est pas vraie pour toute fonction $v \in H^1(\mathbb{R}^3)$, on ne peut pas en déduire brutalement que

$$-\Delta u - Z\frac{1}{|x|}u + \frac{5}{3}|u|^{4/3}u + \left(\int_{\mathbf{R}^3} \frac{u^2(y)}{|x-y|}dy \right) u + \theta u = 0 \qquad (3.55)$$

au sens des distributions sur $\mathbb{R}^3$. Pour une fonction $v \in H^1(\mathbb{R}^3)$ arbitraire, non nécessairement radiale, on écrit, en utilisant encore la notation $[\cdot]$ pour désigner la moyenne sphérique,

$$\int_{\mathbf{R}^3} \nabla u \cdot \nabla v + \int_{\mathbf{R}^3} \left(-Z\frac{1}{|x|}u + \frac{5}{3}|u|^{4/3}u + \left(\int_{\mathbf{R}^3} \frac{u^2(y)}{|x-y|}dy \right) u + \theta u \right) v$$

$$. = \int_{\mathbf{R}^3} [\nabla u \cdot \nabla v] + \int_{\mathbf{R}^3} \left[\left(-Z\frac{1}{|x|}u + \frac{5}{3}|u|^{4/3}u + \left(\int_{\mathbf{R}^3} \frac{u^2(y)}{|x-y|}dy \right) u + \theta u \right) v \right]$$

puisque l'intégrale d'une fonction est celle de sa moyenne sphérique

$$= \int_{\mathbf{R}^3} \nabla u \cdot \nabla[v] + \int_{\mathbf{R}^3} \left(-Z\frac{1}{|x|}u + \frac{5}{3}|u|^{4/3}u + \left(\int_{\mathbf{R}^3} \frac{u^2(y)}{|x-y|}dy \right) u + \theta u \right) [v]$$

puisque $\int_{\mathbf{R}^3} [uv] = \int_{\mathbf{R}^3} u[v]$ dès que u est radiale

$$= 0$$

en vertu de l'équation d'Euler-Lagrange du problème radial.

On peut donc en déduire (3.54) et terminer le raisonnement de la même façon que dans le cas standard. Bien sûr, à cause du fait que le minimum sur les fonctions "quelconques" est radial (pour $\lambda \leq Z$), les minima de I_λ et I_λ^r sont égaux (au signe près, quand $\lambda \leq Z$).

On notera en particulier que la preuve faite dans la section 3.2 de $I_\lambda < 0$ est valable dans ce cas radial, et donc que $I_\lambda^r < 0$ pour $\lambda > 0$. On aboutit donc à une absurdité, et le problème est donc compact, par les mêmes arguments.

Pour terminer cette section sur le cas radial, envisageons une légère variante du problème I_λ^r. On considère le problème

$$J_\lambda^r = \inf \left\{ F(u), \quad u \in H_r^1(\mathbb{R}^3), \quad \int_{\mathbb{R}^3} |u|^2 = \lambda \right\}, \qquad (3.56)$$

pour l'énergie $F(u)$ définie par

$$F(u) = \int_{\mathbb{R}^3} |\nabla u|^2 - \int_{\mathbb{R}^3} \frac{Z}{|x|} u^2 + \frac{1}{2} \iint_{\mathbb{R}^3 \times \mathbb{R}^3} \frac{u^2(x) u^2(y)}{|x-y|} \, dx \, dy. \quad (3.57)$$

On peut alors mener la même étude que dans le cas de I_λ^r, mais pour la dernière étape du raisonnement, celle qui consiste à montrer que le multiplicateur ne peut pas s'annuler, on peut utiliser un autre théorème que le Théorème 3.4, à savoir le suivant, particulier au cas radial et dû à P-L. Lions à partir d'un résultat d'Agmon. Ce théorème appartient à la catégorie des résultats de non existence mentionnés à la section 3.2.

Théorème 3.13 *Soit* $\varphi \in H^1(\mathbb{R}^3)$ *vérifiant*

$$-\Delta\varphi - \frac{Z}{|x|}\varphi + (\rho \star \frac{1}{|x|})\varphi + \varepsilon\varphi = 0,$$

sur $\mathbb{R}^3$, *pour* $\varepsilon \leq 0$, $\rho \in L^1(\mathbb{R}^3)$, $\rho \geq 0$, ρ *radial.*

Alors, si $Z > \displaystyle\int_{\mathbb{R}^3} \rho$, *on a* $\varphi \equiv 0$.

Remarque 3.14 *Contrairement au Théorème 3.4, ce résultat ne fait pas d'hypothèse de signe sur la fonction. Noter aussi qu'il est bien plus puissant que l'usage qu'on en fait puisque la solution* φ *n'est pas supposée radiale.*

A l'aide de ce théorème on peut donc conclure à l'existence d'un minimum pour J_λ^r, et, mieux, à la convergence à extraction près de toutes les suites minimisantes (de signe constant ou non).

3.6 Thomas-Fermi avec correction de Fermi-Amaldi

Dans le modèle de TFW étudié jusqu'à maintenant, on a pu voir le rôle crucial joué par la présence du terme en gradient dans la fonctionnelle d'énergie (3.2). C'est ce terme qui force les suites minimisantes à être compactes dans les bons espaces L^p, soit directement parce qu'on dispose d'injections de Sobolev compactes (cas borné ou radial), soit *via* les propriétés des opérateurs de Schrödinger et plus généralement des équations elliptiques, puisque ce terme se traduit par la présence de l'opérateur Laplacien dans l'équation d'Euler-Lagrange.

Il ne faudrait cependant pas croire que la compacité de ces problèmes est uniquement liée à la présence de ce terme dans la fonctionnelle d'énergie : on peut dans certains cas faire sans lui. C'est ce que nous allons voir dans cette section. Grossièrement dit, même si le Laplacien n'est pas *explicitement* présent dans la fonctionnelle d'énergie, il est caché dans le terme de répulsion électronique. En d'autres termes, la présence quelque part dans la fonctionnelle d'énergie du potentiel coulombien, dont on rappelle qu'il est égal, à normalisation près, à la solution élémentaire du Laplacien sur $\mathbb{R}^3$, peut suffire à assurer la compacité. Bien sûr, ceci est particulier à la classe de problèmes que nous étudions et n'a pas de caractère géneral.

Plutôt que de prendre brutalement le modèle obtenu à partir de (3.2) en rayant le terme en gradient, c'est-à-dire plutôt que de revenir au modèle standard de Thomas-Fermi, ce qui serait possible mais moins amusant (voir l'étude de ce modèle dans la littérature indiquée en fin de chapitre), nous allons rayer le terme en gradient, mais compliquer par ailleurs la fonctionnelle d'énergie. Cela va nous permettre de présenter quelques variantes de raisonnements déjà utilisés. En particulier, ce modèle sera notre premier contact avec un cas où la suite minimisante est en fait constituée d'un couple de deux suites (nous verrons au Chapitre 5 le cas où une suite minimisante est un n-uplet de suites)

Nous introduisons donc le modèle dit de Thomas-Fermi avec correction de Fermi-Amaldi :

$$I_{N_1,N_2} = \inf \left\{ \mathcal{E}(\rho_1, \rho_2), \quad \rho_i \in L^1 \cap L^p, \quad \rho_i \geq 0 \ p.p., \quad \int_{\mathbf{R}^3} \rho_i = N_i \right\},$$
(3.58)

$$\mathcal{E}(\rho_1, \rho_2) = c_1 \int_{\mathbf{R}^3} \rho_1^p + c_2 \int_{\mathbf{R}^3} \rho_2^p + \int_{\mathbf{R}^3} V_1 \rho_1 + \int_{\mathbf{R}^3} V_2 \rho_2$$
$$+ \frac{1}{2} D(\rho_1 + \rho_2, \rho_1 + \rho_2) - \frac{1}{2} \left[\frac{1}{N_1} D(\rho_1, \rho_1) + \frac{1}{N_2} D(\rho_2, \rho_2) \right],$$
(3.59)

avec

$$c_i > 0, \quad i = 1, 2$$
$$N_i \geq 1, \quad i = 1, 2$$
$$p > \frac{3}{2}.$$
(3.60)

Pour alléger les expressions, on a noté

$$D(\varphi, \psi) = \int \int_{\mathbf{R}^3 \times \mathbf{R}^3} \frac{\varphi(x)\psi(y)}{|x - y|} \, dx \, dy.$$

Les potentiels V_i sont pris de la forme

$$V_i = B_i - \sum_{k=1}^{K} \frac{z_k}{|x - \bar{x}_k|}, \qquad (3.61)$$

où les B_i sont deux fonctions constantes et $\sum_{k=1}^{K} z_k = Z$.

D'un point de vue physique, disons brièvement que ce modèle qui, il faut le dire, n'est guère utilisé en pratique, est en particulier un modèle simplifié pour une molécule placée dans un champ magnétique. La présence du champ magnétique découple la densité électronique en deux parties : la densité de spin up (ρ_1) et la densité de spin down (ρ_2), ce qui explique le fait qu'on minimise sur *deux* fonctions. Le dernier terme de la fonctionnelle d'énergie (3.59) est un terme de correction, dit de Fermi-Amaldi, qui a pour but de tenir compte d'un peu de corrélation électronique.

Nous allons prouver pour ce modèle le résultat suivant.

Proposition 3.2. *Si on suppose*

$$1 + Z \geq N_1 + N_2 \qquad (3.62)$$

alors, à extraction près, toutes les suites minimisantes du problème (3.58) sont convergentes dans $\left(L^1 \cap L^p\right)^2$. En particulier, cela a bien sûr pour conséquence qu'il existe un minimum (ρ_1, ρ_2) au problème (3.58).

Remarque 3.15 *En fait, on peut prouver la compacité pour une classe plus générale de potentiels V_i à savoir les potentiels $V_i = B_i - m_i \star \dfrac{1}{|x|}$, où B_i est constant et m_i est une mesure bornée sur $\mathbb{R}^3$, qui vérifient la condition*

$$\begin{cases} 1 + \displaystyle\int_{\mathbf{R}^3} d\mu_1 \geq N_1 + N_2, \\[4mm] 1 + \displaystyle\int_{\mathbf{R}^3} d\mu_2 \geq N_1 + N_2. \end{cases} \qquad (3.63)$$

Cette condition redonne bien sûr $1 + Z \geq N_1 + N_2$ quand les mesures m_i sont prises identiques et égales à la somme des masses de Dirac (pondérées par les charges z_k) définissant les noyaux. Pour simplifier la présentation, nous avons choisi de mener l'étude dans le cadre simplifié, mais il faut retenir que la stratégie de preuve, et les arguments essentiels utilisés sont, à quelques modifications mineures près, les mêmes pour le cas général.

Bien sûr, on commence comme toujours par vérifier que tous les termes de la fonctionnelle d'énergie ont bien un sens sur l'espace fonctionnel considéré, et ceci se montre par les mêmes arguments que ceux utilisés plus haut.

La preuve de la compacité du problème commence par cette observation basique : on peut toujours se ramener au cas où $B_1 = B_2 \equiv 0$. En effet, on a

$$I_{N_1,N_2} = I'_{N_1,N_2} + B_1 N_1 + B_2 N_2, \tag{3.64}$$

où

$$I'_{N_1,N_2} = \inf\left\{\tilde{\mathcal{E}}(\rho_1, \rho_2), \quad \rho_i \in L^1 \cap L^p, \quad \rho_i \geq 0 \, \text{p.p.}, \quad \int_{\mathbf{R}^3} \rho_i = N_i\right\}, \tag{3.65}$$

la fonctionnelle d'énergie $\tilde{\mathcal{E}}(\rho_1, \rho_2)$ étant la même que (3.59) à ceci près qu'on a remplacé V_i par $\tilde{V}_i = V_i - B_i, i = 1, 2$. Les suites minimisantes des deux problèmes (3.58) et (3.65) sont donc les mêmes, et un minimum de l'un est minimum de l'autre. Désormais, on suppose donc $B_1 = B_2 \equiv 0$.

Comme dans le modèle de TFW, il est possible de prouver ici que le problème est le même que le problème à contrainte relâchée, à savoir

$$\tilde{I}_{N_1,N_2} = \inf\left\{\mathcal{E}(\rho_1, \rho_2), \quad \rho_i \in L^1 \cap L^p, \quad \rho_i \geq 0 \, \text{p.p.}, \quad \int_{\mathbf{R}^3} \rho_i \leq N_i\right\}. \tag{3.66}$$

La preuve étant du même calibre que celle déjà faite, nous la laissons au lecteur et passons rapidement sur ce point.

Le fait que les suites minimisantes soient bornées dans $L^1 \cap L^p$ est une conséquence de la simple observation suivante :

$$D(\rho_1 + \rho_2, \rho_1 + \rho_2) - \left[\frac{1}{N_1}D(\rho_1, \rho_1) + \frac{1}{N_2}D(\rho_2, \rho_2)\right] = (1 - \frac{1}{N_1})D(\rho_1, \rho_1)$$
$$+ (1 - \frac{1}{N_2})D(\rho_2, \rho_2)$$
$$+ 2D(\rho_1, \rho_2),$$

où les trois termes du second membre sont positifs ou nuls. On a donc

$$\mathcal{E}(\rho_{1,n}, \rho_{2,n}) \geq c_1 \|\rho_1\|_{L^p}^p - \|V_{1,q}\|_{L^q}\|\rho_1\|_{L^p} - \|V_{1,\infty}\|_{L^\infty}\|\rho_1\|_{L^1}$$
$$+ c_2 \|\rho_2\|_{L^p}^p - \|V_{2,q}\|_{L^q}\|\rho_2\|_{L^p} - \|V_{2,\infty}\|_{L^\infty}\|\rho_2\|_{L^1},$$

où l'on a simplement décomposé les potentiels V_i en deux parties : l'une à l'infini qui est bornée, et l'autre à distance finie qui est L^q pour q l'exposant conjugué de p.

On suppose donc désormais que la suite minimisante $((\rho_{1,n}, \rho_{2,n}))_{n \in \mathbf{N}}$ est telle que $(\rho_{i,n})_{n \in \mathbf{N}}$ converge faiblement vers ρ_i dans L^r pour tout $1 < r \leq p$. On prêtera bien attention au fait que l'exposant $r = 1$ est exclus ; on rappelle en effet qu'une suite bornée dans L^1 n'est pas nécessairement convergente à extraction près pour la topologie faible de L^1.

Remarque 3.16 *La topologie faible de L^1 a été soigneusement évitée au Chapitre 2. Bien sûr, la Définition 2.1 s'applique, au sens où une suite de fonctions $(u_n)_{n \in \mathbf{N}}$ de L^1 converge faiblement vers u si pour toute fonction $v \in L^\infty$,*
$$\int_{\mathbf{R}^3} u_n v \longrightarrow \int_{\mathbf{R}^3} uv.$$ *Mais à part cette définition, peu de choses subsistent par rapport à la situation dans L^p pour $1 < p < \infty$, et ce essentiellement parce que L^1 n'est pas un Banach réflexif : on a $(L^1)' = L^\infty$ et $(L^\infty)'$ contient strictement L^1. Par exemple, pour avoir une suite faiblement convergente, une borne sur la norme ne suffit pas, et il faut un critère plus exigeant, d'uniforme intégrabilité, contenu dans le Théorème dit de Dunford-Pettis. La situation en termes de convergence faible est donc radicalement différente. On verra aussi que la difficulté réapparaît en termes de convergence forte à la Remarque 3.19 ci-dessous.*

Comme $\rho_{i,n} \geq 0$, on a donc, pour toute fonction $f \geq 0$ dans $C_0^\infty(\mathbf{R}^3)$,
$$\int_{\mathbf{R}^3} f \rho_{i,n} \geq 0, \text{ donc par convergence faible dans } L^p, \int_{\mathbf{R}^3} f \rho_i \geq 0, \text{ ce qui montre}$$
$\rho_i \geq 0$.

De plus,
$$\int_{\mathbf{R}^3} \rho_i \leq N_i. \tag{3.67}$$

En effet, pour $R > 0$, la fonction caractéristique 1_{B_R} appartient à $L^{\frac{p}{p-1}}$, et donc
$$\int_{B_R} \rho_i = \lim_{n \to \infty} \int_{B_R} \rho_{i,n} \leq N_i.$$

Vérifions maintenant que
$$\mathcal{E}(\rho_1, \rho_2) = \tilde{I}_{N_1, N_2} = I_{N_1, N_2}. \tag{3.68}$$

Il est clair que comme on sait déjà (3.67), il suffit de montrer que
$$\mathcal{E}(\rho_1, \rho_2) \leq \liminf \mathcal{E}(\rho_{1,n}, \rho_{2,n}). \tag{3.69}$$

Il est désormais standard que l'on a
$$\int_{\mathbf{R}^3} \rho_i^p \leq \liminf_{n \to +\infty} \int_{\mathbf{R}^3} \rho_{i,n}^p, \tag{3.70}$$

et
$$\int_{\mathbf{R}^3} V_i \rho_i = \lim_{n \to +\infty} \int_{\mathbf{R}^3} V_i \rho_{i,n}. \tag{3.71}$$

De plus,

$$D(\rho_i, \rho_i) \le \liminf_{n \to +\infty} D(\rho_{i,n}, \rho_{i,n}), \qquad (3.72)$$

car on a convergence faible dans $L^{6/5-\varepsilon} \cap L^{6/5+\varepsilon}$ et que la fonction $\rho \mapsto D(\rho, \rho)$ est convexe et fortement continue sur cet espace (voir à ce sujet les Exercices 3.3 et 3.4). Le seul terme non standard est $D(\rho_1, \rho_2)$ (bien comprendre qu'il n'est pas de même nature que les autres : ce n'est pas une norme, ou une semi-norme). Nous allons en fait prouver que

$$D(\rho_1, \rho_2) \le \liminf_{n \to +\infty} D(\rho_{1,n}, \rho_{2,n}), \qquad (3.73)$$

et la preuve de cette assertion est assez instructive.

Remarquons d'abord que, à cause de l'inégalité de Young, la suite $\rho_{2,n} \star \frac{1}{|x|}$ est bornée dans $W^{1,r}$ pour tout $3 < r < \dfrac{3p}{3-p}$. Donc, par le Théorème de Rellich-Kondrachov, on peut toujours supposer, quitte à extraire, que cette suite converge fortement dans L^r_{loc} pour un certain r tel que $\dfrac{1}{r} + \dfrac{1}{s} = 1$ et $1 \le s \le p$ (à bon droit puisque $p > \frac{3}{2}$). Fixons maintenant $R > 0$. Comme $\left(\rho_{2,n} \star \dfrac{1}{|x|} \right)_{n \in \mathbf{N}}$ converge fortement dans $L^r(B_R)$ et $(\rho_{1,n})_{n \in \mathbf{N}}$ converge faiblement dans $L^s(B_R)$, on a :

$$\int_{B_R} \rho_1 (\rho_2 \star \frac{1}{|x|}) = \lim_{n \to +\infty} \int_{B_R} \rho_{1,n} (\rho_{2,n} \star \frac{1}{|x|}). \qquad (3.74)$$

Donc, pour tout R,

$$\int_{B_R} \rho_1 (\rho_2 \star \frac{1}{|x|}) \le \liminf_{n \to +\infty} D(\rho_{1,n}, \rho_{2,n}), \qquad (3.75)$$

d'où l'on déduit (3.73) en faisant tendre R vers l'infini.

Remarque 3.17 *Il est important de saisir ce qui a fait fonctionner les choses. D'abord, on a utilisé le fait que l'opérateur de convolution est régularisant. On a ainsi obtenu une convergence forte locale (on ne peut pas espérer mieux à ce stade du raisonnement) de $\rho_{2,n} \star \frac{1}{|x|}$ (une autre façon de dire cela est de dire que cette suite a ses dérivées bornées car son Laplacien, à savoir $\rho_{2,n}$ est borné). Puis, une deuxième étape a consisté à montrer que la convergence locale suffisait, et là, ce qui nous a sauvé, c'est le fait qu'on gère des quantités positives ou nulles (cf. le passage de (3.74) à (3.75)), comme ce qui se passe pour le Lemme de Fatou.*

Nous prétendons maintenant qu'il suffit pour conclure de montrer que

$$\int_{\mathbf{R}^3} \rho_i = N_i, \quad i = 1, 2. \qquad (3.76)$$

Supposons en effet que (3.76) est vérifiée, et terminons le raisonnement.

Il est clair que compte tenu de (3.68) et (3.76), il existe un minimum à notre problème, mais nous avons affirmé que les suites minimisantes étaient compactes (à extraction près) dans $L^1 \cap L^p$. Il s'agit de le vérifier. L'essentiel est de montrer l'estimation uniforme des restes suivante : pour tout $\varepsilon > 0$, on peut choisir R assez grand pour avoir

$$\forall n \in \mathbb{N}, \quad \int_{|x| > R} \rho_{1,n} \leq \varepsilon. \tag{3.77}$$

Si (3.77) est fausse, il existe un paramètre $\varepsilon_0 > 0$, et une suite extraite de $(\rho_{1,n})_{n \in \mathbb{N}}$, que l'on note $(\rho_{1,\alpha(n)})_{n \in \mathbb{N}}$, telle que

$$\int_{|x| > n} \rho_{1,\alpha(n)} \geq \varepsilon_0,$$

ce qui est aussi

$$\int_{|x| \leq n} \rho_{1,\alpha(n)} \leq N_1 - \varepsilon_0.$$

Soit n_0 fixé. On a donc pour tous les $n \geq n_0$,

$$\int_{|x| \leq n_0} \rho_{1,\alpha(n)} \leq \int_{|x| \leq n} \rho_{1,\alpha(n)} \leq N_1 - \varepsilon_0,$$

donc, par convergence faible de la suite $(\rho_{1,\alpha(n)})_{n \in \mathbb{N}}$ vers ρ_1 dans L^p, on obtient

$$\int_{|x| \leq n_0} \rho_1 \leq N_1 - \varepsilon_0,$$

et donc, en laissant n_0 tendre vers l'infini, $\int_{\mathbb{R}^3} \rho_1 \leq N_1 - \varepsilon_0 < N_1$ ce qui contredit (3.76). L'analogue de (3.77) pour $(\rho_{2,n})_{n \in \mathbb{N}}$ est bien sûr aussi vraie. A l'aide de (3.77), on va déduire la compacité.

Remarque 3.18 *On avait déjà mentionné plus haut (voir la Remarque 3.12) que la compacité de ce genre de problèmes est acquise dès qu'on sait obtenir une estimation uniforme des queues des intégrales : tout se passe alors comme si on était sur un borné.*

De la convergence

$$\mathcal{E}(\rho_1, \rho_2) = \lim_{n \to +\infty} \mathcal{E}(\rho_{1,n}, \rho_{2,n}),$$

on déduit que

$$\int_{\mathbb{R}^3} \rho_i^p = \lim_{n \to +\infty} \int_{\mathbb{R}^3} \rho_{i,n}^p.$$

Il en résulte que, quitte à extraire, la suite $(\rho_{i,n})_{n \in \mathbb{N}}$ converge fortement vers ρ_i dans L^p. Montrons qu'il en est de même dans L^1 (ce qui entraînera alors par interpolation que ce résultat est vrai pour tous les r entre 1 et p).

Remarque 3.19 *Encore une fois, il faut noter que le cas $r = 1$ requiert d'autres techniques que le cas $r > 1$. Si on travaillait dans L^2 par exemple, montrer la convergence forte reviendrait par exemple à montrer la convergence faible et vérifier que la norme de la limite est égale à la limite des normes (cf. le Théorème 2.26). Ici, montrer la convergence forte de L^1 requiert de se servir de la convergence forte dans L^p, $p > 3/2$.*

En utilisant (3.77), on sait que pour tout $\varepsilon > 0$, il existe R tel que, uniformément en n, on ait $\displaystyle\int_{|x| \geq R} (\rho_{1,n} + \rho_1) \leq \varepsilon$. Donc

$$\int_{\mathbf{R}^3} |\rho_{1,n} - \rho_1| \leq \int_{|x| \leq R} |\rho_{1,n} - \rho_1| + \int_{|x| \geq R} (\rho_{1,n} + \rho_1)$$

$$\leq C^{te} R^{3(1-1/p)} \left(\int_{|x| \leq R} |\rho_{1,n} - \rho_1|^p \right)^{1/p} + \varepsilon$$

et le second membre peut être rendu arbitrairement petit puisqu'on a la convergence forte locale L^p. Tout ceci conclut donc la preuve, sous réserve que l'on parvienne à montrer (3.76). Ce que nous allons faire maintenant.

On raisonne par l'absurde et on suppose par exemple que $\displaystyle\int_{\mathbf{R}^3} \rho_1 < N_1$. Comme on sait que (ρ_1, ρ_2) est un minimum du problème à contrainte relâchée, on sait que (ρ_1, ρ_2) est en particulier solution du système d'équations d'Euler-Lagrange associé à ce problème. On laisse au lecteur la tâche de vérifier que si $\displaystyle\int_{\mathbf{R}^3} \rho_1 < N_1$, alors ρ_1 est solution de :

$$(c_1 p)^{\frac{1}{p-1}} \rho_1 = \left(-V_1 - (1 - \frac{1}{N_1})\rho_1 \star \frac{1}{|x|} - \rho_2 \star \frac{1}{|x|} \right)_+^{\frac{1}{p-1}}. \tag{3.78}$$

Nous supposons désormais $N_1 > 1$ et $p \neq 2$ (dans les cas $p = 2$ ou $N_1 = 1$, on procède légèrement différemment, mais nous ne détaillerons pas ce point ici). Nous définissons :

$$u = -(c_1 p)^{\frac{1}{p-2}} \left(4\pi(1 - \frac{1}{N_1}) \right)^{-\frac{p-1}{p-2}} \left(V_1 + (1 - \frac{1}{N_1})\rho_1 \star \frac{1}{|x|} + \rho_2 \star \frac{1}{|x|} \right).$$

On a ainsi

$$-\Delta u = (c_1 p)^{\frac{1}{p-2}} \left(4\pi(1 - \frac{1}{N_1}) \right)^{-\frac{p-1}{p-2}} \left(\Delta V_1 - 4\pi(1 - \frac{1}{N_1})\rho_1 - 4\pi\rho_2 \right).$$

ce qui permet de récrire (3.78) sous la forme

$$-\Delta u + (u_+)^{\frac{1}{p-1}} = f, \tag{3.79}$$

où

$$f = (c_1 p)^{\frac{1}{p-2}} \left(4\pi(1 - \frac{1}{N_1}) \right)^{-\frac{p-1}{p-2}} (\Delta V_1 - 4\pi\rho_2).$$

On remarque alors que $(u_+)^{\frac{1}{p-1}} \in L^1$ (car, dans (3.78), $\rho_1 \in L^1$), et que f est une mesure bornée.

Nous prétendons que cela entraîne

$$\int \Delta u \geq 0, \tag{3.80}$$

ce qui s'écrit aussi

$$\int_{\mathbf{R}^3} \Delta V_1 - 4\pi(1 - \frac{1}{N_1}) \int_{\mathbf{R}^3} \rho_1 - 4\pi \int_{\mathbf{R}^3} \rho_2 \leq 0$$

c'est-à-dire, puisque $\int_{\mathbf{R}^3} \rho_1 < N_1$ et $\int_{\mathbf{R}^3} \rho_2 \leq N_2$,

$$4\pi Z < 4\pi(1 - \frac{1}{N_1})N_1 + 4\pi N_2,$$

ce qui contredit (3.62). La preuve de (3.80) est due à H. Brézis. Nous ne la reproduisons pas ici, mais indiquons seulement l'idée maîtresse. Une fois cette idée maîtresse comprise, le lecteur pourra facilement consulter la preuve détaillée dans la littérature indiquée à la Section 3.8.

Il s'agit essentiellement de remarquer que, si $\int_{\mathbf{R}^3} \Delta u \neq 0$, la moyenne sphérique $[u]$ de u se comporte à l'infini de la façon suivante :

$$[u](x) \underset{|x|\to\infty}{\sim} -\frac{1}{4\pi|x|} \int_{\mathbf{R}^3} \Delta u,$$

ce qui est une conséquence directe du Théorème de Gauss et du fait que, comme par définition u tend vers 0 à l'infini, on a $u = -\frac{1}{4\pi|x|} \star \Delta u$.

Si l'on suppose $\int_{\mathbf{R}^3} \Delta u < 0$, on a donc

$$[u](x) \underset{|x|\to\infty}{\sim} \frac{a}{|x|},$$

pour une certaine constante $a > 0$. Il en résulte que, grossièrement tout au moins, u_+ ne peut pas être dans $L^{\frac{1}{p-1}}$, puisque $\frac{1}{p-1} < 3$ et $\frac{1}{|x|^\alpha}$ n'est sommable à l'infini dans $\mathbf{R}^3$ que si $\alpha > 3$. Or, l'équation (3.79) impose pourtant que $u_+ \in L^{\frac{1}{p-1}}$. On atteint la contradiction voulue et donc la preuve de la Proposition 3.2 est terminée.

3.7 Résumé

La plus grande partie de ce chapitre a été consacrée à l'étude du problème introduit au Chapitre 2, mais posé cette fois sur l'espace tout entier. La situation est sérieuse, mais, on l'a vu, pas désespérée! L'existence d'un minimum n'est pas donnée directement, comme au Chapitre 2, par un résultat de compacité du type Théorème de Rellich-Kondrachov. Cependant, en utilisant des Théorèmes liés à la Théorie spectrale des opérateurs de Schrödinger, on a pu conclure à l'existence d'un minimum. La stratégie a en effet été d'écrire une EDP vérifiée par le candidat minimum et de s'en servir pour montrer que la contrainte de masse était vérifiée. On aura noté au passage le rôle déterminant joué par la convexité de la fonctionnelle d'énergie, non seulement pour l'unicité du minimum au signe près (comme au Chapitre 2), mais aussi déjà pour son existence. Le deuxième exemple de ce chapitre a confirmé que ce qui contribuait aussi à sauver la situation était le caractère elliptique du problème (présence quelque part du Laplacien), lequel pouvait apparaître parfois après une étude un peu subtile de la fonctionnelle d'énergie. En introduisant à petite dose l'approche concentration-compacité, nous avons vu que les questions que nous nous posions étaient liées à la stabilité des systèmes physiques. En utilisant le vocabulaire propre à cette approche, nous avons aussi compris que, dans ce troisième chapitre, les problèmes étudiés étaient associés à un problème à l'infini nul. Le quatrième chapitre va nous apporter l'exemple d'un cas où ce problème à l'infini n'est pas nul. Ceci va compliquer considérablement les choses d'un point de vue technique.

3.8 Pour en savoir plus

L'étude du modèle de Thomas-Fermi-von Weizsäcker est due à
  - H. Brézis, R. Benguria et E.H. Lieb : *The Thomas-Fermi-von Weizsäcker theory of atoms and molecules*, Comm. Math. Phys. 79 (1981) 167-180.

On pourra lire une version résumée de cette étude, et aussi quelques compléments dans l'article de revue
  - E.H. Lieb *Thomas-Fermi and related theories of atoms and molecules*, Rev. Mod. Phys. 53 (1981) 603-641.

Ces deux articles présentent une étude bien plus complète que celle que nous avons esquissée ici, et on pourra y lire notamment la manière dont on prouve l'existence de la charge maximale λ_c, et la façon dont on l'évalue. A ce propos, on pourra regarder aussi :
  - R. Benguria and E.H. Lieb, *The most negative ion in the Thomas-Fermi-von Weizsäcker theory of atoms and molecules*, J. Phys. B 18 (1985) 1045-1059.

Si l'on veut remonter au modèle de Thomas-Fermi lui-même, on pourra consulter l'article initial très complet

– E. H. Lieb and B. Simon, *The Thomas-Fermi theory of atoms, molecules and solids*, Adv. in Math. 23 (1977) 22-116.

Quant au modèle de Thomas-Fermi avec correction de Fermi-Amaldi, son analyse est présentée dans

– C. Le Bris, *On the spin polarized Thomas-Fermi model with the Fermi-Amaldi correction*, Nonlinear Analysis 25 (1995) 669-679.

L'analyse que nous avons brièvement reproduite de l'équation d'Euler-Lagrange est due à

– H. Brézis, *Some variational problems of the Thomas-Fermi type*, in : Variational inequalities and complementary problems, theory and applications, edited by Cottle, Giannesi and Lions, Wiley 1980.

Pour les questions spectrales concernant les opérateurs de Schrödinger, on consultera tout d'abord un ouvrage de référence comme M. Reed and B. Simon, *Methods of modern mathematical physics IV : Analysis of operators*, Academic Press 1978.

Puis, seulement après, on pourra se reporter à des études plus précises comme par exemple

– R. D. Benguria and C. Yarur, *Sharp condition on the decay of the potential for the absence of a zero-energy ground state of the Schrödinger equation*, J. Phys. A 23 (1990) 1513-1518,

– B. Simon, *Large time behaviour of the L^p norm of Schrödinger semigroups*, J. Funct. Anal. 40 (1981) 66-83,

– W. Strauss, *Existence of solitary waves in higher dimensions*, Comm. Math. Phys. 55 (1977) 149-162,

– S. Agmon, *Lower bounds for solutions of Schrödinger equations*, J. Anal. Math., pp 1-25, 1970,

– T. Kato, *Growth properties of solutions of the reduced wave equation with a variable coefficient*, Comm. Pure Appl. Math. 12 (1959) 403-425.

Pour la méthode de concentration-compacité, dont on a commencé à parler dans ce chapitre, la référence est l'article initial

– P.-L. Lions, *The concentration-compactness principle in the calculus of variations. The locally compact case, part 1 and 2*, Ann. Inst. Henri Poincaré 1 (1984) 109-145 and 223-283,

mais aussi la présentation résumée de P.-L. Lions au Séminaire EDP (Goulaouic-Meyer-Schwartz) de l'Ecole Polytechnique en 1982-1983 (exposé XIV, février 1983). Pour l'application aux modèles qui nous intéressent ici, la référence *numéro un* est

– P.-L. Lions, *Solutions of Hartree-Fock equations for Coulomb systems*, Comm. Math. Phys. 109 (1987) 33-97.

Mais, pour aborder ces trois articles, et notamment le dernier qui est très dense, nous suggérons au lecteur d'attendre d'avoir étudié le Chapitre 4, où nous mettons en œuvre explicitement la méthode de concentration-compacité, ce qui devrait l'aider à attaquer ces lectures plus substantielles, et d'autres que nous indiquerons alors.

3.9 Exercices

Exercice 3.1 Montrer que pour $\lambda \leq Z$ l'infimum défini par (2.2) avec pour domaine Ω la boule de rayon R centrée à l'origine converge, quand R tend vers $+\infty$, vers l'infimum de (3.1). Montrer (c'est bien plus dur, et il y a plusieurs façons de s'y prendre) que le minimum positif de (2.2), que l'on notera u_R, tend vers le minimum positif u de (3.1).

Exercice 3.2 Soit $u > 0$ appartenant à $H^1(\mathbf{R}^3)$ vérifiant $\displaystyle\int_{\mathbf{R}^3} u^2 > 1$ et

$$-\Delta u - \frac{1}{|x|}u + (u^2 \star \frac{1}{|x|})u \leq 0.$$

Montrer, en appliquant le principe du maximum faible (voir au besoin le Lemme 10.5 au Chapitre 10), que, pour tout $\mu < \int_{\mathbf{R}^3} u^2 - 1$, il existe une constante M telle que

$$0 \leq u(x) \leq M \exp\left(-2\sqrt{\mu}\sqrt{|x|}\right).$$

On pourra utiliser (en le prouvant!) le fait que pour toute constante $C < \int_{\mathbf{R}^3} u^2$, on a, quitte à choisir $|x|$ assez grand, $u^2 \star \frac{1}{|x|} \geq \frac{C}{|x|}$.

Exercice 3.3 Soit V un potentiel dans $L^{3-\varepsilon}(\mathbf{R}^3) + L^{3+\varepsilon}(\mathbf{R}^3)$ pour une certaine constante $\varepsilon > 0$. Donner une condition suffisante sur p et q pour que, si la suite $(u_n)_{n \in \mathbf{N}}$ converge fortement dans $L^p(\mathbf{R}^3) \cap L^q(\mathbf{R}^3)$ vers u, alors

$$\lim_{n \to +\infty} \frac{1}{2} \iint_{\mathbf{R}^3 \times \mathbf{R}^3} (u_n^2(x)u_n^2(y))\, V(x-y)\, dx\, dy$$

$$= \frac{1}{2} \iint_{\mathbf{R}^3 \times \mathbf{R}^3} (u^2(x)u^2(y))\, V(x-y)\, dx\, dy.$$

Exercice 3.4 On introduit l'espace dit de Marcinkiewitz suivant

$$L^{3,\infty}(\mathbf{R}^3) = \left\{ u \in L^1_{loc}(\mathbf{R}^3),\ \sup_{t>0}\left(t^3 \mathrm{mes}\left\{x \in \mathbf{R}^3,\ |u(x)| \geq t\right\}\right) < +\infty \right\}.$$

$$\tag{3.81}$$

Les inégalités de Hölder et de Young sont encore vérifiées pour cet espace au sens où ce qui est vrai pour $L^3(\mathbf{R}^3)$ est vrai à l'identique pour $L^{3,\infty}(\mathbf{R}^3)$.

Vérifier que $\frac{1}{|x|} \in L^{3,\infty}(\mathbb{R}^3)$ et montrer que, si la suite $(u_n)_{n\in\mathbb{N}}$ converge fortement dans $L^{12/5}(\mathbb{R}^3)$ vers u, alors

$$\lim_{n\to+\infty} \frac{1}{2} \iint_{\mathbb{R}^3 \times \mathbb{R}^3} \frac{u_n^2(x)u_n^2(y)}{|x-y|}\, dx\, dy = \frac{1}{2} \iint_{\mathbb{R}^3 \times \mathbb{R}^3} \frac{u^2(x)u^2(y)}{|x-y|}\, dx\, dy.$$

4

Un cas difficile : fonctionnelle d'énergie non convexe sur l'espace entier

Nous attaquons ici un problème de minimisation pour lequel nous allons aboutir à l'impasse suivante. Une suite minimisante arbitraire est bien bornée, on peut donc en extraire une sous-suite faiblement convergente. Mais, si l'on peut encore prouver que le problème est égal au problème à contrainte relâchée, on ne peut pas montrer *a priori* que la limite faible d'une suite minimisante du premier minimise le second, car on manque d'information pour traiter certains termes de la fonctionnelle d'énergie. Raison : la fonctionnelle d'énergie a un terme non convexe, ce qui se manifeste plus précisément par le fait qu'elle n'est plus faiblement semi-continue inférieurement. Conséquence : on ne peut pas écrire d'EDP sur la limite faible et raisonner dessus. Il faut donc trouver une autre stratégie. Cette stratégie consiste à envisager le pire : si la suite minimisante ne converge pas, que lui arrive-t-il ? C'est la méthode de concentration-compacité qui va nous le dire. Le modèle de Chimie que nous choisissons comme support de cette étude est une amélioration du modèle de Thomas-Fermi-von Weizsäcker traité au chapitre précédent, à savoir le modèle de Thomas-Fermi-*Dirac*-von Weizsäcker.

4.1 Préliminaires

On modifie le problème (3.1)-(3.2) traité au Chapitre 3 pour obtenir le modèle de Thomas-Fermi-Dirac-von Weizsäcker sur $\mathbb{R}^3$:

$$I_\lambda = \inf\left\{ E(u), \quad u \in H^1\left(\mathbb{R}^3\right), \quad \int_{\mathbf{R}^3} |u|^2 = \lambda \right\}, \qquad (4.1)$$

$$E(u) = \int_{\mathbf{R}^3} |\nabla u|^2 - \int_{\mathbf{R}^3} \left(\sum_{k=1}^{K} \frac{z_k}{|x - \bar{x}_k|} \right) u^2 + \int_{\mathbf{R}^3} |u|^{10/3} - \int_{\mathbf{R}^3} |u|^{8/3}$$

$$+ \frac{1}{2} \iint_{\mathbf{R}^3 \times \mathbf{R}^3} \frac{u^2(x)u^2(y)}{|x - y|} \, dx \, dy. \qquad (4.2)$$

La première modification faite dans (4.1)-(4.2) à partir de (3.1)-(3.2) est que l'on regarde directement le cas moléculaire (à plusieurs noyaux) au lieu de se consacrer au cas atomique. Le lecteur a bien compris désormais que les techniques générales qui nous intéressent permettent de traiter aussi bien un cas que l'autre, les modifications étant mineures.

A part cette petite modification, la modification essentielle est l'adjonction du terme de correction dit de Dirac $- \int_{\mathbf{R}^3} |u|^{8/3}$ qui, d'un point de vue chimique est supposé modéliser une partie de la corrélation entre les électrons. Nous avons vu ceci au Chapitre 1 sous l'angle de la physique. D'un point de vue mathématique, la complication capitale qui vient de la présence de ce terme est que le modèle en ρ, à savoir

$$I_\lambda = \inf \left\{ \mathcal{E}(\rho), \quad \rho \geq 0, \quad \sqrt{\rho} \in H^1\left(\mathbb{R}^3\right), \quad \int_{\mathbf{R}^3} \rho = \lambda \right\}, \qquad (4.3)$$

$$\mathcal{E}(\rho) = \int_{\mathbf{R}^3} |\nabla \sqrt{\rho}|^2 - \int_{\mathbf{R}^3} \left(\sum_{k=1}^{K} \frac{z_k}{|x - \bar{x}_k|} \right) \rho + \int_{\mathbf{R}^3} \rho^{5/3} - \int_{\mathbf{R}^3} \rho^{4/3}$$

$$+ \frac{1}{2} \iint_{\mathbf{R}^3 \times \mathbf{R}^3} \frac{\rho(x)\rho(y)}{|x - y|} \, dx \, dy, \qquad (4.4)$$

n'a plus une fonctionnelle d'énergie convexe !

Ceci va avoir des conséquences graves. En effet, on a vu aux chapitres précédents que la convexité permettait de s'en sortir avec la convergence faible à moindres frais, la raison essentielle étant le Théorème 2.20. L'idée était en gros de remarquer que quand on a de la convexité quelque part, la convergence faible suffit le plus souvent là où on aurait attendu de la convergence forte (une manifestation explicite de cette idée un peu vague est le résultat de l'Exercice 2.7). Soyons plus précis encore. Ce qui a joué un rôle crucial jusqu'ici, c'est qu'on puisse écrire $E(v) \leq \liminf E(v_n)$ quand v est la limite faible d'une suite minimisante $(v_n)_{n \in \mathbf{N}}$. Ceci est possible en particulier quand la fonctionnelle d'énergie est faiblement semi-continue inférieurement. Or, conformément au Théorème 2.20, le prototype d'une fonction faiblement semi-continue inférieurement est une fonction convexe continue pour la topologie forte (ce n'est pas le seul cas, et on exhibera au Chapitre 5 un cas où la fonctionnelle bien que non convexe est faiblement semi-continue inférieurement). Ceci explique que, dès que la fonctionnelle est non convexe, on s'attend généralement à des difficultés pour prouver l'existence d'un minimum (quant à son unicité, n'en parlons pas !). Ceci explique aussi l'imprécision du titre de ce chapitre : nous aurions dû dire en toute rigueur "fonctionnelle d'énergie non faiblement semi-continue inférieurement sur l'espace entier" (un titre un peu lourd, on en conviendra...). Quoi qu'il en soit, il faut donc faire ici autrement qu'au Chapitre 3.

Avant d'attaquer l'étude de (4.1)-(4.2), faisons une remarque : si le problème était posé sur un ouvert borné, il serait traitable exactement par les mêmes méthodes qu'au Chapitre 2. L'existence serait acquise aussi facilement que dans le modèle TFW. Ceci est une preuve supplémentaire que quand on a un domaine borné, le caractère convexe ou non joue un rôle secondaire pour l'existence d'un minimum. La seule différence liée à l'absence de convexité dans le cas borné est que l'unicité devient difficile. La différence entre les techniques du Chapitre 3 et celles exposées dans ce chapitre montrera qu'au contraire, dans le cas non borné, la convexité fait défaut dès la preuve d'existence.

Attaquons le problème (4.1)-(4.2). Le fait que le problème soit bien posé et en particulier que ses suites minimisantes soient bornées dans $H^1(\mathbb{R}^3)$ se montre comme pour le modèle de TFW, le terme de Dirac se traitant par l'inégalité d'interpolation, en écrivant par exemple

$$\int_{\mathbf{R}^3} |u|^{8/3} \leq \|u\|_{L^2} \left(\int_{\mathbf{R}^3} |u|^{10/3} \right)^{1/2} . \tag{4.5}$$

Quitte à extraire, on peut donc supposer une suite minimisante arbitraire $(u_n)_{n \in \mathbf{N}}$ convergente vers u au sens faible dans $H^1(\mathbb{R}^3)$ et dans $L^p(\mathbb{R}^3)$ pour tout $2 \leq p \leq 6$, et au sens fort dans $L^p_{loc}(\mathbb{R}^3)$ pour tout $2 \leq p < 6$.

Comme au chapitre 3, on en déduit que $\int_{\mathbf{R}^3} u^2 \leq \lambda$ et

$$\int_{\mathbf{R}^3} |\nabla u|^2 - \int_{\mathbf{R}^3} \left(\sum_{k=1}^K \frac{z_k}{|x - \bar{x}_k|} \right) u^2 + \int_{\mathbf{R}^3} |u|^{10/3}$$
$$+ \frac{1}{2} \iint_{\mathbf{R}^3 \times \mathbf{R}^3} \frac{u^2(x) u^2(y)}{|x - y|} \, dx \, dy$$
$$\leq \liminf_{n \to +\infty} \int_{\mathbf{R}^3} |\nabla u_n|^2 - \int_{\mathbf{R}^3} \left(\sum_{k=1}^K \frac{z_k}{|x - \bar{x}_k|} \right) u_n^2 + \int_{\mathbf{R}^3} |u|^{10/3}$$
$$+ \frac{1}{2} \iint_{\mathbf{R}^3 \times \mathbf{R}^3} \frac{u_n^2(x) u_n^2(y)}{|x - y|} \, dx \, dy. \tag{4.6}$$

On sait aussi

$$\int_{\mathbf{R}^3} |u|^{8/3} \leq \liminf_{n \to +\infty} \int_{\mathbf{R}^3} |u_n|^{8/3}, \tag{4.7}$$

mais (4.6) et (4.7) ensemble ne suffisent pas pour montrer

$$E(u) \leq \liminf_{n \to +\infty} E(u_n), \tag{4.8}$$

et donc en déduire que u est un minimum du problème à contrainte relâchée issu de (4.1) (on montrera en effet facilement que la preuve faite au Chapitre 3 de $\tilde{I}_\lambda = I_\lambda$ est encore valable ici).

Remarque 4.1 *En fait, on pourrait remarquer qu'une possibilité serait pour traiter le terme (4.7) d'essayer de faire comme pour les termes du type*
$\int_{\mathbf{R}^3} \dfrac{|u_n|^2}{|x|}$. *Il s'agirait d'utiliser le fait que $|u_n|^{8/3} = |u_n|^2 |u_n|^{2/3}$ avec $|u_n|^{2/3}$ qui tend vers 0 à l'infini, en un sens faible au moins. En fait, ceci est impossible, sauf à avoir une majoration uniforme en n soit de $u_n(x)$ pour $|x|$ grand (dans l'esprit de la convergence dominée), soit du reste intégral $\int_{|x| \geq R} |u_n|^{8/3}$ pour R grand. C'est précisément une information sur un tel reste intégral que nous allons chercher à obtenir maintenant.*

La stratégie à développer est donc nouvelle.

4.2 Le lemme de concentration-compacité

De manière globale, la méthode de concentration-compacité vise à classifier les comportements possibles d'une suite de fonctions sous de très faibles hypothèses exprimant que la suite de fonctions est bornée en un certain sens. Dans la situation particulière où la suite étudiée est une suite minimisante d'un problème variationnel, on regarde ensuite ce qu'entraînent les différents comportements possibles de cette suite sur les valeurs des infima d'une famille de problèmes de minimisation issue du problème initial (cf. les inégalités de sous-additivité que nous avons introduites au Chapitre 3 et que nous reverrons ci-dessous).

La méthode de concentration-compacité a essentiellement deux volets. Le premier concerne les suites de mesures de probabilité, c'est-à-dire les suites de mesures positives ou nulles de masse totale égale à 1. Le second concerne les suites de fonctions bornées dans $W^{k,p}$ ($k \geq 0$, $p > 1$, $kp < 3$ en dimension 3). Ici, nous ne nous intéresserons qu'au premier volet. Le lemme que nous allons donc énoncer sous l'appellation de Lemme de concentration-compacité est en fait connu sous le nom de Lemme de concentration-compacité I, pour faire référence à cette classification en deux volets.

Lemme 4.2 (dit de concentration-compacité) *Soit $(\mu_n)_{n \in \mathbf{N}}$ une suite de mesures de probabilité sur $\mathbf{R}^N$: $\mu_n \geq 0$, $\int_{\mathbf{R}^N} d\mu_n = 1$. Alors il existe une sous-suite de $(\mu_n)_{n \in \mathbf{N}}$, encore notée $(\mu_n)_{n \in \mathbf{N}}$, telle que l'une des trois conditions suivantes est vraie :*

1. *(Compacité) Il existe une suite $(x_n)_{n \in \mathbf{N}}$ de $\mathbf{R}^N$, telle que pour tout $\varepsilon > 0$ il existe un rayon $R > 0$ tel que, pour tout n,*

$$\int_{B_R(x_n)} d\mu_n \geq 1 - \varepsilon, \tag{4.9}$$

2. *(Evanescence) Pour tout $R > 0$, on a*

$$\lim_{n \longrightarrow +\infty} \sup_{x \in \mathbf{R}^N} \int_{B_R(x)} d\mu_n = 0, \qquad (4.10)$$

3. *(Dichotomie) Il existe un réel α, $0 < \alpha < 1$, tel que pour tout $\varepsilon > 0$ et pour tout rayon $R_0 > 0$, il existe une suite $(x_n)_{n \in \mathbf{N}}$ dans $\mathbb{R}^N$ et une suite de rayons $(R_n)_{n \in \mathbf{N}}$, $\lim_{n \to \infty} R_n = +\infty$, avec $R_1 \geq R_0$, tel que*

$$\limsup_{n \longrightarrow +\infty} \left| \alpha - \int_{B_{R_1}(x_n)} d\mu_n \right| + \left| (1 - \alpha) - \int_{B_{R_n}(x_n)^c} d\mu_n \right| \leq \varepsilon. \qquad (4.11)$$

Ce lemme appelle plusieurs commentaires.

1er commentaire : Grossièrement dit, les possibilités sont les suivantes :

1. la suite reste localisée sur un compact qui peut éventuellement s'en aller à l'infini, c'est la situation de compacité (noter que cela ne veut pas dire que la suite est compacte au sens habituel même si on translate ; il reste à savoir ce qui va se passer sur un borné : pour notre cas d'une suite minimisante d'un problème localement compact, ce sera "compact" au sens habituel) ;

2. la suite se disperse partout dans l'espace, ou plus trivialement elle s'écrase partout : c'est la situation d'évanescence ;

3. la suite se fractionne en un bout à distance finie (éventuellement *modulo* une translation), qui lui est "compact", et un autre bout qui s'en va à l'infini, lequel bout peut être soumis à la même analyse que la suite initiale, c'est-à-dire peut rester "compact" à une translation près, ou s'écraser, ou lui-même se recasser en morceaux, dont certains peuvent s'écraser, etc..., c'est la situation de dichotomie.

2ème commentaire : Nous ne donnerons pas la démonstration de ce lemme, qui pourtant n'est pas difficile et repose sur l'introduction d'une fonction, dite *fonction de concentration de Lévy* associée à une mesure, à savoir

$$Q(r) = \sup_{x \in \mathbf{R}^N} \int_{B_r(x)} d\mu. \qquad (4.12)$$

Il se trouve que sous les conditions vérifiées par la suite $(\mu_n)_{n \in \mathbf{N}}$, la suite $(Q_n)_{n \in \mathbf{N}}$ (définie par (4.12) à partir de μ_n pour chaque n) est une suite localement bornée dans l'espace des fonctions à variation bornée, et donc converge à extraction près, presque partout en r, vers une fonction $Q_\infty(r)$. On pose alors $\alpha = \lim_{r \longrightarrow +\infty} Q_\infty(r)$. Il est clair que $0 \leq \alpha \leq 1$ et les différentes valeurs de α ($\alpha = 0$, $0 < \alpha < 1$, $\alpha = 1$) indiquent l'un des trois comportements.

3ème commentaire : Il s'agit de bien noter que la classification en trois comportements concerne (au moins) une sous-suite de la suite initiale, et non pas toute la suite elle-même.

<u>4ème commentaire</u> : En fait, il y a un lien étroit entre la méthode de concentration-compacité et la notion d'*invariance*. Ainsi, dans la situation la meilleure, c'est-à-dire dans le premier alinéa du Lemme ci-dessus, on ne peut pas espérer mieux *a priori* que la compacité à une translation près. Dans le langage courant, on dirait que quitte à changer (constamment) l'origine de l'espace $\mathbb{R}^N$, qui est invariant par translation, tout se passe maintenant comme si on était sur une boule centrée à l'origine.

Avant d'appliquer cette analyse à la suite minimisante du problème (4.1), nous devons encore particulariser un peu la sous-suite, car tel quel nous ne pourrions pas décider si seul le comportement de compacité est possible et conclure. La façon dont nous allons particulariser la suite minimisante repose sur une technique que nous n'avons pas encore introduite.

4.3 Le principe d'Ekeland

Nous énonçons ce principe sous une forme simple.

Théorème 4.3 (Principe d'Ekeland) *Soit M un espace métrique complet dont on note d la distance, soit E une application sur M à valeurs dans $\mathbb{R} \cup \{+\infty\}$ qu'on suppose semi-continue inférieurement, minorée, et non identiquement égale à $+\infty$. Alors pour tout $\varepsilon > 0$, $\delta > 0$, et tout $u \in M$ tel que*

$$E(u) \leq \inf_M E + \varepsilon, \tag{4.13}$$

il existe un point $v \in M$ qui minimise strictement la fonctionnelle

$$w \mapsto E(w) + \frac{\varepsilon}{\delta} d(u, w). \tag{4.14}$$

De plus, ce point vérifie

$$E(v) \leq E(u), \quad d(u, v) \leq \delta. \tag{4.15}$$

Une façon d'interpréter ce résultat (avec l'arrière pensée de l'utiliser dans notre étude) est de dire ce qui suit. Une suite minimisante d'un problème étant donnée, on peut trouver une autre suite minimisante du même problème, construite à chaque pas par minimisation d'une fonctionnelle d'énergie différant peu de la fonctionnelle d'énergie initiale, et aussi proche que voulu (dans une certaine mesure) de la suite minimisante initiale. On dit "dans une certaine mesure" car on lit dans le Théorème ci-dessus que si l'on exige que la fonctionnelle d'énergie diffère de l'ordre de $\frac{\varepsilon}{\delta}$ dans (4.14) (on peut jouer avec ε et δ pour gagner d'un côté si on perd de l'autre), on ne peut pas exiger mieux comme proximité que l'ordre δ (dans (4.15)).

Une autre façon de voir ce résultat est de dire que si on n'est certes pas sûr que le minimum de la fonctionnelle initiale est atteint, on sait au moins qu'en modifiant un tout petit peu la fonctionnelle, on est assuré de l'existence d'un minimum. Dans notre logique, et en anticipant un peu sur ce qui va suivre, il faut comprendre ceci de la manière suivante : certes on ne sait pas écrire d'équation d'Euler-Lagrange pour notre suite minimisante ni encore moins pour sa limite, mais en modifiant un peu cette suite on va savoir faire quelque chose qui sera presque écrire une équation d'Euler-Lagrange (ou plutôt, sans jeu de mot, écrire une *presque équation* d'Euler-Lagrange). Ceci nous amène à un corollaire standard du Théorème ci-dessus, qui va parfaitement illustrer notre dernier commentaire.

Corollaire 4.4 *Si V est un espace de Banach et E une fonctionnelle d'énergie de classe C^1 sur V, minorée, alors il existe une suite minimisante $(v_n)_{n\in\mathbf{N}}$ de E qui vérifie*

$$\begin{cases} E(v_n) \longrightarrow \inf_V E, \\ \nabla E(v_n) \longrightarrow 0, \quad dans \quad V' \end{cases} \tag{4.16}$$

quand $n \longrightarrow +\infty$.

La preuve de ce corollaire est directe à partir du Théorème 4.3 : il suffit de prendre $\varepsilon = \delta^2 = \dfrac{1}{n^2}$, et d'utiliser la différentiabilité de E.

Remarque 4.5 *La suite $(v_n)_{n\in\mathbf{N}}$ peut être choisie arbitrairement proche d'une suite $(u_n)_{n\in\mathbf{N}}$ minimisante prise au départ. C'est ce que montre le choix ci-dessus $\varepsilon = \delta^2 = \dfrac{1}{n^2}$.*

La suite $(v_n)_{n\in\mathbf{N}}$ dont il est question est une suite minimisante qui vérifie ce qu'on pourrait appeler une *presque* équation d'Euler, au sens où on ne peut pas exiger $\nabla E(v_n) = 0$, mais seulement $\nabla E(v_n) \longrightarrow 0$. Une suite $(v_n)_{n\in\mathbf{N}}$ telle que $E(v_n)$ converge et $\nabla E(v_n) \longrightarrow 0$ est appelée *suite de Palais-Smale*. Il est très souvent question dans les problèmes variationnels de la condition dite *condition de Palais-Smale* qui correspond à la propriété selon laquelle toute suite de Palais-Smale admet une sous-suite convergente (ce qui peut créer un minimum d'une fonctionnelle, par exemple). Le corollaire ci-dessus affirme donc l'existence d'une suite de Palais-Smale minimisante. Mieux, si on se souvient que c'est une conséquence du Théorème 4.3, on sait même qu'il existe une suite de Palais-Smale proche de la suite minimisante de départ.

Munis du principe d'Ekeland et du lemme de concentration-compacité, nous pouvons attaquer la preuve de la compacité du problème (4.1).

4.4 La concentration-compacité par l'exemple

Reprenons $(u_n)_{n\in\mathbf{N}}$ notre suite minimisante arbitraire de (4.1), qui converge vers u au sens faible dans $H^1(\mathbb{R}^3)$ et dans $L^p(\mathbb{R}^3)$ pour tout $2 \le p \le 6$, et au

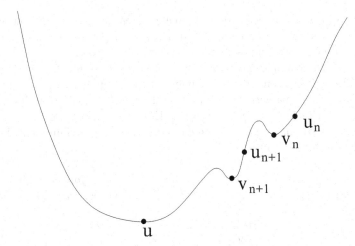

Fig. 4.1. Même si la fonction est très chahutée au voisinage de son minimum u, c'est-à-dire même si on n'a pas $\nabla E(u_n) \longrightarrow 0$ pour toute suite $(u_n)_{n \in \mathbf{N}}$ tendant vers u, on peut toujours se ramener à une telle situation (suite $(v_n)_{n \in \mathbf{N}}$).

sens fort dans $L^p_{loc}(\mathbb{R}^3)$ pour tout $2 \leq p < 6$. Nous pouvons bâtir à partir de cette suite $(u_n)_{n \in \mathbf{N}}$ une autre suite minimisante $(v_n)_{n \in \mathbf{N}}$ à l'aide du principe d'Ekeland. En effet, pour chaque n, le principe d'Ekeland (*via* une variante évidente de son corollaire) nous dit alors que comme E est différentiable sur la variété $\{w \in H^1(\mathbb{R}^3), \int_{\mathbf{R}^3} |w|^2 = \lambda\}$, on peut affirmer l'existence de $(v_n)_{n \in \mathbf{N}}$ minimisant

$$\inf \left\{ E(w) + \frac{1}{n}\|w - v_n\|_{H^1(\mathbb{R}^3)}, \quad w \in H^1(\mathbb{R}^3), \quad \int_{\mathbf{R}^3} |w|^2 = \lambda \right\}, \quad (4.17)$$

et donc vérifiant les deux conditions suivantes :

$$-\Delta v_n - \left(\sum_{k=1}^{K} \frac{z_k}{|x - \bar{x}_k|} \right) v_n + \frac{5}{3}|v_n|^{4/3}v_n - \frac{4}{3}|v_n|^{2/3}v_n + (v_n^2 \star \frac{1}{|x|})v_n + \theta_n v_n \longrightarrow 0,$$
$$(4.18)$$

dans $H^{-1}(\mathbb{R}^3)$, pour une suite $\theta_n \geq 0$, et

$$\int_{\mathbf{R}^3} |\nabla h|^2 - \int_{\mathbf{R}^3} \left(\sum_{k=1}^{K} \frac{z_k}{|x - \bar{x}_k|} \right) h^2 + \frac{35}{9} \int_{\mathbf{R}^3} |v_n|^{4/3}h^2 - \frac{20}{9} \int_{\mathbf{R}^3} |v_n|^{2/3}h^2$$

$$+ \iint_{\mathbf{R}^3 \times \mathbf{R}^3} \frac{v_n^2(x)h^2(y)}{|x - y|}\, dx\, dy + 2 \iint_{\mathbf{R}^3 \times \mathbf{R}^3} \frac{v_n(x)h(x)v_n(y)h(y)}{|x - y|}\, dx\, dy$$

$$+ (\theta_n + \gamma_n) \int_{\mathbf{R}^3} h^2 \geq 0, \qquad (4.19)$$

pour une suite $\gamma_n \longrightarrow 0$ et pour toute fonction $h \in H^1(\mathbb{R}^3)$ telle que $\int_{\mathbf{R}^3} v_n h = 0$. Les conditions (4.18) et (4.19) sont respectivement les conditions du premier et du second ordre qui expriment que v_n minimise (4.17). L'assertion (4.18) est donc ce que nous avons appelé la *presque* équation d'Euler (ce n'est pas une appellation standard !) et est à rapprocher de la seconde ligne de (4.16). On notera en particulier que la condition $\displaystyle\int_{\mathbf{R}^3} v_n h = 0$ sur les fonctions tests h pour lesquelles est vérifiée (4.19) est la condition de premier ordre qui assure qu'une petite variation locale $v_n + h$ de v_n est tracée sur la surface $\displaystyle\int_{\mathbf{R}^3} |w|^2 = \lambda$.

Nous faisons immédiatement la remarque suivante : bien que le principe d'Ekeland nous donne la convergence (4.18) seulement dans $H^{-1}(\mathbf{R}^3)$ nous allons *admettre* que l'on peut toujours supposer que cette convergence a aussi lieu dans $L^2(\mathbf{R}^3)$, ce qui peut être montré rigoureusement, mais dépasse le cadre de ce cours.

Une seconde remarque est la suivante : étudier la compacité de la suite $(u_n)_{n\in\mathbf{N}}$ initiale est équivalent à étudier la compacité de la suite $(v_n)_{n\in\mathbf{N}}$. La raison est qu'on peut toujours supposer, par le principe d'Ekeland en choisissant bien ε et δ, que $\|u_n - v_n\|_{H^1(\mathbf{R}^3)} \leq \frac{1}{n}$, et donc la convergence d'une des suites entraîne celle de l'autre (cf. la Remarque 4.5).

Afin de garder des notations génériques, et compte tenu du fait que nous avons maintenant bien analysé la nuance entre la suite $(u_n)_{n\in\mathbf{N}}$ et la suite $(v_n)_{n\in\mathbf{N}}$, nous allons désormais abandonner la notation $(v_n)_{n\in\mathbf{N}}$, et supposer directement que $(u_n)_{n\in\mathbf{N}}$ était une suite vérifiant la condition (4.18) dans $L^2(\mathbf{R}^3)$ et la condition (4.19). Appliquons maintenant le lemme de concentration-compacité à cette suite $(u_n)_{n\in\mathbf{N}}$. Ceci peut être fait à bon droit puisque la suite $(u_n)_{n\in\mathbf{N}}$ vérifie par hypothèse $\displaystyle\int_{\mathbf{R}^3} u_n^2 = \lambda$ et donc u_n^2 définit à normalisation près une mesure de probabilité sur $\mathbf{R}^3$. Quitte à extraire (et nous gardons alors encore la même notation), la suite $(u_n)_{n\in\mathbf{N}}$ a un des trois types de comportement énoncés dans le lemme 4.2. Nous allons montrer que seule la compacité est possible en excluant tour à tour les deux autres cas. Notre argument va bien sûr utiliser le fait que $(u_n)_{n\in\mathbf{N}}$ n'est pas une suite bornée quelconque, mais une suite minimisante de (4.1) qui en plus vérifie (4.18) et (4.19).

4.4.1 L'évanescence est exclue

Pour évacuer le cas d'évanescence, nous n'avons en fait pas besoin d'utiliser les conditions (4.18) et (4.19). Le fait que u_n est une suite minimisante de (4.1) va suffire.

Nous commençons par remarquer que si l'évanescence a lieu, alors nécessairement $I_\lambda \geq 0$. En effet, la condition (4.10) qui s'écrit ici

$$\lim_{n \longrightarrow \infty} \sup_{x \in \mathbf{R}^3} \int_{B_R(x)} |u_n|^2 = 0, \tag{4.20}$$

pour tout $R > 0$, entraîne que chaque terme négatif de l'énergie $E(u_n)$ donnée par la définition (4.2) tend vers 0 quand n tend vers l'infini. Par exemple,

$$\int_{\mathbf{R}^3} |u_n|^{8/3} \leq \sum_{k \in \mathbf{Z}^3} \int_{B_1(k)} |u_n|^{8/3}$$

$$\leq \sum_{k \in \mathbf{Z}^3} \left(\int_{B_1(k)} |u_n|^2 \right)^{1/3} \left(\int_{B_1(k)} |u_n|^3 \right)^{2/3}$$

$$\leq C^{te} \left(\sup_{x \in \mathbf{R}^3} \int_{B_1(x)} |u_n|^2 \right)^{1/3} \sum_{k \in \mathbf{Z}^3} \left(\int_{B_1(k)} \left(|u_n|^2 + |\nabla u_n|^2 \right) \right)$$

$$\leq C^{te} \left(\sup_{x \in \mathbf{R}^3} \int_{B_1(x)} |u_n|^2 \right)^{1/3} \int_{\mathbf{R}^3} \left(|u_n|^2 + |\nabla u_n|^2 \right)$$

$$\leq C^{te} \left(\sup_{x \in \mathbf{R}^3} \int_{B_1(x)} |u_n|^2 \right)^{1/3}$$

$$\xrightarrow{n \to +\infty} 0. \tag{4.21}$$

Le terme d'attraction des noyaux se traite de manière plus simple, nous le laissons en exercice au lecteur.

Il suffit maintenant de rappeler que nous avons montré au Chapitre 3 que $I_\lambda < 0$ pour le modèle de TFW. Or il est évident que la fonctionnelle d'énergie TFDW minore la fonctionnelle TFW. Il en résulte qu'*a fortiori* dans le cas qui nous intéresse dans ce chapitre, on a $I_\lambda < 0$, ce qui montre que l'évanescence ne peut pas se produire.

Avant d'attaquer le cas de la dichotomie, rappelons la définition que nous avons introduite au Chapitre 3 de ce qu'on appelle le problème à l'infini. Pour le modèle que nous étudions, nous appelons problème à l'infini et désignons par I_λ^∞ le problème de minimisation suivant :

$$I_\lambda^\infty = \inf \left\{ E^\infty(u), \quad u \in H^1(\mathbf{R}^3), \quad \int_{\mathbf{R}^3} |u|^2 = \lambda \right\}, \tag{4.22}$$

$$E^\infty(u) = \int_{\mathbf{R}^3} |\nabla u|^2 + \int_{\mathbf{R}^3} |u|^{10/3} - \int_{\mathbf{R}^3} |u|^{8/3}$$

$$+ \frac{1}{2} \iint_{\mathbf{R}^3 \times \mathbf{R}^3} \frac{u^2(x) u^2(y)}{|x - y|} \, dx \, dy. \tag{4.23}$$

4.4.2 La dichotomie est exclue

Supposons maintenant que nous soyons dans la situation de la dichotomie. Nous supposons donc que la suite $(u_n)_{n \in \mathbf{N}}$ se casse donc en deux "bouts" $u_n = u_{1,n} + u_{2,n}$ qui sont tels que

$$\int_{\mathbf{R}^3} u_{1,n}^2 = \alpha, \quad \int_{\mathbf{R}^3} u_{2,n}^2 = \lambda - \alpha, \quad 0 < \alpha < 1, \qquad (4.24)$$

et tels que, pour tout $\varepsilon > 0$, il existe une suite de points $(x_n)_{n \in \mathbf{N}}$, une suite de rayons $(R_n)_{n \in \mathbf{N}}$ avec $R_n \longrightarrow +\infty$ tel que

$$\limsup_{n \longrightarrow +\infty} \left| \alpha - \int_{B_{R_1}(x_n)} u_{1,n}^2 \right| + \left| (\lambda - \alpha) - \int_{B_{R_n}(x_n)^c} u_{2,n}^2 \right| \leq \varepsilon, \qquad (4.25)$$

ce qui est une façon de dire que les "supports" des suites $(u_{1,n})_{n \in \mathbf{N}}$ et $(u_{2,n})_{n \in \mathbf{N}}$ s'éloignent infiniment l'un de l'autre.

Ce que nous prétendons d'abord c'est que dans notre cas la suite de points $(x_n)_{n \in \mathbf{N}}$ peut toujours être prise constante égale à l'origine de l'espace. Si ce n'est pas le cas, aucune masse parmi celle de u_n ne reste à distante finie, et il est facile de voir que cela entraîne

$$\lim_{n \to +\infty} \int_{\mathbf{R}^3} \left(\sum_{k=1}^{K} \frac{z_k}{|x - \bar{x}_k|} \right) u_n^2 = 0. \qquad (4.26)$$

Or ceci ne peut pas être vrai. En effet, comme il n'y a pas d'évanescence, on sait qu'il existe un rayon R, un réel $\delta > 0$, une suite de points $(x_n)_{n \in \mathbf{N}}$ tels que, quitte à extraire, on ait

$$\int_{B_R(x_n)} u_n^2 \geq \delta > 0. \qquad (4.27)$$

Posons alors $v_n(\cdot) = u_n(\cdot + x_n)$. On a $E^\infty(v_n) = E^\infty(u_n)$, et donc

$$\lim_{n \to +\infty} E^\infty(v_n) = I_\lambda$$

puisque $(u_n)_{n \in \mathbf{N}}$ est minimisante pour I_λ et vérifie (4.26). Mais de plus,

$$\int_{\mathbf{R}^3} \left(\sum_{k=1}^{K} \frac{z_k}{|x - \bar{x}_k|} \right) v_n^2 \geq \int_{B_R(0)} \left(\sum_{k=1}^{K} \frac{z_k}{|x - \bar{x}_k|} \right) v_n^2$$

$$\geq \max_{1 \leq k \leq K} \left(z_k (R + |\bar{x}_k|)^{-1} \right) \delta. \qquad (4.28)$$

On en déduit, en notant $a = \max_{1 \leq k \leq K} \left(z_k (R + |\bar{x}_k|)^{-1} \right) \delta > 0$

$$I_\lambda \le \limsup_{n \to +\infty} E(v_n) \le -a + \limsup_{n \to +\infty} E^\infty(v_n) \le -a + I_\lambda, \qquad (4.29)$$

ce qui est absurde.

Il en résulte que l'on peut prendre $x_n \equiv 0$ dans la dichotomie : au moins un "bout" de u_n, noté $u_{1,n}$, de masse $\int_{\mathbf{R}^3} u_{1,n}^2 = \alpha$, reste à distance finie.

Nous prétendons maintenant que nécessairement, la suite $(u_{1,n})_{n \in \mathbf{N}}$ est une suite minimisante pour I_α et la suite $(u_{2,n})_{n \in \mathbf{N}}$ est minimisante pour $I_{\lambda-\alpha}^\infty$.

Par un raisonnement analogue à celui que nous avons fait au Chapitre 3, on montre

$$\forall 0 \le \alpha \le \lambda, \quad I_\lambda \le I_\alpha + I_{\lambda-\alpha}^\infty. \qquad (4.30)$$

En effet, pour tout $\varepsilon > 0$, on choisit $u \in C_0^\infty(\mathbf{R}^3)$ tel que $E(u) \le I_\alpha + \varepsilon$ et $\int_{\mathbf{R}^3} u^2 = \alpha$, et $v \in C_0^\infty(\mathbf{R}^3)$ tel que $E^\infty(v) \le I_{\lambda-\alpha}^\infty + \varepsilon$ et $\int_{\mathbf{R}^3} v^2 = \lambda - \alpha$. En considérant $w = u + v(\cdot + te_1)$ où e_1 est un vecteur unitaire de $\mathbf{R}^3$ et t assez grand, on voit facilement que $E(w) \le E(u) + E^\infty(v) + \varepsilon$ et $\int_{\mathbf{R}^3} w^2 = \lambda$, d'où on déduit (4.30).

Revenons à notre suite $(u_n)_{n \in \mathbf{N}}$. Il est clair que l'on a

$$\begin{cases} \liminf E(u_{1,n}) \ge I_\alpha, \\ \liminf E^\infty(u_{2,n}) \ge I_{\lambda-\alpha}^\infty, \\ \liminf E(u_n) \ge \liminf E(u_{1,n}) + \liminf E^\infty(u_{2,n}). \end{cases} \qquad (4.31)$$

On déduit de (4.30) et (4.31) :

$$I_\alpha + I_{\lambda-\alpha}^\infty \le \liminf_{n \to +\infty} E(u_{1,n}) + \liminf_{n \to +\infty} E^\infty(u_{2,n}) = I_\lambda \le I_\alpha + I_{\lambda-\alpha}^\infty. \quad (4.32)$$

Ceci impose

$$I_\lambda = I_\alpha + I_{\lambda-\alpha}^\infty, \qquad (4.33)$$

et

$$\begin{cases} \lim E(u_{1,n}) = I_\alpha, \\ \lim E^\infty(u_{2,n}) = I_{\lambda-\alpha}^\infty. \end{cases} \qquad (4.34)$$

Faisons à ce stade trois commentaires qui ne sont pas essentiels pour le raisonnement qui va suivre ensuite, mais qui permettent de mieux comprendre la situation.

1er Commentaire : Il faut d'abord noter que l'inégalité (4.30) est en fait meilleure que ce qu'on avait prouvé précédemment dans ce chapitre, à savoir

$$\forall 0 \le \alpha \le \lambda, \quad I_\lambda \le I_\alpha, \qquad (4.35)$$

car pour le problème (4.1), on a

$$I_\lambda^\infty < 0. \qquad (4.36)$$

Remarque 4.6 *La propriété (4.36) est la* vraie *différence entre le Chapitre 3 et le Chapitre 4.*

La preuve de (4.36) est dans le même esprit que des preuves déjà faites. On fixe une fonction u de classe C^∞, à support compact telle que $\int_{\mathbf{R}^3} u^2 = 1$, et on pose, pour $\sigma > 0$, $u_\sigma = \sigma^2 u(\sigma \cdot)$. Il est facile de voir que

$$
E^\infty(u_\sigma) = \sigma^3 \int_{\mathbf{R}^3} |\nabla u|^2 + \sigma^{11/3} \int_{\mathbf{R}^3} |u|^{10/3} - \sigma^{7/3} \int_{\mathbf{R}^3} |u|^{8/3}
$$
$$
+ \frac{1}{2}\sigma^3 \iint_{\mathbf{R}^3 \times \mathbf{R}^3} \frac{u^2(x)u^2(y)}{|x-y|}\, dx\, dy, \tag{4.37}
$$

et donc que $E^\infty(u_\sigma) < 0$ pour $\sigma > 0$ petit. Comme $\int_{\mathbf{R}^3} u_\sigma^2 = \sigma$ cela montre $I_\sigma^\infty < 0$ pour σ aussi petit que voulu, et donc (4.36) puisque, comme d'habitude en rajoutant de la masse à l'infini, I_λ^∞ est une fonction décroissante de λ.

2ème Commentaire : Si on ne poursuit pas le but de montrer l'existence d'un minimum pour (4.1), mais si on veut seulement prouver l'existence d'une solution non triviale à l'EDP associée au problème (4.1), à savoir

$$
-\Delta u - \left(\sum_{k=1}^K \frac{z_k}{|x-\bar{x}_k|}\right) u + \frac{5}{3}|u|^{4/3} u - \frac{4}{3}|u|^{2/3} u + \left(u^2 \star \frac{1}{|x|}\right) u + \theta u = 0,
$$

on peut s'arrêter là. En effet, on a montré que l'on peut toujours supposer que le bout $(u_{1,n})_{n\in\mathbf{N}}$ reste à distance finie, et qu'il ne peut pas s'évanouir (sinon $I_\lambda = I_\lambda^\infty$, ce qu'on a montré être faux au début de cette sous-section). Cette suite $(u_{1,n})_{n\in\mathbf{N}}$ est donc "compacte", on est ramené au cas d'un borné, et comme le problème qu'on étudie est localement compact, il est aisé de voir que cette suite est donc compacte au sens habituel. Sa limite u_1 est un minimum de $I_{\int_{\mathbf{R}^3} u_1^2}$ et vérifie l'équation d'Euler-Lagrange associée. On a ainsi obtenu une solution non triviale de l'EDP. Bien sûr, si la dichotomie ne se produit pas, alors comme l'évanescence est d'ores et déjà exclue, on a la "compacité" et on conclut de la même façon. On notera qu'on n'utilise donc pas le fait que la suite minimisante initiale est une suite issue du principe d'Ekeland. En résumé, si le problème n'est pas invariant par translation, il suffit, pour avoir une solution de l'EDP, de prouver $I_\lambda < I_\lambda^\infty < 0$.

3ème Commentaire : A part montrer que (4.30) est mieux que $I_\lambda \leq I_\alpha$ si $\lambda \geq \alpha$, (4.36) montre aussi la propriété suivante de la suite $(u_{2,n})_{n\in\mathbf{N}}$: $(u_{2,n})_{n\in\mathbf{N}}$, ni aucun bout de $(u_{2,n})_{n\in\mathbf{N}}$ ne peut s'évanouir. En effet, en vertu de (4.34), si $(u_{2,n})_{n\in\mathbf{N}}$ s'évanouissait, on aurait $I_{\lambda-\alpha}^\infty \geq 0$, ce qui contredit (4.36). On raisonnerait de même sur un bout de $(u_{2,n})_{n\in\mathbf{N}}$. Il en résulte que $(u_{2,n})_{n\in\mathbf{N}}$ est "compacte" au sens du lemme 4.2, ou se casse en bouts "compacts".

Conformément au 3ème Commentaire ci-dessus, nous savons maintenant que $(u_{2,n})_{n \in \mathbf{N}}$ se casse en bouts compacts. Ce que nous allons voir maintenant, c'est qu'une conséquence du fait que nous ayons choisi une suite issue du principe d'Ekeland est la suivante : il ne peut y avoir qu'un nombre fini de bouts. C'est dans notre raisonnement le seul endroit où nous utiliserons le caractère particulier d'une suite d'Ekeland.

4.4.2.1 Il y a un seul multiplicateur, et il n'est pas nul

L'observation essentielle qui va entraîner que $(u_{2,n})_{n \in \mathbf{N}}$ ne peut pas se casser en une infinité de bouts compacts est la suivante : comme on a au départ considéré une suite qui vérifiait une presque équation d'Euler, tous les bouts issus d'une telle suite vérifient aussi cette presque équation, et, c'est là l'important, partagent le *même* multiplicateur de Lagrange. En effet, comme u_n vérifie (4.18), on a facilement, si u_n se casse en $u_{1,n} + u_{2,n} + u_{3,n} + \dots$ que d'une part le bout $u_{1,n}$, qui reste à distance finie, et d'autre part chaque bout $u_{k,n}$ pour $k \geq 2$, qui s'en va à l'infini, vérifient respectivement

$$-\Delta u_{1,n} - \left(\sum_{k=1}^{K} \frac{z_k}{|x - \bar{x}_k|} \right) u_{1,n} + \frac{5}{3} |u_{1,n}|^{4/3} u_{1,n}$$
$$- \frac{4}{3} |u_{1,n}|^{2/3} u_{1,n} + (u_{1,n}^2 \star \frac{1}{|x|}) u_{1,n} + \theta_n u_{1,n} \longrightarrow 0, \quad (4.38)$$

$$-\Delta u_{k,n} + \frac{5}{3} |u_{k,n}|^{4/3} u_{k,n} - \frac{4}{3} |u_{k,n}|^{2/3} u_{k,n} + (u_{k,n}^2 \star \frac{1}{|x|}) u_{k,n} + \theta_n u_{k,n} \longrightarrow 0.$$
$$(4.39)$$

Si les bouts $u_{k,n}$ sont compacts à une translation près, on en déduit facilement que leurs limites vérifient

$$-\Delta u_k + \frac{5}{3} |u_k|^{4/3} u_k - \frac{4}{3} |u_k|^{2/3} u_k + (u_k^2 \star \frac{1}{|x|}) u_k + \theta u_k = 0, \quad (4.40)$$

alors que u_1 vérifie

$$-\Delta u_1 - \left(\sum_{k=1}^{K} \frac{z_k}{|x - \bar{x}_k|} \right) u_1 + \frac{5}{3} |u_1|^{4/3} u_1 - \frac{4}{3} |u_1|^{2/3} u_1 + (u_1^2 \star \frac{1}{|x|}) u_1 + \theta u_1 = 0,$$
$$(4.41)$$

tous pour le même multiplicateur $\theta = \lim_{n \longrightarrow +\infty} \theta_n$. Chaque u_k $(k \geq 2)$ est de plus, par un raisonnement déjà utilisé ci-dessus, un minimum pour le problème de minimisation $I_{\alpha_k}^\infty$ où $\alpha_k = \int_{\mathbf{R}^3} u_k^2$. En écrivant les conditions du second ordre exprimant que u_1 est un minimum de I_{α_1} et que u_k est un minimum de $I_{\alpha_k}^\infty$, on obtient

$$\int_{\mathbf{R}^3} |\nabla h_1|^2 - \int_{\mathbf{R}^3} \left(\sum_{k=1}^{K} \frac{z_k}{|x - \bar{x}_k|} \right) h_1^2 + \frac{35}{9} \int_{\mathbf{R}^3} |u_1|^{4/3} h_1^2 - \frac{20}{9} \int_{\mathbf{R}^3} |u_1|^{2/3} h_1^2$$

$$+ \iint_{\mathbf{R}^3 \times \mathbf{R}^3} \frac{u_1^2(x) h_1^2(y)}{|x-y|} \, dx \, dy + 2 \iint_{\mathbf{R}^3 \times \mathbf{R}^3} \frac{u_1(x) h_1(x) u_1(y) h_1(y)}{|x-y|} \, dx \, dy$$

$$+\theta \int_{\mathbf{R}^3} h_1^2 \geq 0, \tag{4.42}$$

et

$$\int_{\mathbf{R}^3} |\nabla h_k|^2 + \frac{35}{9} \int_{\mathbf{R}R^3} |u_k|^{4/3} h_k^2 - \frac{20}{9} \int_{\mathbf{R}^3} |u_k|^{2/3} h_k^2$$

$$+ \iint_{\mathbf{R}^3 \times \mathbf{R}^3} \frac{u_k^2(x) h_k^2(y)}{|x-y|} \, dx \, dy + 2 \iint_{\mathbf{R}^3 \times \mathbf{R}^3} \frac{u_k(x) h_k(x) u_k(y) h_k(y)}{|x-y|} \, dx \, dy$$

$$+\theta \int_{\mathbf{R}^3} h_k^2 \geq 0, \tag{4.43}$$

pour tout h_1 et h_k tels que respectivement $\int_{\mathbf{R}^3} u_1 h_1 = 0$ et $\int_{\mathbf{R}^3} u_k h_k = 0$, ce qui est bien sûr l'analogue de (4.19). De plus, comme la masse totale de la somme des u_k est fixée, c'est $\lambda - \int_{\mathbf{R}^3} u_1^2$, on a en particulier $\sum_{k=2}^{\infty} \int_{\mathbf{R}^3} u_k^2 < \infty$ et donc

$$\lim_{k \longrightarrow \infty} \int_{\mathbf{R}^3} u_k^2 = 0. \tag{4.44}$$

Nous montrons maintenant qu'une telle situation (4.40)-(4.44) n'est possible que si $\theta > 0$ et s'il y a un nombre fini de bouts $u_{k,n}$.

Commençons par faire une première observation capitale, qui sera aussi réutilisée plus tard : on a nécessairement $\theta > 0$ dans (4.42). Cette propriété essentielle, qui est bien sûr à rapprocher des propriétés analogues vues au Chapitre 3 provient du résultat suivant, dû à P-L. Lions.

Théorème 4.7 *Soit $\mu \geq 0$ une mesure telle que $\mu(\mathbf{R}^3) < Z$. Soit $W \in L^p(\mathbf{R}^3) + L^q(\mathbf{R}^3)$ avec $W \geq 0$, $1 < p, q \leq 3$. Soit v fixé dans $L^2(\mathbf{R}^3)$ et R l'opérateur défini par*

$$Ru(x) = \left(\int_{\mathbf{R}^3} \frac{u(y) v(y)}{|x-y|} dy \right) v(x) \qquad pour \quad u \in C_0^\infty(\mathbf{R}^3). \tag{4.45}$$

Alors, pour chaque entier n, il existe $\varepsilon_n > 0$, qui ne dépend que de bornes sur $\frac{1}{Z - \mu(\mathbf{R}^3)}$, $W \in L^p(\mathbf{R}^3) + L^q(\mathbf{R}^3)$ et $v \in L^2(\mathbf{R}^3)$, tel que l'opérateur

$$H = -\Delta - \sum_{k=1}^{K} \frac{z_k}{|x - \bar{x}_k|} + W + \mu \star \frac{1}{|x|} + R \tag{4.46}$$

admet au moins n valeurs propres en dessous de $-\varepsilon_n$.

Parce que la preuve de ce résultat illustre bien les phénomènes en jeu, nous allons exceptionnellement l'indiquer, mais par souci de simplicité de l'exposé, nous ne la détaillerons que dans le cas un peu plus simple où on considère seulement l'opérateur $H = -\Delta - \sum_{k=1}^{K} \dfrac{z_k}{|x - \bar{x}_k|} + \mu \star \dfrac{1}{|x|}$ au lieu de (4.46). Les idées de la preuve complète du Théorème 4.7 sont déjà présentes dans cette preuve simplifiée.

Preuve d'une version simplifiée du Théorème 4.7

D'après les formules dites de Courant-Fischer , une caractérisation de la n-ième valeur propre λ_n d'un opérateur auto-adjoint (en dimension finie, mais ce résultat est aussi vrai dans notre cadre) est

$$\lambda_n = \inf_{\dim F = n} \sup \left\{ \langle H\varphi, \varphi \rangle, \quad \varphi \in F, \quad \int_{\mathbf{R}^3} |\varphi|^2 = 1 \right\}.$$

Il suffit donc pour prouver le théorème d'exhiber pour chaque entier n, un réel $\varepsilon_n > 0$ et un sous-espace de dimension n de $H^1(\mathbf{R}^3)$, noté F_n tels que

$$\sup \left\{ \langle H\varphi, \varphi \rangle, \quad \varphi \in F_n, \quad \int_{\mathbf{R}^3} |\varphi|^2 = 1 \right\} \leq -\varepsilon_n < 0. \qquad (4.47)$$

Nous allons construire une collection de tels espaces en utilisant encore une fois une technique de scaling. Pour chaque n, il est clair qu'on peut trouver un espace de dimension n de fonctions à symétrie sphérique, de classe C^∞, toutes à support compact dans la couronne sphérique $\{x \in \mathbf{R}^3, 1 \leq |x| \leq 2\}$. Soit φ une telle fonction. posons $\varphi_\sigma = \sigma^{-3/2} \varphi(\sigma^{-1} \cdot)$ pour $\sigma > 0$ et calculons :

$$\langle H\varphi_\sigma, \varphi_\sigma \rangle = \frac{1}{\sigma^2} \int_{\mathbf{R}^3} |\nabla \varphi|^2 + \frac{1}{\sigma} \int_{\mathbf{R}^3} V_\sigma \varphi^2 + \frac{1}{\sigma} \int_{\mathbf{R}^3} (\mu_\sigma \star \frac{1}{|x|}) \varphi^2, \quad (4.48)$$

où on a noté $V_\sigma = -\sum_{k=1}^{K} \dfrac{z_k}{|x - \bar{x}_k/\sigma|}$ et $\mu_\sigma = \sigma^3 \mu(\sigma \cdot)$. Pour σ assez grand, le support de φ_σ est loin des noyaux et donc ceci se récrit, en utilisant le Théorème de Gauss à bon droit puisque par hypothèse φ est une fonction à symétrie sphérique,

$$\langle H\varphi_\sigma, \varphi_\sigma \rangle = \frac{1}{\sigma^2} \int_{\mathbf{R}^3} |\nabla \varphi|^2 - \frac{1}{\sigma} \int_{\mathbf{R}^3} \frac{Z}{|x|} \varphi^2 + \frac{1}{\sigma} \int_{\mathbf{R}^3} \left(\mu_\sigma \star \frac{1}{|x|} \right) \varphi^2, (4.49)$$

De même, en utilisant le Théorème de Gauss, le dernier terme de (4.49) peut se majorer de la façon suivante :

$$\frac{1}{\sigma} \int_{\mathbf{R}^3} \left(\mu_\sigma \star \frac{1}{|x|} \right) \varphi^2 = \frac{1}{\sigma} \int \frac{1}{\max(|x|, |y|)} \varphi^2(y) d\mu_\sigma(x) dy \leq \frac{\mu(\mathbf{R}^3)}{\sigma} \int_{\mathbf{R}^3} \frac{\varphi^2(y)}{|y|} dy,$$

d'où l'on déduit

$$\langle H\varphi_\sigma, \varphi_\sigma \rangle \leq \frac{1}{\sigma^2} \int |\nabla\varphi|^2 - \frac{1}{\sigma}(Z - \mu(\mathbb{R}^3)) \int \frac{1}{|x|}\varphi^2. \qquad (4.50)$$

Pour σ encore plus grand (dépendant seulement de Z, $\mu(\mathbb{R}^3)$, et de la collection de φ choisie au départ), on a donc pour tout φ et pour un tel σ :

$$\langle H\varphi_\sigma, \varphi_\sigma \rangle < 0, \qquad (4.51)$$

et en appelant $-\varepsilon_n$ le maximum des quantités $\langle H\varphi_\sigma, \varphi_\sigma \rangle$ ainsi fabriquées, on obtient le résultat voulu pour le sous espace de dimension n engendré par les φ_σ. Ceci conclut la preuve.

Remarque 4.8 *On s'entraînera en exercice à faire la preuve complète du Théorème 4.7. La stratégie est rigoureusement la même, et il s'agit de contrôler tous les termes dans l'analogue de la formule (4.48) qu'on établira. Ceci permettra en particulier de comprendre pourquoi W doit être $L^p + L^q$ avec des exposants p et q inférieurs à 3. On s'attachera aussi à bien comprendre pourquoi les ε_n ne dépendent que de bornes sur les termes de H et pas explicitement des fonctions apparaissant dans H.*

Supposons maintenant que $\theta = 0$. Il est clair que le Théorème 4.7 s'applique à l'opérateur apparaissant au membre de gauche de (4.42) avec $v = u_1$,

$$W = \left[\frac{35}{9}|u_1|^{4/3} - \frac{20}{9}|u_1|^{2/3}\right]_+,$$

$\mu = u_1^2$. Le fait qu'il y ait au moins deux valeurs propres strictement négatives nous suffit : on ne peut pas avoir $\langle Hh, h \rangle \geq 0$ sur un espace de codimension 1. On en déduit donc que $\theta > 0$ dans (4.42) et (4.41) et par suite, puisque c'est le même θ pour tous les bouts, que $\theta > 0$ dans (4.43) et (4.40).

Remarque 4.9 *Pour prouver que le multiplicateur dans (4.41) était strictement positif, on aurait pu se restreindre aux suites positives, supposer $u_1 > 0$, et utiliser le Théorème 3.4. Nous avons préféré tirer parti de la condition de second ordre, ce qui permet de conclure sans utiliser le signe. Notre motivation est aussi que, même si nous mettons ici en œuvre la méthode sur un cas simple, nous pensons aussi à des problèmes plus généraux où on ne dispose pas du signe. Ceci sera le cas au Chapitre 5 pour le modèle de Hartree-Fock, ou pour des modèles dérivés, dont certains nécessitent une approche par concentration-compacité.*

Si on ajoute à l'observation $\theta > 0$ l'assertion (4.44), et si on suppose qu'il y a une infinité de bouts, on aboutit à une absurdité. En effet, nous sommes alors dans la situation où on a une suite de solutions $u_k \not\equiv 0$ de l'équation (4.40) que nous rappelons ici

$$-\Delta u_k + \frac{5}{3}|u_k|^{4/3}u_k - \frac{4}{3}|u_k|^{2/3}u_k + (u_k^2 \star \frac{1}{|x|})u_k + \theta u_k = 0,$$

vérifiant $u_k \longrightarrow 0$ dans L^2 et bornées dans H^1. On peut voir facilement par régularité elliptique que (4.40) entraîne que $(u_k)_{k\in\mathbf{N}}$ tend vers 0 dans L^∞. Mais alors, en multipliant l'équation par u_k, et en utilisant $\theta > 0$, on obtient

$$\|u_k\|_{L^2}^2 \leq C_k \|u_k\|_{L^2}^2,$$

où la suite de constantes C_k tend vers 0 (elle dépend de $\|u_k\|_{L^\infty}$). Ceci est bien sûr impossible si $u_k \not\equiv 0$ pour tout k.

Nous aboutissons donc à une contradiction.

Remarque 4.10 *Bien noter que si on n'avait pas eu une suite d'Ekeland, on aurait certes pu montrer que les équations (4.40) et (4.41) étaient véri-fiées, mais pour des multiplicateurs a priori différents. Dans (4.41), on aurait bien sûr obtenu que le multiplicateur était strictement positif, mais cette pro-priété n'aurait eu aucune conséquence sur les multiplicateurs dans les équa-tions (4.40). D'ailleurs, même si on avait su que les multiplicateurs dans ces équations étaient positifs, ils auraient pu former une suite tendant vers 0, ce qui aurait fait échouer le raisonnement ci-dessus.*

Remarque 4.11 *En liaison avec la remarque ci-dessus, signalons l'exis-tence du petit raisonnement formel suivant, qui permet heuristiquement de comprendre pourquoi, s'il y a perte de compacité, c'est nécessairement que les multiplicateurs de Lagrange des sous-problèmes obtenus sont les mêmes. Ce raisonnement justifie donc le fait que la situation que nous envisageons est d'une certaine façon générique. Supposons une perte de compacité, de sorte que $I_\lambda = I_{\alpha_0} + I_{\lambda-\alpha_0}^\infty$ pour un certain $0 < \alpha_0 < \lambda$. On a donc $I_\lambda = I_{\alpha_0} + I_{\lambda-\alpha_0}^\infty = \inf_{0<\alpha<\lambda}\left(I_\alpha + I_{\lambda-\alpha}^\infty\right).$*

En d'autres termes, la fonction $\alpha \mapsto I_\alpha + I_{\lambda-\alpha}^\infty$ atteint son minimum en α_0. Donc sa dérivée par rapport à α est nulle en $\alpha = \alpha_0$, c'est-à-dire

$$0 = \frac{dI_\alpha}{d\alpha}|_{\alpha_0} + \frac{dI_{\lambda-\alpha}^\infty}{d\alpha}|_{\alpha_0} = \frac{dI_\alpha}{d\alpha}|_{\alpha_0} - \frac{dI_{\lambda-\alpha}^\infty}{d\lambda}|_{\lambda-\alpha_0}.$$

En utilisant alors la formule (3.44) qui établissait un lien entre le multipli-cateur de Lagrange et la dérivée de l'infimum par rapport à la contrainte, on obtient, avec des notations évidentes, $\theta_{\alpha_0} = \theta_{\lambda-\alpha_0}^\infty$, et les multiplicateurs sont donc les mêmes.

Nous savons maintenant qu'il n'y a qu'un nombre fini de bouts, tous associés au même multiplicateur de Lagrange strictement positif. Désormais, seul va nous servir le fait que chaque multiplicateur est strictement positif et non plus le fait que ce soit le même. Par souci de simplicité de l'exposé, et parce que ça ne change rien à la stratégie de preuve, on supposera dans la suite qu'il n'y a qu'un bout, et donc que $(u_{2,n})_{n \in \mathbb{N}}$ est "compacte".

A ce stade du raisonnement, nous pouvons donc supposer

$$\begin{cases} u_{1,n} \longrightarrow u_1, \\ u_{2,n}(\cdot + x_n) \longrightarrow u_2, \end{cases} \tag{4.52}$$

dans $H^1(\mathbb{R}^3)$, où u_1 (respectivement u_2) est un minimum de I_α (respectivement $I_{\lambda-\alpha}^\infty$).

Nous allons montrer que cette décomposition, dont on sait déjà qu'elle correspond à l'égalité (4.33), à savoir

$$I_\lambda = I_\alpha + I_{\lambda-\alpha}^\infty,$$

entraîne en fait aussi

$$I_\lambda < I_\alpha + I_{\lambda-\alpha}^\infty,$$

ce qui est bien sûr absurde.

4.4.2.2 Evaluation fine des termes de l'énergie

Le raisonnement que nous allons faire maintenant consiste à calculer avec beaucoup de précision l'énergie $E(u_n)$, que nous allons rapprocher de la somme des énergies $E(u_{1,n}) + E^\infty(u_{2,n})$. En fait, nous n'allons pas travailler directement sur u_n, $u_{1,n}$ et $u_{2,n}$, mais sur des suites qui leur ressemblent et pour lesquelles nous savons faire explicitement des calculs. Pour cela, nous allons en fait expliquer que tout se passe *grosso modo* comme si les fonctions $u_{1,n}$ et $u_{2,n}$ étaient à support compact, et si leurs supports s'éloignaient mutuellement à distance infinie. En fait, ces fonctions ne sont pas rigoureusement à support compact, mais elles le sont presque, parce qu'elles convergent respectivement vers u_1 et, à translation près, vers u_2, qui toutes les deux vérifient

$$|\nabla u_i(x)| + |u_i(x)| \leq C^{te} \ \exp(-\nu|x|), \tag{4.53}$$

uniformément en x pour $|x|$ assez grand, et pour au moins une constante $\nu \in]0, \sqrt{\theta}[$ (et en fait pour toutes les constantes dans cet intervalle). La raison pour laquelle (4.53) est vraie tient au fait que les u_i sont solutions d'une EDP du type

$$-\Delta u + Wu + \theta u = 0, \tag{4.54}$$

où $\theta > 0$ et où le potentiel W tend vers 0 à l'infini. Par un raisonnement de comparaison avec la solution élémentaire de l'équation $-\Delta u + \nu^2 u = 0$, raisonnement déjà fait au Chapitre 3 dans la section 3.4, on déduit facilement de (4.54) que les u_i sont à décroissance exponentielle. On laisse au lecteur l'exercice de montrer que quand on recycle cette information dans l'équation

(4.54) elle-même, on récupère la même estimation exponentielle pour le terme en gradient, et donc finalement (4.53).

Bâtissons maintenant la fonction $w_t(x) = u_1(x) + u_2(x + te)$ où e est un vecteur unitaire de $\mathbb{R}^3$ et t un paramètre réel qui est destiné *in fine* à être très grand et qui figure la "distance" séparant les deux "supports" des fonctions u_1 et $u_2(\cdot + te)$. On normalise cette fonction en posant $v_t = \dfrac{w_t}{\|w_t\|_{L^2}}\sqrt{\lambda}$. Nous prétendons que

$$E(v_t) = E(u_1) + E^\infty(u_2) + \frac{1}{t}(\alpha - Z)(\lambda - \alpha) + o\left(\frac{1}{t}\right), \qquad (4.55)$$

quand t tend vers l'infini.

Remarque 4.12 *Il s'agit en fait d'un calcul de forces d'interaction à grande distance.*

Pour voir que (4.55) est vérifiée, nous ne donnons pas toutes les vérifications détaillées (les faire en exercice pour l'avoir fait au moins une fois dans sa vie), mais il est facile de se convaincre que l'on peut écrire d'abord

$$E(v_t) = E(u_1) + E^\infty(u_2) - \int_{\mathbb{R}^3} \left(\sum_{k=1}^K \frac{z_k}{|x - \bar{x}_k|}\right) u_2^2(x + te)$$

$$+ \iint_{\mathbb{R}^3 \times \mathbb{R}^3} \frac{u_1^2(x)u_2^2(y + te)}{|x - y|}\, dx\, dy + \text{autres termes}, \qquad (4.56)$$

où les autres termes sont des termes exponentiellement petits car ils proviennent d'intégrales portant sur des fonctions de type $u_1(x)u_2(x + te)$ (ou sur leur gradient) lesquelles se contrôlent à cause de (4.53). De même, la normalisation de v_t à partir de w_t fournit aussi des corrections exponentiellement petites.

A partir de (4.56), il est direct de prouver (4.55), puisqu'encore une fois, la décroissance exponentielle des fonction u_i donnée par (4.53) permet de découpler facilement les termes.

Une fois (4.55) établie, la contradiction est immédiate : pour t assez grand, on obtient

$$E(v_t) < E(u_1) + E^\infty(u_2), \qquad (4.57)$$

ce qui contredit le fait que $E(v_t) \geq I_\lambda$ et $I_\lambda = I_\alpha + I_{\lambda-\alpha}^\infty$.

4.4.2.3 Conclusion

Finalement, on a donc prouvé que le seul comportement possible était le comportement de compacité dans le Lemme 4.2. Comme nous disposons donc, avec (4.9), d'une majoration uniforme (en n) des queues des intégrales, il est facile de voir que, allié aux résultats de convergence forte locale que nous connaissons déjà sur la suite minimisante, cela entraîne la convergence (à extraction près, et à translation x_n près) de la suite au sens $L^2(\mathbb{R}^3)$, et plus généralement au sens $L^p(\mathbb{R}^3)$ pour tout $2 \leq p < 6$ (par un raisonnement analogue de celui fait en (4.21)), et donc en particulier cela permet de passer à la limite pour le terme "difficile" de l'énergie, à savoir le terme $-\displaystyle\int_{\mathbb{R}^3} u^{8/3}$. On pourra, à titre d'exercice, écrire précisément le raisonnement ci-dessus.

A ce stade, on remarque que nécessairement la suite $(x_n)_{n\in\mathbb{N}}$ (la suite des translations issues du lemme de concentration-compacité) est bornée, ce qui donne la convergence "tout court" et plus seulement la convergence à translation près. En effet, raisonnons par l'absurde et supposons $|x_n| \longrightarrow +\infty$. Soit $v = \lim u_n(\cdot + x_n)$. Dans cette situation, il est clair que la limite faible u de $(u_n)_{n\in\mathbb{N}}$ est $u = 0$. On a alors $\displaystyle\int_{\mathbb{R}^3} \frac{|u_n|^2}{|x|} \longrightarrow 0$, et donc

$$\liminf_{n\to+\infty} E(u_n) \geq E^\infty(v),$$

ce qui entraîne

$$I_\lambda \geq E^\infty(v) \geq I_\lambda^\infty,$$

et donc $I_\lambda = I_\lambda^\infty$. Il s'ensuit que v minimise I_λ^∞. De là,

$$I_\lambda \leq E(v) = E^\infty(v) - \int_{\mathbb{R}^3} \frac{|v|^2}{|x|} \leq E^\infty(v) = I_\lambda^\infty \leq I_\lambda,$$

d'où $v = 0$ ce qui est absurde (car alors I_λ^∞ serait nul, et il ne l'est pas). Donc $(x_n)_{n\in\mathbb{N}}$ est bien bornée.

On obtient donc alors la convergence en ce sens vers un minimum du problème I_λ. A posteriori, en utilisant un raisonnement déjà fait aux Chapitres 2 et 3, cela donne aussi la convergence forte dans $H^1(\mathbb{R}^3)$ (et donc aussi dans $L^6(\mathbb{R}^3)$).

Il s'agit encore une fois de remarquer que nous avons fait mieux que montrer l'existence d'un minimum au problème : nous avons en fait montré que la sous-additivité stricte était vérifiée sur $[0, Z]$ (prendre les fonctions réalisant les minima de I_α et $I_{\lambda-\alpha}^\infty$, dont on sait maintenant qu'elles existent, et leur appliquer le raisonnement ci-dessus). En conséquence, si on prend maintenant une suite minimisante arbitraire, on connaît son comportement à extraction près. Si elle n'était pas compacte, cela contredirait, via le raisonnement qui a montré (4.33) ci-dessus, cette sous-additivité stricte. Un autre manière de raisonner pour régler le cas d'une suite minimisante arbitraire est de se souvenir que, quand nous avons procédé par le principe d'Ekeland, nous avons changé la suite minimisante en une suite aussi proche que voulu, et donc que le comportement de la suite de départ est le même, comme indiqué déjà en Section 4.4. Nous avons prouvé :

Proposition 4.1. *Pour $\lambda \leq Z$, toutes les suites minimisantes de I_λ défini par (4.1) sont compactes dans $H^1(\mathbb{R}^3)$ à extraction près et en particulier il existe un minimum.*

Remarque 4.13 *Comme notre preuve s'applique aussi au cas du modèle de Thomas-Fermi-von Weizsäcker du Chapitre 3, on en déduit que pour ce modèle aussi, si $\lambda \leq Z$, toutes les suites minimisantes sont convergentes à extraction près.*

4.5 Quelques compléments

La proposition ci-dessus n'est pas loin de rassembler tout ce qu'on sait sur le modèle de Thomas-Fermi-Dirac-von Weizsäcker. En effet, contrairement au cas du modèle sans correction de Dirac qui est convexe, et pour lequel de nombreuses autres choses peuvent être prouvées, la non convexité de la fonctionnelle d'énergie considérée ici empêche de poursuivre l'analyse très loin. Certes, on peut prouver comme au chapitre 3, que le minimum vérifie certaines qualités de régularité et de décroissance à l'infini (en fait les mêmes). Mais la propriété essentielle, à savoir celle de l'unicité (au signe près bien sûr), reste hors d'atteinte. Dès lors, on ne peut pas prouver non plus de propriété de symétrie, puisque notre raisonnement du Chapitre 3 faisait appel notamment à l'unicité.

Nous devons néanmoins apporter un bémol à ceci. Dans le cas où on place devant le terme de correction de Dirac un coefficient assez petit, alors le modèle de Thomas-Fermi-Dirac-von Weizsäcker ainsi construit partage essentiellement les mêmes caractéristiques que le modèle de Thomas-Fermi-von Weizsäcker : en particulier, le minimum est alors unique, sous de bonnes conditions. Ce résultat repose sur la remarque heuristique suivante : le modèle de TFW est "très" convexe, et on peut donc le perturber un peu par un petit terme non convexe tout en lui gardant essentiellement les mêmes propriétés.

En revanche, même pour un coefficient petit, un problème reste ouvert dans le modèle de Thomas-Fermi-Dirac-von Weizsäcker. On ne sait pas s'il existe un nombre maximal d'électrons qu'un nombre donné de charges positives peut lier dans le cadre de ce modèle. Autrement dit, on ne sait pas s'il existe un λ_c au delà duquel il n'y a plus de minimum au problème variationnel.

4.6 Résumé

Ce chapitre a mis en œuvre explicitement la méthode de concentration-compacité sur l'exemple d'un modèle réputé difficile de Chimie Quantique. Pourquoi difficile ? parce que la fonctionnelle d'énergie n'est pas convexe, ce qui met en échec la méthode directe d'approche des problèmes de minimisation que nous avions développée au Chapitre 3. Certes, on pourrait à grand peine modifier cette dernière pour qu'elle permette de conclure ici, mais il est bien plus naturel de régler cette situation par l'approche concentration-compacité. On a vu de plus que cette approche permettait de bien comprendre ce qui se passe quand ça se passe mal. Très intuitivement, on pourra donc se servir du schéma de pensée pour "deviner", dans d'autres problèmes de minimisation, ce qui risque d'arriver aux suites minimisantes.

4.7 Pour en savoir plus

On l'a déjà dit au Chapitre 3, la référence pour la méthode de concentration-compacité est l'article initial
  – P.L. Lions, *The concentration-compactness principle in the calculus of variations. The locally compact case, part1 & 2*, Ann. Inst. Henri Poincaré 1 (1984) 109-145 and 223-283.
Pour les problèmes non localement compacts, et pour voir en particulier ce qu'on appelle le Lemme de concentration-compacité II, il faudra se reporter à
  – P.L. Lions, *The concentration-compactness principle in the calculus of variations. The limit case*, Revista Matematica Iberoamericana 1 (1985) 1.
Nous avons aussi déjà signalé la présentation résumée de P.L. Lions au Séminaire EDP (Goulaouic-Meyer-Schwartz) de l'Ecole Polytechnique en 1982-1983 (exposé XIV, février 1983), ainsi que l'appendice de l'article
  – P.L. Lions, *Solutions of Hartree-Fock equations for Coulomb systems*, Comm. Math. Phys. 109 (1987) 33-97.

Un autre endroit pour lire la méthode de concentration-compacité (et aussi d'ailleurs le principe d'Ekeland, et de nombreuses autres choses sur les problèmes de minimisation) est
  – M. Struwe, *Variational Methods. Applications to nonlinear PDEs and Hamiltonian systems*, Springer 1996.
De même, on pourra aussi consulter
  – O. Kavian, *Introduction à la Théorie des points critiques*, Mathématiques et Applications 13, Springer 1993,
  – L.C. Evans, *Weak convergence methods for nonlinear PDE*, Conference Board of the Mathematical Sciences, Regional Conference Series in Mathematics 74, American Mathematical Society 1988.
Enfin, pour une application remarquable mais difficile de l'approche concentration-compacité, on pourra regarder
  – I. Catto and P.-L. Lions *Binding of atoms and stability of molecules in Hartree and Thomas-Fermi type theories, Part I, II, III and IV*, Comm. Part. Diff. Equ. 17 and 18 (1992 and 1993).

5

Le modèle de Hartree-Fock

Dans ce chapitre, plus court que les autres, nous allons mettre en œuvre les techniques déjà introduites pour traiter un modèle universellement répandu dans les applications : le modèle de Hartree-Fock. Comme on l'a déjà dit, ce modèle est à la base d'une grosse proportion des codes de chimie utilisés dans les laboratoires et dans l'industrie. Si on ajoute à ce modèle certains modèles qui partagent les mêmes caractéristiques mathématiques, notamment le modèle de Kohn-Sham (voir Section 1.5.3 et 5.3), on obtient alors une proportion écrasante des codes du marché. S'il y a donc un chapitre "appliqué" parmi ces chapitres "théoriques" 2 à 5, c'est bien celui-ci.

D'un point de vue mathématique, le modèle de Hartree-Fock est très proche du modèle de Thomas-Fermi-von Weizsäcker étudié au Chapitre 3. En terme pointus, nous dirons que son problème à l'infini est nul. Les techniques à développer pour montrer que le modèle de Hartree-Fock conduit à un problème de minimisation compact sont donc essentiellement celles du Chapitre 3. Ceci est vrai à deux nuances près : comme nous allons le voir, la difficulté nouvelle essentielle dans le modèle de Hartree-Fock, difficulté qui n'existait pas dans le modèle de Thomas-Fermi-von Weizsäcker, est que l'on doit gérer un n-uplet de fonctions, là où avant on ne gérait qu'*une seule* fonction (la densité ρ ou sa racine carrée). C'est dans ce sens que nous appelons le modèle de Hartree-Fock un modèle vectoriel. Nous verrons que ceci crée un certain nombre de difficultés techniques. Une seconde nuance est que, contrairement au cas du modèle de Thomas-Fermi-von Weizsäcker, nous ne pourrons pas nous contenter de gérer des fonctions positives. En particulier, il faudra pour conclure faire appel à un Théorème du Chapitre 4 (à savoir le Théorème 4.7), et non à un résultat du type du Théorème 3.4 au Chapitre 3. Ceci explique pourquoi nous situons cette étude à cet endroit.

Enfin, une autre difficulté, bien plus grande et qui a des conséquences de fond, est que ce modèle n'est pas convexe. Le lecteur a donc déjà compris que, si l'existence d'un minimum va découler d'un argument désormais standard, l'unicité d'un tel minimum est, elle, un problème ouvert.

5.1 Introduction

On a vu au Chapitre 1 que la question de trouver l'état fondamental électronique d'une molécule pouvait dans un cadre assez simplifié se ramener à l'étude du problème à N corps

$$I = \inf \left\{ \langle \psi_e, H_e^{\{\bar{x}_k\}} \psi_e \rangle, \quad \psi_e \in \mathcal{H}_e, \ \|\psi_e\|_{L^2} = 1 \right\} \tag{5.1}$$

où $\mathcal{H}_e = \bigwedge_{i=1}^{N} H^1(\mathbb{R}^3)$ désigne l'espace des fonctions antisymétriques de classe H^1 (pour que l'énergie ait un sens), et où

$$H_e^{\{\bar{x}_k\}} = -\sum_{i=1}^{N} \frac{1}{2} \Delta_{x_i} + \sum_{i=1}^{N} V(x_i) + \sum_{1 \leq i < j \leq N} \frac{1}{|x_i - x_j|}, \tag{5.2}$$

$V(x)$ désignant le potentiel créé par les noyaux et subi par les électrons du système, typiquement

$$V(x) = -\sum_{k=1}^{M} \frac{z_k}{|x - \bar{x}_k|}. \tag{5.3}$$

On a vu aussi que le problème (5.1) était trop complexe pour être traité directement numériquement, et qu'une manière d'en faire une approximation était de garder le même hamiltonien (5.2), mais le faire agir sur des fonctions ψ_e moins générales, ce qui conduit à un problème variationnel du type

$$I_{\text{approx}} = \inf \left\{ \langle \psi_e, H_e^{\{\bar{x}_k\}} \psi_e \rangle, \quad \psi_e \in \mathcal{X}, \ \|\psi_e\|_{L^2} = 1 \right\} \tag{5.4}$$

où $\mathcal{X}$ est un ensemble plus petit que $\mathcal{H}_e$. Une façon de faire est de prendre pour ensemble $\mathcal{X}$, l'ensemble des fonctions de N électrons qui s'écrivent comme produit antisymétrisé de fonctions d'un seul électron

$$\psi_e(x_1, \cdots, x_N) = \frac{1}{\sqrt{N!}} \det(\phi_i(x_j)). \tag{5.5}$$

Parce que le déterminant est une application multilinéaire alternée, il est possible d'imposer aux fonctions ϕ_i de vérifier la contrainte d'orthonormalité

$$\int_{\mathbb{R}^3} \phi_i \phi_j = \delta_{ij}, \tag{5.6}$$

qui implique en particulier $\|\psi_e\|_{L^2} = 1$.

Dans ce cadre, le problème (5.4) pour les fonctions (5.5) peut se récrire, une fois le calcul de $\langle \psi_e, H_e^{\{\bar{x}_k\}} \psi_e \rangle$ effectué,

$$I^{HF} = \inf \left\{ E^{HF}(\phi_1, \cdots, \phi_N), \quad \phi_i \in H^1(\mathbb{R}^3), \ \int_{\mathbb{R}^3} \phi_i \phi_j = \delta_{ij} \right\}, \tag{5.7}$$

$$E^{HF}(\phi_1, \cdots, \phi_N) = \sum_{i=1}^{N} \int_{\mathbf{R}^3} |\nabla \phi_i|^2 + \int_{\mathbf{R}^3} \rho_\Phi V + \frac{1}{2} \int_{\mathbf{R}^3} \int_{\mathbf{R}^3} \frac{\rho_\Phi(x)\rho_\Phi(y)}{|x-y|} \, dx \, dy$$

$$-\frac{1}{2} \int_{\mathbf{R}^3} \int_{\mathbf{R}^3} \frac{|\tau_\Phi(x,y)|^2}{|x-y|}, \tag{5.8}$$

où on a noté

$$\tau_\Phi(x,y) = \sum_{i=1}^{N} \phi_i(x)\phi_i(y), \tag{5.9}$$

$$\rho_\Phi(x) = \tau_\Phi(x,x). \tag{5.10}$$

L'objet de la section 5.2, qui forme l'essentiel de ce chapitre, va être de montrer que le problème de Hartree-Fock (5.7) est compact. On évoquera ensuite quelques modèles proches de celui-là (Section 5.3).

5.2 Compacité pour Hartree-Fock

Le but de cette section est de prouver la Proposition suivante.

Proposition 5.1. (Compacité pour le modèle Hartree-Fock) *On suppose que la charge nucléaire totale* $Z = \sum_{k=1}^{M} z_k$ *vérifie* $Z > N - 1$. *Alors toutes les suites minimisantes du problème (5.7) sont relativement compactes dans* $\left(H^1(\mathbb{R}^3)\right)^N$, *et en particulier il existe un minimum.*

Comme nous allons le voir, nous avons toutes les techniques et tous les ingrédients prêts pour la preuve de cette Proposition. Il ne s'agira que d'une application directe de raisonnements déjà faits. Nous allons d'abord montrer que les suites minimisantes sont bornées, puis que le problème à l'infini est nul, ce qui permet en fait, selon la méthode déjà vue au Chapitre 3, de relâcher la contrainte. Enfin, nous appliquerons le Théorème 4.7 pour conclure.

5.2.1 Préliminaires

Prenons une suite minimisante arbitraire du problème de minimisation (5.7). Il s'agit donc d'une suite de N-uplets

$$(\phi_{1,n}, \phi_{2,n}, \cdots, \phi_{N,n}) \tag{5.11}$$

vérifiant identiquement en n

$$\int_{\mathbf{R}^3} \phi_{i,n}\phi_{j,n} = \delta_{ij}, \tag{5.12}$$

et telle que

$$\lim_{n \longrightarrow +\infty} E^{HF}(\phi_{1,n}, \phi_{2,n}, \cdots, \phi_{N,n}) = I^{HF}. \tag{5.13}$$

Nous commençons par cette remarque basique : pour tout $\Phi = \{\phi_i\}_{1 \leq i \leq N}$

$$\rho_\Phi(x)\rho_\Phi(y) - |\tau_\Phi(x,y)|^2 \geq 0, \tag{5.14}$$

inégalité qui n'est rien d'autre que l'inégalité de Cauchy-Schwartz

$$\left| \sum_{i=1}^N \phi_i(x)\phi_i(y) \right|^2 \leq \left(\sum_{i=1}^N \phi_i(x)^2 \right) \left(\sum_{i=1}^N \phi_i(y)^2 \right).$$

Une conséquence immédiate est que

$$E^{HF}(\phi_{1,n}, \phi_{2,n}, \cdots, \phi_{N,n}) \geq \sum_{i=1}^N \left(\int_{\mathbf{R}^3} |\nabla \phi_{i,n}|^2 + \int_{\mathbf{R}^3} V \phi_{i,n}^2 \right),$$

et donc, par un raisonnement classique, la borne inférieure I^{HF} est finie, et les suites $(\phi_{i,n})_{n \in \mathbf{N}}$ sont, pour chaque $i \in \{1, 2, \cdots, N\}$, bornées dans $H^1(\mathbf{R}^3)$. Désignons par ϕ_i leurs limites faibles dans cet espace. Il est clair que comme $\int_{\mathbf{R}^3} \phi_{i,n}^2 = 1$, on a par limite faible $L^2(\mathbf{R}^3)$ $\int_{\mathbf{R}^3} \phi_i^2 \leq 1$, mais en fait on peut dire beaucoup mieux. Nous prétendons que, au sens des matrices symétriques, on a

$$0 \leq \left[\int_{\mathbf{R}^3} \phi_i \phi_j \right] \leq \left[\int_{\mathbf{R}^3} \phi_{i,n}\phi_{j,n} \right] = [\delta_{ij}], \tag{5.15}$$

la matrice dans le membre de droite étant, on l'a reconnue, la matrice identité (rappelons que $A \leq B$ signifie pour des matrices symétriques de taille $N \times N$ que $x^T A x \leq x^T B x$ pour tout $x \in \mathbf{R}^N$). L'assertion (5.15) est une conséquence directe du fait qu'un convexe fermé pour la topologie forte est fermé pour la topologie faible, et nous laissons sa preuve au lecteur.

Nous allons, comme au Chapitre 3, montrer que nous pouvons relâcher la contrainte dans le problème (5.7), ce qui revient à dire que l'on a

$$I^{HF} = \inf \left\{ E^{HF}(\phi_1, \cdots, \phi_N), \quad \phi_i \in H^1\left(\mathbf{R}^3\right), \quad \left[\int_{\mathbf{R}^3} \phi_i \phi_j \right] \leq I_N \right\}, \tag{5.16}$$

où I_N désigne la matrice identité de rang N. Comme au Chapitre 3, il suffit de pousser de la masse à l'infini.

Pour cela, pour $\epsilon > 0$ donné, nous fixons un N-uplet $(\phi_1, \cdots, \phi_N)$ de fonctions de classe C^∞ à support compact tel que, au sens des matrices symétriques, $\left[\int_{\mathbf{R}^3} \phi_i \phi_j \right] \leq I_N$, et

$$E^{HF}(\phi_1, \cdots, \phi_N) \leq I_N + \epsilon.$$

Puis, nous définissons la matrice $[a_{ij}]$ par $a_{ij} = \delta_{ij} - \int_{\mathbf{R}^3} \phi_i \phi_j$. On peut trouver des fonctions ψ_i de classe C^∞ à support compact dans $\mathbf{R}^3$ telles que $\left[\int_{\mathbf{R}^3} \psi_i \psi_j \right] = [a_{ij}]$. De plus, $\epsilon > 0$ étant fixé (le même que précédemment par exemple), il est possible de modifier les ψ_i par un changement d'échelle (le même pour toutes, de sorte de conserver l'égalité $\left[\int_{\mathbf{R}^3} \psi_i \psi_j \right] = [a_{ij}]$) pour obtenir

$$A = \sum_{i=1}^{N} \int_{\mathbf{R}^3} |\nabla \psi_i|^2 + \frac{1}{2} \int_{\mathbf{R}^3} \int_{\mathbf{R}^3} \frac{\rho_\Psi(x)\rho_\Psi(y)}{|x-y|} - \frac{1}{2} \int_{\mathbf{R}^3} \int_{\mathbf{R}^3} \frac{|\tau_\Psi(x,y)|^2}{|x-y|} \leq \epsilon \tag{5.17}$$

où $\tau_\Psi(x,y) = \sum_{i=1}^{N} \psi_i(x)\psi_i(y)$ et $\rho_\Psi(x) = \tau_\Psi(x,x)$. En considérant alors les fonctions tests $\phi_{i,n}(x) = \phi_i(x) + \psi_i(x + ne)$ où n est un entier assez grand, et e est un vecteur unitaire de $\mathbf{R}^3$, on obtient

$$\int_{\mathbf{R}^3} \phi_{i,n} \phi_{j,n} = \delta_{ij},$$

et

$$E^{HF}(\phi_{1,n}, \cdots, \phi_{N,n}) \underset{n \to +\infty}{\longrightarrow} E^{HF}(\phi_1, \cdots, \phi_N) + A,$$

de sorte que

$$I^{HF} \leq E^{HF}(\phi_{1,n}, \cdots, \phi_{N,n})$$

$$\leq 3\epsilon + \inf \left\{ E^{HF}(\phi_1, \cdots, \phi_N), \quad \phi_i \in H^1\left(\mathbf{R}^3\right), \quad \left[\int_{\mathbf{R}^3} \phi_i \phi_j \right] \leq I_N \right\},$$

pour n assez grand, et on obtient finalement l'égalité (5.16).

Revenons maintenant à la limite faible $(\phi_1, \cdots, \phi_N)$ de notre suite minimisante, et montrons qu'elle est un minimum de ce problème à contrainte relâchée (5.16). Il suffit à ce stade de prouver

$$E^{HF}(\phi_1, \cdots, \phi_N) \leq \liminf_{n \to +\infty} E^{HF}(\phi_{1,n}, \cdots, \phi_{N,n}). \tag{5.18}$$

Il est standard maintenant que l'on a

$$\sum_{i=1}^{N} \int_{\mathbf{R}^3} |\nabla \phi_i|^2 + \sum_{i=1}^{N} \int_{\mathbf{R}^3} V\phi_i^2 \leq \liminf_{n \to +\infty} \sum_{i=1}^{N} \int_{\mathbf{R}^3} |\nabla \phi_{i,n}|^2 + \sum_{i=1}^{N} \int_{\mathbf{R}^3} V\phi_{i,n}^2. \tag{5.19}$$

Le fait que

$$\frac{1}{2} \iint \frac{\rho_\Phi(x)\rho_\Phi(y)}{|x-y|} - \frac{1}{2} \iint \frac{|\tau_\Phi(x,y)|^2}{|x-y|}$$

$$\leq \liminf \frac{1}{2} \iint \frac{\rho_{\Phi_n}(x)\rho_{\Phi_n}(y)}{|x-y|} - \frac{1}{2} \iint \frac{|\tau_{\Phi_n}(x,y)|^2}{|x-y|} \qquad (5.20)$$

est une conséquence de l'observation suivante. Si les suites $(\phi_{1,n})_{n\in\mathbf{N}}$ et $(\phi_{2,n})_{n\in\mathbf{N}}$ convergent faiblement dans $H^1(\mathbb{R}^3)$ vers respectivement ϕ_1 et ϕ_2, alors la suite de fonctions $(\phi_{1,n}(x_1)\phi_{2,n}(x_2) - \phi_{1,n}(x_2)\phi_{2,n}(x_1))_{n\in\mathbf{N}}$ converge faiblement vers $\phi_1(x_1)\phi_2(x_2) - \phi_1(x_2)\phi_2(x_1)$ dans $L^2(\mathbb{R}^3 \times \mathbb{R}^3)$ par exemple. Or, il est facile de voir que l'assertion (5.20) peut se récrire

$$\liminf_{n\to+\infty} \sum_{i\neq j} \iint \frac{\left(\phi_{i,n}(x)\phi_{j,n}(y) - \phi_{i,n}(y)\phi_{j,n}(x)\right)^2}{|x-y|}$$

$$\geq \sum_{i\neq j} \iint \frac{\left(\phi_i(x)\phi_j(y) - \phi_i(y)\phi_j(x)\right)^2}{|x-y|}, \qquad (5.21)$$

et qu'il suffit donc de montrer

$$\liminf_{n\to+\infty} \iint \frac{\left(\phi_{i,n}(x)\phi_{j,n}(y) - \phi_{i,n}(y)\phi_{j,n}(x)\right)^2}{|x-y|}$$

$$\geq \iint \frac{\left(\phi_i(x)\phi_j(y) - \phi_i(y)\phi_j(x)\right)^2}{|x-y|}. \qquad (5.22)$$

Pour prouver (5.22), il suffit de remarquer que la forme quadratique positive

$$f \longrightarrow \iint \frac{f(x,y)^2}{|x-y|}$$

est continue pour la topologie forte, et donc semi-continue inférieurement (puisqu'elle est convexe) pour la topologie faible. On obtient ainsi (5.18).

Désormais, nous savons donc que la limite faible $(\phi_1, \cdots, \phi_N)$ de notre suite minimisante est un minimum du problème à contrainte relâchée (5.16). Pour conclure à la compacité recherchée, il suffit de montrer que la contrainte est saturée, c'est-à-dire que l'on a $\left[\int_{\mathbf{R}^3} \phi_i \phi_j\right] = I_N$. Nous faisons d'abord les deux remarques suivantes (en apparence toutes les deux anodines, mais en fait la seconde simplifie grandement les choses techniquement) :

- il suffit de montrer qu'un N-uplet obtenu par une transformation orthogonale à partir du N-uplet de départ $(\phi_1, \cdots, \phi_N)$ vérifie la propriété $\left[\int_{\mathbf{R}^3} \phi_i \phi_j\right] = I_N$, puisque si cette propriété est vérifiée pour l'un d'entre eux, elle est vérifiée pour tous,

- la fonctionnelle d'énergie de Hartree-Fock est justement invariante par transformation orthogonale sur le N-uplet $(\phi_1, \cdots, \phi_N)$.

La première remarque est évidente, la seconde peut se vérifier à la main sur la fonctionnelle d'énergie apparaissant dans (5.8), ou se montrer directement à partir de la forme sur l'hamiltonien à N corps et le déterminant.

Toujours est-il que, quitte à changer les ϕ_i par une transformation orthogonale de $(\phi_1, \cdots, \phi_N)$, on peut s'arranger pour que $\int_{\mathbf{R}^3} \phi_i \phi_j = 0$ dès que $i \neq j$, ce qui revient à diagonaliser la matrice $\left[\int_{\mathbf{R}^3} \phi_i \phi_j \right]$. Compte tenu du fait que $\left[\int_{\mathbf{R}^3} \phi_i \phi_j \right] \leq I_N$, on a donc, pour ces nouveaux ϕ_i, qui minimisent encore (5.16),

$$\int_{\mathbf{R}^3} \phi_i \phi_j = \gamma_i \delta_{ij}, \tag{5.23}$$

pour certains γ_i dans l'intervalle $[0, 1]$. Il nous faut montrer que les γ_i valent tous 1.

5.2.2 Conclusion

Commençons par montrer que, pour chaque i, ϕ_i est le minimum du problème de minimisation suivant

$$\inf \left\{ \langle \mathcal{F} \phi, \phi \rangle, \quad \phi \in H^1(\mathbf{R}^3), \quad \int_{\mathbf{R}^3} |\phi|^2 \leq 1, \quad \int_{\mathbf{R}^3} \phi \phi_j = 0, \quad \forall j \neq i \right\}, \tag{5.24}$$

où $\mathcal{F}$ est l'opérateur auto-adjoint défini par

$$\mathcal{F}\psi = -\frac{1}{2} \Delta \psi + V \psi + \left(\rho_\Phi \star \frac{1}{|x|} \right) \psi - \int_{\mathbf{R}^3} \frac{\tau_\Phi(x, y)}{|x - y|} \psi(y) \, dy, \tag{5.25}$$

avec bien sûr $\tau_\Phi(x, y) = \sum_{j=1}^{N} \phi_j(x) \phi_j(y)$ et $\rho_\Phi(x) = \tau_\Phi(x, x)$. On ne doit pas être étonné de l'introduction de cet opérateur $\mathcal{F}$, dont on peut facilement se convaincre qu'il apparaît quand on calcule la dérivée partielle de la fonctionnelle d'énergie E^{HF} par rapport à la variable ϕ_i.

La raison pour laquelle (5.24) est vraie est la suivante. Un calcul aisé montre que l'on peut écrire, identiquement en ϕ,

$$E^{HF}(\phi_1, \cdots, \phi_{i-1}, \phi, \phi_{i+1}, \cdots, \phi_N) = E^{HF}(\phi_1, \cdots, \phi_{i-1}, 0, \phi_{i+1}, \cdots, \phi_N)$$
$$+ \langle \mathcal{F} \phi, \phi \rangle - Q(\phi_i, \phi), \tag{5.26}$$

où

$$Q(\phi_i, \phi) = \int_{\mathbf{R}^3} \int_{\mathbf{R}^3} \frac{(\phi_i(x)\,\phi(y) - \phi_i(y)\phi_i(x))^2}{|x - y|} \, dx \, dy. \tag{5.27}$$

On voit clairement sur cette expression que $Q(\phi_i, \phi) \geq 0$ et que $Q(\phi_i, \phi_i) = 0$. En utilisant le fait que $(\phi_1, \cdots, \phi_N)$ minimise le problème à contrainte relâchée (5.16), on en déduit directement que ϕ_i minimise (5.24).

Le fait que ϕ_i minimise (5.24) pour chaque $i \in \{1, \cdots, N\}$ entraîne que les ϕ_i sont des combinaisons linéaires des N *premiers* vecteurs propres de l'opérateur $\mathcal{F}$. Quitte encore une fois à changer les ϕ_i en une collection d'autres ϕ_i obtenus par transformation orthogonale à partir des précédents, on peut donc supposer que chaque ϕ_i est soit nul, soit un vecteur propre de $\mathcal{F}$ associé à une des N premières valeurs propres de cet opérateur.

Supposons maintenant qu'un des ϕ_i, disons ϕ_N, est nul. Alors la borne inférieure dans le problème de minimisation (5.24) est nulle. D'autre part, $\mathcal{F}$ donné par (5.25) est majoré par l'opérateur

$$H = -\frac{1}{2}\Delta + V + \left(\rho_\Phi \star \frac{1}{|x|}\right) \tag{5.28}$$

puisque l'opérateur

$$\psi \longrightarrow \int_{\mathbf{R}^3} \psi(x) \left(\int_{\mathbf{R}^3} \frac{\tau_\Phi(x, y)}{|x - y|} \psi(y)\, dy\right) dx$$

est positif (il suffit de décomposer $\tau_\Phi(x, y)$, et d'écrire l'opérateur ci-dessus comme une somme de N opérateurs positifs). Dans l'opérateur H donné par (5.28), on remarque maintenant que $\int_{\mathbf{R}^3} \rho \leq N-1$ puisqu'au moins ϕ_N est nul. En utilisant l'hypothèse $Z > N-1$ et en appliquant alors le Théorème 4.7, on aboutit à la conclusion : l'opérateur $\mathcal{F}$ a au moins N valeurs propres négatives (il en a même une infinité). Or ceci contredit le fait que la borne inférieure dans (5.24) est nulle pour $i = N$, ce qui devrait entraîner que $\mathcal{F}$ a au plus $N-1$ valeurs propres strictement négatives. Par conséquent, aucun des ϕ_i n'est nul, et donc ce sont tous des vecteurs propres de $\mathcal{F}$, associés aux N valeurs propres les plus basses, que nous notons ϵ_i. Par le même raisonnement, on peut affirmer qu'aucune de ces valeurs propres ϵ_i n'est nulle. En effet, supposons que $\epsilon_N = 0$ par exemple. On peut alors remplacer ϕ_N par la fonction nulle dans le raisonnement ci-dessus, et on aboutit encore à une contradiction en considérant le N-uplet $(\phi_1, \cdots, \phi_{N-1}, 0)$.

Finalement, on regarde, pour chaque ϕ_i, la borne inférieure dans le problème de minimisation (5.24). Par définition de la i-ème valeur propre, et si on a pris soin de ranger les ϕ_i par ordre d'énergie croissante, cette borne inférieure est ϵ_i. Elle est d'ailleurs strictement négative, car $\epsilon_i \neq 0$ et il est facile de voir, en testant l'infimum sur des fonctions avec scaling approprié, que cette borne inférieure est plus petite que toute constante $\delta > 0$ arbitrairement petite, et donc qu'elle est négative ou nulle. D'autre part, on sait que la borne inférieure est atteinte en ϕ_i et vaut donc $\langle \mathcal{F}\phi_i, \phi_i \rangle = \epsilon_i \gamma_i$ d'après (5.16). On peut à bon droit simplifier par ϵ_i qui est non nul, et on trouve $\gamma_i = 1$. Ceci conclut notre preuve.

On notera pour finir cette section que tout minimum du problème de Hartree-Fock vérifie les équations d'Euler-Lagrange du problème, à savoir

$$-\frac{1}{2}\Delta\phi_i + V\phi_i + \left(\rho_\Phi \star \frac{1}{|x|}\right)\phi_i - \left(\int_{\mathbf{R}^3} \frac{\tau_\Phi(x,y)}{|x-y|}\,\phi_i(y)\,dy\right) = \sum_{j=1}^N \lambda_{ij}\phi_j, \quad (5.29)$$

pour une matrice de multiplicateurs de Lagrange $[\lambda_{ij}]$, le multiplicateur $\lambda_{ij} = \lambda_{ji}$ étant associé à la contrainte $\displaystyle\int_{\mathbf{R}^3} \phi_i\phi_j = \delta_{ij}$. Quitte à changer les $(\phi_1, \cdots, \phi_N)$ par une transformation orthogonale dont on sait qu'elle laisse invariants l'énergie et le premier membre du système (5.29), on peut diagonaliser cette matrice symétrique de multiplicateurs, et donc se ramener à un système d'équations moins couplées s'écrivant

$$-\frac{1}{2}\Delta\phi_i + V\phi_i + \left(\rho_\Phi \star \frac{1}{|x|}\right)\phi_i - \left(\int_{\mathbf{R}^3} \frac{\tau_\Phi(x,y)}{|x-y|}\,\phi_i(y)\,dy\right) = \epsilon_i\phi_i. \quad (5.30)$$

ce dernier système, où l'on reconnaît l'opérateur $\mathcal{F}$ introduit plus haut, est connu sous le nom d'*équations de Hartree-Fock*.

Remarque 5.1 *Soulignons qu'il découle de ce qui précède que les $\{\epsilon_i\}_{1 \leq i \leq N}$ intervenant dans les équations de Hartree-Fock (5.30) sont les N plus petites valeurs propres de l'opérateur auto-adjoint $\mathcal{F}$. Cette propriété sera utilisée dans le chapitre suivant consacré à la résolution numérique des équations de Hartree-Fock.*

5.3 Compléments

Nous allons mentionner dans cette section trois problèmes qui sont proches du modèle Hartree-Fock : le modèle plus simple dit *de Hartree*, la gamme des modèles dits *multidéterminants*, et les modèles de type *Kohn-Sham*.

Le modèle de Hartree est un modèle plus simple que celui de Hartree-Fock. Au lieu de considérer les produits antisymétrisés de fonctions, on considère dans ce modèle les produits directs. Autrement dit, les fonctions ψ_e sur lesquells on minimise l'hamiltonien à N corps sont les

$$\psi_e(x_1, \cdots, x_N) = \phi_1(x_1)\phi_2(x_2)\cdots\phi_N(x_N), \quad (5.31)$$

ce qui, on le comprendra aisément, revient à dire que les N particules (ce ne sont plus vraiment des électrons puisque le principe d'exclusion de Pauli est violé) se comportent indépendamment les uns des autres (penser, pour ceux qui ont des notions basiques de probabilité, au cas des probabilités indépendantes). Pour assurer le fait que $\|\psi_e\|_{L^2} = 1$, on impose $\int_{\mathbf{R}^3} \phi_i^2 = 1$ pour chaque i, et le problème de minimisation associé est alors

$$I^H = \inf \left\{ E^H(\phi_1, \cdots, \phi_N), \quad \phi_i \in H^1(\mathbf{R}^3), \quad \int_{\mathbf{R}^3} |\phi_i|^2 = 1 \right\}, \qquad (5.32)$$

où

$$E^H(\phi_1, \cdots, \phi_N) = \sum_{i=1}^N \frac{1}{2} \int_{\mathbf{R}^3} |\nabla \phi_i|^2 + \sum_{i=1}^N \int_{\mathbf{R}^3} \phi_i^2$$

$$+ \frac{1}{2} \sum_{i \neq j} \int_{\mathbf{R}^3} \int_{\mathbf{R}^3} \frac{|\phi_i(x)|^2 |\phi_j(y)|^2}{|x-y|} \, dx \, dy. \qquad (5.33)$$

Contrairement au cas du modèle de Hartree-Fock, on voit que l'on pourra toujours raisonner sur des fonctions positives puisqu'il est évident sur les expressions (5.32) et (5.33) qu'on peut changer ϕ_i en sa valeur absolue sans rien changer à l'énergie. Cette simplification permettra de simplifier l'argument final conduisant à la compacité (on pourra utiliser tel quel le Théorème 3.4). En revanche, tout le début du raisonnement se fera de manière identique à celui fait dans le modèle Hartree-Fock, avec quelques modifications minimes que nous laissons au lecteur. Traiter le modèle de Hartree, et montrer que l'analogue de la Proposition 5.1 tient pour lui, est en effet un excellent exercice de compréhension (si on ne le fait pas, écrire tout au moins l'équation d'Euler-Lagrange de ce problème, pour comprendre formellement ce qui est différent et à quel point le modèle de Hartree est un modèle moins couplé que le modèle de Hartree-Fock).

On le sait, le problème de Hartree-Fock consiste à ne considérer dans le problème (5.4) que les fonctions de la forme (5.5). Une possibilité pour l'améliorer est de ne pas se limiter à un déterminant, mais de prendre une combinaison linéaire finie de plusieurs déterminants. Le modèle MCSCF (*Multiconfiguration self-consistent field*) se présente ainsi sous la forme

$$\inf \left\{ \langle \psi_e, H_e \psi_e \rangle, \quad \psi_e = \sum_{I=\{i_1, \ldots, i_N\} \subset \{1, \ldots, K\}} c_I \frac{1}{\sqrt{N!}} \det(\phi_{i_1}, \ldots, \phi_{i_N}), \right.$$

$$\left. \phi_i \in H^1(\mathbf{R}^3), \quad \int_{\mathbf{R}^3} \phi_i \phi_j = \delta_{ij}, \quad \sum_I c_I^2 = 1 \right\} \qquad (5.34)$$

où $K \geq N$ est un entier fixé. Les contraintes sur les ϕ_i et les c_I assurent que $\|\psi_e\|_{L^2} = 1$. Lorque $K = N$, on retrouve le modèle de Hartree-Fock. La compacité du problème ci-dessus peut être montrée par une méthode s'appuyant formellement sur les mêmes arguments que ceux utilisés pour le modèle Hartree-Fock (voir [136, 143]).

Un dernier problème est intimement lié au modèle de Hartree-Fock : il s'agit du modèle de Kohn-Sham (1.17) présenté Section 1.5.3, et du modèle simplifié

$$\inf \left\{ E^{KS}(\phi_1, \cdots, \phi_N), \quad \phi_i \in H^1\left(\mathbb{R}^3\right), \quad \int_{\mathbf{R}^3} \phi_i^2 = 1 \right\} \tag{5.35}$$

avec, comme pour le modèle de Kohn-Sham,

$$E^{KS}(\phi_1, \cdots, \phi_N) = \sum_{i=1}^{N} \frac{1}{2} \int_{\mathbf{R}^3} |\nabla \phi_i|^2 + \int_{\mathbf{R}^3} \rho V + \frac{1}{2} D(\rho, \rho) + E_{xc}(\rho), \tag{5.36}$$

où $\rho(x) = \displaystyle\sum_{i=1}^{N} \phi_i^2(x)$ et $D(\rho, \rho) = \dfrac{1}{2} \displaystyle\int_{\mathbf{R}^3} \int_{\mathbf{R}^3} \dfrac{\rho(x)\rho(y)}{|x-y|} \, dx \, dy$, et où $E_{xc}(\rho)$ est une fonctionnelle de ρ, par exemple de la forme $c \displaystyle\int_{\mathbf{R}^3} \rho^{4/3}$. Pour l'étude de ces deux modèles (pour lequel le problème à l'infini n'est typiquement pas nul), on renvoie à la littérature (voir la Section 5.5).

5.4 Résumé

Ce chapitre, qui termine notre séquence de quatre chapitres sur l'existence d'un minimum pour une gamme de problèmes de minimisation, a été consacré à l'analyse du modèle de Hartree-Fock, clairement un des modèles capitaux du point de vue des applications. On y a vu que l'existence d'un état fondamental était connue, mais que son unicité (à transformation orthogonale près bien sûr) restait un problème ouvert, sans doute extrêmement difficile.

5.5 Pour en savoir plus

La preuve que nous avons indiquée de la compacité du modèle de Hartree-Fock peut être lue dans les deux articles
- E. H. Lieb and B. Simon, *The Hartree-Fock theory for Coulomb systems*, Comm. Math. Phys. 53 (1977) 185-194,
- P.L. Lions, *Solutions of Hartree-Fock equations for Coulomb systems*, Comm. Math. Phys. 109 (1987) 33-97.

Pour les modèles rapidement évoqués dans la Section 5.3, on pourra si on le désire consulter
- M. Lewin, *Solutions of the multiconfigurational equations in quantum chemistry*, Arch. Rat. Mech. Anal. 171 (2004) 83-114.

6

Simulation numérique des modèles

Ce chapitre est une introduction à la résolution numérique des modèles issus de la chimie quantique qui ont été décrits d'un point de vue théorique au cours des chapitres précédents.

La section 6.2, qui concerne le problème électronique, en constitue le cœur. Les méthodes qui y sont exposées (développement sur une base d'orbitales atomiques, résolution des équations d'Euler-Lagrange par un algorithme SCF) seront examinées plus en détail au sein des Chapitres 7 et 8 dans le cadre du modèle Hartree-Fock.

La section 6.3 aborde ensuite brièvement la résolution numérique du problème d'optimisation de géométrie. On fera à cette occasion quelques rappels sur les techniques standard de l'optimisation numérique sans contraintes.

La section 6.1 présente quant à elle le seul exemple (ou presque) de système moléculaire pour lequel on dispose d'une expression analytique du fondamental et des états excités. Il s'agit de l'ion hydrogénoïde.

6.1 Prolégomène : étude de l'ion hydrogénoïde

Un ion hydrogénoïde est par définition un système moléculaire comportant un seul noyau, de charge Z, et un seul électron. Un cas particulier d'ion hydrogénoïde est l'atome d'Hydrogène lui-même, qui correspond à $Z = 1$.

L'exemple de l'ion hydrogénoïde est intéressant à plusieurs égards. D'un point de vue historique, c'est sur le calcul du spectre de l'hydrogène atomique que Schrödinger a montré la validité de l'équation qui porte son nom (c'était en 1926). Par ailleurs, l'étude de l'ion hydrogénoïde permet non seulement de comprendre en profondeur la structure de l'atome d'hydrogène mais aussi d'obtenir des informations qualitatives sur des sytèmes voisins, en particulier sur les électrons de cœur des atomes lourds[1] et sur l'électron de valence des alkalins (lithium, sodium, potassium, ...).

L'hamiltonien de l'ion hydrogénoïde s'écrit sous l'approximation de Born-Oppenheimer

$$H = -\frac{1}{2}\Delta - \frac{Z}{|x|}. \tag{6.1}$$

C'est un opérateur auto-adjoint sur $L^2(\mathbb{R}^3)$ de domaine $D(H) = H^2(\mathbb{R}^3)$. Les théorèmes généraux de la théorie spectrale (cf. annexe B) nous fournissent des renseignement qualitatifs sur le spectre de cet opérateur :

1. le potentiel $-\frac{Z}{|x|}$ étant une perturbation compacte de l'opérateur $H_0 = -\frac{1}{2}\Delta$, le spectre essentiel de H est celui de H_0 : $\sigma_{ess}(H) = \sigma_{ess}(H_0) = [0, +\infty[$;

2. H n'a pas de valeurs propres positives ou nulles ;

3. H possède une infinité de valeurs propres strictement négatives, de multiplicité finie, qui forment une suite croissante tendant vers 0.

Comme nous allons le voir dans les deux sections suivantes, il est possible d'aller plus loin et d'expliciter les valeurs propres et les vecteurs propres de H.

6.1.1 Identification du fondamental

Le fondamental normalisé de H est relativement facile à déterminer dès qu'on a prouvé son unicité (à une phase globale près).

Considérons à cette fin un fondamental normalisé à valeurs réelles ψ_0 de H dont la valeur en un certain point $x_0 \neq 0$ est strictement positive. Remarquons maintenant que ψ_0 est solution du problème de minimisation

$$\inf\left\{\langle\psi, H\psi\rangle = \frac{1}{2}\int_{\mathbb{R}^3}|\nabla\psi|^2 - Z\int_{\mathbb{R}^3}\frac{|\psi|^2}{|x|}, \quad \psi \in H^1\left(\mathbb{R}^3\right), \quad \|\psi\|_{L^2} = 1\right\}$$

et que toute solution de ce problème de minimisation est un fondamental normalisé. On voit donc en particulier que $|\psi_0|$ est un fondamental normalisé (car si $\psi \in H^1(\mathbb{R}^3)$, $|\psi| \in H^1(\mathbb{R}^3)$ et vérifie $|\nabla|\psi|| = |\nabla\psi|$ presque partout). Il en résulte que $|\psi_0|$ vérifie l'équation

$$-\frac{1}{2}\Delta|\psi_0| - \frac{Z}{|x|}|\psi_0| = E_0|\psi_0|.$$

---

[1] Pas trop lourds quand même ! Lorsque Z est grand, l'énergie cinétique d'un électron de coeur n'est plus négligeable devant l'énergie de masse $E = mc^2$; on pourra faire le calcul à titre d'exercice pour l'Uranium ($Z = 92$). Pour calculer la dynamique des électrons de coeur des atomes lourds, il faut utiliser un modèle relativiste comme celui de Dirac-Fock.

On en conclut par régularité elliptique et à l'aide de l'inégalité de Harnack que $|\psi_0|$ est continue et strictement positive. On a donc nécessairement $|\psi_0| = \psi_0 > 0$ sur $\mathbb{R}^3$. Supposons maintenant que la valeur propre fondamentale E_0 soit de multiplicité supérieure ou égale à 2. Si c'était le cas, on pourrait trouver un autre fondamental réel normalisé de H, noté $\tilde{\psi}_0$, orthogonal à ψ_0. En reprenant le raisonnement ci-dessus, on pourrait écrire $\tilde{\psi}_0 = \pm \phi$, ϕ désignant un fondamental normalisé de H réel strictement positif sur $\mathbb{R}^3$. On aurait alors

$$0 = \pm \int_{\mathbf{R}^3} \psi_0 \tilde{\psi}_0 = \int_{\mathbf{R}^3} \psi_0 \phi > 0,$$

ce qui met en évidence une contradiction. Ceci prouve l'unicité du fondamental normalisé (au signe près ou à une phase globale près si on considère des vecteurs propres à valeurs complexes).

Remarque 6.1 *Ce raisonnement classique s'étend à tout hamiltonien de la forme $H = -\frac{1}{2}\Delta + V$, V désignant un opérateur de multiplication suffisamment régulier ($V \in L^2(\mathbb{R}^3) + L^\infty_\epsilon(\mathbb{R}^3)$ convient) : si H admet un fondamental, alors ce fondamental est unique, à une constante multiplicative près, qui peut être choisie telle que le fondamental soit strictement positif presque partout.*

Remarquons maintenant que pour toute rotation R de l'espace, $\psi_0(R \cdot x)$ est aussi un fondamental normalisé strictement positif. L'argument d'unicité exposé ci-dessus permet de conclure que ψ_0 est une fonction radiale : $\psi_0(x) = f(|x|)$, f désignant la solution strictement positive normalisée (dans $L^2(\mathbb{R}^+, 4\pi r^2\, dr)$) de l'équation aux valeurs propres posée sur $\mathbb{R}^{+*}$

$$-\frac{1}{2}f''(r) - \frac{f'(r)}{r} - \frac{Z\, f(r)}{r} = E_0\, f(r).$$

On voit facilement que $f(r) = \exp(-Z\, r)$ est une solution strictement positive de cette équation associée à la valeur propre $E_0 = -Z^2/2$.

Le fondamental normalisé de H est donc donné par

$$\psi_0(x) = \frac{Z^{3/2}}{\sqrt{\pi}} e^{-Z\,|x|}$$

et la valeur propre fondamentale de H vaut $E_0 = -Z^2/2$.

Remarque 6.2 *On peut déterminer analytiquement l'énergie fondamentale de l'ion hydrogénoïde sans avoir recours à l'approximation de Born-Oppenheimer. Comme en mécanique classique, un problème de mécanique quantique à deux corps peut être en effet ramené à l'étude d'un problème à un corps. Ecrivons pour cela l'hamiltonien complet du système*

$$H = -\frac{1}{2M}\Delta_{\bar{x}} - \frac{1}{2m}\Delta_x - \frac{Z}{|x - \bar{x}|}$$

en fonction des variables

$$x_G = \frac{M\,\bar{x} + m\,x}{M + m} \qquad et \qquad x_r = x - \bar{x},$$

qui correspondent respectivement à la position du centre de masse et à la position relative de l'électron par rapport au noyau. En notant $\mu = mM/(m+M)$ la masse réduite du système, on obtient ainsi l'hamiltonien

$$H = -\frac{1}{2(m+M)}\Delta_{x_G} - \frac{1}{2\mu}\Delta_{x_r} - \frac{Z}{|x_r|}$$

dans lequel mouvement du centre de masse et mouvement relatif des deux particules sont dissociés. L'énergie fondamentale de cet hamiltonien est donc obtenue en minimisant séparément l'énergie E_G de translation du centre de masse et l'énergie du mouvement relatif. On obtient facilement $E_G = 0$ (construire à titre d'exercice une suite minimisante) et on déduit de ce qui précède $E_r = -\mu Z^2/2$. Sous l'approximation de Born-Oppenheimer ($M = +\infty$, et donc $\mu = 1$), on retrouve bien l'expression (6.1) de l'hamiltonien et l'énergie fondamentale $E_0 = -Z^2/2$.

6.1.2 Description complète du spectre discret

On cherche maintenant à exhiber toute la suite des valeurs propres (et des vecteurs propres) de H. Afin de rendre la lecture plus digeste, on se contente dans cette section de donner le principe et les résultats de cette recherche. Le lecteur intéressé par les détails techniques est invité à se plonger dans les problèmes 6.1 et 6 2.

Remarquons tout d'abord qu'en coordonnées sphériques, l'hamiltonien H s'écrit

$$H = -\frac{1}{2r}\frac{\partial^2}{\partial r^2}r - \frac{1}{2r^2}\Delta_S - \frac{Z}{r},$$

Δ_S désige l'opérateur de Laplace-Beltrami. Cet opérateur, qui est l'analogue du laplacien sur la variété S^2, n'agit que sur les variables θ et ϕ :

$$\Delta_S = \frac{1}{\sin\theta}\frac{\partial}{\partial\theta}\left(\sin\theta\frac{\partial}{\partial\theta}\right) + \frac{1}{\sin^2\theta}\frac{\partial^2}{\partial\phi^2}.$$

Les vecteurs propres de Δ_S sur la sphère S^2 sont connus (voir le rappel ci-dessous) : il s'agit des harmoniques sphériques Y_l^m. On remarque ensuite que H et Δ_S (Δ_S est vu désormais comme un opérateur agissant sur $\mathbb{R}^3$) commutent. On peut donc construire une base de vecteurs propres de H en imposant que ces vecteurs propres soient aussi vecteurs propres de Δ_S. Ces fonctions s'écrivent donc en coordonnées sphériques sous la forme

$$\psi(r,\theta,\phi) = f(r)\,Y_l^m(\theta,\phi) \tag{6.2}$$

où f est une fonction appropriée de $L^2(\mathbb{R}^+, 4\pi r^2\,dr)$.

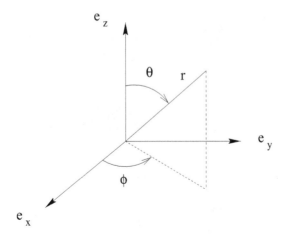

Fig. 6.1. Coordonnées sphériques.

Notons par ailleurs que $\Delta_S = -L^2$ où $L = -ix \times \nabla$ désigne l'opérateur de moment cinétique (cf. Annexe A), et que les fonctions de la forme (6.2) pour f fonction quelconque de $L^2(\mathbb{R}^+, 4\pi r^2 \, dr)$, sont exactement les fonctions propres communes aux opérateurs L^2 et $L_z = L \cdot e_z = -i\frac{\partial}{\partial \phi}$. Nous sommes donc en train de chercher une base de vecteurs propres de H en imposant que ces vecteurs propres soient aussi vecteurs propres de L^2 et de L_z. Notons enfin que H s'écrit aussi

$$H = -\frac{1}{2r} \frac{\partial^2}{\partial r^2} r + \frac{1}{2r^2} L^2 - \frac{Z}{r}.$$

Il n'est peut-être pas inutile à ce stade de faire un bref

Rappel. *Les harmoniques sphériques* $(Y_l^m)_{l \geq 0, \, -l \leq m \leq l}$ *forment une base hilbertienne de* $L^2(S^2)$ *:*
  - *on a pour tout* (l, m), $l \geq 0$, $-l \leq m \leq l$ *et tout* (l', m'), $l' \geq 0$, $-l' \leq m' \leq l'$

$$(Y_l^m, Y_{l'}^{m'})_{L^2(S^2)} = \int_0^\pi \int_0^{2\pi} Y_l^m(\theta, \phi)^* \, Y_{l'}^{m'}(\theta, \phi) \sin\theta \, d\theta \, d\phi = \delta_{ll'} \delta_{mm'} \; ;$$

  - *toute fonction* $f \in L^2(S^2)$ *se décompose de manière unique sur la base des harmoniques sphériques :*

$$f = \sum_{l=0}^{+\infty} \sum_{m=-l}^{l} (Y_l^m, f)_{L^2(S^2)} \, Y_l^m,$$

la convergence de la série s'entendant au sens de la convergence L^2.

Cette base est caractérisée par les relations

$$\Delta_S \cdot Y_l^m = -l(l+1)Y_l^m \quad et \quad -i\frac{\partial}{\partial\phi}Y_l^m(\theta,\phi) = mY_l^m(\theta,\phi). \quad (6.3)$$

L'expression des harmoniques sphériques en fonction de θ et ϕ est donnée par

$$Y_l^m(\theta,\phi) = \left(\frac{(2l+1)}{4\pi}\frac{(l-m)!}{(l+m)!}\right)^{1/2}P_l^m(\cos\theta)e^{im\phi}$$

où les $P_l^m(\cos\theta)$ désignent les fonctions de Legendre. Celles-ci sont obtenues à partir des polynômes de Legendre[2] par dérivation :

$$\begin{cases} P_l^m(\cos\theta) = (\sin\theta)^m P_l^{(m)}(\cos\theta) & pour \ 0 \le m \le l, \\ P_l^{-m}(\cos\theta) = (-1)^m \frac{(l-m)!}{(l+m)!}P_l^m(\cos\theta) & pour \ 0 \le m \le l, \end{cases}$$

la notation $P_l^{(m)}$ désignant la dérivée m-ième du polynôme de Legendre P_l. Les premiers représentants de la famille des harmoniques sphériques sont :

$Y_0^0(\theta,\phi) = \frac{1}{\sqrt{4\pi}}$

$Y_1^0(\theta,\phi) = \sqrt{\frac{3}{4\pi}}\cos\theta, \quad Y_1^{\pm1}(\theta,\phi) = \pm\sqrt{\frac{3}{8\pi}}\sin\theta\,e^{\pm i\phi}$

$Y_2^0(\theta,\phi) = \sqrt{\frac{5}{16\pi}}(3\cos^2\theta - 1), \quad Y_2^{\pm1}(\theta,\phi) = \mp\sqrt{\frac{15}{8\pi}}\sin\theta\,\cos\theta\,e^{\pm i\phi},$

$Y_2^{\pm2}(\theta,\phi) = \sqrt{\frac{15}{32\pi}}\sin^2\theta e^{\pm 2i\phi}.$

Ce rappel étant fait, revenons à notre problème et cherchons donc les états propres de H sous la forme

$$\psi(r,\theta,\phi) = R(r)\,Y_l^m(\theta,\phi).$$

En reportant dans l'équation aux valeurs propres $H\psi = E\psi$ et en utilisant (6.3), on obtient l'équation radiale

$$-\frac{1}{2r}\frac{d^2}{dr^2}(r\,R(r)) + \frac{l(l+1)}{2r^2}R(r) - \frac{Z}{r}R(r) = ER(r). \quad (6.4)$$

A l fixé, l'équation (6.4) possède une infinité dénombrable de solutions normalisées (i.e. telle que $\int_0^{+\infty} r^2\,|R(r)|^2\,dr = 1$). Chacune d'elle peut être caractérisée (à une phase globale près) par un entier $n > l$; la solution $R_{nl}(r)$ est donnée par

---

[2] La base des polynômes de Legendre $P_l(x)$ est l'orthonormalisée de Gramm-Schmidt de la base des monômes $(1, x, x^2, x^3, \cdots)$ pour le produit scalaire usuel de $L^2(-1, 1)$. En fait, l'usage est plutôt d'utiliser le procédé de normalisation consistant à imposer $P_l(1) = 1$. On a ainsi $P_0(x) = 1$, $P_1(x) = x$, $P_2(x) = \frac{1}{2}\left(3x^2 - 1\right)$, et plus généralement (formule de Rodrigues) $P_l(x) = \frac{(-1)^l}{2^l\,l!}\frac{d^l}{dx^l}(1 - x^2)^l.$

$$R_{nl}(r) = Q_{nl}(Zr)\,e^{-Zr}$$

$Q_{nl}(x) = x^l(C_0 + C_1 x + \cdots + C_{n-l-1}x^{n-l-1})$ désignant le polynôme dont les coefficients sont définis par la relation de récurrence

$$C_i = -\frac{2}{n}\frac{n-l-i}{i(2l+i+1)}C_{i-1},$$

C_0 étant déterminé à une phase près par la relation de normalisation. Il lui correspond la valeur propre $E_{nl} = -Z^2/2n^2$ qui est indépendante de l. Soulignons que cette situation est exceptionnelle : si on remplace le potentiel coulombien par un autre potentiel central possédant même décroissance à l'infini et même singularité à l'origine, on obtient qualitativement des résultats similaires, mais l'énergie E_{nl} dépend cette fois-ci effectivement de n et de l.

En tenant compte de cette dégénérescence "accidentelle", on peut reformuler plus clairement les résultats ci-dessus de la façon suivante :
- les valeurs propres de H forment une suite $(E_n)_{n\geq 1}$ définie par

$$E_n = -\frac{Z^2}{2\,n^2}\;;$$

- la valeur propre E_n est de multiplicité n^2 ;
- les n^2 vecteurs

$$\psi_{nlm}(r,\theta,\phi) = Q_{nl}(Zr)e^{-Zr}Y_l^m(\theta,\phi), \qquad 0 \leq l \leq n-1,\ -l \leq m \leq l,$$

définissent une base du sous-espace propre associé à la valeur propre E_n formée de vecteurs propres des opérateurs L^2 et L_z ;
- on a

$$H\psi_{nlm} = E_n\psi_{nlm}, \qquad L^2\psi_{nlm} = l(l+1)\psi_{nlm}, \qquad L_z\psi_{nlm} = m\psi_{nlm}$$

et ψ_{nlm} est l'unique vecteur (à une constante multiplicative près) satisfaisant simultanément ces trois relations : le triplet d'observables (H, L^2, L_z) forme un Ensemble Complet d'Observables qui Commutent (cf. section A.2.2.4).

Les entiers n, l et m sont appelés respectivement *nombre quantique principal*, *nombre quantique azimutal* et *nombre quantique magnétique*. Il est d'usage en chimie de caractériser les fonctions propres ψ_{nlm} par un entier (le nombre quantique principal n) suivi d'une lettre identifiant le nombre quantique azimutal l selon la règle de correspondance

$$l = 0 \longrightarrow s, \qquad l = 1 \longrightarrow p, \qquad l = 2 \longrightarrow d, \qquad l = 3 \longrightarrow f.$$

L'état ψ_{100} est ainsi dénommé 1s, les trois états ψ_{21m} 2p, les cinq états ψ_{32m} 3d, etc.

6.2 Résolution numérique du problème électronique

Dans les sections 6.2.1 à 6.2.5, on raisonne pour fixer les idées sur le modèle de Hartree-Fock sans spin dont on rappelle ici la forme :

$$\inf \left\{ E^{HF}(\varPhi), \quad \varPhi \in \mathcal{W}_N \right\}, \tag{6.5}$$

avec

$$\mathcal{W}_N = \left\{ \varPhi = \{\phi_i\}_{1 \leq i \leq N}, \quad \phi_i \in H^1\left(\mathbb{R}^3\right), \ \int_{\mathbf{R}^3} \phi_i \phi_j = \delta_{ij}, \ 1 \leq i, j \leq N \right\},$$

$$\begin{aligned}
E^{HF}(\varPhi) = \sum_{i=1}^N \frac{1}{2} \int_{\mathbf{R}^3} |\nabla \phi_i|^2 + \int_{\mathbf{R}^3} \rho_\varPhi \, V \\
+ \frac{1}{2} \int_{\mathbf{R}^3} \int_{\mathbf{R}^3} \frac{\rho_\varPhi(x) \, \rho_\varPhi(x')}{|x - x'|} \, dx \, dx' \\
- \frac{1}{2} \int_{\mathbf{R}^3} \int_{\mathbf{R}^3} \frac{|\tau_\varPhi(x, x')|^2}{|x - x'|} \, dx \, dx',
\end{aligned}$$

$$\tau_\varPhi(x, x') = \sum_{i=1}^N \phi_i(x) \, \phi_i(x') \quad \text{et} \quad \rho_\varPhi(x) = \tau_\varPhi(x, x) = \sum_{i=1}^N |\phi_i(x)|^2. \tag{6.6}$$

Soulignons cependant que les mêmes techniques s'appliquent pour les modèles RHF et UHF utilisés en pratique[3]. La résolution numérique des modèles de type Kohn-Sham issus de la théorie de la fonctionnelle de la densité, est discutée brièvement dans la section 6.2.6.

6.2.1 Approximation de Galerkin

Dans toute la suite, on note $\mathcal{M}(m, n)$ l'espace vectoriel des matrices $m \times n$ à coefficients réels. et $\mathcal{M}_S(n)$ l'espace vectoriel des matrices $n \times n$ symétriques à coefficients réels ;

Pour résoudre numériquement un problème de Hartree-Fock, la méthode la plus efficace consiste à utiliser une approximation de Galerkin[4]. Plus précisément, on approche le problème (6.5) par

$$\inf \left\{ E^{HF}(\varPhi), \quad \varPhi \in \mathcal{W}_N(\mathcal{V}) \right\} \tag{6.7}$$

---

[3] Pour le modèle RHF, le formalisme est similaire ; pour le modèle UHF, il faut considérer deux matrices de coefficients C_α et C_β rassemblant les coefficients dans la base d'orbitales atomiques des spin-orbitales de type α et β respectivement.

[4] Voir cependant [140] concernant l'utilisation de méthodes de grilles (différences finies, multigrilles).

avec

$$\mathcal{W}_N(\mathcal{V}) = \left\{ \Phi = \{\phi_i\}_{1 \leq i \leq N}, \quad \phi_i \in \mathcal{V}, \quad \int_{\mathbf{R}^3} \phi_i \phi_j = \delta_{ij}, \quad 1 \leq i,j \leq N \right\},$$

où $\mathcal{V}$ est un sous-espace $H^1(\mathbf{R}^3)$ de dimension finie N_b. Soit $\{\chi_\mu\}_{1 \leq \mu \leq N_b}$ une base de $\mathcal{V}$ et $S \in \mathcal{M}_S(N_b)$ la matrice de recouvrement définie par

$$S_{\mu\nu} = \int_{\mathbf{R}^3} \chi_\mu \chi_\nu.$$

À $\Phi = \{\phi_i\} \in \mathcal{W}_N(\mathcal{V})$, on associe la matrice $C \in \mathcal{M}(N_b, N)$ rassemblant les coefficients des ϕ_i dans la base $\{\chi_\mu\}$:

$$\forall\, 1 \leq i \leq N, \qquad \phi_i(x) = \sum_{\mu=1}^{N_b} C_{\mu i}\, \chi_\mu(x).$$

Les contraintes $\displaystyle\int_{\mathbf{R}^3} \phi_i \phi_j = \delta_{ij}$, s'écrivent alors

$$\delta_{ij} = \int_{\mathbf{R}^3} \phi_i \phi_j = \int_{\mathbf{R}^3} \left(\sum_{\nu=1}^{N_b} C_{\nu i}\chi_\nu \right) \left(\sum_{\mu=1}^{N_b} C_{\mu j}\chi_\mu \right) = \sum_{\mu=1}^{N_b} \sum_{\nu=1}^{N_b} C_{\mu j} S_{\mu\nu} C_{\nu i},$$

soit encore sous forme matricielle

$$C^T S C = I_N,$$

I_N désignant la matrice identité de rang N. Par ailleurs,

$$\sum_{i=1}^{N} \frac{1}{2} \int_{\mathbf{R}^3} |\nabla \phi_i|^2 + \int_{\mathbf{R}^3} \rho_\Phi V = \sum_{i=1}^{N} \left(\frac{1}{2} \int_{\mathbf{R}^3} |\nabla \phi_i|^2 + \int_{\mathbf{R}^3} V|\phi_i|^2 \right)$$

$$= \sum_{i=1}^{N} \left(\frac{1}{2} \int_{\mathbf{R}^3} \left| \nabla \sum_{\mu=1}^{N_b} C_{\mu i}\chi_\mu \right|^2 + \int_{\mathbf{R}^3} V \left| \sum_{\mu=1}^{N_b} C_{\mu i}\chi_\mu \right|^2 \right)$$

$$= \sum_{i=1}^{N} \sum_{\mu=1}^{N_b} \sum_{\nu=1}^{N_b} h_{\mu\nu} C_{\nu i} C_{\mu i}$$

$$= \operatorname{Tr}\left(h C C^T \right),$$

où h désigne la matrice de l'hamiltonien de cœur $-\frac{1}{2}\Delta + V$ dans la base $\{\chi_\mu\}$:

$$h_{\mu\nu} = \frac{1}{2} \int_{\mathbf{R}_3} \nabla\chi_\mu \cdot \nabla\chi_\nu + \int_{\mathbf{R}^3} V\chi_\mu\chi_\nu.$$

En notant

$$(\mu\nu|\kappa\lambda) = \int_{\mathbf{R}^3} \int_{\mathbf{R}^3} \frac{\chi_\mu(x)\chi_\nu(x)\chi_\kappa(x')\chi_\lambda(x')}{|x-x'|} \, dx \, dx',$$

et pour toute matrice $D \in \mathcal{M}(N_b, N_b)$,

$$[J(D)]_{\mu\nu} = \sum_{\kappa,\lambda=1}^{N_b} (\mu\nu|\kappa\lambda)D_{\kappa\lambda}, \qquad [K(D)]_{\mu\nu} = \sum_{\kappa,\lambda=1}^{N_b} (\mu\lambda|\kappa\nu)D_{\kappa\lambda},$$

on obtient de même l'expression des termes de répulsion interélectroniques en fonction de C

$$\int_{\mathbf{R}^3} \int_{\mathbf{R}^3} \frac{\rho_\Phi(x)\,\rho_\Phi(x')}{|x-x'|} \, dx \, dx' = \sum_{\mu,\nu,\kappa,\lambda=1}^{N_b} \sum_{i,j=1}^{N} (\mu\nu|\kappa\lambda)C_{\mu i}C_{\nu i}C_{\kappa j}C_{\lambda j}$$
$$= \mathrm{Tr}\left(J(CC^T)CC^T\right),$$

$$\int_{\mathbf{R}^3} \int_{\mathbf{R}^3} \frac{|\tau_\Phi(x,x')|^2}{|x-x'|} \, dx \, dx' = \sum_{\mu,\nu,\kappa,\lambda=1}^{N_b} \sum_{i,j=1}^{N} (\mu\lambda|\kappa\nu)C_{\mu i}C_{\nu i}C_{\kappa j}C_{\lambda j}$$
$$= \mathrm{Tr}\left(K(CC^T)CC^T\right).$$

On aboutit donc au problème de minimisation

$$\inf\left\{E^{HF}(CC^T), \quad C \in \mathcal{W}_N\right\} \tag{6.8}$$

où

$$E^{HF}(D) = \mathrm{Tr}(hD) + \frac{1}{2}\mathrm{Tr}(J(D)D) - \frac{1}{2}\mathrm{Tr}(K(D)D),$$

et

$$\mathcal{W}_N = \left\{C \in \mathcal{M}(N_b, N), \quad C^T SC = I_N\right\}.$$

Aucune confusion avec le problème de départ (6.5) n'étant à craindre, nous avons conservé par commodité les mêmes notations E^{HF} et $\mathcal{W}_N$ pour désigner l'énergie de Hartree-Fock et l'ensemble de minimisation dans l'approximation de Galerkin (6.8). En posant

$$G(D) = J(D) - K(D),$$

on peut écrire l'énergie de Hartree-Fock sous la forme plus concise

$$E^{HF}(D) = \mathrm{Tr}(hD) + \frac{1}{2}\mathrm{Tr}(G(D)D).$$

Remarquons qu'en raison des symétries du tenseur à quatre indices $(\mu\nu|\kappa\lambda)$, on a pour toutes matrices D et D' de $\mathcal{M}(N_b, N_b)$,

$$\mathrm{Tr}(J(D)D') = \mathrm{Tr}(J(D')D), \qquad \mathrm{Tr}(K(D)D') = \mathrm{Tr}(K(D')D),$$

$$\mathrm{Tr}(G(D)D') = \mathrm{Tr}(G(D')D).$$

Remarquons également que la matrice $D = CC^T$ intervenant dans l'expression (6.8) n'est autre que la représentation dans la base $\{\chi_\mu\}$ de la matrice densité réduite $\tau_\Phi(x, x')$ définie par (6.6)[5]. En effet,

$$\tau_\Phi(x, x') = \sum_{i=1}^{N} \phi_i(x)\phi_i(x') = \sum_{i=1}^{N} \left(\sum_{\mu=1}^{N_b} C_{\mu i}\chi_\mu(x)\right)\left(\sum_{\nu=1}^{N_b} C_{\nu i}\chi_\nu(x')\right)$$

$$= \sum_{\mu,\nu=1}^{N_b} \left(\sum_{i=1}^{N} C_{\mu i}C_{\nu i}\right)\chi_\mu(x)\chi_\nu(x') = \sum_{\mu,\nu=1}^{N_b} D_{\mu\nu}\chi_\mu(x)\chi_\nu(x').$$

Pour cette raison, la matrice $D = CC^T$ est appelée *matrice densité*. Notons enfin qu'il est possible de reformuler le problème de Hartree-Fock discrétisé (6.8) en un problème de minimisation ne faisant intervenir que la matrice densité $D = CC^T$. On montre en fait facilement (exercice 6.2) que

$$\left\{D = CC^T, \quad C \in \mathcal{W}_N\right\} = \left\{D \in \mathcal{M}_S(N_b), \quad DSD = D, \quad \mathrm{Tr}(SD) = N\right\},$$
$$(6.9)$$

$\mathcal{M}_S(N_b)$ désignant l'espace vectoriel des matrices symétriques de taille $N_b \times N_b$. On notera désormais :

$$\mathcal{P}_N = \left\{D \in \mathcal{M}_S(N_b), \quad DSD = D, \quad \mathrm{Tr}(SD) = N\right\}.$$

On voit immédiatement que si $S = I_{N_b}$, autrement dit si la base $\{\chi_\mu\}$ est orthonormale, $\mathcal{P}_N$ n'est autre que l'ensemble des projecteurs orthogonaux de rang N sur $\mathbb{R}^{N_b}$; il s'agit d'une variété grassmannienne, objet bien connu en géométrie différentielle [83]. Le problème de Hartree-Fock discrétisé peut donc s'écrire

$$\inf\left\{E^{HF}(D), \quad D \in \mathcal{P}_N\right\}. \tag{6.10}$$

On se trouve finalement confronté à un problème de minimisation sous contraintes, (6.8) ou (6.10), posé sur un espace de dimension finie; il existe pour résoudre ce problème, toute une batterie de méthodes plus ou moins efficaces, nous en reparlerons à la section 6.2.5.

6.2.2 Bases d'orbitales atomiques

Le choix de l'espace $\mathcal{V}$ va bien évidemment conditionner la qualité du résultat du calcul. Un choix judicieux consiste à prendre un espace $\mathcal{V}$ engendré par une base d'orbitales atomiques (OA). On parle alors d'approximation LCAO (*linear combination of atomic orbitals*).

---

[5] Notons cependant que la matrice dans la base $\{\chi_\mu\}$ de la restriction de l'opérateur densité $\mathcal{D}_\Phi$ à l'espace $\mathcal{V}$ est DS (et non D).

Les bases d'orbitales atomiques fonctionnent selon le principe suivant :

1. A chaque élément chimique A du tableau périodique, on associe une collection $\left\{\xi_\mu^A\right\}_{1\leq\mu\leq n_A}$ de n_A fonctions de $H^1(\mathbb{R}^3)$ linéairement indépendantes : ce sont les orbitales atomiques relatives à l'élément chimique A.

2. Pour effectuer un calcul sur un système moléculaire donné, on construit la base $\{\chi_\mu\}$ en regroupant toutes les orbitales atomiques relatives à tous les atomes du système. Ainsi par exemple, pour résoudre le problème électronique associé à une molécule d'eau H_2O, on prend

$$\{\chi_\mu\} = \left\{\xi_1^H(x - \bar{x}_{H_1}), \cdots, \xi_{n_H}^H(x - \bar{x}_{H_1}); \xi_1^H(x - \bar{x}_{H_2}), \cdots, \xi_{n_H}^H(x - \bar{x}_{H_2}); \right.$$
$$\left. \xi_1^O(x - \bar{x}_O), \cdots, \xi_{n_O}^O(x - \bar{x}_O)\right\},$$

où on a noté $\bar{x}_{H_1}$, $\bar{x}_{H_2}$ et $\bar{x}_O$ les positions respectives dans $\mathbb{R}^3$ des deux noyaux d'Hydrogène et du noyau d'Oxygène. On a donc ainsi pour cet exemple $n = 2n_H + n_O$ fonctions de base.

Une base d'orbitales atomiques correspond à la donnée des $\left\{\xi_\mu^A\right\}_{1\leq\mu\leq n_A}$ pour tous les éléments du tableau périodique[6]. L'ensemble des OA relatives à l'atome A est optimisé de façon à engendrer de bonnes approximations du fondamental et des premiers états excités de l'atome isolé et de petites molécules simples contenant A. Ce qu'il y a de remarquable avec ces bases, c'est qu'un petit nombre d'OA suffit pour obtenir *in fine* une approximation très précise du fondamental Hartree-Fock pour un système moléculaire quelconque. Ainsi la base d'orbitales atomiques gaussiennes 6-311G++(3df,3pd) ne comporte "que" 18 OA pour l'atome d'hydrogène (1 électron), 39 OA pour l'atome de carbone (6 électrons), 47 OA pour l'atome de magnésium (12 électrons). Elle est pourtant considérée comme une base de grande taille à laquelle on n'a recours que si l'on veut un résultat d'une grande précision.

Il est *a priori* tentant de prendre comme OA des orbitales de Slater, c'est-à-dire des fonctions de la forme

$$\xi(r, \theta, \phi) = P(r)Y_l^m(\theta, \phi)e^{-\alpha r} \tag{6.11}$$

où P est un polynôme, $\alpha > 0$ et Y_l^m une harmonique sphérique, puisque les états propres du seul système moléculaire pour lequel on dispose d'expressions analytiques, à savoir l'ion hydrogénoïde, sont précisément de cette forme (cf. section 6.1). Ce sont d'ailleurs des orbitales de Slater qui ont servi aux premiers calculs de chimie quantique.

Il s'avère cependant plus efficace de prendre comme OA des "gaussiennes contractées" soit en d'autres termes des combinaisons linéaires finies de gaussiennes-polynômes :

---

[6] On ne trouve cependant dans les bases de données des codes standard de chimie quantique que les orbitales atomiques correspondant aux éléments chimiques usuels : celui qui veut faire un calcul sur l'Holmium ($Z = 67$) doit lui-même rentrer les caractéristiques des OA relatives à cet atome.

$$\xi(x) = \sum_{k=1}^{d} c_k \, x_1^{n_{1,k}} x_2^{n_{2,k}} x_3^{n_{3,k}} e^{-\alpha_k |x|^2}$$

où les $n_{j,k}$ sont des entiers positifs et les α_k des réels positifs optimisés pour minimiser, avec un certain empirisme, le nombre de degré de liberté dans un calcul LCAO. L'intérêt de telles fonctions est qu'elles se prêtent facilement au calcul des N_b^4 intégrales biélectroniques

$$(\mu\nu|\kappa\lambda) = \int_{\mathbf{R}^3} \int_{\mathbf{R}^3} \frac{\chi_\mu(x)\chi_\nu(x)\chi_\kappa(x')\chi_\lambda(x')}{|x-x'|} \, dx \, dx', \qquad (6.12)$$

qui est l'étape limitante de la méthode Hartree-Fock en termes de temps de calcul. Plus précisément,

1. les quantités (6.12) qui s'expriment *a priori* sous la forme d'intégrales sur $\mathbf{R}^6$ peuvent en fait se ramener à des intégrales sur $[0,1]$ du type

$$F(w) = \int_0^1 e^{-w\,s^2} \, ds$$

lorsque les $\chi_\mu(x) = \xi(x - \bar{x}_k)$ sont des gaussiennes ; ceci fait l'objet de l'exercice 6.3 ;

2. en remarquant que les gaussiennes-polynômes sont engendrées par dérivation à partir des gaussiennes, on peut par intégration par parties établir des relations de récurrence permettant de calculer les intégrales biélectroniques pour des gaussiennes-polynômes de degré d à partir de celles de degré inférieur.

La découverte de cette propriété par Boys [45] a marqué une avancée considérable de la chimie quantique.

La complétude asymptotique des bases d'orbitales atomiques gaussiennes est prouvée au Chapitre 7. Cela signifie qu'on peut approcher l'énergie de Hartree-Fock d'aussi près que l'on veut (par valeur supérieure puisque l'approximation de Galerkin consiste à minimiser la fonctionnelle de Hartree-Fock sur un sous-espace de $\mathcal{W}_N$) en utilisant une base d'orbitales atomiques gaussiennes.

En pratique, plusieurs bases d'orbitales atomiques gaussiennes sont implémentées dans les codes et il appartient à l'utilisateur de sélectionner l'une d'elle lorsqu'il lance un calcul. Le choix de la base sur laquelle on réalise les calculs est une étape clé : il s'agit de trouver un compromis entre temps de calcul et qualité des résultats. A l'heure actuelle, seuls l'intuition et le savoir-faire du chimiste guident ce choix, qui est donc en quelque sorte une concession de l'*ab initio* à l'empirisme. Pour valider le choix effectué, il faudrait pouvoir répondre à la question suivante : une fois calculée l'énergie de Hartree-Fock dans une base donnée, peut-on savoir si on a obtenu une bonne approximation de l'énergie exacte de Hartree-Fock ? Autrement dit, peut-on estimer l'erreur due à l'incomplétude de la base ? La méthode des estimations *a posteriori* développée au Chapitre 7, fournit un majorant de cette erreur.

Remarque 6.3 *Les bases d'OA ne sont pas les seules utilisées en pratique. On utilise aussi dans certains cas des bases d'ondes planes. Ces bases sont en fait adaptées au cas cristallin, pour lequel on travaille sur un borné, la maille cristalline, avec conditions aux bords périodiques (cf. section 9.1). Pour calculer un système moléculaire non cristallin avec des ondes planes, on périodise le système : on place le système physique dans une "maille élémentaire" rectangulaire suffisamment grande pour que les interactions inter-mailles soient négligeables et on construit un cristal fictif en répliquant indéfiniment la maille élémentaire dans les trois dimensions de l'espace.*

6.2.3 Equations de Hartree-Fock discrétisées

Le modèle de Hartree-Fock discrétisé (6.8) revêt la forme d'un problème de minimisation sous contraintes : il s'agit de trouver l'infimum de la fonctionnelle $E : C \mapsto E^{HF}(CC^T)$ sur l'ensemble des $C \in \mathcal{M}(N_b, N)$ qui vérifient les contraintes égalités $J(C) = C^T S C - I_N = 0$ (J est à valeurs dans $\mathcal{M}_S(N)$). Pour établir les équations d'Euler-Lagrange de ce problème, il faut calculer $\nabla E(C)$ et $J'(C)^T$. Un calcul simple (laissé en exercice) montre que pour tout $\Sigma \in \mathcal{M}_S(N)$,

$$J'(C)^T \cdot \Sigma = 2SC\Sigma,$$

et que pour tout $C \in \mathcal{M}(N_b, N)$

$$\nabla E(C) = F\left(CC^T\right) C,$$

où pour tout matrice D

$$F(D) = h + G(D)$$

désigne la *matrice de Fock* associée à D. Les équations d'Euler-Lagrange du problème (6.8) s'écrivent donc

$$\begin{cases} F(D)C = SC\Lambda \\ C^T S C = I_N \\ D = CC^T. \end{cases} \tag{6.13}$$

La matrice $\Lambda \in \mathcal{M}_S(N)$ joue le rôle du multiplicateur de Lagrange de la contrainte $C^T S C = I_N$.

Remarquons maintenant que si C est un point critique de (6.8) et U une matrice orthogonale de $\mathcal{M}(N)$, alors CU est aussi un point critique de (6.8). On peut donc utiliser cette propriété pour diagonaliser la matrice Λ dans (6.13) et en déduire que l'ensemble des points critiques de (6.8) peut être engendré en résolvant le système

$$\begin{cases} F(D)C = SCE \\ C^T S C = I_N \\ D = CC^T \end{cases} \tag{6.14}$$

où $E = \mathrm{Diag}(\epsilon_1, \cdots, \epsilon_N)$ désigne une matrice diagonale. En notant Φ_k la k-ième colonne de C on voit que

$$F(D)\Phi_k = \epsilon_k S \Phi_k, \qquad (6.15)$$

et que (6.14) est donc un problème aux valeurs propres (généralisé) non linéaire. Les équations (6.14) sont parfois appelées *équations de Hartree-Fock-Roothaan-Hall*. Notons bien que résoudre (6.14) fournit seulement *certaines* solutions de (6.8) (ainsi que les minima locaux non globaux, des points selles et des maxima locaux), mais que *toutes* les solutions de (6.8) peuvent être obtenues à partir des solutions de (6.14) en faisant agir sur ces solutions le groupe des matrices orthogonales. Un autre point de vue consiste à dire que parmi les matrices D solutions de (6.14), il y a *toutes* les solutions de (6.10).

6.2.4 Principe *Aufbau*

Nous avons vu dans le chapitre précédent que pour tout minimiseur du problème de Hartree-Fock non discrétisé (5.7), les valeurs propres ϵ_i intervenant dans les équations de Hartree-Fock (5.30) étaient en fait les N plus petites valeurs propres de l'opérateur de Fock. Cette propriété survit à l'approximation LCAO : si C est un minimiseur de (6.8) vérifiant la condition (6.14), les coefficients $(\epsilon_1, \epsilon_2, \cdots, \epsilon_N)$ de la matrice diagonale E sont les N plus petites valeurs propres du problème aux valeurs propres généralisé (6.15). On dit alors que les matrices C et D correspondantes vérifient le principe *Aufbau*. Comme nous le verrons section suivante, cette propriété est largement exploitée dans la construction d'algorithmes SCF. Démontrons-là : soit $C = (\Phi_1|\Phi_2|\cdots|\Phi_{N-1}|\Phi_N)$ un minimiseur de (6.8) vérifiant (6.14) et considérons $C' = (\Phi_1|\Phi_2|\cdots|\Phi_{N-1}|\Phi_a)$ avec $a \in |[N+1, N_b]|$ l'état obtenu en remplaçant une orbitale de C par une autre fonction propre du problème (6.15). Une simple manipulation algébrique conduit à

$$E^{HF}(C'C'^T) - E^{HF}(CC^T) = \epsilon_a - \epsilon_N$$
$$- \frac{1}{2} \int_{\mathbf{R}^3} \int_{\mathbf{R}^3} \frac{|\phi_N(x)\,\phi_a(y) - \phi_N(y)\,\phi_a(x)|^2}{|x-y|} \, dx \, dy$$

où

$$\phi_N(x) = \sum_{\mu=1}^{N_b} [\Phi_N]_\mu \, \chi_\mu(x), \qquad \phi_a(x) = \sum_{\mu=1}^{N_b} [\Phi_a]_\mu \, \chi_\mu(x).$$

Si C est un minimiseur de l'énergie de Hartree-Fock,

$$E^{HF}\left(C'C'^T\right) - E^{HF}\left(CC^T\right) \geq 0.$$

D'où

$$\epsilon_a - \epsilon_N \geq \frac{1}{2} \int_{\mathbf{R}^3} \int_{\mathbf{R}^3} \frac{|\phi_N(x)\,\phi_a(y) - \phi_N(y)\,\phi_a(x)|^2}{|x-y|} \, dx \, dy > 0.$$

On en conclut

- que $(\epsilon_1, \cdots, \epsilon_N)$ sont les N plus petites valeurs propres du problème spectral généralisé (6.15) ;
- qu'il existe un *gap* strictement positif entre la plus haute orbitale moléculaire occupée (*Highest Occupied Molecular Orbital*, HOMO) et la plus basse orbitale moléculaire virtuelle (*Lowest Unoccupied Molecular Orbital*, LUMO).

Remarquons que les équations (6.14) peuvent s'écrire en prenant comme inconnue principale la matrice D, sous la forme

$$[F(D), D] = 0 \qquad (6.16)$$

où la notation $[\cdot, \cdot]$ désigne le "commutateur" défini par $[A, B] = ABS - SBA$.

Nous donnons pour finir une caractérisation utile des matrices D vérifiant les équations (6.14) complétées par le principe *Aufbau* ; cette caractérisation s'écrit (voir exercice 6.4)

$$D = \mathrm{arginf}\left\{\mathrm{Tr}(F(D)D'), \quad D' \in \mathcal{P}_N\right\}. \qquad (6.17)$$

où, comme précédemment,

$$\mathcal{P}_N = \left\{D \in \mathcal{M}_S(N_b), \quad DSD = D, \quad \mathrm{Tr}(SD) = N\right\}.$$

6.2.5 Algorithmes SCF

Les conditions (6.16) et (6.17) incitent à définir deux critères de convergence adaptés à la résolution numérique des équations de Hartree-Fock :
- on dira que la suite $(D_n)_{n \in \mathbf{N}}$ converge numériquement vers une solution des équations de Hartree-Fock si

  (1) $D_{n+1} - D_n \longrightarrow 0$

  (2) $[F(D_n), D_n] \longrightarrow 0$;
- on dira que la suite $(D_n)_{n \in \mathbf{N}}$ converge numériquement vers une solution des équations de Hartree-Fock vérifiant le principe *Aufbau* si

  (1) $D_{n+1} - D_n \longrightarrow 0$

  (2') $\mathrm{Tr}(F(D_n)D_n) - \inf\left\{\mathrm{Tr}(F(D_n)D), \quad D \in \mathcal{P}_N\right\} \longrightarrow 0.$

Algorithme de Roothaan et procédures similaires

L'algorithme "naturel" de résolution de (6.14) est l'algorithme de point fixe suivant : choisir C_0 vérifiant $C_0^T S C_0 = I_N$, poser $D_0 = C_0 C_0^T$ et construire par récurrence une suite $(C_n)_{n \in \mathbf{N}}$ vérifiant

$$\begin{cases} F(D_{n-1})C_n = SC_n E_n, & \text{avec} \qquad E_n = \mathrm{Diag}(\epsilon_1^n, \cdots, \epsilon_N^n) \\ C_n^T S C_n = I_N \\ D_n = C_n C_n^T \end{cases}$$

où $\epsilon_1^n \leq \epsilon_2^n \leq \cdots \leq \epsilon_N^n$ sont les N plus petites valeurs propres de

$$F(D_{n-1})\Phi = \epsilon S\Phi$$

et où les colonnes de C_n sont des vecteurs propres S-orthogonaux associés. Cet algorithme est connu sous le nom d'algorithme de Roothaan [196]. Notons qu'il s'écrit aussi sous la forme compacte (voir exercice 6.4)

$$D_n = \operatorname{arginf}\{\operatorname{Tr}(F(D_{n-1})D), \quad D \in \mathcal{P}_N\}.$$

Cet algorithme fonctionne correctement sur des systèmes chimiques simples (composés de trois ou quatre atomes de la première ligne du tableau périodique : Hydrogène, Carbone, Azote, Oxygène, ...) à condition d'utiliser des bases de petite taille. Toutes les simulations effectuées dans les premiers temps de la chimie computationnelle s'effectuaient dans ce cadre, et c'est la raison pour laquelle l'algorithme de Roothaan a été utilisé pendant une vingtaine d'années sans que cela pose trop de problèmes. Quand les ordinateurs ont permis de faire tourner des calculs plus importants, l'algorithme de Roothaan s'est révélé insuffisant : en général, il ne converge pas. Plusieurs algorithmes ont été proposés pour tenter de remédier à cette situation, qu'on peut classer en deux catégories :

1. les algorithmes consistant, comme celui de Roothaan, à résoudre les équations d'Euler-Lagrange (6.14) par une méthode de point fixe ; c'est la stratégie employée dans la quasi-totalité des codes antérieurs à ce jour ;

2. les algorithmes consistant à résoudre directement le problème d'optimisation sous contrainte (6.8).

Dans la première catégorie, mentionnons l'algorithme de *level-shifting* [201] (voir ci-dessous), l'algorithme de *damping* [233] et surtout l'algorithme DIIS [184], qui est encore à l'heure actuelle le plus utilisé. L'algorithme DIIS converge vite quand il converge mais ne converge pas toujours et converge dans de nombreux cas vers un minimum local non global. Dans la seconde catégorie, citons l'algorithme de *steepest descent* [166] (il s'agit d'une méthode de gradient projeté), l'algorithme de Bacskay [10] (réécriture du problème (6.8) sous la forme d'un problème d'optimisation sans contrainte et mise en œuvre de l'algorithme de Newton), ainsi que ses variantes de type quasi-Newton [69, 87], et l'algorithme de Shepard [209] (méthode de Hessien réduit pour résoudre (6.8)). Les algorithmes de la seconde catégorie convergent toujours vers un minimum local mais ce minimum local est rarement le minimum global pour les systèmes et/ou les bases de grande taille. Tous ces algorithmes sont décrits en détail dans [50], sections 29 et 30.

Au Chapitre 8, nous étudions en détail les propriétés de convergence des algorithmes de Roothaan et de *level shifting*, ce dernier étant défini par

$$\begin{cases} (F(D_{n-1}) - bD_{n-1})\,C_n = SC_nE_n & E_n = \operatorname{Diag}(\epsilon_1^n, \cdots, \epsilon_N^n) \\ C_n^T SC_n = I_N \\ D_n = C_nC_n^T \end{cases}$$

où b est un paramètre strictement positif fixé, où $\epsilon_1^n \leq \epsilon_2^n \leq \cdots \leq \epsilon_N^n$ sont les N plus petites valeurs propres de

$$\left(F(D_{n-1}) - bD_{n-1}\right)\Phi = \epsilon S\Phi,$$

et où les colonnes de C_n sont des vecteurs propres S-orthogonaux associés. Remarquons que l'algorithme de *level shifting* coïncide avec l'algorithme de Roothaan dans le cas limite où $b = 0$.

Comme nous le verrons au Chapitre 8, les performances des algorithmes de Roothaan et de *level shifting* sont loin d'être satisfaisantes.

Algorithmes à contraintes relâchées

La méthode de relaxation des contraintes introduite dans [60, 53] permet de construire une nouvelle catégorie d'algorithmes de résolution du problème de Hartree-Fock. Elle est fondée sur l'observation suivante : le problème

$$\inf\left\{E^{HF}(D),\quad D \in \widetilde{\mathcal{P}}_N\right\} \tag{6.18}$$

avec

$$\widetilde{\mathcal{P}}_N = \{D \in \mathcal{M}_S(N_b),\quad DSD \leq D,\quad \mathrm{Tr}(SD) = N\} \tag{6.19}$$

obtenu à partir du problème (6.10) en remplaçant la containte $DSD = D$ par la contrainte relâchée $DSD \leq D$ a les mêmes mimina locaux que le problème (6.10). Cette propriété, spécifique à l'énergie de Hartree-Fock, se prouve de la façon suivante : on commence par montrer (le faire en exercice) qu'un point critique D du problème

$$\inf\left\{E^{HF}(D),\quad D \in \widetilde{\mathcal{P}}_N\right\}. \tag{6.20}$$

vérifie des équations d'Euler-Lagrange de la forme

$$\begin{cases} F(D)C = SCE, \qquad E = \mathrm{Diag}(\epsilon_1, \cdots, \epsilon_{N_b}) \\ C^T SC = I_{N_b} \\ D = C\Delta C^T, \qquad \Delta = \mathrm{Diag}(n_1, \cdots, n_{N_b}) \\ n_i = 0 \quad \text{si} \quad \epsilon_i > \epsilon_F \\ n_i = 1 \quad \text{si} \quad \epsilon_i < \epsilon_F \\ 0 \leq n_i \leq 1 \quad \text{si} \quad \epsilon_i = \epsilon_F \\ \displaystyle\sum_{i=1}^{N_b} n_i = N \end{cases}$$

où ϵ_F est un paramètre réel appelé *niveau de Fermi*, que l'on peut voir comme le multiplicateur de Lagrange de la contrainte $\mathrm{Tr}(SD) = N$. D'un point de vue physique, n_i représente le *nombre d'occupation* de l'orbitale moléculaire Φ_i, Φ_i désignant le i-ème vecteur colonne de la matrice C (qui est ici de taille $N_b \times N_b$ et forme donc une base S-orthonormée de l'espace de discrétisation).

L'état électronique défini par la matrice D comprend donc potentiellement des orbitales totalement occupées ($n_i = 1$), des orbitales partiellement occupées ($0 < n_i < 1$), et des orbitales virtuelles ($n_i = 0$).

Supposons maintenant que le point critique D n'appartienne pas à $\mathcal{P}_N$, autrement dit qu'il ne vérifie pas les contraintes $DSD = D$. Cela se traduit par le fait qu'il existe au moins deux orbitales moléculaires $\Phi \in \mathbb{R}^{N_b}$ et $\Phi' \in \mathbb{R}^{N_b}$ de même énergie ϵ_F, partiellement occupées ; on note n et n' leurs nombres d'occupations (n et n' sont dans l'intervalle ouvert $]0,1[$). Il est alors facile de voir que si l'on transfère δn électrons de Φ à Φ', ce qui revient à remplacer D par la matrice

$$D' = D + \delta n \left(\Phi'\Phi'^T - \Phi\Phi^T \right),$$

qui appartient bien à $\widetilde{\mathcal{P}}_N$ si $|\delta n|$ est suffisamment petit, on obtient la variation d'énergie

$$\Delta E = E(D') - E(D) = -\frac{\delta n^2}{2} \int_{\mathbf{R}^3} \int_{\mathbf{R}^3} \frac{|\phi(x)\,\phi'(y) - \phi(y)\,\phi'(x)|^2}{|x-y|}\, dx\, dy < 0,$$

où $\phi(x) = \sum_{\mu=1}^{N_b} \Phi_\mu \chi_\mu(x)$ et $\phi'(x) = \sum_{\mu=1}^{N_b} \Phi'_\mu \chi_\mu(x)$. Il en résulte donc que tout minimiseur local du problème (6.18) appartient en fait à $\mathcal{P}_N$ et est donc un minimiseur local du problème de Hartree-Fock (6.10).

La supériorité de la formulation (6.18) sur la formulation (6.10) est que l'ensemble $\widetilde{\mathcal{P}}_N$ sur lequel on minimise est convexe.

Les algorithmes cherchant à résoudre (6.18) plutôt que (6.8) ou (6.10) sont regroupés sous le vocable *Relaxed Constrained Algorithms* (RCA). L'*Optimal Damping Algorithm* (ODA), introduit dans [60], est l'algorithme RCA le plus simple ; il s'apparente à une méthode de gradient à pas optimal et s'écrit

$$\begin{cases} F(\widetilde{D}_n)C_{n+1} = SC_{n+1}E_{n+1} \\ C_{n+1}^T S C_{n+1} = I_N \\ D_{n+1} = C_{n+1}C_{n+1}^T \\ \widetilde{D}_{n+1} = \arg\inf\left\{ E^{HF}(\widetilde{D}), \quad \widetilde{D} \in \mathrm{Seg}[\widetilde{D}_n, D_{n+1}] \right\}. \end{cases} \tag{6.21}$$

où $\mathrm{Seg}[\widetilde{D}_n, D_{n+1}] = \left\{ (1-\lambda)\widetilde{D}_n + \lambda D_{n+1},\ \lambda \in [0,1] \right\}$. Comme E^{HF} comporte deux termes dont l'un est linéaire et l'autre quadratique en la matrice densité, la dernière ligne de (6.21) consiste simplement à minimiser un polynôme du second ordre en λ sur $[0,1]$, ce qui peut bien sûr être fait analytiquement à moindre coût. L'algorithme est initialisé en choisissant un point de départ $D_0 \in \mathcal{P}_N$ et en posant $\widetilde{D}_0 = D_0$.

L'algorithme ODA engendre donc deux suites de matrices :
- la suite principale $(D_n)_{n\in\mathbb{N}}$ dont les éléments sont des matrices densité admissibles (appartenant à $\mathcal{P}_N$) ;
- une suite secondaire $(\widetilde{D}_n)_{n\geq 1}$ de pseudo-matrices densité dont les éléments sont dans $\widetilde{\mathcal{P}}_N$ (de par la convexité de cet ensemble).

Notons que pour tout $D' \in \mathcal{P}_N$, et pour tout $\lambda \in [0,1]$,

$$E^{HF}(\widetilde{D}_n + \lambda(D' - \widetilde{D}_n)) = E^{HF}(\widetilde{D}_n) + \lambda \mathrm{Tr}\, (F(\widetilde{D}_n) \cdot (D' - \widetilde{D}_n))$$
$$+ \frac{\lambda^2}{2} \mathrm{Tr}\, \left(G(D' - \widetilde{D}_n) \cdot (D' - \widetilde{D}_n) \right).$$

La direction de plus forte pente correspond au minimiseur de

$$\inf \left\{ \mathrm{Tr}\, (F(\widetilde{D}_n)(D' - \widetilde{D}_n)),\ D' \in \mathcal{P}_N \right\},$$

autrement dit de

$$\inf \left\{ \mathrm{Tr}\, (F(\widetilde{D}_n)D'),\ D' \in \mathcal{P}_N \right\}.$$

Ce minimiseur est précisément la matrice densité D_{n+1} définie par (6.21). C'est en ce sens que l'algorithme ODA peut s'interpréter comme un algorithme de gradient à pas optimal.

Le coût d'une itération ODA est sensiblement équivalent à celui d'une itération de l'algorithme de Roothaan, l'étape de recherche linéaire étant quasiment gratuite. L'analyse de convergence qui fait l'objet de l'exercice 8.3 fournit le résultat suivant :

Théorème 6.4 *Soit $D_0 \in \mathcal{P}_N$ un initial guess tel que la suite $(\widetilde{D}_n)_{n\in\mathbb{N}}$ engendrée par l'algorithme ODA soit telle qu'il existe $\gamma > 0$ tel que*

$$\widetilde{\epsilon}_{N+1}^n - \widetilde{\epsilon}_N^n \geq \gamma \tag{6.22}$$

où $\widetilde{\epsilon}_k^n$ désigne la k-ième valeur propre du problème spectral généralisé $F(\widetilde{D}_{n-1})\Phi = \epsilon S\Phi$. Alors
- *la suite $\left(E^{HF}(\widetilde{D}_n) \right)_{n\in\mathbb{N}}$ décroît vers une valeur stationnaire de l'énergie de Hartree-Fock ;*
- *la suite $(D_n)_{n\in\mathbb{N}}$ converge numériquement vers une solution des équations de Hartree-Fock vérifiant le principe Aufbau.*

Bien que rien ne garantisse sur un plan théorique que le minimum obtenu soit un minimum global (en fait tout minimum local est un point fixe de l'algorithme), les tests numériques montrent que pour les choix usuels de D_0 (obtenus souvent par diagonalisation de l'Hamiltonien de cœur h ou par le calcul de l'état fondamental d'un modèle semi-empirique de type Hückel), l'algorithme ODA converge vers ce qui semble être le minimum global de l'énergie de Hartree-Fock. Le tableau ci-dessous reproduit des résultats numériques représentatifs : le premier système considéré (CH_3-NH-CH=CH-NO_2) est une molécule organique standard, le second (Cr_2) et le troisième ($[Fe(H_2O)_6]^{2+}$) contiennent des éléments métalliques (Chrome et Fer) pour lesquels les algorithmes SCF rencontrent généralement des difficultés (comme en témoignent les calculs effectués sur ces atomes, voir figure 8.2). La deuxième colonne fournit l'énergie totale du point de départ D_0, les deuxième et troisième colonnes, celles obtenues à la convergence avec les algorithmes DIIS et ODA respectivement ; ces trois énergies sont en Hartree. La quatrième colonne reproduit la différence d'énergie entre le résultat obtenu avec DIIS (algorithme par défaut dans quasiment tous les codes antérieurs à 2002) et celui obtenu avec ODA en kcal/mol (une liaison covalente CH a une énergie de l'ordre de 100 kcal/mol). On voit que l'erreur commise par DIIS est loin d'être négligeable puisqu'elle est parfois comparable à l'énergie de liaison d'un ou plusieurs atomes.

Système	$E^{HF}(D_0)$	Min DIIS	Min ODA	ΔE (kcal/mol)
CH_3–NH–CH=CH–NO_2 base 6-31G	−374.0038 −322.2373	−375.3869 Ne CV pas	−375.3869 −375.3869	0 Non défini
Dichrome Cr_2, base 6-31G	−2069.5400 −2051.4339	−2085.5449 −2085.4042	−2085.8060 −2085.8060	163.71 251.93
Ion $[Fe(H_2O)_6]^{2+}$, 178 fonctions de base	−1700.7596 −1538.7283	−1717.8928 −1717.7355	−1718.0151 −1718.0151	76.68 175.31

Comparaison des algorithmes ODA et DIIS. Les énergies du point de départ D_0 (deuxième colonne), du minimum obtenu par l'algorithme DIIS (troisième colonne), et de celui obtenu par ODA (quatrième colonne) sont en unités atomiques. La différence d'énergie entre les deux minima est exprimée en kcal/mol (une liaison covalente : ~ 100 kcal/mol, une liaison hydrogène : ~ 5 kcal/mol).

Pour accélérer l'algorithme ODA, il est naturel de garder en mémoire la suite des itérés D_0, D_1, ..., D_{n+1} (ou tout au moins une partie d'entre eux), et de remplacer la minimisation sur le segment $\text{Seg}[\widetilde{D}_n, D_{n+1}]$ intervenant dans ODA par une minimisation sur le simplexe formé par les $(D_i)_{0 \leq i \leq n+1}$. La procédure ainsi obtenue constitue l'algorithme EDIIS pour *Energy Direct Inversion in the Iterative Subspace* :

$$\begin{cases} F(\widetilde{D}_n)C_{n+1} = SC_{n+1}E_{n+1} \\ C_{n+1}^T SC_{n+1} = I_{N_p} \\ D_{n+1} = C_{n+1}C_{n+1}^T \\ \widetilde{D}_{n+1} = \arg\inf\left\{ E^{HF}(\widetilde{D}),\ \widetilde{D} = \sum_{i=0}^{n+1} c_i D_i,\ 0 \le c_i \le 1,\ \sum_{i=0}^{n+1} c_i = 1 \right\}. \end{cases}$$

$$(6.23)$$

Cet algorithme s'inspire de l'algorithme DIIS dont il a été fait mention ci-dessus à ceci près que dans DIIS les coefficients $\{c_i^{opt}\}$ sont obtenus en minimisant le résidu

$$\left\| \sum_{i=0}^{n+1} c_i [F(D_i), D_i] \right\|^2$$

sous la contrainte $\sum_{i=0}^{n+1} c_i = 1$ (dans l'algorithme DIIS, l'extrapolation - i.e. les combinaisons linéaires non convexes des D_i - est théoriquement autorisée mais on constate en pratique que DIIS n'est efficace que lorsque les combinaisons linéaires sont convexes).

Les tests numériques montrent que l'algorithme EDIIS converge plus vite que ODA mais souvent moins vite que DIIS. En revanche, il arrive fréquemment que DIIS converge vers une mauvaise solution (un minimum local non global, voire un point selle) ou ne converge pas, alors que EDIIS converge inconditionnellement vers un minimum local. Notons que l'analyse numérique de l'algorithme DIIS (défaut de convergence dans certains cas, rapidité dans d'autres cas) reste à faire.

Quand on résout numériquement un problème de Hartree-Fock, l'étape limitante réside comme on l'a dit précédemment dans l'assemblage de la matrice de Fock à chaque itération. On peut choisir, ou bien de calculer une fois pour toutes les intégrales biélectroniques (6.12) et de les stocker (sur disque pour les systèmes moléculaires de grande taille), ou bien de ne pas les stocker et de les recalculer chaque fois qu'on en a besoin (on parle dans ce cas de *méthode directe*). Dès que la taille du système est assez importante (typiquement quelques dizaines ou quelques centaines d'atomes selon les machines), on choisit en général la deuxième solution qui s'avère plus économique en termes de temps de calcul : il est en effet plus rapide de calculer une intégrale biélectronique pour des gaussiennes-polynômes que d'effectuer une lecture sur disque. La diagonalisation de la matrice de Fock s'effectue en général par une méthode QR [79] mais des méthodes de Krylov sont implémentées dans certains codes. La complexité algorithmique d'un calcul Hartree-Fock est donc théoriquement en $N_I \times N_b^4$ (N_b désignant le nombre d'OA prises en compte dans le calcul, et N_I le nombre d'itérations SCF, de l'ordre de la dizaine pour les calculs courants). Notons cependant que pour les systèmes de grande taille, la complexité algorithmique de l'assemblage de la matrice de Fock n'est pas en N_b^4 mais plutôt en N_b^2 asymptotiquement : du fait du caractère localisé des OA (une gaussienne-polynôme est numériquement à support compact) beaucoup d'intégrales biélectroniques $(\mu\nu|\kappa\lambda)$ peuvent être considérées comme nulles.

Remarque 6.5 *Un axe de recherche important consiste à rechercher des méthodes de résolution dont la complexité algorithmique soit en $O(N_b)$, d'une part en assemblant les matrices de Fock par des algorithmes rapides (Fast Multipole Methods [97, 204] par exemple), et d'autre part en utilisant une alternative à la diagonalisation pour calculer directement la matrice densité issue du principe Aufbau sans passer par le calcul des N orbitales moléculaires de plus basse énergie. Ces questions numériques sont évoquées à la section 11.1 (voir aussi la section 6.5).*

Signalons pour terminer cette section que le choix de l'état initial D_0 est une étape importante car elle conditionne la vitesse de convergence voire la convergence elle-même de l'algorithme. Il existe plusieurs techniques pour effectuer ce choix. En général, on utilise une fonction d'onde obtenue par une méthode semi-empirique, ou, au cours d'un processus d'optimisation de géométrie, le résultat final du calcul électronique pour les positions des noyaux de l'itération précédente. Les codes de chimie quantique donnent également la possibilité de démarrer l'algorithme avec $F(D_0) = h$, ce qui revient à prendre comme état initial un état dans lequel les électrons sont dispersés à l'infini.

Le Chapitre 8 consiste en une étude des algorithmes de Roothaan et de *level-shifting* pour la résolution des équations de Hartree-Fock. On y établit notamment que

1. génériquement, l'algorithme de Roothaan a le comportement suivant : ou bien il converge vers une valeur stationnaire de l'énergie ou bien il conduit à une oscillation entre deux états dont aucun n'est solution des équations de Hartree-Fock ;

2. pour un *shift b* assez grand, dépendant de la donnée initiale, l'algorithme de *level-shifting* converge vers une valeur stationnaire de l'énergie.

L'analyse numérique de l'algorithme d'*optimal damping* (ODA) fait l'objet du problème 8.3.

6.2.6 Extension aux modèles DFT

Le modèle de Kohn-Sham (1.17) ayant une parentée certaine (du moins formellement) avec le modèle de Hartree-Fock (6.5), les méthodes numériques utilisées pour résoudre ces deux problèmes sont *grosso modo* les mêmes (approximation de Galerkin par développement sur une base, cf. sections 6.2.1 et 6.2.2, puis mise en oeuvre d'un algorithme SCF, cf. section 6.2.5). Il faut toutefois souligner quelques différences :

   – dans le cadre Kohn-Sham, on doit projeter la densité sur une grille pour calculer la composante d'échange-corrélation $E_{xc}(\rho)$ alors que dans le

cadre Hartree-Fock, l'assemblage de la matrice de Fock se fait sans grille, en tirant parti des propriétés des gaussiennes-polynômes;
- on constate numériquement que l'algorithme de Roothaan se comporte sur le modèle de Kohn-Sham comme il se comporte sur le modèle de Hartree-Fock (convergence ou oscillation entre deux états), mais ceci n'est pas prouvé mathématiquement. De même, l'algorithme de *level shifting* s'avère converger pour des paramètres de *shift* assez grands, mais lentement et souvent vers des points critiques de l'énergie de Kohn-Sham qui ne sont pas des minima locaux. Enfin, la propriété de l'énergie de Hartree-Fock qui fait que tout minimum local de (6.18) est un mimimum local de (6.10) n'est pas vérifiée pour l'énergie de Kohn-Sham (avec les choix usuels de fonctionnelles d'échange-corrélation approchées). En revanche, des raisons physiques qu'il serait trop long de décrire ici (voir par exemple [50], Section 15), justifient le fait de remplacer le modèle de Kohn-Sham par un modèle "à contraintes relâchées", appelé *modèle de Kohn-Sham étendu*, dont les solutions peuvent être calculées par les algorithmes RCA. La complexité algorithmique d'un calcul Kohn-Sham est essentiellement la même que celle d'un calcul Hartree-Fock.

Signalons que parallèlement aux méthodes LCAO ou ondes planes qui sont de loin les plus employées, des méthodes de différences finies utilisant des techniques de type multigrilles ou maillages composites ont été récemment testées avec succès sur la résolution d'équations de Kohn-Sham LDA.

6.2.7 Compléments - Méthodes post Hartree-Fock

Pour calculer une partie de l'énergie de corrélation et améliorer ainsi le résultat obtenu par le modèle de Hartree-Fock, on peut utiliser plusieurs types de méthodes :
- les méthodes de perturbation;
- les méthodes d'interactions de configurations;
- les méthodes de multidéterminants.

6.2.7.1 Méthode de perturbation de Møller-Plesset

La méthode de perturbation de Møller-Plesset est une application directe mais originale de la méthode standard des perturbations, qui est un outil incontournable en mécanique quantique et que nous décrivons ici en quelques lignes.

Considérons un système quantique isolé décrit par l'hamiltonien H_0 et ψ_0 un état propre de H_0 d'énergie E_0. Soumettons ce système à une perturbation extérieure modélisée par un hamiltonien d'interaction noté $\mathcal{V}$, le système perturbé étant alors décrit par l'hamiltonien $H = H_0 + \mathcal{V}$. On cherche un état propre ψ de H "voisin" de ψ_0 d'énergie E "voisine" de E_0. Pour l'obtenir, on cherche une solution $(\psi(\lambda), E(\lambda))$ de l'équation

$$(H_0 + \lambda \mathcal{V})\psi(\lambda) = E(\lambda)\psi(\lambda), \tag{6.24}$$

pour $\lambda \in \mathbb{R}$, sous la forme $\psi(\lambda) = \sum_{n=0}^{+\infty} \lambda^n \psi_n$, $E(\lambda) = \sum_{n=0}^{+\infty} \lambda^n E_n$. En reportant ces expressions dans l'équation (6.24) et dans la condition de normalisation $\|\psi(\lambda)\| = 1$, on obtient pour tout $n \in \mathbb{N}^*$

$$(RS_n) \begin{cases} (H_0 - E_0) \cdot \psi_n = E_n \psi_0 + f_n \\ (\psi_0, \psi_n) = \alpha_n \end{cases}$$

où f_n et α_n ne dépendent que des $\{\psi_k\}_{0 \leq k \leq n-1}$ et des $\{E_k\}_{0 \leq k \leq n-1}$. Lorsque le système triangulaire (RS), défini comme l'union des systèmes (RS_n), a une solution et une seule, on obtient ainsi deux séries formelles en λ,

$$\sum_{n=0}^{+\infty} \lambda^n \psi_n \qquad \text{et} \qquad \sum_{n=0}^{+\infty} \lambda^n E_n$$

appelées *séries de Rayleigh-Schrödinger*. Si ces deux séries ont, par exemple, un rayon de convergence strictement supérieur à 1, il est clair que $\psi = \psi(1) = \sum_{n=0}^{+\infty} \psi_n$ et $E = E(1) = \sum_{n=0}^{+\infty} E_n$ vérifient

$$H\psi = E\psi,$$

c'est-à-dire fournissent un état propre de l'hamiltonien perturbé ainsi que son énergie. En pratique, on ne calcule que les k premiers termes des séries de Rayleigh-Schrödinger ; on dit alors qu'on a mis en oeuvre la méthode des perturbation à l'ordre k.

Les fondements mathématiques de la théorie des perturbations des opérateurs linéaires se trouvent notamment dans l'ouvrage de référence de Kato [116].

La méthode de Møller-Plesset consiste à appliquer la technique ci-dessus à la recherche de l'énergie fondamentale de l'hamiltonien électronique H_e (cf. Chapitre 1 pour les notations) à partir de l'estimation obtenue par la méthode de Hartree-Fock. Plus précisément, on se place dans l'espace $\mathcal{H}_e$ et on pose

$$H := H_e \qquad \text{et} \qquad H_0 := \sum_{i=1}^{N} \mathcal{F}(\mathcal{D})_{x_i},$$

où $\mathcal{F}(\mathcal{D})$ est l'opérateur de Fock associé au fondamental Hartree-Fock $\mathcal{D}$. La perturbation $\mathcal{V}$ est donc ici définie par

$$\mathcal{V} = \sum_{1 \leq i < j \leq N} \frac{1}{|x_i - x_j|} - \sum_{i=1}^{N} \mathcal{G}(\mathcal{D})_{x_i}.$$

Soit maintenant ψ_0 le déterminant de Slater associé à l'opérateur densité $\mathcal{D}$. On a

$$H_0 \psi_0 = E_0 \, \psi_0$$

avec $E_0 = -\sum_{i=1}^{N} \epsilon_i$, les $-\epsilon_i$ désignant les N plus petites valeurs propres de l'opérateur de Fock $\mathcal{F}(\mathcal{D})$ en tenant compte des multiplicités (cf. section 6.2.5) : ψ_0 est donc le fondamental dans $\mathcal{H}_e$ de l'opérateur H_0. Tous les éléments sont réunis pour mettre en oeuvre la méthode des perturbations, qui, on peut l'espérer, fournira le fondamental de l'équation de Schrödinger électronique. En pratique, on ne calcule que la suite des énergies et on définit la méthode de Møller-Plesset à l'ordre n, notée MPn, comme étant la méthode de calcul de l'énergie

$$E^{MPn} = \sum_{k=0}^{n} E_k.$$

On retrouve à l'ordre 1 l'énergie de Hartree-Fock. En effet

$$E^{MP1} = E_0 + E_1 = E_0 + \langle \psi_0, \mathcal{V}\psi_0 \rangle = -\sum_{i=1}^{N} \epsilon_i + \frac{1}{2}\mathrm{Tr}(\mathcal{G}(\mathcal{D})\mathcal{D}) = E^{HF}.$$

A l'ordre 2, on obtient

$$E^{MP2} = E_0 + E_1 + E_2 = E^{HF} - \langle \psi_0, \mathcal{V}(H_0 - E_0)^{-1} Q \mathcal{V}\psi_0 \rangle,$$

Q désignant le projecteur $I - |\psi_0\rangle\langle\psi_0|$.

Lors de la résolution du problème de Hartree-Fock sous l'approximation LCAO, on obtient en diagonalisant la matrice de Fock $F(D) \in \mathcal{M}(N_b, N_b)$ en le fondamental D, N spin-orbitales *occupées* (en ce sens que la solution est obtenue en calculant le déterminant de Slater de ces N spin-orbitales) et $N_b - N$ spin-orbitales *virtuelles*. De plus, si l'algorithme de résolution utilise le principe *aufbau* (cf. section 6.2.5), les N spin-orbitales occupées sont celles de plus basses énergies. Un déterminant de Slater construit à l'aide de k orbitales virtuelles et $N - k$ orbitales occupées est appelé une *configuration excitée* ou plus spécifiquement *k-excitation* du fondamental Hartree-Fock.

Le terme E_2 s'évalue facilement dans l'approximation LCAO par *sum over states*, car parmi les états propres de H_0, qui sont les déterminants de Slater construits à partir des fonctions propres de $F(D)$, seuls ceux correspondant à une diexcitation du fondamental Hartree-Fock ont une contribution non nulle. On obtient plus précisément après calculs [106, 167, 195]

$$E_2 = \sum_{i,j=1}^{N} \sum_{a,b=1}^{N_b-N} \frac{|\langle \psi_{i,j \to a,b}, \mathcal{V}\,\psi_0 \rangle|^2}{\epsilon_i + \epsilon_j - \epsilon_a - \epsilon_b} = \sum_{i,j=1}^{N} \sum_{a,b=1}^{N_b-N} \frac{(ij||ab)}{\epsilon_i + \epsilon_j - \epsilon_a - \epsilon_b},$$

où on a noté $\psi_{i,j \to a,b}$ la diexcitation obtenue en remplaçant dans le fondamental Hartree-Fock les spin-orbitales occupées ϕ_i et ϕ_j par les spin-orbitales virtuelles ϕ_a et ϕ_b. La définition des intégrales biélectroniques $(ij||ab)$ dépend

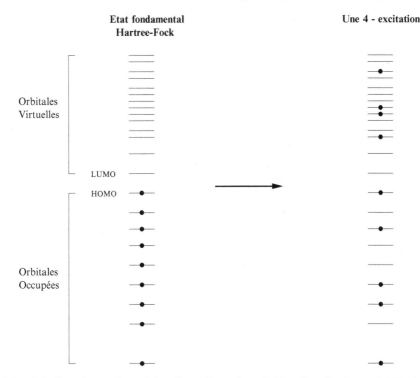

Fig. 6.2. Représentation schématique d'une 4-excitation d'un fondamental Hartree-Fock sans spin.

du modèle de Hartree-Fock considéré. Pour le modèle de Hartree-Fock sans spin, on a par exemple

$$(ij||ab) = (ij|ab) - (ib|aj) = \int_{\mathbf{R}^3} \int_{\mathbf{R}^3} \frac{\phi_i(x)\phi_j(x)\phi_a(x')\phi_b(x')}{|x - x'|} \, dx \, dx'$$

$$- \int_{\mathbf{R}^3} \int_{\mathbf{R}^3} \frac{\phi_i(x)\phi_b(x)\phi_a(x')\phi_j(x')}{|x - x'|} \, dx \, dx'.$$

On peut écrire de même les formules de Møller-Plesset à un ordre quelconque, mais leur mise en oeuvre nécessite des calculs de plus en plus lourds. En pratique, on utilise surtout les approximations MP2, MP3 et MP4 (Møller-Plesset d'ordre 2, 3 et 4), dont la complexité algorithmique est respectivement $O(N_b^5)$, $O(N_b^6)$ et $O(N_b^7)$.

6.2.7.2 Méthode des interactions de configurations

Partant du fondamental du problème de Hartree-Fock sous l'approximation LCAO, on cherche une meilleure fonction d'onde sous la forme d'une combinaison linéaire du fondamental Hartree-Fock ψ_0 et des déterminants de Slater

ψ_s, ψ_d, ψ_t, ψ_q, ... obtenus par mono-, di-, tri-, quadri-, ... excitation de ψ_0 :

$$\psi_e = c_0\psi_0 + \sum_s c_s\psi_s + \sum_d c_d\psi_d + \sum_t c_t\psi_t + \sum_q c_q\psi_q + \cdots$$

et en optimisant les coefficients c_* par méthode variationnelle. Quand on prend effectivement en compte toutes les configurations excitées (il y en a $\frac{N_b!}{N!(N_b-N)!}$), on parle de *full CI*. Le résultat numérique obtenu par *full CI* est le meilleur résultat (i.e. celui qui donne la plus basse énergie) qu'on puisse obtenir avec la base d'OA choisie. En pratique un calcul *full CI* est souvent trop lourd et on se limite à considérer les $N(N_b-N)$ mono-excitations (méthode *CIS*), ou les $N_b(N_b - N)$ mono- et les $\frac{N(N-1)(N_b-N)(N_b-N-1)}{4}$ di-excitations (méthode *CISD*), parfois les $N_b(N_b - N)$ mono-, les $\frac{N(N-1)(N_b-N)(N_b-N-1)}{4}$ di- et les $\frac{N(N-1)(N-2)(N_b-N)(N_b-N-1)(N_b-N-2)}{36}$ tri-excitations (méthode *CISDT*).

La méthode de *coupled cluster* constitue une variante de la méthode d'interaction de configurations permettant de déterminer les coefficients c_* par une technique alternative à la méthode variationnelle, basée sur le développement en série de l'exponentielle dans un formalisme de seconde quantification (voir [108] pour plus de détails). Contrairement à la méthode d'interaction de configurations, la méthode de *coupled cluster* ne fournit pas nécessairement une approximation par excès de l'énergie exacte, mais possède en revanche une propriété d'extensivité : l'énergie d'un système AB formé de deux sous-systèmes A et B *non interagissant* doit être égale à la somme des énergies des sous-systèmes A et B ; c'est le cas pour l'approximation *coupled cluster* mais pas pour l'énergie obtenue par une méthode interaction de configuration tronquée CIS, CISD, CISDT, ... (cette propriété n'est recouvrée que pour l'énergie *full CI*).

Etant donné qu'un calcul Hartree-Fock (un seul déterminant) permet déjà d'obtenir entre 90 et 95% du résultat exact, on pourrait penser qu'on améliore fortement le résultat par interactions de configurations. Or pour des systèmes de grande taille (plusieurs centaines d'électrons), il faut souvent prendre en compte plusieurs millions de configurations excitées pour améliorer de 1% le résultat Hartree-Fock.

6.2.7.3 Méthode des multidéterminants

La méthode des multidéterminant, plus connue en chimie sous le nom de méthode MCSCF (*multiconfiguration self-consistent field*) [107, 208, 225], consiste à minimiser l'énergie électronique sur les fonctions d'onde ψ_e qui s'écrivent comme somme de d déterminants de Slater (d étant un entier donné). Autrement dit, la méthode à d déterminants s'écrit (dans un formalisme sans spin)

$$\inf \left\{ \langle \psi_e, H_e \psi_e \rangle, \quad \psi_e = \sum_{i=1}^{d} c_k \det(\phi_i^k(x_j)), \quad \Phi^k = \{\phi_i^k\} \in \mathcal{W}_N, \ \|\psi_e\| = 1 \right\}. \tag{6.25}$$

On retrouve Hartree-Fock pour $d = 1$. Par ailleurs la méthode des multidéterminants "converge" vers la solution exacte du problème électronique (1.3) car toute fonction d'onde $\psi_e \in \mathcal{H}_e$ peut s'écrire sous la forme

$$\psi_e(x_1, \cdots, x_N) = \sum_{k=1}^{+\infty} c_k \det \left(\phi_i^k(x_j) \right),$$

où pour tout $k \in \mathbb{N}^*$, $\Phi^k := \{\phi_i^k\} \in \mathcal{W}_N$.

La méthode des multidéterminants a été étudiée d'un point de vue mathématique par Lewin [143] (suite à des travaux de Le Bris [136] et Friesecke [90]).

Contrairement aux méthodes d'interactions de configurations, dans lesquelles on cherche d'abord les Φ^k par un calcul Hartree-Fock, puis les c_k par méthode variationnelle ou par méthode de *coupled cluster*, on optimise simultanément les Φ^k et les c_k dans un calcul MCSCF. La résolution numérique du problème (6.25) se fait généralement par boucles imbriquées, la boucle interne portant sur l'optimisation des Φ^k, la boucle externe sur celle des c_k, mais on peut aussi optimiser simultanément les Φ^k et les c_k [227, 209].

6.3 Optimisation de géométrie

Le problème de l'optimisation de géométrie (cf. section 1.2) est un problème de minimisation dans $\mathbb{R}^{3M}$ qui s'écrit sous la forme générale

$$\inf \left\{ W(\bar{x}_1, \cdots, \bar{x}_M), \quad (\bar{x}_1, \cdots, \bar{x}_M) \in \mathbb{R}^{3M} \right\}, \tag{6.26}$$

où $W(\bar{x}_1, \cdots, \bar{x}_M)$ désigne la somme de l'énergie de répulsion coulombienne entre les noyaux $\sum_{1 \leq k < l \leq M} \frac{z_k z_l}{|\bar{x}_k - \bar{x}_l|}$ et de l'énergie électronique fondamentale $U(\bar{x}_1, \cdots, \bar{x}_M)$ correspondant aux positions $(\bar{x}_1, \cdots, \bar{x}_M)$ des noyaux, définie par (1.2) et évaluée par l'une des méthodes d'approximation présentées précédemment.

D'un point de vue théorique, le problème de l'existence d'un minimum pour le problème (6.26) a été résolu pour quelques modèles simples d'énergie électronique. Le premier résultat concerne le modèle de Thomas-Fermi et est connu sous le nom de *no-binding theorem* [218, 154]. Il énonce qu'on ne peut pas lier les atomes entre eux, ni donc en particulier former des molécules stables, avec le modèle de Thomas-Fermi. Catto et Lions ont montré par la suite l'existence d'un minimum pour les systèmes neutres (i.e. la "stabilité" de la matière) pour les modèles de Thomas-Fermi-von Weiszäcker, de Thomas-Fermi-Dirac-von

Weiszäcker et de Hartree [61]. La question de l'existence d'un minimum pour les modèles de Hartree-Fock et de Kohn-Sham demeure toujours en suspens, même pour des systèmes très simples.

D'un point de vue numérique, le problème de l'optimisation de géométrie est difficile car d'une part l'espace sur lequel on minimise est de grande dimension (M peut atteindre plusieurs centaines pour les modèles *ab initio*, plusieurs centaines de milliers pour les modèles empiriques), et car d'autre part l'évaluation numérique de la fonction $W(\bar{x}_1, \cdots, \bar{x}_M)$ en un point donné de $\mathbb{R}^{3M}$ est déjà en elle-même difficile et coûteuse (du moins pour les modèles *ab initio* et semi-empiriques). Il faut donc faire appel le moins souvent possible à la procédure de calcul de la fonction W au cours de la résolution numérique. Dans le cas où la molécule présente des symétries, on résout en pratique le problème d'optimisation de géométrie en imposant des contraintes pour maintenir la symétrie. Cela permet d'une part de diminuer le nombre des paramètres par rapport auxquels on optimise, et d'autre part d'être assuré de ne pas converger vers un minimum local qui n'a pas la symétrie requise.

6.3.1 Rappels sur les méthodes standard de l'optimisation numérique

Cette section rassemble les idées de base de l'optimisation numérique sans contraintes. Elle a surtout pour but de mettre en évidence la raison d'être de la section 6.3.2 consacrée à la recherche d'expressions analytiques (donc économiques à évaluer numériquement) du gradient et du hessien de l'énergie potentielle W. Pour plus de précisions sur l'optimisation numérique, on recommande vivement au lecteur l'excellent ouvrage (en français !) de Bonnans, Gilbert, Lemaréchal et Sagastizábal [40], dont cette section s'inspire largement.

6.3.1.1 Principe général

On décide ici de noter

$$f \; : \; \mathbb{R}^n \longrightarrow \mathbb{R}$$

la fonction à minimiser et on suppose désormais que f est de classe C^2. On pourra s'amuser à vérifier à titre d'exercice que l'énergie potentielle W est bien de classe C^2 sur l'ouvert

$$\Omega = \left\{ (\bar{x}_1, \cdots, \bar{x}_M) \in \mathbb{R}^{3M}, \quad \bar{x}_i \neq \bar{x}_j \text{ pour } i \neq j \right\}.$$

Toutes les méthodes (déterministes) d'optimisation sans contraintes fonctionnent sur le même principe : ce sont des méthodes itératives visant à construire une suite $(x_k)_{k \geq 0}$ dans $\mathbb{R}^n$ qui converge vers un minimum de f, le passage de x_k à x_{k+1} se faisant en choisissant

1. une direction de descente $d_k \in \mathbb{R}^n$, c'est-à-dire une direction dans laquelle f décroît au moins localement ; une telle direction est caractérisée par $(d_k, g_k) \leq 0$ où l'on a noté $g_k = \nabla f(x_k)$ le gradient de f en x_k,

2. une longueur de descente $t_k \in \mathbb{R}^+$,

et en posant

$$x_{k+1} = x_k + t_k d_k.$$

Les constructions de d_k et t_k résultent du choix d'un *modèle local* pour f. Typiquement, on considère que lorsqu'on est au point x_k, minimiser f revient à minimiser son développement de Taylor en x_k à l'ordre 1 (méthode de gradient) ou à l'ordre 2 (méthode de Newton).

Dans les méthodes exposées ci-dessous, on détermine *d'abord* la direction de descente d_k, *puis* la longueur de descente t_k en minimisant (de façon approximative) sur $\mathbb{R}^+$ la fonction

$$q(t) = f(x_k + t\, d_k).$$

Cette deuxième étape porte le nom de recherche linéaire. Notons cependant qu'il existe d'autres méthodes (par exemple celles dites des régions de confiance) pour lesquelles détermination de la direction et de la longueur de descente sont effectuées conjointement.

Les sections 6.3.1.2 à 6.3.1.5 présentent quatre méthodes plus ou moins performantes de recherche d'une direction de descente : la méthode de plus grande pente, la méthode du gradient conjugué non linéaire, la méthode de Newton, et la (famille) de méthode(s) de quasi-Newton. La section 6.3.1.6 aborde succinctement le problème de la recherche linéaire.

Remarque 6.6 *On obtient donc ainsi une suite $(x_k)_{k \in \mathbf{N}}$ dont on peut espérer qu'elle converge vers un minimum. Comme on ne dispose pas d'un temps infini pour effectuer la minimisation, il faut arrêter l'algorithme dès qu'on estime être suffisamment proche d'un minimum. Le critère d'arrêt généralement retenu porte sur la norme du gradient de la fonction à minimiser : on choisit $\epsilon > 0$ suffisamment petit et on arrête l'algorithme dès que*

$$|g_k| \leq \epsilon.$$

Cette condition ne garantit évidemment pas en toute généralité qu'on soit arrivé au voisinage d'un minimum local, mais elle fonctionne plutôt bien en pratique.

6.3.1.2 Méthode de plus forte pente

La première idée qu'on peut avoir pour déterminer une direction de descente est d'utiliser le modèle au premier ordre

$$f(x) \simeq \tilde{f}(x) = f(x_k) + (\nabla f(x_k), (x - x_k)).$$

La direction de plus forte pente, celle qui pour un pas $|x - x_k| = h$ donné ($|\cdot|$ désigne la norme euclidienne) induit la plus forte décroissance de $\tilde{f}$, est la direction opposée au gradient. Cela amène à poser

$$d_k = -\nabla f(x_k).$$

Cette méthode élémentaire fonctionne sur le papier : on prouve que si f est minorée, l'algorithme converge toujours en ce sens que pour tout $\epsilon > 0$, il existe k tel que $|g_k| \leq \epsilon$. Cela dit elle est peu efficace en pratique car si l'opposé du gradient est une bonne direction de descente (en fait la meilleure) pour un pas infinitésimal, ce n'est pas forcément le cas pour un pas donné.

La méthode de plus forte pente (*steepest descent*) est donc à proscrire car beaucoup trop lente.

6.3.1.3 Méthode du gradient conjugué non linéaire

La méthode de plus forte pente a un caractère "markovien" : le choix de la direction d_k se fait en oubliant totalement la façon dont on est arrivé en x_k. C'est pour cela que cet algorithme est si peu performant.

L'algorithme du gradient conjugué garde en un certain sens la mémoire des itérations précédentes. C'est à l'origine un algorithme de résolution des systèmes linéaires symétriques du type

$$Ax = b, \tag{6.27}$$

A désignant une matrice carrée symétrique définie positive. Ce problème s'écrivant également sous la forme

$$\inf_{x \in \mathbf{R}^n} f(x), \qquad \text{avec} \qquad f(x) = \frac{1}{2} x^T A x - b^T x.$$

le gradient conjugué est donc de façon équivalente un algorithme de minimisation d'une fonction quadratique fortement convexe. Son principe consiste à minimiser f à l'itération $k+1$, non pas comme dans la méthode de plus forte pente sur la demi-droite $x_k - tg_k$, mais sur le sous-espace affine contenant x_k et engendré par tous les $(g_l)_{0 \leq l \leq k}$

$$K_k = x_k + \text{Vect}(g_0, \cdots, g_k).$$

La puissance de cet algorithme réside dans les deux propriétés suivantes :

1. Le minimum x_{k+1} de f sur le sous-espace K_k est donné par les formules de récurrence

$$x_{k+1} = x_k + t_k\, d_k \tag{6.28}$$

$$d_k = -g_k + c_{k-1}d_{k-1}$$

$$c_{k-1} = \frac{|g_k|^2}{|g_{k-1}|^2}$$

$$t_k = -\frac{(g_k, d_k)}{(d_k, Ad_k)}.$$

Pour calculer x_{k+1}, il suffit donc de connaître le point x_k, le gradient g_k et la dernière direction de descente d_{k-1}, ce qui représente un coût de stockage très faible. Par ailleurs, le calcul de x_{k+1} ne requiert que l'évaluation de produits matrice-vecteur et de produits scalaires.

2. Les gradients g_k sont deux à deux orthogonaux et les directions de descente d_k sont A-conjuguées, c'est-à-dire telles que $(Ad_i, d_j) = 0$, pour tout couple $i \neq j$. Il en résulte que les vecteurs $(g_0, \cdots, g_k)$ forment une famille libre jusqu'à l'itération k pour laquelle $g_k = 0$ (condition de convergence de l'algorithme). Comme une famille libre dans un espace de dimension n ne peut pas contenir plus de n éléments, cela signifie que l'algorithme du gradient conjugué converge en au plus n itérations (fort heureusement, la convergence à ϵ près a lieu en beaucoup moins de n itérations pour un problème bien conditionné).

La généralisation à une fonctionnelle non quadratique de l'algorithme du gradient conjugué porte le nom de gradient conjugué non linéaire. En s'inspirant de (6.29) la direction de descente est prise de la forme

$$d_k = -g_k + c_{k-1}d_{k-1}. \tag{6.29}$$

Contrairement au cas quadratique où l'on pouvait déterminer analytiquement la valeur optimale du coefficient c_{k-1}, il faut ici se donner un critère de choix de ce coefficient. On peut par exemple choisir comme ci-dessus

$$c_{k-1} = \frac{|g_k|^2}{|g_{k-1}|^2}, \tag{6.30}$$

ce qui donne la méthode de Fletcher-Reeves. Un autre choix possible consiste à prendre

$$c_{k-1} = \frac{((g_k - g_{k-1}), g_k)}{|g_{k-1}|^2}. \tag{6.31}$$

C'est la méthode de Polak-Ribière. Notons que les formules (6.30) et (6.31) sont équivalentes dans le cas quadratique (car g_{k-1} et g_k sont alors orthogonaux), mais pas dans le cas général.

On dispose d'une preuve de convergence de l'algorithme de Fletcher-Reeves mais personne ne l'utilise plus car il est trop lent. La situation est inverse pour Polak-Ribière : on sait que cet algorithme ne converge pas à tous les coups, mais on l'utilise beaucoup car c'est une méthode performante la plupart du temps.

Remarque 6.7 *Pour une recherche linéaire exacte, une direction de la forme (6.29) est toujours une direction de descente puisque*

$$(d_k, g_k) = -|g_k|^2 + c_{k-1}(d_{k-1}, g_k) = -|g_k|^2.$$

En revanche, du fait que les recherches linéaires ne sont en pratique qu'approchées, il peut arriver que la direction calculée par la formule (6.29) et l'une des deux règles de Fletcher-Reeves ou de Polak-Ribière ne soit pas une direction de descente ($d_k \cdot g_k \geq 0$). Si cela se produit, on peut par exemple réinitialiser l'algorithme en posant $d_k = -g_k$.

L'algorithme du gradient conjugué non linéaire se met donc sous la forme :

1. Initialisation : choix de $x_0 \in \mathbb{R}^n$ et de $\epsilon > 0$; $k = 0$.
2. Test d'arrêt : calcul de $g_k = \nabla f(x_k)$, et arrêt de l'algorithme si $|g_k| \leq \epsilon$.
3. Calcul de la direction de descente : si $k = 0$, $d_0 = -g_0$, sinon $d_k = -g_k + c_{k-1}d_{k-1}$ avec c_{k-1} donné par (6.31). Si $(d_k, g_k) \geq 0$ (d_k est une direction de "remontée"), poser $d_k = -g_k$.
4. Recherche linéaire le long de d_k pour obtenir t_k.
5. Poser $x_{k+1} = x_k + t_k d_k$, remplacer k par $k+1$ et aller en 2.

6.3.1.4 Méthode de Newton

La méthode de Newton consiste à considérer un modèle au second ordre de f :

$$f(x) \simeq \tilde{f}(x) = f(x_k) + (\nabla f(x_k), (x - x_k)) + \frac{1}{2}(x - x_k, f''(x_k) \cdot (x - x_k)).$$

Le minimum x_{min} de $\tilde{f}$ est solution de

$$f''(x_k) \cdot (x_{min} - x_k) + \nabla f(x_k) = 0.$$

On prendra donc comme direction de descente la solution d_k de

$$f''(x_k) \cdot d_k + g_k = 0, \tag{6.32}$$

où comme ci-dessus $g_k = \nabla f(x_k)$.

Lorsque la fonction f est quadratique $f = \tilde{f}$, l'algorithme de Newton converge du premier coup si on prend une longueur de descente égale à 1 (on parle de pas de Newton). Dans le cas général, la convergence de la méthode de Newton avec recherche linéaire converge superlinéairement (i.e. pour tout $\epsilon > 0$, $|x_{k+1} - x_{min}| \leq \epsilon|x_{k+1} - x_{min}|$ lorsque k est assez grand) et la convergence devient quadratique si f est de classe C^3 au voisinage d'un minimum elliptique pour un pas de descente constant égal à un.

La méthode de Newton est donc très performante mais coûte cher : il faut à chaque pas calculer la matrice hessienne et résoudre le système linéaire (6.32).

6.3.1.5 Méthode de quasi-Newton

Le principe des méthodes de quasi-Newton est d'accélérer la méthode de Newton en court-circuitant les étapes les plus coûteuses du calcul, à savoir l'assemblage de la hessienne $f''(x_k)$ et/ou la résolution du système linéaire (6.32). Pour cela on remplace le système (6.32)
- par le système

$$H_k d_k + g_k = 0.$$

H_k désignant une approximation de $f''(x_k)$ facile à assembler (ce qui évite le calcul du hessien),
- ou mieux par le système

$$d_{k+1} = -B_k g_k$$

où B_k désigne une approximation de $f''(x_k)^{-1}$ facile à assembler (ce qui évite à la fois le calcul du hessien et la résolution du système linéaire).

La question qui se pose alors est de savoir comment construire à peu de frais une approximation B_k de $f''(x_k)^{-1}$. En pratique on démarre souvent l'algorithme avec $B_0 = I$ (mais on peut faire mieux en étudiant la spécificité du problème étudié) et on met à jour la matrice B à chaque itération de façon à satisfaire les deux critères suivants :

1. B_{k+1} est définie positive
2. B_{k+1} vérifie l'équation de Newton $B_{k+1}(g_{k+1} - g_k) = x_{k+1} - x_k$.

Ces deux conditions laissent une vaste gamme de choix. La solution généralement retenue consiste à poser

$$B_{k+1} = B_k - \frac{s_k y_k^T B_k + B_k y_k s_k^T}{(y_k, s_k)} + \left[1 + \frac{(y_k, B_k \cdot y_k)}{(y_k, s_k)} \right] \frac{s_k s_k^T}{(y_k, s_k)} \qquad (6.33)$$

où $s_k = x_{k+1} - x_k$ et $y_k = g_{k+1} - g_k$. La méthode ainsi obtenue est désignée par l'acronyme BFGS (pour Broyden, Fletcher, Goldfarb, Shanno).

L'algorithme de quasi-Newton BFGS se résume donc ainsi :

1. Initialisation : choix de $x_0 \in \mathbb{R}^n$ et de $\epsilon > 0$; $k = 0$, $B_0 = I$ (par exemple). Calcul de $g_0 = \nabla f(x_0)$
2. Test d'arrêt : arrêt de l'algorithme si $|g_k| \leq \epsilon$.
3. Calcul de la direction de descente : $d_k = -B_k g_k$
4. Recherche linéaire le long de d_k pour obtenir t_k.
5. Poser $x_{k+1} = x_k + t_k d_k$ et calculer $g_{k+1} = \nabla f(x_{k+1})$.
6. Mise à jour de la matrice B par la formule BFGS (6.33).
7. Remplacer k par $k + 1$ et aller en 2.

6.3.1.6 Un mot sur la recherche linéaire

Le principal message à retenir de cette section tient en ceci : comme aux itérations intermédiaires, la direction de descente n'est pas celle qui conduit au
minimum, il ne sert à rien de mener la recherche linéaire jusqu'à son terme
à chaque itération ; il faut s'arrêter dès qu'on estime avoir "suffisamment pro-
gressé". La règle d'arrêt considérée à l'heure actuelle comme la plus efficace
est la règle de Wolfe ; elle consiste à choisir deux réels $0 < m_1 < m_2 < 1$ et à
imposer l'arrêt dès que les deux conditions

$$q(t) \leq q(0) + m_1 t q'(0) \tag{6.34}$$

et

$$q'(t) \geq m_2 q'(0). \tag{6.35}$$

sont satisfaites. La première condition impose que le pas ne soit pas trop
grand : si elle n'est pas satisfaite, cela veut dire en effet qu'on se trouve "sur
l'autre versant de la cuvette", i.e. qu'on a dépassé le minimum. La deuxième
condition exprime que la dérivée a suffisament décru, ce qui signifie que le pas
n'est pas trop petit (on n'est pas resté dans l'immédiat voisinage de x_k).

Le principe de la recherche linéaire est ensuite de chercher une longueur de
descente t à l'intérieur d'un intervalle de confiance $]t_g, t_d[$ que l'on réduit au
cours des itérations. A l'origine de la recherche on prend $t_g = 0$ et $t_d = +\infty$
et on se donne un pas initial $t > 0$. Trois cas peuvent se produire

1. t vérifie les conditions d'arrêt (i.e. les deux conditions (6.34) et (6.35) pour
   la règle de Wolfe), auquel cas on a terminé ;
2. t est trop grand (i.e. t ne vérifie pas (6.34)), auquel cas on pose $t_d = t$ et
   on cherche un nouveau $t \in]t_g, t_d[$ par interpolation,
3. t est trop petit (i.e. t ne vérifie pas (6.35)), auquel cas on pose $t_g = t$
   et on cherche un nouveau $t \in]t_g, t_d[$ par interpolation si $t_d < +\infty$ et par
   extrapolation si $t_d = +\infty$.

Les techniques les plus simples consistent à prendre $t = (t_g + t_d)/2$ pour
l'interpolation, $t_{\text{nouveau}} = a\, t_{\text{ancien}}$ avec $a > 1$ pour l'extrapolation. On
utilise plutôt en pratique, pour l'interpolation comme pour l'extrapolation, un
ajustement cubique (ou par un polynôme de degré 5 si les dérivées secondes
de q sont accessibles) consistant à prendre pour nouveau t le minimum du
polynôme interpolant les valeurs de q et de ses dérivées (ainsi que de ses
dérivées secondes pour l'ajustement par un polynôme de degré 5) en les deux
dernières valeurs de t. On renvoie à [40] pour les détails techniques.

Reste maintenant à choisir le pas initial. Dans la méthode de quasi-Newton,
un choix naturel ($t = 1$) est fourni par l'algorithme. Pour la méthode du
gradient conjugué non linéaire on peut utiliser l'initialisation de Fletcher $t =
-2(f(x_{k-1}) - f(x_k))/(g_k \cdot d_k)$.

6.3.2 Dérivées analytiques

Comme on l'a vu dans la section précédente, les méthodes d'optimisation usuelles utilisent le gradient, et parfois la hessienne, de la fonction à optimiser.

Dans les cadres Hartree-Fock, post Hartree-Fock et Kohn-Sham, et sous l'approximation LCAO, on dispose d'expressions analytiques du gradient du potentiel W qui donnent lieu à un calcul très économique de ce vecteur. Considérons par exemple le cadre Hartree-Fock (sans spin) sous l'approximation LCAO et dérivons le potentiel

$$W = \text{Tr}(hD) + \frac{1}{2}\text{Tr}(G(D)D) + V_{nuc} = h : D + \frac{1}{2}D : A : D + V_{nuc}$$

par rapport à un paramètre λ qui peut être, comme c'est le cas dans la procédure d'optimisation de géométrie, une coordonnée nucléaire. Dans l'expression ci-dessus $V_{nuc} = \displaystyle\sum_{1 \leq k < l \leq M} \frac{z_k\, z_l}{|\bar{x}_k - \bar{x}_l|}$ désigne le potentiel de répulsion internucléaire, h la matrice de l'hamiltonien de cœur, $A_{\mu\nu\kappa\lambda} = (\mu\nu|\kappa\lambda) - (\mu\lambda|\kappa\nu)$ le tenseur à quatre indices des intégrales biélectroniques et D la matrice densité du fondamental électronique dans la base d'OA choisie. On obtient

$$\frac{\partial W}{\partial \lambda} = \frac{\partial h}{\partial \lambda} : D + \frac{1}{2}D : \frac{\partial A}{\partial \lambda} : D + F(D) : \frac{\partial D}{\partial \lambda} + \frac{\partial V_{nuc}}{\partial \lambda}.$$

Mais on a par ailleurs en utilisant les équations de Hartree-Fock (6.14)

$$\begin{aligned}
F(D) : \frac{\partial D}{\partial \lambda} &= \text{Tr}\left(F(D)\frac{\partial}{\partial \lambda}(CC^T)\right) \\
&= \text{Tr}\left(F(D)\frac{\partial C}{\partial \lambda}C^T\right) + \text{Tr}\left(F(D)C\frac{\partial C^T}{\partial \lambda}\right) \\
&= \text{Tr}\left(C^T F(D)\frac{\partial C}{\partial \lambda}\right) + \text{Tr}\left(F(D)C\frac{\partial C^T}{\partial \lambda}\right) \\
&= \text{Tr}\left(EC^T S\frac{\partial C}{\partial \lambda}\right) + \text{Tr}\left(SCE\frac{\partial C^T}{\partial \lambda}\right) \\
&= \text{Tr}\left(E(C^T S\frac{\partial C}{\partial \lambda} + \frac{\partial C^T}{\partial \lambda}SC)\right).
\end{aligned}$$

En reportant dans cette expression l'égalité

$$C^T S\frac{\partial C}{\partial \lambda} + \frac{\partial C^T}{\partial \lambda}SC = -C^T\frac{\partial S}{\partial \lambda}C$$

obtenue en dérivant par rapport à λ la condition d'orthonormalité $C^T SC = I_N$, on parvient à l'expression

$$\frac{\partial W}{\partial \lambda} = \frac{\partial h}{\partial \lambda} : D + \frac{1}{2}D : \frac{\partial A}{\partial \lambda} : D - \text{Tr}\left(D_E\frac{\partial S}{\partial \lambda}\right) + \frac{\partial V_{nuc}}{\partial \lambda} \qquad (6.36)$$

où $D_E = CEC^T = S^{-1}F(D)D$ désigne la matrice densité pondérée par les énergies (*energy weighted density matrix*). Les orbitales atomiques étant solidaires des noyaux, la base d'OA se déplace lors de l'optimisation de géométrie et les quantités $\frac{\partial h}{\partial \lambda}$, $\frac{\partial A}{\partial \lambda}$ et $\frac{\partial S}{\partial \lambda}$ ne sont donc pas nulles. Lorsque les OA sont des gaussiennes-polynômes, ces quantités sont faciles à calculer, la dérivée d'une gaussienne-polynôme étant encore une gaussienne-polynôme. Cela fournit un argument de plus en faveur de l'utilisation de bases gaussiennes.

Pour résoudre numériquement le problème de l'optimisation de géométrie, on peut donc mettre en oeuvre à moindre coût une méthode de gradient ou de quasi-Newton et assurer ainsi la convergence vers un minimum local.

Les algorithmes les plus utilisés actuellement (tout au moins pour les molécules de taille "raisonnable", quelques dizaines d'atomes), sont des méthodes de quasi-Newton : à la première itération, on calcule une estimation du hessien en utilisant un modèle de champ de forces empirique et on inverse cette matrice, opération qu'on peut se permettre en raison de la "petite" taille de celle-ci. Cette estimation de l'inverse du hessien est ensuite mise à jour par BFGS en utilisant des gradients analytiques (formule (6.36)).

6.3.3 Convergence vers un minimum global

Les méthodes déterministes décrites ci-dessus fonctionnent bien sur des molécules de petite taille (quelques atomes) à condition de partir d'une configuration "raisonnable" des noyaux, que les chimistes savent exhiber. En revanche, pour les molécules de grande taille, il existe un grand nombre de minima locaux, et il faut avoir recours à une méthode d'optimisation probabiliste (recuit simulé, algorithmes génétiques, *Gradient biased Monte-Carlo*) pour espérer la convergence vers un minimum global. De nombreuses références concernant l'application de ces diverses techniques à l'optimisation de géométrie figurent dans [172]. Il faut cependant préciser que les méthodes probabilistes demandent un grand nombre d'évaluations de la fonction à optimiser. Comme le calcul de la fonction W par une méthode *ab initio* est généralement un calcul lourd, les méthodes probabilistes ne sont généralement pas utilisées dans le cadre de la chimie quantique : leur utilisation est limitée au cadre des modèles empiriques dans lequel la fonction W a une expression analytique.

6.4 Résumé

Un problème de Hartree-Fock ou de Kohn-Sham s'exprime sous la forme d'un problème de minimisation sous contraintes dont les équations d'Euler-Lagrange ont la forme d'un problème aux valeurs propres non linéaire. Il s'agit plus précisément de minimiser la fonctionnelle d'énergie électronique correspondant au modèle sur l'ensemble

$$\mathcal{W}_N = \left\{ \Phi = \{\phi_i\}_{1 \leq i \leq N}, \quad \phi_i \in H^1(\mathbb{R}^3), \int_{\mathbb{R}^3} \phi_i \phi_j = \delta_{ij}, \ 1 \leq i, j \leq N \right\}.$$

Pour approcher ce problème par un problème posé sur un espace de dimension finie, on utilise une approximation de Galerkin consistant généralement à développer les orbitales moléculaires ϕ_i sur une base d'orbitales atomiques gaussiennes.

Pour résoudre numériquement le problème de dimension finie ainsi obtenu (il s'agit toujours d'un problème de minimisation sous contraintes égalités d'une fonctionnelle non quadratique), on peut *a priori* opter pour l'un des deux choix suivants : minimiser directement la fonctionnelle d'énergie ou résoudre les équations d'Euler-Lagrange du problème, qui s'exprime sous la forme d'un système couplé de N équations aux dérivées partielles elliptiques non linéaires, non locales et posées sur $\mathbb{R}^3$. C'est en général la deuxième solution qui est retenue, car les temps de calcul sont sensiblement plus courts. Les principaux algorithmes utilisés sont présentés section 6.2.5 dans le cadre Hartree-Fock, et section 6.2.6 dans le cadre Kohn-Sham.

Les problèmes de Hartree-Fock ou de Kohn-Sham apparaissent souvent dans la boucle interne d'un problème d'optimisation de géométrie, consistant à minimiser sur $\mathbb{R}^{3M}$ la fonction d'énergie potentielle des noyaux, notée W. Pour minimiser W, on utilise des méthodes standard d'optimisation de type quasi-Newton, dont on rappelle le principe section 6.3.1. Ces méthodes sont efficaces car on dispose de formules analytiques des dérivées de l'énergie potentielle W par rapport aux coordonnées nucléaires, ce qui permet d'évaluer ces quantités en un temps raisonnable (section 6.3.2).

6.5 Pour en savoir plus

Plusieurs points évoqués brièvement dans ce chapitre seront repris plus en détail dans les chapitres suivants, notamment ceux qui concernent les bases gaussiennes (Chapitre 7), les bases d'ondes planes (section 9.1) et les algorithmes SCF (Chapitre 8).

Nous n'avons pas insisté, faute de place, sur les algorithmes rapides de résolution du problème électronique, ayant une complexité asymptotique en $O(N_b)$. Nous renvoyons le lecteur intéressé par ces aspects aux références :

- *Domain-based parallelism and problem decomposition methods in computational science and engineering*, D.E. Keyes, Y. Saad and D.G. Truhlar (eds.), SIAM 1995.
- M. Challacombe and E. Schwegler, *Linear scaling computation of the Fock matrix*, J. Chem. Phys. 106 (1997) 5526-5536.
- J. Millam and G. Scuseria, *Linear scaling conjugate gradient density matrix search as an alternative to diagonalization for first principles electronic structure calculations*, J. Chem. Phys. 106 (1997) 5569-5577.

- S. Goedecker, *Linear scaling electronic structure methods*, Rev. Mod. Phys. 71 (1999) 1085-1123.
- G. Scuseria, *Linear scaling density functional calculations with gaussian orbitals*, J. Phys. Chem. A 103 (1999) 4782-4790.

Concernant les questions relatives à l'optimisation de géométrie des systèmes moléculaires de grande taille, nous conseillons notamment

- T. Schlick, *Molecular Modeling : An Interdisciplinary Guide*, Springer-Verlag 2002.

6.6 Exercices

Exercice 6.1 Etats propres de l'atome d'Hydrogène.

On a vu à la section 6.1 qu'une base des états propres de l'atome d'Hydrogène pouvait être recherchée sous la forme

$$\psi(r, \theta, \phi) = R(r) Y_l^m(\theta, \phi).$$

Pour l et m fixés, la fonction R est solution de l'équation aux valeurs propres radiale

$$-\frac{1}{2r}\frac{d^2}{dr^2}(r\,R(r)) + \frac{l(l+1)}{2r^2}R(r) - \frac{1}{r}R(r) = ER(r)$$

qu'on cherche ici à résoudre. On suppose que l est fixé.

1. Etudier le comportement asymptotique de R à l'infini.

2. On pose maintenant $R(r) = w(r)e^{-\sqrt{2E}\,r}$. Ecrire l'équation satisfaite par la fonction w et étudier les singularités de w en l'origine.

3. On pose $w(r) = r^l L(r)$. Ecrire l'équation vérifiée par la fonction L. Rechercher les solutions de cette équation sous la forme d'un développement en série entière. Montrer que $\sqrt{2E}$ est nécessairement un entier et que les solutions correspondantes sont des polynômes.

4. Conclure.

Exercice 6.2 Les notations sont celles de la section 6.2.1. On pose

$$A = \left\{ D = CC^T, \quad C \in \mathcal{M}(N_b, N), \quad C^T SC = I_N \right\}$$

et

$$B = \left\{ D \in \mathcal{M}_S(N_b), \quad DSD = D, \quad \mathrm{Tr}(SD) = N \right\}.$$

Vérifier que $A \subset B$ puis montrer que $B \subset A$ (on pourra commencer par le cas où $S = I_{N_b}$ et chercher un argument de nature géométrique).

Exercice 6.3 Intégrales électroniques pour des OA gaussiennes.

On considère quatre orbitales atomiques gaussiennes

$$\chi_1(x) = e^{-\alpha_1|x-\bar{x}_1|^2}, \quad \cdots \quad , \chi_4(x) = e^{-\alpha_4|x-\bar{x}_4|^2},$$

centrées sur quatre noyaux *a priori* différents. On cherche une expression simple des intégrales de recouvrement

$$S_{ij} = \int_{\mathbf{R}^3} \chi_i\chi_j,$$

des intégrales monoélectroniques

$$h_{ij} = \frac{1}{2}\int_{\mathbf{R}^3} \nabla\chi_i\nabla\chi_j + \int_{\mathbf{R}^3} V\chi_i\chi_j$$

et des intégrales biélectroniques

$$(ij|kl) = \int_{\mathbf{R}^3}\int_{\mathbf{R}^3} \frac{\chi_i(x)\chi_j(x)\chi_k(x')\chi_l(x')}{|x-x'|}\,dx\,dx'.$$

1. Etablir l'égalité

$$\forall x \in \mathbf{R}^3, \qquad e^{-\alpha_i|x-\bar{x}_i|^2}e^{-\alpha_j|x-\bar{x}_j|^2} = C_{ij}e^{-\gamma_{ij}|x-\bar{y}_{ij}|^2}$$

avec $C_{ij} = e^{-\frac{\alpha_i\alpha_j}{\alpha_i+\alpha_j}|\bar{x}_i-\bar{x}_j|^2}$, $\gamma_{ij} = \alpha_i + \alpha_j$ et $\bar{y}_{ij} = \frac{\alpha_i\bar{x}_i+\alpha_j\bar{x}_j}{\alpha_i+\alpha_j}$.

2. En déduire une expression analytique de S_{ij}. On rappelle que

$$\int_0^{+\infty} e^{-t^2}\,dt = \frac{\sqrt{\pi}}{2}.$$

3. Vérifier que

$$\int_{\mathbf{R}^3} \nabla\chi_i\nabla\chi_j = -\Delta_{\bar{x}_i}S_{ij} = -\Delta_{\bar{x}_j}S_{ij}.$$

En déduire une expression analytique de l'intégrale d'énergie cinétique

$$K_{ij} = \frac{1}{2}\int_{\mathbf{R}^3} \nabla\chi_i\nabla\chi_j.$$

4. Ramener l'intégrale $(ij|kl)$ à une intégrale à deux centres de la forme

$$(ij|kl) = C\int_{\mathbf{R}^3}\int_{\mathbf{R}^3} e^{-\gamma|x-\bar{y}|^2}\frac{1}{|x-x'|}e^{-\gamma'|x'-\bar{y}'|^2}\,dx\,dx'.$$

5. Montrer que pour tout $x \in \mathbf{R}^3$

$$e^{-\lambda|x|^2} = \frac{1}{(2\pi)^3}\left(\frac{\pi}{\lambda}\right)^{3/2}\int_{\mathbf{R}^3} e^{-k^2/4\lambda}e^{ik\cdot x}\,dk$$

et

$$\frac{1}{|x|} = \frac{1}{(2\pi)^3}\int_{\mathbf{R}^3} \frac{4\pi}{|k|^2}e^{ik\cdot x}\,dk.$$

6. En déduire que

$$(ij|kl) = \frac{2\pi^2 C_{ij} C_{kl}}{(\gamma_{ij}\gamma_{kl})^{3/2}|\bar{y}_{ij} - \bar{y}_{kl}|} \int_0^{+\infty} \frac{\sin u}{u} e^{-u^2/4w}\, du$$

avec $w = \frac{\gamma_{ij}\gamma_{kl}}{\gamma_{ij}+\gamma_{kl}}|\bar{y}_{ij} - \bar{y}_{kl}|^2$.

7. Montrer que

$$\int_0^{+\infty} \frac{\sin u}{u} e^{-u^2/4w}\, du = \sqrt{\pi w} \int_0^1 e^{-ws^2}\, ds.$$

8. Exprimer $(ij|kl)$ en fonction de

$$F(w) = \int_0^1 e^{-ws^2}\, ds.$$

9. En déduire l'expression en fonction de F des intégrales monoélectroniques h_{ij}.

Exercice 6.4 Soit H une matrice symétrique de taille $N_b \times N_b$ et $\epsilon_1 \leq \epsilon_2 \leq \cdots \leq \epsilon_{N_b}$ ses valeurs propres. Soit $D \in \mathcal{M}_S(N_b)$ solution de

$$\begin{cases} HC = SCE, & \text{avec} \quad E = \text{Diag}\,(\epsilon_1, \cdots, \epsilon_N) \\ C^T SC \\ D = CC^T \end{cases} \qquad (6.37)$$

où $C \in \mathcal{M}(N_b, N)$ et S est une matrice symétrique définie positive. On cherche à montrer que

$$D = \text{arginf}\,\{\text{Tr}(HD'), \quad D' \in \mathcal{P}_N\} \qquad (6.38)$$

avec

$$\mathcal{P}_N = \{D' \in \mathcal{M}_S(N_b), \quad D'SD' = D', \quad \text{Tr}(SD') = N\}.$$

On note $\gamma = \epsilon_{N+1} - \epsilon_N$.

1. On suppose dans un premier temps que $H = \text{Diag}\,(\epsilon_1, \epsilon_2, \cdots, \epsilon_N)$, que S est la matrice indentité, et que $\gamma > 0$.

   a) Donner l'expression de l'unique matrice D solution de (6.37).

   b) Montrer que pour toute matrice $D' = [D'_{ij}] \in \mathcal{P}_N$, $0 \leq D'_{ii} \leq 1$ pour tout $1 \leq i \leq N_b$.

   c) Montrer que la matrice D solution de (6.37) est telle que pour toute matrice $D' = [D'_{ij}] \in \mathcal{P}_N$,

   $$\|D' - D\|^2 = 2 \sum_{i=N+1}^{N_b} D'_{ii},$$

   où $\|\cdot\|$ désigne la norme matricielle de Fröbenius définie par $\|A\| = \text{Tr}\,(AA^T)^{1/2}$.

d) Montrer que pour toute matrice $D' = \left[D'_{ij} \right] \in \mathcal{P}_N$,

$$\mathrm{Tr}\,(HD') \geq \sum_{i=1}^{N} \epsilon_i + \sum_{i=1}^{N} (\epsilon_N - \epsilon_i)\,(1 - D'_{ii}) + \gamma \sum_{i=N+1}^{N_b} D'_{ii}.$$

2. En déduire que si $S = I_{N_b}$, on a pour toute matrice D solution de (6.37) l'inégalité

$$\forall D' \in \mathcal{P}_N, \qquad \mathrm{Tr}\,(HD') \geq \mathrm{Tr}\,(HD) + \frac{\gamma}{2} \left\| D' - D \right\|^2, \qquad (6.39)$$

d'où découle immédiatement (6.38)

3. Etendre l'argument au cas où S est une matrice symétrique définie positive quelconque.

7

Choix des bases

L'approximation numérique de la solution des équations de Hartree-Fock, on l'a vu, repose sur une méthode de discrétisation variationnelle. Pour ceci, on utilise une formulation variationnelle du problème aux valeurs propres (non linéaire) ; celle-ci est posée dans un espace fonctionnel adapté (ici $H^1(\mathbb{R}^3)$) et la méthode de Galerkin requiert le choix d'un espace discret. C'est, en particulier, de la capacité qu'ont les fonctions de cet espace discret à bien approcher les solutions du problème auquel on s'intéresse, que dépend la précision de l'approximation de Galerkin. Comme on le verra en fin de chapitre, ce n'est pas le seul aspect mais c'est néanmoins une question fondamentale.

En chimie, le choix des espaces discrets dépend énormément de la molécule analysée. Celui-ci est en effet engendré à partir d'une base d'orbitales atomiques (OA), attachées à chacun des noyaux composant la molécule par le double fait que ces OA sont centrées en la position des noyaux et qu'elles diffèrent suivant la charge de ceux-ci. Sur le plan historique, les premières bases avancées ont été les orbitales de Slater dont la définition est donnée en (6.11) et qui sont en fait une forme légèrement dégradée des fonctions hydrogénoïdes, c'est-à-dire les solutions du problème de Hartree-Fock pour un système moléculaire réduit à un seul noyau de charge Z et à un seul électron. Cette approche, où l'espace discret est engendré par des solutions particulières d'un problème plus simple, entre dans le cadre des méthodes de synthèse modale (ou de *base réduite*) dont nous donnons quelques éléments dans la section 7.1 sur un exemple simplifié. Notre démarche, sur cet exemple simple, est d'introduire la notion de base, ou d'espace, *ad hoc*, pour un type de problème donné. On se rapproche d'un problème quantique dans la section 7.2 où le problème de l'oscillateur harmonique est considéré. La encore les bases réduites se montrent très performantes. En allant vers le problème de Hartree-Fock, pour des raisons de coût des calculs, ces orbitales de Slater sont dégradées et remplacées par des bases de gaussiennes (souvent contractées cf. [106] et Section 6.2.2). Ces gaussiennes, contrairement aux orbitales de Slater, engendrent des espaces emboîtés qui "remplissent" tout l'espace fonctionnel $H^1(\mathbb{R}^3)$. On peut même estimer directement l'erreur de meilleure approximation de fonctions possédant une certaine régularité dans ce cadre. C'est l'objet de la section 7.3 ... et c'est rassurant! Néanmoins, nous pensons qu'on aurait tort de se limiter aux seuls résultats de cette section qui gomment l'aspect base *ad hoc*, au profit de bases "universelles" et semblent ne plus prendre en compte les sections 7.1 et 7.2. Le petit nombre de degrés de liberté utilisés classiquement par les chimistes révèle une convergence dont le taux n'est pas expliqué par les seuls éléments de la section 7.3. C'est bien la contraction des gaussiennes – qui les fait ressembler à des orbitales de Slater, et donc localement à la solution exacte à laquelle on s'attend – qui explique heuristiquement l'efficacité des méthodes des chimistes, bien que tout ne soit pas encore bien compris ...

C'est pour alimenter cette réflexion que nous proposons dans la section 7.4 des éléments qui vont plus loin que les orbitales atomiques et dans le même sens que les bases réduites. Ce sont des résultats partiels et encore en développement mais qui, nous le pensons, éclairent bien le propos.

À ce stade, on a donné les quelques éléments qualitatifs et quantitatifs à notre disposition concernant la distance entre la solution des équations de Hartree-Fock et l'espace discret (noté X_δ) utilisé pour l'approximation, X_δ pouvant être défini sur des bases d'orbitales de Slater ou sur des bases de gaussiennes, contractées ou non. Ce n'est pas suffisant et c'est un joli problème ouvert que de faire plus. De toute façon, comme on l'a annoncé, c'est là une question préliminaire et fondamentale (sur laquelle disons que, faute de mieux actuellement, on fait confiance à l'intuition des chimistes pour déterminer le bon espace d'approximation) mais ce n'est pas tout. Nous nous intéressons donc dans les sections suivantes à l'autre aspect qui est lié à la qualité de la méthode numérique qui définit la solution approchée. En particulier, nous nous interrogeons quant à sa qualité de procurer un élément de l'espace discret X_δ dont la distance à la solution exacte (malheureusement inconnue) est du même ordre de grandeur que la distance réalisée par la meilleure approximation. Il s'agit là d'une propriété de convergence de schémas qui est assez classique pour de nombreux problèmes et que nous avons donc balayé de la main pour l'analyse de la méthode de synthèse modale. Pour le problème de Hartree-Fock, elle fait l'objet de la section 7.5, car ce problème est non linéaire et donc pas classique. Cette étude de la convergence, qualifiée d'*a priori*, a pour conclusion le fait que la méthode variationnelle est optimale. Là encore, c'est bien mais ce n'est pas tout. C'est en effet une chose que de savoir que la méthode de discrétisation donne ce qu'il y a de mieux (à une constante multiplicative près) pour le choix de l'espace X_δ et une autre que de dire, une fois un calcul fait avec un choix de base, que le résultat est précis et que l'erreur est de "tant"! C'est l'objet de la section 7.6, consacrée à l'analyse *a posteriori*, que de donner des outils pour estimer cette erreur.

7.1 La méthode de synthèse modale

Pour présenter la méthode de synthèse modale et son analyse numérique, on va se placer dans un cas beaucoup plus simple afin de dégager les idées essentielles qui font que cette discrétisation converge très vite. On s'intéresse au problème aux valeurs propres suivant : trouver $u \in H_0^1(\Omega)$ et $\lambda \in \mathbb{R}$ tels que

$$
\begin{cases}
\displaystyle\int_\Omega \nabla u \cdot \nabla v = \lambda \int_\Omega uv, \quad \forall v \in H_0^1(\Omega), \\
\|u\|_{L^2(\Omega)} = 1,
\end{cases} \tag{7.1}
$$

où Ω est un domaine borné, lipschitzien. Il est bien connu [47] que ce problème possède une suite de solutions $(u_i, \lambda_i)_{i \in \mathbb{N}^*}$ que l'on choisit de ranger par ordre croissant de valeurs propres $\lambda_i \leq \lambda_{i+1}$. Le cadre qui nous intéresse plus particulièrement ici est celui où le domaine Ω présente des coins, comme celui de la figure 7.1. On sait qu'alors les vecteurs propres des solutions du problème (7.1) sont susceptibles de présenter des singularités localisées au niveau des sommets $S_1, \cdots, S_5$ et plus particulièrement en S_0.

Pour introduire la méthode de synthèse modale, on considère une décomposition de domaine

$$
\Omega = \Omega^1 \cup \Omega^2 \cup \Omega^3 \tag{7.2}
$$

avec recouvrement, comme indiqué sur la figure 7.2.

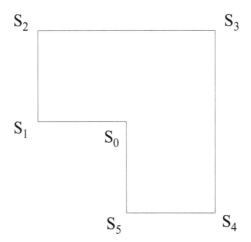

Fig. 7.1. Domaine à coins

Fig. 7.2. Décomposition de domaine avec recouvrement

On résout ensuite sur chacun de ces sous domaines des problèmes aux valeurs propres du type (7.1) : trouver $u^k \in H_0^1(\Omega^k)$ et $\lambda^k \in \mathbb{R}$ tels que

$$
\begin{cases}
\displaystyle\int_{\Omega^k} \nabla u^k \cdot \nabla v^k = \lambda^k \int_{\Omega^k} u^k v^k, \quad \forall v^k \in H_0^1(\Omega^k), \\[2ex]
\|u^k\|_{L^2(\Omega^k)} = 1.
\end{cases}
\tag{7.3}
$$

Comme pour le problème original, chacun des ces problèmes possède des solutions (u_i^k, λ_i^k) rangées elles-aussi par ordre croissant de valeurs propres : $\lambda_i^k \leq \lambda_{i+1}^k$. On prolonge ensuite ces fonctions par zéro sur $\Omega \setminus \Omega^k$ pour en faire des éléments de $H_0^1(\Omega)$ et on considère, pour $n \in \mathbb{N}^*$, les espaces

$$
X_n = \text{Vect}\left\{ u_i^k, \quad k = 1, 2, 3, \quad i \leq n \right\}
\tag{7.4}
$$

où l'on a noté de la même façon les solutions u_i^k prolongées par zéro. L'approximation par *synthèse modale* est une méthode de Galerkin pour le problème (7.1) basée sur l'espace discret X_n. Comme il s'agit d'une approximation interne, la théorie générale [7] montre qu'il existe un ensemble de $3n$ solutions notées $(u_{i;n}, \lambda_{i;n})$ et on a, en supposant encore les valeurs propres rangées par ordre croissant,

$$
\|u_i - u_{i;n}\|_{H^1(\Omega)} \leq C \inf_{v_n \in X_n} \|u_i - v_n\|_{H^1(\Omega)}
\tag{7.5}
$$

et

$$
|\lambda_i - \lambda_{i;n}| \leq C \|u_i - u_{i;n}\|_{H^1(\Omega)}^2.
\tag{7.6}
$$

L'ordre de convergence de la méthode est ainsi directement lié aux propriétés d'approximation des éléments propres du problème (7.1) par les éléments de X_n. C'est donc ce sur quoi nous allons porter maintenant nos efforts. On introduit pour cela une partition de l'unité régulière $1 = \chi^1 + \chi^2 + \chi^3$, adaptée à la décomposition de domaine (7.2), on remarque que la présence du domaine Ω^3 permet d'exhiber une partition de l'unité composée de fonctions régulières, on peut même imposer à la fonction χ^1, d'être égale à 1 dans un voisinage de S_0 et aux fonctions χ^k de vérifier

$$
\frac{\partial \chi^k}{\partial n} = 0 \quad \text{sur } \partial \Omega^k.
\tag{7.7}
$$

La fonction propre u_i du système (7.1) est alors décomposée de la façon suivante

$$u_i = u_i\chi^1 + u_i\chi^2 + u_i\chi^3, \tag{7.8}$$

et c'est chacune des fonctions $u_i\chi^k$ que l'on va, pour chaque valeur de k, montrer être bien approchée dans

$$X_n^k = \text{Vect}\left\{u_i^k, \quad i \leq n\right\}. \tag{7.9}$$

Le système $\{u_j^k\}_{j\in\mathbf{N}}$ est orthogonal et total, à la fois dans $L^2(\Omega^k)$ et $H_0^1(\Omega^k)$, de sorte que la meilleure approximation d'une fonction φ de $H_0^1(\Omega^k)$ au sens $L^2(\Omega^k)$ et $H_0^1(\Omega^k)$ est donnée par la tronquée $\sum_{j=1}^n \hat{\varphi}_j^k u_j^k$ où $\hat{\varphi}_j^k = \int_{\Omega^k} \varphi u_j^k$ (noter que les u_j^k sont de plus normés dans $L^2(\Omega^k)$). L'erreur entre φ et cette meilleure approximation est donc

$$\|\varphi - \sum_{j=1}^n \hat{\varphi}_j^k u_j^k\| = \|\sum_{j=n+1}^\infty \hat{\varphi}_j^k u_j^k\| = \sqrt{\sum_{j=n+1}^\infty |\hat{\varphi}_j^k|^2 \|u_j^k\|^2} \tag{7.10}$$

où la norme est celle de $L^2(\Omega^k)$ ou celle de $H_0^1(\Omega^k)$. Rappelant que l'on a choisi les éléments u_j^k orthonormés dans $L^2(\Omega^k)$, on a

$$\|u_j^k\|_{H^1(\Omega^k)}^2 = \lambda_j^k$$

et ainsi

$$\|\varphi - \sum_{j=1}^n \hat{\varphi}_j^k u_j^k\|_{H^1(\Omega)} = \sqrt{\sum_{j=n+1}^\infty |\hat{\varphi}_j^k|^2 \lambda_j^k}. \tag{7.11}$$

La décroissance des coefficients $\hat{\varphi}_j^k$ vers zéro va permettre d'établir un taux de convergence pour cette somme tronquée. Il est alors classique de remarquer que, par définition des fonctions propres, pour tout entier p

$$\hat{\varphi}_j^k = \int_{\Omega^k} \varphi u_j^k = \int_{\Omega^k} \varphi \frac{(-\Delta)^p u_j^k}{(\lambda_j^k)^p}$$

$$= \frac{1}{(\lambda_j^k)^p} \int_{\Omega^k} (-\Delta)^p \varphi u_j^k = \frac{1}{(\lambda_j^k)^p} \left(\widehat{(-\Delta)^p \varphi}\right)_j^k$$

et donc, de par la croissance de la suite des λ_j^k,

$$\|\varphi - \sum_{j=1}^n \hat{\varphi}_j^k u_j^k\|_{H^1(\Omega^k)}^2 \leq \frac{1}{(\lambda_{n+1}^k)^p} \sum_{j=n+1}^\infty \left(\left(\widehat{(-\Delta)^p \varphi}\right)_j^k\right)^2 \lambda_j^k$$

$$\leq \frac{1}{(\lambda_{n+1}^k)^p} \|\Delta^p \varphi\|_{H_0^1(\Omega^k)}^2. \tag{7.12}$$

On voit donc que la régularité requise sur φ pour une convergence rapide est mesurée en puissances itérées du Laplacien. La fonction qui nous intéresse ici est $\varphi = u_i\chi^k$ et l'on peut craindre que les singularités de u_i aux sommets de Ω, communs à Ω^k n'entraînent que la puissance p dans l'estimation de l'erreur soit majorée par une petite constante. Il n'en est rien comme on peut s'en convaincre facilement pour $p = 1$ par l'analyse qui suit. Commençons par écrire

$$\Delta\left(u_i\chi^k\right) = (\Delta u_i)\chi^k + u_i\left(\Delta\chi^k\right) + 2\nabla u_i \cdot \nabla\chi^k,$$

et analysons chaque terme du membre de droite. On voit tout d'abord que $\Delta u_i = -\lambda_i u_i$ et donc que $(\Delta u_i)\chi^k = -\lambda_i u_i\chi^k \in H_0^1(\Omega^k)$; il est clair par ailleurs que $(\Delta\chi^k)u_i \in H_0^1(\Omega^k)$ d'après la régularité de χ^k. Enfin, les seules singularités de u_i sont aux sommets de Ω, justement là où χ^k est localement constant (nul ou égal à 1), le gradient de χ^k y est donc nul et $\nabla u_i\nabla\chi^k$ est ainsi très régulière, et de ce fait, en particulier, un élément de $H^1(\Omega^k)$. Il reste à prouver que $\nabla u_i \cdot \nabla\chi^k$ est nulle au bord. On se place tout d'abord sur $\partial\Omega \cap \partial\Omega^k$ et on y choisit des coordonnées locales ; on note τ et n les vecteurs tangent et normal à la frontière. On a alors

$$\nabla u_i \cdot \nabla\chi^k = \frac{\partial u_i}{\partial\tau}\frac{\partial\chi^k}{\partial\tau} + \frac{\partial u_i}{\partial n}\frac{\partial\chi^k}{\partial n}$$

et on note que la nullité de u_i au bord $\partial\Omega$ entraîne que $\frac{\partial u_i}{\partial\tau}$ est nul sur $\partial\Omega$; de même, $\frac{\partial\chi^k}{\partial\tau}$ est nul sur $\partial\Omega^k \setminus \partial\Omega$ puisque χ^k y est nul. Le second terme ci dessus est aussi nul car $\frac{\partial\chi^k}{\partial n}$ a été choisi nul sur tout $\partial\Omega^k$. En fait, on peut montrer plus généralement que

Lemme 7.1 *Pour toute partition $\{\chi^k\}_{k=1,2,3}$ régulière et satisfaisant (7.7) et toute fonction propre u_i du problème (7.1), on a, pour tout $p \in \mathbb{N}$ et pour tout $k = 1, 2, 3$, $\Delta^p(\chi^k u_i) \in H_0^1(\Omega^k)$. De plus, il existe une constante c, ne dépendant que de la partition de l'unité χ_k et de p, telle que*

$$\forall k, \forall i, \quad \|\Delta^p(\chi^k u_i)\|_{H_0^1(\Omega^k)} \leq c(\lambda_i^p + 1). \tag{7.13}$$

On déduit alors de (7.12) que

$$\inf_{v_n^k \in X_n^k} \|u_i\chi^k - v_n^k\|_{H_0^1(\Omega^k)} \leq c\left(\frac{\lambda_i}{\lambda_{n+1}^k}\right)^p,$$

ce qui est une convergence d'ordre p, pour tout p. En sommant sur k, on conclut donc qu'il existe une constante c, ne dépendant que de p, telle que

$$\sup_{v_N \in X_N} \|u_j - v_n\|_{H^1(\Omega)} \leq c \sup_{k=1,2,3} \left(\frac{\lambda_i}{\lambda_{n+1}^k}\right)^p$$

d'où un ordre de convergence "infini", puisque, rappelons-le, les λ_n^k tendent vers l'infini comme $n^{2/d}$.

En utilisant les fonctions propres des sous-domaines, on prend en compte convenablement les singularités de u_i aux sommets $(S_j)_{j=0,...,5}$ alors qu'une discrétisation classique par éléments finis par exemple, n'aurait pas pu le faire, ou du moins pas facilement (maillages adaptatifs). Ceci justifie le très faible nombre de degrés de liberté requis pour ce type d'approximation. Réciproquement, ce choix de base n'est bien adapté que pour des fonctions χ, qui, multipliées par les partitions de l'unité χ^k, sont dans le domaine des puissances itérées du laplacien dans H_0^1. Ceci n'est bien sûr pas *a priori* le cas pour les solutions d'une EDP générique.

7.2 Un modèle un peu plus quantique

On va prendre l'exemple de l'oscillateur harmonique dont la modélisation est introduite dans l'annexe A. Ce problème correspond à l'hamiltonien

$$H = -\frac{1}{2}\frac{d^2}{dx^2} + \frac{1}{2}\omega^2 x^2 \qquad (7.14)$$

où la pulsation ω est un réel dans l'intervalle $[a, b]$ et dont on connaît le spectre analytiquement. Rappelons en effet
- que les valeurs propres sont

$$E_n(\omega) = (n + 1/2)\omega, \quad n \in I\!N \qquad (7.15)$$

- et que les vecteurs propres correspondants sont

$$\psi_n(\omega, x) = e^{-\omega x^2/2}H_n(\sqrt{\omega}\,x). \qquad (7.16)$$

Supposons [1] que l'on veuille utiliser une méthode de base réduite pour approcher la solution générique de ce problème. On choisit donc N valeurs du paramètre $(\omega_1, \omega_2, \ldots, \omega_N)$ et on cherche à approcher la solution générique $\psi_n(\omega, x)$, pour n donné, comme combinaison linéaire des $\psi_n(\omega_j, x)$, $j = 1, .., N$. On note encore X_N l'espace vectoriel engendré par ces vecteurs propres (en fait c'est un X_N^n). On va utiliser une méthode variationnelle pour approcher la solution pour une valeur donnée du paramètre ω. L'appoximation variationnelle, comme dans le cas précédent, donne une solution approchée dans l'espace discret qui est asymptotiquement aussi proche de la solution de $\psi(\omega, .)$ que la meilleure approximation dans X_N. Pour analyser l'erreur de meilleure approximation, on peut, au vu de la régularité des ψ_n, en tant que fonction de ω penser à interpoler aux points ω_j. On introduit donc pour cela

---

[1] juste pour voir comment ça marche car l'approximation des valeurs propres et des vecteurs propres est une recherche sans beaucoup de sens quand on connaît comme ici les expressions analytiques

les polynômes de Lagrange [26] vérifiant $\ell_i(\omega_j) = \delta_{ij}$ et on approche donc
$\psi(\omega,.)$ par $\sum_{i=1}^{N} \psi_n(\omega_i,.)\ell_i(\omega)$. On utilise alors la majoration

$$\|\psi_n(\omega,x) - \sum_{i=1}^{N} \psi_n(\omega_i,x)\ell_i(\omega)\|_{L^\infty(\omega,x)} \leq \sup_{x\in\mathbf{R}} \frac{1}{M!}|D_1^M \psi_n(\omega,x)|\tilde{\Delta}^M$$

où $\tilde{\Delta}$ désigne la distance maximale entre deux points ω_j :

$$\tilde{\Delta} = \max_{\omega\in[a,b]} \inf_i |\omega - \omega_i|$$

et M un entier quelconque compris entre 1 et N. Une estimation facile permet
de voir que $\tilde{\Delta}$ dépend principalement du nombre de points choisis dans $[a,b]$
ainsi que de leur répartition, et est de l'ordre de $\frac{c}{N}$. Par ailleurs, pour M fixé,
la quantité $\sup_{x\in\mathbf{R}} \frac{1}{M!}|D_1^M \psi_n(\omega,x)|$ dépend de M et de n ce qui permet de
montrer par exemple que

$$\|\psi_n(\omega,x) - \sum_{i=1}^{N} \psi_n(\omega_i,x)\ell_i(\omega)\|_{L^\infty(\omega,x)} \leq C(M;n)\tilde{\Delta}^M.$$

On peut bien sûr, et il le faut pour les besoins de l'analyse, remplacer la norme
L^∞ en x par une norme de Sobolev H^1. On peut enfin jouer sur la position
des points d'interpolation, et il convient là de travailler dans ce qui semble
être la "meilleure variable" pour exprimer les solutions. En effet, approcher la
solution $\psi(\omega,\cdot)$ par une expression polynomiale en ω, $\sqrt{\omega}$, ω^2 ou encore $\ln\omega$
peut donner de meilleures estimations sur le procédé d'interpolation (voir [161]
pour plus de détails sur ce point). Bien que très grossières, ces estimations
permettent de saisir la philosophie des approximations en bases réduites et de
comprendre qu'effectivement, il peut être intéressant d'utiliser comme base de
l'espace discret, des solutions particulières d'une classe de problèmes du type
que l'on cherche à résoudre. On peut même, sur cet exemple, aller plus loin.
En effet, si on approche bien $\psi_n(\omega,\cdot)$, la majoration montre que l'on doit bien
approcher aussi les $\psi_m(\omega,\cdot)$ pour $m \simeq n$ par des combinaisons linéaires des
$\psi_m(\omega_i,\cdot)$. On remarque même que la même combinaison linéaire donne une
approximation très précise pour tous les $\psi_n(\omega,\cdot)$, $1 \leq n \leq p$. Ainsi si l'on note

$$\Psi(\omega) = \begin{pmatrix} \psi_1(\omega,\cdot) \\ \psi_2(\omega,\cdot) \\ . \\ . \\ \psi_p(\omega,\cdot) \end{pmatrix}, \text{ il existe une combinaison linéaire } (\alpha_i \equiv \ell_i(\omega))_{i=1}^{N} \text{ telle}$$

que $\Psi(\omega)$ soit bien approché par $\sum_{i=1}^{N} \alpha_i \Psi(\omega_i)$.

7.3 Convergence des développements en gaussiennes

Suite à l'article de Boys [45], les bases de gaussiennes-polynômes sont devenues
d'emploi courant pour les approximations variationnelles de la solution des

équations de Hartree-Fock. La complétude de cet ensemble de fonctions a été analysée par de nombreux auteurs et différents types de familles de gaussiennes ont été, et continuent d'être, avancées. Parmi celles-ci, on note

1. $\tilde{\xi}_{nml} = N r^{n-1} e^{-\eta_l r^2} Y_l^m(\theta, \phi);\quad n-l-1 = 0, 2, 4, 6 \ldots$

2. les mêmes fonctions $\tilde{\xi}_{nml}$ avec $n - l - 1 \in \mathbb{N}$

3. $\tilde{\xi}_{nml} = N r^l e^{-\eta(l,k)r^2} Y_l^m(\theta, \phi)$

où les coefficients η_l et $\eta(l,k)$ sont des réels et les Y_l^m les harmoniques sphériques. Bien que de nombreux articles sur l'analyse de la convergence et sur la définition même de la convergence qu'il convient de considérer aient été publiés, la plupart de ces études concernent l'approximation des fonctions propres des atomes hydrogénoïdes. Ces fonctions propres sont en effet représentatives des singularités au voisinage des noyaux que l'on observe pour un système moléculaire quelconque, singularités qui sont potentiellement à la source des défauts de convergence rapide de ces approximations. En particulier, Klahn et Morgan montrent dans [124] que l'approximation du fondamental hydrogénoïde $\psi_0 = c e^{-Zr}$ par un développement en série tronquée de gaussiennes du premier type, ne converge en norme $H^1(\mathbb{R}^3)$ qu'à la vitesse $N_b^{-3/2}$ où N_b désigne le nombre de gaussiennes utilisées. Sans que cela ait été rigoureusement établi, cette convergence très lente peut être améliorée légèrement en optimisant le facteur η_l et atteindre N_b^{-2}. C'est de toute façon insuffisant pour la convergence de quantités intéressantes comme peuvent l'être les moments de la solution numérique du type $< \psi | r^k | \psi >$, dès que k est un peu élevé, comme on le verra par la suite. La seconde base ne supplée pas à un défaut de densité des fonctions du premier type mais améliore nettement la convergence puisque l'addition de la seule famille $n - l - 1 = 1$ permet une approximation de ψ_0 en d^{-3}, chaque cran supplémentaire (de k dans $n - l - 1 = 2k + 1$) améliorant l'ordre de convergence, pour atteindre une convergence exponentielle en N_b si les N_b premiers éléments de cette famille sont utilisés. Les chimistes ont l'habitude d'associer à cette propriété le qualificatif de *base surcomplète*. Si ces bases décrivent effectivement mieux les singularités des solutions, leur usage est néanmoins limité par la complexité beaucoup plus grande des calculs qui leur sont associés. Cela vient du fait que la famille 1 ne fait apparaître que des puissances entières de x, y et z ; les calculs des intégrales électroniques s'effectuent alors comme expliqué dans la section 6.2.2. Ce n'est évidemment pas le cas pour la seconde famille. Un bon compromis est offert par la troisième famille pour laquelle Kutzelnigg et Braess démontrent dans [130] et [46] une majoration en $e^{-\gamma\sqrt{N_b}}$ pour l'erreur de meilleure approximation. Ces deux approches partent de la transformation de Laplace inverse des hydrogénoïdes introduite dans ce contexte dans [118] et utilisée pour la première fois dans [207] :

$$e^{-\sqrt{t}} = \frac{1}{2\sqrt{\pi}} \int_0^{+\infty} s^{-3/2} e^{-1/4s} e^{-st}\, ds \qquad (7.17)$$

et l'on remarque, en posant $r = \sqrt{t}$, que

$$e^{-Zr} = \frac{Z}{2\sqrt{\pi}} \int_0^{+\infty} s^{-3/2} e^{-Z^2/4s} e^{-sr^2}\, ds. \tag{7.18}$$

La démarche de [130] consiste à remarquer qu'une méthode d'intégration numérique pour l'évaluation de cette intégrale sur $]0, +\infty[$ donne justement un développement en une base de gaussiennes et qu'un bon choix des points d'intégration numérique conduit à une valeur du paramètre $\eta(l, k)$ dans le cadre de la troisième famille effectivement proposée par [198] et largement utilisée dans les applications. Ce choix est connu sous le nom de *base tempérée* (*even-tempered basis set*). L'approximation de l'intégrale se fait donc de la façon suivante : tout d'abord, on tronque cette intégrale indéfinie

$$\int_0^{+\infty} s^{-3/2} e^{-\alpha^2/4s} e^{-sr^2}\, ds \simeq \int_{s_1}^{s_2} s^{-3/2} e^{-\alpha^2/4s} e^{-sr^2}\, ds \tag{7.19}$$

puis on approche l'intégrale sur l'intervalle $[s_1, s_2]$ par une méthode des trapèzes

$$\int_{s_1}^{s_2} s^{-3/2} e^{-Z^2/4s} e^{-sr^2}\, ds \simeq \sum_{k=1}^{N_b} \rho_k \sigma_k^{-3/2} e^{-Z^2/4\sigma_k} e^{\sigma_k r^2} \tag{7.20}$$

déduite d'une méthode à points équidistants par le changement de variable $s \mapsto q = 2\ln s$. Les erreurs de troncature (7.19) et de quadrature (7.20), cette dernière pouvant être évaluée par la formule d'Euler-McLaurin, sont équilibrées pour le choix $s_1 = \frac{\gamma Z}{\sqrt{6h N_b}}$, $s_2 = s_1 e^{N_b h/2}$ et $h = \frac{2\pi}{\sqrt{3N_b}}$. L'*erreur de meilleure approximation* correspondante évaluée en norme de l'énergie $\mathcal{H}$ est majorée par $\pi(3N_b)^{3/2} e^{-\pi\sqrt{3N_b}}$. Heuristiquement, bien que ce ne soit pas, à notre connaissance, complètement prouvé, les solutions pour plusieurs noyaux ayant un comportement semblable à la fois au voisinage des singularités et à l'infini, les gaussiennes centrées en ces noyaux doivent pouvoir approcher les solutions exactes avec la même majoration de l'erreur.

Dans cette même optique, on pourrait penser à utiliser une autre formule d'intégration numérique sur l'intervalle $[s_1, s_2]$ que celle des trapèzes. Dans [206], il est montré que l'ensemble des nœuds de la formule de quadrature qui amène à la base tempérée est préférable à un ensemble de points de Gauss. Ceci peut s'expliquer par le fait que les fonctions qui sont à intégrer ne sont pas des fonctions générales mais des fonctions presque périodiques de période $s_2 - s_1$; elles sont en effet presque nulles ainsi que leurs dérivées en s_1 et s_2. En revanche, une optimisation complète ou partielle des points d'intégration permet d'améliorer encore d'un ordre de grandeur ces meilleures approximations. Aucune démonstration n'existe à l'heure actuelle pour justifier ces choix.

Toujours pour traiter cette erreur de meilleure approximation par des gaussiennes, l'approche suivie dans [46] est d'un autre type. Elle est plus précise mais ne permet pas de choisir les puissances $\eta(l, k)$ ni de savoir exactement quel est le meilleur choix. La démarche mérite tout de même d'être présentée puisqu'elle fait appel à la notion d'approximation non linéaire qui est un outil non classique mais d'un grand intérêt à la fois en analyse et en analyse numérique. Partant de (7.17), on déduit que $f(t) = e^{-\sqrt{t}}$ est une fonction *complètement monotone* (i.e. $(-1)^n f^{(n)}(t) \geq 0$ pour tout $n \in \mathbb{N}$ et tout $t \in \mathbb{R}_+$). Pour de telles fonctions, on sait [46] que, pour tout ensemble de points $0 < x_1 \leq x_2 \leq \ldots \leq x_{2N_b}$, il existe une unique somme positive d'exponentielles $u_{N_b}(t) = \sum_{k=1}^{N_b} \alpha_k e^{-\beta_k t}$ avec α_k et β_k réels positifs à déterminer de sorte que $u(x_k) = f(x_k)$ pour tout k. L'idée de la démonstration est de partir du résultat suivant [224] :

Lemme 7.2 *Soit $n \geq 1$ et $\alpha > 0$, il existe un polynôme p de degré $\leq n$ avec n zéros dans $[0,1]$ tel que*

$$|x^\alpha \frac{p(x)}{p(-x)}| \leq c_0(\alpha) e^{-\pi\sqrt{\alpha n}}, \quad pour \; 0 \leq x \leq 1 \tag{7.21}$$

que l'on utilise avec $n = 2N_b$. On choisit alors les zéros $0 < x_1 \leq x_2 \leq \ldots \leq x_{2N_b}$ de $q(t) = p(t/b)$ où b est un réel positif représentant la borne supérieure de l'intervalle $[0,b]$ sur lequel on souhaite interpoler f. La monotonie de f et la positivité de la somme d'exponentielle interpolante montrent tout d'abord que $f - u$ ne s'annule pas plus de $2N_b$ fois. Le comportement à l'infini montre alors que $u(t) \leq f(t)$ pour $t > x_{2N_b}$ et donc aussi pour $t \leq x_1$. Pour tout z complexe de partie réelle $\text{Re}(z) \geq 0$, on obtient $|f(z)| = f(\text{Re}(z)) \leq f(0)$ et $|u(z)| = u(\text{Re}(z)) \leq u(0) \leq f(0)$, de sorte que $|f(z) - u(z)| \leq |f(z)| + |u(z)| \leq f(0) + u(0) \leq 2f(0)$. On remarque aussi que $|p(-z)/p(z)| = 1$ si $\text{Re}(z) = 0$ et que $p(-z)/p(z)$ tend vers 1 lorsque $|z|$ tend vers l'infini. L'analyticité de la fonction

$$g(z) := \frac{p(z)}{p(-z)}[f(z) - u(z)]$$

permet alors de montrer que $|g(z)| \leq 2f(0)$ pour tout z complexe de partie réelle $\text{Re}(z) \geq 0$, ce qui fait que du lemme 7.2 il découle

$$t^\alpha |f(t) - u(t)| \leq 2b^{3/2} f(0) c_0(\alpha) e^{\pi\sqrt{3N_b}}, \quad \text{pour tout } t \in [0,b]$$

Ceci étant vrai pour toute valeur $\alpha > 0$, on en déduit la convergence exponentielle de la somme $u(r^2)$ vers la première fonction propre hydrogénoïde dans toutes les normes appropriées.

7.4 Retour aux bases réduites

On reporte dans cette section quelques éléments qui permettent de comprendre que la convergence des calculs effectués actuellement par les chimistes tient sans doute plus de la contraction des gaussiennes, i.e. de leur proximité aux fonctions propres des atomes hydrogénoïdes, que de leur propriété d'approximation en tant que gaussiennes (non contractées) qui a été démontrée dans la section précédente.

On considère ici le problème de Hartree-Fock pour une molécule. La position des noyaux est notée $\overline{x}$. La solution correspondant à une configuration des atomes est notée $\Phi_{\overline{x}}$. Pour un grand choix de positions $\overline{x}_i$, $i = 1, \cdots, K$, on analyse les $\Phi_{\overline{x}_i}$ correspondants, et plus exactement les espaces engendrés par ces solutions. Pour montrer que ces espaces sont, en un sens, de dimension assez petite, on introduit une mesure connue comme la N-épaisseur $d_N(S, X)$ d'une partie S dans un Banach X, définie par

$$d_N(S, X) = \inf_{X_N} \sup_{a \in S} \sup_{a_N \in X_N} \|a - a_N\|_X$$

où le premier infimum est pris sur tous les sous-espaces de X de dimension N engendrés par des éléments de S. En analysant la vitesse de convergence de cette épaisseur vers zéro, on se fait une idée de la possibilité d'approcher des éléments de X par une méthode de base réduite sur des éléments de S. Appliqué à $S = \{\Phi_{\overline{x}_i}\}_i$, ceci permet de comprendre, même si on ne sait actuellement que le vérifier et pas encore le démontrer, qu'il y a effectivement la possibilité pour un système moléculaire donné, de voir les solutions du système de Hartree-Fock associé bien approchées par des combinaisons linéaires d'un faible nombre de solutions particulières correspondant à d'autre configurations. Les résultats qui ont été par exemple obtenus sur la molécule de fluoroéthène C_2H_3F montrent la faible épaisseur de l'ensemble des solutions. Les deux courbes de la figure 7.4 représentent la même situation mais avec des solutions approchées avec deux précisions différentes. C'est la courbe du bas qui représente la réalité profonde ; la divergence de la courbe basée sur des approximations moins précises est due à du bruit numérique.

7.5 Analyse numérique a priori

Nous considérons maintenant le problème (5.7) dans le cas d'un ion positif $N - 1 \leq \sum_{k=1}^{M} Z_k$, de sorte que l'on sait qu'il existe une suite de valeurs propres négatives, qui, rangées par ordre croissant, convergent vers zéro. L'état fondamental de la molécule est alors associé aux N plus petites valeurs propres et aux orbitales associées (i.e. aux fonctions propres) de l'opérateur de Fock. On note $\Phi_0 = (\phi_{i,0})_{i=1}^N$ une solution du problème de minimisation de cette l'énergie

$$\Phi_0 = \operatorname{argmin} \left\{ E^{HF}(\Psi), \quad \Psi \in \mathcal{K} \cap \mathcal{H} \right\}$$

où

$$\mathcal{H} = \left[H^1(\mathbb{R}^3) \right]^N$$

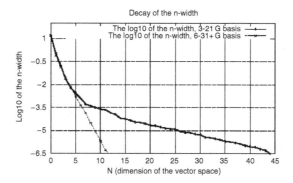

Fig. 7.3. Epaisseur de l'ensemble des matrices densité du fondamental Hartree-Fock de la molécule de fluoroéthène pour diverses configurations des noyaux. Les deux courbes correspondent à deux discrétisations, l'une grossière conduisant à un plateau (10^{-5}), l'autre fine, plus représentative de la réalité.

et

$$\mathcal{K} = \left\{ (\Phi_1, \cdots, \Phi_N) \in \left[L^2(\mathbb{R}^3) \right]^N, \ (\Phi_i, \Phi_j)_{L^2} = \delta_{ij} \right\}.$$

On note que $\mathcal{K}$ peut être vu comme l'intersection de tous les noyaux des F_{ij} définis par

$$\forall \boldsymbol{\Phi} = [\Phi_i]_{i=1}^N, \quad F_{ij}(\boldsymbol{\Phi}) = (\Phi_i, \Phi_j)_{L^2} - \delta_{ij} \qquad (7.22)$$

A ce problème de minimisation est associé le problème de points critiques (5.29). On sait bien que si $\boldsymbol{\Phi_0}$ est une solution du problème de minimisation, alors $U\boldsymbol{\Phi_0}$ est une autre solution pour toute matrice U orthogonale de rang N.

7.5.1 Quelques résultats préparatoires

On est donc loin d'avoir l'unicité de la solution à ce problème, ce qui est pourtant la pierre angulaire de l'analyse numérique de méthodes de discrétisation. L'idée est donc de passer au quotient de ces rotations ; ainsi, pour tout couple $(\boldsymbol{\Psi}, \boldsymbol{\Phi})$ d'éléments de $\mathcal{H}$, on introduit la rotation

$$U_{\boldsymbol{\Psi},\boldsymbol{\Phi}} = \operatorname{argmin} \left\{ \|U\boldsymbol{\Psi} - \boldsymbol{\Phi}\|_{[L^2(\mathbf{R}^3)]^N}, \ U \in \mathcal{U}(N) \right\} \qquad (7.23)$$

où $\mathcal{U}(N)$ représente l'ensemble des matrices orthogonales de rang N. Ceci conduit ensuite aux normes quotient suivantes

$$\|\boldsymbol{\Psi} - \boldsymbol{\Phi}\|_{0,*} = \|U_{\boldsymbol{\Psi},\boldsymbol{\Phi}}\boldsymbol{\Psi} - \boldsymbol{\Phi}\|_{[L^2(\mathbf{R}^3)]^N}; \quad \|\boldsymbol{\Psi} - \boldsymbol{\Phi}\|_{1,*} = \|U_{\boldsymbol{\Psi},\boldsymbol{\Phi}}\boldsymbol{\Psi} - \boldsymbol{\Phi}\|_{[H^1(\mathbf{R}^3)]^N}.$$
$$(7.24)$$

Comme dans [163], on introduit la notion suivante : si les éléments de $\mathcal{H}$ sont écrits comme vecteurs colonnes, on peut décomposer $\mathcal{H}$ en la somme directe orthogonale

$$\mathcal{H} = \mathcal{M}_{\Phi} \oplus \Phi^{\perp} \tag{7.25}$$

où

$$\mathcal{M}_{\Phi} = \{M\Phi, \ M \in \mathcal{M}(N,N)\},$$

et

$$\Phi^{\perp} = \left\{ \Psi = (\psi_i)_{i=1}^N \in \mathcal{H}, \quad (\psi_i, \phi_j)_{L^2} = 0, \ 1 \le i,j \le N \right\}.$$

Pour $\Psi = (\psi_i)_{i=1}^N \in \mathcal{H}$, il suffit en effet d'introduire la matrice M d'élément courant $M_{ij} = (\psi_i, \phi_j)_{L^2}$, on a alors $\Psi - M\Phi \in \Phi^{\perp}$. Plus précisément, en introduisant l'ensemble des matrices symétriques et antisymétriques, la décomposition

$$\mathcal{A}_{\Phi} = \{A\Phi, \ A \in \mathcal{M}(N,N), \ A^T = -A\},$$
$$\mathcal{S}_{\Phi} = \{S\Phi, \ S \in \mathcal{M}(N,N), \ S^T = S\},$$

on a, après avoir décomposé M en sa partie symétrique et antisymétrique

$$\mathcal{H} = \mathcal{A}_{\Phi} \oplus \mathcal{S}_{\Phi} \oplus \Phi^{\perp}$$

Appliqué à $\Psi - \Phi$, avec Φ et Ψ dans $\mathcal{H} \cap \mathcal{K}$, on a ainsi

$$\Psi = \Phi + A\Phi + S\Phi + W, \quad W \in \Phi^{\perp} \tag{7.26}$$

Dans la suite, pour tous Ψ et Φ dans $[L^2(\mathbb{R}^3)]^N$ on note $\Psi \perp \Phi$ si, pour tout $1 \le i,j \le N$, $i \ne j$, on a $(\psi_i, \phi_j)_{L^2} = 0$. Le résultat suivant (cf. [163]) donne une caractérisation de la matrice $U_{\Psi,\Phi}$ définie par (7.23).

Lemme 7.3 *Pour tous Ψ et Φ dans $\mathcal{H} \cap \mathcal{K}$, la matrice $U_{\Psi,\Phi}$ solution de (7.23) vérifie*

$$U_{\Psi,\Phi}\Psi - \Phi \in \mathcal{S}_{\Phi} \oplus \Phi^{\perp}. \tag{7.27}$$

Preuve. On considère la décomposition

$$\Psi - \Phi = A\Phi + S\Phi + W, \quad W \in \Phi^{\perp} \tag{7.28}$$

En utilisant l'orthogonalité de W avec Φ, on obtient

$$
\begin{aligned}
U_{\Psi,\Phi} &= \mathrm{argmin}\{\|U\Psi - \Phi\|_{[L^2(\mathbb{R}^3)]^N}^2 ; U \in \mathcal{U}(N)\} \\
&= \mathrm{argmin}\{\|U(\Phi + A\Phi + S\Phi + W) - \Phi\|_{[L^2(\mathbb{R}^2)]^N}^2 ; U \in \mathcal{U}(N)\} \\
&= \mathrm{argmin}\{\|U(\Phi + A\Phi + S\Phi) - \Phi\|_{[L^2(\mathbb{R})^2]^N}^2 ; U \in \mathcal{U}(N)\} \\
&= \mathrm{argmin}\{\|U(I_N + A + S) - I_N\|_{\mathcal{M}(N,N)}^2 ; U \in \mathcal{U}(N)\} \\
&= \mathrm{argmin}\{\|(I_N + A + S) - U^T\|_{\mathcal{M}(N,N)}^2 ; U \in \mathcal{U}(N)\}
\end{aligned}
\tag{7.29}
$$

la quatrième égalité étant due au fait que $\boldsymbol{\Phi} \in \mathcal{K}$. On remarque maintenant que pour toute matrice antisymétrique $\widetilde{A}$, l'application $t \mapsto e^{\widetilde{A}t}U_{\boldsymbol{\Psi},\boldsymbol{\Phi}}$ est un chemin à valeurs dans $\mathcal{U}(N)$ dont la tangente en $t = 0$ est $\widetilde{A}U_{\boldsymbol{\Psi},\boldsymbol{\Phi}}$. La condition de minimalité pour (7.29) est

$$
\begin{aligned}
0 &= \left((I_N + A + S) - U_{\boldsymbol{\Psi},\boldsymbol{\Phi}}^T, U_{\boldsymbol{\Psi},\boldsymbol{\Phi}}^T \widetilde{A}^T\right)_{\mathcal{M}(N,N)} \\
&= \left(U_{\boldsymbol{\Psi},\boldsymbol{\Phi}}(I_N + A + S) - I_N, \widetilde{A}^T\right)_{\mathcal{M}(N,N)}, \quad \forall \widetilde{A} \text{ antisymétrique.}
\end{aligned}
$$

On en déduit que $U_{\boldsymbol{\Psi},\boldsymbol{\Phi}}(I_N + A + S)$ est une matrice symétrique et donc $U_{\boldsymbol{\Psi},\boldsymbol{\Phi}}\boldsymbol{\Psi} = U_{\boldsymbol{\Psi},\boldsymbol{\Phi}}\left[(I_N + A + S)\boldsymbol{\Phi} + W\right] \in \mathcal{S}_{\boldsymbol{\Phi}} \oplus \boldsymbol{\Phi}^{\perp}$. Ce lemme signifie que, par une rotation appropriée, la partie antisymétrique de (7.26) peut être enlevée. Quant à la partie symétrique, le lemme suivant montre qu'elle est d'un ordre supérieur :

Lemme 7.4 *Pour tous $\boldsymbol{\Psi}$ et $\boldsymbol{\Phi}$ dans $\mathcal{H} \cap \mathcal{K}$, il existe deux constantes C_1 et C_2 ne dépendant que de N telles que*

$$
\|S\boldsymbol{\Phi}\|_{[L^2(\mathbf{R}^3)]^N} \leq C_1 \|\boldsymbol{\Psi} - \boldsymbol{\Phi}\|^2_{[L^2(\mathbf{R}^3)]^N}; \tag{7.30}
$$

$$
\|S\boldsymbol{\Phi}\|_{\mathcal{H}} \leq C_2 \|\boldsymbol{\Psi} - \boldsymbol{\Phi}\|^2_{\mathcal{H}} \|\boldsymbol{\Phi}\|_{\mathcal{H}} \tag{7.31}
$$

S désignant la matrice symétrique intervenant dans la décomposition (7.28) de $\boldsymbol{\Psi} - \boldsymbol{\Phi}$.

Preuve. De l'égalité (7.28), on tire que

$$
\|\boldsymbol{\Psi} - \boldsymbol{\Phi}\|^2_{L^2(\mathbf{R}^3))^N} = \sum_{i,j=1}^N (A_{ij} + S_{ij})^2 + \|W\|^2_{[L^2(\mathbf{R}^3)]^N}.
$$

Par ailleurs, l'appartenance de $\boldsymbol{\Psi}$ à $\mathcal{K}$ montre que pour tout i

$$
1 = (1 + S_{ii})^2 + \sum_{j \neq i}(S_{ij} + A_{ij})^2 + \|W_i\|^2_{L^2(\mathbf{R}^3))^N}
$$

d'ou l'on tire, en utilisant le fait que $A_{ii} = 0$, l'inégalité

$$
S_{ii} = -\frac{\sum_{j=1}^N (S_{ij} + A_{ij})^2 + \|W_i\|^2_{L^2(\mathbf{R}^3))^N}}{2} \leq \|\boldsymbol{\Psi} - \boldsymbol{\Phi}\|^2_{L^2(\mathbf{R}^3))^N}.
$$

De façon similaire, on a pour $i \neq j$

$$
0 = \sum_{k=1}^N (I_N + S + A)_{ik}(I_N + S + A)_{jk} + (W_i, W_j)_{[L^2(\mathbf{R}^3)]^N},
$$

et en conséquence $|S_{ij}| \leq C\|\boldsymbol{\Psi} - \boldsymbol{\Phi}\|^2_{[L^2(\mathbf{R}^3)]^N}$. On en déduit ensuite que

$$\|S\Phi\|_{\mathcal{H}} \le C\|\Psi - \Phi\|^2_{[L^2(\mathbf{R}^3)]^N}\|\Phi\|_{\mathcal{H}}$$
$$\le C_2\|\Psi - \Phi\|^2_{\mathcal{H}}\|\Phi\|_{\mathcal{H}}$$

On termine la présentation de ces résultats préliminaires en énonçant sans démonstration le

Lemme 7.5 *Pour tout* $\Phi \in \mathcal{H} \cap \mathcal{K}$, *l'espace tangent en* Φ *à* $\mathcal{H} \cap \mathcal{K}$ *est* $\mathcal{A}_\Phi \oplus \Phi^\perp$.

7.5.2 Analyse numérique du problème discret

Soit $\pi_\delta(\Phi_0)$ la meilleure approximation de la solution Φ_0 dans X_δ, par exemple pour la norme $L^2(\mathbb{R}^3)$. La première question qu'on peut se poser est de savoir si, dans un voisinage de $\pi_\delta(\Phi_0)$, il existe une solution au problème discret (6.7). La seconde est de savoir si l'erreur entre la solution exacte et une telle solution approchée est du même ordre de grandeur que $\|\Phi_0 - \pi_\delta(\Phi_0)\|$.

On note tout d'abord que pour tout $\Phi \in \mathcal{K}$ et tout $W \in \Phi^\perp$ suffisamment petit, il existe une matrice $N \times N$ diagonale T telle que

$$\Phi + T\Phi + W \in \mathcal{K}. \tag{7.32}$$

Par ailleurs, on remarque que d'après (7.30), on peut choisir T de sorte que

$$\|T\Phi\|_{[L^2(\mathbf{R}^3)]^N} \le C\|W\|^2_{[L^2(\mathbf{R}^3)]^N}. \tag{7.33}$$

Ensuite, pour tout $\Phi \in \mathcal{H} \cap \mathcal{K}$, on introduit

$$\mathcal{E}^\Phi(.) = E^{HF}(.) + \sum_{i,j=1}^{N} \Lambda_{ij}F_{ij}(.) \tag{7.34}$$

où $\Lambda_{ij} = (\mathcal{F}_\Phi\Phi_i, \Phi_j)_{L^2}$, et où $\mathcal{F}_\Phi$ désigne l'opérateur de Fock. Comme Φ_0 est une solution des équations de Hartree-Fock on a

$$D\mathcal{E}^{\Phi_0} = 0 \; ;$$

comme Φ_0 est en outre un minimiseur de l'énergie de Hartree-Fock, la forme $a_{\Phi_0} = D^2\mathcal{E}^{\Phi_0}$ est positive. On peut même prouver mieux :

Lemme 7.6 *Soit* X_{Φ_0} *le sous-espace orthogonal (dans* $\mathcal{H}$*) aux éléments de* $\mathcal{A}_{\Phi_0} \oplus \Phi_0^\perp$ *sur lesquels* a_{Φ_0} *s'annule. Alors pour tout* $\Psi \in X_{\Phi_0}$ *non nul,*

$$a_{\Phi_0}(\Psi, \Psi) > 0$$

et il existe une constante $\alpha > 0$ *telle que* a_{Φ_0} *soit* α-*elliptique sur* X_{Φ_0}.

Preuve. On choisit de faire une démonstration par l'absurde : on suppose qu'il existe une suite $\{\boldsymbol{\Psi}^m\}_{m \geq 1}$ de $X_{\boldsymbol{\Phi}_0}$ de norme $\|\boldsymbol{\Psi}^m\|_{\mathcal{H}} = 1$ telle que $\lim_{m \to 1} a_{\boldsymbol{\Phi}_0}(\boldsymbol{\Psi}^m, \boldsymbol{\Psi}^m) = 0$. On écrit tout d'abord de façon explicite la forme $a_{\boldsymbol{\Phi}_0}$. Pour cela, on introduit les notations $\tau_{\boldsymbol{\Psi}^1, \boldsymbol{\Psi}^2}(x, y) = \sum_{i=1}^{N} \psi_i^1(x) \psi_i^2(y)$, $\rho_{\boldsymbol{\Psi}^1, \boldsymbol{\Psi}^2}(x) = \rho_{\boldsymbol{\Psi}^1, \boldsymbol{\Psi}^2}(x, x)$, et $\rho_{\boldsymbol{\Psi}}(x) = \rho_{\boldsymbol{\Psi}, \boldsymbol{\Psi}}(x)$; on a ainsi

$$
\begin{aligned}
a_{\boldsymbol{\Phi}_0}(\boldsymbol{\Psi}, \boldsymbol{\Psi}) = {}& 2 \sum_{i=1}^{N} \int_{\mathbf{R}^3} \left(|\nabla \Psi_i|^2 + V \Psi_i^2 \right) \\
& + \frac{1}{2} \int \int_{\mathbf{R}^3 \times \mathbf{R}^3} \frac{8 \rho_{\boldsymbol{\Phi}_0, \boldsymbol{\Psi}}(x) \rho_{\boldsymbol{\Phi}_0, \boldsymbol{\Psi}}(y) + 4 \rho_{\boldsymbol{\Psi}}(x) \rho_{\boldsymbol{\Phi}_0}(x)}{|x - y|} \, dx \, dy \\
& - \frac{1}{2} \int \int_{\mathbf{R}^3 \times \mathbf{R}^3} \frac{4 \tau_{\boldsymbol{\Phi}_0}(x, y) \tau_{\boldsymbol{\Psi}}(x, y)}{|x - y|} \, dx \, dy \\
& - \frac{1}{2} \int \int_{\mathbf{R}^3 \times \mathbf{R}^3} \frac{4 \tau_{\boldsymbol{\Phi}_0, \boldsymbol{\Psi}}(x, y) \left(\tau_{\boldsymbol{\Phi}_0, \boldsymbol{\Psi}}(x, y) + \rho_{\boldsymbol{\Phi}_0, \boldsymbol{\Psi}}(y, x) \right)}{|x - y|} \, dx \, dy \\
& + \sum_{i, j=1}^{N} \Lambda_{ij}^0 \int_{\mathbf{R}^3} \Psi_i \Psi_j.
\end{aligned}
$$

De la suite $\{\boldsymbol{\Psi}^m\}_{m \geq 1}$, bornée dans $\mathcal{H}$, on peut extraire une sous-suite qui converge faiblement dans $\mathcal{H}$ vers un certain $\boldsymbol{\Psi} \in X_{\boldsymbol{\Phi}_0}$. On remarque que les deux premiers termes de a ainsi que la partie en Λ (qui est positif) sont clairement semi-continus inférieurement. C'est un peu plus technique mais on peut également montrer que les trois autres termes sont aussi semi-continus inférieurement pour la topologie de $\mathcal{H}$ (cf. [163]). On en déduit que

$$
a_{\boldsymbol{\Phi}_0}(\boldsymbol{\Psi}, \boldsymbol{\Psi}) \leq \lim_{m \to \infty} a_{\boldsymbol{\Phi}_0}(\boldsymbol{\Psi}^m, \boldsymbol{\Psi}^m) = 0,
$$

ce qui montre que $\boldsymbol{\Psi} = 0$, d'après la définition de $X_{\boldsymbol{\Phi}_0}$. En utilisant cette information, on montre maintenant que

$$
\sum_{i=1}^{N} \int_{\mathbf{R}^3} V |\Psi_i^m|^2 \xrightarrow[m \to +\infty]{} 0
$$

$$
\int \int_{\mathbf{R}^3 \times \mathbf{R}^3} \frac{8 \rho_{\boldsymbol{\Phi}_0, \boldsymbol{\Psi}^m}(x) \rho_{\boldsymbol{\Phi}_0, \boldsymbol{\Psi}^m}(y) + 4 \rho_{\boldsymbol{\Psi}^m}(x) \rho_{\boldsymbol{\Phi}_0}(x)}{|x - y|} \, dx \, dy \xrightarrow[m \to +\infty]{} 0
$$

$$
\int \int_{\mathbf{R}^3 \times \mathbf{R}^3} \frac{4 \tau_{\boldsymbol{\Phi}_0}(x, y) \tau_{\boldsymbol{\Psi}^m}(x, y)}{|x - y|} \, dx \, dy \xrightarrow[m \to +\infty]{} 0
$$

$$
\int \int_{\mathbf{R}^3 \times \mathbf{R}^3} \frac{4 \tau_{\boldsymbol{\Phi}_0, \boldsymbol{\Psi}^m}(x, y) \left(\tau_{\boldsymbol{\Phi}_0, \boldsymbol{\Psi}^m}(x, y) + \rho_{\boldsymbol{\Phi}_0, \boldsymbol{\Psi}^m}(y, x) \right)}{|x - y|} \, dx \, dy \xrightarrow[m \to +\infty]{} 0
$$

et donc que

$$
0 = \lim_{m \to \infty} a_{\Phi_0}(\Psi^m, \Psi^m) \geq \liminf_{m \to \infty} \left(2 \sum_{i=1}^{N} \int_{\mathbf{R}^3} |\nabla \psi_i^m|^2 + \sum_{i,j=1}^{N} \Lambda_{ij}^0 \int_{\mathbf{R}^3} \psi_i^m \psi_j^m \right)
$$

$$
\geq c_0 \liminf_{m \to \infty} \|\Psi^m\|_{\mathcal{H}} = c_0 > 0,
$$

ce qui met en évidence une contradiction.

Il n'est pas très difficile de montrer que a_{Φ_0} s'annule sur l'ensemble $\mathcal{A}\Phi_0$. Pour simplifier la suite du raisonnement, on va faire l'hypothèse que a_{Φ_0} ne s'annule que sur $\mathcal{A}\Phi_0$, et qu'en conséquence $X_{\Phi_0} = \Phi_0^{\perp}$. Sous cette hypothèse, la forme bilinéaire a_{Φ_0} est alors α-elliptique sur $\Phi_0^{\perp}$.

Le problème discret de Hartree-Fock consiste à minimiser $\mathcal{E}^{HF}(\Psi_\delta)$ sur $\mathcal{K} \cap [X_\delta]^N$. On écrit alors que pour tout Ψ_δ,

$$
E^{HF}(\Psi_\delta) - E^{HF}(\pi_\delta \Phi_0) = \mathcal{E}^{\Phi_0}(\Psi_\delta) - \mathcal{E}^{\Phi_0}(\pi_\delta \Phi_0)
$$

$$
= D\mathcal{E}^{\Phi_0}(\Psi_\delta - \Phi_0) + D\mathcal{E}^{\Phi_0}(\Phi_0 - \pi_\delta \Phi_0)
$$

$$
+ \frac{1}{2} D^2 \mathcal{E}^{\Phi_0}(\Psi_\delta - \Phi_0, \Psi_\delta - \Phi_0)
$$

$$
- \frac{1}{2} D^2 \mathcal{E}^{\Phi_0}(\Phi_0 - \pi_\delta \Phi_0, \Phi_0 - \pi_\delta \Phi_0)
$$

$$
+ \mathcal{O}(\|\Psi_\delta - \Phi_0\|_{\mathcal{H}}^3 + \|\Phi_0 - \pi_\delta \Phi_0\|_{\mathcal{H}}^3).
$$

On rappelle tout d'abord que $D\mathcal{E}^{\Phi_0}$ est nul, et que

$$
E^{HF}(\Psi_\delta) = \mathcal{E}^{HF}(U_{\Psi_\delta, \pi_\delta \Phi_0} \Psi_\delta) ;
$$

on rappelle aussi que

$$
U_{\Psi_\delta, \pi_\delta \Phi_0} \Psi_\delta = S(\pi_\delta \Phi_0) + W, \quad \text{avec} \quad W \in \pi_\delta \Phi_0^{\perp} \cap [X_\delta]^N = \Phi_0^{\perp} \cap [X_\delta]^N
$$

$$
\text{et} \quad \|W\|_{\mathcal{H}} \simeq \|\Psi_\delta - \pi_\delta \Phi_0\|_{1,*}.
$$

Ceci nous permet d'écrire

$$
E^{HF}(\Psi_\delta) - E^{HF}(\pi_\delta \Phi_0) = \frac{1}{2} D^2 \mathcal{E}^{\Phi_0}(W - \Phi_0 - \pi_\delta \Phi_0, W - \Phi_0 - \pi_\delta \Phi_0)
$$

$$
- \frac{1}{2} D^2 \mathcal{E}^{\Phi_0}(\Phi_0 - \pi_\delta \Phi_0, \Phi_0 - \pi_\delta \Phi_0)
$$

$$
+ \mathcal{O}(\|W\|_{\mathcal{H}}^3 + \|\Phi_0 - \pi_\delta \Phi_0\|_{\mathcal{H}}^3).
$$

La minimisation en Ψ_δ se ramène donc, au voisinage de $\pi_\delta \Phi_0$, à un problème de minimisation en W. La forme $D^2 \mathcal{E}^{\Phi_0}$ étant α-elliptique sur $\Phi_0^{\perp}$, ce problème admet une solution et une seule dans $[X_\delta]^N \cap \Phi_0^{\perp}$, qui vérifie

$$
\|W\|_{\mathcal{H}} \leq c(\alpha) \|\Phi_0 - \pi_\delta \Phi_0\|_{1*}.
$$

La solution associée au problème de minimisation $\Phi_\delta = \operatorname{argmin}_{X_\delta \cap \mathcal{K}} E^{HF}(\Psi_\delta)$ est reconstruite en suivant (7.32). Finalement,

Théorème 7.7 *Sous l'hypothèse que* $X_{\mathbf{\Phi}_0} = \mathbf{\Phi}_0^{\perp}$, *il existe une constante* $c >$ 0 *telle que si* $\|\mathbf{\Phi}_0 - \pi_{\delta}\mathbf{\Phi}_0\|_{1*} \leq c$, *il existe une unique solution* $\mathbf{\Phi}_{\delta}$ *au problème de minimisation de Hartree-Fock discret dans un voisinage de* $\pi_{\delta}\mathbf{\Phi}_0$. *En outre, cette solution vérifie*

$$\|\mathbf{\Phi}_{\delta} - \mathbf{\Phi}_0\|_{1*} \leq c\|\mathbf{\Phi}_0 - \pi_{\delta}\mathbf{\Phi}_0\|_{1*}.$$

On a donc démontré l'existence d'une unique solution locale et en même temps la propriété de convergence optimale pour cette méthode d'approximation.

7.6 Analyse a posteriori

Les résultats de la section précédente permettent donc de se convaincre de l'optimalité de l'approximation offerte par cette technique de minimisation de E^{HF} sur un espace de dimension finie : il n'est pas nécessaire *a priori* de chercher une autre définition de l'approximation $\mathbf{\Phi}_{\delta}$ de $\mathbf{\Phi}_0$ puisque celle dont nous disposons est optimale. Néanmoins, le résultat du théorème 7.7 est inutile pour un calcul donné si l'on cherche à juger de sa pertinence. La question qui reste en suspens est "avons-nous utilisé une base assez grande ?", autrement dit "quelle est l'erreur relative sur le niveau fondamental ?". Pour répondre à cette question, on va commencer par montrer, en supposant toujours que $X_{\mathbf{\Phi}_0} = \mathbf{\Phi}_0^{\perp}$, que $a_{\mathbf{\Phi}}$ reste elliptique pour tout $\mathbf{\Phi}$ suffisamment proche de $\mathbf{\Phi}_0$.

Lemme 7.8 *Sous l'hypothèse que* $X_{\mathbf{\Phi}_0} = \mathbf{\Phi}_0^{\perp}$, *il existe une constante* $\alpha > 0$ *ne dépendant que de* $\mathbf{\Phi}_0$, *telle que pour toute matrice* $U \in \mathcal{U}(N)$ *la forme bilinéaire* $a_{U\mathbf{\Phi}_0} = D^2\mathcal{E}^{U\mathbf{\Phi}_0}$ *est* α-*coercive sur* $\mathbf{\Phi}_0^{\perp}$.

Preuve. On remarque tout d'abord que $(U\mathbf{\Phi}_0)^{\perp} = \mathbf{\Phi}_0^{\perp}$ et que pour tout $\mathbf{\Psi}_1 \in \mathcal{H} \cap \mathcal{K}$, $\mathbf{\Psi}_2 \in \mathcal{H}$, $U \in \mathcal{U}(N)$, on a $a_{U\mathbf{\Psi}_1}(U\mathbf{\Psi}_2, U\mathbf{\Psi}_2) = a_{\mathbf{\Psi}_1}(\mathbf{\Psi}_2, \mathbf{\Psi}_2)$. La α-coercivité découle alors du lemme 7.6.

Lemme 7.9 *Sous l'hypothèse que* $X_{\mathbf{\Phi}_0} = \mathbf{\Phi}_0^{\perp}$, *il existe une constante* $\eta > 0$ *ne dépendant que de* $\mathbf{\Phi}_0$, *telle que pour tout* $\mathbf{\Phi} \in \mathcal{H} \cap \mathcal{K}$ *avec* $\|\mathbf{\Phi}_0 - \mathbf{\Phi}\|_{\mathcal{H}} \leq \eta$, *la forme bilinéaire* $a_{\mathbf{\Phi}}$ *est coercive sur* $\mathbf{\Phi}^{\perp}$ *avec une constante d'ellipticité ne dépendant que de* $\mathbf{\Phi}_0$.

Preuve. Soit $\xi \in \mathbf{\Phi}^{\perp}$ de norme $\|\xi\|_{\mathcal{H}} \leq 1$ que l'on écrit $\xi = M\mathbf{\Phi}_0 + \tilde{\xi}$, avec $\tilde{\xi} \in \mathbf{\Phi}_0^{\perp}$. On note tout d'abord que $|M_{ij}| = |(\xi_i, \mathbf{\Phi}_{0,j})_{L^2}|$, et on déduit facilement que $|M_{ij}| \leq \|\xi\|_{[L^2(\mathbf{R}^3)]^N}\|\mathbf{\Phi}_0 - \mathbf{\Phi}\|_{[L^2(\mathbf{R}^3)]^N}$. D'où l'on tire,

$$a_{\mathbf{\Phi}}(\xi, \xi) = a_{\mathbf{\Phi}}(\tilde{\xi} + M\mathbf{\Phi}_0, \tilde{\xi} + M\mathbf{\Phi}_0)$$
$$\geq a_{\mathbf{\Phi}}(\tilde{\xi}, \tilde{\xi}) - c\|\xi\|_{\mathcal{H}}\|\tilde{\xi}\|_{\mathcal{H}}\|\mathbf{\Phi}_0 - \mathbf{\Phi}\|_{\mathcal{H}} - c\|\xi\|_{\mathcal{H}}^2\|\mathbf{\Phi}_0 - \mathbf{\Phi}\|_{\mathcal{H}}^2.$$

Par ailleurs, $|\Lambda_{ij} - \Lambda_{ij}^0| \leq c\|\mathbf{\Phi}_0 - \mathbf{\Phi}\|_{\mathcal{H}}$. On conclut la preuve grâce à l'inégalité

$$a_{\mathbf{\Phi}}(\xi, \xi) \geq a_{\mathbf{\Phi}_0}(\tilde{\xi}, \tilde{\xi}) - c(\|\xi\|_{\mathcal{H}}^2 + \|\tilde{\xi}\|_{\mathcal{H}}^2)\|\mathbf{\Phi}_0 - \mathbf{\Phi}\|_{\mathcal{H}}$$

et à l'α-coercivité de $a_{\mathbf{\Phi}_0}$ sur $\mathbf{\Phi}_0^{\perp}$, en utilisant plusieurs fois le fait que $\|\|\xi\|_{\mathcal{H}} - \|\tilde{\xi}\|_{\mathcal{H}}\| \leq \|\xi\|_{\mathcal{H}}\|\mathbf{\Phi}_0 - \mathbf{\Phi}\|_{\mathcal{H}}$.

On s'intéresse donc maintenant à la solution approchée $\mathbf{\Phi}_\delta$ et, suivant le lemme 7.3, on choisit une rotation U agissant sur $\mathbf{\Phi}_0$ telle que $U\mathbf{\Phi}_0 - \mathbf{\Phi}_\delta = S\mathbf{\Phi}_\delta + W \in S_{\mathbf{\Phi}_\delta} + \mathbf{\Phi}_\delta^{\perp}$. On effectue ensuite le développement

$$
\begin{aligned}
E^{HF}(\mathbf{\Phi}_0) - E^{HF}(\mathbf{\Phi}_\delta) &= \mathcal{E}^{\mathbf{\Phi}_\delta}(\mathbf{\Phi}_0) - \mathcal{E}^{\mathbf{\Phi}_\delta}(\mathbf{\Phi}_\delta) \\
&= \mathcal{E}^{\mathbf{\Phi}_\delta}(U\mathbf{\Phi}_0) - \mathcal{E}^{\mathbf{\Phi}_\delta}(\mathbf{\Phi}_\delta) \\
&= \mathcal{E}^{\mathbf{\Phi}_\delta}(\mathbf{\Phi}_\delta + S\mathbf{\Phi}_\delta + W) - \mathcal{E}^{\mathbf{\Phi}_\delta}(\mathbf{\Phi}_\delta) \\
&= D\mathcal{E}^{\mathbf{\Phi}_\delta}(\mathbf{\Phi}_\delta)(S\mathbf{\Phi}_\delta + W) \\
&\quad + \frac{1}{2} D^2\mathcal{E}^{\mathbf{\Phi}_\delta}(\mathbf{\Phi}_\delta)(S\mathbf{\Phi}_\delta + W, S\mathbf{\Phi}_\delta + W) + \mathcal{O}(\varepsilon^3)
\end{aligned}
$$

où $\varepsilon = \|U\mathbf{\Phi}_0 - \mathbf{\Phi}_\delta\|_{\mathcal{H}}$. La définition de $\mathbf{\Phi}_\delta$ comme minimiseur sur X_δ montre que $D\mathcal{E}^{\mathbf{\Phi}_\delta}$ s'annule sur X_δ donc en particulier $D\mathcal{E}^{\mathbf{\Phi}_\delta}(\mathbf{\Phi}_\delta)(S\mathbf{\Phi}_\delta) = 0$. Rappelant que $S\mathbf{\Phi}_\delta$ est en $\mathcal{O}(\varepsilon^2)$ et W en $\mathcal{O}(\varepsilon)$, on obtient

$$E^{HF}(\mathbf{\Phi}_0) - E^{HF}(\mathbf{\Phi}_\delta) = D\mathcal{E}^{\mathbf{\Phi}_\delta}(\mathbf{\Phi}_\delta)(W) + \frac{1}{2} D^2\mathcal{E}^{\mathbf{\Phi}_\delta}(\mathbf{\Phi}_\delta)(W, W) + \mathcal{O}(\varepsilon^3).$$

On considère alors le problème de trouver une *erreur reconstruite* $\hat{W} \in \mathbf{\Phi}_\delta^{\perp}$ telle que

$$D^2\mathcal{E}^{\mathbf{\Phi}_\delta}(\mathbf{\Phi}_\delta)(\hat{W}, \mathbf{\Psi}) + D\mathcal{E}^{\mathbf{\Phi}_\delta}(\mathbf{\Phi}_\delta)(\mathbf{\Psi}) = 0, \quad \forall \mathbf{\Psi} \in \mathbf{\Phi}_\delta^{\perp}. \tag{7.35}$$

Ce problème possède une unique solution d'après la coercivité de $a_{\mathbf{\Phi}_\delta} \equiv D^2\mathcal{E}^{\mathbf{\Phi}_\delta}$. Cette erreur reconstruite permet maintenant d'écrire

$$
\begin{aligned}
E^{HF}(\mathbf{\Phi}_0) &= E^{HF}(\mathbf{\Phi}_\delta) - D^2\mathcal{E}^{\mathbf{\Phi}_\delta}(\hat{W}, W) + \frac{1}{2} D^2\mathcal{E}^{\mathbf{\Phi}_\delta}(\mathbf{\Phi}_\delta)(W, W) + \mathcal{O}(\varepsilon^3) \\
&= E^{HF}(\mathbf{\Phi}_\delta) - \frac{1}{2} D^2\mathcal{E}^{\mathbf{\Phi}_\delta}(\hat{W}, \hat{W}) + \frac{1}{2} D^2\mathcal{E}^{\mathbf{\Phi}_\delta}(\mathbf{\Phi}_\delta)(W - \hat{W}, W - \hat{W}) \\
&\quad + \mathcal{O}(\varepsilon^3).
\end{aligned}
$$

L'expression $E^{HF}(\mathbf{\Phi}_\delta) - \frac{1}{2}D^2\mathcal{E}^{\mathbf{\Phi}_\delta}(\hat{W}, \hat{W})$ fournit donc une borne inférieure explicite (asymptotique à un $\mathcal{O}(\varepsilon^3)$ près) de $E^{HF}(\mathbf{\Phi}_0)$, et comme il est évident que $\mathcal{E}^{HF}(\mathbf{\Phi}_0) \leq E^{HF}(\mathbf{\Phi}_\delta)$, on a ainsi encadré la valeur exacte du fondamental par des quantités effectivement calculables. On peut en effet remarquer que le problème (7.35) est un problème dont le coût (en terme de temps de calcul) est comparable à celui d'une itération d'un calcul de valeurs propres.

Il est crucial maintenant de remarquer que la fourchette de cet encadrement est un $\mathcal{O}(\varepsilon^2)$. Cela vient de ce que d'une part

$$\frac{1}{2} D^2\mathcal{E}^{\mathbf{\Phi}_\delta}(\hat{W}, \hat{W}) \simeq \mathcal{O}(\|\hat{W}\|_{\mathcal{H}}^2),$$

et que d'autre part, en utilisant la définition (7.35) de $\hat{W}$, il découle de la stabilité de ce problème que

$$\|\hat{W}\|_{\mathcal{H}} \leq C\|D\mathcal{E}^{\boldsymbol{\Phi}_\delta}(\boldsymbol{\Phi}_\delta)\|_{\boldsymbol{\Phi}_\delta^{\perp *}}$$
$$\leq C\|D\mathcal{E}^{\boldsymbol{\Phi}_\delta}(\boldsymbol{\Phi}_\delta) - D\mathcal{E}^{\boldsymbol{\Phi}_0}(\boldsymbol{\Phi}_0)\|_{\boldsymbol{\Phi}_\delta^{\perp *}}$$
$$\leq C\|D\mathcal{E}^{\boldsymbol{\Phi}_\delta}(\boldsymbol{\Phi}_\delta) - D\mathcal{E}^{\boldsymbol{\Phi}_\delta}(\boldsymbol{\Phi}_0)\|_{\boldsymbol{\Phi}_\delta^{\perp *}} + C\|D\mathcal{E}^{\boldsymbol{\Phi}_\delta}(\boldsymbol{\Phi}_0) - D\mathcal{E}^{\boldsymbol{\Phi}_0}(\boldsymbol{\Phi}_0)\|_{\boldsymbol{\Phi}_\delta^{\perp *}}$$
$$\leq C\varepsilon.$$

Dans les inégalités ci-dessus, on a introduit la norme duale dans l'espace $\boldsymbol{\Phi}_\delta^{\perp}$ et utilisé le fait que $D\mathcal{E}^{\boldsymbol{\Phi}_0}$ était nul.

Dans [163], des raffinements itératifs sur cette reconstruction d'erreur sont proposés, qui permettent d'améliorer d'un ordre la précision de la simulation. On renvoie à cette publication pour ces développements ainsi que pour les résultats numériques correspondants.

7.7 Résumé

La précision des méthodes de discrétisation dépend fondamentalement du choix des espaces de dimension finie choisis pour l'approximation. Dans ce chapitre nous avons étudié cet aspect en montrant qu'effectivement les espaces utilisés dans les codes de Chimie Quantique approchent bien la solution.

Dans un deuxième temps, nous avons aussi fait sentir dans le cas général, grâce à une analyse d'un problème plus simple, que le taux de convergence démontré n'est pas suffisant pour expliquer qu'avec si peu de degrés de liberté (dimension des espaces d'approximation) la solution numérique obtenue est très précise. Ceci nous amène à introduire le concept des méthodes de base réduite dont la portée dépasse les problèmes de Chimie Quantique et dont le développement est aussi beaucoup plus poussé dans des cadres plus simples.

Nous avons montré enfin que la solution numérique calculée par approximation variationnelle sur les espaces discrets est asymptotiquement aussi proche de la solution exacte que la meilleure approximation. La non linéarité du problème de Hartree-Fock rend cette analyse numérique non triviale. Faire ce qu'il y a de mieux n'est pas forcément, pour un calcul donné, faire suffisamment précis ; c'est pourquoi, à côté de cette analyse *a priori*, l'analyse numérique actuelle ne peut se passer d'une analyse *a posteriori* qui permet d'établir, une fois le calcul fait, des barres d'erreur sur des quantités d'intérêt, du même type que ce qui peut exister pour des résultats expérimentaux. C'est ce que nous proposons donc dans la dernière partie de ce chapitre.

7.8 Pour en savoir plus

Les premiers travaux sur l'analyse systématique de l'approximation par des Gaussiennes sont dus à Klahn et Bingel :

B. Klahn and W.A. Bingel, *The convergence of the Rayleigh-Ritz method in Quantum Chemistry*, Theor. Chim. Acta 44 (1977) 26-43.

et nous renvoyons à [50] pour plus de détails.

Pour ce qui est des méthodes de synthèses modales, voir les articles

I. Charpentier, F. Devuyst et Y. Maday, *Méthode de synthèse modale dans une décomposition de domaine avec recouvrement*, C. R. Acad. Sci. Paris 322 Série I (1996) 881-888.

et

Charpentier, F. Devuyst et Y. Maday, *A component mode synthesis method of infinite order of accuracy using subdomain overlapping*, Prépublication du Laboratoire d'Analyse Numérique, Université Pierre et Marie Curie (1996).

L'analyse numérique *a priori* et *a posteriori* de problèmes non linéaires se conduit avec des outils abstraits standard qui sont par exemple détaillés dans la contribution

G. Caloz and J. Rappaz, *Numerical analysis for nonlinear and bifurcation problems*, in : Handbook of Numerical analysis, J.-L. Lions et P. G. Ciarlet eds, Volume 5.

7.9 Exercices

Exercice 7.1 *L'objet est de comprendre pourquoi on a utilisé trois sous-domaines dans la décomposition du domaine en "L" dans la section 7.1. Montrer en effet que si on remplace (7.2) par $\Omega = \Omega^1 \cup \Omega^2$, on ne peut exhiber une partition de l'unité en deux fonctions régulières. En déduire une convergence, mais d'ordre fini, de la méthode de synthèse modale.*

Exercice 7.2 *Outre (7.5), la théorie générale de l'approximation des valeurs propres par une méthode variationelle basée sur un espace X_N propose également le résultat suivant : pour tout $i \in \mathbb{N}$, il existe une suite $u_{i;n}$ qui converge vers u_i si ce vecteur propre est bien approché par les X_N au sens ou*

$$\|u_i - u_{i;n}\|_{H^1(\Omega)} \leq C \inf_{v_n \in X_n} \|u_i - v_n\|_{H^1(\Omega)} \tag{7.36}$$

et

$$|\lambda_i - \lambda_{i;n}| \leq C \|u_i - u_{i;n}\|_{H^1(\Omega)}^2. \tag{7.37}$$

Montrer que si dans le cas de la section 7.1, on définit X_N par

$$X_n = Vect\{u_\ell^k, \quad k = 1, 2, 3, \quad L_i^k - N/2 \leq \ell \leq L_i^k + N/2\} \tag{7.38}$$

ou L_i^k est l'indice de la valeur propre λ_j^k la plus proche de λ_i. Montrer que l'approximation du système spectral (u_i, λ_i) est, comme dans la section 7.1, d'un ordre infini.

8

Convergence des algorithmes SCF

Ce chapitre, qui prolonge la section 6.2.5, consiste en une analyse mathématique de deux algorithmes qui ont été utilisés dans les premiers temps de la chimie quantique pour résoudre les équations de Hartree-Fock, à savoir les algorithmes de Roothaan et de *level shifting*. Nous prouvons que l'algorithme de *level shifting* est bien posé et converge (souvent malheureusement vers un point critique de l'énergie qui n'est pas un minimum local) pourvu que le paramètre de *shift* soit choisi assez grand. En revanche, nous exhibons des cas dans lesquels l'algorithme de Roothaan est mal posé ou ne converge pas. Ces résultats mathématiques sont confrontés aux expériences numériques réalisées par les chimistes. L'analyse des algorithmes de Roothaan et de *level shifting* est effectuée en dimension infinie sur les équations de Hartree-Fock elles-mêmes. L'analyse dans le cadre de l'approximation LCAO de l'algorithme *d'optimal damping* (ODA), qui tend à devenir l'algorithme SCF de référence (cf. section 6.2.5), fait l'objet de l'exercice 8.3.

8.1 Introduction

Comme toujours dans ce livre, nous nous plaçons dans l'approximation de Born-Oppenheimer des noyaux classiques. La question qui nous occupe ici est la résolution du problème électronique (1.3) à positions des noyaux fixées et dans l'approximation de Hartree-Fock. La solution du problème de Hartree-Fock peut être obtenue soit en minimisant directement l'énergie, soit en résolvant les équations d'Euler-Lagrange, autrement dit les équations de Hartree-Fock, par une méthode de point fixe, soit encore en utilisant l'approche "contraintes relâchées" (cf. section 6.2.5), qui s'avère la plus performante.

Les deux algorithmes étudiés dans ce chapitre appartiennent à la deuxième catégorie (résolution par point fixe des équations de Hartree-Fock). Les algorithmes de ce type sont en général plus performants, ou plus exactement plus rapides quand ils fonctionnent, que ceux basés sur la minimisation directe de la fonctionnelle d'énergie. En revanche, ils n'assurent pas *a priori* la décroissance de l'énergie et peuvent conduire à des problèmes de convergence : l'algorithme "naturel" de Roothaan conduit ainsi parfois à des oscillations stables entre deux états dont aucun n'est solution du problème de Hartree-Fock. Cette situation peut se produire même avec des systèmes chimiques très simples (voir l'exemple ci-dessous).

On s'intéresse dans ce chapitre aux algorithmes de Roothaan et de *level-shifting*, considérés ici comme des algorithmes de résolution des équations de Hartree-Fock originelles de dimension infinie. Cependant, à l'exception des propositions 8.1 et 8.2 qui sont spécifiques au cadre de la dimension infinie, tous les résultats établis ci-après, et en particulier les théorèmes 8.1 et 8.4 s'appliquent aux équations de Hartree-Fock discrétisées (6.14), i.e. dans le cadre de l'approximation LCAO (voir aussi la remarque 8.2).

La structure des deux algorithmes SCF étudiés dans ce chapitre peut s'écrire de façon concise sous la forme (cf. section 6.2.5) :

$$(SCF) \qquad \mathcal{D}_n \xrightarrow{\ 1\ } \widetilde{\mathcal{F}}_n \xrightarrow{\ 2\ } \mathcal{D}_{n+1}.$$

L'étape 1 consiste à construire un pseudo-opérateur de Fock $\widetilde{\mathcal{F}}_n$ à partir de l'opérateur densité $\mathcal{D}_n$ obtenu à l'itération précédente et l'étape 2 à définir le nouvel opérateur densité $\mathcal{D}_{n+1}$ à partir de $\widetilde{\mathcal{F}}_n$.

L'algorithme de Roothaan s'écrit ainsi

$$(Rth) \qquad \mathcal{D}_n \longrightarrow \widetilde{\mathcal{F}}_n = \mathcal{F}(\mathcal{D}_n) \xrightarrow{\ Aufbau\ } \mathcal{D}_{n+1}.$$

et l'algorithme de *level-shifting*

$$(LS^b) \qquad \mathcal{D}_n^b \longrightarrow \widetilde{\mathcal{F}}_n = \mathcal{F}(\mathcal{D}_n^b) - b\mathcal{D}_n^b \xrightarrow{\ Aufbau\ } \mathcal{D}_{n+1}^b.$$

le principe *Aufbau* consistant à prendre pour $\mathcal{D}_{n+1}$ un minimiseur du problème

$$\inf \left\{ \mathrm{Tr}\left(\widetilde{\mathcal{F}}_n \mathcal{D}\right), \quad \mathcal{D} \in \mathcal{P}_N \right\}, \tag{8.1}$$

c'est-à-dire à peupler les N orbitales moléculaires de plus basse énergie.

Nous donnons dans la section 8.2 une nouvelle formulation de l'algorithme de Roothaan qui est utile pour l'étude mathématique (elle fournit une fonction de Lyapunov) et qui met en outre clairement en évidence le risque d'obtenir une oscillation stable entre deux états. La preuve de la convergence de l'algorithme de *level-shifting* (sous réserve que le paramètre de shift soit choisi assez grand) est établie à la section 8.3.

Pour étudier la convergence de ces algorithmes, on munit l'ensemble

$$\mathcal{P}_N = \left\{ \mathcal{D} \in \mathcal{L}^1, \quad \mathrm{Ran}(\mathcal{D}) \subset H^1\left(\mathbb{R}^3\right), \quad \mathcal{D}^2 = \mathcal{D} = \mathcal{D}^*, \quad \mathrm{Tr}(\mathcal{D}) = N \right\}$$

des opérateurs densité de deux distances d_0 et d_1 issues respectivement des normes

$$\|A\|_0 = (\mathrm{Tr}(A^*A))^{1/2} \qquad \text{et} \qquad \|A\|_1 = (\mathrm{Tr}(A^*(-\varDelta + 1)A))^{1/2}.$$

Les normes $\|\cdot\|_0$ et $\|\cdot\|_1$ sont les normes associées aux opérateurs de Hilbert-Schmidt sur $L^2(\mathbb{R}^3)$ et $H^1(\mathbb{R}^3)$ respectivement. On a en particulier pour tout $\varPhi \in \mathcal{W}_N$ et tout $\varPhi' \in \mathcal{W}_N$,

$$d_0(\mathcal{D}_\varPhi, \mathcal{D}_{\varPhi'}) = \|\mathcal{D}_\varPhi - \mathcal{D}_{\varPhi'}\|_0 = \left(2\,N - 2 \sum_{i,j=1}^{N} \left| (\phi_i, \phi'_j)_{L^2} \right|^2 \right)^{1/2}.$$

Avant de nous lancer dans l'étude des deux algorithmes, examinons d'un peu plus près le principe *Aufbau*. Cette façon de peupler les orbitales moléculaires est justifiée mathématiquement par le résultat qui assure qu'en le fondamental Hartree-Fock, les orbitales moléculaires sont effectivement occupées selon le principe *Aufbau* appliqué à l'opérateur de Fock (cf. remarque 5.1 et Section 6.2.4) : les multiplicateurs de Lagrange apparaissant dans (6.14) sont bien les N plus petites valeurs propres de l'opérateur de Fock. L'utilisation du principe *Aufbau* dans un algorithme itératif peut cependant recéler deux types de difficultés :

1. problèmes d'existence : le problème

$$\inf\left\{ \mathrm{Tr}\left(\widetilde{\mathcal{F}}_n \mathcal{D} \right), \quad \mathcal{D} \in \mathcal{P}_N \right\} \tag{8.2}$$

   peut n'admettre aucun minimiseur. Cela se produit lorsque le pseudo-opérateur de Fock $\widetilde{\mathcal{F}}_n$ a moins de N valeurs propres (en tenant compte des multiplicités) inférieures ou égales à la borne inférieure du spectre continu ;

2. problèmes d'unicité : le problème de minimisation (8.2) peut avoir plusieurs solutions. Cela se produit lorsque les N-ième et $(N+1)$-ième plus petites valeurs propres de $\widetilde{\mathcal{F}}_n$ sont égales, c'est-à-dire, dans le langage des chimistes, lorsqu'il n'y a pas de gap entre la plus haute orbitale moléculaire occupée (*highest occupied molecular orbital*, HOMO) ϕ_N^{n+1} et la plus basse orbitale moléculaire virtuelle (*lowest unoccupied molecular orbital*, LUMO) ϕ_{N+1}^{n+1}.

Notons que les problèmes d'existence ne se posent pas en dimension finie (i.e. sous l'approximation LCAO), mais qu'on peut les rencontrer en dimension infinie (i.e. sur le problème originel) comme en témoigne la proposition 8.2. Les problèmes d'unicité peuvent en revanche apparaître *a priori* aussi bien en dimension finie qu'en dimension infinie. Il sont en général reliés à des symétries du système : dans les cas où le système ne présente pas de symétrie, les tests numériques montrent que les valeurs propres de $\widetilde{\mathcal{F}}_n$ sont génériquement non dégénérées pour tout n, alors que ce n'est pas toujours le cas lorsque le système présente des symétries (penser à la symétrie sphérique de l'hamiltonien de l'ion hydrogénoïde qui induit effectivement des dégénérescences).

On dira désormais qu'un algorithme SCF avec donnée initiale $\mathcal{D}_0$ est *bien posé* s'il engendre une suite $(\mathcal{D}_n)_{n \in \mathbb{N}}$ définie de façon univoque. En particulier, quand la construction du nouvel opérateur densité est basée sur le principe *Aufbau*, le caractère "bien posé" implique que le problème (8.2) a une solution et une seule pour tout $n \in \mathbb{N}$.

On dira également qu'un algorithme SCF de la forme

$$(A) \qquad \mathcal{D}_n \quad \longrightarrow \quad \widetilde{\mathcal{F}}_n \quad \overset{Aufbau}{\longrightarrow} \quad \mathcal{D}_{n+1}$$

avec donnée initiale $\mathcal{D}_0$ est *uniformément bien posé* s'il est bien posé et si en outre les conditions suivantes sont remplies :

1. il existe $\epsilon < 0$ tel que pour tout $n \in \mathbb{N}$, $\widetilde{\mathcal{F}}_n$ a au moins N valeurs propres plus petites que $(\inf \sigma_c(\widetilde{\mathcal{F}}_n) + \epsilon)$, $\sigma_c(\cdot)$ désignant le spectre continu ;

2. il existe $\gamma > 0$ tel que pour tout $n \in \mathbb{N}$,

$$\inf \sigma \left(\widetilde{\mathcal{F}}_n - \sum_{i=1}^{N} \epsilon_i^{n+1}(\phi_i^{n+1}, \cdot)\phi_i^{n+1} \right) \geq \epsilon_N^{n+1} + \gamma,$$

$\sigma(\cdot)$ désignant le spectre, $\epsilon_1^{n+1} \leq \epsilon_2^{n+1} \leq \cdot \leq \epsilon_N^{n+1}$ les N plus petites valeurs propres de $\widetilde{\mathcal{F}}_n$, et $(\phi_i^{n+1})_{1 \leq i \leq N}$ une famille orthonormale de vecteurs propres associés.

Dans la preuve du théorème 8.4, on *démontre* que l'algorithme de *level-shifting* (LS^b) avec donnée initiale $\mathcal{D}_0$ est uniformément bien posé pourvu que le paramètre de *shift* b soit choisi plus grand qu'une certaine valeur b_0 dépendant de $\mathcal{D}_0$, et qu'il converge alors vers une solution des équations de Hartree-Fock. En revanche, on est contraint pour établir le résultat de (non) convergence de l'algorithme de Roothaan (cf. section suivante) de *supposer* que cet algorithme est uniformément bien posé. En effet, on ne sait pas montrer le caractère bien posé de l'algorithme de Roothaan sauf dans le cas très particulier (et sans intérêt du point de vue des applications) où la donnée initiale $\mathcal{D}_0$ est un minimiseur du problème de Hartree-Fock et où le système moléculaire est soit neutre soit chargé positivement : $\mathcal{D}_0$ est alors en effet un point fixe de l'algorithme et le caractère uniformément bien posé est garanti par le fait qu'en un minimum $\mathcal{D}$ de l'énergie de Hartree-Fock $\mathcal{E}^{HF}$ relative à un système moléculaire neutre ou chargé positivement, l'opérateur de Fock $\mathcal{F}(\mathcal{D})$ vérifie les deux propriétés suivantes :

1. $\sigma_c(\mathcal{F}(\mathcal{D})) = [0, +\infty[$ et $\mathcal{F}(\mathcal{D})$ possède au moins N valeurs propres strictement négatives (en tenant compte des multiplicités) $\epsilon_1 \leq \epsilon_2 \leq \cdots \leq \epsilon_N < 0$ (cf. section 5.2.2) ;

2. il existe un gap strictement positif entre ϵ_N et la partie du spectre située au dessus de cette valeur propre (voir exercice 8.4). Soulignons que dans les modèles avec spin, cette assertion reste vraie pour le modèle de Hartree-Fock général et pour le modèle UHF mais n'est pas prouvée pour le modèle RHF.

Les deux propriétés ci-dessus motivent bien sûr les définitions du caractère bien posé que nous avons introduites.

8.2 Etude de l'algorithme de Roothaan

Commençons l'analyse de l'algorithme de Roothaan par quelques considérations sur le caractère bien posé de cet algorithme (au sens défini à la section précédente). On voit facilement que l'algorithme de Roothaan est bien posé si et seulement si le problème de minimisation

$$\inf \{ \mathrm{Tr}(\mathcal{F}(\mathcal{D}_n)\mathcal{D}), \quad \mathcal{D} \in \mathcal{P}_N \}$$

a une solution unique pour tout $n \in \mathbb{N}$. Nous ne sommes pas en mesure de traiter la question de l'unicité (question reliée au problème difficile de l'unicité du fondamental Hartree-Fock) et nous *postulons* donc l'unicité dans le théorème principal de cette section. En revanche, nous pouvons conclure sur la question de l'existence.

Proposition 8.1. *Pour tout ion positif $(Z > N)$, le problème de minimisation*

$$\inf \{ Tr(\mathcal{F}(\mathcal{D})\mathcal{D}'), \quad \mathcal{D}' \in \mathcal{P}_N \}$$

a au moins une solution pour tout $\mathcal{D} \in \mathcal{P}_N$.

Preuve. Pour tout $\mathcal{D} \in \mathcal{P}_N$,

$$\mathcal{F}(\mathcal{D}) \le -\frac{1}{2}\Delta + V + \left(\rho_{\mathcal{D}} \star \frac{1}{|x|} \right)$$

et le spectre continu de ces deux opérateurs est

$$\sigma_c(\mathcal{F}(\mathcal{D})) = \sigma_c \left(-\frac{1}{2}\Delta + V + \left(\rho_{\mathcal{D}} \star \frac{1}{|x|} \right) \right) = [0, +\infty[$$

(cf. annexe de théorie spectrale). Pour tout ion positif on a en outre $\displaystyle\int_{\mathbf{R}^3} \rho_{\mathcal{D}} = N < Z$. Donc, $\mathcal{F}(\mathcal{D})$ a une infinité de valeurs propres strictement négatives puisque c'est le cas pour l'opérateur $-\frac{1}{2}\Delta + V + (\rho_{\mathcal{D}} \star \frac{1}{|x|})$. Ce dernier résultat vient du fait qu'à l'infini l'opérateur $-\frac{1}{2}\Delta + V + (\rho_{\mathcal{D}} \star \frac{1}{|x|})$ se comporte comme $-\frac{1}{2}\Delta - \frac{Z-N}{|x|}$; on conclut par un argument de *scaling* (pour plus de détails, cf. le lemme II.1 dans [155]).

Proposition 8.2. *Pour tout système neutre ($Z = N$) ou chargé négativement ($N > Z$), il existe $\mathcal{D}_0 \in \mathcal{P}_N$ tel que le problème de minimisation*

$$\inf \left\{ Tr(\mathcal{F}(\mathcal{D}_0)\mathcal{D}), \quad \mathcal{D} \in \mathcal{P}_N \right\} \tag{8.3}$$

n'a pas de solution.

Preuve. Prouvons en premier lieu que l'opérateur auto-adjoint

$$H_{a,\eta} = -\frac{1}{2}\Delta - \frac{a}{|x|}\mathbb{1}_{|x|\leq\eta}$$

est positif quand $a > 0$, $\eta \geq 0$ et $\eta < 1/a$. Comme $\sigma_c(H_{a,\eta}) = [0, +\infty[$, il nous suffit d'établir que $H_{a,\eta}$ n'a pas de valeurs propres négatives. Ceci est une conséquence directe du théorème de Bargmann pour les hamiltoniens à potentiel sphérique de la forme $H = -\frac{1}{2}\Delta + v(r)$ (voir [193] par exemple), qui assure en particulier que si

$$\int_0^{+\infty} r|v(r)|\,dr < \frac{1}{2},$$

alors H n'a pas de valeurs propres négatives. La condition ci-dessus s'écrit $\eta < 1/2a$ pour $H_{a,\eta}$.

Considérons maintenant $0 < r_0 < (4M\max(z_1, \cdots, z_M))^{-1}$ tel que $|\bar{x}_k - \bar{x}_l| > 2r_0$, pour tout $1 \leq k < l \leq M$, et $\{\phi_i\}_{1\leq i\leq N}$ tel que pour tout $1 \leq i \leq N$,

- $\phi_i \in \mathcal{D}(\mathbb{R}^3)$, ϕ_i à valeur réelles, positives et telle que $\displaystyle\int_{\mathbb{R}^3} \phi_i^2 = 1$;
- pour tout $1 \leq i \leq Z$, le support de ϕ_i est inclus dans

$$\left\{ x \in \mathbb{R}^3, \quad \frac{j-1}{z_k}r_0 \leq |x - \bar{x}_k| \leq \frac{j}{z_k}r_0 \right\},$$

où j et k sont les seuls entiers tels que $i = \sum_{l=1}^{k-1} z_l + j$ avec $1 \leq j \leq z_k$, et ϕ_i est à symétrie sphérique de centre $\bar{x}_k$. Une illustration graphique de cette construction est représentée ci-dessous (voir Figure 8.1). Dans le cas des ions négatifs, les électons restants sont répartis de la même façon autour d'un noyau fictif situé en $\bar{x}_{M+1}$ tel que pour tout $1 \leq l \leq M$, $|\bar{x}_{M+1} - \bar{x}_l| > 2r_0$.

Considérons maintenant les *scaling* des ϕ_i définis de la façon suivante :

$$\phi_i^\sigma(x) = \sigma^{3/2}\phi_i(\sigma(x - \bar{x}_k) + \bar{x}_k), \qquad 1 \leq i \leq Z,$$

pour $\sigma \geq 1$, k étant défini comme ci-dessus ($k = M + 1$ pour $Z + 1 \leq i \leq N$ dans le cas des ions négatifs), et notons $\mathcal{D}^\sigma = \mathcal{D}_{\Phi^\sigma}$. Il est facile de prouver que pour tout $\sigma \geq 1$,

- $\Phi^\sigma \in \mathcal{W}_N$;

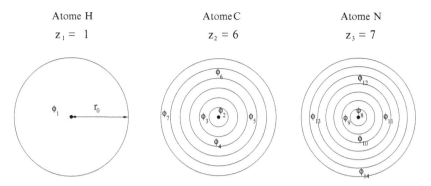

Fig. 8.1. Supports des ϕ_i pour la molécule HCN.

- $\|\phi_i^\sigma\|_{L^{3/2}(\mathbf{R}^3)} = \sigma^{-1/2}\|\phi_i\|_{L^{3/2}(\mathbf{R}^3)}$;
- $W^\sigma = V + (\rho_{\mathcal{D}^\sigma} \star \frac{1}{|x|})$ est tel que

$$W^\sigma(x) \begin{cases} \geq -\frac{z_k}{|x-\bar{x}_k|} & \text{si} \quad |x-\bar{x}_k| < r_0, \quad 1 \leq k \leq M, \\ \geq 0 & \text{sinon.} \end{cases}$$

(le lecteur pourra à titre d'exercice vérifier cette assertion qui est une conséquence du théorème de Gauss de l'électrostatique pour les distributions de charge à symétrie sphérique).
Soit $\phi \in H^1(\mathbf{R}^3)$. En utilisant la notation standard

$$D(u,v) = \int_{\mathbf{R}^3} \int_{\mathbf{R}^3} \frac{u(x)\,v(y)}{|x-y|} \, dx\, dy,$$

il vient

$$(\phi, \mathcal{F}(\mathcal{D}^\sigma)\phi) = \frac{1}{2}\int_{\mathbf{R}^3} |\nabla\phi|^2 + \int_{\mathbf{R}^3} W^\sigma|\phi|^2 - \sum_{k=1}^N D(\phi_i^\sigma\phi, \phi_i^\sigma\phi)$$

$$\geq \sum_{k=1}^M \frac{1}{4M}\left[\int_{\mathbf{R}^3} |\nabla\phi|^2 - 4Mz_k \int_{|x-\bar{x}_k|<r_0} \frac{|\phi(x)|^2}{|x-\bar{x}_k|}\right]$$

$$+ \sum_{i=1}^N \frac{1}{4N}\left[\int_{\mathbf{R}^3} |\nabla\phi|^2 - 4ND(\phi_i^\sigma\phi, \phi_i^\sigma\phi)\right].$$

Le rayon r_0 ayant été choisi tel que $1 \leq k \leq M$, on a par l'inégalité de Hardy

$$\int_{\mathbf{R}^3} |\nabla\phi|^2 - 4Mz_k \int_{|x-\bar{x}_k|<r_0} \frac{|\phi(x)|^2}{|x-\bar{x}_k|} \geq 0,$$

et on a par ailleurs pour tout $\phi \in H^1(\mathbf{R}^3)$ et tout $\psi \in H^1(\mathbf{R}^3)$,

$$|D(\phi\psi, \phi\psi)| \leq \left\|\left(\phi\psi \star \frac{1}{|x|}\right)\phi\psi\right\|_{L^1(\mathbf{R}^3)}$$

$$\leq C_u \left\|\phi\psi \star \frac{1}{|x|}\right\|_{L^6(\mathbf{R}^3)} \|\phi\psi\|_{L^{6/5}(\mathbf{R}^3)}$$

$$\leq C_u \left\|\frac{1}{|x|}\right\|_{L^{3,\infty}(\mathbf{R}^3)} \|\phi\psi\|^2_{L^{6/5}(\mathbf{R}^3)}$$

$$\leq C_u \|\psi\|^2_{L^{3/2}(\mathbf{R}^3)} \|\phi\|^2_{L^6(\mathbf{R}^3)}$$

$$\leq C_u \|\psi\|^2_{L^{3/2}(\mathbf{R}^3)} \|\nabla\phi\|^2_{L^2(\mathbf{R}^3)},$$

où C_u désigne une constante universelle (mais pas toujours la même dans les inégalités ci-dessus!), et où $L^{3,\infty}(\mathbf{R}^3)$ est l'espace de Marcinkiewitz introduit dans l'exercice 3.4. Il existe donc $\sigma_0 \geq 1$ et $\alpha > 0$ tels que

$$(\phi, \mathcal{F}(\mathcal{D}^\sigma)\phi) \geq \sum_{i=1}^N \frac{1}{4N}\left[1 - 4NC_u\sigma^{-1}\|\phi_i\|^2_{L^{3/2}(\mathbf{R}^3)}\right]\|\nabla\phi\|^2_{L^2(\mathbf{R}^3)}$$

$$\geq \alpha\|\nabla\phi\|^2_{L^2(\mathbf{R}^3)}$$

pout tout $\sigma \geq \sigma_0$ et tout $\phi \in H^1(\mathbf{R}^3)$. En particulier $\mathcal{F}(\mathcal{D}^{\sigma_0})$ n'a pas de valeurs propres négatives. Le problème (8.3) n'a donc pas de solution puisque le spectre continu de l'opérateur $\mathcal{F}(\mathcal{D}^\sigma)$ est égal à $[0, +\infty[$.

Laissons maintenant de côté les cas où l'algorithme de Roothaan n'est pas bien défini pour nous concentrer sur les cas où la donnée initiale $\mathcal{D}_0$ est telle que l'algorithme de Roothaan est uniformément bien posé.

De nombreuses observations sur des systèmes chimiques variés ont confirmé que même sous l'hypothèse "uniformément bien posé", l'algorithme de Roothaan ne converge pas nécessairement. Le théorème ci-dessous permet de comprendre le comportement de cet algorithme.

Théorème 8.1 *Soit $\mathcal{D}_0 \in \mathcal{P}_N$ tel que l'algorithme de Roothaan avec donnée initiale $\mathcal{D}_0$ soit uniformément bien posé. Considérons la fonctionnelle*

$$\mathcal{E}(\mathcal{D}, \mathcal{D}') = Tr(h\mathcal{D}) + Tr(h\mathcal{D}') + Tr(\mathcal{G}(\mathcal{D})\mathcal{D}')$$

définie sur $\mathcal{P}_N \times \mathcal{P}_N$.

1. *Le suite $(\mathcal{D}_n)$ engendrée par l'algorithme de Roothaan coïncide avec la suite des itérés obtenus en minimisant $\mathcal{E}$ par relaxation.*

2. *La suite $(\mathcal{E}(\mathcal{D}_{2n}, \mathcal{D}_{2n+1}))$ décroît vers une valeur stationnaire $\lambda \in \mathbb{R}$ de la fonctionnelle $\mathcal{E}$.*

3. *La suite $(\mathcal{D}_{2n}, \mathcal{D}_{2n+1})$ converge dans $(\mathcal{P}_N, d_1) \times (\mathcal{P}_N, d_1)$ à extraction près vers un point critique de $\mathcal{E}$ associé à la valeur stationnaire λ. En outre,*

$$\sum_{n=0}^{+\infty} \|\mathcal{D}_{n+2} - \mathcal{D}_n\|^2_0 < +\infty. \tag{8.4}$$

Avant de donner la preuve du théorème, faisons quelques commentaires. Ce théorème montre que l'algorithme de Roothaan minimise par relaxation[1] une fonctionnelle $\mathcal{E}$ à deux arguments qui vérifie pour tout $\mathcal{D} \in \mathcal{P}_N$,

$$\mathcal{E}(\mathcal{D}, \mathcal{D}) = 2\,\mathcal{E}^{HF}(\mathcal{D}).$$

Supposons dans un premier temps pour simplifier que la suite $(\mathcal{D}_{2n}, \mathcal{D}_{2n+1})$ converge dans $(\mathcal{P}_N, d_1)$, i.e. que

$$\mathcal{D}_{2n} \underset{n \to +\infty}{\longrightarrow} \mathcal{D}, \qquad \mathcal{D}_{2n+1} \underset{n \to +\infty}{\longrightarrow} \mathcal{D}'. \tag{8.5}$$

On est alors face à l'alternative suivante (figure 8.2) :

- ou bien la minimisation par relaxation de $\mathcal{E}$ converge vers un point situé sur la "diagonale" $(\mathcal{D} = \mathcal{D}')$ auquel cas toute la suite $(\mathcal{D}_n)$ converge dans $(\mathcal{P}_N, d_1)$ vers un point critique de la fonctionnelle de Hartree-Fock ;
- ou bien $\mathcal{D} \neq \mathcal{D}'$ et la suite des énergies de Hartree-Fock $(\mathcal{E}^{HF}(\mathcal{D}_n))$ oscille entre deux valeurs d'adhérence $\mathcal{E}^{HF}(\mathcal{D})$ et $\mathcal{E}^{HF}(\mathcal{D}')$ qui sont toutes deux plus grandes que l'énergie du fondamental Hartree-Fock.

Nous ne disposons malheureusement pas de la preuve de la convergence de toute la suite même pour la topologie plus grossière $(\mathcal{P}_N, d_0)$. Cependant nous savons par (8.5) que $\|\mathcal{D}_{n+2} - \mathcal{D}_n\|_0 \to 0$. Donc, en notant $(\mathcal{D}, \mathcal{D}')$ un des points d'accumulation de la suite $(\mathcal{D}_{2n}, \mathcal{D}_{2n+1})$ on observe toujours en pratique *dans les simulations numériques*

- ou bien une convergence de la suite des énergies vers une valeur stationnaire de la fonctionnelle d'énergie de Hartree-Fock, si $\mathcal{D} = \mathcal{D}'$ (la convergence de la suite des opérateurs densité n'est pas garantie) ;
- ou bien dans l'autre cas, une oscillation entre deux états éventuellement accompagnée d'une dérive lente des deux états si (8.5) n'est pas vérifiée.

A titre d'illustration, on a représenté ci-dessous le comportement de l'algorithme de Roothaan appliqué à la détermination du fondamental électronique des atomes du tableau périodique à l'aide du logiciel Gaussian [91] pour deux bases standard d'orbitales atomiques gaussiennes :

- la base 6-31G qui est une petite base : 2 OA pour l'atome d'Hydrogène (N=1), 9 pour l'atome de Carbone (N=6, soit 3 électrons α et trois électrons β), 13 pour l'atome de Magnésium (N=12, soit 6 électrons α et 6 électrons β)

---

[1] Rappelons que la relaxation est un procédé d'optimisation consistant à minimiser (ou à maximiser) alternativement par rapport à chacun des arguments de la fonction. Cette assertion signifie donc que la suite $(\mathcal{D}_n)$ engendrée par l'algorithme de Roothaan vérifie

$$\mathcal{E}(\mathcal{D}_0, \mathcal{D}_1) = \inf\left\{\mathcal{E}(\mathcal{D}_0, \mathcal{D}), \quad \mathcal{D} \in \mathcal{P}_N\right\},$$

$$\mathcal{E}(\mathcal{D}_2, \mathcal{D}_1) = \inf\left\{\mathcal{E}(\mathcal{D}, \mathcal{D}_1), \quad \mathcal{D} \in \mathcal{P}_N\right\},$$

$$\mathcal{E}(\mathcal{D}_2, \mathcal{D}_3) = \inf\left\{\mathcal{E}(\mathcal{D}_2, \mathcal{D}), \quad \mathcal{D} \in \mathcal{P}_N\right\},$$

etc.

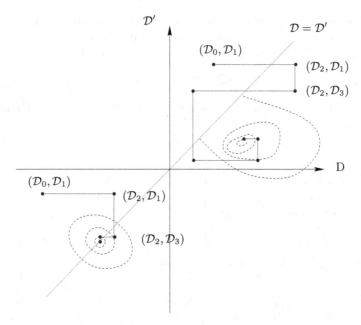

Fig. 8.2. Algorithme de Roothaan.

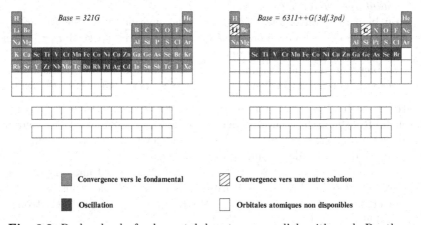

Fig. 8.3. Recherche du fondamental des atomes par l'algorithme de Roothaan.

– et la base 6-311++G(3df,3pd) qui est une base de plus grande taille : 18 OA pour l'atome d'Hydrogène, 39 pour l'atome de Carbone, 47 pour l'atome de Magnésium.

L'examen des résultats conduit aux conclusions suivantes :

1. les deux possibilités de l'alternative "convergence vs oscillation" se produisent effectivement ;

2. lorsqu'il y a convergence, le point critique obtenu n'est pas forcément un minimum global du problème de Hartree-Fock ;

3. pour un même système, il peut y avoir convergence ou oscillation selon la base choisie.

Remarque 8.2 *En dimension finie, le caractère uniformément bien posé se réduit à l'existence d'un gap uniforme entre la N-ième et la $N + 1$-ième valeur propre de la matrice de Fock. En effet, le premier critère de l'hypothèse "uniformément bien posé" est toujours vérifié en dimension finie puisqu'il n'y a pas de spectre continu. De toute façon, ce critère n'est utilisé dans la preuve du théorème que pour apporter de la compacité, ce qui n'est pas nécessaire en dimension finie. L'hypothèse "uniformément bien posé" est donc une hypothèse relativement faible, et on peut donc conclure que le comportement de l'algorithme de Roothaan est suffisamment bien décrit par le théorème et par la discussion ci-dessus.*

Nous ne savons pas s'il est possible de prévoir *a priori* si l'algorithme de Roothaan va converger ou osciller. On peut cependant faire l'observation suivante. Puisque $\mathcal{E}(\mathcal{D}, \mathcal{D}) = 2\mathcal{E}^{HF}(\mathcal{D})$, on a toujours

$$\inf\left\{\mathcal{E}(\mathcal{D}, \mathcal{D}'), \quad \mathcal{D} \in \mathcal{P}_N, \quad \mathcal{D}' \in \mathcal{P}_N\right\} \leq 2\inf\left\{\mathcal{E}^{HF}(\mathcal{D}), \quad \mathcal{D} \in \mathcal{P}_N\right\}.$$

Supposons maintenant que

$$\inf\left\{\mathcal{E}(\mathcal{D}, \mathcal{D}'), \quad \mathcal{D} \in \mathcal{P}_N, \quad \mathcal{D}' \in \mathcal{P}_N\right\} < 2\inf\left\{\mathcal{E}^{HF}(\mathcal{D}), \quad \mathcal{D} \in \mathcal{P}_N\right\}. \quad (8.6)$$

Si (8.6) est vérifiée et si la donnée initiale $\mathcal{D}_0$ vérifie

$$\inf\left\{\mathcal{E}(\mathcal{D}_0, \mathcal{D}), \quad \mathcal{D} \in \mathcal{P}_N\right\} < 2\inf\left\{\mathcal{E}^{HF}(\mathcal{D}), \quad \mathcal{D} \in \mathcal{P}_N\right\},$$

alors l'algorithme de Roothaan ne peut pas converger puisque, si on suppose que $\mathcal{D}_n \to \widetilde{\mathcal{D}}$ (dans $(\mathcal{P}_N, d_0)$ par exemple), on obtient

$$\begin{aligned}
2\,\mathcal{E}^{HF}(\widetilde{\mathcal{D}}) &= \mathcal{E}(\widetilde{\mathcal{D}}, \widetilde{\mathcal{D}}) \\
&\leq \lim_{n \to +\infty} \mathcal{E}(\mathcal{D}_n, \mathcal{D}_{n+1}) \\
&\leq \mathcal{E}(\mathcal{D}_0, \mathcal{D}_1) \\
&= \inf\left\{\mathcal{E}(\mathcal{D}_0, \mathcal{D}), \quad \mathcal{D} \in \mathcal{P}_N\right\} \\
&< 2\inf\left\{\mathcal{E}^{HF}(\mathcal{D}), \quad \mathcal{D} \in \mathcal{P}_N\right\},
\end{aligned}$$

ce qui met en évidence une contradiction. Si en particulier $(\mathcal{D}_0, \mathcal{D}_0')$ est un minimiseur de la fonctionnelle $\mathcal{E}$, alors l'algorithme de Roothaan oscille (sous l'hypothèse "bien posé") entre les deux états $\mathcal{D}_0$ and $\mathcal{D}_0'$.

Exemple 8.3 *Considérons l'hamiltonien*

$$H_a = -\frac{1}{2}\Delta_{x_1} - \frac{1}{2}\Delta_{x_2} + V_a(x_1) + V_a(x_2) + \frac{1}{|x_1 - x_2|},$$

avec

$$V_a(x) = -\frac{1}{|x - a|} - \frac{1}{|x + a|},$$

*qui modélise la molécule d'hydrogène H_2, les noyaux d'Hydrogène étant si-
tués en les points a et $-a$, et recherchons le fondamental électronique de cette
molécule sous l'approximation RHF. Rappelons que sous cette approximation
les deux électrons de la molécule H_2 sont décrits par la même orbitale moléculaire spatiale $\phi \in H^1(\mathbb{R}^3)$, l'un des électrons étant dans la configuration spin
up, l'autre dans la configuration spin down (voir section 1.6). Le problème
électronique s'écrit dans ce cadre*

$$\inf\left\{ E^{RHF}(\phi), \quad \phi \in H^1\left(\mathbb{R}^3\right), \quad \int_{\mathbf{R}^3} |\phi|^2 = 1 \right\}$$

où la fonctionnelle d'énergie RHF de la molécule H_2 est donnée par

$$E^{RHF}(\phi) = \int_{\mathbf{R}^3} |\nabla\phi|^2 + 2\int_{\mathbf{R}^3} V_a|\phi|^2 + D(|\phi|^2, |\phi|^2).$$

*On peut prouver dans ce cadre que l'inégalité (8.6) est satisfaite lorsque $|a|$
est assez grand et qu'on peut donc choisir une donnée initiale ϕ_0 telle que
l'algorithme de Roothaan conduise effectivement à une oscillation entre deux
états. La preuve de cette assertion fait l'objet de l'exercice 8.1. Soulignons
toutefois que cet exemple reste académique : aucun chimiste n'aurait en effet
l'idée saugrenue de calculer la dissociation de la molécule H_2 en utilisant l'approximation RHF. L'intérêt de cet exemple réside surtout dans sa simplicité
(c'est à notre connaissance le seul système moléculaire réaliste pour lequel on
sache exhiber une preuve mathématique de l'oscillation et montrer clairement
que ce comportement n'est pas la conséquence d'un mauvais choix de la base
d'orbitales atomiques puisque nous avons raisonné sur le problème originel de
dimension infinie).*

Pour le lecteur qui ne souhaite pas rentrer dans les considérations techniques
de l'exercice 8.1, nous proposons maintenant un exemple plus simple mais
non directement relié à un problème de chimie, qui met en évidence un cas
d'oscillation. Notons $w > 0$ un minimiseur du problème de Choquart-Pekar
[148]

$$\inf\left\{ \frac{1}{2}\int_{\mathbf{R}^3} |\nabla v|^2 - \frac{1}{2}D(|v|^2, |v|^2), \quad v \in H^1(\mathbb{R}^3), \quad \int_{\mathbf{R}^3} |v|^2 = 1 \right\}.$$

Si on remplace dans l'exemple 8.3 les noyaux ponctuels par des noyaux "éten-
dus" correspondant à la distribution de charge w^2, on obtient que $\phi_1 = w(\cdot - a)$
et $\phi_2 = w(\cdot + a)$ avec $a \in \mathbb{R}^3 \setminus \{0\}$ vérifient

$$\begin{cases} -\dfrac{1}{2}\Delta\phi_1 + V_a\phi_1 + \left(|\phi_2|^2 \star \dfrac{1}{|x|}\right)\phi_1 = \lambda\phi_1, \\[2mm] -\dfrac{1}{2}\Delta\phi_2 + V_a\phi_2 + \left(|\phi_1|^2 \star \dfrac{1}{|x|}\right)\phi_2 = \lambda\phi_2, \\[2mm] \phi_1 \in H^1(\mathbf{R}^3), \quad \phi_2 \in H^1(\mathbf{R}^3), \quad \phi_1 > 0, \quad \phi_2 > 0, \\[2mm] \displaystyle\int_{\mathbf{R}^3}|\phi_1|^2 = 1, \quad \int_{\mathbf{R}^3}|\phi_2|^2 = 1, \end{cases}$$

où $V_a = -w^2(\cdot - a) \star \frac{1}{|x|} - w^2(\cdot + a) \star \frac{1}{|x|}$ désigne le potentiel de Coulomb engendré par les noyaux étendus. (ϕ_1, ϕ_2) est donc un point critique de la fonctionnelle

$$E(\phi_1, \phi_2) = \frac{1}{2}\int_{\mathbf{R}^3}|\nabla\phi_1|^2 + \frac{1}{2}\int_{\mathbf{R}^3}V_a|\phi_1|^2 + \int_{\mathbf{R}^3}|\nabla\phi_2|^2 + \int_{\mathbf{R}^3}V_a|\phi_2|^2$$
$$+ D(|\phi_1|^2, |\phi_2|^2)$$

tel que $\phi_1 \neq \phi_2$ et si ϕ_1 (ou ϕ_2) est choisi comme donnée initiale, l'algorithme de Roothaan est uniformément bien posé et conduit à une oscillation entre les deux états ϕ_1 et ϕ_2 (à une constante multiplicative près).

Donnons maintenant la

Preuve du théorème 8.1. Commençons tout de suite par vérifier que $\mathcal{E}$ et symétrique. Soit $\mathcal{D}$ et $\mathcal{D}'$ dans $\mathcal{P}_N$ et $\Phi = \{\phi_i\}$ et $\Phi' = \{\phi_i'\}$ dans $\mathcal{W}_N$ tels que $\mathcal{D} = \mathcal{D}_\Phi$ et $\mathcal{D}' = \mathcal{D}_{\Phi'}$. En utilisant les définitions

$$\tau_\mathcal{D}(x, x') = \sum_{i=1}^N \phi_i(x)\phi_i(x'), \qquad \rho_\mathcal{D}(x) = \tau_\mathcal{D}(x, x),$$

on obtient l'égalité

$$\begin{aligned}
\mathrm{Tr}(\mathcal{G}(\mathcal{D})\mathcal{D}') &= \sum_{i=1}^N (\mathcal{G}(\mathcal{D})\phi_i', \phi_i') \\
&= \sum_{i=1}^N \int_{\mathbf{R}^3} (\mathcal{G}(\mathcal{D})\phi_i')(x')\,\phi_i'(x')\,dx' \\
&= \sum_{i=1}^N \int_{\mathbf{R}^3}\int_{\mathbf{R}^3} \frac{\rho_\Phi(x)\phi_i'(x') - \tau_\Phi(x, x')\,\phi_i'(x)}{|x - x'|}\,\phi_i'(x')\,dx\,dx' \\
&= \int_{\mathbf{R}^3}\int_{\mathbf{R}^3} \frac{\rho_\Phi(x)\rho_{\Phi'}(x') - \tau_\Phi(x, x')\tau_{\Phi'}(x', x)}{|x - x'|}\,dx\,dx' \\
&= \int_{\mathbf{R}^3}\int_{\mathbf{R}^3} \frac{\rho_\mathcal{D}(x)\,\rho_{\mathcal{D}'}(x') - \tau_\mathcal{D}(x, x')\tau_{\mathcal{D}'}(x', x)}{|x - x'|}\,dx\,dx' \\
&= \mathrm{Tr}(\mathcal{G}(\mathcal{D}')\mathcal{D}),
\end{aligned}$$

d'où on déduit immédiatement la symétrie de $\mathcal{E}$. Il en découle

$$d_{\mathcal{D}'}\mathcal{E}(\mathcal{D}, \mathcal{D}') = h + \mathcal{G}(\mathcal{D}) = \mathcal{F}(\mathcal{D}) \qquad \text{et} \qquad d_{\mathcal{D}}\mathcal{E}(\mathcal{D}, \mathcal{D}') = h + \mathcal{G}(\mathcal{D}') = \mathcal{F}(\mathcal{D}').$$

Sous l'hypothèse "uniformément bien posé", il est donc clair que $\mathcal{D}_{2n+1}$, resp. $\mathcal{D}_{2n+2}$, est le seul élément de $\mathcal{P}_N$ qui vérifie

$$\mathcal{E}(\mathcal{D}_{2n}, \mathcal{D}_{2n+1}) = \inf\{\mathcal{E}(\mathcal{D}_{2n}, \mathcal{D}), \quad \mathcal{D} \in \mathcal{P}_N\},$$

resp.

$$\mathcal{E}(\mathcal{D}_{2n+2}, \mathcal{D}_{2n+1}) = \inf\{\mathcal{E}(\mathcal{D}, \mathcal{D}_{2n+1}), \quad \mathcal{D} \in \mathcal{P}_N\}.$$

La première assertion du théorème en découle. Il vient ensuite immédiatement

$$\begin{aligned}
\mathcal{E}(\mathcal{D}_{2n+2}, \mathcal{D}_{2n+3}) &= \inf\{\mathcal{E}(\mathcal{D}_{2n+2}, \mathcal{D}), \quad \mathcal{D} \in \mathcal{P}_N\} \\
&\leq \mathcal{E}(\mathcal{D}_{2n+2}, \mathcal{D}_{2n+1}) \\
&= \inf\{\mathcal{E}(\mathcal{D}, \mathcal{D}_{2n+1}), \quad \mathcal{D} \in \mathcal{P}_N\} \\
&\leq \mathcal{E}(\mathcal{D}_{2n}, \mathcal{D}_{2n+1}).
\end{aligned}$$

La suite $(\mathcal{E}(\mathcal{D}_{2n}, \mathcal{D}_{2n+1}))$ est donc décroissante. Par ailleurs, la fonctionnelle $\mathcal{E}$ est bornée inférieurement par $-2\,N\,Z^2$. En effet, on a d'une part

$$\begin{aligned}
\mathrm{Tr}(\mathcal{G}(\mathcal{D})\mathcal{D}') &= \int_{\mathbf{R}^3}\int_{\mathbf{R}^3} \frac{\rho_\Phi(x)\rho_{\Phi'}(x') - \tau_\Phi(x,x')\tau_{\Phi'}(x',x)}{|x-x'|} \, dx\, dx' \\
&= \frac{1}{2}\int_{\mathbf{R}^3}\int_{\mathbf{R}^3} \sum_{i=1}^N \sum_{j=1}^N \frac{|\phi_i(x)\phi_j'(x') - \phi_j(x)\phi_i(x')|^2}{|x-x'|} \, dx\, dx' \\
&\geq 0,
\end{aligned}$$

pour tout $(\mathcal{D}, \mathcal{D}') \in \mathcal{P}_N \times \mathcal{P}_N$, $\Phi = \{\phi_i\} \in \mathcal{W}_N$ et $\Phi' = \{\phi_i'\} \in \mathcal{W}_N$ étant tels que $\mathcal{D}_\Phi = \mathcal{D}$ et $\mathcal{D}_{\Phi'} = \mathcal{D}'$, et on a d'autre part

$$\begin{aligned}
\mathrm{Tr}(h\mathcal{D}) &= \sum_{i=1}^N \left(\frac{1}{2}\int_{\mathbf{R}^3}|\nabla\phi_i|^2 - \sum_{k=1}^M z_k \int_{\mathbf{R}^3} \frac{|\phi_i|^2(x)}{|x-\bar{x}_k|}\, dx \right) \\
&\geq \sum_{i=1}^N \left(\frac{1}{2}\int_{\mathbf{R}^3}|\nabla\phi_i|^2 - \sum_{k=1}^M z_k \left(\int_{\mathbf{R}^3} \frac{|\phi_i|^2(x)}{|x-\bar{x}_k|^2}\, dx \right)^{1/2} \right) \\
&\geq \sum_{i=1}^N \left(\frac{1}{2}\int_{\mathbf{R}^3}|\nabla\phi_i|^2 - 2\,Z \left(\int_{\mathbf{R}^3}|\nabla\phi_i|^2 \right)^{1/2} \right) \\
&\geq \frac{1}{2}\sum_{i=1}^N (\|\nabla\phi_i\|_{L^2} - 2Z)^2 - 2N\,Z^2 \\
&\geq -2N\,Z^2,
\end{aligned}$$

pour tout $\mathcal{D} \in \mathcal{P}_N$, $\Phi = \{\phi_i\} \in \mathcal{W}_N$ étant tel que $\mathcal{D}_\Phi = \mathcal{D}$. La suite $(\mathcal{E}(\mathcal{D}_{2n}, \mathcal{D}_{2n+1}))$ décroît donc vers une certaine limite $\lambda \in \mathbb{R}$.

Considérons maintenant une suite $(\Phi_n) = (\{\phi_i^n\})$ dans $\mathcal{W}_N$ telle que

– pour tout $n \in \mathbb{N}$, $\mathcal{D}_{\Phi_n} = \mathcal{D}_n$;
– pour tout $n \in \mathbb{N}$,

$$\mathcal{F}(\mathcal{D}_n)\phi_i^{n+1} = \epsilon_i^{n+1}\phi_i^{n+1}, \qquad 1 \le i \le N,$$

avec $\epsilon_1^{n+1} \le \epsilon_2^{n+1} \le \cdots \le \epsilon_N^{n+1}$.

En rassemblant les résultats obtenus jusqu'alors, on voit que

$$\frac{1}{2}\sum_{i=1}^{N}(\|\nabla\phi_i^n\|_{L^2} - 2Z)^2 + \sum_{i=1}^{N}\frac{1}{2}(\|\nabla\phi_i^{n+1}\|_{L^2} - 2Z)^2 - 4NZ^2 \le \mathcal{E}(\mathcal{D}_n, \mathcal{D}_{n+1})$$

$$\le 2\,\mathcal{E}^{HF}(\mathcal{D}_0).$$

Donc, pour tout $1 \le i \le N$, la suite $(\phi_i^n)_{n\in\mathbb{N}}$ est bornée dans $H^1(\mathbb{R}^3)$. En outre, la suite $(\epsilon_i^n)_{n\in\mathbb{N}}$ est bornée dans $\mathbb{R}$ pour tout $1 \le i \le N$. En effet, elle est bornée inférieurement par la valeur propre fondamentale de $-\frac{1}{2}\Delta + V$ à cause de la positivité de l'opérateur $\mathcal{G}(\mathcal{D}_n)$ et elle est bornée supérieurement par $\epsilon < 0$. On peut donc extraire des suites (ϕ_i^n) et (ϵ_i^n) des sous-suites qui vérifient pour tout $1 \le i \le N$:

$$\phi_i^{n_k-1} \xrightarrow[k\to+\infty]{} \chi_i \qquad \phi_i^{n_k} \xrightarrow[k\to+\infty]{} \phi_i \qquad \phi_i^{n_k+1} \xrightarrow[k\to+\infty]{} \psi_i \qquad \phi_i^{n_k+2} \xrightarrow[k\to+\infty]{} \phi_i'$$

$$\epsilon_i^{n_k} \xrightarrow[k\to+\infty]{} \mu_i \le \epsilon \qquad \epsilon_i^{n_k+1} \xrightarrow[k\to+\infty]{} \nu_i \le \epsilon \qquad \epsilon_i^{n_k+2} \xrightarrow[k\to+\infty]{} \mu_i' \le \epsilon, \tag{8.7}$$

les convergences dans (8.7) ayant lieu à la fois dans $H^1(\mathbb{R}^3)$ faible, dans $L^2_{loc}(\mathbb{R}^3)$ fort et presque partout. En passant à la limite dans $H^{-1}(\mathbb{R}^3)$ dans les équations

$$\mathcal{F}(\mathcal{D}_{n_k-1})\phi_i^{n_k} = \epsilon_i^{n_k}\phi_i^{n_k}, \qquad \mathcal{F}(\mathcal{D}_{n_k})\phi_i^{n_k+1} = \epsilon_i^{n_k+1}\phi_i^{n_k+1},$$

$$\mathcal{F}(\mathcal{D}_{n_k+1})\phi_i^{n_k+2} = \epsilon_i^{n_k+2}\phi_i^{n_k+2},$$

lorsque $k \to +\infty$, on obtient pour tout $1 \le i \le N$

$$-\frac{1}{2}\Delta\phi_i + V\phi_i + \left(\sum_{i=1}^{N}|\chi_i|^2 \star \frac{1}{|x|}\right)\phi_i - \int_{\mathbf{R}^3}\frac{\sum_{i=1}^{N}\chi_i(.)\chi_i(y)}{|\cdot - y|}\phi(y)\,dy = \mu_i\phi_i,$$

$$-\frac{1}{2}\Delta\psi_i + V\psi_i + \left(\sum_{i=1}^{N}|\phi_i|^2 \star \frac{1}{|x|}\right)\psi_i - \int_{\mathbf{R}^3}\frac{\sum_{i=1}^{N}\phi_i(.)\phi_i(y)}{|\cdot - y|}\psi_i(y)\,dy = \nu_i\psi_i,$$

$$-\frac{1}{2}\Delta\phi_i' + V\phi_i' + \left(\sum_{i=1}^{N}|\psi_i|^2 \star \frac{1}{|x|}\right)\phi_i' - \int_{\mathbf{R}^3}\frac{\sum_{i=1}^{N}\psi_i(.)\psi_i(y)}{|\cdot - y|}\phi'(y)\,dy = \mu_i'\phi_i'.$$

Le passage à la limite dans les différents termes de l'équation est laissé en exercice (voir notamment l'exercice 8.2).

Par ailleurs,

$$
\mu_i \int_{\mathbf{R}^3} |\phi_i|^2 = \frac{1}{2} \int_{\mathbf{R}^3} |\nabla\phi_i|^2 + \int_{\mathbf{R}^3} V|\phi_i|^2 + D\left(\sum_{j=1}^N |\chi_j|^2, |\phi_i|^2\right)
$$

$$
- \int_{\mathbf{R}^3}\int_{\mathbf{R}^3} \frac{\sum_{j=1}^N \chi_j(x)\chi_j(y)}{|x-y|} \phi_i(x)\phi_i(y)\, dx\, dy
$$

$$
= \frac{1}{2}\int_{\mathbf{R}^3} |\nabla\phi_i|^2 + \int_{\mathbf{R}^3} V|\phi_i|^2
$$

$$
+\frac{1}{2}\int_{\mathbf{R}^3}\int_{\mathbf{R}^3} \sum_{j=1}^N \frac{|\phi_i(x)\chi_j(y) - \phi_i(y)\chi_j(x)|^2}{|x-y|}\, dx\, dy
$$

$$
\leq \liminf_{k\to+\infty}\left(\frac{1}{2}\int_{\mathbf{R}^3} |\nabla\phi_i^{n_k}|^2 + \int_{\mathbf{R}^3} V|\phi_i^{n_k}|^2 \right.
$$

$$
\left. +\frac{1}{2}\int_{\mathbf{R}^3}\int_{\mathbf{R}^3} \sum_{j=1}^N \frac{|\phi_i^{n_k}(x)\phi_j^{n_k-1}(y) - \phi_i^{n_k}(y)\phi_j^{n_k-1}(x)|^2}{|x-y|}\, dx\, dy\right)
$$

$$
= \liminf_{k\to+\infty}\left(\frac{1}{2}\int_{\mathbf{R}^3} |\nabla\phi_i^{n_k}|^2 + \int_{\mathbf{R}^3} V|\phi_i^{n_k}|^2 + D(\rho_{\mathcal{D}_{n_k-1}}, |\phi_i^{n_k}|^2)\right.
$$

$$
\left. - \int_{\mathbf{R}^3}\int_{\mathbf{R}^3} \frac{\tau_{\mathcal{D}_{n_k-1}}(x,y)}{|x-y|} \phi_i^{n_k}(x)\phi_i^{n_k}(y)\, dx\, dy\right)
$$

$$
= \liminf_{k\to+\infty}\left(\epsilon_i^{n_k}\int_{\mathbf{R}^3} |\phi_i^{n_k}|^2\right) = \liminf_{k\to+\infty}(\epsilon_i^{n_k}) = \mu_i
$$

On déduit de $\mu_i \leq \epsilon < 0$ que $\int_{\mathbf{R}^3} |\phi_i|^2 \geq 1$, et donc que $\int_{\mathbf{R}^3} |\phi_i|^2 = 1$ puisque

$$
\int_{\mathbf{R}^3} |\phi_i|^2 \leq \liminf_{k\to+\infty}\int_{\mathbf{R}^3} |\phi_i^{n_k}|^2 = 1.
$$

Les N suites $(\phi_i^{n_k})_{k\in\mathbf{N}}$ convergent donc fortement dans $L^2(\mathbf{R}^3)$. En particulier $\Phi = \{\phi_i\} \in \mathcal{W}_N$. En outre, comme $(\phi_i^{n_k-1})_{k\in\mathbf{N}}$ est bornée dans $H^1(\mathbf{R}^3)$ et converge dans $L^2_{loc}(\mathbf{R}^3)$, et comme $(\phi_i^{n_k})_{k\in\mathbf{N}}$ est bornée dans $H^1(\mathbf{R}^3)$ et converge dans $L^2(\mathbf{R}^3)$, on laisse au lecteur le soin de vérifier que pour tout $1 \leq i \leq N$

$$
\int_{\mathbf{R}^3} V|\phi_i^{n_k}|^2 \xrightarrow[k\to+\infty]{} \int_{\mathbf{R}^3} V|\phi_i|^2
$$

et

$$
D\left(\sum_{j=1}^N |\phi_j^{n_k-1}|^2, |\phi_i^{n_k}|^2\right) - \int_{\mathbf{R}^3}\int_{\mathbf{R}^3} \frac{\sum_j \phi_j^{n_k-1}(x)\phi_j^{n_k-1}(y)}{|x-y|} \phi_i^{n_k}(x)\phi_i^{n_k}(y)\, dx\, dy
$$

$$\xrightarrow[k \to +\infty]{} D\left(\sum_{j=1}^{N}|\chi_j|^2, |\phi_i|^2\right) - \int_{\mathbf{R}^3}\int_{\mathbf{R}^3}\frac{\sum_{j=1}^{N}\chi_j(x)\chi_j(y)}{|x-y|}\phi_i(x)\phi_i(y)\,dx\,dy.$$

Donc

$$\lim_{k \to +\infty}\int_{\mathbf{R}^3}|\nabla\phi_i^{n_k}|^2 = 2\lim_{k \to +\infty}\left(\epsilon_i^{n_k} - \int_{\mathbf{R}^3}V|\phi_i^{n_k}|^2\right.$$

$$-D\left(\sum_{j=1}^{N}|\phi_j^{n_k-1}|^2, |\phi_i^{n_k}|^2\right)$$

$$\left.+\int_{\mathbf{R}^3}\int_{\mathbf{R}^3}\sum_{j=1}^{N}\frac{\phi_j^{n_k-1}(x)\phi_j^{n_k-1}(y)}{|x-y|}\phi_i^{n_k}(x)\phi_i^{n_k}(y)\,dx\,dy\right)$$

$$= 2\left(\mu_i - \int_{\mathbf{R}^3}V|\phi_i|^2 - D\left(\sum_{j=1}^{N}|\chi_j|^2, |\phi_i|^2\right)\right.$$

$$\left.+\int_{\mathbf{R}^3}\int_{\mathbf{R}^3}\sum_{j=1}^{N}\frac{\chi_j(x)\chi_j(y)}{|x-y|}\phi_i(x)\phi_i(y)\,dx\,dy\right)$$

$$= \int_{\mathbf{R}^3}|\nabla\phi_i|^2,$$

ce qui prouve la convergence de $(\phi_i^{n_k})_{k \in \mathbf{N}}$ dans $H^1(\mathbf{R}^3)$. De même, $(\phi_i^{n_k+1})_{k \in \mathbf{N}}$ et $(\phi_i^{n_k+2})_{k \in \mathbf{N}}$ convergent vers ψ_i et ϕ_i' dans $H^1(\mathbf{R}^3)$. En particulier, $\Phi = \{\phi_i\}$, $\Psi = \{\psi_i\}$ et $\Phi' = \{\phi_i'\}$ sont dans $\mathcal{W}_N$ et $(\mathcal{D}_{n_k})$, $(\mathcal{D}_{n_k+1})$ et $(\mathcal{D}_{n_k+2})$ convergent vers $\mathcal{D}_\Phi$, $\mathcal{D}_\Psi$ et $\mathcal{D}_{\Phi'}$ respectivent dans $(\mathcal{P}_N, d_1)$. En conséquence,

$$\mathcal{E}(\mathcal{D}_\Phi, \mathcal{D}_\Psi) = \mathcal{E}(\mathcal{D}_{\Phi'}, \mathcal{D}_\Psi) = \lambda.$$

Mais on a aussi

$$\lambda = \lim_{k \to +\infty}\mathcal{E}(\mathcal{D}_{n_k+1}, \mathcal{D}_{n_k+2})$$

$$= \lim_{k \to +\infty}[\inf\{\mathcal{E}(\mathcal{D}_{n_k+1}, \mathcal{D}), \quad \mathcal{D} \in \mathcal{P}_N\}]$$

$$\leq \inf\{\mathcal{E}(\mathcal{D}_\Psi, \mathcal{D}), \quad \mathcal{D} \in \mathcal{P}_N\},$$

puisque pour tout $\mathcal{D}' \in \mathcal{P}_N$, la fonction $\mathcal{D} \mapsto \mathcal{E}(\mathcal{D}, \mathcal{D}')$ est continue de $(\mathcal{P}_N, d_1)$ dans $\mathbf{R}$. Finalement,

$$\mathcal{E}(\mathcal{D}_\Phi, \mathcal{D}_\Psi) = \mathcal{E}(\mathcal{D}_{\Phi'}, \mathcal{D}_\Psi) = \inf\{\mathcal{E}(\mathcal{D}_\Psi, \mathcal{D}), \quad \mathcal{D} \in \mathcal{P}_N\}.$$

Donc $\mathcal{D}_\Phi = \mathcal{D}_{\Phi'}$, puisqu'au vu de l'hypothèse "uniformément bien posé" et par continuité, il y a un gap au moins égal à γ entre la N-ième plus petite valeur propre de $\mathcal{F}(\mathcal{D}_\Psi)$ et la partie du spectre qui est au-dessus de cette valeur propre. Détaillons ce dernier point : d'une part,

$$\inf_{\substack{V \subset H^1(\mathbb{R}^3) \\ \dim V = N}} \sup_{\substack{v \in V \\ \|v\|_{L^2} = 1}} (v, \mathcal{F}(\mathcal{D}_\Psi)v) \leq \mu'_N = \lim_{k \to +\infty} \epsilon_N^{n_k+2},$$

et d'autre part pour tout $V \subset H^1(\mathbb{R}^3)$ avec $\dim V = N + 1$,

$$\sup_{\substack{v \in V \\ \|v\|_{L^2} = 1}} (v, \mathcal{F}(\mathcal{D}_{n_k+1})v) \geq \epsilon_N^{n_k+2} + \gamma.$$

Comme V est de dimension finie, il vient à la limite

$$\sup_{\substack{v \in V \\ \|v\|_{L^2} = 1}} (v, \mathcal{F}(\mathcal{D}_\Psi)v) \geq \mu'_N + \gamma,$$

et donc

$$\inf_{\substack{V \subset H^1(\mathbb{R}^3) \\ \dim V = N + 1}} \sup_{\substack{v \in V \\ \|v\|_{L^2} = 1}} (v, \mathcal{F}(\mathcal{D}_\Psi)v) \geq \inf_{\substack{V \subset H^1(\mathbb{R}^3) \\ \dim V = N}} \sup_{\substack{v \in V \\ \|v\|_{L^2} = 1}} (v, \mathcal{F}(\mathcal{D}_\Psi)v) + \gamma.$$

Finalement, comme $\mathcal{D}_{\Phi'} = \mathcal{D}_\Phi$, on obtient

$$-\frac{1}{2}\Delta\psi_i + V\psi_i + \left(\rho_{\mathcal{D}_\Phi} \star \frac{1}{|x|}\right)\psi_i - \int_{\mathbf{R}^3} \frac{\tau_{\mathcal{D}_\Phi}(\cdot,y)}{|\cdot - y|}\psi_i(y)\,dy = \nu_i\psi_i,$$

$$-\frac{1}{2}\Delta\phi'_i + V\phi'_i + \left(\rho_{\mathcal{D}_\Psi} \star \frac{1}{|x|}\right)\phi'_i - \int_{\mathbf{R}^3} \frac{\tau_{\mathcal{D}_\Psi}(\cdot,y)}{|\cdot - y|}\phi'(y)\,dy = \mu'_i\phi'_i,$$

ce qui permet de conclure que $(\mathcal{D}_{\Phi'}, \mathcal{D}_\Psi) = (\mathcal{D}_\Phi, \mathcal{D}_\Psi)$ est un point critique de la fonctionnelle $\mathcal{E}$ associé à la valeur stationnaire λ. La convergence de la série $\sum_{n=0}^{+\infty} \|\mathcal{D}_{n+2} - \mathcal{D}_n\|_0^2$ est obtenue en remarquant qu'au vu de l'hypothèse "uniformément bien-posé",

$$\mathrm{Tr}(\mathcal{F}(\mathcal{D}_{n+1})\mathcal{D}_n) \geq \mathrm{Tr}(\mathcal{F}(\mathcal{D}_{n+1})\mathcal{D}_{n+2}) + \gamma\|\mathcal{D}_{n+2} - \mathcal{D}_n\|_0^2.$$

En ajoutant $\mathrm{Tr}(h\mathcal{D}_{n+1})$ aux deux membres, on aboutit à

$$\mathcal{E}(\mathcal{D}_n, \mathcal{D}_{n+1}) \geq \mathcal{E}(\mathcal{D}_{n+1}, \mathcal{D}_{n+2}) + \gamma\|\mathcal{D}_{n+2} - \mathcal{D}_n\|_0^2$$

pour tout $n \in \mathbb{N}$. On obtient le résultat escompté en sommant les inégalités ci-dessus pour $n \in \mathbb{N}$.

8.3 Convergence de l'algorithme de *level-shifting*

Le théorème suivant est une preuve de la convergence globale de l'algorithme de *level-shifting* lorsque le paramètre de shift est assez grand.

Théorème 8.4 *Pour toute donnée initiale $\mathcal{D}_0$, il existe un réel positif b_0 tel que pour tout paramètre de shift $b > b_0$,*

1. *L'algorithme de level-shifting avec donnée initiale $\mathcal{D}_0$ est uniformément bien posé.*

2. *Le suite des énergies $\mathcal{E}^{HF}(\mathcal{D}_n^b)$ décroît vers une valeur stationnaire λ de la fonctionnelle d'énergie de Hartree-Fock $\mathcal{E}^{HF}$.*

3. *La suite $\left\{\mathcal{D}_n^b\right\}_{0 \leq n \leq +\infty}$ converge à extraction près vers une valeur stationnaire de la fonctionnelle Hartree-Fock dans $(\mathcal{P}_N, d_1)$. En outre,*

$$\sum_{n=0}^{+\infty} \|\mathcal{D}_{n+1}^b - \mathcal{D}_n^b\|_0^2 < +\infty.$$

Remarque 8.5 *Le théorème 8.4 montre en particulier que pour des paramètres de shift assez grands, l'algorithme de level-shifting peut aussi être considéré comme une technique de minimisation directe de l'énergie. Remarquons également que le paramètre b_0 dépend de la donnée initiale $\mathcal{D}_0$. En rassemblant les résultats obtenus dans la preuve du théorème 8.4 qui figure ci-dessous, on peut donner l'estimation*

$$b_0 \leq \frac{1}{2}N\alpha^2 + 4N\alpha - \lambda_1\left(-\frac{1}{2}\Delta + V\right),$$

où $\alpha = \sqrt{N}[1 + Z + 2(2NZ^2 + \mathcal{E}^{HF}(\mathcal{D}_0))^{1/2}]$. Cette estimation n'est pas très fine et il est certainement possible de l'améliorer sans trop d'efforts. Cette borne supérieure peut être calculée a priori au début de l'algorithme et remise à jour à chaque pas en remplaçant $\mathcal{D}_0$ par $\mathcal{D}_n$ dans la définition de α (b_0 une fonction croissance de l'énergie de Hartree-Fock, qui elle-même décroît à chaque pas).

Remarque 8.6 *Nous verrons dans la preuve du théorème que la suite engendrée par l'algorithme de level-shifting coïncide avec les itérés de la minimisation par relaxation de la fonctionnelle*

$$\mathcal{E}^b(\mathcal{D}, \mathcal{D}') = Tr(h\mathcal{D}) + Tr(h\mathcal{D}') + Tr(\mathcal{G}(\mathcal{D})\mathcal{D}') + b\|\mathcal{D} - \mathcal{D}'\|_0^2.$$

Cette fonctionnelle est la même que celle minimisée par relaxation par l'algorithme de Roothann à ceci près que les termes "non diagonaux" ($\mathcal{D} \neq \mathcal{D}'$) ont été pénalisés par l'ajout du terme $b\|\mathcal{D} - \mathcal{D}'\|_0^2$, ceci afin de forcer la convergence en un point de la "diagonale" ($\mathcal{D} = \mathcal{D}'$).

Remarque 8.7 *Pour des paramètres de shift assez grands, l'algorithme de level-shifting fournit toujours une solution des équations de Hartree-Fock, même lorsque le problème de minimisation de Hartree-Fock n'a pas de solution, ce qui se produit par exemple pour les ions négatifs tels que $N > 2Z + M$ (cf. référence [149]). Cette solution est alors un point critique qui est, dans le meilleur des cas, un minimum local non global. L'algorithme de level-shifting conduit donc à une preuve constructive de l'existence de solutions aux équations de Hartree-Fock.*

Le lemme ci-dessous est utilisé dans la preuve du théorème 8.4.

Lemme 8.8 *Soit $\alpha > 0$ et $\gamma > 0$. Il existe $b_0 > 0$ tel que pour tout $b \geq b_0$:*

1. *si $\mathcal{D} \in \mathcal{P}_N$ avec $\|\mathcal{D}\|_1 \leq \alpha$, alors $\mathcal{F}(\mathcal{D}) - b\mathcal{D}$ possède au moins N valeurs propres strictement négatives et il existe un gap au moins égal à γ entre la N-ième plus petite valeur propre ϵ_N (en tenant compte des multiplicités) et la partie du spectre situé au dessus de cette valeur propre ;*

2. *si $\mathcal{D} \in \mathcal{P}_N$ et $\mathcal{D}' \in \mathcal{P}_N$, avec $\|\mathcal{D}\|_1 \leq \alpha$ et $\|\mathcal{D}'\|_1 \leq \alpha$, alors*

$$Tr((\mathcal{G}(\mathcal{D}) - \mathcal{G}(\mathcal{D}')) \cdot (\mathcal{D} - \mathcal{D}')) \leq b\|\mathcal{D} - \mathcal{D}'\|_0^2.$$

Preuve. L'opérateur $\mathcal{D}$ étant de rang fini, on a l'égalité des spectres essentiels

$$\sigma_{ess}(\mathcal{F}(\mathcal{D}) - b\mathcal{D}) = \sigma_{ess}(\mathcal{F}(\mathcal{D})) = [0, +\infty[.$$

Soit $\Phi = \{\phi_i\} \in \mathcal{W}_N$ tel que $\mathcal{D} = \mathcal{D}_\Phi$. Pour tout $1 \leq i \leq N$, $\|\nabla\phi_i\|_{L^2(\mathbf{R}^3)} \leq \|\mathcal{D}\|_1 \leq \alpha$. Donc, en utilisant les inégalités de Cauchy-Schwarz et de Hardy, on obtient que pour tout $v \in \mathrm{Span}(\phi_1, \cdots, \phi_N)$ tel que $\|v\|_{L^2(\mathbf{R}^3)} = 1$,

$$
\begin{aligned}
(v, (\mathcal{F}(\mathcal{D}) - b\mathcal{D})v) &= (v, \mathcal{F}(\mathcal{D})v) - b \\
&\leq \frac{1}{2} \int_{\mathbf{R}^3} |\nabla v|^2 \\
&\quad + \frac{1}{2} \sum_{i=1}^{N} \int_{\mathbf{R}^3} \int_{\mathbf{R}^3} \frac{|\phi_i(x)v(y) - v(x)\phi_i(y)|^2}{|x - y|} \, dx \, dy - b \\
&\leq \frac{1}{2} N\alpha^2 + 4N\alpha - b.
\end{aligned}
$$

Donc,

$$
\begin{aligned}
\epsilon_N &= \inf_{\substack{V \subset H^1(\mathbf{R}^3) \\ \dim V = N}} \; \sup_{\substack{v \in V \\ \|v\|_{L^2} = 1}} \; (v, (\mathcal{F}(\mathcal{D}) - b\mathcal{D})v) \\
&\leq \sup_{\substack{v \in \mathrm{Span}(\phi_1, \cdots, \phi_N) \\ \|v\|_{L^2} = 1}} \; (v, (\mathcal{F}(\mathcal{D}) - b\mathcal{D})v) \\
&\leq \frac{1}{2} N\alpha^2 + 4N\alpha - b,
\end{aligned}
$$

ce qui implique que pour $b > \frac{1}{2}N\alpha^2 + 4N\alpha$, $\mathcal{F}(\mathcal{D}) - b\mathcal{D}$ possède au moins N valeurs propres strictement négatives. Notons maintenant

$$\epsilon_{N+1} = \inf_{\substack{V \subset H^1(\mathbb{R}^3) \\ \dim V = N+1}} \sup_{\substack{v \in V \\ \|v\|_{L^2} = 1}} (v, (\mathcal{F}(\mathcal{D}) - b\mathcal{D})v).$$

Pour tout $V \subset H^1(\mathbb{R}^3)$ tel que $\dim V = N + 1$, il existe $\psi \in V$ tel que $\psi \in \mathrm{Span}(\phi_1, \cdots, \phi_N)^{\perp}$ et $\|\psi\|_{L^2(\mathbb{R}^3)} = 1$. Donc

$$\sup_{\substack{v \in V \\ \|v\|_{L^2} = 1}} (v, (\mathcal{F}(\mathcal{D}) - b\mathcal{D})v) \geq (\psi, (\mathcal{F}(\mathcal{D}) - b\mathcal{D})\psi)$$

$$= (\psi, \mathcal{F}(\mathcal{D})\psi)$$

$$\geq \lambda_1(-\frac{1}{2}\Delta + V).$$

Il s'ensuit $\epsilon_{N+1} \geq \lambda_1(-\frac{1}{2}\Delta + V)$. Donc pour $b \geq \frac{1}{2}N\alpha^2 + 4N\alpha - \lambda_1(-\frac{1}{2}\Delta + V) + \gamma$, il y a un gap au moins égal à γ entre la N-ième plus petite valeur propre ϵ_N et la partie du spectre située au dessus de ϵ_N, ce qui prouve la première assertion. Pour établir la deuxième assertion, considérons $\mathcal{D}$ et $\mathcal{D}'$ dans $\mathcal{P}_N$ avec $\|\mathcal{D}\|_1 \leq \alpha$, et $\|\mathcal{D}'\|_1 \leq \alpha$, et Φ et Φ' dans $\mathcal{W}_N$ tels que $\mathcal{D} = \mathcal{D}_{\Phi}$, $\mathcal{D}' = \mathcal{D}_{\Phi'}$. On a en premier lieu,

$$\mathrm{Tr}\left((\mathcal{G}(\mathcal{D}) - \mathcal{G}(\mathcal{D}')) \cdot (\mathcal{D} - \mathcal{D}'))\right) = D(\rho_{\mathcal{D}} - \rho_{\mathcal{D}'}, \rho_{\mathcal{D}} - \rho_{\mathcal{D}'})$$

$$- \int_{\mathbb{R}^3} \int_{\mathbb{R}^3} \frac{|(\tau_{\mathcal{D}} - \tau_{\mathcal{D}'})(x, y)|^2}{|x - y|} \, dx \, dy$$

$$\leq D(\rho_{\mathcal{D}} - \rho_{\mathcal{D}'}, \rho_{\mathcal{D}} - \rho_{\mathcal{D}'}).$$

Ecrivons ensuite ϕ_i' sous la forme

$$\phi_i' = \sum_{j=1}^{N} (\phi_j, \phi_i') \, \phi_j + \psi_i,$$

avec $\psi_i \in \mathrm{Span}(\phi_1, \cdots, \phi_N)^{\perp}$. Soit $A_{jk} = \sum_{i=1}^{N}(\phi_j, \phi_i')(\phi_i', \phi_k)$. La matrice $[A_{jk}]_{1 \leq j,k \leq N}$ étant symétrique, on peut trouver une matrice unitaire U et une matrice diagonale réelle Δ telle que $A = U^T \Delta U$. En notant, $\tilde{\Phi} = U\Phi$, un calcul simple conduit à

$$\rho_{\mathcal{D}} - \rho_{\mathcal{D}'} = \sum_{i=1}^{N}(1 - \Delta_{ii})|\tilde{\phi}_i|^2 - 2\mathrm{Re}\left(\sum_{i,j=1}^{N}(\phi_i', \phi_j)\phi_j\psi_i\right) - \sum_{i=1}^{N}|\psi_i|^2,$$

$$0 \leq \Delta_{ii} \leq 1, \qquad \|\mathcal{D} - \mathcal{D}'\|_0^2 = 2\sum_{i=1}^{N}(1 - \Delta_{ii}) = 2\sum_{i=1}^{N}\|\psi_i\|_{L^2(\mathbb{R}^3)}^2.$$

On déduit donc des inégalités de Cauchy-Schwarz et de Hardy que

$$D(\rho_{\mathcal{D}} - \rho_{\mathcal{D}'}, \rho_{\mathcal{D}} - \rho_{\mathcal{D}'}) \leq (8N^2 + 4N)\alpha \|\mathcal{D} - \mathcal{D}'\|_0^2,$$

ce qui conclut la preuve du lemme 8.8.

Preuve du théorème 8.4. Soit $\alpha = \sqrt{N}[1 + Z + 2(2NZ^2 + \mathcal{E}^{HF}(\mathcal{D}_0))^{1/2}]$ (qui est bien défini puisque $\mathcal{E}^{HF}(\mathcal{D}_0) \geq -2NZ^2$ par les inégalités de Cauchy-Schwarz et de Hardy), b_0 défini comme dans le lemme 8.8 et $b > b_0$. Considérons la fonctionnelle

$$\mathcal{E}^b(\mathcal{D}, \mathcal{D}') = \mathrm{Tr}(h\mathcal{D}) + \mathrm{Tr}(h\mathcal{D}') + \mathrm{Tr}(\mathcal{G}(\mathcal{D})\mathcal{D}') + b\|\mathcal{D} - \mathcal{D}'\|_0^2.$$

La constante α est telle que

$$\mathcal{E}^b(\mathcal{D}, \mathcal{D}') \leq 2\mathcal{E}^{HF}(\mathcal{D}_0) \quad \Rightarrow \quad \|\mathcal{D}\|_1 \leq \alpha \quad \|\mathcal{D}'\|_1 \leq \alpha.$$

La donnée initiale $\mathcal{D}_0$ vérifie donc $\|\mathcal{D}_0\|_1 \leq \alpha$. Supposons maintenant que les hypothèses de récurrence $\|\mathcal{D}_n^b\|_1 \leq \alpha$ et $\mathcal{E}^{HF}(\mathcal{D}_n^b) \leq \mathcal{E}^{HF}(\mathcal{D}_0)$ sont satisfaites à l'itération n. D'après le lemme 8.8, $\mathcal{F}(\mathcal{D}_n^b) - b\mathcal{D}_n^b$ a au moins N valeurs propres strictement négatives et il y a un gap entre la N-ième plus petite valeur propre et la partie du spectre située au dessus de cette valeur propre. L'opérateur densité $\mathcal{D}_{n+1}^b$ est donc défini de manière unique par le principe *Aufbau* et est tel que

$$\begin{aligned}
\mathcal{E}^b(\mathcal{D}_{n+1}^b, \mathcal{D}_n^b) &= \inf\left\{\mathcal{E}^b(\mathcal{D}, \mathcal{D}_n^b), \quad \mathcal{D} \in \mathcal{P}_N\right\} \\
&\leq \mathcal{E}^b(\mathcal{D}_n^b, \mathcal{D}_n^b) \\
&= 2\mathcal{E}^{HF}(\mathcal{D}_n^b) \\
&\leq 2\mathcal{E}^{HF}(\mathcal{D}_0).
\end{aligned}$$

On a donc en particulier $\|\mathcal{D}_{n+1}^b\|_1 \leq \alpha$. En outre l'assertion

$$\mathcal{E}^b(\mathcal{D}_{n+1}^b, \mathcal{D}_n^b) \leq \mathcal{E}^b(\mathcal{D}_n^b, \mathcal{D}_n^b),$$

est équivalente à

$$\mathcal{E}^{HF}(\mathcal{D}_{n+1}^b) - \frac{1}{2}\mathrm{Tr}((\mathcal{G}(\mathcal{D}_{n+1}^b) - \mathcal{G}(\mathcal{D}_n^b)) \cdot (\mathcal{D}_{n+1}^b - \mathcal{D}_n^b))$$
$$+ b\|\mathcal{D}_{n+1}^b - \mathcal{D}_n^b\|_0^2 \leq \mathcal{E}^{HF}(\mathcal{D}_n^b).$$

En utilisant l'assertion 2 du lemme 8.8, on obtient

$$\mathcal{E}^{HF}(\mathcal{D}_{n+1}^b) + \frac{b}{2}\|\mathcal{D}_{n+1}^b - \mathcal{D}_n^b\|_0^2 \leq \mathcal{E}^{HF}(\mathcal{D}_n^b). \tag{8.8}$$

En particulier $\mathcal{E}^{HF}(\mathcal{D}_{n+1}^b) \leq \mathcal{E}^{HF}(\mathcal{D}_n^b) \leq \mathcal{E}^{HF}(\mathcal{D}_0)$ et la récurrence se poursuit. A ce stade nous avons établi que pour $b > b_0$, (a) l'algorithme de *level-shifting* (LS^b) avec pour donnée initiale $\mathcal{D}_0$ est uniformément bien posé, (b) l'énergie de Hartree-Fock est une fonctionnelle de Lyapunov de cet algorithme, (c) en utilisant (8.8),

$$\sum_{n=0}^{+\infty} \|\mathcal{D}_{n+1}^b - \mathcal{D}_n^b\|_0^2 < +\infty.$$

Comme la fonctionnelle de Hartree-Fock est bornée inférieurement, on récupère en outre

$$\lambda := \lim_{n \to +\infty} \mathcal{E}^{HF}(\mathcal{D}_n) \in \mathbb{R}.$$

En reprenant la preuve de convergence à extraction près détaillée dans la démonstration du théorème 8.1, il est facile de prouver que λ est une valeur stationnaire de la fonctionnelle $\mathcal{E}^b$ et qu'il existe des suites extraites $(\mathcal{D}_{n_k})_{k \in \mathbb{N}}$ et $(\mathcal{D}_{n_k+1})_{k \in \mathbb{N}}$ telles que

$$\mathcal{D}_{n_k} \xrightarrow[k \to +\infty]{} \mathcal{D}, \qquad \mathcal{D}_{n_k+1} \xrightarrow[k \to +\infty]{} \mathcal{D}',$$

dans $(\mathcal{P}_N, d_1)$, $(\mathcal{D}, \mathcal{D}')$ étant un point critique de la fonctionnelle $\mathcal{E}^b$. En outre, $\mathcal{D} = \mathcal{D}'$ puisque

$$\lim_{n \to +\infty} \|\mathcal{D}_{n+1}^b - \mathcal{D}_n^b\|_0 = 0,$$

et $\mathcal{D} = \mathcal{D}'$ est donc un point critique de la fonctionnelle de Hartree-Fock associé à la valeur stationnaire λ. Ceci conclut la preuve du théorème 8.4.

Remarque 8.9 *Une solution $\mathcal{D}$ des équations de Hartree-Fock obtenue par l'algorithme de level shifting vérifie le "principe Aufbau" pour l'opérateur $\mathcal{F}(\mathcal{D}) - b\mathcal{D}$, mais pas nécessairement pour l'opérateur de Fock $\mathcal{F}(\mathcal{D})$. Ce problème survient fréquemment si le paramètre b est grand. Dans ce cas, la matrice densité $\mathcal{D}$ ainsi obtenue n'est pas un minimiseur (même local) de l'énergie de Hartree-Fock. En pratique, les valeurs de b qui sont suffisamment grandes pour assurer la convergence conduisent souvent à une convergence très lente vers un point critique qui n'est pas un minimum local. C'est la raison pour laquelle l'algorithme de level shifting n'est pas satisfaisant et n'est plus guère utilisé à l'heure actuelle.*

8.4 Résumé

L'algorithme de Roothaan est l'algorithme le plus "naturel" pour résoudre le problème de Hartree-Fock en ce sens qu'il découle naturellement de l'interprétation des équations de Hartree-Fock en termes de champ *self-consistent* : on part d'une configuration électronique donnée, on calcule le champ moyen (répulsion coulombienne et terme d'échange) correspondant, on en déduit une nouvelle configuration électronique en prenant le fondamental de l'hamiltonien de champ moyen, et on itère jusqu'à la convergence. Le problème, c'est que cet algorithme ne converge pas nécessairement. On observe en effet couramment en pratique (et même pour des sytèmes moléculaires très simples, notamment certains atomes, cf. figure 8.2) une oscillation entre deux états dont aucun n'est solution des équations de Hartree-Fock. Ce phénomène s'explique très bien en remarquant que l'algorithme de Roothaan minimise en fait par relaxation une fonctionnelle $\mathcal{E}(\mathcal{D}, \mathcal{D}')$ qui dépend de deux états $\mathcal{D}$ et $\mathcal{D}'$ et vérifie pour tout $\mathcal{D} \in \mathcal{P}_N$, $\mathcal{E}(\mathcal{D}, \mathcal{D}) = 2\mathcal{E}^{HF}(\mathcal{D})$. Il en résulte que si l'algorithme converge vers un minimum de $\mathcal{E}$ qui est sur la "diagonale" $(\mathcal{D} = \mathcal{D}')$, on observera une convergence vers une solution des équations de Hartree-Fock. Dans le cas contraire, on observera une oscillation entre deux états $\mathcal{D} \neq \mathcal{D}'$ dont aucun n'est solution des équations de Hartree-Fock.

L'algorithme de *level-shifting* permet de forcer la convergence vers une solution des équations de Hartree-Fock. On peut l'interpréter comme un algorithme de minimisation par relaxation de la fonctionnelle $\mathcal{E}(\mathcal{D}, \mathcal{D}')$ dans lequel on a pénalisé les termes "non diagonaux" $(\mathcal{D} \neq \mathcal{D}')$ en ajoutant à la fonctionnelle $\mathcal{E}$ le terme $b\|\mathcal{D} - \mathcal{D}'\|_0^2$ de façon à forcer la convergence en un point de la "diagonale" $(\mathcal{D} = \mathcal{D}')$. L'expérience numérique montre cependant qu'il converge souvent vers un point critique qui n'est pas un minimum local.

La technique de relaxation des contraintes (section 6.2.5 et exercice 8.3) permet de construire des algorithmes plus performants que les deux algorithmes "historiques" décrits dans ce chapitre.

8.5 Pour en savoir plus

Les algorithmes de Roothaan et de *level-shifting* sont introduits respectivement dans
- D.R. Hartree, *The calculation of atomic structures*, Wiley 1957.
- V.R. Saunders and I.H. Hillier, *A "level-shifting" method for converging closed shell Hartree-Fock wave functions*, Int. J. Quantum Chem. 7 (1973) 699-705.

Les résultats principaux de ce chapitre (théorèmes 8.1 et 8.4) ont été publiés dans
- E. Cancès and C. Le Bris, *On some numerical algorithms for solving the Hartree-Fock equations*, Math. Model. Num. Anal. 34 (2000) 749-774.

Plusieurs études locales de la convergence (la donnée initiale $\mathcal{D}_0$ étant prise au voisinage d'une solution) et de la stabilité des algorithmes SCF avait été effectuées auparavant. Citons notamment
- R.E. Stanton, *The existence and cure of intrinsic divergence in closed shell SCF calculations*, J. Chem. Phys. 75 (1981) 3426-3432.
- R.E. Stanton, *Intrinsic convergence in closed-shell SCF calculations. A general criterion*, J. Chem. Phys. 75 (1981) 5416-5422.

– J.C. Facelli and R.H. Contreras, *A general relation between the intrinsic convergence properties of SCF Hartree-Fock calculations and the stability conditions of their solutions*, J. Chem. Phys. 79 (1983) 3421-3423.

La technique de relaxation des contraintes a été introduite dans

– E. Cancès and C. Le Bris (2000), *Can we outperform the DIIS approach for electronic structure calculations*, Int. J. Quantum Chem. 79 (2000) 82-90,
– E. Cancès, *SCF algorithms for Hartree-Fock electronic calculations*, in : Lecture Notes in Chemistry 74 (2001) 17-43,

pour le modèle de Hartree-Fock et dans

– E. Cancès, *SCF algorithms for Kohn-Sham models with fractional occupation numbers*, J. Chem. Phys. 114 (2001) 10616-10623,

pour le modèle de Kohn-Sham.

8.6 Exercices

Exercice 8.1 On cherche à prouver que l'inégalité (8.6), qui est une condition suffisante pour qu'il existe une donnée initiale conduisant à une oscillation de l'algorithme de Roothaan, est effectivement satisfaite pour la molécule d'hydrogène sous l'approximation RHF quand la distance interatomique est suffisamment grande. Les notations sont celles de l'exemple 8.3.

1. Vérifier que l'inégalité (8.6) s'écrit aussi pour ce problème particulier

$$
\inf \left\{ E(\phi_1, \phi_2), \quad \phi_1 \in H^1(\mathbb{R}^3), \quad \phi_2 \in H^1\left(\mathbb{R}^3\right), \right.
$$
$$
\left. \int_{\mathbf{R}^3} |\phi_1|^2 = 1, \quad \int_{\mathbf{R}^3} |\phi_2|^2 = 1 \right\}
$$
$$
< \inf \left\{ E^{RHF}(\phi), \quad \phi \in H^1(\mathbb{R}^3), \quad \int_{\mathbf{R}^3} |\phi|^2 = 1 \right\}.
$$

   avec

$$
E(\phi_1, \phi_2) = \int_{\mathbf{R}^3} |\nabla \phi_1|^2 + \int_{\mathbf{R}^3} V_a |\phi_1|^2 + \int_{\mathbf{R}^3} |\nabla \phi_2|^2 + \int_{\mathbf{R}^3} V_a |\phi_2|^2
$$
$$
+ D(|\phi_1|^2, |\phi_2|^2),
$$

   où $D(u, v) = \int_{\mathbf{R}^3} \int_{\mathbf{R}^3} \frac{u(x)\, v(y)}{|x - y|} \, dx \, dy.$

2. Notons $f(|a|)$ et $g(|a|)$ le membre de gauche et le membre de droite de l'inégalité ci-dessus. Montrer que les fonctions $|a| \mapsto f(|a|)$ et $|a| \mapsto g(|a|)$ sont continues. En déduire qu'il suffit, pour établir cette inégalité pour $|a|$ assez grand, de prouver que

$$
\limsup_{|a| \to +\infty} f(|a|) < \liminf_{|a| \to +\infty} g(|a|).
$$

3. En raisonnant comme dans la preuve de la proposition 8.2, montrer que

$$f(|a|) \leq 2 \inf \left\{ \int_{B_{|a|}(0)} |\nabla \phi|^2 - \int_{B_{|a|}(0)} \frac{|\phi|^2}{|x|}, \quad \phi \in H_0^1(B_{|a|}(0)), \right.$$
$$\left. \phi \text{ radial} , \quad \int_{\mathbf{R}^3} |\phi|^2 = 1 \right\}.$$

En déduire que

$$\limsup_{|a| \to +\infty} f(|a|) \leq 2\lambda_1 \left(-\Delta - \frac{1}{|x|} \right),$$

$\lambda_1(-\Delta - \frac{1}{|x|})$ désignant la première valeur propre de l'opérateur $-\Delta - \frac{1}{|x|}$ sur $L^2(\mathbf{R}^3)$.

4. On note ϕ_a un minimiseur du problème variationnel définissant $g(|a|)$, qui est unique à une constante multiplicative près pour $a \in \mathbf{R}^3$ fixé. En remarquant que $\phi_a(x) = \phi_a(-x)$, montrer que

$$g(|a|) \geq 2 \inf \left\{ 2 \int_{x \cdot a > 0} |\nabla \phi|^2 + 2 \int_{x \cdot a > 0} V_a |\phi|^2 + D(|\phi|^2, |\phi|^2), \right.$$
$$\left. \phi \in H^1(\Omega_a), \quad \int_{x \cdot a > 0} |\phi|^2 = \frac{1}{2} \right\}$$

avec $\Omega_a = \left\{ x \in \mathbf{R}^3, \ x \cdot a > 0 \right\}$, et en déduire que

$$\liminf_{|a| \to +\infty} g(|a|) > 2\lambda_1 \left(-\Delta - \frac{1}{|x|} \right).$$

5. Conclure en exhibant une donnée initiale conduisant à une oscillation de l'algorithme de Roothaan.

Exercice 8.2 Soit $(f_n)_{n \in \mathbf{N}}$ et $(g_n)_{n \in \mathbf{N}}$ des suites bornées dans $H^1(\mathbf{R}^3)$ qui convergent respectivement vers f et g dans $L^2_{loc}(\mathbf{R}^3)$. Soit $(h_n)_{n \in \mathbf{N}}$ une suite dans $L^2(\mathbf{R}^3)$ qui converge faiblement vers h et soit $\phi \in L^2(\mathbf{R}^3)$. Montrer que

$$D(f_n g_n, h_n \phi) \xrightarrow[n \to +\infty]{} D(fg, h\phi)$$

où $D(u, v) = \int_{\mathbf{R}^3} \int_{\mathbf{R}^3} \frac{u(x) \, v(y)}{|x - y|} \, dx \, dy.$

Exercice 8.3 Le but de ce problème est de montrer le Théorème 6.4 qui décrit la convergence numérique de l'algorithme ODA défini Section 6.2.5. On suppose ici que la matrice de recouvrement S est égale à l'indentité, autrement dit que la base d'orbitales atomiques $\{\chi_\mu\}_{1 \leq \mu \leq N_b}$ est orthonormale.

1. On pose $\widetilde{F}_n = F\left(\widetilde{D}_n\right)$ et $s_{n+1} = \mathrm{Tr}\left(\widetilde{F}_n\left(D_{n+1} - \widetilde{D}_n\right)\right)$. Montrer que

$$s_{n+1} \leq -\frac{\gamma}{2}\left\|D_{n+1} - \widetilde{D}_n\right\|^2,$$

où $\|\cdot\|$ désigne la norme matricielle de Fröbenius définie par $\|A\| = \mathrm{Tr}\left(AA^T\right)^{1/2}$. *Indication : on utilisera l'inégalité (6.39).*

2. Montrer qu'il existe une constante $b_0 > 0$ telle que pour tout $0 \leq \lambda \leq 1$,

$$E^{HF}\left((1-\lambda)\widetilde{D}_n + \lambda D_{n+1}\right) \leq E^{HF}\left(\widetilde{D}_n\right) + \left(-\frac{\gamma}{2}\lambda + \frac{b_0}{2}\lambda^2\right)\left\|D_{n+1} - \widetilde{D}_n\right\|^2.$$

3. En déduire qu'il existe une constante $\alpha > 0$ telle que

$$E^{HF}\left(\widetilde{D}_{n+1}\right) \leq E^{HF}\left(\widetilde{D}_n\right) - \frac{\alpha}{2}\left\|D_{n+1} - \widetilde{D}_n\right\|^2.$$

4. Etablir les deux assertions du Théorème 6.4.

Exercice 8.4 *Soit $\mathcal{D}_\infty \in \mathcal{P}_N$ un minimiseur du problème de Hartree-Fock*

$$\inf\left\{\mathcal{E}^{HF}(\mathcal{D}), \quad \mathcal{D} \in \mathcal{P}_N\right\}$$

et $\mathcal{F}_\infty = \mathcal{F}(\mathcal{D}_\infty)$. En adoptant la même démarche qu'à la section 6.2.4 (relative au problème de Hartree-Fock discrétisé), montrer que la $\epsilon_N < \epsilon_{N+1}$ où ϵ_N et ϵ_{N+1} désignent respectivement les n-ième (n + 1)-ième plus petites valeurs propres de $\mathcal{F}_\infty$. Cette propriété a été démontrée dans

V. Bach, E.H. Lieb, M. Loss and J.P. Solovej, There are no unfilled shells in unrestricted Hartree-Fock theory, Phys. Rev. Letters 72 (1994) 2981-2983.

Modèles pour les phases condensées

La chimie quantique *ab initio* est limitée pour l'étude des phases condensées aux cas des cristaux parfaits pour lesquels on peut mettre à profit la périodicité du système pour réduire le problème.

La phase liquide, qui est par essence désordonnée, est hors de portée des modèles purement *ab initio*. Or, la quasi-totalité des réactions chimiques intéressant l'industrie ou les sciences de la vie se déroulent en phase liquide, où les effets de solvatation jouent un rôle déterminant. Il est donc important, en vue des applications, de savoir effectuer des calculs de chimie quantique sur des molécules solvatées. La solution généralement retenue consiste à coupler un modèle de chimie quantique, par exemple Hartree-Fock, à un modèle empirique de solvatation de type "continuum diélectrique". Cela introduit des termes supplémentaires dans la fonctionnelle d'énergie, qui sont évalués numériquement en utilisant une méthode intégrale.

9.1 Cristaux parfaits

9.1.1 Modèles de Hartree-Fock et de Kohn-Sham périodiques

Nous raisonnons à nouveau avec un modèle sans spin, mais ce qui suit s'étend aux modèles avec spin.

Considérons pour fixer les idées un cristal cubique de paramètre de maille a comportant M noyaux et N électrons par maille. Pour être stable ce cristal doit bien entendu être neutre $\left(\sum_{k=1}^{M} z_k = N \right)$. La distribution des noyaux est périodique de période la maille élémentaire (on dira m-périodique) et il est raisonnable de penser que la distribution électronique l'est aussi (cf. section suivante à ce propos). Un hamiltonien monoélectronique de champ moyen de type Hartree-Fock ou Kohn-Sham sera donc de la forme

$$H = -\frac{1}{2} \Delta + W$$

où W est un opérateur m-périodique (non nécessairement local) représentant les interactions noyaux - électrons et électrons - électrons. Un tel opérateur n'a pas de valeurs propres, et ses fonctions propres généralisées sont des ondes de Bloch appelées *orbitales cristallines* [121, 181]. Ce sont plus précisément des fonctions de la forme

$$\phi(x) = e^{ik \cdot x} u(x),$$

où u désigne une fonction m-périodique et k un vecteur quelconque de la première zone de Brillouin BZ [121] (pour un cristal cubique de paramètre de maille a, on prend $BZ = [-\pi/a, \pi/a[^3)$. Pour $k \in BZ$ fixé, H admet une infinité dénombrable de fonctions propres généralisées $(\phi_i^k)_{i \in \mathbf{N}^*}$,

$$(I) \begin{cases} H \, \phi_n^k = E_n^k \, \phi_n^k, \\[2mm] \phi_n^k = e^{ik \cdot x} \, u_n^k(x), \\[2mm] \int_{[0,a]^3} |\phi_n^k|^2 = 1, \end{cases}$$

qu'on ordonne selon les E_n^k croissants ($E_1^k \leq E_2^k \leq \cdots$). La dépendance de E_n^k par rapport à k est continue et $\{E_n^k\}_{k \in BZ}$ est donc un intervalle de $\mathbb{R}$: c'est par définition la n-ième bande du spectre de h qu'on note ici b_n. La théorie des bandes dont nous venons de donner le principe constitutif est un outil extrêmement fécond en physique du solide. Elle fournit notamment une explication au phénomène de la conduction électrique [121].

Pour fermer le modèle de champ moyen, il faut expliquer

1. comment définir une matrice densité électronique à partir d'une famille d'orbitales cristallines ;

2. comment construire l'hamiltonien de champ moyen à partir d'une matrice densité.

Comme le cristal est infini, il comporte une infinité dénombrable d'électrons (moralement $N \times \mathrm{Card}(\mathbb{Z}^3)$) et on dispose d'une infinité d'orbitales cristallines qui a la puissance du continu (moralement $\mathrm{Card}(\mathbf{N}^* \times [-\pi/a, \pi/a[)$). On peut montrer que chaque bande b_n du spectre comprend une densité d'états pouvant recevoir un électron par maille élémentaire (deux électrons par maille élémentaire dans les modèles à couches fermées avec spin de type RHF).

Si donc il existe un *gap* entre les bandes $(b_n)_{1 \leq n \leq N}$ et les bandes $(b_n)_{n \geq N+1}$, on peuple selon le principe *Aufbau* les N bandes de plus basse énergie et on obtient

$$\tau(x, x') = \sum_{n=1}^{N} \frac{1}{|BZ|} \int_{BZ} \phi_n^k(x) \phi_n^k(x')^* \, dk. \tag{9.1}$$

Si le gap est assez petit pour permettre à des électrons des bandes occupées $(b_n)_{1 \leq n \leq N}$ dites *bandes de valence* de migrer par excitation thermique vers les bandes virtuelles $(b_n)_{n \geq N+1}$ dites *bandes de conduction*, le cristal est un semi-conducteur. Dans le cas contraire c'est un isolant.

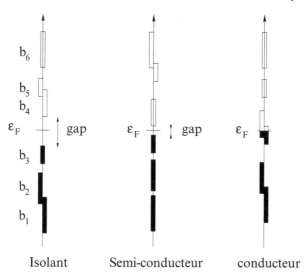

Fig. 9.1. Structure du spectre et conductivité pour un modèle sans spin avec trois électrons par maille élémentaire.

Si en revanche les bandes b_N et b_{N+1} se recouvrent (ce qui est le cas pour un matériau conducteur), il faut pour construire la matrice densité, introduire la notion d'énergie de Fermi. Soit

$$f(\epsilon) = \sum_{n=1}^{+\infty} \frac{1}{|BZ|} \int_{BZ} \mathcal{H}\left(\epsilon - E_n^k\right)\, dk.$$

la fonction représentant le nombre maximum d'électrons par maille élémentaire qu'on peut répartir sur les états d'énergie inférieure à ϵ. Dans l'expression ci-dessus $\mathcal{H}$ désigne la fonction de Heaviside

$$\mathcal{H}(x) = \begin{cases} 0 & \text{si } x < 0, \\ 1 & \text{si } x > 0. \end{cases}$$

La fonction f est croissante et sa dérivée en ϵ est égale presque partout au nombre de bandes contenant ϵ. L'énergie de Fermi ϵ_F est alors définie par

$$f(\epsilon_F) = N$$

et correspond à l'énergie de l'orbitale cristalline peuplée la plus haute en énergie. On pose alors naturellement

$$\tau(x, x') = \sum_{n=1}^{+\infty} \frac{1}{|BZ|} \int_{BZ} \phi_n^k(x) \phi_n^k(x')^* \mathcal{H}\left(\epsilon_F - \epsilon_n^k\right)\, dk.$$

Remarque 9.1 *Ce formalisme, utilisé ici pour modéliser un cristal à tempé-rature nulle, permet facilement d'intégrer des effets de température : il suffit de remplacer la fonction de Heaviside par la fonction*

$$\mathcal{H}_T(x) = \frac{1}{e^{-x/k_B T} + 1},$$

de la statistique de Fermi-Dirac [11] (T désigne la température (absolue) et k_B la constante de Boltzmann).

Venons-en maintenant au deuxième problème qui est de définir l'opérateur de champ moyen à partir de la matrice densité τ. En notant $\{\bar{x}_l\}_{1 \le l \le M}$ les positions des M noyaux de la maille élémentaire, on a formellement

$$H \cdot \phi = -\frac{1}{2}\Delta\phi + \left(- \sum_{K \in (a\mathbf{Z})^3} \sum_{l=1}^{M} \frac{z_l}{|\cdot - (\bar{x}_l + K)|} + \int_{\mathbf{R}^3} \frac{\rho(y)}{|\cdot - y|}\,dy \right)\phi$$
$$- \int_{\mathbf{R}^3} \frac{\tau(\cdot, y)}{|\cdot - y|}\,\phi(y)\,dy$$

dans le formalisme Hartree-Fock et

$$H = -\frac{1}{2}\Delta + \left(- \sum_{K \in (a\mathbf{Z})^3} \sum_{l=1}^{M} \frac{z_l}{|\cdot - (\bar{x}_l + K)|} + \int_{\mathbf{R}^3} \frac{\rho(y)}{|\cdot - y|}\,dy \right) + V_{xc}(\rho)$$

dans le formalisme Kohn-Sham. La difficulté est évidemment de donner un sens aux termes coulombiens et au terme d'échange Hartree-Fock. Considérés séparément, chacun des deux termes coulombiens (potentiel des noyaux et potentiel des électrons) est infini puisque

$$\sum_{n \in \mathbf{Z}^3} \frac{1}{|x - n|} = +\infty, \qquad \text{pour tout } x \in \mathbb{R}^3.$$

En revanche, on peut donner un sens à la somme de ces deux termes en raison de la neutralité de chaque maille. On peut ainsi définir (à une constante additive près) le potentiel électrostatique total par l'équation

$$-\Delta W = \sum_{l=1}^{M} z_l \delta_{\bar{x}_l} - \rho$$

dans la maille élémentaire $[0, a[^3$ *avec conditions aux bords périodiques* et pro-céder à l'identification

$$- \sum_{K \in (a\mathbf{Z})^3} \sum_{l=1}^{M} \frac{z_l}{|\cdot - (\bar{x}_l + K)|} + \int_{\mathbf{R}^3} \frac{\rho(y)}{|\cdot - y|}\,dy = W.$$

Ces idées sont de même nature que les arguments mathématiques qui seront vus au chapitre 10.

On montre par ailleurs que le terme d'échange est bien défini [181].

9.1.2 Résolution numérique

En vue de la simulation numérique, il faut approcher ce modèle par un problème de dimension finie. La solution communément retenue consiste en une double approximation :

1. on effectue une discrétisation de la zone de Brillouin en sélectionnant un ensemble fini BZ^h de points de BZ. En pratique très peu de points k (i.e. de points de BZ) suffisent pour représenter correctement la configuration électronique d'un isolant ; beaucoup de calculs sont en fait effectués avec un seul point k, le point noté Γ de coordonnées $(0,0,0)$. Pour un conducteur, c'est une autre affaire : plusieurs centaines de points k sont généralement nécessaires pour obtenir une discrétisation correcte ;

2. on recherche une approximation variationnelle des ϕ_n^k pour $k \in BZ^h$ sur une base finie

$$\phi_n^k(x) = \sum_{\mu=1}^{Q} C_{\mu n}^k \xi_\mu^k(x)$$

les $\xi_\mu^k(x)$ pouvant être
- des orbitales atomiques

$$\xi_\mu^k(x) = e^{ik \cdot x} u_\mu^k(x) \qquad \text{avec} \qquad u_\mu^k(x) = \sum_{K \in (a\mathbf{Z})^3} e^{-ik \cdot (x-K)} \chi_\mu(x - K)$$

où les χ_μ sont des OA relatives aux M atomes de la maille élémentaire $[0, a[^3$,
- ou des ondes planes

$$\xi_\mu^k(x) = e^{ik \cdot x} u_\mu^k(x) \qquad \text{avec} \qquad u_\mu^k(x) = e^{iK_\mu \cdot x}, \quad K_\mu \in (a\mathbf{Z})^3.$$

La résolution du problème (I) se réduit alors à la résolution de P problèmes de type Hartree-Fock ou Kohn-Sham

$$H^k C^k = S^k C^k E^k, \qquad k \in BZ^h$$

avec $H_{\mu\nu}^k = \langle \xi_\mu^k, \cdot \xi_\nu^k \rangle$, $S_{\mu\nu}^k = \langle \xi_\mu^k, \xi_\nu^k \rangle$. Pour calculer $H_{\mu\nu}^k$ et $S_{\mu\nu}^k$, on se sert des relations

$$H_{\mu\nu}^k = \sum_{K \in (a\mathbf{Z})^3} H_{\mu\nu}^K e^{ik \cdot K}, \qquad S_{\mu\nu}^k = \sum_{K \in (a\mathbf{Z})^3} S_{\mu\nu}^K e^{ik \cdot K},$$

avec

$$H_{\mu\nu}^K = \langle \chi_\mu, H \cdot \chi_\nu(\cdot - K) \rangle, \qquad S_{\mu\nu}^K = \langle \chi_\mu, \chi_\nu(\cdot - K) \rangle$$

Pour construire la matrice densité on applique le principe *Aufbau* consistant à peupler les $N \times P$ orbitales cristallines b-périodiques de plus basses énergies : en désignant par ϵ_F l'énergie de Fermi définie ici comme la demi-somme des $(N \times P)^e$ et $(N \times P + 1)^e$ valeurs des E_n^k, $1 \leq n \leq Q$, $k \in BZ^h$, on obtient

$$\tau(x, x') = \sum_{n=1}^{Q} \frac{1}{|BZ^h|} \sum_{k \in BZ^h} \phi_n^k(x) \phi_n^k(x')^* \mathcal{H}(\epsilon_F - \epsilon_n^k),$$

qui s'interprète comme une discrétisation de la formule (9.1). Un calcul élémentaire montre qu'on peut récrire la matrice densité sous la forme

$$\tau(x, x') = \sum_{\mu, \nu=1}^{Q} \sum_{K \in (a\mathbf{Z}^3)^3} D_{\mu\nu}^K \chi_\mu(x) \chi_\nu(x' - K)^*$$

avec

$$D_{\mu\nu}^K = \sum_{n=1}^{Q} \frac{1}{|BZ^h|} \sum_{k \in BZ^h} e^{ik \cdot K} C_{\mu n}^k C_{\nu n}^{k*} \mathcal{H}(\epsilon_F - E_n^k)$$

Il reste enfin à dire un mot sur la construction de l'hamiltonien de champ moyen lorsque H est l'opérateur de Fock ou de Kohn-Sham associé à la matrice densité τ, autrement dit sur l'assemblage des matrices $H_{\mu\nu}^K$: en choisissant comme pour le cas moléculaire des orbitales atomiques χ_μ réelles, on obtient

$$H_{\mu\nu}^K = \int_{\mathbf{R}^3} \nabla \chi_\mu(x) \cdot \nabla \chi_\nu(x - K) \, dx$$

$$+ \left(- \sum_{K' \in (a\mathbf{Z})^3} \sum_{l=1}^{M} \int_{\mathbf{R}^3} \frac{z_k}{|x - (\bar{x}_l + K')|} \chi_\mu(x) \chi_\nu(x - K) \, dx \right.$$

$$+ \sum_{K' \in (a\mathbf{Z})^3} \sum_{\kappa, \lambda=1}^{Q} \sum_{K'' \in (a\mathbf{Z})^3} D_{\kappa\lambda}^{K''} \left(\chi_\kappa^{K'} \chi_\lambda^{K'+K''} | \chi_\mu^0 \chi_\nu^K \right) \right)$$

$$- \sum_{K' \in (a\mathbf{Z})^3} \sum_{\kappa, \lambda=1}^{Q} \sum_{K'' \in (a\mathbf{Z})^3} D_{\kappa\lambda}^{K''} \left(\chi_\kappa^{K'} \chi_\mu^0 | \chi_\lambda^{K'+K''} \chi_\nu^K \right)$$

pour le modèle de Hartree-Fock et

$$H_{\mu\nu}^K = \int_{\mathbf{R}^3} \nabla \chi_\mu(x) \cdot \nabla \chi_\nu(x - K) \, dx$$

$$+ \left(- \sum_{K' \in (a\mathbf{Z})^3} \sum_{l=1}^{M} \int_{\mathbf{R}^3} \frac{z_k}{|x - (\bar{x}_l + K')|} \chi_\mu(x) \chi_\nu(x - K) \, dx \right.$$

$$+ \sum_{K' \in (a\mathbf{Z})^3} \sum_{\kappa, \lambda=1}^{Q} \sum_{K'' \in (a\mathbf{Z})^3} D_{\kappa\lambda}^{K''} \left(\chi_\kappa^{K'} \chi_\lambda^{K'+K''} | \chi_\mu^0 \chi_\nu^K \right) \right)$$

$$+ \int_{\mathbf{R}^3} V_{xc} \left(\sum_{\kappa\lambda=1}^{Q} \sum_{K' \in (a\mathbf{Z})^3} D_{\kappa,\lambda}^{K'} \chi_\kappa(x) \chi_\lambda(x - K') \right) \chi_\mu(x) \chi_\nu(x - K) \, dx$$

pour le modèle de Kohn-Sham LDA, avec

$$\left(\chi_\kappa^K \chi_\lambda^{K'} | \chi_\mu^{K''} \chi_\nu^{K'''}\right)$$
$$= \int_{\mathbf{R}^3} \int_{\mathbf{R}^3} \frac{\chi_\kappa(x-K)\,\chi_\lambda(x-K')\,\chi_\mu(x'-K'')\,\chi_\nu(x'-K''')}{|x-x'|}\, dx\, dx'.$$

La plus grande difficulté vient évidemment du calcul des termes coulombiens, qui ne sont que conditionnellement convergents, mais il faut aussi calculer avec soin le terme d'échange (dans le modèle Hartree-Fock). La qualité du résultat obtenu dépend donc :
   – du nombre de mailles élémentaires prises en compte ;
   – de la taille et de la qualité de la base ;
mais aussi de façon primordiale
   – du regroupement des termes dans le calcul du potentiel coulombien ;
   – et des *cut-off* choisis pour réaliser les sommations sur $(a\mathbb{Z})^3$.

Nous renvoyons à la référence [181] pour une description précise des modèles de Hartree-Fock et de Kohn-Sham périodiques et des méthodes numériques pour les résoudre, ainsi qu'à [29] pour une introduction.

Les codes disponibles sur le marché proposent des méthodes de résolution des problèmes Hartree-Fock ou Kohn-Sham, avec des bases d'OA ou des bases d'ondes planes (avec pseudopotentiels). Le code CRYSTAL [181] est ainsi un code Hartree-Fock-LCAO, le code WIEN 95 un code DFT-ondes planes [181].

Notons que la présence de défauts dans un solide influe considérablement sur ses propriétés. Il est possible de rendre compte de la présence de défauts dans les modèles décrits ci-dessus en insérant par exemple un défaut dans la boîte Ω. Cette approche est cependant rarement féconde en pratique car les densités de défauts ainsi modélisables sont souvent de plusieurs ordres de grandeur supérieures aux densités de défauts réellement présentes dans le matériau étudié.

9.1.3 De la molécule au cristal

Cette section concerne la problématique de la *limite thermodynamique* abordée par Lieb et Simon pour le modèle de Thomas-Fermi [154], puis par Catto, Le Bris, et Lions pour les modèles de Thomas-Fermi-von Weiszäcker [63, 64] et de Hartree-Fock [65].

Considérons pour fixer les idées un cristal cubique (identifié à $\mathbb{Z}^3$) comportant un atome par maille et "construisons" progressivement le cristal en ajoutant un à un les atomes : on positionne les noyaux sur les noeuds du réseau mais on laisse les électrons se relaxer dans le fondamental électronique. Pour une distribution $\Lambda \subset \mathbb{Z}^3$ de noyaux, on note ρ_Λ la densité électronique (supposée unique) qui minimise l'énergie totale (énergie cinétique des électrons + énergie d'interaction électrostatique entre électrons, entre noyaux et électrons et entre noyaux) et I_Λ l'énergie totale correspondante. On peut se poser la question suivante : existe-t-il un problème de minimisation d'une certaine énergie, périodique de période la maille élémentaire $[0,1]^3$, possédant une solution unique de densité ρ_{per} d'énergie par maille I_{per} et tel que

1. $I_\Lambda/|\Lambda| \to I_{per}$ quand Λ "converge"[1] vers $\mathbb{Z}^3$,

2. $\rho_\Lambda \to \rho_{per}$ (par exemple presque partout) quand Λ "converge" vers $\mathbb{Z}^3$?

Lieb et Simon, pour le modèle de Thomas-Fermi [154], puis Catto, Le Bris et Lions, pour le modèle de Thomas-Fermi-von Weizsäcker [64], ont montré qu'il en était bien ainsi. Ces trois derniers auteurs ont également exhibé un problème périodique susceptible de correspondre à la limite thermodynamique du modèle de Hartree-Fock [65, 67, 66], mais la question de la convergence demeure essentiellement en suspens[2].

Le chapitre 10 est consacré à l'examen des questions de limite thermodynamique pour le modèle de Thomas-Fermi, et pour le modèle du modèle de Thomas-Fermi-von Weizsäcker. Ce dernier cas étant beaucoup plus difficile à traiter, on supposera pour simplifier que le potentiel nucléaire est continu sur $\mathbb{R}^3$, ce qui correspond à des noyaux "épaissis" : on remplace les masses de Dirac (responsables des singularités en $1/|x|$ du potentiel) par des fonctions régulières localisées.

9.2 Modélisation de la phase liquide

La plupart des réactions chimiques, et en particulier la quasi-totalité de celles intervenant en biologie, se déroulent en phase liquide et de nombreuses preuves expérimentales confirment que les effets de solvant jouent un rôle crucial dans ces processus. Il est donc fondamental en vue des applications de parvenir à modéliser le comportement de la phase liquide à l'échelle moléculaire. Pour modéliser une molécule solvatée dans un cadre quantique, la première idée consiste à effectuer un calcul *ab initio* ou semi-empirique sur une *supermolécule*, c'est-à-dire sur un système moléculaire formé de la molécule de soluté et des quelques molécules de solvants qui l'entourent (Fig. 9.2). Mais cette méthode atteint vite ses limites car la présence d'interactions à grande distance fait qu'il est nécessaire de considérer un grand nombre de molécules de solvant pour obtenir un résultat réaliste, ce qui fait rapidement exploser les temps de calcul.

---

[1] La convergence de Λ vers $\mathbb{Z}^3$ est entendue en un sens à préciser.

[2] Une fois prouvée la convergence de l'énergie par maille et de la densité électronique, il reste ensuite à relâcher la contrainte qui fixe les noyaux sur le réseau au cours de la construction du cristal. La question qui se pose est évidemment de savoir si la limite thermodynamique *avec optimisation de géométrie* conduit effectivement à un cristal périodique. Inutile de préciser que ce problème est très difficile ; il est à cette date loin d'être résolu (voir chapitre 11).

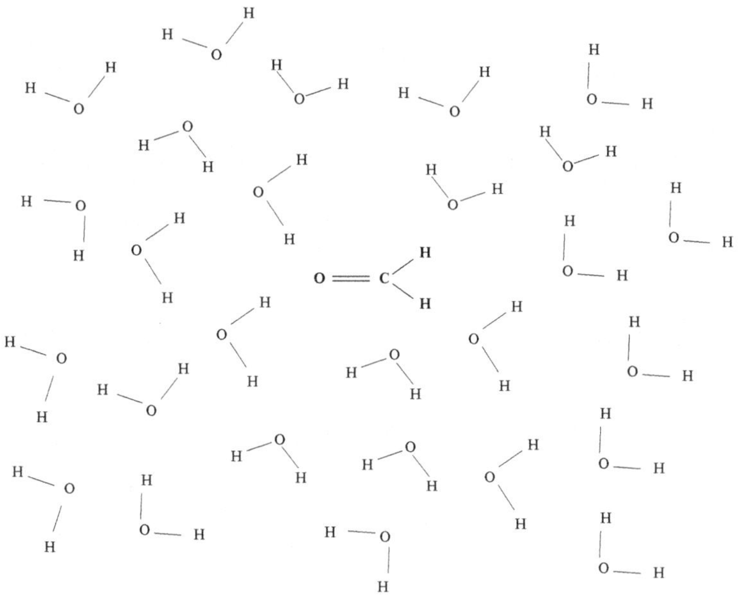

Fig. 9.2. H$_2$CO en solution aqueuse : modèle de la supermolécule.

Les méthodes de continuum (Fig. 9.3), dont l'origine remonte à Kirkwood [120] et à Onsager [173], fournissent une alternative à la technique de la supermolécule. Elles consistent à considérer que l'ensemble des molécules de solvant peut être modélisé par un continuum diélectrique qui agit sur la molécule de soluté en modifiant les interactions électrostatiques entre les charges qu'elle porte (charges ponctuelles en dynamique moléculaire classique, noyaux et électrons en chimie quantique).

9.2.1 Modèle de continuum standard

Dans le modèle du continuum standard (le plus simple et le plus utilisé), la molécule de soluté est ainsi placée dans une cavité Ω représentant le "volume" qu'elle occupe, le reste de l'espace étant constitué d'un diélectrique linéaire, homogène et isotrope de constante diélectrique égale à la constante diélectrique macroscopique du solvant à fréquence nulle (qui vaut par exemple 78.6 pour l'eau à 298 K).

La présence du continuum polarisable modifie l'interaction entre les distributions de charge portées par la molécule de soluté et donc sa géométrie et ses propriétés :

– dans le vide, l'énergie d'interaction entre les distributions de charge ρ_1 et ρ_2 est donnée par

$$E(\rho_1, \rho_2) = \int_{\mathbf{R}^3} \rho_1 \phi_2 = \int_{\mathbf{R}^3} \rho_2 \phi_1 = \frac{1}{4\pi} \int_{\mathbf{R}^3} \nabla \phi_1 \cdot \nabla \phi_2$$

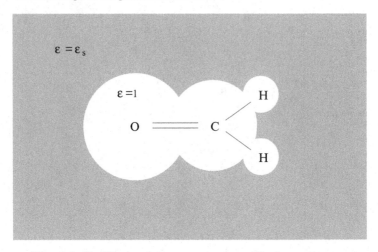

Fig. 9.3. H_2CO en solution aqueuse : modèle du continuum.

avec

$$-\Delta\phi_k = 4\pi\rho_k,$$

– en présence du continuum diélectrique, elle s'écrit

$$E^s(\rho_1, \rho_2) = \int_{\mathbf{R}^3} \rho_1 V_2^s = \int_{\mathbf{R}^3} \rho_2 V_1^s = \frac{1}{4\pi} \int_{\mathbf{R}^3} \nabla V_1^s \cdot \nabla V_2^s,$$

avec

$$-\text{div}\,(\epsilon\nabla V_k^s) = 4\pi\rho_k,$$

le champ scalaire ϵ étant défini par

$$\epsilon(x) = \begin{cases} 1 & \text{si } x \in \Omega, \\ \epsilon_s & \text{si } x \in \mathbb{R}^3 \setminus \bar{\Omega}. \end{cases}$$

Remarque 9.2 *Bien que les modèles de continuum puissent paraître un peu rudimentaires au regard des modèles purement quantiques utilisés en phase gazeuse, ils donnent généralement les tendances correctes pour les propriétés qualitatives. Ils permettent en particulier de calculer avec une précision acceptables divers phénomènes liés à la solvatation comme des modifications de conformation voire de configuration, des shifts dans le spectre, des polarisabilités, ainsi que des énergies libres de solvatation.*

Signalons qu'on peut utiliser des modèles mixtes supermolécule/continuum [115] dans lesquels on place dans la cavité la molécule de solvant ainsi que quelques molécules de soluté qu'on traite par un modèle quantique (Fig. 9.4). Cela permet notamment de mieux prendre en compte certaines interactions

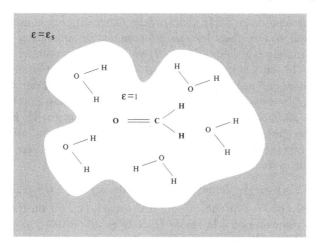

Fig. 9.4. H$_2$CO en solution aqueuse : modèle mixte.

*spécifiques comme les liaisons hydrogènes, mais également de pouvoir modé-
liser des réactions chimiques entre soluté et solvant. D'un point de vue technique, une des difficultés engendrées par l'utilisation d'un tel modèle dans
un calcul dynamique ou simplement d'optimisation de géométrie, concerne
l'échange de molécules entre la cavité et le continuum.*

Il est utile de décomposer le potentiel V^s solution de l'équation

$$-\text{div}\,(\epsilon(x)\nabla V^s(x)) = 4\pi\rho(x),\qquad(9.2)$$

en la somme
  – du potentiel électrostatique

$$\phi := \rho \star \frac{1}{|x|}$$

  qu'engendrerait la distribution de charge ρ dans le vide,
  – et du *potentiel de réaction* (ou *potentiel apparent*)

$$V^r := V^s - \phi.\qquad(9.3)$$

En simulation moléculaire, on rencontre exclusivement les cas suivants : (a)
ρ est une masse de Dirac intérieure à la cavité, (b) ρ est une fonction de
$L^1(\mathbb{R}^3) \cap L^\infty(\mathbb{R}^3)$, (c) ρ est une combinaison linéaire finie de distributions
de charges de type (a) ou (b). L'équation $-\Delta\phi = 4\pi\rho$ n'a évidemment pas
une solution unique dans $\mathcal{D}'(\mathbb{R}^3)$: ϕ est définie à une fonction harmonique
près. La solution "physique" que l'on retient est l'unique solution qui s'annule
à l'infini : elle est donnée par le produit de convolution $\phi = \rho \star \frac{1}{|x|}$ qui a en

particulier un sens dans $\mathcal{D}'(\mathbb{R}^3)$ dès que ρ est à support compact ou dans $L^1(\mathbb{R}^3)$, ce qui couvre tous les cas intervenant en simulation moléculaire. Considérons maintenant l'équation (9.2) définissant le potentiel V^s. Lorsque ρ est de type (b), on a en particulier[3] $\rho \in W^{-1}(\mathbb{R}^3)$; le potentiel V^s est alors défini de manière unique par l'équation (9.2) dans $W^1(\mathbb{R}^3)$. Pour ρ de type (a), l'équation (9.2) n'a pas de solution dans $W^1(\mathbb{R}^3)$, le champ électrique n'étant pas de carré sommable au voisinage d'une charge ponctuelle. En revanche, il est facile de s'assurer en mettant en oeuvre les méthodes intégrales de la section 9.2.6 que le potentiel de réaction V^r est défini de manière unique dans $W^1(\mathbb{R}^3)$ par le système (9.2)-(9.3).

En notant $G(x,y) = \frac{1}{|x-y|}$ le noyau de Green de l'opérateur $-\frac{1}{4\pi}\Delta$, $G^s(x,y)$ le noyau de Green de l'opérateur $-\frac{1}{4\pi}\mathrm{div}\,(\epsilon\nabla\cdot)$ avec $\epsilon(x) = 1$ ou $\epsilon(x) = \epsilon_s$ selon que x est intérieur ou non à la cavité Ω, et $G^r(x,y) := G^s(x,y) - G(x,y)$, on a formellement les relations

$$V^s(x) = \int_{\mathbf{R}^3} G^s(x,y)\,\rho(y)\,dy,$$

$$\phi(x) = \int_{\mathbf{R}^3} G(x,y)\,\rho(y)\,dy,$$

$$V^r(x) = \int_{\mathbf{R}^3} G^r(x,y)\,\rho(y)\,dy.$$

En réalité, les noyaux de Green G^s et G^r dépendent des positions $\{\bar{x}_k\}_{1\leq k\leq M}$ des noyaux via la géométrie de la cavité (cf. section 9.2.4). Cependant, nous ne mentionnons pas explicitement cette dépendance dans ce qui suit afin de ne pas alourdir les notations.

On peut décomposer l'énergie $E^s(\rho_1, \rho_2)$ d'interaction entre les charges ρ_1 et ρ_2 en présence de solvant en la somme

$$E^s(\rho_1, \rho_2) = D(\rho_1, \rho_2) + E^r(\rho_1, \rho_2)$$

où

$$D(\rho_1, \rho_2) := \int_{\mathbf{R}^3}\int_{\mathbf{R}^3} \frac{\rho_1(x)\rho_2(y)}{|x-y|}\,dx\,dy$$

désigne l'énergie d'interaction dans le vide et où

---

[3] On rappelle que $W^{-1}(\mathbb{R}^3)$ est le dual de l'espace de Hilbert à poids

$$W^1\left(\mathbb{R}^3\right) = \left\{ u \in H^1_{loc}\left(\mathbb{R}^3\right) \quad / \quad \frac{u}{\sqrt{1+|x|^2}} \in L^2\left(\mathbb{R}^3\right), \quad \nabla u \in L^2\left(\mathbb{R}^3\right) \right\}$$

qui est l'espace naturel pour l'étude des potentiels coulombiens : la fonctionnelle d'énergie $\int_{\mathbf{R}^3} |\nabla V|^2$ ou plus généralement $\int_{\mathbf{R}^3} \epsilon|\nabla V|^2$ est coercive sur $W^1(\mathbb{R}^3)$ en vertu de l'inégalité de Hardy.

$$E^r(\rho_1, \rho_2) := \int_{\mathbf{R}^3} \rho_1 V_2^r = \int_{\mathbf{R}^3} \rho_2 V_1^r = \int_{\mathbf{R}^3} \int_{\mathbf{R}^3} \rho_1(x) \, G^r(x, y) \, \rho_2(y) \, dx \, dy$$

traduit l'énergie de ρ_1 dans le potentiel de réaction engendré par ρ_2, ou *vice versa*. Pour coupler un modèle moléculaire à un modèle de continuum, il faut remplacer dans les termes d'origine électrostatique de l'énergie totale de la molécule dans le vide, le noyau de Green $G(x, y) = \frac{1}{|x-y|}$ par le noyau de Green $G^s(x, y)$. Cela traduit la modification de l'interaction électrostatique *entre les distributions de charge correspondant à deux particules différentes*. Il faut en outre tenir compte de l'influence du potentiel de réaction créé par une particule représentée par la distribution de charge ρ *sur cette particule elle-même*, en ajoutant à l'énergie le terme

$$\frac{1}{2} E^r(\rho, \rho) = \frac{1}{2} \int_{\mathbf{R}^3} \int_{\mathbf{R}^3} \rho(x) \, G^r(x, y) \, \rho(y) \, dx \, dy.$$

Nous explicitons ci-dessous les modifications à apporter dans les modèles de dynamique moléculaire et les modèles *ab initio*.

9.2.2 Couplage avec la dynamique moléculaire

Dans les modèles de dynamique moléculaire, les atomes sont des points matériels qui évoluent selon les lois de Newton et intéragissent *via* un potentiel empirique de la forme

$$W(\bar{x}_1, \cdots, \bar{x}_M) = W_l(\bar{x}_1, \cdots, \bar{x}_M) + W_d(\bar{x}_1, \cdots, \bar{x}_M),$$

W_l désignant la partie du potentiel correspondant aux liaisons chimiques et W_d celle correspondant aux interactions à distance. Le potentiel W_l est fonction des longueurs R des liaisons, des angles ϕ et des angles dièdres ω entre liaisons. Il peut être pris par exemple de la forme [172]

$$W_l = \sum_{\text{liaisons}} \frac{K_R}{2} (R - R_0)^2$$
$$+ \sum_{\text{angles entre liaisons}} \frac{K_\phi}{2} (\phi - \phi_0)^2$$
$$+ \sum_{\text{angles dièdres entre liaisons}} \frac{K_\omega}{2} (1 - 2\cos(3\omega - \omega_0)),$$

où les valeurs R_0, ϕ_0, ω_0 désignent les valeurs d'équilibre et K_R, K_ϕ, K_ω des constantes de forces ; tous ces paramètres empiriques sont ajustés de façon à reproduire des résultats expérimentaux ou des résultats de calculs *ab initio*. Le potentiel W_d est souvent pris de la forme

$$W_d = \sum_{\text{paires } (k,l) \text{ d'atomes non liés}} 4\epsilon_{kl} \left[\left(\frac{\sigma_{rl}}{r_{kl}} \right)^{12} - \left(\frac{\sigma_{kl}}{r_{kl}} \right)^{6} \right]$$

$$+ \sum_{\text{paires } (k,l) \text{ d'atomes non liés}} \frac{q_k \, q_l}{r_{kl}},$$

avec $r_{kl} = |\bar{x}_k - \bar{x}_l|$. Le premier terme de ce potentiel est un potentiel de Lennard-Jones. Il comporte une composante répulsive représente en $1/r^{12}$ qui rend compte du principe d'exclusion de Pauli et une composante attractive en $-1/r^6$ de type dipôle-dipôle induit (interactions de Van der Waals). Les constantes ϵ_{kl} et σ_{kl} représentent des paramètres empiriques. Le second terme du potentiel W_d rend compte de l'interaction coulombienne entre les charges partielles q_k portées par les atomes.

Dans une simulation de *dynamique moléculaire*, on résout le système d'équations différentielles ordinaires

$$m_k \frac{d^2 \bar{x}_k}{dt^2} = -\nabla_{\bar{x}_k} W(\bar{x}_1, \cdots, \bar{x}_M),$$

et dans un calcul de *mécanique moléculaire*, on cherche la configuration de moindre énergie en résolvant le problème de minimisation

$$\inf \left\{ W(\bar{x}_1, \cdots, \bar{x}_M), \quad (\bar{x}_1, \cdots, \bar{x}_M) \in \mathbb{R}^{3M} \right\}.$$

Pour coupler un modèle de dynamique moléculaire avec un modèle de continuum, on se contente de modifier le terme d'interaction coulombienne entre les charges partielles q_k en tenant compte du potentiel de réaction créé par ces charges :

$$\sum \frac{q_k \, q_l}{r_{kl}} \longrightarrow \sum \frac{q_k \, q_l}{r_{kl}} + \frac{1}{2} E^r \left(\sum_{k=1}^{M} q_k \, \delta_{\bar{x}_k}, \sum_{k=1}^{M} q_k \, \delta_{\bar{x}_k} \right).$$

Le potentiel empirique dans lequel évoluent les noyaux en présence du continuum diélectrique revêt donc la forme :

$$W_s(\bar{x}_1, \cdots, \bar{x}_M) = W(\bar{x}_1, \cdots, \bar{x}_M) + \frac{1}{2} E^r \left(\sum_{k=1}^{M} q_k \, \delta_{\bar{x}_k}, \sum_{k=1}^{M} q_k \, \delta_{\bar{x}_k} \right).$$

9.2.3 Couplage avec les modèles de chimie quantique

Dans toute cette section, on considère un modèle électronique sans spin (pour simplifier les notations), mais ce qui suit peut être étendu sans difficultés supplémentaires aux modèles avec spin. Les notations sont celles définies à la section 1.2.

Sous l'approximation de Born-Oppenheimer, la recherche du fondamental d'un système moléculaire s'écrit

$$\inf\left\{W(\bar{x}_1,\cdots,\bar{x}_M), \quad (\bar{x}_1,\cdots,\bar{x}_M)\in\mathbb{R}^{3M}\right\}$$

avec

$$W(\bar{x}_1,\cdots,\bar{x}_M)=U(\bar{x}_1,\cdots,\bar{x}_M)+\sum_{1\leq k<l\leq M}\frac{z_k\,z_l}{|\bar{x}_k-\bar{x}_l|}$$

$$U(\bar{x}_1,\cdots,\bar{x}_M)=\inf\left\{\langle\psi_e,H_e^{\{\bar{x}_k\}}\psi_e\rangle,\quad \psi_e\in\mathcal{H}_e,\ \|\psi_e\|=1\right\}$$

$$H_e^{\{\bar{x}_k\}}=-\sum_{i=1}^{N}\frac{1}{2}\Delta_{x_i}-\sum_{i=1}^{N}\sum_{k=1}^{M}\frac{z_k}{|x_i-\bar{x}_k|}+\sum_{1\leq i<j\leq N}\frac{1}{|x_i-x_j|}$$

$$\mathcal{H}_e=\bigwedge_{i=1}^{N}L^2(\mathbb{R}^3,\mathbb{C}).$$

En couplant cette desciption quantique du soluté avec le modèle de continuum standard selon les règles définies précédemment, on obtient le problème

$$\inf\left\{W_s(\bar{x}_1,\cdots,\bar{x}_M), \quad (\bar{x}_1,\cdots,\bar{x}_M)\in\mathbb{R}^{3M}\right\} \tag{9.4}$$

avec

$$W_s(\bar{x}_1,\cdots,\bar{x}_M):=U_s(\bar{x}_1,\cdots,\bar{x}_M)+\sum_{1\leq k<l\leq M}\frac{z_k\,z_l}{|\bar{x}_k-\bar{x}_l|}$$

$$+\frac{1}{2}E^r\left(\sum_{k=1}^{M}z_k\,\delta_{\bar{x}_k},\sum_{k=1}^{M}z_k\,\delta_{\bar{x}_k}\right)$$

$$U_s(\bar{x}_1,\cdots,\bar{x}_M):=\inf\left\{\langle\psi_e,\widetilde{H}_e^{\{\bar{x}_k\}}\psi_e\rangle,\quad \psi_e\in\mathcal{H}_e,\ \|\psi_e\|=1\right\} \tag{9.5}$$

$$\widetilde{H}_e^{\{\bar{x}_k\}}:=H_e^{\{\bar{x}_k\}}+\sum_{i=1}^{N}V^r(x_i)+\frac{1}{2}\sum_{1\leq i,j\leq N}G^r(x_i,x_j)$$

$$V^r:=-\sum_{k=1}^{M}z_k\,G^r(\cdot,\bar{x}_k).$$

Mettons maintenant en oeuvre la méthode d'approximation variationnelle de Hartree-Fock pour résoudre numériquement le problème électronique (9.5). On obtient formellement (cf. chapitre 1)

$$U_s(\bar{x}_1,\cdots,\bar{x}_M)\simeq\inf\left\{E_s^{HF}(\Phi),\quad \Phi\in\mathcal{W}_N\right\} \tag{9.6}$$

avec

$$\mathcal{W}_N=\left\{\Phi=\{\phi_i\}_{1\leq i\leq N},\quad \phi_i\in H^1(\mathbb{R}^3),\ \int_{\mathbb{R}^3}\phi_i\phi_j=\delta_{i,j},\ 1\leq i,j\leq N\right\}.$$

La forme de l'énergie de Hartree-Fock $E_s^{HF}(\Phi)$ obtenue en exprimant la forme quadratique $\langle \psi_e, \widetilde{H}_e^{\{\bar{x}_k\}} \psi_e \rangle$ en fonction des orbitales moléculaires ϕ_i est la suivante

$$\langle \psi_e, \widetilde{H}_e^{\{\bar{x}_k\}} \psi_e \rangle = E^{HF}(\Phi) - E^r \left(\sum_{k=1}^{M} q_k \, \delta_{\bar{x}_k}, \rho_\Phi \right) + \frac{1}{2} E^r(\rho_\Phi, \rho_\Phi)$$

$$- \frac{1}{2} \int_{\mathbf{R}^3} \int_{\mathbf{R}^3} G^r(x, x') \, |\tau_\Phi(x, x')|^2 \, dx \, dx',$$

$E^{HF}(\Phi)$ désignant l'énergie de Hartree-Fock de la molécule isolée, $\rho_\Phi = \sum_{i=1}^{N} |\phi_i|^2$ la densité électronique et $\tau_\Phi(x, y) = \sum_{i=1}^{N} \phi_i(x) \phi_j(y)$ la matrice densité (cf. section 1.4). En pratique, on ne tient cependant pas compte de l'effet du continuum diélectrique sur le terme d'échange et on pose en fait

$$E_s^{HF}(\Phi) := E^{HF}(\Phi) - E^r \left(\sum_{k=1}^{M} q_k \, \delta_{\bar{x}_k}, \rho_\Phi \right) + \frac{1}{2} E^r(\rho_\Phi, \rho_\Phi) \qquad (9.7)$$

Aucune explication théorique satisfaisante ne justifie cette simplification. En revanche son intérêt est clair du point de vue du calcul numérique. Ecrivons en effet la forme des équations de Hartree-Fock-Roothaan-Hall relatives au problème (9.6) dans l'approximation LCAO. On obtient[4]

$$F^s(D)C = SCE$$

avec

$$D = CC^T, \quad F^s(D) = F(D) + W_{nuc}^r + W_{el}^r(D).$$

On rappelle que $C \in \mathcal{M}(N_b, N)$ désigne la matrice des orbitales moléculaires occupées dans la base d'OA $\{\chi_i\}_{1 \le i \le N_b}$ choisie, $D \in \mathcal{M}(N_b, N_b)$ la matrice densité exprimée dans cette base d'OA, S la matrice de recouvrement définie par $S_{ij} = \int_{\mathbf{R}^3} \chi_i \chi_j$, E la matrice diagonale des multiplicateurs de Lagrange et $F(D)$ la matrice de Fock relative à la molécule isolée (cf. section 6.2.2). Les matrices W_{nuc}^r et $W_{el}^r(D)$ font intervenir les potentiels de réaction engendrés respectivement par les charges ponctuelles portées par les noyaux et par la densité électronique $\rho_D(x) = \sum_{i,j=1}^{N_b} D_{ij} \chi_i(x) \chi_j(x)$. On a plus précisément

$$[W_{nuc}^r]_{ij} = -E^r \left(\sum_{k=1}^{M} q_k \, \delta_{\bar{x}_k}, \chi_i \chi_j \right) \qquad [W_{el}^r(D)]_{ij} = E^r(\rho_D, \chi_i \chi_j).$$

Dans la procédure itérative SCF, on doit donc assembler à chaque itération la matrice de Fock

$$F^s(D_n)_{ij} = F(D_n)_{ij} + W_{nuc}^r + W_{el}^r(D_n).$$

---

[4] Après diagonalisation de la matrice des multiplicateurs de Lagrange par changement de jauge, cf. section 6.2.2.

Le surcoût par rapport à un calcul sur une molécule isolée réside dans le calcul des $N_b^2/2$ coefficients

$$[W_{el}^r(D)]_{ij} = \int_{\mathbf{R}^3} V_{el}^r(D_n)\chi_i\chi_j$$

(la matrice W_{nuc}^r est assemblée une fois pour toutes au début de la procédure SCF), pour lequel il suffit de calculer *un seul potentiel de réaction*, en l'occurence

$$V_{el}^r(D_n) = V_{el}^s(D^n) - \phi_{el}(D_n)$$

avec

$$-\mathrm{div}\ (\epsilon\nabla V_{el}^s(D_n)) = 4\pi\rho_{D_n}, \qquad -\Delta\phi_{el}(D_n) = 4\pi\rho_{D_n}.$$

Si on n'avait pas appliqué la simplification sur le terme d'échange, il aurait fallu calculer les $N_b^2/2$ potentiels de réaction

$$V_{ij}^r(x) = V_{ij}^s - \phi_{ij}$$

avec

$$-\mathrm{div}\ (\epsilon\nabla V_{ij}^s) = 4\pi\chi_i\chi_j, \qquad -\Delta\phi_{ij} = 4\pi\chi_i\chi_j$$

pour estimer les $N_b^4/12$ intégrales biélectroniques

$$\int_{\mathbf{R}^3}\int_{\mathbf{R}^3} \chi_i(x)\chi_j(x)G^r(x,x')\chi_k(x')\chi_l(x')\,dx\,dx'.$$

Cela aurait considérablement alourdi le calcul de la matrice de Fock jusqu'à le rendre impraticable pour des systèmes comportant quelques dizaines d'électrons.

Dans le cadre DFT, on procède de même en ajoutant à l'énergie totale le terme

$$\frac{1}{2}E^r\left(\sum_{k=1}^M z_k\,\delta_{\bar{x}_k}, \sum_{k=1}^M z_k\,\delta_{\bar{x}_k}\right) - E^r\left(\sum_{k=1}^M q_k\,\delta_{\bar{x}_k}, \rho_\Phi\right) + \frac{1}{2}E^r(\rho_\Phi, \rho_\Phi).$$

Les modifications du modèle de Kohn-Sham (cf. section 1.5.3) consécutives à l'interaction de la molécule avec le continuum diélectrique sont en tout point semblables à celles subies par le modèle de Hartree-Fock.

9.2.4 Sur la construction de la cavité

Nous terminons cette présentation du modèle de continuum standard par quelques mots sur la construction de la cavité Ω. On distingue :

1. les cavités sphériques ou ellipsoïdales ;
2. les cavités à forme moléculaire.

Les premières offrent l'avantage de se prêter à une résolution par développement multipolaire de l'équation de Poisson (9.2) et fournissent donc une solution facile à implémenter et économique en termes de temps de calcul [220, 194]. Le cas d'une cavité sphérique est évidemment le plus simple : on résout (9.2) sur la base des harmoniques sphériques. Pour beaucoup de molécules, il est cependant peu réaliste d'utiliser une cavité sphérique. On peut alors avoir recours aux cavités ellipsoïdales qui sont ajustables à la géométrie moléculaire pour une plus large gamme de composés chimiques. Une fois la forme choisie, il reste à définir les paramètres géométriques de la cavité et à la positionner par rapport à la molécule de soluté. On choisit le plus souvent de centrer la cavité sur le barycentre des masses ou des charges nucléaires du soluté. Pour fixer son volume, on le relie à d'autres grandeurs mesurables ou calculables. Un choix naturel est de le prendre égal au volume moléculaire moyen du soluté M en phase liquide. C'est d'ailleurs la solution proposée à l'origine par Onsager et c'est aussi la plus communément retenue. D'autres choix sont cependant possibles [220]. Dans le cas ellipsoïdal, il faut en outre définir l'orientation des axes principaux et leur longueur. Là aussi, différentes méthodes sont utilisés ; nous renvoyons à [220] pour les détails techniques. Notons que dans certains cas particuliers, on peut utiliser d'autres cavités de forme géométrique simple comme des cylindres (pour des polymères rectilignes) ou des tores (pour le benzène par exemple, dont l'ossature est formée par un cycle de six atomes de carbone).

Les cavités à forme moléculaire sont utilisées pour coller au mieux au volume réellement "occupé" par la molécule de soluté. Un choix standard consiste à prendre une union de boules centrées sur les noyaux du soluté, le rayon de chaque boule étant proportionnel au rayon de Van der Walls de l'atome central. Le coefficient de proportionnalité, obtenu par ajustage statistique, est usuellement pris égal à 1.20 pour un soluté neutre en solution dans l'eau (il peut varier de 1.10 à 1.40 selon la nature du solvant et la charge totale du soluté). Nous noterons Ω^{VdW} la cavité de référence ainsi définie.

Le volume Ω^{VdW} peut être considéré comme le volume effectivement accessible à un solvant totalement "fluide" en ce sens qu'il occupe tout le volume mis à sa disposition. Pour tenir compte du caractère granulaire du solvant à l'échelle moléculaire, on peut définir un volume Ω^{se} (*solvent excluding*) interdit au solvant

$$\Omega^{se} = \mathbb{R}^3 \setminus \bigcup_{x \,/\, \bar{B}_x(R) \cap \Omega = \emptyset} \bar{B}_x(R),$$

$B_R(x)$ désignant la boule de rayon R centrée en x et R le "rayon" d'une molécule de solvant. L'interface $\Gamma^{se} = \partial\Omega^{se}$ correspondante s'obtient en faisant "rouler" sur l'interface $\Gamma^{VdW} = \partial\Omega^{VdW}$ une boule de rayon R et en prenant l'enveloppe des points "intérieurs" (Fig. 9.6).

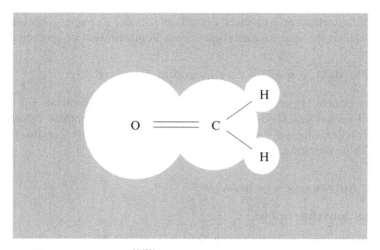

Fig. 9.5. Cavité Ω^{VdW} pour une molécule de formaldéhyde.

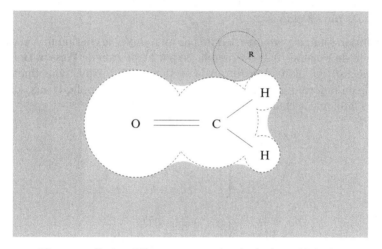

Fig. 9.6. Cavité Ω^{se} pour une molécule de formaldéhyde.

Remarque 9.3 *Les définitions des cavités Ω^{VdW} et Ω^{se} que nous avons données ne sont pas adaptées aux molécules comportant elles-mêmes des cavités physiques. C'est le cas par exemple pour la molécule C_{60} (qui a la forme d'un ballon de football, chacun des 60 sommets correspondant à un atome de Carbone). Si les molécules de solvant sont trop grosses pour pénétrer dans la cavité physique, il faut évidemment prendre $\epsilon = 1$ à l'intérieur de cette cavité.*

Enfin, une solution radicalement différente consiste à définir l'interface Γ comme une surface d'isodensité électronique. Ces cavités présentent cependant plusieurs inconvénient : elles se prètent mal aux calculs *self-consistent,* puisqu'il faut en théorie modifier l'interface $\Gamma = \partial\Omega$ à chaque itération, ainsi qu'aux calculs de dérivées analytiques pour l'optimisation de géométrie.

9.2.5 Par delà le modèle de continuum standard

Dans les années 90, les chimistes ont introduit des raffinements du modèle standard permettant de décrire des solvants particuliers comme des cristaux liquides ou des solutions ioniques, ou de tenir compte d'une réorganisation des molécules de solvant autour du soluté.

9.2.5.1 Autres modèles linéaires

Solution ionique "faible"

Les solutions ioniques sont des solutions comportant des ions mobiles qui ont pour effet d'écranter les potentiels électrostatiques. Ce sont de bons modèles pour traiter la plupart des solvants intervenant en biologie, et en particulier les liquides physiologiques.

Une solution ionique peut être décrite par un modèle de continuum dans lequel l'équation de Poisson (9.2) est remplacée par l'équation de Poisson-Bolzmann (non linéaire) que nous décrirons à la section 9.2.5.2. Nous nous limitons ici à l'étude de la forme linéarisée de cette équation qui s'applique aux solutions ioniques faiblement chargées en ions et qui s'écrit

$$-\text{div}\,(\epsilon(x)\nabla V(x)) + \epsilon(x)\kappa^2(x)V(x) = 4\pi\rho(x) \tag{9.8}$$

avec

$$\epsilon(x) = \begin{cases} 1 & \text{si } x \in \Omega, \\ \epsilon_s & \text{si } x \in \mathbb{R}^3 \setminus \bar{\Omega}, \end{cases}$$

et

$$\kappa(x) = \begin{cases} 0 & \text{si } x \in \Omega, \\ \kappa_s & \text{si } x \in \mathbb{R}^3 \setminus \bar{\Omega}. \end{cases}$$

La constante κ_s rend compte de l'intensité de l'effet d'écran ; $1/\kappa_s$ est la longueur de Debye. Le potentiel V^s solution de cette équation pour une charge ponctuelle q placée au centre d'une cavité de rayon R est donné par l'expression analytique

$$V^s(x) = \begin{cases} \dfrac{q}{|x|} + \dfrac{q}{\epsilon(1+\kappa R)R} - \dfrac{q}{R} & \text{si } |x| < R, \\[4mm] \dfrac{q\,e^{-\kappa(|x|-R)}}{\epsilon(1+\kappa R)|x|} & \text{si } |x| \geq R. \end{cases}$$

Cette expression met clairement en évidence l'effet d'écran induit par la présence du continuum qui se manifeste par une décroissance exponentielle du potentiel.

Solvant anisotrope

On peut étendre le modèle de continuum standard décrit par l'équation (9.2) aux cas de solvants anisotropes définis par une permittivité diélectrique tensorielle. On obtient alors l'équation de Poisson anisotrope

$$-\mathrm{div}\left(\underline{\underline{\epsilon}}(x) \cdot \nabla V(x)\right) = \rho(x) \tag{9.9}$$

la permittivité diélectrique $\underline{\underline{\epsilon}}(x)$ n'étant plus ici un champ scalaire mais un champ de tenseurs 3×3 tel que

$$\underline{\underline{\epsilon}}(x) = \begin{cases} I_3 & \text{si } x \in \Omega, \\ \epsilon_s & \text{si } x \in \mathbb{R}^3 \setminus \bar{\Omega}, \end{cases}$$

(I_3 est ici le tenseur 3×3 unité). Pour des raisons physiques le tenseur ϵ_s est symétrique et supérieur à l'unité.

Les modèles de continuum anisotropes trouvent leur raison d'être dans l'étude des cristaux liquides et des matrices cristallines.

Solvant inhomogène

Pour tenir compte du caractère granulaire du solvant à l'échelle moléculaire, on peut utiliser un modèle de continuum inhomogène dans lequel on tient compte de la répartition en couches concentriques des molécules de solvant autour de la molécule de soluté. Concrètement, on substitue à l'équation (9.2), l'équation

$$\mathrm{div}\left(\epsilon(x)\nabla V(x)\right) = 4\pi\rho(x)$$

avec

$$\epsilon(x) = \begin{cases} 1 & \text{si } x \in \Omega, \\ \tilde{\epsilon}_s(r) & \text{si } x \in \mathbb{R}^3 \setminus \bar{\Omega}, \quad \text{avec } r = \mathrm{dist}(x, \Gamma), \end{cases}$$

où la fonction $\tilde{\epsilon}_s$ vérifie notamment $\tilde{\epsilon}_s \longrightarrow \epsilon_s$ lorsque r tend vers l'infini.

9.2.5.2 Modèles non linéaires

Solution ionique "forte"

Une solution ionique peut être décrite par un modèle de continuum en remplaçant l'équation (9.2) par l'équation de Poisson-Boltzmann

$$-\mathrm{div}\left(\epsilon(x)\nabla V(x)\right) + \epsilon(x)\kappa^2(x)k_B T \sinh(V(x)/k_B T) = 4\pi\rho(x) \tag{9.10}$$

avec

$$\epsilon(x) = \begin{cases} 1 & \text{si } x \in \Omega, \\ \epsilon_s & \text{si } x \in \mathbb{R}^3 \setminus \bar{\Omega}, \end{cases}$$

et

$$\kappa(x) = \begin{cases} 0 & \text{si } x \in \Omega, \\ \kappa_s & \text{si } x \in \mathbb{R}^3 \setminus \bar{\Omega}, \end{cases}$$

ϵ_s désignant comme ci-dessus la permittivité diélectrique du solvant à fréquence nulle, k_B la constante de Boltzmann, T la température et $1/\kappa_s$ la longueur de Debye. Le terme en sinus hyperbolique est issu de considérations de physique statistique à l'équilibre thermodynamique : il traduit la redistribution des ions mobiles dans le potentiel électrostatique V.

Autres modèles non linéaires

D'autres modèles de solvants non linéaires permettent de prendre en compte des effets de saturation de la polarisabilité mais aussi de réarrangement des molécules de solvant sous l'effet du champ produit par la molécule de soluté (électrostriction par exemple). Ils sont décrits de façon générale par l'équation de Poisson non linéaire

$$-\text{div} \left(\epsilon(x, |\nabla V|(x)) \nabla V(x) \right) = 4\pi \rho(x) \tag{9.11}$$

avec

$$\epsilon(x, |\nabla V|(x)) = \begin{cases} 1 & \text{si } x \in \Omega, \\ \epsilon_s(|\nabla V|(x)) & \text{si } x \in \mathbb{R}^3 \setminus \bar{\Omega}, \end{cases}$$

ϵ_s désignant une fonction de $\mathbb{R}^+$ dans $[1, +\infty[$ dont les valeurs sont ajustées à l'aide de données expérimentales.

9.2.6 Résolution numérique des modèles de continuum

On se limite ici au cas du modèle de continuum standard.

L'étude menée aux sections 9.2.2 et 9.2.3 montre que pour réaliser le couplage entre un modèle de continuum et un modèle empirique ou *ab initio*, il suffit d'être à même de calculer des quantités de la forme

$$E^r(\rho, \rho') = \int_{\mathbb{R}^3} \rho' V^r$$

avec $V^r = V^s - \phi$ et $\phi = \rho \star \frac{1}{|x|}$, V^s désignant l'unique solution tendant vers zéro à l'infini de l'équation (9.2).

Le problème du calcul du potentiel de réaction V^r présente les caractéristiques suivantes :
- il est posé sur $\mathbb{R}^3$;
- il comporte une interface ;
- de part et d'autre de l'interface, l'EDP est linéaire et l'opérateur est à coefficients constants.

Ces trois caractéristiques font qu'il est naturel d'envisager une solution par méthode intégrale : on ramène ainsi ce problème *tridimensionnel* posé sur un *non-borné* (ici $\mathbb{R}^3$) à un problème *bidimensionnel* posé sur un *borné* (ici l'interface $\Gamma = \partial\Omega$).

9.2.6.1 Notions sur les méthodes intégrales

Nous énonçons sans démonstration quelques résultats de base sur les équations intégrales dont nous nous servons par la suite. Pour plus de détails, le lecteur pourra consulter les références [74, 98, 159, 169, 170, 171].

Aspects théoriques

Considérons une fonction V vérifiant

$$\begin{cases} -\Delta V = 0 & \text{dans } \Omega \\ -\Delta V = 0 & \text{dans } \mathbb{R}^3 \setminus \bar{\Omega}, \\ V \longrightarrow 0 & \text{à l'infini,} \end{cases}$$

et dont les traces intérieures V_i, $\frac{\partial V}{\partial n}\big|_i$ et extérieures V_e , $\frac{\partial V}{\partial n}\big|_e$ sur $\Gamma = \partial \Omega$ sont définies et continues. En notant

$$[V] := V_i - V_e \qquad \text{et} \qquad \left[\frac{\partial V}{\partial n}\right] := \frac{\partial V}{\partial n}\bigg|_i - \frac{\partial V}{\partial n}\bigg|_e,$$

on peut écrire les *formules de représentation* suivantes : la fonction V vérifie pour tout $x \notin \Gamma$,

$$V(x) = \int_\Gamma \frac{1}{4\pi|x-y|} \left[\frac{\partial V}{\partial n}\right](y)\, dy - \int_\Gamma \frac{\partial}{\partial n_y}\left(\frac{1}{4\pi|x-y|}\right)[V](y)\, dy \quad (9.12)$$

et pour tout $x \in \Gamma$,

$$\frac{V_i(x) + V_e(x)}{2} = \int_\Gamma \frac{1}{4\pi|x-y|}\left[\frac{\partial V}{\partial n}\right](y)\, dy - \int_\Gamma \frac{\partial}{\partial n_y}\left(\frac{1}{4\pi|x-y|}\right)[V](y)\, dy. \tag{9.13}$$

Pour $x \in \Gamma$, on a en outre formellement

$$\frac{1}{2}\left(\frac{\partial V}{\partial n}\bigg|_i + \frac{\partial V}{\partial n}\bigg|_e\right)(x) = \int_\Gamma \frac{\partial}{\partial n_x}\left(\frac{1}{4\pi|x-y|}\right)\left[\frac{\partial V}{\partial n}\right](y)\, dy \tag{9.14}$$

$$- \int_\Gamma \frac{\partial^2}{\partial n_x \partial n_y}\left(\frac{1}{4\pi|x-y|}\right)[V](y)\, dy.$$

Ces deux dernières relations incitent à introduire les opérateurs S, D, D^* et N définis pour $\sigma : \Gamma \to \mathbb{R}$ et $x \in \Gamma$ par les relations

$$(S \cdot \sigma)(x) = \int_\Gamma \frac{1}{|x-y|}\sigma(y)\, dy, \tag{9.15}$$

$$(D \cdot \sigma)(x) = \int_\Gamma \frac{\partial}{\partial n_y}\left(\frac{1}{|x-y|}\right)\sigma(y)\, dy, \tag{9.16}$$

$$(D^* \cdot \sigma)(x) = \int_\Gamma \frac{\partial}{\partial n_x} \left(\frac{1}{|x-y|} \right) \sigma(y)\, dy, \tag{9.17}$$

$$(N \cdot \sigma)(x) = \int_\Gamma \frac{\partial^2}{\partial n_x \partial n_y} \left(\frac{1}{|x-y|} \right) \sigma(y)\, dy. \tag{9.18}$$

Lorsque la surface Γ est régulière (de classe C^1 au moins), les noyaux de Green définissant les opérateurs S, D et D^* présentent des singularités intégrables sur la surface Γ : il est facile de vérifier qu'ils se comportent en $\frac{1}{|x-y|}$ lorsque y tend vers x (car on a $|(x-y) \cdot n_x| \sim |(x-y) \cdot n_y| \sim |x-y|^2$ lorsque y est voisin de x). En revanche, le noyau de Green définissant l'opérateur N est hypersingulier (il se comporte en $\frac{1}{|x-y|^3}$ lorsque y tend vers x) et les notations (9.14) et (9.18) sont donc formelles : il faut donner à l'intégrale $\int_\Gamma \frac{\partial^2}{\partial n_x \partial n_y} \left(\frac{1}{|x-y|} \right)$ un sens de valeur principale.

Les opérateurs S, D, D^* et N possèdent les propriétés suivantes[5]

1. les opérateurs S et N sont auto-adjoints sur $L^2(\Gamma)$ et D^* est l'adjoint de D ;

2. on les relations

$$DS = SD^*, \qquad DN = ND^*, \qquad D^2 - SN = 4\pi^2, \qquad D^{*2} - NS = 4\pi^2 \ ;$$

3. les applications

$$S \ : \ H^s(\Gamma) \to H^{s+1}(\Gamma)$$

$$\lambda + D^* \ : \ H^s(\Gamma) \to H^s(\Gamma) \qquad \text{pour } 2\pi < \lambda < +\infty,$$

$$N \ : \ H^s(\Gamma)/\mathbb{R} \to \left\{ u \in H^{s-1}(\Gamma), \quad \langle u, 1 \rangle_\Gamma = 0 \right\}.$$

sont des isomorphismes bicontinus pour tout $s \in \mathbb{R}$.

Définissons pour finir les potentiels dits de simple couche et de double couche.

On appelle *potentiel de simple couche* un potentiel de la forme

$$V(x) = \int_\Gamma \frac{\sigma(y)}{|x-y|}\, dy, \qquad \forall x \in \mathbb{R}^3,$$

avec $\sigma \in H^{-1/2}(\mathbb{R}^3)$. Un potentiel de simple couche est défini et continu dans $\mathbb{R}^3$ (en particulier $[V] = 0$). Sa dérivée normale présente un saut à la traversée de l'interface Γ donné par la formule

$$\left[\frac{\partial V}{\partial n} \right] = \left. \frac{\partial V}{\partial n} \right|_i - \left. \frac{\partial V}{\partial n} \right|_e = 4\pi\sigma.$$

La densité σ est solution de l'équation intégrale sur Γ

---

[5] Les objets qui éclairent le sens et les propriétés de ces opérateurs sont les projecteurs de Calderon [74, 98].

$$S \cdot \sigma = V.$$

On appelle *potentiel de double couche* un potentiel de la forme

$$V(x) = \int_\Gamma \frac{\partial}{\partial n_y} \left(\frac{1}{|x-y|} \right) \sigma(y)\, dy, \qquad \forall x \in \mathbb{R}^3,$$

avec $\sigma \in H^{-1/2}(\mathbb{R}^3)$. Un potentiel de double couche est continu dans $\mathbb{R}^3 \setminus \Gamma$ mais présente une discontinuité à la traversée de Γ donnée par

$$[V] = V|_i - V|_e = 4\pi\sigma.$$

En revanche la dérivée normale de V est continue à la traversée de Γ. La densité σ est solution de l'équation intégrale sur Γ

$$N \cdot \sigma = \frac{\partial V}{\partial n}.$$

Aspects numériques

Pour résoudre numériquement une équation intégrale, on utilise en général ou bien une méthode de collocation, ou bien une méthode de Galerkin, sur une base d'éléments finis surfaciques.

On raisonne ici sur une équation intégrale linéaire qui s'écrit formellement

$$A \cdot \sigma = g, \tag{9.19}$$

où l'inconnue σ est dans $H^s(\Gamma)$ et le second membre g dans $H^{s'}(\Gamma)$, et où l'opérateur intégral $A \in \mathcal{L}(H^s(\Gamma), H^{s'}(\Gamma))$ est caractérisé par le noyau $a(x,y)$:

$$(A \cdot \sigma)(x) = \int_\Gamma a(x,y)\, \sigma(y)\, dy, \qquad \forall x \in \Gamma.$$

Considérons un maillage $(T_i)_{1 \le i \le n}$ de Γ que nous supposons dans un premier temps effectivement tracé sur la surface courbe Γ (on n'utilise pas d'approximation, par exemple polyédrique, de la surface Γ) et désignons par x_i un point représentatif de l'élément T_i (typiquement son "centre"). Les résolutions de (9.19) par méthode de collocation et de Galerkin avec élément fini P_0 fournissent deux approximations de σ dans l'espace V des fonctions constantes sur chaque élément T_i du maillage :
- dans la méthode de collocation, on cherche $\sigma^c \in V$ vérifiant

$$\int_\Gamma a(x_i,y)\, \sigma^c(y)\, dy = g(x_i), \qquad \forall 1 \le i \le n \,;$$

- dans la méthode Galerkin, on cherche $\sigma^g \in V$ vérifiant

$$\forall \tau \in V, \qquad \langle A \cdot \sigma^g, \tau \rangle_\Gamma = \langle g, \tau \rangle_\Gamma.$$

Ces deux méthodes conduisent respectivement aux équations matricielles,

$$[A]^c \cdot [\sigma]^c = [g]^c \qquad \text{et} \qquad [A]^g \cdot [\sigma]^g = [g]^g$$

avec

$$[A]^c_{ij} = \int_{T_j} a(x_i, y) \, dy, \qquad [g]^c_i = g(x_i),$$

$$[A]^g_{ij} = \int_{T_j} \int_{T_j} a(x, y) \, dx \, dy, \qquad [g]^g_i = \int_{T_i} g,$$

$[\sigma]^c_i$ et $[\sigma]^g_i$ désignant respectivement les valeurs de σ sur T_i sous les approximations de collocation et de Galerkin. La méthode de collocation est la plus naturelle et la plus simple à implémenter, et est de ce fait la plus utilisée dans la communauté des chimistes. Les numériciens préfèrent souvent la méthode de Galerkin dont l'analyse mathématique est plus aisée (existence et unicité de la solution du système matriciel, estimation *a priori* de l'erreur, ...) ; en outre, la méthode de Galerkin conduit à un problème matriciel *symétrique* dès que l'opérateur A est symétrique, ce qui simplifie notablement la résolution numérique (quand les systèmes sont de grande dimension) [188].

La méthode BEM (*boundary element method*) des éléments finis surfaciques procède du même esprit que la méthode FEM (*finite element method*) des éléments finis classiques. La seule différence vient du fait que dans les applications standards de la méthode FEM, l'opérateur est *local* (typiquement un laplacien) alors que dans la méthode BEM, l'opérateur est *non local*. En conséquence, la matrice de rigidité $[A]$ est en général *pleine* pour une méthode BEM et *creuse* pour une méthode FEM. Les techniques optimales de stockage de $[A]$ et de résolution du système linéaire $[A] \cdot [\sigma] = [g]$ ne sont donc pas les mêmes dans les deux cas [96].

On utilise souvent dans les calculs l'approximation polyédrique $\tilde{\Gamma}$ de l'interface Γ obtenue en considérant comme plans les éléments T_i constituant le maillage (Fig. 9.7).

Cela facilite grandement le calcul des coefficients des matrices de rigidité

$$[S]_{ij} = \int_{T_i} \int_{T_j} \frac{1}{|x - y|} \, dx \, dy$$

et

$$[D]_{ij} = \int_{T_i} \left(\int_{T_j} \frac{\partial}{\partial n_y} \left(\frac{1}{|x - y|} \right) dy \right) dx.$$

Il se trouve en effet que la fonction

$$f_S(x) = \int_T \frac{1}{|x - y|} \, dy$$

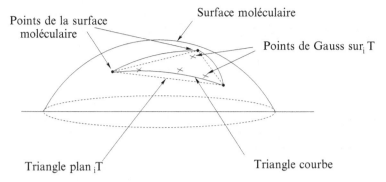

Fig. 9.7. Approximation polyédrique d'une surface moléculaire.

pour $x \in \mathbb{R}^3$ possède une expression analytique lorsque T est un élément plan, ce qui permet d'effectuer à peu de frais l'intégrale intérieure $\int_{T_j}$. De même, la fonction

$$f_D(x) = \int_T \frac{\partial}{\partial n_y}\left(\frac{1}{|x-y|}\right) dy,$$

qui correspond à l'angle solide sous lequel l'élément T est vu depuis le point x admet également une expression analytique simple pour $x \in \mathbb{R}^3$ lorsque T est plan. Remarquons que dans ce cas la fonction f_D est nulle si $x \in T$. On a donc alors pour tout $1 \leq i \leq n$, $[D]_{ii} = 0$. Dans le cadre Galerkin, il faut en outre effectuer l'intégration sur T_i et on utilise pour cela une intégration par points de Gauss en prenant d'autant plus de points de Gauss sur l'élément T_i que la distance entre T_i et T_j est faible.

L'approximation de la surface Γ introduit une erreur contrôlée par exemple pour la méthode de Galerkin avec élément finis P_0 par les majorations suivantes :

– pour la résolution de $S \cdot \sigma = g$,

$$\|\sigma - \tilde{\sigma} \circ \mathcal{P}^{-1}\|_{H^{-1/2}(\Gamma)} \leq C\,h^{3/2}\,\|\sigma\|_{H^2(\Gamma)},$$

– et pour la résolution de $(\lambda + D^*)\sigma = g$, $2\pi < \lambda < +\infty$,

$$\|\sigma - \tilde{\sigma} \circ \mathcal{P}^{-1}\|_{L^2(\Gamma)} \leq C\,h\,\|\sigma\|_{H^1(\Gamma)},$$

σ désignant la solution exacte de l'équation intégrale sur Γ, $\tilde{\sigma}$ la solution exacte de l'équation intégrale sur $\tilde{\Gamma}$, $h = \max \operatorname{diam}(T_i)$ la taille caractéristique des faces du polyèdre $\tilde{\Gamma}$, $\mathcal{P}$ la projection orthogonale sur Γ (qui définit de manière unique une bijection de $\tilde{\Gamma}$ sur Γ lorsque h est assez petit) et C une constante.

Remarquons cependant que pour les surfaces moléculaires usuelles Γ^{VdW} et Γ^{se} utilisées en pratique en simulation moléculaire (cf. section 9.2.4), le recours à une approximation polyédrique n'est pas indispensable. En effet, ces surfaces sont formées de morceaux de sphères et de tores raccordés et on peut envisager de mailler directement ces surfaces moléculaires dont on connaît des expressions analytiques simples dans des cartes locales. On peut alors mener à bien un calcul de collocation ou de Galerkin avec éléments finis surfaciques directement sur la surface Γ [232].

Signalons pour finir que lorsque le maillage de la surface moléculaire comporte beaucoup d'éléments (une dizaine de milliers ou davantage, pour les moyens de calculs disponibles à l'heure actuelle), il convient d'utiliser une méthode itérative (type gradient conjugué ou GMRes) pour résoudre le système linéaire $[A] \cdot [\sigma] = [g]$. Pour des très gros maillages (une centaine de milliers d'éléments ou davantage), il est en outre nécessaire d'utiliser une méthode rapide du type *Fast Multipole* (FMM) [97] pour effectuer les produits matrice-vecteur intervenant dans la méthode itérative de résolution du système linéaire.

9.2.6.2 Application au modèle standard

Rappelons que dans le cas standard, le milieu extérieur est modélisé par un diélectrique homogène et isotrope de constante diélectrique égale à la permittivité ϵ_s du solvant. Soit ρ et ρ' de forme générique $\sum_{k=1}^{M} q_k \delta_{\bar{x}_k} - \rho_\mathcal{D}$ avec $\bar{x}_k \in \Omega$ et $\rho_\mathcal{D} \in C^{0,1}(\bar{\Omega})$. On utilisera par extension la notation $\int$ pour désigner le crochet de dualité qui donne un sens à l'intégrale.

On cherche à calculer l'énergie

$$E^r(\rho, \rho') = \int_{\mathbf{R}^3} \rho' V^r,$$

le potentiel de réaction V^r engendré par ρ étant défini dans $W^1(\mathbf{R}^3)$ par

$$V^r := V^s - \phi, \quad -\mathrm{div}\left(\epsilon(x)\nabla V^s(x)\right) = 4\pi\rho(x), \quad -\Delta\phi = 4\pi\rho,$$

avec $\epsilon(x) = 1$ dans la cavité Ω et $\epsilon(x) = \epsilon_s$ dans le domaine extérieur $\mathbf{R}^3 \setminus \bar{\Omega}$. On vérifie que V^r est de classe C^2 dans $\bar{\Omega}$ et dans $\mathbf{R}^3 \setminus \Omega$ et satisfait

$$\begin{cases} -\Delta V^r = 0 & \text{dans } \Omega \\ -\Delta V^r = 0 & \text{dans } \mathbf{R}^3 \setminus \bar{\Omega} \\ [V^r] = 0 & \text{sur } \Gamma \\ V^r \to 0 & \text{à l'infini.} \end{cases}$$

Les formules de représentation (9.12)-(9.13) permettent donc d'écrire le potentiel de réaction V^r sous la forme d'un potentiel de simple couche

$$V^r(x) = \int_\Gamma \frac{\sigma(y)}{|x - y|}\, dy, \quad \forall x \in \mathbf{R}^3,$$

avec $\sigma = \frac{1}{4\pi}\left[\frac{\partial V^r}{\partial n}\right] \in H^{-1/2}(\Gamma)$. Pour obtenir σ, il suffit d'écrire les relations

$$\left.\frac{\partial V^r}{\partial n}\right|_i - \left.\frac{\partial V^r}{\partial n}\right|_e = 4\pi\sigma$$

$$\frac{1}{2}\left[\left.\frac{\partial V^r}{\partial n}\right|_i + \left.\frac{\partial V^r}{\partial n}\right|_e\right] = D^* \cdot \sigma$$

et la condition de saut à l'interface

$$0 = \left.\frac{\partial V^s}{\partial n}\right|_i - \epsilon_s \left.\frac{\partial V^s}{\partial n}\right|_e$$

$$= \left.\frac{\partial V^r}{\partial n}\right|_i - \epsilon \left.\frac{\partial V^r}{\partial n}\right|_e + (1-\epsilon)\frac{\partial\phi}{\partial n},$$

ce qui conduit immédiatement par simple manipulation algébrique à l'équation intégrale

$$\left(2\pi\frac{\epsilon_s + 1}{\epsilon_s - 1} - D^*\right) \cdot \sigma = \frac{\partial\phi}{\partial n}. \tag{9.20}$$

L'existence et l'unicité de la solution σ de (9.20) dans $H^{-1/2}$ est assurée par la propriété 3 énoncée à la section 9.2.6.

Cette technique de calcul du potentiel de réaction par méthode intégrale est connue en chimie sous le nom de méthode ASC (*apparent surface charge*). Pour calculer $E^r(\rho, \rho')$, il suffit maintenant de remarquer que

$$E^r(\rho, \rho') = \int_{\mathbf{R}^3} \rho' V^r$$

$$= \int_{\mathbf{R}^3} \rho(x) \left(\int_\Gamma \frac{\sigma(y)}{|x-y|}\, dy\right) dx$$

$$= \int_\Gamma \sigma(y) \left(\int_{\mathbf{R}^3} \frac{\rho'(x)}{|x-y|}\, dx\right) dy$$

$$= \int_\Gamma \sigma\phi'$$

avec $\phi' = \rho' \star \frac{1}{|x|}$.

Sur un plan numérique, le calcul de $E^r(\rho, \rho')$ pour le modèle standard s'effectue selon les modalités décrites à la section précédente en cinq étapes :

1. maillage de Γ avec approximation polyédrique par des triangles (ou/et des quadrilatères) ;

2. assemblage de la matrice

$$[A]_{ij} = \left[2\pi\frac{\epsilon_s + 1}{\epsilon_s - 1} - D^*\right]_{ij}$$

$$= 2\pi\frac{\epsilon_s + 1}{\epsilon_s - 1}\text{aire}(T_i)\text{aire}(T_j) - \int_{T_j}\left(\int_{T_i}\frac{\partial}{\partial n_x}\left(\frac{1}{|x-y|}\right) dx\right) dy$$

par intégration analytique sur T_i et intégration par points de Gauss sur T_j ;

3. assemblage du second membre

$$[g]_i = \int_{T_i} \frac{\partial \phi}{\partial n}$$

par intégration par points de Gauss ;

4. résolution du système linéaire $[A] \cdot [\sigma] = [g]$;
5. évaluation de $E^r(\rho, \rho')$ par la formule approchée

$$E^r(\rho, \rho') \simeq \sum_{i=1}^{n} \sigma_i \int_{T_i} \phi',$$

les intégrales $\int_{T_i}$ étant calculées par points de Gauss.

Cette méthode nécessite l'évaluation en des points de Gauss choisis sur l'interface du champ normal sortant $E \cdot n = -\partial \phi / \partial n = -\rho \star \frac{1}{|x|}$ et du potentiel $\phi' = \rho' \star \frac{1}{|x|}$ créé par ρ et ρ' respectivement *dans le vide*.

Remarque 9.4 *Les techniques d'analyse d'erreur a priori pour les équations intégrales [74] conduisant à la conclusion que la méthode décrite ci-dessus est d'ordre 1 en $h = max\ diam(T_i)$.*

Remarque 9.5 *Dans l'expression (9.7) de l'énergie d'une molécule solvatée interviennent deux termes liés à la présence du solvant. Le premier terme,*

$$E^r \left(\sum_{k=1}^{M} q_k\, \delta_{\bar{x}_k}, \rho_\Phi \right),$$

est issu de l'interaction entre noyaux et électrons. Comme la charge $\rho = \sum_{k=1}^{M} q_k\, \delta_{\bar{x}_k}$ est effectivement à support dans Ω, la méthode intégrale décrite ci-dessus peut s'appliquer et de façon efficace : on dispose en effet d'expressions analytiques du champ électrique $E = -\nabla \left(\sum_{k=1}^{M} q_k\, \delta_{\bar{x}_k} \star \frac{1}{|x|} \right)$ et du potentiel $\phi' = \rho_\Phi \star \frac{1}{|x|}$ lorsque les orbitales moléculaires ont été développées sur une base d'orbitales atomiques gaussiennes (cf. section 6.2.2). Le second terme,

$$E^r(\rho_\Phi, \rho_\Phi)$$

pose en revanche un problème : la distribution de charge ρ_Φ n'est pas à support dans Ω car les électrons sont délocalisés dans tout l'espace $\mathbb{R}^3$. On ne peut donc pas en toute rigueur appliquer la technique détaillée ci-dessus. Pour les ions positifs et pour un certain nombre de molécules neutres, la partie du nuage électronique qui se situe à l'extérieur de la cavité (l'escaped charge)

est cependant relativement faible, et on peut faire le choix d'ignorer complè-
tement ce problème et d'appliquer le formalisme ci-dessus sans se poser de
questions. Pour les autres espèces et en particulier pour les ions négatifs, des
variantes des méthodes intégrales développées ci-dessus permettant de prendre
en compte une bonne partie du phénomène d'escaped charge ont été dévelop-
pées récemment [52].

Remarque 9.6 *Nous n'avons pas parlé d'optimisation de géométrie. La dif-*
ficulté de ce problème vient du fait que la cavité moléculaire se déforme lors-
qu'on déplace les noyaux. Il est toutefois possible d'obtenir des expressions
analytiques relativement simples et économiques à évaluer du gradient et de la
hessienne de l'énergie de Hartree-Fock (9.7) ou de Kohn-Sham. Les techniques
mathématiques utilisées pour cela sont celles de l'optimisation de forme.

9.3 Résumé

Il est possible d'effectuer un calcul de chimie quantique sur un cristal, c'est-
à-dire virtuellement sur un système moléculaire de dimension infinie, en tirant parti de la périodicité du système pour ramener le problème sur une
maille élémentaire. L'hamiltonien de champ moyen obtenu par une méthode de
Hartree-Fock ou de Kohn-Sham est alors un opérateur du type $H = -\frac{1}{2}\Delta + V$
avec V périodique dont le spectre est constitué de bandes, qui peuvent
accueillir chacune un électron (deux dans les modèles à couches fermées) et qui
se recouvrent éventuellement. La position relative de ces bandes permet de
déterminer le caractère isolant ou conducteur du cristal. D'un point de vue
numérique, l'évaluation du potentiel de champ moyen V est rendue difficile
par le fait que le potentiel coulombien est à longue portée ($1/|x|$ ne décroît pas
suffisamment vite). Il est résulte en effet que le potentiel V n'est une grandeur
finie que grâce à la compensation maille par maille entre charges positives et
négatives.

Simuler la phase liquide réellement *ab initio* est en revanche un objectif hors de
portée car il faudrait pour cela inclure dans le système un très grand nombre
de molécules afin de tenir compte des interactions à longue portée. On est
donc contraint de coupler un modèle *ab initio* décrivant une petite partie du
système (par exemple une molécule de soluté et les quelques molécules de
solvant qui l'entourent) avec un modèle empirique rendant compte de l'"effet
d'environnement". Parmi ces modèles empiriques, les modèles de continuum
sont les plus répandus car ils représentent un bon compromis entre temps de
calcul et qualité des résultats. Ils consistent à placer le sous-système calculé *ab
initio* dans une cavité (représentant le volume "occupé" par ce sous-système),
plongée dans un continuum diélectrique de permittivité relative $\epsilon_s > 1$ égale
à celle du solvant. Le couplage de ce modèle avec un modèle moléculaire
classique ou quantique se fait en remplaçant dans l'expression de l'énergie de
la molécule isolée, le noyau de Green $\frac{1}{|x-y|}$ de l'interaction électrostatique dans

le vide par le noyau de Green de l'opérateur $-\frac{1}{4\pi}\text{div}\,(\epsilon\nabla)$, où le champ ϵ vaut 1 à l'intérieur de la cavité et ϵ_s à l'extérieur. Le plus souvent, la résolution numérique des modèles de continuum s'appuie sur des méthodes intégrales, qui sont parfaitement adaptées à ce contexte : problème posé sur $\mathbb{R}^3$, présence d'une interface, opérateur différentiel à coefficients constants de part et d'autre de l'interface.

9.4 Pour en savoir plus

Pour s'initier à la physique du solide, on pourra consulter
  – C. Kittel, *Physique de l'état solide*, 5e édition, Dunod 1983.
  – ou Y. Quéré, *Physique des matériaux*, ellipse, 1988.
C'est un prérequis indispensable avant d'attaquer
  – C. Pisani (ed.), *Quantum mechanical ab initio calculation of the proper-ties of crystalline materials*, Lecture Notes in Chemistry 67, Springer 1996.
qui décrit en détail les principes de la simulation *ab inito* des solides.

On trouvera une description détaillée des modèles de continuum pour la phase liquide dans
  – J. Tomasi and M. Persico, *Molecular interactions in solution : An over-view of methods based on continuous distribution of solvent*, Chem. Rev. 94 (1994) 2027-2094,
  – et dans J. Tomasi, B. Mennucci and P. Laug, *The modeling and simu-lation of the liquid phase*, in : *Handbook of numerical analysis. Volume X : special volume : computational chemistry*, Ph. Ciarlet and C. Le Bris Editeurs, North-Holland, 2003.

On pourra également consulter
  – E. Cancès, C. Le Bris, B. Mennucci and J. Tomasi, *Integral Equation Methods for Molecular Scale Calculations in the liquid phase*, M^3AS 9 (1999) 35-44.
  – E. Cancès, B. Mennucci and J. Tomasi, *Analytical derivatives for geo-metry optimization in solvation continuum models*, J. Chem. Phys. 109 (1998) 249-266.
  – E. Cancès and B. Mennucci, *The escaped charge problem in solvation continuum models*, J. Chem. Phys. 115 (2001) 6130-6135.

Concernant l'analyse mathématique des méthodes intégrales, nous renvoyons à
  – B. Luquin et O. Pironneau, *Introduction au calcul scientifique*, Masson 1996.
  – R. Dautray et J.-L. Lions, Analyse mathématique et calcul numérique pour les sciences et les techniques, Tome 2, Collection du Commissariat à l'énergie Atomique : Série Scientifique, Masson, 1985.

10

Un cas périodique

Nous allons aborder dans ce chapitre un type de problème de nature différente de ceux étudiés jusqu'à présent. Il s'agit encore de problèmes de minimisation, mais cette fois on considère le cas où les fonctions sur lesquelles on minimise une fonctionnelle d'énergie sont des fonctions périodiques, ayant comme cellule de périodicité un domaine borné fixé de $\mathbb{R}^3$. Comme le problème est encore localement compact, on ne rencontre pas de difficulté particulière pour montrer l'existence, et la (stricte) convexité que l'on supposera sur la fonctionnelle d'énergie permet de régler la question de l'unicité. Ce à quoi on va s'intéresser ici, c'est essentiellement la question suivante : une solution de l'équation d'Euler-Lagrange du problème périodique est-elle nécessairement périodique, et donc égale au minimum du problème de minimisation périodique ?

On peut comprendre intuitivement que ces problèmes périodiques sont à la modélisation des cristaux périodiques ce que les problèmes posés sur $\mathbb{R}^3$ regardés jusqu'à maintenant sont à la modélisation des molécules isolées dans l'espace. Plus précisément, ce type d'étude tire en fait sa motivation d'un problème dit de *limite thermodynamique* pour les cristaux, et qui consiste à établir (ou justifier) un modèle de la structure électronique d'un cristal à partir du modèle moléculaire correspondant (voir le Chapitre 11). La question de savoir si une solution de l'équation d'Euler-Lagrange est nécessairement périodique joue un rôle central dans une telle étude.

D'un point de vue strictement mathématique, cela va nous permettre de faire fonctionner à de multiples reprises un outil essentiel de l'analyse des EDP elliptiques, à savoir le principe du maximum. Les preuves d'unicité que nous allons donner dans ce chapitre ont sur ce plan une vocation d'exemple générique. On pourra s'inspirer de la stratégie de preuve employée ici dans une foule d'autres contextes où on cherche à montrer l'unicité de la solution d'une EDP.

10.1 Présentation des problèmes

La motivation physique des problèmes que nous allons regarder ici est la modélisation des cristaux. Un cristal est un assemblage périodique de cellules unité, chacune contenant un nombre donné de noyaux atomiques à des emplacements fixés (le lecteur se souvient peut-être des appellations particulières, rencontrées au cours de ses études : réseau cubique centré, cubique faces centrées, ...). Dans un souci de simplicité, nous supposons que la cellule unité est un cube et qu'on place un noyau atomique de charge unité au centre de chaque cellule cubique. Si on donne à cette structure autant d'électrons que de charges positives, et si on considère une infinité de cubes (ayant à l'esprit que le nombre de cellules dans la réalité est typiquement de l'ordre de grandeur du nombre d'Avogadro, ce qui à l'échelle d'une cellule donnée est une infinité), on peut se poser la question suivante : *la densité correspondant à cette infinité d'électrons dans leur état fondamental présente-t-elle la même périodicité que le réseau de noyaux ?*

Une façon mathématique de formuler cette question (façon qui pourrait se justifier rigoureusement, mais nous ne voulons pas aller trop loin dans cette direction pour cet exposé simplifié) est de poser la question suivante : la seule solution à l'équation d'Euler-Lagrange qui correspond au problème de minimisation est-elle périodique ? Dans le cadre d'un modèle de Thomas-Fermi pour l'ensemble du solide, l'équation à regarder est

$$-\Delta\Phi + |\Phi|^{1/2}\Phi = m, \tag{10.1}$$

où m est la densité périodique des noyaux. Sans rentrer trop dans le détail, donnons une idée de la raison pour laquelle c'est cette équation (10.1) qui est en jeu.

Pour une molécule de N noyaux dont la densité de noyaux est définie par la mesure m_N (par exemple, $m_N = \sum_{k=1}^{N} \delta(\cdot - \bar{x}_k)$ si les noyaux sont ponctuels, de charge unité, placés aux points $\bar{x}_k$), l'équation d'Euler-Lagrange du modèle de Thomas-Fermi pour la molécule (i.e. le système moléculaire neutre comportant N électrons autour des N noyaux de charge unité) est

$$\rho^{2/3} = (m_N - \rho) \star \frac{1}{|x|}. \tag{10.2}$$

On pourra essayer de le montrer en exercice, en s'inspirant de la Section 3.6 du Chapitre 3, tout en prêtant attention au fait qu'il faut, pour obtenir (10.2), montrer que le multiplicateur de Lagrange associé à la contrainte de charge $\int_{\mathbf{R}^3} \rho = N$ s'annule exactement dans cette situation de neutralité.

En introduisant ce qu'on appelle le potentiel effectif subi par les électrons, c'est-à-dire la fonction

$$\Phi = (m_N - \rho) \star \frac{1}{|x|}, \tag{10.3}$$

ce qui équivaut (à une constante multiplicative $\frac{1}{4\pi}$ près, constante que l'on omettra dans tout ce chapitre) à

$$-\Delta\Phi = m_N - \rho, \tag{10.4}$$

on voit que (10.2) et (10.4) entraînent

$$-\Delta\Phi + \Phi^{3/2} = m_N,$$

ce qui donne (10.1) une fois qu'on a fait tendre N vers l'infini (la valeur absolue dans (10.1) est là parce qu'on n'aura pas besoin dans la suite du raisonnement de se restreindre à des fonctions Φ positives).

On fait alors la remarque suivante. Pour résoudre la question *une solution de (10.1) est-elle périodique si m l'est ?*, il suffit de montrer que, à m donnée, la solution de (10.1) est unique.

De là, en supposant m périodique, on obtiendra que si $\Phi(x)$ est solution et $m(x) = m(x + e)$ alors $\Phi(x + e)$ l'est aussi, et donc $\Phi(x + e) = \Phi(x)$, d'où la conclusion : Φ est périodique, de même période que m.

Stockons pour l'instant cette question de l'unicité de la solution de (10.1) qui sera l'objet de la section 10.3 ci-dessous, et compliquons maintenant un peu le problème en envisageant un autre modèle pour l'état des électrons.

Au lieu de considérer le modèle de Thomas-Fermi, nous allons regarder celui de Thomas-Fermi-von Weizsäcker. Du point de vue qui nous intéresse ici de la modélisation des solides, il s'agit d'une très bonne amélioration du modèle de Thomas-Fermi, mais du point de vue mathématique, cela amène d'énormes complications. Bien que traiter le cas du modèle de Thomas-Fermi-von Weizsäcker soit possible (voir les références dans la section 10.7), nous n'allons pas le faire ici mais traiter plutôt une simplification de ce modèle consistant

– à remplacer le potentiel coulombien $\frac{1}{|x|}$ d'attraction des noyaux par un potentiel à courte portée, exponentiellement décroissant à longue distance $\frac{e^{-|x|}}{|x|}$, dit *potentiel de Yukawa*,

– à négliger le terme d'interaction coulombienne entre les électrons.

Plus précisément, nous allons regarder le modèle de type Thomas-Fermi-von Weizsäcker dont la fonctionnelle d'énergie s'écrirait dans le cas moléculaire

$$E(\rho) = \int_{\mathbf{R}^3} |\nabla\sqrt{\rho}|^2 - \int_{\mathbf{R}^3} \left(\sum_{k=1}^{N} \frac{e^{-|x-\bar{x}_k|}}{|x - \bar{x}_k|}\right)\rho + \int_{\mathbf{R}^3} \rho^{5/3}. \tag{10.5}$$

On notera que le potentiel d'attraction des noyaux ressemble au potentiel coulombien au voisinage des noyaux puisque $\frac{e^{-|x|}}{|x|} \underset{|x|\longrightarrow 0}{\sim} \frac{1}{|x|}$, et s'écrase très vite à l'infini ce qui permet notamment de donner un sens au potentiel créé par une infinité périodique de noyaux. Bien sûr, la simplification conduisant au modèle (10.5) n'a pas grande valeur physique, mais on rappelle qu'on saurait traiter (avec plus de difficultés) des modèles plus réalistes, et que notre but ici est seulement de donner une idée des raisonnements mathématiques en jeu en les faisant fonctionner sur un cas simple.

Plaçons les noyaux en des points d'un réseau périodique, et écrivons maintenant l'équation d'Euler-Lagrange qui serait associée à la fonctionnelle d'énergie (10.5) (écrite en $u = \sqrt{\rho}$ comme d'habitude) sous contrainte de charge fixée,

$$-\Delta u - \left(\sum_{k=1}^{N} \frac{e^{-|x-\bar{x}_k|}}{|x - \bar{x}_k|} \right) u + \frac{5}{3} u^{7/3} + \theta u = 0. \qquad (10.6)$$

Si on fait brutalement tendre N vers l'infini, on obtient une équation de la forme

$$-\Delta u + V u + u^{7/3} = 0, \qquad (10.7)$$

où V est un potentiel périodique (formellement ici $V(x) = \sum_{k \in \mathbf{Z}^3} \frac{e^{-|x-k|}}{|x - k|}$ plus

la limite du multiplicateur). La question de l'unicité de la solution de cette équation sera l'objet de la section 10.4, afin de pouvoir conclure que la seule solution positive (non triviale) de (10.7) est périodique, de même période que le potentiel V.

Regardons enfin un dernier cas de figure. Nous avons jusqu'à maintenant traité de l'unicité de la solution pour une équation scalaire. Dépassons ce cadre en nous intéressant à l'unicité de la solution pour un système d'équations. L'exemple que nous allons regarder est comme les précédents issu de la modélisation de la phase solide. On reprend le modèle de Thomas-Fermi-von Weizsäcker, mais on ne pratique plus les simplifications consistant à remplacer le potentiel d'interaction de Coulomb par le potentiel de Yukawa, et à négliger les interaction entre électrons. Pour simplifier malgré tout les choses, nous allons admettre (on renvoie le lecteur impatient à la Section 10.7 où il trouvera les références à consulter pour en savoir plus) que les équations d'Euler-Lagrange que nous obtenons alors pour la structure périodique consistent en le système d'équations aux dérivées partielles suivant

$$\begin{cases} -\Delta u + u^{7/3} - \phi u = 0, \\ u \geq 0, \\ -\Delta \phi = m - u^2, \end{cases} \qquad (10.8)$$

où m est la densité périodique des noyaux, u désigne comme d'habitude la racine carrée de la densité électronique et ϕ désigne le potentiel électrostatique subi par les électrons (comme dans la relation (10.4)). Là encore, il s'agit de prouver que la solution (u, ϕ) est périodique, de même période que la distribution de noyaux m. Nous ne ferons pas toute la preuve dans sa généralité, mais nous verrons à la Section 10.5 le noeud de cette preuve d'unicité dans un cadre fonctionnel régulier. Cela nous amène d'ailleurs à la remarque suivante. Avant d'entamer l'étude de l'unicité de la solution des équations (10.2) et (10.8), nous faisons en effet une remarque essentielle sur la régularité des fonctions en jeu.

Nous avons posé ci-dessus les problèmes avec des noyaux ponctuels. Il s'avère en fait que d'un point de vue mathématique, il est *techniquement* plus facile de faire les preuves avec des noyaux un peu épaissis, où sens où la mesure définissant le noyau (m dans les notations ci-dessus) est plus régulière qu'une mesure, c'est une fonction L^1_{loc} ou même une fonction continue. Du point de vue de la stratégie de preuve, ceci ne change rien. On fait appel aux mêmes arguments, mais ceux-ci s'appuient sur des résultats moins pointus que dans le cas ponctuel. Dans l'optique pédagogique que nous avons ici, il suffit donc de considérer ces cas plus réguliers. Une seconde remarque dans cet esprit est la suivante. Raisonnons par exemple sur l'équation (10.3) pour fixer les idées. En fait, la régularité de m ne joue pas *explicitement* un rôle dans la preuve de l'*unicité*, car on va comparer deux solutions de cette équation de sorte que l'on va se ramener au cas d'un second membre nul dans (10.2) : la fonction m aura disparu ! En fait, la régularité de m joue explicitement un rôle pour l'*existence* d'au moins une solution (ce qui est tout le moins requis pour parler d'unicité sans parler dans le vide !), et pour la régularité d'une telle solution. A son tour, cette régularité joue un rôle pour l'unicité, permettant (quand c'est possible !) de faire des arguments plus ou moins simples techniquement dans la preuve d'unicité. Le lecteur cultivé sait sans doute que, dans beaucoup de situations de l'analyse des équations aux dérivées partielles, plus une solution est régulière plus elle est susceptible d'être unique, et plus il est facile de le montrer.

Tout ceci deviendra clair dans les sections suivantes, mais que le lecteur retienne d'ores et déjà ceci : on se placera certes dans le cas de données très régulières, et on va gérer certes des solutions très régulières, mais ce n'est pas grave : nos arguments admettent des extensions dans des cas bien moins réguliers. On se reportera notamment aux remarques dans le cours du texte et à la Section 10.7 si on est curieux.

10.2 Le cas le plus simple sur un ouvert borné

Dans cette section, on considère une simplification du problème de type Thomas-Fermi introduit ci-dessus : on va d'abord regarder la question de l'unicité de la solution de l'équation (10.2) avec donnée au bord nulle sur un ouvert borné. En effet, on veut comprendre ce qui se passerait si la frontière à l'infini pour le problème (10.2) était ramenée à distance finie, dans la veine de ce que nous avons fait au Chapitre 2. Plus précisément, nous regardons donc la question : si Ω est un ouvert borné de bord régulier, m une fonction de classe $C^{0,\alpha}$, $\alpha > 0$, sur $\bar{\Omega}$, la solution $u \in H_0^1(\Omega)$ de

$$-\Delta u + |u|^{p-1}u = m \qquad (10.9)$$

est-elle unique ?

Compte-tenu du fait qu'on s'intéresse à des solutions $H_0^1(\Omega)$, commençons par noter qu'une preuve simple avec les outils dont nous disposons est possible. En effet, si u et v sont deux solutions, on obtient facilement en intégrant sur Ω :

$$\int_\Omega |\nabla(u-v)|^2 + \int_\Omega (|u|^{p-1}u - |v|^{p-1}v)(u-v) = 0,$$

où il est facile de voir que chacune des intégrandes est positive ou nulle dans Ω. On en déduit $u = v$.

Remarque 10.1 *Nous verrons plus loin que la même preuve est valable si* $\Omega = \mathbb{R}^3$.

Cette preuve simple fait appel à deux ingrédients : la sommabilité de la fonction solution qu'on considère et le fait qu'on a une condition au bord fixée. Afin de préparer l'avenir où nous étudierons des cas plus délicats, nous allons refaire la preuve de l'unicité, mais cette fois sous une forme passant par le principe du maximum et qui pourra être étendue. Dans ce cas simple, la réponse va venir d'une forme basique du principe du maximum, que nous allons rappeler maintenant.

10.2.1 Le principe du maximum

Le principe du maximum pour les équations aux dérivées partielles elliptiques (on définira ce qualificatif plus loin) est la généralisation dans $\mathbb{R}^N$, $N > 1$, du résultat simplissime suivant : si une fonction réelle de la variable réelle est nulle aux deux bornes d'un intervalle et convexe sur cet intervalle, alors elle est négative sur tout cet intervalle. Le dessin générique est celui de la Figure 10.1

Ce qui va en dimension $N > 1$ jouer le rôle que joue la dérivée seconde en dimension 1, c'est le Laplacien. Essentiellement, on va appliquer un argument

Fig. 10.1. Principe du maximum en dimension 1.

du style : si le Laplacien est positif, la fonction est "convexe" (les guillemets sont importants, car cette notion est différente de la convexité au sens habituel -plus faible en fait que celle-ci-, on dit plus précisément que la fonction est *sous-harmonique*, voir les Remarques 10.4 et 10.7 ci-dessous) et donc si elle est nulle au bord d'un domaine, elle sera négative sur tout le domaine. Il reste bien sûr à formaliser ceci, et à le généraliser. Nous allons donner quelques éléments dans ce sens, et encore une fois on renverra à la littérature pour les preuves des résultats les plus pointus sur le sujet.

Commençons par ce résultat très simple, connu sous le nom de Théorème de la valeur moyenne, et qui sous-tend l'*intégralité* des résultats que nous donnerons par la suite.

Lemme 10.2 (dit de la valeur moyenne) *Soit Ω un ouvert borné de $\mathbb{R}^3$. Soit $x \in \Omega$ et $R > 0$ tel que l'adhérence de la boule $B(x, R)$ centrée en x et de rayon R soit incluse dans Ω. Si u est une fonction de classe C^2 sur Ω qui vérifie $-\Delta u \leq 0$ sur Ω, alors*

$$u(x) \leq \frac{1}{4\pi R^2} \int_{\partial B(x,R)} u, \tag{10.10}$$

$$u(x) \leq \frac{1}{4/3\, \pi R^3} \int_{B(x,R)} u. \tag{10.11}$$

Remarque 10.3 *Encore une fois, le même résultat tient sur $\mathbb{R}^N$, N quelconque, quitte à modifier les constantes et les exposants de R dans les formules (10.10) et (10.11).*

Remarque 10.4 *Bien noter que la même conclusion serait vraie pour une fonction convexe (sans les guillemets !), mais l'hypothèse qu'on fait ici est plus faible.*

La preuve de ce lemme est courte et nous la donnons maintenant. On commence par remarquer qu'il suffit de prouver (10.10) puisque (10.11) s'obtient à partir de (10.10) en écrivant $4\pi r^2 u(x) \leq \int_{\partial B(x,r)} u$ et intégrant les deux membres de $r = 0$ à $r = R$. Pour montrer (10.10), nous écrivons, pour $0 < r < R$, en coordonnées sphériques (r, θ, φ) autour de x,

$$\int_{\partial B(x,r)} \frac{\partial u}{\partial n} = \int_{\theta \in [0,\pi[} \int_{\phi \in [0,2\pi[} \frac{\partial u}{\partial r} r^2 \sin\theta \, d\theta \, d\varphi$$

$$= r^2 \frac{\partial}{\partial r} \left(\int_{\theta \in [0,\pi[} \int_{\phi \in [0,2\pi[} u \sin\theta \, d\theta \, d\varphi \right)$$

$$= r^2 \frac{\partial}{\partial r} \left(\frac{1}{r^2} \int_{\partial B(x,r)} u \right).$$

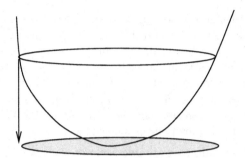

Fig. 10.2. Le lemme de la valeur moyenne : pour une fonction "convexe", l'intégrale de la fonction sur la boule (ou sur la sphère) est supérieure à ce qu'elle serait si la valeur de la fonction était prise constante, égale à sa valeur au centre.

Comme par ailleurs, on a, en appliquant la formule de Green,

$$\int_{\partial B(x,r)} \frac{\partial u}{\partial n} = \int_{B(x,r)} \Delta u \geq 0,$$

on en déduit

$$\frac{\partial}{\partial r}\left(\frac{1}{r^2}\int_{\partial B(x,r)} u\right) \geq 0,$$

et donc

$$\frac{1}{R^2}\int_{\partial B(x,R)} u \geq \lim_{r \to 0}\left(\frac{1}{r^2}\int_{\partial B(x,r)} u\right) = 4\pi u(x),$$

ce qui donne (10.10) et conclut la preuve du lemme 10.2.

A l'aide du lemme 10.2, nous prouvons notre premier principe du maximum, à savoir :

Lemme 10.5 (Principe du maximum faible) *Soit Ω un ouvert borné de $\mathbb{R}^3$. Si u est une fonction de classe C^2_{loc} sur Ω et continue sur $\bar\Omega$ qui vérifie $-\Delta u \leq 0$ sur Ω, alors on a l'égalité dans $\mathbb{R} \cup \{+\infty\}$*

$$\sup_{\partial\Omega} u = \sup_{\overline{\Omega}} u. \tag{10.12}$$

Bien sûr, le lecteur a déjà compris que ce lemme entraîne en particulier le résultat que nous annoncions plus haut : si la fonction est nulle au bord, elle est donc négative partout.

La preuve du Lemme 10.5 est directe à partir du lemme 10.2. Commençons par remarquer que l'on peut sans perte de généralité, quitte à raisonner par composante connexe, supposer que Ω est connexe. Si $\sup_{\bar\Omega} u$ est atteint en particulier sur $\partial\Omega$, le résultat est trivial. Sinon, il est nécessairement atteint en un point de Ω. On considère alors l'ensemble $A = \{x \in \Omega, u(x) = \sup_\Omega u\}$ qui est par construction un fermé de Ω, non vide par hypothèse. Le Lemme 10.2 montre aisément qu'il est aussi ouvert, et on conclut donc $A = \Omega$, ce qui montre que $u \equiv \sup_\Omega u$ et (10.12) est donc vérifiée.

Remarque 10.6 *La preuve que nous venons de faire montre en fait mieux que (10.12). Elle montre que si u atteint son maximum en un point de Ω (l'ouvert), alors u est constante. En fait, ce dernier résultat est connu sous le nom de principe du maximum* fort, *alors que (10.12) est dit principe du maximum* faible. *Comme c'est la forme (10.12) qui est généralisable à la majorité des opérateurs elliptiques et à la notion de solution faible d'une EDP, nous avons préféré énoncer le principe du maximum sous la forme du lemme 10.5. En particulier, le lecteur retiendra que, pour un ouvert borné régulier, si une fonction $u \in H^1(\Omega)$ vérifie $-\Delta u \leq 0$ au sens des distributions, et $u \leq 0$ presque partout sur $\partial\Omega$, alors $u \leq 0$ presque partout dans Ω. Il retiendra aussi qu'on peut énoncer des principes du maximum dans des cadres beaucoup moins réguliers.*

Remarque 10.7 *Nous pouvons maintenant justifier la dénomination de* sous-harmonique *pour une fonction u vérifiant $-\Delta u \leq 0$. Soit en effet u une telle fonction, définie sur la boule $B(0, R)$, très régulière, et supposons qu'elle vérifie $\int_{\partial B(0,R)} \frac{\partial u}{\partial n} = 0$. Soit v une fonction harmonique qui coïncide avec u sur le bord de $B(0, R)$ (ceci n'est possible que si la condition intégrale ci-dessus est vérifiée, d'où la nécessité de cette condition un peu technnique). Alors, on voit que $-\Delta(u - v) \leq 0$ alors que $u - v = 0$ sur le bord de la boule. Par conséquent, le principe du maximum entraine que $u \leq v$ dans toute la boule. En d'autres termes, la fonction u est* sous *les fonctions harmoniques. D'où la dénomination.*

10.2.2 Application

On rappelle que notre question est la suivante. On se place sur Ω ouvert borné de bord régulier dans $\mathbb{R}^3$, on fixe une fonction m de classe $C^{0,\alpha}$, $\alpha > 0$, sur $\bar\Omega$ (c'est une condition technique pour appliquer notre version simplifiée du principe du maximum, mais d'autres m bien moins régulières que ceci conviendraient). Nous voulons savoir si la solution $u \in H_0^1(\Omega)$ de (10.9), c'est-à-dire

$$-\Delta u + |u|^{p-1}u = m$$

est unique.

Dans cette équation, on prend l'exposant $p \geq 1$ ce qui est essentiel pour la suite, et pour fixer les idées (mais cette fois il s'agit d'une condition technique qui peut être enlevée), on prend $p \leq 3$.

Remarquons d'abord que dans les conditions où nous nous plaçons, la fonction u solution de (10.9) est nécessairement de classe C^2. C'est une conséquence d'arguments déjà donnés au Chapitre 2. En effet, par le théorème de régularité elliptique (estimée L^p), on obtient d'abord que $\Delta u \in L^2$, ce dont on déduit que $u \in W^{2,2}(\Omega)$ et donc en particulier $u \in C^{0,\beta}(\bar{\Omega})$ pour $\beta < \frac{3}{2}$. Vu la régularité de m, il en résulte que $\Delta u \in C^{0,\varepsilon}$, pour $\varepsilon > 0$ petit. En utilisant encore la régularité elliptique (estimée de Schauder cette fois), on a donc u de classe $C^{2,\varepsilon}$ et donc a *fortiori* de classe C^2.

Soient maintenant deux solutions u et v de (10.9). Notre but est de montrer $u = v$, et la stratégie que nous allons employer est de portée très générale. Considérons l'ensemble ouvert

$$A = \{x \in \Omega, \quad u(x) > v(x)\}.$$

Comme u et v sont toutes les deux nulles au bord de Ω, on est assuré du fait que la différence $w = u - v$ est nulle au bord ∂A de A. De plus, par définition de A, $w \geq 0$ dans A.

Nous prétendons maintenant que $-\Delta w \leq 0$ sur A. En effet, on a

$$-\Delta w = -\Delta(u - v) = |v|^{p-1}v - |u|^{p-1}u,$$

et comme $u \geq v$ dans A, on a donc $-\Delta w \leq 0$ dans A. En appliquant le principe du maximum (Lemme 10.5) sur A, nous obtenons donc $w \leq 0$ dans A, et donc finalement $w = 0$ dans A. Ceci montre que l'on a $u \leq v$ partout dans Ω. En échangeant les rôles de u et v dans le raisonnement précédent, on obtient $u \equiv v$ et l'unicité recherchée.

Remarque 10.8 *Retenir cette astuce basique de permuter le rôle des deux fonctions.*

Remarque 10.9 *Il est important de noter que ce résultat d'unicité est vrai aussi dans le cas linéaire, c'est-à-dire pour $p = 1$ (la preuve fonctionne telle quelle). Dans la suite nous verrons des résultats d'unicité qui sont vrais dans le cas non linéaire ($p > 1$) mais pas dans le cas linéaire. D'une certaine manière, la non linéarité force alors l'unicité.*

La solution unique que nous avons obtenue est en fait la fonction minimisant le problème suivant

$$\inf \left\{ \int_\Omega |\nabla u|^2 + \frac{1}{p+1} \int_\Omega |u|^{p+1} - \int_\Omega u\, m, \quad u \in H_0^1(\Omega) \right\}. \tag{10.13}$$

Il est donc important de comprendre que, dans ce cas d'un ouvert borné Ω, il y a au moins autant de solutions à l'équation (10.9) que de données possibles au bord, puisque chaque problème de minimisation

$$\inf\left\{\int_\Omega |\nabla u|^2 + \frac{1}{p+1}\int_\Omega |u|^{p+1} - \int_\Omega u\,m, \quad u \in H^1(\Omega), \quad u|_{\partial\Omega} = \eta\right\}$$
$$(10.14)$$

donne naissance à une solution de (10.9), différente pour chaque donnée au bord $\eta \in H^{1/2}(\partial\Omega)$.

En revanche, nous allons maintenant voir que si on pose l'équation (10.9) sur $\mathbb{R}^3$ tout entier, alors il n'y a plus qu'une seule solution (en guise d'exercice, on essaiera intuitivement de comprendre pourquoi...). On va voir que les raisonnements sont dans le même esprit, mais qu'ils sont un peu plus techniques.

10.3 Le cas Thomas-Fermi

Cette fois la question que nous considérons est : *si m est une fonction de classe $C^{0,\alpha}$, $\alpha > 0$, une solution u continue de*

$$-\Delta u + |u|^{p-1}u = m \tag{10.15}$$

au sens des distributions sur $\mathbb{R}^3$ est-elle unique ?

En écho à la Remarque 10.1, une remarque élémentaire s'impose. Prenons $p \leq 3$ (voir la Remarque 10.10 à ce sujet). Si on se donne au départ une fonction $m \in L^2(\mathbb{R}^3) \cap L^{6/5}(\mathbb{R}^3)$ (par exemple), alors il est clair que le minimiseur du problème de minimisation

$$\inf\left\{\int_{\mathbb{R}^3} |\nabla u|^2 + \frac{1}{p+1}\int_{\mathbb{R}^3} |u|^{p+1} - \int_{\mathbb{R}^3} mu, \quad u \in H^1(\mathbb{R}^3)\right\}. \tag{10.16}$$

est une solution de l'équation en question et l'unicité d'une telle solution dans $H^1(\mathbb{R}^3)$ est évidente. En effet, on a alors $-\Delta u \in L^2(\mathbb{R}^3)$ d'après l'équation et donc, en utilisant par exemple le fait que la transformation de Fourier est une isométrie sur $L^2(\mathbb{R}^3)$, $\int_{\mathbb{R}^3} -\Delta u\,u = \int_{\mathbb{R}^3} |\xi|^2\,|\hat{u}|^2 = \int_{\mathbb{R}^3} |\nabla u|^2$. Les manipulations faites sur un ouvert borné au début de la Section 10.2 sont donc encore valables et on conclut à l'unicité.

Remarque 10.10 *Plus généralement, si on suppose $p \leq 5$ et si on prend n'importe quelle fonction m qui soit telle que la solution de (10.15) soit dans $H^1(\mathbb{R}^3)$, alors une telle solution est unique. Il suffit alors de raisonner comme ci-dessus, en remarquant que cette fois $-\Delta u \in H^{-1}(\mathbb{R}^3)$ et en remplaçant l'intégrale $\int_{\mathbb{R}^3} -\Delta u\,u$ par le crochet de dualité entre H^{-1} et H^1. On ferait une adaptation du même ordre dans le dernier terme du problème de minimisation (10.16). On peut de même traiter le cas $p \geq 5$ sous réserve de travailler dans l'espace $H^1(\mathbb{R}^3) \cap L^{p+1}(\mathbb{R}^3)$*

Ceci peut se formuler de la façon suivante : pour une EDP associée formellement à un problème de minimisation strictement convexe, l'unicité est claire si on se restreint aux fonctions appartenant à l'espace d'énergie (ici $H^1(\mathbb{R}^3)$). Autrement dit, la question n'est réellement intéressante que si on s'autorise à regarder des solutions n'appartenant pas à cet espace d'énergie. Par exemple, on prend pour m une fonction $L^2(\mathbb{R}^3)$ et on se demande s'il n'existerait pas de solution non $H^1(\mathbb{R}^3)$; ou encore, on prend pour m une fonction périodique (non nulle), et la question d'unicité prend alors tout son sens.

A partir de maintenant, nous supposons que l'exposant p est *strictement* supérieur à 1, ceci jouera un rôle essentiel dans la suite (voir la Remarque 10.14).

Avant de traiter cette question (difficile) de l'unicité pour (10.15), nous devons introduire un outil, standard dans ce genre de problèmes : l'inégalité de Kato (et certaines inégalités du même type). Commençons donc par rappeler cette inégalité.

Soit F une fonction convexe de classe C^2 de $\mathbb{R}$ dans $\mathbb{R}$. Il est facile de voir que pour toute fonction u de classe C^2 sur $\Omega \subset \mathbb{R}^3$ (par exemple), on a

$$\Delta F(u) = F'(u)\Delta u + F''(u)|\nabla u|^2,$$

donc

$$\Delta F(u) \geq F'(u)\Delta u.$$

En approchant la fonction $t \mapsto t_+$ par une suite de telles fonctions F, on en déduit

$$\Delta u_+ \geq \mathrm{sgn}_+(u)\Delta u, \tag{10.17}$$

où la fonction $\mathrm{sgn}_+(t)$ est définie par

$$\mathrm{sgn}_+ = \begin{cases} 0, & \text{si } t < 0, \\ 1, & \text{si } t > 0. \end{cases} \tag{10.18}$$

De même,

$$\Delta u_- \geq \mathrm{sgn}_-(u)\Delta u, \tag{10.19}$$

où

$$\mathrm{sgn}_- = \begin{cases} -1, & \text{si } t < 0, \\ 0, & \text{si } t > 0. \end{cases} \tag{10.20}$$

En écrivant alors que $u = u_+ - u_-$ et $|u| = u_+ + u_-$, on obtient comme conséquence l'inégalité :

Lemme 10.11 (Inégalité de Kato)

$$-\Delta|u| \leq (-\Delta u)\,\mathrm{sgn}(u).$$

dont on admettra que, comme les inégalités (10.17) et (10.19), elle est vraie, au sens des distributions au moins, non seulement pour des fonctions u de classe C^2, mais pour des fonctions bien plus générales, disons pour simplifier des fonctions $u \in L^1_{loc}$ telles que $\Delta u \in L^1_{loc}$.

Attaquons maintenant la preuve d'unicité de la solution de (10.15). Soient u et v deux solutions (continues) de cette équation. Nous notons comme ci-dessus $w = u - v$. Puisque

$$-\Delta w + (|u|^{p-1}u - |v|^{p-1}v) = 0,$$

la fonction w est une fonction de classe C^2 au moins et on a, grâce à l'inégalité de Kato,

$$-\Delta |w| + \big||u|^{p-1}u - |v|^{p-1}v\big| \leq 0.$$

En remarquant que pour une certaine constante $\delta > 0$, on a identiquement pour tout (a, b) dans $\mathbb{R} \times \mathbb{R}$

$$\big||a|^{p-1}a - |b|^{p-1}b\big| \geq \delta|a - b|^p,$$

on en déduit

$$-\Delta |w| + \delta|w|^p \leq 0.$$

A ce stade du raisonnement, si on savait que u et v, et donc w, tendent vers 0 à l'infini au moins en un sens faible, on pourrait conclure. L'inéquation ci-dessus impose en effet $-\Delta |w| \leq 0$ sur $\mathbb{R}^3$, d'où, par une application du principe du maximum, $|w| \leq 0$ et donc $w = 0$. Comme nous n'avons pas de telle "condition au bord" (c'est tout l'intérêt de ce problème d'unicité), nous devons travailler un peu plus. Nous allons montrer que cela impose $w = 0$ en prouvant que si f continue vérifie

$$-\Delta f + |f|^{p-1}f \leq 0, \tag{10.21}$$

sur tout $\mathbb{R}^3$, alors $f \leq 0$ sur $\mathbb{R}^3$.

La technique que nous allons employer est standard : il s'agit de la *comparaison avec une sur-solution explosive*. Expliquons ce dont il s'agit. Si on veut une borne par au-dessus de f, on sait l'obtenir par exemple quand $f \leq 0$ au bord du domaine (on a alors $f \leq 0$ sur l'intérieur du domaine par principe du maximum). Quand on ne dispose pas d'informations sur les valeurs de f au bord, le mieux qu'on puisse faire est de comparer f avec une fonction $\bar{f}$ qui vaut $+\infty$ au bord du domaine (on est donc sûr qu'au bord $f \leq \bar{f}$), qui est de plus une sur-solution de l'équation, i.e. ici une fonction qui vérifie

$$-\Delta \bar{f} + |\bar{f}|^{p-1}\bar{f} \geq 0.$$

La stratégie est intéressante si on connaît explicitement une fonction convenable $\bar{f}$, ou tout au moins si on sait majorer $\bar{f}$. On va alors pouvoir par principe du maximum (on expliquera comment ci-dessous, car toutes les EDP ne se prêtent pas à ce genre de technique) montrer que $f \le \bar{f}$ sur le domaine et donc majorer f sur un sous-domaine.

La première étape pour suivre cette stratégie est de construire une sur-solution explosive de l'équation.

Remarque 10.12 *Bien sûr, on l'a compris, on parle de* sur-solution *car c'est une fonction qui est destinée à être partout au-dessus d'une solution.*

Choisissons comme domaine Ω la boule centrée à l'origine et de rayon R fixé. On introduit (spontanément !)

$$\bar{f}(x) = \frac{CR^\alpha}{(R^2 - |x|^2)^\alpha}, \tag{10.22}$$

où $\alpha = \frac{2}{p-1}$ et $C^{p-1} = 2\alpha \max(3, \alpha + 1)$. On peut alors vérifier que $\bar{f}$ est construite pour avoir

$$-\Delta \bar{f} + \bar{f}^p \ge 0 \tag{10.23}$$

sur Ω et $\bar{f}(x) = +\infty$ si $|x| = R$. On déduit de (10.21) et (10.23) que

$$-\Delta \left(f - \bar{f} \right) + |f|^{p-1} f - \bar{f}^p \le 0,$$

ce qui, compte tenu de la variante (10.17) de l'inégalité de Kato, donne

$$-\Delta \left(f - \bar{f} \right)_+ + \left(|f|^{p-1}f - \bar{f}^p \right) \mathrm{sgn}_+ \left(f - \bar{f} \right) \le 0,$$

et donc en particulier

$$-\Delta \left(f - \bar{f} \right)_+ \le 0. \tag{10.24}$$

Comme f est continue et $\bar{f}$ explose au bord de la boule, on a donc $(f - \bar{f})_+ = 0$ sur le bord de la boule. Par principe du maximum (la fonction $f = |w|$ n'étant pas *a priori* C^2 - elle est facilement H^1_{loc} -, on admet qu'il existe une forme de ce principe qui s'applique ici, voir la Remarque 10.6), on en déduit $f \le \bar{f}$ sur toute la boule. En particulier, comme $\bar{f}$ est majorée par une constante de type $C^{te}R^{-\alpha}$ sur la boule de rayon $\frac{R}{2}$, on en déduit $f \le C^{te}R^{-\alpha}$ sur cette boule. Mais alors, si maintenant on fait croître le rayon R jusqu'à l'infini, on obtient $f \le 0$ sur $\mathbb{R}^3$ puisque $\alpha > 0$. Ceci conclut la preuve de l'unicité de la solution de (10.15).

Remarque 10.13 *Dans le cas où f n'est pas continue, on ne peut pas utiliser directement que f est bornée sur la boule. Il faut remarquer que l'on sait aussi que*

$$-\Delta f_+ + (f_+)^p \le 0,$$

toujours à cause de la variante de l'inégalité de Kato. On en déduit

$$-\Delta f_+ \le 0, \tag{10.25}$$

et donc par une version étendue aux fonctions non C^2 du lemme de la valeur moyenne, f_+ est majorée. On conclut alors comme ci-dessus.

Remarque 10.14 *La conclusion tient parce qu'on a* $\alpha > 0$ *dans la preuve, ce qui est exactement dire que* $p > 1$: *l'équation est bien non linéaire. Dans le cas* $p = 1$, *on ne peut pas espérer l'unicité, comme le montre l'exemple simple suivant. On prend* $p = 1$, $m = 0$, *et on a alors comme solutions de (10.15)* : $u = 0$, $u(x, y, z) = e^{-x}$, $u(x, y, z) = e^x$, $u(x, y, z) = e^{-y}$, ... *C'est la présence de la non linéarité qui force l'unicité.*

10.4 Le cas Thomas-Fermi-von Weizsäcker simplifié

Dans cette section, nous regardons le problème de l'unicité pour l'équation (10.7). Plus précisément, notre question est la suivante : *si* V *est un potentiel périodique sur* $\mathbb{R}^3$, *la solution* $u \not\equiv 0$, $u \geq 0$, $u \in H^1_{loc}(\mathbb{R}^3)$ *de l'équation*

$$-\Delta u + V u + u^{7/3} = 0 \tag{10.26}$$

est-elle unique, et donc périodique ?

Pour l'étude que nous allons mener ici, nous allons supposer que le potentiel V est continu, mais les arguments que nous allons utiliser admettent des généralisations au cas où V est typiquement un potentiel appartenant à $L^p_{loc}(\mathbb{R}^3)$ pour au moins un certain $p > \frac{21}{8}$ (cette condition "barbare" est liée au choix de l'exposant $\frac{7}{3}$ dans (10.26)).

De plus, nous allons supposer, ce qui est en fait une condition nécessaire vérifiée dès qu'il existe une solution $u \geq 0$, $u \not\equiv 0$ de (10.26) (voir la Remarque 10.15 ci-dessous), que la première valeur propre de l'opérateur $-\Delta + V$ avec des conditions périodiques au bord d'une cellule de périodicité de V (que nous supposons pour simplifier être un cube de taille unité noté Γ) est strictement négative. Autrement dit,

$$\lambda_{1,per}(-\Delta + V) = \inf\left\{ \int_\Gamma |\nabla u|^2 + \int_\Gamma V u^2, \quad u \in H^1_{per}(\Gamma), \quad \int_\Gamma u^2 = 1 \right\} < 0,$$
$$\tag{10.27}$$

où

$$H^1_{per}(\Gamma) = \left\{ u = v|_\Gamma, \quad v \in H^1_{loc}(\mathbb{R}^3), \quad v\ \Gamma\text{-périodique} \right\}.$$

Ceci requiert en particulier que V soit "suffisamment" négatif quelque part dans Γ. Par exemple, pour tout potentiel $V < 0$ partout, c'est vrai (en exercice, dire pourquoi, et trouver une condition suffisante moins forte que $V < 0$ partout pour que ceci reste vrai).

La preuve de l'unicité de la solution $u \not\equiv 0$, $u \geq 0$, $u \in H^1_{loc}(\mathbb{R}^3)$ de (10.26) se fait en plusieurs étapes.

10.4.1 Etape préliminaire : unicité de la solution périodique

L'étape préliminaire consiste à montrer (dans l'esprit de choses qui ont déjà été faites plus haut) que si on se restreint aux fonctions appartenant à l'espace d'énergie "naturellement" associé à l'EDP, alors l'unicité recherchée est vraie. Cette vérification est d'ailleurs un préliminaire *nécessaire*. Plus précisément, cette étape consiste à montrer qu'il existe au moins une solution $u \not\equiv 0$, $u \geq 0$ dans $H^1_{per}(\Gamma)$ de (10.26), et qu'une telle solution est unique au signe près dans sa classe.

Pour cela, il s'agit de remarquer que le problème de minimisation

$$\inf \left\{ \int_\Gamma (|\nabla\sqrt{\rho}|^2 + V\rho + \frac{3}{5}\rho^{5/3}), \quad \rho \geq 0, \quad \sqrt{\rho} \in H^1_{per}(\Gamma) \right\} \qquad (10.28)$$

admet un minimum. Ceci est facile une fois qu'on a noté que la fonctionnelle d'énergie était (strictement) convexe par rapport à ρ. Il suffit alors d'appliquer les arguments du Chapitre 2 propres à un problème posé sur un borné, le fait qu'il y ait des conditions périodiques au bord ne changeant rien à de tels arguments.

Si ρ désigne *le* minimum de (10.28), $u = \sqrt{\rho}$ est une solution dans $H^1_{per}(\Gamma)$ de (10.26). Pour montrer que $u \not\equiv 0$, il suffit de montrer que la borne inférieure définie par (10.28) est strictement négative. Ceci s'appuie sur l'hypothèse $\lambda_{1,per}(-\Delta + V) < 0$. En effet, soit $u_1 \in H^1_{per}(\Gamma)$ telle que $\int_\Gamma u_1^2 = 1$ et $\int_\Gamma \left(|\nabla u_1|^2 + V u_1^2 \right) = \lambda_{1,per}(-\Delta + V) < 0$. Si on pose $u_\sigma = \sigma u_1$, on a clairement

$$\int_\Gamma \left(|\nabla u_\sigma|^2 + V u_\sigma^2 + \frac{3}{5}|u_\sigma|^{10/3} \right) = \sigma^2 \lambda_{1,per}(-\Delta + V) + \frac{3}{5}\sigma^{10/3} \int_\Gamma |u_1|^{10/3},$$

d'où pour $\sigma > 0$ assez petit

$$\int_\Gamma \left(|\nabla u_\sigma|^2 + V u_\sigma^2 + \frac{3}{5}|u_\sigma|^{10/3} \right) \leq \frac{1}{2}\sigma^2 \lambda_{1,per}(-\Delta + V) < 0.$$

On a donc bien $u \not\equiv 0$. Par régularité elliptique, on a en particulier u continue, ce qui fait qu'en appliquant l'inégalité de Harnack sous sa forme la plus basique (Théorème 2.33), on obtient $u > 0$ sur $\mathbb{R}^3$, et même $u \geq a > 0$ sur $\mathbb{R}^3$ pour une certaine constante a. Il est clair que u ainsi construit vérifie (10.26). Nous pouvons de plus affirmer que la première valeur propre $\lambda_{1,per}(-\Delta + V + u^{4/3})$ de l'opérateur $-\Delta + V + u^{4/3}$ avec conditions périodiques sur le bord de la cellule Γ est certainement nulle. Soit u_1 une fonction propre associée ; u_1 est une fonction Γ-périodique, qu'on peut choisir continue, strictement positive sur $\mathbb{R}^3$, et qui vérifie

$$-\Delta u_1 + V u_1 + u^{4/3} u_1 = \lambda_1 u_1$$

au moins au sens des distributions sur $\mathbb{R}^3$ et donc

$$\int_\Gamma (-\Delta u_1 + V u_1 + u^{4/3} u_1) u = \lambda_1 \int_\Gamma u_1 u.$$

Mais, par ailleurs,

$$\int_\Gamma (-\Delta u_1 + V u_1 + u^{4/3} u_1) u = \int_{\partial\Gamma} -\frac{\partial u_1}{\partial n} u + \frac{\partial u}{\partial n} u_1 + \int_\Gamma (-\Delta u + V u + u^{4/3} u) u_1,$$

où les deux termes de bord sont nuls car u et u_1 sont périodiques et solutions de (10.26) *au sens des distributions sur* $\mathbb{R}^3$: on a u et u_1 de classe H^2_{loc} (au moins) par régularité elliptique, donc ∇u et ∇u_1 sont deux fonctions de H^1_{per}.

Enfin, on utilise (10.26) pour montrer que l'on a donc

$$\lambda_1 \int_\Gamma u u_1 = 0.$$

Comme u et u_1 sont strictement positifs, cela entraîne $\lambda_1 = 0$.

Remarque 10.15 *Comme annoncé plus haut, l'hypothèse (10.27) s'avère donc a posteriori nécessaire. En effet, supposons qu'on dispose d'une solution non nulle u_0 de notre équation. Le raisonnement ci-dessus montre $\lambda_{1,per}(-\Delta + V + u_0^{4/3}) = 0$, et donc $\lambda_{1,per}(-\Delta + V) < 0$, ce qui est exactement (10.27).*

Considérons maintenant une autre solution $v > 0$, $v \in H^1_{per}(\Gamma)$ de (10.26). Nous allons montrer que $v = u$.

Par convexité de la fonction $t \mapsto t^{7/3}$, on a

$$v^{7/3} - u^{7/3} \geq \frac{7}{3} u^{4/3} (v - u),$$

donc

$$-\Delta(v - u) + V(v - u) + \frac{7}{3} u^{4/3}(v - u) \leq 0.$$

Intégrons cette inégalité contre la fonction $(v - u)_+$. Nous obtenons

$$-\int_{\partial\Gamma} \frac{\partial(v-u)}{\partial n}(v-u)_+ + \int_\Gamma |\nabla(v-u)_+|^2 + V(v-u)_+^2 + \frac{7}{3} u^{4/3}(v-u)_+^2 \leq 0.$$

Comme u et v sont périodiques et solutions de (10.26), le terme de bord est encore nul, par le même raisonnement que ci-dessus. Nous avons donc :

$$\int_\Gamma |\nabla(v-u)_+|^2 + V(v-u)_+^2 + \frac{7}{3} u^{4/3}(v-u)_+^2 \leq 0,$$

ce qui, compte-tenu du fait que l'on sait $\lambda_{1,per}(-\Delta + V + u^{4/3}) = 0$, impose

$$\int_\Gamma \frac{4}{3} u^{4/3} (v - u)_+^2 \leq 0,$$

et donc

$$v \leq u.$$

Remarquons finalement que l'on peut raisonner de même avec la fonction $(v - u)_-$ au lieu de la fonction $(v - u)_+$. On obtient ainsi $v = u$, et l'unicité recherchée. Bien sûr, on remarquera que l'on a beaucoup fait usage dans ce paragraphe du fait qu'on disposait de conditions au bord périodiques sur les fonctions qu'on manipulait. Il va falloir désormais s'en passer.

10.4.2 Etape 1 : construction d'une solution maximale

Comme première étape de la preuve, montrons l'existence d'une solution maximale de (10.26), c'est-à-dire d'une solution $\bar{u}$ de (10.26) telle que toute autre solution u de (10.26) vérifie nécessairement $u \leq \bar{u}$ sur $\mathbb{R}^3$.

Nous commençons par considérer l'équation

$$\begin{cases} -\Delta u + u^{7/3} + V u = 0 & \text{dans } B_R, \\ u|_{\partial B_R} = A, \end{cases} \tag{10.29}$$

sur une boule B_R, R étant fixé pour le moment et A désignant une (grande) constante destinée à tendre vers l'infini ultérieurement.

Il est facile de voir qu'il existe une solution $u_{R,A}$ de (10.29). En effet, si on définit le problème de minimisation

$$I(A, R) = \inf \left\{ \int_{B_R} |\nabla u|^2 + \frac{3}{5} \int_{B_R} |u|^{10/3} + \int_{B_R} V u^2, \right.$$

$$\left. u \in H^1(B_R), \quad u|_{\partial B_R} = A \right\} \tag{10.30}$$

alors on peut par les mêmes techniques qu'au Chapitre 2 montrer l'existence d'un minimum pour (10.30). On peut bien sûr supposer que ce minimum, qu'on note $u_{R,A}$, est positif ou nul, et donc positif strictement par l'inégalité de Harnack. Il s'agit donc d'une solution strictement positive de (10.29).

Bien sûr, on le sait déjà, on peut montrer par régularité elliptique que $u_{R,A}$ est continue, donc bornée sur B_R, mais ce que nous allons voir maintenant, c'est que, à R fixé, alors pour tout $R' < R$, $u_{R,A}$ peut être majorée dans $B_{R'}$ *indépendamment* de A. Pour montrer cela, nous allons employer la technique de comparaison avec une sur-solution explosive que l'on a introduite à la section 10.3. Comme on ne sait pas construire explicitement une sur-solution explosive de (10.29) (en fait on comprendra plus loin que ce que nous sommes en train de faire c'est précisément d'en construire une à la main, voir (10.35)), on va couper la difficulté en deux et se ramener à une EDP pour laquelle on connaît une telle sur-solution explosive. Plus précisément, nous introduisons les deux problèmes aux limites suivants :

$$\begin{cases} -\Delta u_1 = 2^{3/4}|V|^{7/4} & \text{dans } B(0,R), \\ u_1 = 0 & \text{sur } \partial B(0,R), \end{cases}$$

et

$$\begin{cases} -\Delta u_2 + \dfrac{1}{2}u_2^{7/3} \geq 0 & \text{dans } B(0,R), \\ u_2 = +\infty & \text{sur } \partial B(0,R). \end{cases}$$

Le point clé de l'argument est que u_1 est bornée : c'est évident ici par régularité elliptique puisque V est continue, mais on comprend bien qu'on pourrait faire largement à moins (ici intervient en fait le fameux exposant barbare annoncé plus haut). On notera aussi que, par principe du maximum, $u_1 \geq 0$ dans toute la boule, ce qui sera utile plus bas. D'autre part, on connaît explicitement un u_2 convenable, c'est la fonction $u_2 = 2^{3/4}\bar{f}$ où $\bar{f}$ désigne la fonction donnée par la relation (10.22) avec $\alpha = 3/2$. Cette fonction u_2 est bornée sur tout boule de rayon $R' < R$ par une constante qui ne dépend que de R' et R.

Remarquons maintenant que

$$-\Delta u_{R,A} + u_{R,A}^{7/3} = -Vu_{R,A} \leq |V|u_{R,A} \leq \frac{1}{2}u_{R,A}^{7/3} + 2^{3/4}|V|^{7/4}.$$

Donc

$$-\Delta u_{R,A} + \frac{1}{2}u_{R,A}^{7/3} \leq 2^{3/4}|V|^{7/4}.$$

Si on introduit $w = u_{R,A} - u_1 - u_2$, on a donc $w \leq 0$ sur le bord de la boule de rayon R, et

$$-\Delta w + \frac{1}{2}u_{R,A}^{7/3} - \frac{1}{2}u_2^{7/3} \leq 0,$$

ce qui implique, comme u_1 et u_2 sont positifs,

$$-\Delta w + \frac{1}{2^{1/3}}w(u_{R,A} + u_2)^{4/3} \leq 0.$$

Par un argument standard consistant à introduire l'ensemble des points où w est positif (ou à considérer la fonction w_+ et utiliser une variante de l'inégalité de Harnack), il est facile de voir que cela entraîne $w \leq 0$ sur toute la boule, et donc $u_{R,A} \leq u_1 + u_2$. En vertu des bornes dont on dispose sur u_1 et u_2, on voit que cela implique la borne annoncée sur $u_{R,A}$ sur toute boule de rayon $R' < R$.

Si l'on y prête attention (prendre $R' = R/2$ dans la borne qu'on vient de montrer et en déduire que cette borne est en fait indépendante de R), on s'aperçoit facilement que ce que l'on vient en fait de prouver par notre méthode de comparaison avec une sur-solution explosive, c'est la propriété suivante.

Lemme 10.16 *Il existe une constante C dépendant seulement du potentiel périodique V telle que toute solution $u \in H^1_{loc}(\mathbb{R}^3)$ de*

$$\begin{cases} -\Delta u + V u + u^{7/3} \leq 0, \\ u > 0 \end{cases} \tag{10.31}$$

vérifie

$$\|u\|_{L^\infty} \leq C. \tag{10.32}$$

Remarque 10.17 *L'existence de la borne uniforme L^∞ ci-dessus est une conséquence du caractère non linéaire de l'EDP considérée. Il est bien évident par exemple qu'on ne peut pas espérer l'existence d'une telle borne valable pour toutes les solutions de l'EDP linéaire*

$$-\Delta u + V u + u = 0,$$

puisqu'on peut toujours multiplier une solution $u \not\equiv 0$ par un coefficient α de sorte que αu soit aussi solution, et que $\|\alpha u\|_{L^\infty}$ soit arbitrairement grand. Dans le même esprit, on remarquera que notre preuve impose aussi que les solutions de

$$-\Delta u + u^{7/3} \leq f,$$

avec f convenable, soient bornées par une constante universelle. Encore une fois, ceci est dû à la non linéarité. Par exemple, $u(x,y,z) = e^x$ est une fonction strictement positive, non bornée sur $\mathbb{R}^3$, qui vérifie pourtant $-\Delta u + u = 0$.

Revenons à notre famille de fonctions $u_{R,A}$, et montrons maintenant que les $u_{R,A}$ sont croissantes par rapport à A, c'est-à-dire que $u_{R,B}(x) \leq u_{R,A}(x)$ si $B \leq A$.

Fixons $A > B$ et considérons les solutions respectives $u_{R,A}$ et $u_{R,B}$ de (10.30) sur la même boule B_R. Nous commençons par remarquer que $\lambda_1(-\Delta + u_{R,A}^{4/3} + V, B_R)$, la première valeur propre de $-\Delta + u_{R,A}^{4/3} + V$ sur B_R avec donnée au bord nulle, est positive ou nulle. En effet, si v est la première fonction propre de cet opérateur, on a

$$\begin{cases} \left(-\Delta + u_{R,A}^{4/3} + V\right) v = \lambda_1 v, \\ v > 0, \quad v|_{\partial B_R} = 0. \end{cases}$$

En comparant avec (10.29), on obtient

$$\int_{\partial B_R} (\nabla v \cdot n) u_{R,A} = -\lambda_1 \int_{B_R} u_{R,A} v. \tag{10.33}$$

Nous prétendons que (10.33) implique $\lambda_1 \geq 0$. Pour cela, il suffit clairement de montrer que $\nabla v \cdot n < 0$ en tout point de ∂B_R. Cette propriété, qui se comprend aisément intuitivement (voir figure 10.3) est une conséquence du résultat suivant, que nous ne démontrerons pas.

Lemme 10.18 (dit Lemme de Hopf) *Soit Ω un domaine de $\mathbb{R}^3$. On considère l'opérateur $-\Delta + W$ pour un potentiel W continu sur $\bar{\Omega}$, et une fonction u de classe C^2 sur Ω, strictement positive dans Ω, et vérifiant*

$$-\Delta u + W u \geq 0$$

dans Ω.

On suppose qu'il existe un point $x_0 \in \partial\Omega$ tel que les trois conditions suivantes soient remplies :

1. *$u(x_0) = 0$,*

2. *u est continue en x_0,*

3. *x_0 n'est pas un "angle" de Ω au sens où ce point vérifie la condition dite de sphère intérieure : il existe $\varepsilon > 0$ et $x_1 \in \Omega$ tels que $B(x_1, \varepsilon) \subset \Omega$ et $x_0 \in \partial B(x_1, \varepsilon)$.*

Alors, si n désigne la normale sortante au domaine Ω en x_0,

$$\frac{\partial u}{\partial n}(x_0) < 0.$$

Dans notre contexte, les hypothèses de ce lemme sont vérifiées et (10.33) implique donc bien $\lambda_1 \geq 0$.

On compare ensuite $u_{R,A}$ avec $u_{R,B}$ en définissant $w = u_{R,A} - u_{R,B}$ et en remarquant que par convexité de $t \mapsto t^{7/3}$ on a

$$-\Delta w + \frac{7}{3} u_{R,A}^{4/3} w + V w \geq 0.$$

Comme

$$\lambda_1\left(-\Delta + \frac{7}{3} c u_{R,A}^{4/3} + V, B_R\right) > \lambda_1\left(-\Delta + c u_{R,A}^{4/3} + V, B_R\right) \geq 0$$

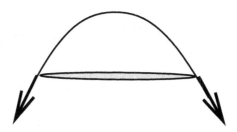

Fig. 10.3. Le lemme de Hopf : pour une fonction "concave" atteignant son minimum sur le bord, la pente est négative quand on suit la normale sortante au domaine.

(puisque $\inf_{B_R} u_{R,A} > 0$) et $w \geq 0$ sur ∂B_R, nous allons voir que l'on peut en déduire, en appliquant une forme particulière du principe du maximum, que $w \geq 0$ sur B_R, i.e. $u_{R,A} \geq u_{R,B}$. Le lecteur comprendra facilement qu'il nous suffit de montrer la propriété générale suivante :

Théorème 10.19 (Principe du maximum faible pour les opérateurs de Schrödinger coercifs) *Soit Ω un domaine borné régulier, et soit W une fonction continue bornée sur Ω. On suppose que la première valeur propre de l'opérateur $-\Delta + W$ avec donnée au bord de Ω nulle est strictement positive.*

Soit $u \in C^2(\bar{\Omega})$ telle que

$$\begin{cases} -\Delta u + Wu \geq 0, \\ u \geq 0 \quad sur \quad \partial\Omega. \end{cases} \tag{10.34}$$

Alors $u \geq 0$ dans Ω.

Remarque 10.20 *On retiendra donc que, si la première valeur propre est strictement positive, tout se passe pour $-\Delta + W$ comme si on avait le Laplacien (lequel vérifie bien sûr cette condition de première valeur propre strictement positive, le lecteur le vérifiera en exercice).*

Maintenant que nous savons à la fois que $u_{R,A}(x)$ est majorée indépendamment de x et de A sur toute boule $B_{R'}$ avec $R' < R$, et croissante, à x fixé, par rapport à A, on peut donc définir

$$u_R(x) = \lim_{A \to \infty} u_{R,A}(x),$$

pour tout $x \in B_R$, la limite étant en fait uniforme sur les boules $B_{R'}$ avec $R' < R$. Clairement, u_R vérifie

$$\begin{cases} -\Delta u_R + V u_R + u_R^{7/3} = 0 \text{ dans } B_R, \\ u_R > 0 \text{ dans } B_R, \\ u_R|_{\partial B_R} = +\infty. \end{cases} \tag{10.35}$$

et on vient donc de bâtir une solution explosive sur le bord de la boule B_R. Nous allons maintenant voir ce qu'il se passe quand on fait croître le rayon R.

Nous prétendons que les solutions u_R sont décroissantes par rapport à R.

Fixons en effet $R < R'$. En raison de (10.35), la première valeur propre avec donnée au bord nulle $\lambda_1(-\Delta + \frac{7}{3} u_R^{4/3} + V, B_R)$ est strictement positive (on a déjà vu au moins deux fois ce type de raisonnement).

En notant $w = u_R - u_{R'}$, on déduit de (10.35) et de la convexité de $t \mapsto t^{7/3}$ que

$$-\Delta w + \frac{7}{3} u_R^{4/3} w + V w \geq 0.$$

Comme $w \geq 0$ sur ∂B_R, on sait par application du Théorème 10.19 que $w \geq 0$ dans B_R i.e. $u_R \geq u_{R'}$ dans B_R.

De cette monotonie, nous déduisons que nous pouvons définir la fonction $\bar{u}$, limite (monotone et localement uniforme) en tout point de $\mathbb{R}^3$ de u_R quand $R \longrightarrow +\infty$, qui vérifie

$$-\Delta \bar{u} + V \bar{u} + \bar{u}^{7/3} = 0. \tag{10.36}$$

Par application du même principe du maximum, on peut voir que toute solution $u \geq 0$ de (10.26) vérifie donc $u \leq u_R$ dans B_R pour tout R. D'où $u \leq \bar{u}$ par passage à la limite quand $R \longrightarrow +\infty$. En d'autres termes, $\bar{u}$ est la solution maximale de (10.36) (il n'y a qu'une solution maximale, c'est évident).

10.4.3 Etape 2 : construction d'une solution minimale

Nous allons maintenant construire une solution minimale (non identiquement nulle évidemment) de (10.26). Il s'agit d'abord de montrer que toute solution positive de

$$\begin{cases} -\Delta u + V u + c u^{7/3} = 0, \\ u \geq 0, \end{cases} \tag{10.37}$$

non identiquement nulle (et donc strictement positive par l'inégalité de Harnack) peut en fait être minorée par une constante positive qui ne dépend pas ni de l'endroit où on regarde la solution (ce qui est une première marche vers la périodicité de toute solution), ni de la solution elle-même (ce qui est une autre marche, cette fois vers l'unicité).

Remarque 10.21 *Noter que dans l'étape précédente où on construisait la solution* maximale, *on a dû de même établir une* majoration *uniforme sur les solutions, c'était l'objet de l'argument qui a amené au Lemme 10.16.*

Nous raisonnons par l'absurde et supposons donc qu'il existe une suite de solutions $(u_n)_{n \in \mathbb{N}}$ de (10.37) telle que

$$\inf_{\mathbb{R}^3} u_n \xrightarrow[n \to \infty]{} 0.$$

Sans perte de généralité, on peut translater u_n si nécessaire et supposer donc qu'à extraction près $(u_n(0))_{n \in \mathbb{N}}$ tend vers 0. Alors, par l'inégalité de Harnack, et parce qu'on sait déjà qu'on dispose de bornes uniformes (sur $\mathbb{R}^3$ et en n) sur V et les u_n, cela entraîne

$$u_n \xrightarrow[n \to \infty]{} 0 \tag{10.38}$$

uniformément sur chaque compact de $\mathbb{R}^3$. On rappelle que par souci de simplicité, on a supposé qu'une cellule de périodicité de V est un cube unité.

Soit $R \geq 0$ un entier fixé, on introduit $K(R)$ le grand cube centré en 0 et contenant $(2R+1)^3$ cubes de taille unité. On considère sur $K(R)$ le problème de minimisation suivant :

$$I(n, R) = \inf \left\{ \int_{K(R)} |\nabla u|^2 + \frac{3}{5} \int_{K(R)} |u|^{10/3} + \int_{K(R)} V u^2, \right.$$
$$\left. u \in H^1(K(R)), \quad u|_{\partial K(R)} = u_n \right\}. \tag{10.39}$$

Comme la fonctionnelle

$$\int_{K(R)} |\nabla u|^2 + \frac{3}{5} \int_{K(R)} |u|^{10/3} + \int_{K(R)} V u^2$$

est convexe par rapport à u^2, toute solution de l'équation d'Euler-Lagrange associée à (10.39), à savoir

$$\begin{cases} -\Delta u + V u + c|u|^{4/3} u = 0, \\ u|_{\partial K(R)} = u_n, \end{cases}$$

est un minimiseur de (10.39) (on peut voir ceci en appliquant le même raisonnement que dans l'Exercice 2.9 au Chapitre 2, ou aussi par le principe du maximum faible pour les opérateurs coercifs ci-dessus). Comme u_n satisfait les conditions ci-dessus, il minimise donc (10.39). Donc

$$\int_{K(R)} |\nabla u_n|^2 + \frac{3}{5} \int_{K(R)} |u_n|^{10/3} + \int_{K(R)} V u_n^2 = I(n, R).$$

Par stricte convexité, c'est même le minimiseur strictement positif de (10.39).

Donc, puisque $(u_n)_{n \in \mathbf{N}}$ converge uniformément vers 0 dans $K(R)$ et est une suite de solutions de (10.37), on a

$$I(n, R) \underset{n \to \infty}{\longrightarrow} 0. \tag{10.40}$$

Pour obtenir (10.40), la seule difficulté est de montrer que $\displaystyle\int_{K(R)} |\nabla u_n|^2$ converge vers 0. On raisonne comme suit. On choisit $\varphi \in \mathcal{D}(K(R+1))$ telle que $|\nabla \varphi| \leq C$ et $\varphi \equiv 1$ dans $K(R)$. Alors,

$$\int_{\mathbf{R}^3} (-\Delta u_n) u_n \varphi^2 = \int_{\mathbf{R}^3} |\nabla u_n|^2 \varphi^2 + 2 \int_{\mathbf{R}^3} \varphi \nabla \varphi \cdot u_n \nabla u_n. \tag{10.41}$$

Le membre de gauche tend vers 0 à cause de (10.37) et (10.38). Le deuxième terme du membre de droite peut être contrôlé par l'inégalité de Cauchy-Schwarz :

$$\left| \int_{\mathbf{R}^3} \varphi \nabla \varphi \cdot u_n \nabla u_n \right| \le \left(\int_{\mathbf{R}^3} \varphi^2 |\nabla u_n|^2 \right)^{1/2} \left(\int_{\mathbf{R}^3} u_n^2 |\nabla \varphi|^2 \right)^{1/2}$$

$$\le C \left(\sup_{K(R+1)} u_n \right) \left(\int_{\mathbf{R}^3} \varphi^2 |\nabla u_n|^2 \right)^{1/2}, \quad (10.42)$$

où C ne dépend pas de n. De (10.41) et (10.42), on déduit que dès que n est assez grand pour avoir $\sup\limits_{K(R+1)} u_n \le 1$,

$$\left(\int_{\mathbf{R}^3} \varphi^2 |\nabla u_n|^2 \right) - 2C \left(\int_{\mathbf{R}^3} \varphi^2 |\nabla u_n|^2 \right)^{1/2} \le \int_{\mathbf{R}^3} \varphi^2 |\nabla u_n|^2 - 2C \sup_{K(R+1)} u_n$$

$$\times \left(\int_{\mathbf{R}^3} \varphi^2 |\nabla u_n|^2 \right)^{1/2}$$

$$\le \int_{\mathbf{R}^3} \varphi^2 |\nabla u_n|^2$$

$$+ 2 \int_{\mathbf{R}^3} \varphi \nabla \varphi \cdot u_n \nabla u_n$$

$$= \int_{\mathbf{R}^3} -\Delta u_n u_n \varphi^2.$$

Comme le membre de droite tend vers 0, il est en particulier borné, par une constante C'. Donc

$$\int \varphi^2 |\nabla u_n|^2 - 2C \left(\int \varphi^2 |\nabla u_n|^2 \right)^{1/2} \le C'$$

ce qui montre que la suite $\left(\int_{\mathbf{R}^3} \varphi^2 |\nabla u_n|^2 \right)_{n \in \mathbf{N}}$ est bornée, et en reportant cette information dans (10.42) on obtient que $\left(\int_{\mathbf{R}^3} \varphi \nabla \varphi \cdot u_n \nabla u_n \right)_{n \in \mathbf{N}}$ tend vers 0. Ensuite, (10.41) implique que $\left(\int_{\mathbf{R}^3} \varphi^2 |\nabla u_n|^2 \right)_{n \in \mathbf{N}}$ converge aussi vers 0, ce qui donne $\int_{K(R)} |\nabla u_n|^2 \longrightarrow 0$ quand n tend vers l'infini, R étant fixé. (10.40) est donc vérifiée.

Définissons maintenant

$$I_{per} = \inf \left\{ \int_{K(0)} |\nabla u|^2 + \frac{3}{5} \int_{K(0)} |u|^{10/3} + \int_{K(0)} V u^2, \quad u \in H^1_{per}(K(0)) \right\}.$$
$$(10.43)$$

Cette quantité est strictement négative. En effet, soit $\lambda_1 = \lambda_{1,per}(-\Delta + V, K(0))$ la première valeur propre avec données au bord périodiques et v la première fonction propre associée. On pose $u = \varepsilon v$ et on regarde

$$\int_{K(0)} |\nabla u|^2 + \frac{3}{5} \int_{K(0)} |u|^{10/3} + \int_{K(0)} Vu^2$$

$$= \varepsilon^2 \int_{K(0)} |\nabla v|^2 + \frac{3}{5}\varepsilon^{10/3} \int_{K(0)} |v|^{10/3} + \varepsilon^2 \int_{K(0)} Vv^2.$$

Pour ε assez petit, le membre de droite se comporte comme $\varepsilon^2 \lambda_1$ et est donc strictement négatif, ce qui entraîne

$$I_{per} < 0.$$

Soit maintenant w la fonction périodique minimisant I_{per}, et soit $w_{n,R}$ la fonction sur le cube $K(R)$ qui est égale à w dans $K(R-1)$, et que l'on prolonge de façon telle que la condition au bord $w_{n,R}|_{\partial K(R)} = u_n$ soit vérifiée. Il est facile de voir que

$$\int_{K(R)} |\nabla w_{n,R}|^2 + \frac{3}{5} \int_{K(R)} |w_{n,R}|^{10/3} + \int_{K(R)} Vw_{n,R}^2 = (2R-1)^3 I_{per} + O(R^2).$$

Donc on peut choisir R assez grand pour que, uniformément en n, on ait

$$I(n, R) \leq -1,$$

ce qui contredit (10.40) et achève le raisonnement par l'absurde. Il existe donc une constante strictement positive, notée ν dans la suite, qui minore sur $\mathbb{R}^3$ toutes les solutions positives de (10.37). Nous allons maintenant pouvoir construire notre solution minimale non triviale.

Pour R fixé, on définit sur B_R le problème de minimisation suivant

$$I(R) = \inf \left\{ \int_{B_R} |\nabla u|^2 + \frac{3}{5}c \int_{B_R} |u|^{10/3} + \int_{B_R} Vu^2, \right.$$
$$\left. u \in H^1(B_R), \quad u|_{\partial B_R} = \nu \right\}. \tag{10.44}$$

La fonctionnelle d'énergie étant convexe strictement, il existe un unique minimiseur positif de (10.44), qu'on note $\underline{u}_R$, et qui vérifie

$$\begin{cases} -\Delta \underline{u}_R + V\underline{u}_R + c\underline{u}_R^{7/3} = 0, \\ \underline{u}_R|_{B_R} = \nu. \end{cases}$$

Le même principe de comparaison que celui qu'on a appliqué ci-dessus montre que toute solution u non triviale de

$$\begin{cases} -\Delta u + Vu + cu^{7/3} = 0, \\ u \geq 0, \end{cases}$$

vérifie

$$u \geq \underline{u}_R$$

dans B_R.

Par le même raisonnement que celui utilisé juste ci-dessus, on sait que sur tout ensemble compact $K \subset \mathbb{R}^3$, il existe une constante $\mu > 0$ telle que, pour R assez grand vérifiant $K \subset B_R$, on ait

$$\underline{u}_R \geq \mu > 0 \quad \text{dans } K. \tag{10.45}$$

En effet, si ceci n'est pas vrai, on a l'existence d'une suite telle que

$$\inf_K \underline{u}_R \underset{R \to +\infty}{\longrightarrow} 0$$

sur un certain compact K, donc

$$\inf_{B_R} \underline{u}_R \underset{R \to +\infty}{\longrightarrow} 0,$$

et on obtient une contradiction en raisonnant comme ci-dessus.

De plus, puisque $(\underline{u}_R)_{R>0}$ est bornée dans L^∞, $(\nabla \underline{u}_R)_{R>0}$ est bornée dans L^2_{loc}. Donc $(\underline{u}_R)_{R>0}$ est bornée dans H^1_{loc} et converge faiblement dans H^1_{loc} et fortement dans L^p_{loc} pour $1 \leq p < \infty$, vers un certain $\underline{u}$ qui est une solution sur $\mathbb{R}^3$ de

$$\begin{cases} -\Delta \underline{u} + c\underline{u}^{7/3} + V\underline{u} = 0, \\ \underline{u} \geq 0. \end{cases}$$

A cause de (10.45), $\underline{u} > 0$, et par suite

$$\underline{u} \geq \nu.$$

Puisque toute solution u vérifie $u \geq u_R$ dans B_R pour tout R, on a $u \geq \underline{u}$, et donc $\underline{u}$ est la solution minimale non triviale.

10.4.4 Etape 3 : minimale = périodique = maximale

Revenons tout d'abord à la solution maximale $\bar{u}$. Il est facile de voir qu'elle est nécessairement périodique. En effet, si e_i est un vecteur unitaire définissant le cube de périodicité de V, $\bar{u}(\cdot + e_i)$ est solution et donc

$$\bar{u}(\cdot + e_i) \leq \bar{u}.$$

De même, $\bar{u}(\cdot - e_i)$ est aussi solution et donc

$$\bar{u}(\cdot - e_i) \leq \bar{u}.$$

Par conséquent,

$$\bar{u}(\cdot + e_i) = \bar{u},$$

c'est-à-dire que $\bar{u}$ est périodique.

Or on sait en vertu de l'étape préliminaire que la solution périodique positive est unique. Donc la solution maximale est *la* solution périodique positive. Réciproquement, la solution périodique positive est donc maximale.

Mais alors, si on regarde maintenant $\underline{u}$, et si on la compare avec $\underline{u}(\cdot \pm e_i)$, on en déduit, comme on l'a fait ci-dessus pour la solution maximale que $\underline{u}$ est périodique. Il résulte que $\underline{u}$ est maximale. Le fait que la solution minimale soit maximale prouve bien sûr l'unicité de la solution.

Finalement, nous avons donc prouvé le résultat suivant :

Proposition 10.1. *Soit c une constante positive et V un potentiel périodique continu (ou, par généralisation admise ici, dans $L^p_{loc}(\mathbb{R}^3)$, pour un certain $p > \frac{21}{8}$). On suppose (ce qui est en fait une condition nécessaire d'existence de solution) que la première valeur propre de l'opérateur $-\Delta + V$ avec des conditions au bord périodiques est strictement négative. On considère l'équation :*

$$-\Delta u + Vu + cu^{7/3} = 0.$$

Alors il existe une unique solution $u \geq 0$, $u \not\equiv 0$ dans $H^1_{loc}(\mathbb{R}^3)$. De plus, $u > 0$ et u est périodique.

10.5 L'unicité pour un système d'équations

Comme annoncé dans l'introduction de ce chapitre, nous ne donnons pas dans cette section toute la preuve de l'unicité pour le système d'équations obtenu pour le modèle périodique de Thomas-Fermi-von Weizsäcker, à savoir

$$\begin{cases} -\Delta u + u^{7/3} - \phi u = 0, \\ u \geq 0, \\ -\Delta \phi = m - u^2. \end{cases}$$

Nous donnons seulement, dans un cadre régulier, la preuve de l'unicité quand les solutions (u, ϕ) sont telles que u est uniformément minorée par une constante stritement positive sur tout l'espace $\mathbb{R}^3$. Une telle propriété est en fait, sous certaines hypothèses convenables sur la distribution de noyaux m, une conséquence même du fait que u est solution. Mais nous ne rentrerons pas dans ce détail, et nous nous contentons donc de montrer la proposition suivante.

Proposition 10.2. *Soit m une fonction continue sur $\mathbb{R}^3$ (on peut faire beaucoup moins régulier). On considère une solution (u, ϕ) de*

$$\begin{cases} -\Delta u + u^{7/3} - \phi u = 0, \\ -\Delta \phi = m - u^2, \end{cases} \tag{10.46}$$

où on suppose que $u \in L^\infty(\mathbb{R}^3)$, $\phi \in L^\infty(\mathbb{R}^3)$ et $\inf_{\mathbb{R}^3} u > 0$.

Alors une telle solution est unique.

Preuve de la Proposition 10.2.

Considérons deux solutions (u, ϕ) et (v, ψ) dans $(L^\infty(\mathbb{R}^3))^2$ du système ci-dessus et notons $\mu > 0$ une constante telle que $u \geq \mu$ et $v \geq \mu$. On a

$$\begin{cases} -\Delta u + u^{7/3} - \phi u = 0, \\ -\Delta v + v^{7/3} - \psi v = 0, \end{cases} \tag{10.47}$$

et donc, en notant $w = u - v$,

$$-\Delta w + u^{7/3} - v^{7/3} - (\phi u - \psi v) = 0.$$

Il nous faut prouver que $w = 0$.

<u>Première étape</u>

Soit $\xi \in \mathcal{D}(\mathbb{R}^3)$. En multipliant l'équation par $w\,\xi^2$ et en intégrant sur $\mathbb{R}^3$, on obtient

$$\int_{\mathbb{R}^3} -\Delta w\, w\, \xi^2 + \int_{\mathbb{R}^3} \left(u^{7/3} - v^{7/3} \right) w\, \xi^2 - \int_{\mathbb{R}^3} (\phi u - \psi v)\, w\, \xi^2 = 0. \tag{10.48}$$

Il s'agit d'abord de remarquer que l'on a d'une part

$$\int_{\mathbb{R}^3} -\Delta w \cdot w\xi^2 = \int_{\mathbb{R}^3} |\nabla(w\xi)|^2 - \int_{\mathbb{R}^3} w^2 |\nabla \xi|^2, \tag{10.49}$$

alors que d'autre part,

$$\phi u - \psi v = \frac{\phi + \psi}{2} w + \frac{\phi - \psi}{2}(u + v). \tag{10.50}$$

Comme u et v sont minorées par $\mu > 0$, il existe une constante $\nu > 0$ telle que

$$\left(u^{7/3} - v^{7/3} \right)(u - v) \geq \frac{1}{2}\left(u^{4/3} + v^{4/3} \right)(u - v)^2 + \nu(u - v)^2,$$

c'est-à-dire

$$\left(u^{7/3} - v^{7/3} \right) w \geq \frac{1}{2}\left(u^{4/3} + v^{4/3} \right) w^2 + \nu w^2. \tag{10.51}$$

Notons alors

$$L = -\Delta + \frac{1}{2}\left(u^{4/3} + v^{4/3} \right) - \frac{\phi + \psi}{2}, \tag{10.52}$$

et remarquons que l'opérateur L est positif ou nul sur un ensemble de fonctions qui tendent vers 0 assez vite à l'infini. Comme u et v sont des solutions strictement positives de (10.47), on a, par un raisonnement déjà utilisé à section précédente,

$$\begin{cases} \lambda_1(-\Delta + u^{4/3} - \phi, \Omega) > 0, \\ \lambda_1(-\Delta + v^{4/3} - \psi, \Omega) > 0, \end{cases} \tag{10.53}$$

pour tout ouvert borné Ω de $\mathbf{R}^3$, où on a noté $\lambda_1(H, \Omega)$ la première valeur propre de H sur Ω avec conditions au bord de Dirichlet. De (10.53) on déduit alors

$$\lambda_1(L, \Omega) \geq 0. \tag{10.54}$$

En regroupant (10.49), (10.50), (10.51), on obtient à partir de (10.48)

$$\langle L(w\xi), (w\xi) \rangle + \nu \int_{\mathbf{R}^3} w^2 \xi^2 \leq \int_{\mathbf{R}^3} w^2 |\nabla \xi|^2 + \int_{\mathbf{R}^3} \frac{\phi - \psi}{2} (u^2 - v^2) \xi^2. \tag{10.55}$$

Comme $-\Delta(\phi - \psi) = -(u^2 - v^2)$, on a

$$\int_{\mathbf{R}^3} \frac{\phi - \psi}{2} (u^2 - v^2) \xi^2 = \frac{1}{2} \int_{\mathbf{R}^3} (\phi - \psi) \Delta(\phi - \psi) \xi^2$$
$$= -\frac{1}{2} \int_{\mathbf{R}^3} |\nabla((\phi - \psi)\xi)|^2 + \frac{1}{2} \int_{\mathbf{R}^3} (\phi - \psi)^2 |\nabla \xi|^2.$$

Et donc (10.55) donne

$$\langle L(w\xi), (w\xi) \rangle + \nu \int_{\mathbf{R}^3} w^2 \xi^2 + \frac{1}{2} \int_{\mathbf{R}^3} |\nabla((\phi - \psi)\xi)|^2$$
$$\leq \int_{\mathbf{R}^3} w^2 |\nabla \xi|^2 + \frac{1}{2} \int_{\mathbf{R}^3} (\phi - \psi)^2 |\nabla \xi|^2, \tag{10.56}$$

d'où, avec (10.54),

$$\nu \int_{\mathbf{R}^3} w^2 \xi^2 + \frac{1}{2} \int_{\mathbf{R}^3} |\nabla(\phi - \psi)\xi|^2 \leq \int_{\mathbf{R}^3} w^2 |\nabla \xi|^2 + \frac{1}{2} \int_{\mathbf{R}^3} (\phi - \psi)^2 |\nabla \xi|^2. \tag{10.57}$$

En utilisant

$$0 = \int_{\mathbf{R}^3} \operatorname{div} ((\phi - \psi)^2 \nabla(\xi^2)) = \int_{\mathbf{R}^3} (\phi - \psi)^2 \Delta(\xi^2) + 2 \int_{\mathbf{R}^3} (\phi - \psi) \nabla(\xi^2) \cdot \nabla(\phi - \psi),$$

la relation (10.57) implique aussi

$$\frac{1}{2} \int_{\mathbf{R}^3} |\nabla(\phi - \psi)|^2 \xi^2 \leq \int_{\mathbf{R}^3} w^2 |\nabla \xi|^2 + \frac{1}{4} \int_{\mathbf{R}^3} (\phi - \psi)^2 |\Delta(\xi^2)|. \qquad (10.58)$$

Si on applique les inégalités (10.57) et (10.58) ci-dessus à une suite de fonctions $(\xi_n)_{n \in \mathbf{N}}$ de $\mathcal{D}(\mathbb{R}^3)$ qui converge vers

$$\xi(x) = \frac{1}{(1 + |x|^2)^{m/2}}, \qquad (10.59)$$

pour un certain exposant $m = \frac{1}{2} + \varepsilon$, $\varepsilon > 0$, on obtient les inégalités (10.57) et (10.58) pour ξ donné par (10.59). De plus, pour le choix (10.59) de ξ, nous avons

$$\int_{\mathbf{R}^3} w^2 |\nabla \xi|^2 \leq \|w\|_{L^\infty}^2 \int_{\mathbf{R}^3} |\nabla \xi|^2 < \infty, \qquad (10.60)$$

$$\int_{\mathbf{R}^3} (\phi - \psi)^2 |\nabla \xi|^2 \leq \|\phi - \psi\|_{L^\infty}^2 \int_{\mathbf{R}^3} |\nabla \xi|^2 < \infty, \qquad (10.61)$$

et

$$\int_{\mathbf{R}^3} (\phi - \psi)^2 |\Delta(\xi^2)| \leq \|\phi - \psi\|_{L^\infty}^2 \int_{\mathbf{R}^3} |\Delta(\xi^2)| < \infty.$$

Donc, on obtient respectivement à partir de (10.57) et (10.58)

$$\int_{\mathbf{R}^3} w^2 \xi^2 < \infty, \qquad (10.62)$$

et

$$\int_{\mathbf{R}^3} |\nabla(\phi - \psi)|^2 \xi^2 < \infty. \qquad (10.63)$$

La preuve se continue maintenant comme suit : nous allons montrer que

$$\int_{\mathbf{R}^3} (\phi - \psi)^2 \xi^2 < \infty.$$

En ajoutant cette information à (10.62), nous allons alors appliquer un argument de changement d'échelle à ξ dans (10.57) ce qui montrera que $w = 0$ à cause du choix particulier que nous avons fait pour ξ dans (10.59).

Deuxième étape

A cause de (10.60) et (10.61), on déduit d'abord de (10.55) que

$$\langle L(w\xi), (w\xi) \rangle < \infty,$$

d'où en explicitant le crochet

$$\int_{\mathbf{R}^3} |\nabla(w\xi)|^2 - \frac{1}{2} \int_{\mathbf{R}^3} (\phi + \psi) w^2 \xi^2 < \infty,$$

et donc, au vu de (10.62),

$$\int_{\mathbf{R}^3} |\nabla(w\xi)|^2 < \infty.$$

Il s'ensuit que

$$\int_{\mathbf{R}^3} |\nabla w|^2 \xi^2 < \infty. \tag{10.64}$$

Revenons maintenant à (10.47) et utilisons (10.50) :

$$-\Delta w = \frac{1}{2}(\phi - \psi)(u + v) + \frac{1}{2}(\phi + \psi)(u - v) - (u^{7/3} - v^{7/3}),$$

d'où nous déduisons

$$\frac{-\Delta w}{u + v} = \frac{1}{2}(\phi - \psi) + \frac{1}{2}\frac{\phi + \psi}{u + v}w - \frac{u^{7/3} - v^{7/3}}{u + v}. \tag{10.65}$$

Chaque terme du membre de droite est dans l'espace

$$X = \left\{ f \in L^1_{\mathrm{loc}}(\mathbb{R}^3), \quad \int_{\mathbf{R}^3} |\nabla f|^2 \xi^2 < \infty \right\}.$$

Pour le premier, il suffit d'utiliser (10.63). Pour les deux autres, on procède comme suit. On commence par noter que u et v sont L^∞. De plus, par hypothèse ϕ, ψ, et donc à cause de l'équation $\nabla\phi$ et $\nabla\psi$ sont aussi L^∞. En particulier, cela implique avec (10.46) que Δu et Δv sont L^∞, donc, par régularité elliptique, u et v sont dans $W^{2,p}$ pour tout p, ce qui entraîne que ∇u et ∇v sont aussi L^∞. On écrit alors

$$\nabla\left(\frac{\phi + \psi}{u + v}w\right) = \frac{\nabla(\phi + \psi)}{u + v}w - \frac{(\phi + \psi)(\nabla u + \nabla v)}{(u + v)^2}w + \frac{\phi + \psi}{u + v}\nabla w.$$

En utilisant que u et v sont minorées par une constante strictement positive et que ϕ, ψ, ∇u, ∇v, $\nabla\phi$, $\nabla\psi$ sont tous L^∞, on voit que cette expression est de la forme $aw + b\nabla w$ où $a \in (L^\infty)^3$ et $b \in L^\infty$. De là, à partir de (10.62) et (10.64), on voit donc que le second terme de (10.65) appartient à l'espace X. Pour le troisième terme de (10.65), on remarque que

$$\nabla\left(\frac{u^{7/3} - v^{7/3}}{u + v}\right) = \frac{7}{3}\frac{u^{4/3} - v^{4/3}}{u + v}\nabla u + \frac{7}{3}\frac{v^{4/3}}{u + v}\nabla w - \frac{u^{7/3} - v^{7/3}}{(u + v)^2}(\nabla u + \nabla v).$$

Ensuite, en utilisant

$$|u^p - v^p| \le C_p \left|u^{p-1} + v^{p-1}\right| |w|,$$

(où C_p désigne une constante qui dépend de $p \ge 1$ mais pas de u et v) à la fois pour $p = \frac{4}{3}$ et $p = \frac{7}{3}$, on obtient, en raisonnant comme ci-dessus, que le troisième terme de (10.65) est aussi dans l'espace X.

Par conséquent,

$$\int_{\mathbf{R}^3} \left| \nabla \left(\frac{-\Delta w}{u+v} \right) \right|^2 \xi^2 < \infty.$$

On écrit ensuite

$$\int_{\mathbf{R}^3} \left[\frac{1}{u+v} |\nabla(-\Delta w)| - |\Delta w| \left| \nabla \left(\frac{1}{u+v} \right) \right| \right]^2 \xi^2 \leq \int_{\mathbf{R}^3} \left| \nabla \left(\frac{-\Delta w}{u+v} \right) \right|^2 \xi^2$$

d'où, puisque u et v sont minorées sur $\mathbf{R}^3$,

$$\int_{\mathbf{R}^3} \left[|\nabla(\Delta w)| - |\Delta w|^2 \left| \frac{\nabla(u+v)}{u+v} \right| \right]^2 \xi^2 \leq C, \qquad (10.66)$$

où C désigne désormais une constante positive. On développe ensuite le membre de gauche de (10.66) et on utilise l'inégalité de Cauchy-Schwarz et (10.66) pour obtenir

$$\int_{\mathbf{R}^3} |\nabla(\Delta w)|^2 \xi^2 \leq C + \left(\int_{\mathbf{R}^3} |\Delta w|^2 \left| \frac{\nabla(u+v)}{u+v} \right|^2 \xi^2 \right)^{1/2} \left(\int_{\mathbf{R}^3} |\nabla(\Delta w)|^2 \xi^2 \right)^{1/2}.$$

En remarquant que ∇u et ∇v sont L^∞ et en utilisant la minoration de u et v, on en déduit que

$$\int_{\mathbf{R}^3} |\nabla(\Delta w)|^2 \xi^2 \leq C + C \left(\int_{\mathbf{R}^3} |\Delta w|^2 \xi^2 \right)^{1/2} \left(\int_{\mathbf{R}^3} |\nabla(\Delta w)|^2 \xi^2 \right)^{1/2}.$$
$$(10.67)$$

D'autre part, en intégrant par parties et en utilisant l'inégalité de Cauchy-Schwartz une fois de plus, on peut écrire

$$\int_{\mathbf{R}^3} |\Delta w|^2 \xi^2 = -\int_{\mathbf{R}^3} \nabla w \cdot \nabla(\Delta w \, \xi^2) \qquad (10.68)$$

$$= -\int_{\mathbf{R}^3} \nabla w \cdot \nabla(\Delta w) \, \xi^2 + \int_{\mathbf{R}^3} \Delta w \, \xi \, \nabla w \cdot \nabla \xi$$

$$\leq \left(\int_{\mathbf{R}^3} |\nabla(\Delta w)|^2 \xi^2 \right)^{1/2} \left(\int_{\mathbf{R}^3} |\nabla w|^2 \xi^2 \right)^{1/2}$$

$$+ \left(\int_{\mathbf{R}^3} |\Delta w|^2 \xi^2 \right)^{1/2} \left(\int_{\mathbf{R}^3} w^2 |\nabla \xi|^2 \right)^{1/2}. \quad (10.69)$$

En regroupant (10.64), (10.62) et (10.60), nous obtenons

$$\int_{\mathbf{R}^3} |\Delta w|^2 \, \xi^2 \leq C + C \left(\int_{\mathbf{R}^3} |\nabla(\Delta w)|^2 \xi^2 \right)^{1/2}. \qquad (10.70)$$

En comparant (10.67) et (10.70),

$$\int_{\mathbf{R}^3} |\nabla(-\Delta w)|^2 \xi^2 < \infty,$$

d'où, en revenant à (10.70),

$$\int_{\mathbf{R}^3} |\Delta w|^2 \xi^2 < \infty. \tag{10.71}$$

Il s'agit de bien noter que c'est la petite manipulation faite sur l'opérateur Laplacien dans (10.69) qui nous a permis d'obtenir (10.71). L'information (10.71) étant stockée, nous revenons maintenant à (10.65) que nous écrivons cette fois de la façon suivante

$$\phi - \psi = 2\frac{1}{u+v}\Delta w - 2\frac{u^{7/3} - v^{7/3}}{u+v} + \frac{\phi + \psi}{u+v}w. \tag{10.72}$$

Par les mêmes arguments que ci-dessus et en utilisant (10.71) pour traiter le premier terme du membre de droite, on voit que (10.72) implique

$$\int_{\mathbf{R}^3} |\phi - \psi|^2 \xi^2 < \infty. \tag{10.73}$$

Ce que nous avons donc obtenu à ce stade du raisonnement, c'est que pour ξ donné par (10.59), on a

$$\begin{cases} \displaystyle\int_{\mathbf{R}^3} w^2 \xi^2 < \infty, \\[2ex] \displaystyle\int_{\mathbf{R}^3} |\phi - \psi|^2 \xi^2 < \infty, \end{cases} \tag{10.74}$$

avec aussi (10.57) qui donne en particulier

$$\nu \int_{\mathbf{R}^3} w^2 \xi^2 \le \int_{\mathbf{R}^3} w^2 |\nabla \xi|^2 + \frac{1}{2}\int_{\mathbf{R}^3} (\phi - \psi)^2 |\nabla \xi|^2. \tag{10.75}$$

Troisième étape

Remplaçons maintenant dans le raisonnement ci-dessus ξ par $\xi_\varepsilon(x) = \xi(\varepsilon x)$. Tout ce que nous avons fait avec ξ est encore valable avec ξ_ε et nous obtenons donc l'inégalité analogue à (10.75) qui donc s'écrit maintenant

$$\nu \int_{\mathbf{R}^3} w^2 \xi_\varepsilon^2 \le \int_{\mathbf{R}^3} w^2 |\nabla \xi_\varepsilon|^2 + \frac{1}{2}\int_{\mathbf{R}^3} (\phi - \psi)^2 |\nabla \xi_\varepsilon|^2. \tag{10.76}$$

Comme

$$|\nabla \xi_\varepsilon|^2 \leq C\varepsilon^2 \xi_\varepsilon^2$$
$$= C\varepsilon^2 \frac{1}{(1 + \varepsilon^2 |x|^2)^m}$$
$$\leq C \frac{\varepsilon^{2-2m}}{(1 + |x|^2)^m}$$
$$= C\varepsilon^{2-2m} \xi^2, \tag{10.77}$$

pour $\varepsilon \leq 1$, on obtient pour tout rayon R,

$$\frac{1}{(1 + \varepsilon^2 R^2)^m} \int_{|x| \leq R} w^2 \leq \int_{|x| \leq R} w^2 \xi_\varepsilon^2 \leq C\varepsilon^{2-2m} \int_{\mathbf{R}^3} (w^2 + \frac{1}{2}(\phi - \psi)^2)\xi^2.$$

En faisant alors tendre ε vers 0 et en utilisant (10.74), nous obtenons $w = 0$ sur $\{|x| \leq R\}$, pour tout R, et donc $w = 0$ sur $\mathbf{R}^3$ tout entier. Finalement, $u = v$. En retournant à (10.47) on en déduit que $\phi = \psi$ puisque $u = v > 0$. C'est la fin de la preuve.

10.6 Résumé

Ce chapitre a été entièrement dévolu à la question de l'unicité des solutions pour une gamme d'EDP non linéaires elliptiques. On a commencé par le cas le plus simple d'une EDP surlinéaire posée sur un ouvert borné avec condition au bord nulle et second membre fixé. Puis on est passé au même problème cette fois posé sur l'espace tout entier. Ensuite, on a regardé un problème d'unicité pour une équation non linéaire homogène (c'est-à-dire à second membre nul ; il s'agit en quelque sorte d'un problème aux valeurs propres non linéaire). Enfin, on a abordé le cas d'un système d'équations, et non plus d'une seule équation. Les trois derniers problèmes analysés sont reliés à des modèles simplifiés de cristaux.

Les techniques que nous avons employées, essentiellement basées sur le principe du maximum, sous des formes plus ou moins sophistiquées, s'appliquent en fait à beaucoup d'autres cas. On retiendra de ce chapitre que montrer l'unicité d'une solution n'est pas une chose facile, surtout quand on ne se place pas dans l'espace d'énergie naturellement associé à l'EDP (c'est-à-dire l'espace fonctionnel qui donne un sens au problème variationnel associé). Cependant, une certaine stratégie générale d'attaque de ce problème d'unicité existe : comparer des solutions entre elles, construire des solutions particulières, comparer avec des solutions explicites de problèmes voisins,... Ce qui fait fonctionner de telles techniques dans notre contexte, c'est essentiellement que quelque part dans le problème est cachée de la convexité (en réalité la convexité de la fonctionnelle d'énergie naturellement associée - ainsi on a très souvent dans les pages qui précèdent utilisé la convexité de $t \mapsto t^{7/3}$).

Face à une question d'unicité, on pourra toujours essayer *d'abord* de telles techniques. Elles fournissent déjà une "boite à outils" qui permet de s'en sortir dans beaucoup de cas. Si elles échouent toutes, il restera à faire preuve d'imagination...

10.7 Pour en savoir plus

Commençons par mentionner que les deux meilleures références pour tout ce qui est principe du maximum et résultats assimilés (différentes formes de l'inégalité de Harnack, ...) sont, dans l'ordre croissant de difficulté de lecture
- M.H. Protter and H.F. Weinberger, *Maximum Principles in Differential Equations*, Springer,
- D. Gilbarg and N.S. Trudinger, *Elliptic partial differential equations of second order*, Springer.

Les résultats d'unicité pour les EDP non linéaires sont nombreux, et il est clairement hors d'atteinte de les citer tous. Nous mentionnons seulement les études dont sont extraits les raisonnements que nous avons détaillés ici sous des hypothèses simplificatrices. La preuve présentée à la section 10.3 et son extension au cas où le second membre m de (10.15) est $L^1_{loc}(\mathbb{R}^N)$ provient de
- H. Brézis, *Semilinear equations in* $\mathbb{R}^N$ *without condition at infinity*, Appl. Math. Optim. 12 (1984) 271-282,

dont le titre est assez explicite. Une étude essentielle avait précédé cet article
- Ph. Bénilan, H. Brézis and M.G. Crandall, *A semilinear equation in* $L^1(\mathbb{R}^N)$, Ann. Scuo. Norm. Pisa 2 (1975) 523-555,

dans laquelle est traité le cas où $m \in L^1(\mathbb{R}^N)$ et $u \in L^p(\mathbb{R}^N)$ dans (10.15).

Les preuves de la section 10.4 sont reliées à des idées déjà exposées dans
- J-F. Léon, *Existence and uniqueness of positive solutions for semi-linear elliptic equations on unbounded domains*, Comm. Part. Diff. Equ. 13 (1988) 1223-1234,
- J-F. Léon, *Existence et unicité de la solution positive de l'équation TFW sans répulsion électronique*, Math. Mod. and Num. Anal. 21 (1987) 641-654,

concernant les équations de type (10.26) dans des cas où le potentiel V n'est pas périodique, par exemple $V = -\dfrac{1}{|x|}$. Au passage on s'est appuyé sur des techniques de comparaison avec des solutions explosives au bord qu'on trouvera dans
- L. Véron, *Semilinear elliptic equations with uniform blow-up on the boundary*, J. Anal. Math. 59 (1992) 231-250.

Pour un potentiel V périodique, beaucoup plus général que continu, l'étude complète est présentée dans
- I. Catto, C. Le Bris and P-L. Lions, *Mathematical Theory of Thermodynamic Limits : Thomas-Fermi type models*, Oxford Mathematical Monographs, Oxford University Press 1998,

où on trouvera aussi des cas plus difficiles, comme par exemple le cas d'une équation du type

$$-\Delta u + Vu + u^{7/3} + \left(u^2 \star W\right) u = 0$$

pour V périodique et W un potentiel à courte portée, ainsi que le cas du vrai modèle de Thomas-Fermi-von Weizsäcker coulombien, qui conduit à *un système* d'EDP, à savoir celui traité dans un cadre simplifié à la Section 10.5. Tous ces résultats sont résumés dans

- I. Catto, C. Le Bris and P-L. Lions, *Limite thermodynamique pour des modèles de type Thomas-Fermi*, Note aux Comptes Rendus de l'Académie des Sciences, Série I, 322 (1996) 357-364,

où on pourra déjà lire un résumé de la motivation physique de ces problèmes mathématiques particuliers, et quelques remarques sur le lien qu'ils entretiennent avec les problèmes physiques dits de *stabilité de la matière*. Pour des développements ultérieurs concernant des modèles plus sophistiqués, on pourra aussi se reporter, pour les aspects physiques, à

- M. Defranceschi and C. Le Bris, *Computing a molecule in its environment : A mathematical viewpoint.*, International Journal of Quantum Chemistry 71 (1999) 227-250,

puis à

- I. Catto, C. Le Bris and P-L. Lions, *Sur la limite thermodynamique pour des modèles de type Hartree et Hartree-Fock*, Note aux Comptes Rendus de l'Académie des Sciences, Série I, 327 (1998) 259-266,

pour un résumé des résultats obtenus sur des modèles plus sophistiqués ; les résultats et des preuves étant fournis dans

- I. Catto, C. Le Bris and P-L. Lions, *On some periodic Hartree-type models for crystals*, Annales de l'Institut Henri Poincaré, Analyse non linéaire, 19 (2002) 143-190,
- I. Catto, C. Le Bris and P-L. Lions, *On the thermodynamic limit for Hartree-Fock type models*, Annales de l'Institut Henri Poincaré, Analyse non linéaire, 18 (2001) 687-760.

L'ensemble de ces travaux a été résumé dans

- I. Catto, C. Le Bris and P-L. Lions, *Recent mathematical results on the quantum modelling of crystals*, Lecture Notes in Chemistry 74 (2000) 95-119.

Enfin, les aspects numériques reliés à ces modèles de structure électronique de la phase solide sont par exemple exposés (par un mathématicien !) dans

- X. Blanc, *A mathematical insight into ab initio simulations of the solid phase*, Lecture Notes in Chemistry 74 (2000) 133-158.

11

Ouvertures

Comme son nom l'indique, ce dernier chapitre a pour but d'ouvrir le lecteur vers d'autres sujets. Ces points n'ont pas été abordés jusqu'ici

- soit parce que les notions auxquelles ils font appel sont trop avancées pour un cours introductif comme celui-ci,
- soit parce que ces notions sont trop éloignées du bagage naturel dont dispose un doctorant en mathématiques appliquées,
- soit parce que les champs scientifiques en question quoique parfaitement matures du point de vue physico-chimique sont encore trop en friche, du point de vue de l'analyse mathématique ou de l'analyse numérique, pour faire l'objet d'un cours structuré ou d'un traité.

Ce chapitre est donc par construction une mosaïque de questions "partant tous azimuts". Chaque sujet est seulement survolé. Il n'est plus du tout question, ici, de fournir un texte auto-consistant. Au mieux, il s'agit de faire sentir au lecteur les enjeux du domaine et de lui donner une idée des questions que les chercheurs se posent. Au lecteur de se reporter à la bibliographie, ou même de s'approprier lui-même le sujet, s'il veut en savoir plus.

11.1 Méthodes rapides pour les grands systèmes

Comme nous l'avons vu à la section 6.2.5, les algorithmes SCF font appel à chaque itération à une sous-routine consistant à résoudre le "sous-problème linéaire"

$$\inf \left\{ \operatorname{Tr}(FD), \quad D \in \mathcal{M}_S(N_b), \quad DSD = D, \quad \operatorname{Tr}(SD) = N \right\} \qquad (11.1)$$

où F est une matrice symétrique donnée (une pseudo-matrice de Fock) et S une matrice symétrique définie positive donnée (la matrice de recouvrement). Rappelons que le problème (11.1) est équivalent au problème

$$\inf \left\{ \operatorname{Tr}\left(FCC^T\right), \quad C \in \mathcal{M}(N_b, N), \quad C^T S C = I_N \right\}. \qquad (11.2)$$

Typiquement, l'entier N_b (taille de la base d'orbitales atomiques) est de l'ordre de $m \times N$ (N désigne le nombre d'électrons) pour un entier m compris entre 2 et 10.

L'approche directe pour résoudre (11.1), ou de façon équivalente (11.2), consiste à diagonaliser F, ou plus précisément à résoudre le problème aux valeurs propres généralisé $F\Phi = \epsilon S\Phi$, et à collecter les N vecteurs propres associés aux N plus petites valeurs propres de ce problème. La complexité algorithmique de cette approche est donc de l'ordre de N_b^3 (voir par exemple [79]).

Pour les systèmes moléculaires de grande taille, ce coût de calcul est prohibitif. Fort heureusement, d'autres approches basées sur les trois remarques suivantes permettent de réduire cette complexité algorithmique :

1. pour des systèmes de grande taille, les matrices F et S sont creuses. Ceci vient du fait que les coefficients de F et S sont de la forme

$$F_{\mu\nu} = \frac{1}{2} \int_{\mathbf{R}^3} \nabla\chi_\mu \cdot \nabla\chi_\nu + \int_{\mathbf{R}^3} V_{\text{eff}}\chi_\mu\chi_\nu, \qquad S_{\mu\nu} = \int_{\mathbf{R}^3} \chi_\mu\chi_\nu$$

où V_{eff} est un potentiel effectif local (en tout cas pour le modèle de Kohn-Sham), et que chaque orbitale atomique χ_μ est essentiellement localisée autour d'un noyau ;

2. il est inutile de déterminer chacun des N vecteurs propres Φ_i associés aux N plus petites valeurs propres, puisqu'on s'intéresse en fait au "projecteur" $D = \displaystyle\sum_{i=1}^{N} \phi_i \phi_i^T$ (on a mis le terme "projecteur" entre guillemets car D satisfait en fait $DSD = D$, et n'est donc un projecteur que lorsque $S = I_N$) ;

3. lorsque le système moléculaire simulé est un isolant, autrement dit lorsqu'il y a un gap assez grand entre la HOMO et la LUMO ($\epsilon_{N+1} - \epsilon_N = \gamma > 0$), le "projecteur" D est une matrice creuse, et il existe un $C \in \mathcal{M}(N_b, N)$ tel que $D = CC^T$ et $C^T SC = I_N$, creux lui-aussi.

Cette dernière affirmation est loin d'être une évidence mais elle est fondée par des considérations physiques et est vérifiée dans les simulations numériques. En outre, elle peut être démontrée dans des cas simples [127]. Les méthodes que nous allons maintenant décrire permettent d'obtenir, en tout cas sur le papier, une complexité linéaire (asymptotiquement, le temps de calcul double lorsque la taille du système double). On peut les classer en deux catégories :

– les méthodes de pénalisation des contraintes,
– les méthodes d'approximation.

Nous laissons volontairement de côté les méthodes de décomposition de domaines, dont l'état de développement n'est pas assez avancé à l'heure actuelle pour figurer dans ce cours.

Soulignons cependant que les méthodes décrites ci-dessous ne sont pas complètement satisfaisantes pour les systèmes isolants (et sont vraisemblablement largement perfectibles), et qu'elles ne fonctionnent pas pour des systèmes métalliques (pour lesquels le gap γ est nul). La construction d'algorithmes de complexité linéaire véritablement efficaces demeure donc un sujet de recherche actif.

11.1.1 Méthodes de pénalisation

Les méthodes de pénalisation consistent à éliminer les contraintes d'orthonormalité (dans (11.2)) ou d'idempotence (dans (11.1)) en construisant des fonctions de pénalisation exacte de ces contraintes. Cette technique consiste à remplacer le problème d'optimisation *sous* contraintes générique

$$\inf\{f(x), \quad x \in \mathbb{R}^n, \quad c(x) = 0\} \tag{11.3}$$

par un problème d'optimisation *sans* contrainte

$$\inf\{h(x), \quad x \in \mathbb{R}^n\} \tag{11.4}$$

tel que tout minimiseur local de (11.3) soit un minimiseur local de (11.4) (la réciproque étant rarement vérifiée). On utilise ensuite un algorithme de minimisation sans contrainte standard (cf. section 6.3.1) pour résoudre (11.4).

Ainsi, la méthode OM (*Orbital Minimization* [174]) consiste à remplacer (11.2) par

$$\inf\left\{\mathrm{Tr}\left(FC(2 - C^T S C)C^T\right), \quad C \in \mathcal{M}(N_b, N)\right\} \tag{11.5}$$

et la méthode DMM (*Density Matrix Minimization* [145]) à remplacer (11.1) par

$$\inf\left\{\mathrm{Tr}\left(F_\mu(3DSD - 2DSDSD)\right), \quad D \in \mathcal{M}_S(N_b), \quad \mathrm{Tr}(SD) = N\right\} \tag{11.6}$$

où $F_\mu = F - \mu I$, μ désignant le niveau de Fermi, c'est-à-dire un nombre de l'intervalle $]-\epsilon_N, \epsilon_{N+1}[$. On pourra vérifier en exercice que dans les deux cas, il s'agit bien de méthodes de pénalisation exacte. Notons qu'utiliser (11.6) nécessite de connaître le niveau de Fermi. Comme c'est une inconnue du problème, il faut coupler la résolution de (11.6) avec un algorithme itératif de calcul de μ. C'est un problème beaucoup plus facile que celui dont on discute.

L'analyse numérique des algorithmes de descente associés aux problèmes (11.5) et (11.6) est facile si l'on suppose que toutes les opérations sont effectuées en arithmétique exacte. Or en pratique, ces algorithmes font appel à des produits matrice-matrice (pour calculer le gradient) qui ne sont effectués que de façon approchée : les deux matrices qu'on cherche à multiplier sont creuses et on cherche à conserver ce caractère creux au cours des itérations en ne stockant que les termes des produits matrice-matrice qui dépassent un certain seuil. En pratique, on constate que les formulations (11.5) et (11.6) fournissent des algorithmes relativement efficaces lorsqu'on démarre au voisinage de la solution, mais très mauvais lorsque ce n'est pas le cas.

11.1.2 Méthodes d'approximation

Les méthodes d'approximation consistent à écrire la solution D de (11.1) sous la forme

$$D = \mathcal{H}(\mu - F)$$

si $S = I_N$, ou

$$D = S^{-1/2}\mathcal{H}(\mu - S^{-1/2}FS^{-1/2})S^{-1/2} = \mathcal{H}(\mu - S^{-1}F)S^{-1} \qquad (11.7)$$

dans le cas général, et à utiliser une approximation standard de la fonction de Heaviside $\mathcal{H}$ pour calculer D de façon approchée. Comme ci-dessus, μ désigne le niveau de Fermi, qui est une inconnue du problème.

Une première voie est d'utiliser une approximation polynômiale de $\mathcal{H}$ de type Chebyshev. Cela donne lieu à la méthode FOE (*Fermi Operator Expansion* [95]), que nous décrivons maintenant en supposant $S = I_{N_b}$. Supposons que l'on dispose d'une borne inférieure $\epsilon_{\min}$ et d'une borne supérieure $\epsilon_{\max}$ du spectre de F, estimations qu'on peut calculer par des méthodes itératives de type Lanczos [79]. Considérons la matrice

$$F' = \alpha F + \beta \quad \text{avec} \quad \alpha = \frac{1}{\max(\epsilon_{max} - \mu, \mu - \epsilon_{min})}, \quad \text{et } \beta = -\alpha\mu.$$

Les coefficients α et β ont été choisis de telle sorte que les vecteurs propres de F correspondant aux valeurs propres de F appartenant à l'intervalle $[-\infty, \mu[$ (resp. $]\mu, +\infty[$) soient des vecteurs propres de F' associés aux valeurs propres de F' appartenant à l'intervalle $[-1, 0[$ (resp. $]0, 1]$). Les valeurs propres de F' sont alors toutes dans l'intervalle $[-1, 1]$, et on vérifie facilement que

$$D = \mathcal{H}(-F').$$

Notons T_j le j-ième polynôme de Chebyshev et par $(c_j)_{0 \leq j \leq +\infty}$ les coefficients de Chebyshev de la fonction $\mathcal{H}(-x)$ sur l'intervalle $[-1, 1]$ (voir par exemple [26]). On a

$$\mathcal{H}(-x) = \sum_{j=0}^{+\infty} c_j T_j(x)$$

et donc

$$D = \sum_{j=0}^{+\infty} c_j T_j(F').$$

La méthode FOE consiste à tronquer l'expression ci-dessus à un certain ordre k. Le calcul effectif de l'expression

$$D_k = \sum_{j=0}^{k} c_j T_j(F')$$

repose sur la relation de récurrence

$$T_{j+1}(F') = 2F'T_j(F') - T_{j-1}(F'), \quad T_0(F') = I_{N_b}, \quad T_1(F') = F',$$

qui permet de calculer indépendamment (et donc en parallèle) chacune des colonnes de la matrice.

Une autre méthode d'approximation que nous ne détaillerons pas ici (voir la référence [175]), est basée sur le fait que si $x_0 \in]-1/2, 3/2[$, la suite $(x_k)_{k \in \mathbf{N}}$ définie par $x_{k+1} = f(x_k)$ avec $f(x) = 3x^2 - 2x^3$, converge vers $\mathcal{H}(1/2 - x_0)$.

11.2 Modèles pour la phase solide

11.2.1 Les modèles pour la structure électronique des cristaux

Nous l'avons dit au Chapitre 10, les questions d'unicité de solutions d'EDP (ou de systèmes d'EDP) que nous avons regardées, sont associées à des questions de limite thermodynamique pour les cristaux. Il s'agit essentiellement de comprendre comment construire des modèles de la phase solide cristalline, ou de justifier des modèles existants. Une stratégie consiste à se livrer à l'expérience de pensée suivante : on remplit peu à peu les sites d'un réseau périodique par des noyaux, tous identiques, et on associe à chaque nombre de noyaux fixés un nombre d'électrons permettant d'obtenir à chaque étape un système neutre. La question est alors : quelle est la structure électronique de l'ensemble ainsi constitué, à savoir une grosse molécule tendant asymptotiquement vers un cristal périodique ?

De nombreuses études, [63, 64, 65, 67, 66, 68], citées à la fin du Chapitre 10, ont démontré que les modèles usuellement employés par les physiciens du solide pour le calcul des structures électroniques étaient bien, en un sens plus ou moins fort, la limite des mêmes modèles valables sur le cas moléculaire, quand la molécule "tend vers le cristal infini". Typiquement, les résultats sont les suivants (avec quelques nuances suivant les modèles, certains modèles étant plus mal connus que d'autres sur ces points) :

- quand le nombre de particules N tend vers l'infini, l'énergie du système moléculaire, divisée par sa taille (c'est-à-dire par N), tend vers l'énergie du système cristallin périodique (i.e. une énergie de la forme (11.9)) ; on retrouve la propriété d'extensivité de l'énergie ;
- dans le même temps, la densité électronique moléculaire tend vers une densité périodique ;
- le problème définissant l'énergie du système cristallin périodique admet un minimiseur ;
- la densité périodique obtenue à la limite $N \longrightarrow +\infty$ correspond bien à la densité du minimiseur du problème périodique, ce qu'on peut exprimer de manière concise en disant que la limite des minimiseurs est égale au minimiseur du problème de minimisation limite.

Quelques questions techniques restent en suspens, mais l'essentiel dans ce domaine semble être réglé.

11.2.2 D'autres systèmes : périodiques, presque, ou pas du tout

Dans la même veine qu'on l'a fait pour les cristaux, on a étudié dans [32] des modèles pour les polymères linéiques (des cristaux mono-dimensionnels) ou des films fins (des cristaux bi-dimensionnels). On a aussi étudié dans [64] des systèmes, mono, bi ou tridimensionnels présentant des géométries non périodiques, mais proches de l'être, comme des géométries dites quasi ou presque périodiques (lesquelles sont effectivement observées, dans des composés appelés *quasi-cristaux*, et synthétisées dans la pratique pour certaines applications particulières).

On a même plus récemment montré dans [35] la validité des raisonnements de limite thermodynamique pour des géométries très générales, pourvu qu'elles exhibent des propriétés "du type de la périodicité ou de ses extensions", mais moins contraignantes.

L'ensemble des cas étudiés peut se résumer dans l'assertion suivante. Fixons-nous un "bon" modèle moléculaire, comme ceux des Chapitres 2, 3, 4 et 5. Pour simplifier, nous supposerons qu'il s'agit du problème de minimisation suivant

$$\inf \left\{ \int_{\mathbf{R}^3} \rho^{5/3} + \int_{\mathbf{R}^3} |\nabla \phi|^2, \quad -\Delta \phi = \sum_{k=1}^{N} \delta_{.-\bar{x}_k} - \rho, \right.$$

$$\left. \phi \text{ et } \rho \text{ fonctions sur } \mathbf{R}^3, \quad \rho \geq 0, \quad \int_{\mathbf{R}^3} \rho = N \right\}. \quad (11.8)$$

Ce problème est en fait une réécriture du modèle de Thomas-Fermi, à quelques détails mathématiques près dans lesquels nous ne voulons pas rentrer ici (mais qui bien sûr peuvent être consultés dans les références bibliographiques). Alors si les noyaux (ici pris de charge unité) placés en les $\bar{x}_k$ tendent vers une structure périodique quand N tend vers l'infini, le modèle obtenu est

$$\inf \left\{ \int_{\Gamma} \rho^{5/3} + \int_{\Gamma} |\nabla \phi|^2, \quad -\Delta \phi = \sum_{k=1}^{\infty} \delta_{.-\bar{x}_k} - \rho, \right.$$

$$\left. \phi \text{ et } \rho \text{ fonctions } \Gamma - \text{périodiques}, \quad \rho \geq 0, \quad \int_{\Gamma} \rho = 1 \right\} \quad (11.9)$$

où Γ désigne le domaine de périodicité de cette structure. De même si la structure limite n'est pas périodique mais permet malgré tout de définir des moyennes de fonctions sur l'espace, le problème de minimisation obtenu sera

$$\inf \left\{ \langle \rho^{5/3} \rangle + \langle |\nabla \phi|^2 \rangle, \quad -\Delta \phi = \sum_{k=1}^{\infty} \delta_{.-\bar{x}_k} - \rho, \right.$$

$$\left. \phi \text{ et } \rho \text{ fonctions ayant une moyenne }, \quad \rho \geq 0, \quad \langle \rho \rangle = 1 \right\} \quad (11.10)$$

où le signe $\langle \cdot \rangle$ désigne la moyenne au sens adéquat, par exemple

$$\langle f \rangle = \lim_{R \longrightarrow +\infty} \frac{1}{\text{Volume}\,(B_R)} \int_{B_R} f.$$

On constate donc sur ces expressions l'extrême "robustesse" de ces modèles : la forme mathématique de la fonctionnelle d'énergie demeure, la relation (ici une EDP) entre le potentiel effectif ϕ et la densité electronique demeure aussi, la contrainte sur le nombre d'électrons demeure enfin ; seul change le domaine d'intégration. Et il change de la manière attendue.

Il nous faut aussi remarquer le lien intime qu'entretiennent ces questions avec la notion dite de *Gamma-limite*, qui est une façon de formaliser la notion de limite d'une suite de problèmes de minimisation.

11.2.3 La matière est-elle périodique ?

Cependant, une question cruciale demeure. Certes on a démontré que, si les noyaux étaient périodiques, alors la densité electronique l'était. Respective-ment, si les noyaux étaient "bien arrangés géométriquement", il en était de même de leur cortège électronique. Mais qui nous dit (à part l'observation expérimentale) que les noyaux sont aussi bien répartis dans l'espace ? Autre-ment dit, pourrait-on démontrer que nos modèles de la chimie quantique *ab initio* reproduisent cette propriété que semble avoir la matière d'être pério-dique (à température nulle), ou au moins d'exhiber un ordre plus ou moins parfait à longue distance ? Mathématiquement, le problème consiste à réaliser l'optimisation de géométrie (comme au Chapitre 6), mais pour une infinité de noyaux (et une infinité "égale" d'électrons). Ce problème est connu en physique sous le nom de *crystal problem*.

Il a été abordé mathématiquement à la fois du point de vue théorique et du point de vue numérique, dans beaucoup de contextes. On sait par exemple montrer des résultats pour un assemblage de sphères dures dans le plan ou l'espace : la configuration d'énergie minimale est périodique (penser à la struc-ture que prend naturellement un tas d'oranges sur l'étal d'un primeur). En atomistique (les atomes sont des boules qui intéragissent entre elles par des forces), des résultats existent, mais ils sont rares. Pour le contexte qui nous intéresse ici, à savoir le contexte quantique, les résultats sont rarissimes. Le seul résultat théorique, [33], est un résultat en une dimension d'espace, montrant effectivement que pour des modèles du type Thomas-Fermi la configuration optimale est effectivement un assemblage périodique de noyaux, lequel est donc, en conséquence des résultats de périodicité évoqués dans ce cours, accompagné d'un nuage électronique lui aussi périodique. Aller au-delà de ce cas monodimensionnel en réglant le cas de la dimension 2 serait une avancée théorique significative.

Il faut bien sûr noter qu'il est possible de poser une question théorique de difficulté intermédiaire, à savoir la question : parmi les géométries périodiques y en a-t-il une d'énergie minimale ? Cette question est en quelque sorte un préalable, puisque si l'on croit au fait que la configuration d'énergie minimale parmi toutes les configurations possibles est périodique, celle-ci sera aussi minimale parmi les configurations périodiques. Ce problème, dit de *géométrie périodique optimale*, a été traité pour les modèles quantiques de ce cours dans les références [31, 30]. Il y est montré qu'effectivement une géométrie périodique optimale existe, mais rien n'est connu sur son éventuelle unicité.

Du point de vue numérique, on peut évidemment aller au delà du cadre restreint des études théoriques. Toute une gamme de résultats numériques obtenus dans beaucoup de contextes et par une grande variété d'outils numériques montrent que pour beaucoup de lois d'interaction interatomiques classiques (aucun modèle quantique raisonnable n'a été traité à ce jour) la configuration la plus stable, sur des grands nombres (évidemment non infinis) de noyaux est périodique. Mais la question surgit alors de savoir si l'on "croit" à une démonstration numérique !

11.3 De la physique des solides à la mécanique des matériaux

Un des objectifs scientifiques majeurs dans lequels les mathématiques appliquées pourraient apporter une contribution significative est la détermination des lois macroscopiques de la matière à partir des lois microscopiques. Réexaminons les sections précédentes dans cet esprit. Imaginons que, partant d'un modèle quantique pour la description de la structure moléculaire d'un matériau, nous voulions parvenir à décrire ses propriétés mécaniques. Formalisons cet objectif de la manière suivante : en mécanique des milieux continus, le problème canonique est de déterminer l'état mécanique d'un corps remplissant le domaine macroscopique Ω, sous l'effet de forces de volume f, de forces au bord g, et sous des conditions au bord imposées. Pour des matériaux élastiques, ce problème correspond à la minimisation

$$\inf \left\{ \int_\Omega W(\varphi)(x)\, dx - \int_\Omega f\, \varphi - \int_{\partial\Omega} g\varphi, \quad \varphi \text{ mécaniquement admissible} \right.$$

$$\left. \text{et vérifiant les conditions au bord imposées} \right\}, \tag{11.11}$$

où φ décrit la déformation du corps en question par rapport à une configuration de référence, et W est une fonctionnelle d'énergie qu'on appelle *densité d'énergie élastique*.

La détermination de cette densité W peut se faire à l'aide d'arguments de mécanique, de campagnes d'expériences sur des matériaux éprouvettes, etc. La difficulté essentielle en ce domaine est que quand les matériaux sont soumis à des conditions extrêmes, ou quand il s'agit de nouveaux matériaux mal connus, la détermination de W n'est souvent pas évidente. D'où l'idée naturelle d'essayer de la déterminer à partir du niveau microsopique.

Comment faire ?

Dans un premier temps, il nous faut passer de la molécule à l'assemblage infini de molécules. Bien sûr, dans la réalité, il ne s'agit pas d'une *infinité* de molécules, mais d'un nombre fabuleusement grand (le nombre d'Avogadro, qui représente le nombre de molécules dans une mole de matière (dans 12 grammes de Carbone 12 par exemple) est de l'ordre de 10^{23}). Un tel nombre, est, du point de vue de la modélisation, égal à l'infini (et ce même si, du point de vue mathématique, cette phrase est une hérésie). En effet, aucun ordinateur ne saurait mener à bien le calcul d'une énergie d'interaction du type

$$\sum_{1 \leq i < j \leq 10^{23}} V(x_i - x_j),\tag{11.12}$$

et il faut donc trouver, même dans le cadre simple d'un potentiel de paire, un autre moyen de calculer l'énergie d'un tel ensemble.

Passer d'une molécule à une infinité d'entre elles, c'est précisément ce que nous avons fait avec notre stratégie de limite thermodynamique.

Mais, il vient alors une seconde étape. Pour obtenir un modèle de comportement mécanique d'un matériau donné, il faut regarder ce matériau à l'échelle macroscopique (le mètre, ou au moins le millimètre) alors que pour le moment nos modèles d'énergie restent microscopiques. Ainsi, la mesure de l'espace $\mathbb{R}^3$ que nous manipulons correspond à une échelle microscopique (voir par exemple (11.9)). Il s'agit donc maintenant de *changer d'échelle*.

De nombreuses stratégies existent pour ces questions de changement d'échelles. D'une manière simplissime, elles reviennent toutes à écrire que les modèles de l'échelle atomique sont à l'échelle ε (remplacer par exemple la distance $|\bar{x}_i - \bar{x}_j|$ entre deux noyaux par $\varepsilon|\bar{x}_i - \bar{x}_j|$), et à laisser dans ces modèles ε tendre vers 0 *en même temps* que le nombre de particules N tend vers l'infini. Nous ne pouvons pas décrire toutes les stratégies (certaines sont encore reliées aux questions de Gamma-limite déjà évoquées ci-dessus). Contentons-nous d'en mentionner une récente, [36, 34], consistant à remplacer la somme (11.12) par une intégrale adéquate, et à en déduire une forme particulière de fonctionnelle W à savoir

$W(\varphi)(x) =$ Energie microscopique (modèle du type (11.9) par exemple)

du cristal périodique de référence déformé par l'application

linéaire $\nabla\varphi(x)$ $\qquad\qquad\qquad\qquad\qquad\qquad\qquad\qquad$ (11.13) pour le cas d'un matériau mécanique qui, vu à l'échelle microscopique, est un cristal parfait. Ainsi, pour l'exemple du modèle (11.9), on aurait comme premier terme de la fonctionnelle d'énergie dans (11.11)

$$
\int_{\Omega} \left(\inf \left\{ \int_{(\nabla \varphi(x)) \cdot \Gamma} \rho^{5/3} + \int_{(\nabla \varphi(x)) \cdot \Gamma} |\nabla \phi|^2, \quad -\Delta \phi = \sum_{k=1}^{\infty} \delta_{(\nabla \varphi(x)) \cdot \bar{x}_k} - \rho, \right.\right.
$$
$$
(\phi, \rho) \text{ fonctions } [(\nabla \varphi(x)) \cdot \Gamma] - \text{périodiques}, \quad \rho \geq 0,
$$
$$
\left.\left. \int_{\nabla \varphi(x) \Gamma} \rho = 1 \right\} \right) \, dx. \tag{11.14}
$$

On pourrait de même, et des travaux sont en cours dans cette direction, tenter de dériver explicitement ainsi des énergies de surface (très utiles pour la chimie des solides, qui se situe essentiellement à la surface de ceux-ci), des énergies d'interface dans les matériaux, des énergies de dislocations (cause de la plasticité dans les matériaux cristallins), etc.

Dans ce domaine encore, rien n'est clos du point de vue mathématique, et les années qui viennent sont susceptibles d'amener de nombreux progrès.

Sur le plan numérique, de nombreuses stratégies sont en train de se mettre en place pour simuler des matériaux à l'aide d'énergies du type (11.14). La recherche en calcul scientifique est très active dans un tel domaine.

11.4 Modèles *ab initio* pour les problèmes dépendant du temps

Les réactions chimiques sont des phénomènes fondamentalement dynamiques. Pour les étudier, il est nécessaire de simuler l'évolution du système, autrement dit de résoudre l'équation de Schrödinger dépendant du temps

$$
i \frac{\partial}{\partial t} \Psi = H \Psi, \tag{11.15}
$$

dans laquelle l'opérateur

$$
H = -\sum_{k=1}^{M} \frac{1}{2m_k} \Delta_{\bar{x}_k} - \sum_{i=1}^{N} \frac{1}{2} \Delta_{x_i} - \sum_{i=1}^{N} \sum_{k=1}^{M} \frac{z_k}{|x_i - \bar{x}_k|} \tag{11.16}
$$
$$
+ \sum_{1 \leq i < j \leq N} \frac{1}{|x_i - x_j|} + \sum_{1 \leq k < l \leq M} \frac{z_k \, z_l}{|\bar{x}_k - \bar{x}_l|}
$$

désigne l'hamiltonien du système et

$$
\Psi(t; \bar{x}_1; \cdots; \bar{x}_M; x_1; \cdots; x_N)
$$

la fonction d'onde complète du système (électrons + noyaux). Ici, on a de nouveau utilisé des unités telles que toutes les constantes (masses, charges,...) valent 1 (sauf la masse m_k des noyaux qu'on a gardée), et on a de même oublié volontairement les variables de spin.

Comme dans le cadre stationnaire, on ne peut attaquer directement la résolution numérique de l'équation de Schrödinger (11.15) que pour des systèmes très simples sans grand intérêt pour les applications. Il faut donc avoir recours à des approximations de cette équation. On peut distinguer deux grandes classes d'approximation, qui sont les approximations non adiabatiques et les approximations adiabatiques.

11.4.1 Une approximation non adiabatique

Dans l'esprit de ce qui a été fait pour obtenir l'approximation de Born-Oppenheimer, on peut considérer que les noyaux sont des particules classiques ponctuelles tout en conservant la dynamique quantique des électrons, ce qui fait que l'état du système moléculaire à l'instant t est décrit par

$$\left(\left\{ \bar{x}_k(t), \frac{d\bar{x}_k}{dt}(t) \right\}_{1 \le k \le M}, \psi_e(t) \right),$$

où $\bar{x}_k(t)$ et $\dfrac{d\bar{x}_k}{dt}(t)$ désignent respectivement la position et la vitesse du noyau k et $\psi_e(t)$ la fonction d'onde électronique à l'instant t. Le mouvement des électrons est décrit par l'équation de Schrödinger électronique

$$i \frac{\partial \psi_e}{\partial t} = H_e(t) \, \psi_e, \tag{11.17}$$

où l'hamiltonien électronique s'écrit

$$H_e(t) = -\sum_{i=1}^{N} \frac{1}{2} \Delta_{x_i} - \sum_{i=1}^{N} \sum_{k=1}^{M} \frac{z_k}{|x_i - \bar{x}_k(t)|} + \sum_{1 \le i < j \le N} \frac{1}{|x_i - x_j|}.$$

La dynamique des noyaux est décrite par l'équation de Newton

$$m_k \frac{d^2 \bar{x}_k}{dt^2}(t) = -\nabla_{\bar{x}_k} W(t; \bar{x}_1(t), \cdots, \bar{x}_M(t)), \tag{11.18}$$

avec

$$W(t; \bar{x}_1, \cdots, \bar{x}_M) = -\sum_{k=1}^{M} \int_{\mathbf{R}^3} \frac{z_k \, \rho(t, x)}{|x - \bar{x}_k|} \, dx + \sum_{1 \le k < l \le M} \frac{z_k \, z_l}{|\bar{x}_k - \bar{x}_l|}, \tag{11.19}$$

où

$$\rho(t, x) = N \int_{\mathbf{R}^{3(N-1)}} |\psi_e|^2(t; x, x_2, \cdots, x_N)\, dx_2 \cdots dx_N$$

désigne la densité électronique à l'instant t. Chaque noyau se déplace donc selon une dynamique newtonienne dans le potentiel créé par les autres noyaux et par la distribution électronique moyenne ρ. Ceci s'exprime par le système couplé (11.17)-(11.18)-(11.19). Cette méthode d'approximation est dite *non adiabatique*. Comme dans le cas stationnaire, on ne peut résoudre l'équation de Schrödinger électronique que pour des systèmes de taille toute petite, et donc la pratique est d'insérer en lieu et place de cette équation une de ses approximations, comme par exemple le modèle de Hartree-Fock dépendant du temps. On obtient ainsi le système global

$$\begin{cases} m_k \dfrac{d^2 \bar{x}_k}{dt^2}(t) = -\nabla_{\bar{x}_k} W(t; \bar{x}_1(t), \cdots, \bar{x}_M(t)) \\[2mm] W(t; \bar{x}_1, \cdots, \bar{x}_M) = -\displaystyle\sum_{k=1}^{M} \int_{\mathbf{R}^3} \dfrac{z_k\, \rho(t, x)}{|x - \bar{x}_k|}\, dx + \sum_{1 \le k < l \le M} \dfrac{z_k\, z_l}{|\bar{x}_k - \bar{x}_l|} \\[2mm] \rho(t, x) = \displaystyle\sum_{j=1}^{N} \phi_j^*(t, x)\phi_j(t, x) \\[2mm] i\dfrac{\partial \phi_j}{\partial t} = \mathcal{F}(\mathcal{D}_\Phi)\phi_j \end{cases} \quad (11.20)$$

où $\mathcal{F}(\mathcal{D}_\Phi)$ est l'hamiltonien de Fock introduit au Chapitre 5.

Un système comme (11.20) soulève bien sûr de nombreuses questions mathématiques et numériques. D'abord, on peut se demander s'il est bien posé, c'est-à-dire si quand on lui adjoint des conditions initiales (une collection de couples position/vitesse pour chacun des M noyaux, plus une collection de ϕ_j pour chacun des électrons), on peut prouver l'existence et l'unicité d'une solution sur au moins un intervalle de temps $[0, T]$, $T > 0$. On parle de *montrer que le problème de Cauchy est bien posé*. Ceci a été fait, dans [56], pour un système du type (11.20) (un peu plus simple en fait) mais d'autres cas restent encore à examiner mathématiquement.

Un autre type de questions qu'on peut se poser est de savoir *en quel sens* le système (11.20) est une approximation du système Newton-Schrödinger (11.17)-(11.18)-(11.19). Ceci est une question très délicate, qui en fait pourrait être posée sans le couplage avec les noyaux, et qui concerne la validité des approximations de l'équation de Schrödinger dépendante du temps. Autant la situation est assez claire en ce qui concerne les approximations statiques, autant elle est essentiellement une question ouverte pour les approximations dynamiques. On n'en a pas parlé dans ce cours, mais on sait par exemple que, en un certain sens, c'est-à-dire en prenant une certaine limite quand le nombre d'électrons tend vers l'infini (la charge du noyau faisant de même), le modèle de Hartree-Fock converge vers le modèle de Schrödinger *dans le cadre statique*. Même si un tel résultat est faible, il est au moins rassurant. Rien de tel n'est connu en dynamique. Des efforts, [13], sont actuellement accomplis dans ce sens, mais la route est très certainement encore longue.

Enfin bien sûr, la question de l'analyse mathématique de (11.20) peut être vue comme un préalable à l'analyse numérique d'un tel système. Rien n'est fait dans ce domaine, même si les briques de base pour une telle analyse numérique sont *grosso modo* en place.

11.4.2 L'approximation adiabatique

L'approximation adiabatique est la version dépendante du temps de l'approximation de Born-Oppenheimer. D'un point de vue pratique, elle consiste à considérer que les électrons s'adaptent instantanément aux positions des noyaux, car l'échelle de temps de la dynamique des électrons par l'équation de Schrödinger (11.17) est beaucoup plus petite que l'échelle de temps de la dynamique des noyaux par (11.18). Ceci fait que tout se passe comme si les noyaux évoluaient dans le potentiel moyen

$$W(\bar{x}_1, \cdots, \bar{x}_M) = U(\bar{x}_1, \cdots, \bar{x}_M) + \sum_{1 \leq k < l \leq M} \frac{z_k \, z_l}{|\bar{x}_k - \bar{x}_l|}. \tag{11.21}$$

En règle générale (mais d'autres stratégies sont possibles), on suppose que les électrons sont dans leur état fondamental et U est alors donné par leur énergie dans cet état. Pour calculer le mouvement des noyaux dans le potentiel moyen W, le plus fréquent est d'utiliser la dynamique newtonienne. Le système global pour une simulation adiabatique s'écrit donc

$$\begin{cases} m_k \dfrac{d^2 \bar{x}_k}{dt^2}(t) = -\nabla_{\bar{x}_k} W(\bar{x}_1(t), \cdots, \bar{x}_M(t)) \\ W(\bar{x}_1, \cdots, \bar{x}_M) = U(\bar{x}_1, \cdots, \bar{x}_M) + \displaystyle\sum_{1 \leq k < l \leq M} \frac{z_k \, z_l}{|\bar{x}_k - \bar{x}_l|} \\ U(\bar{x}_1, \cdots, \bar{x}_M) = \inf \left\{ \langle \psi_e, H_e^{\bar{x}_k} \psi_e \rangle, \quad \psi_e \in \mathcal{H}_e, \ \|\psi_e\| = 1 \right\} \end{cases} \tag{11.22}$$

où, encore une fois, on remplacera la dernière équation, correspondant au modèle de Schrödinger, par une de ses approximations, fonctionnelle de la densité, Hartree-Fock, ... Comme dans la section précédente, on peut remarquer qu'on connaît assez mal (pour ne pas dire pas du tout) la relation qu'entretiennent ces approximations adiabatiques avec l'équation de Schrödinger de départ. Il y a clairement là une piste de recherche pour le futur.

L'approximation adiabatique est valable dans beaucoup de situations et en particulier quand on cherche à calculer des propriétés physiques comme par exemple les diagrammes de phase qui indique l'état physique (liquide, solide, gazeux) d'un composé en fonction des conditions externes (température, pression, ...), ainsi que pour la simulation de beaucoup de réactions chimiques. En revanche, il existe des situations importantes (comme des collisions) où plusieurs états électroniques du système jouent simultanément un rôle déterminant et où l'approximation adiabatique est mise en défaut.

Le coût numérique de la méthode adiabatique réside principalement dans la résolution *à chaque pas de temps* du problème de minimisation électronique. En fait, le lecteur attentif aura remarqué que ce n'est pas réellement de U dont nous avons besoin mais de $\nabla_{\overline{x}_i} U$ pour pouvoir calculer $\nabla_{\overline{x}_i} W$ et l'insérer au membre de droite de l'équation de Newton. Il se trouve que le calcul de ce gradient peut être fait très rapidement (sans réel surcoût numérique) quand on connaît le minimiseur de U, par la méthode dite des dérivées analytiques, décrite à la Section 6.3.2.

On s'attend donc (et cela semble paradoxal à première vue puisque c'est le problème comportant le plus de simplifications) à ce que le problème adiabatique soit d'un certain point de vue plus dur à résoudre que le problème non adiabatique (d'un certain point de vue seulement !). En effet, il est plus facile d'avancer en temps, que de minimiser une fonction à chaque pas de temps, car dans ce second cas, on est d'une certaine manière "condamné" à ce que l'algorithme de minimisation ait convergé avant de pouvoir passer au pas de temps suivant. Ceci a souvent en pratique l'effet de conduire à une réduction du pas de temps de la dynamique newtonienne, pour que chaque minimisation ne soit qu'une petite perturbation de la minimisation au pas de temps précédent. Ceci conduit aussi à une nouvelle simplification. Les calculs dynamiques sont très lourds et restent limités à des échelles de temps très courtes, de l'ordre de la picoseconde (10^{-12} s). Pour aller au-delà et atteindre des échelles de temps plus longues (pour la biologie par exemple), on fait appel à des modèles moins sophistiqués. L'idée est de remplacer l'évaluation compliquée du potentiel $W(\overline{x}_1, \cdots, \overline{x}_M)$ par une forme analytique de ce potentiel, quelque chose comme

$$W(\overline{x}_1, \cdots, \overline{x}_M) = \sum_{1 \leq i \neq j \leq M} V_{ij}(\overline{x}_i - \overline{x}_j),$$

où la forme analytique est précalculée, ajustée, sur des cas simples avant de l'envoyer dans des calculs adiabatiques. On se retrouve alors avec la "simple" tâche d'intégration des équations de la dynamique newtonienne (11.18) pour des $\overline{x}_k$ qui sont des atomes en interaction par un potentiel simple. Cette méthode s'appelle la *dynamique moléculaire classique*, par rapport à la *dynamique moléculaire ab initio*, qui est le système (11.22). Elle fait l'objet de dizaines de livres dans le monde de la simulation moléculaire, voir par exemple [89].

11.5 La dynamique moléculaire

Que ce soit dans le cas adiabatique, dans le cas non adiabatique, ou dans le cas de la dynamique moléculaire classique, on doit simuler la dynamique newtonienne (11.18). Nous l'examinons ici sous la forme académique suivante

$$\begin{cases} \dfrac{d^2\bar{x}_i}{dt^2} = -\nabla_{\bar{x}_i} V(\bar{x}_1, ..., \bar{x}_N), & 1 \le i \le N, \\[2mm] \bar{x}_i(0) = \bar{x}_{i0}, & 1 \le i \le N, \\[2mm] \dfrac{d\bar{x}_i}{dt}(0) = v_{i0}^0, & 1 \le i \le N. \end{cases} \quad (11.23)$$

En notant $q = (\bar{x}_1, ..., \bar{x}_N) \in \mathbb{R}^{3N}$, et $p = (\dfrac{d\bar{x}_1}{dt}, ..., \dfrac{d\bar{x}_N}{dt}) \in \mathbb{R}^{3N}$ et en introduisant l'hamiltonien (classique par opposition à quantique) du système, défini par

$$H(p, q) = \frac{p^2}{2} + V(q), \quad (11.24)$$

on voit facilement que le système (11.23) se récrit sous la forme du *système hamiltonien*

$$\begin{cases} \dfrac{dq}{dt} = \dfrac{\partial H}{\partial p}, \\[2mm] \dfrac{dp}{dt} = -\dfrac{\partial H}{\partial q}, \\[2mm] q(0) = q^0, \\[1mm] p(0) = p^0. \end{cases} \quad (11.25)$$

Il est facile de voir, à cause de la forme particulière de (11.25), que l'hamiltonien $H(p(t), q(t))$ est une constante du mouvement, ce qui reflète le fait que l'énergie d'un système isolé est conservée au cours du temps.

Pour un tel système, comme pour tout système d'évolution, on peut introduire la notion de *flot au temps t*. Il s'agit ici de la fonction Φ_t de $\mathbb{R}^{2N}$ dans lui-même, qui à $(p(0), q(0))$ associe la solution du système au temps t, autrement dit la position $(p(t), q(t))$ au temps t de la particule qui se trouvait au temps $t = 0$ en $(p(0), q(0))$. Il se trouve alors que, pour un système hamiltonien, le flot *conserve le volume dans l'espace des phases*. Cette propriété est liée à ce qu'on appelle le caractère *symplectique* du système (11.25).

Du point de vue mathématique, peu de choses restent à faire pour la connaissance de tels systèmes. La littérature regorge de traités sur le sujet. De même, il existe de nombreux traités sur l'analyse numérique des équations différentielles ordinaires [73, 102, 103], et aussi sur celle des systèmes hamiltoniens [101, 200]. Pourtant ici, pour la simulation moléculaire, le point de vue est un peu différent. Il se trouve en effet qu'une des utilisations les plus répandues de la dynamique moléculaire est le calcul de moyennes statistiques. Brièvement dit, l'objectif de simuler une évolution du système sur un temps long n'est pas la connaissance de l'état final de ce système quand son état initial est donné. Cela peut bien sûr être une motivation, et c'est ainsi que nous avons introduit la dynamique moléculaire dans ce chapitre, mais ce n'est pas la seule.

Souvent, la dynamique moléculaire est plutôt un moyen d'*échantillonner* l'espace des phases. On se base en effet sur l'hypothèse dite *ergodique* pour affirmer que la moyenne spatiale $\langle A \rangle$ d'une observable[1] peut s'obtenir par le calcul de

$$\langle A \rangle = \lim_{T \longrightarrow +\infty} \frac{1}{T} \int_0^T A(p(t), q(t))\, dt, \qquad (11.26)$$

où $(p(t), q(t))$ est *une* trajectoire en temps du système. D'où la nécessité de calculer cette trajectoire en temps long, et les questions soulevées dans cette section. Les questions d'analyse numérique qui se posent peuvent donc être un peu différentes du contexte habituel.

Regardons maintenant la résolution numérique. Pour intégrer numériquement (11.25), un des schémas les plus populaires est le schéma suivant

$$\begin{cases} p_i^{n+1} = p_i^n - \Delta t\, \nabla_{q_i} V \left(q_1^n + \frac{1}{2} \Delta t\, p_1^n, \, ..., \, q_N^n + \frac{1}{2} \Delta t\, p_N^n \right), \\[2mm] q_i^{n+1} = q_i^n + \Delta t\, p_i^n - \frac{1}{2} (\Delta t)^2\, \nabla_{q_i} V \left(q_1^n + \frac{1}{2} \Delta t\, p_1^n, \, ..., \, q_N^n + \frac{1}{2} \Delta t\, p_N^n \right), \end{cases}$$
$$(11.27)$$

où on a noté $p_i = \dfrac{dq_i}{dt}$. On appelle ce schéma l'*algorithme de Verlet*.

En s'inspirant de la définition de Φ_t, on définit le *flot numérique* associé pour $n \geq 0$ au schéma (11.27). Il s'agit de l'application Φ_n qui associe le couple (p^n, q^n) au couple (p^0, q^0). Un calcul simple montre que, si l'on considère maintenant un domaine D de l'espace des phases, ce domaine voit son volume exactement conservé par le flot numérique Φ_n. Cette propriété de conservation du volume *au niveau discret* fait le grand intérêt de ce schéma numérique, puisqu'il reproduit les propriétés du niveau continu. En fait, le schéma numérique reproduit une propriété plus générale présente déjà au niveau continu : la symplecticité. Ceci explique que l'on observe en fait dans la pratique numérique qu'un tel schéma exhibe le plus souvent une propriété *a priori* miraculeuse : il conserve presque exactement l'énergie du système hamiltonien, et ce même sur les longs temps d'intégration, ce qui est une propriété redoutablement intéressante. Cette propriété peut s'expliquer par l'analyse numérique. En effet, on peut montrer que le flot numérique associé à un schéma numérique symplectique est (quasiment) le flot *exact* d'un système hamiltonien qui approche le système original. En réalité, si on veut être plus rigoureux, ce flot numérique est *exponentiellement proche* du flot exact d'un système hamiltonien, l'expression *exponentiellement proche* signifiant proche à l'ordre $\exp(-\frac{1}{\Delta t})$ sur un pas de temps Δt. En tant que (quasiment) flot exact, ce flot conserve donc *exactement* l'énergie associée à ce nouveau système hamiltonien, laquelle est proche de l'énergie du système original. D'où la conservation approchée de l'énergie du système original, propriété capitale pour la pratique.

---

[1] Il s'agit plus précisément de la moyenne d'une fonction $A(q, p)$ sur l'espace des phases $\mathbb{R}^{3N} \times \mathbb{R}^{3N}$ relativement à une certaine mesure sur cet espace correspondant à l'ensemble thermodynamique dans lequel on effectue le calcul, ici l'ensemble micro-canonique NVE ; ces notions sont précisées dans [11].

Revenons alors à notre objectif. Soit il est de simuler une évolution particulière, et notre travail d'analyse numérique est essentiellement terminé. Des résultats standard, que le lecteur lira dans les ouvrages appropriés, nous donneront des estimations sur la manière dont la solution numérique approche la solution au temps t du système continu (attention, nous ne disons pas que cela est simple, nous prétendons seulement que le champ scientifique est bien couvert). Soit notre objectif est de calculer des moyennes, et alors il est beaucoup moins évident que l'analyse numérique existante soit mûre pour nous fournir les bonnes notions : en quel sens la moyenne d'opérateurs calculée avec le schéma discret redonnera la moyenne (11.26) ? Comment modifier les schémas d'intégration pour obtenir les calculs de moyenne les plus efficaces possibles ?

Sur un autre plan, il est instructif en cette fin de section de résumer ce que signifie en pratique simuler une dynamique adiabatique, c'est-à-dire le système (11.22) (par exemple). La simulation est donc une succession de trois étapes effectuées à chaque pas de temps de longueur Δt,

1. la résolution du problème électronique de type Hartree-Fock pour la configuration de noyaux courante (cette étape est elle-même un algorithme itératif du type de ceux vus au Chapitre 6 où chaque itération est une diagonalisation de système linéaire) ; à la fin de cette étape, on dispose donc de l'état électronique et du potentiel $U(\bar{x}_1, ..., \bar{x}_N)$;

2. un calcul des dérivées $\nabla_{\bar{x}_i} U(\bar{x}_1, ..., \bar{x}_N)$ par technique de dérivées analytiques ;

3. une avancée d'un pas de temps, par un schéma du type (11.27) (où W remplace V), des équations de la dynamique moléculaire en y insérant les valeurs de

$$\nabla_{\bar{x}_k} W(\bar{x}_1, \cdots, \bar{x}_N) = \nabla_{\bar{x}_k} U(\bar{x}_1, \cdots, \bar{x}_N) + \nabla_{\bar{x}_k} \left(\sum_{1 \le k < l \le M} \frac{z_k z_l}{|\bar{x}_k - \bar{x}_l|} \right).$$

Le lecteur mesure sans peine la lourdeur d'une telle simulation. Il est cependant possible d'encore compliquer les choses ! On peut par exemple coupler de telles simulations de dynamique moléculaire avec des simulations de type éléments finis pour atteindre des tailles macroscopiques. Ceci se fait dans l'esprit de ce qui a été montré, dans un cadre stationnaire, à la Section 11.3. Ainsi, il existe des simulations couplées chimie quantique/dynamique moléculaire/éléments finis de dynamique de fracture au sein des matériaux par exemple.

D'autre part, comme annoncé ci-dessus, même une fois la simulation menée à bien, la tâche n'est pas terminée, quand le but est de simuler les temps longs. Aujourd'hui, on ne peut guère aller au-delà de temps de l'ordre de la nanoseconde, même en prenant une dynamique moléculaire classique (d'où une énorme économie dans les étapes (1) et (2)). Il est pourtant nécessaire d'aller au-delà

- quand on veut calculer des évolutions particulièrement longues (penser, pour les applications biologiques, au repliement d'une protéine, qui occupe un temps de l'ordre de la milliseconde ou plus),
- quand on veut calculer une moyenne d'opérateur du type (11.26) en générant une très longue trajectoire; l'objectif est alors de calculer des coefficients thermodynamiques du système étudié (capacités calorifiques,...), ou des coefficients mécaniques (modules d'élasticité à température finie, ...).

Des techniques sont alors mises en jeu pour compléter la dynamique moléculaire. Pour comprendre ce qui les motive, il faut comprendre où se situe la difficulté. Disons-en un mot, toujours de façon simplifiée et un peu caricaturale.

Simuler sur un temps long est certes difficile parce qu'il s'agit d'accumuler longtemps de nombreux pas de temps, mais la difficulté est surtout que la plupart de ces pas de temps ne servent à rien! En effet, l'évolution d'un système chimique est typiquement constituée d'une succession de très longs intervalles de temps où il ne se passe pas grand chose, et de très courts instants où se produit un gros changement. Idéalement, il faudrait capter les seconds, et "zapper" sur les premiers. C'est exactement cette piste qu'il faut suivre.

La dynamique newtonienne n'est rien d'autre que l'évolution du système sur la surface d'énergie créée par les forces qui sont appliquées au système : penser que les équations du mouvement d'une bille représentent son évolution sur une surface vallonnée. Longtemps, la bille oscille dans le fond des vallons, et de temps en temps elle passe d'un vallon à l'autre. Quand elle le fait, la façon la plus simple pour elle de le faire est de passer par les cols (au sens alpin du terme) séparant les vallons les uns des autres. Une stratégie pour simuler l'évolution de la bille sur un temps long est donc, plutôt que de résoudre les équations de la dynamique newtonienne, de

- localiser les vallons (qui correspondent à des états métastables) dans lesquels elle peut stationner et les cols par lesquels elle peut passer ;
- évaluer avec quelle probabilité la bille peut passer par un col plutôt que par un autre, cette probabilité dépendant essentiellement de l'altitude respective des différents cols (donc, mathématiquement, de la valeur des énergies) et de la "largeur" du passage ;
- réaliser la simulation de la dynamique de la bille, passant d'un vallon à un autre, par un col ou un autre.

La première phase peut être effectuée en se servant de trajectoires générées par dynamique moléculaire. La seconde phase nécessite une modélisation reliant la topographie de la surface de potentiel et les probabilités de transition (comme par exemple une loi exponentielle du type Arhénius). Dans la dernière phase, si l'objectif de la simulation est le calcul d'une moyenne d'opérateur, on stockera au cours du temps la valeur de l'opérateur en chaque "station" de la bille. La technique que nous venons de décrire est une technique possible, parmi d'autres, pour aborder les temps longs ; elle porte le nom de *Monte Carlo cinétique*. Quelle que soit sa nature, chaque technique, qu'on peut appeler génériquement *technique d'accélération de la dynamique moléculaire*, fera appel à des notions un peu similaires de celles développées rapidement ici : états métastables, point-selles, probabilités de transition,... Du point de vue numérique, de nombreuses études sont possibles, et les algorithmes sont encore largement perfectibles.

11.6 Le contrôle des évolutions en chimie moléculaire

Pourquoi simuler l'évolution d'un système physique ? Certes pour la comprendre, identifier les phénomènes moteurs sous-jacents, mais pas seulement. Ce qu'on souhaite va au-delà : imposer au système une évolution particulière, l'amener dans un état voulu,... Bref, contrôler son état pour qu'il nous soit utile, dans un but précis. Ainsi, on peut se poser la question suivante. En génie chimique, on réalise couramment des réactions de dissociation

$$ABC \longrightarrow \begin{cases} AB + C \\ A + BC \end{cases} \qquad (11.28)$$

en imposant au système de choisir préférentiellement une des voies plutôt que l'autre. Ceci se fait par des moyens classiques : jouer avec la température, la pression, mettre en présence d'autres espèces chimiques (catalyseurs d'une réaction et pas de l'autre, ...). Pourrait-on favoriser une des voies en agissant directement à l'échelle moléculaire, en éclairant la molécule ABC par un faiseau laser bien choisi ? Une fois formalisée, la question se pose ainsi. Si ψ est la fonction d'onde du système, H_0 son hamiltonien, $D(t)$ son moment dipolaire (il dépend du temps car il peut être influencé par l'environnement), peut-on choisir le champ laser $E(t)$, fonction dépendante du temps, tel que, partant de $\psi(t = 0) = \psi_0$ (le système ABC), la solution ψ de

$$i\hbar \frac{\partial \psi}{\partial t} = H_0 \psi - E(t) \cdot D(t) \psi, \qquad (11.29)$$

au temps T coïncide avec un état particulier, par exemple l'état ψ_T décrivant le système dissocié $AB + C$? Il n'est pas dans notre but ici de décrire les formidables enjeux de ce type de questions, ainsi que l'arsenal des méthodes mathématiques, numériques, physiques qui sont mises en jeu. Il s'agit d'un champ de la science en pleine explosion aujourd'hui, qui pourrait avoir des conséquences énormes comme la miniaturisation de l'électronique (on parle d'*électronique moléculaire* où par exemple on réaliserait un nano-photo-interrupteur en faisant agir un laser sur un fil constitué d'un assemblage linéaire de molécules), etc.... On renvoie le lecteur à [48, 49, 129, 210, 12, 50] pour des descriptions complètes de la problématique. On y lira en particulier à quel point ce problème de contrôle par laser des évolutions chimiques est, par de multiples aspects, fondamentalement différent de problèmes de contrôle rencontrés dans les autres sciences de l'ingénieur (trajectoires de fusées, robotique, ...). Ces aspects sont, par exemple, les ordres de grandeur de temps, d'espace, des énergies mises en jeu, les limitations ou non limitations techniques, la possibilité d'imaginer des champs laser qui deviendront réalité dans un avenir proche, la possibilité de répétition d'expériences à des fréquences phénoménales,... Il n'en reste pas moins que, dans ce domaine comme dans les autres, beaucoup de dispositifs sont déjà des réalités expérimentales, et l'évolution est quasi-quotidienne.

Regardons cela du point de vue mathématique.

La question mathématique dite de *contrôlabilité exacte* telle que nous l'avons posée ci-dessus n'est pas soluble dans ce cadre à cause du caractère dit *bilinéaire* de ce type de contrôle. On notera en effet que dans (11.29) le contrôle $E(t)$ multiplie l'état $\psi(t)$, ce qui laisse augurer d'immenses difficultés (heuristiquement, si l'état s'annule à un instant en un endroit, on n'a plus alors de moyen d'action). Des résultats théoriques très sophistiqués ont été démontrés, mais la situation reste peu claire. Ce qui est aujourd'hui à peu près connu dans ce domaine est, soit la version "dimension finie" de ce problème, autrement dit l'équation (11.29) après discrétisation sur une base finie de fonctions, soit la version *contrôle optimal*.

Pour la première voie (dimension finie), il s'agit d'étudier la question : peut-on trouver un champ $E(t)$ tel que le vecteur colonne $C(t)$, décrivant l'approximation de dimension finie de l'état du système au temps t, solution de

$$i\hbar \frac{dC}{dt} = A\,C - E(t)\,B\,C \qquad (11.30)$$

avec $C(0) = C_0$ (C_0 donné) vérifie $C(T) = C_T$ avec C_T prescrit à l'avance ? Bien entendu, les matrices A et B représentent respectivement l'hamiltonien et le moment dipolaire. De nombreux résultats, pour la plupart reliés à des questions de géométrie différentielle sur les groupes et algèbres de Lie, traitent cette question. Des progrès sont néanmoins encore possibles. Citons aussi le fait qu'on comprend mal aujourd'hui le lien qu'entretiennent les questions de contrôlabilité du système original, posé en dimension infinie, avec les mêmes questions posées sur l'approximation de dimension finie de ce système. De même, on comprend mal les liens entre la contrôlabilité d'un système donné et celle de son approximation au sens de la physique classique. Tout ceci devra être clarifié dans l'avenir.

La seconde voie consiste en l'approche contrôle optimal. Il ne s'agit plus de déterminer *le* contrôle qui amènera précisément le système dans l'état voulu, mais *un* contrôle qui puisse l'amener aussi proche que possible, en un sens flou à préciser, de cette cible. Par exemple, un résultat mathématique [57] a consisté à montrer sur un système de type approximation de l'équation de

Schrödinger que le problème de contrôle optimal : *la fonction cible ψ_T étant fixée, trouver $E(t)$ réalisant le minimum de*

$$\inf \left\{ J(E), \quad E \in L^2([0,T], \mathbb{R}) \right\} \tag{11.31}$$

avec

$$J(E) = \|\psi(T, \cdot) - \psi_T(\cdot)\|_{L^2(\mathbf{R}^3, \mathbb{C})} + \frac{\alpha}{2} \|E\|_{L^2([0,T], \mathbf{R})} \tag{11.32}$$

et

$$\left\{ \begin{array}{l} i \dfrac{\partial \psi}{\partial t} = -\Delta \psi - \dfrac{1}{|x|} \psi + \left(|\psi|^2 \star \dfrac{1}{|x|} \right) \psi + (E(t)\, x_1)\, \psi, \\[2mm] \psi(t = 0, \cdot) = \psi_0(\cdot), \end{array} \right. \tag{11.33}$$

où x_1 désigne la première coordonnée et où α, ψ_T et ψ_0 sont données (et "convenables") avait une solution dans un espace fonctionnel bien choisi. D'autres travaux en cours [16] visent à étendre ce résultat de contrôlabilité optimale dans des cadres largement plus généraux.

En complément des études mathématiques, il y a évidemment de nombreux développements numériques autour de ces questions de contrôle. Il serait impossible de tout décrire. Mais il est important de donner quelques traits saillants.

Quels sont, par exemple, les grands types d'attaque numérique pour le problème (11.31)-(11.32)-(11.33) ? Comme toujours dans un problème de minimisation, et nous l'avons vu au Chapitre 8, on peut adopter une stratégie d'attaque directe du problème de minimisation par algorithmes de minimisation, ou tenter de résoudre les équations d'optimalité du problème (équations d'Euler-Lagrange).

Pour la minimisation directe, la préférence actuelle va aux méthodes de nature stochastique comme les algorithmes génétiques. La raison est double. D'abord le problème est formidablement non convexe et les méthodes déterministes restent souvent piégées dans des minimiseurs locaux. Ensuite, et ce point est plus particulier au présent contexte, il y a un avantage à déterminer non pas *un* champ optimal, mais une collection d'entre eux. Chacun peut révéler une physique particulière, une voie spécifique pour arriver au résultat, l'un peut être plus réalisable en pratique que les autres, etc. D'innombrables travaux ont suivi cette voie. On pourra par exemple regarder [80, 20, 6, 19] sur des questions d'orientation et d'alignement de molécules.

Pour la résolution des équations d'Euler-Lagrange, tout un arsenal de méthodes numériques peut aussi être développé, avec son cortège d'études d'analyse numérique accompagnant les différentes méthodes.

Concluons en disant que, là comme ailleurs, c'est sans doute du "panachage" des approches que sortiront les techniques les plus efficaces.

11.7 Méthodes de Monte Carlo

Nous tenons à terminer ce chapitre, et donc ce livre, par quelques mots sur l'utilisation des méthodes stochastiques dans le calcul de structures électroniques.

On désigne sous le nom de *Quantum Monte Carlo* (QMC) un ensemble de méthodes probabilistes visant à résoudre un problème de mécanique quantique. Dans le cas qui nous intéresse, le problème en question est celui de la recherche du fondamental électronique (problème (1.3)) que nous récrivons ici en changeant un peu les notations par commodité :

$$\inf\left\{ \langle \psi, H\psi \rangle, \quad \psi \in \bigwedge_{i=1}^{N} H^1(\mathbb{R}^3), \quad \|\psi\|_{L^2} = 1 \right\} \qquad (11.34)$$

où H désigne l'hamiltonien électronique à N corps

$$H = -\frac{1}{2}\Delta + \mathcal{V}$$

qui est auto-adjoint sur le produit tensoriel antisymétrisé $\bigwedge_{i=1}^{N} L^2\left(\mathbb{R}^3\right)$. Le potentiel $\mathcal{V}$ s'écrit quant à lui

$$\mathcal{V}(x) = \sum_{i=1}^{N} V(x_i) + \sum_{1 \leq i < j \leq N} \frac{1}{|x_i - x_j|} \qquad x = (x_1, \cdots, x_N) \in \mathbb{R}^{3N},$$

où V désigne le potentiel coulombien créé par les noyaux.

Dans ce contexte, l'appellation *Quantum Monte Carlo* regroupe deux types de méthodes :

1. les méthodes VMC (*Variational Monte Carlo*) ont pour objet d'évaluer, pour une fonction $\psi \in \bigwedge_{i=1}^{N} H^1(\mathbb{R}^3)$ donnée, l'intégrale

$$\langle \psi, H\psi \rangle = \frac{1}{2}\int_{\mathbf{R}^{3N}} |\nabla \psi|^2 + \int_{\mathbf{R}^{3N}} \mathcal{V}\psi^2.$$

Cette méthode d'évaluation de la fonction $\psi \mapsto \langle \psi, H\psi \rangle$ peut être utilisée au sein d'un algorithme d'optimisation générique pour rechercher la fonction ψ_{Θ_0} de plus basse énergie au sein d'une famille de fonctions (ψ_Θ), Θ désignant un jeu de paramètres réels ;

2. les méthodes DMC (*Diffusion Monte Carlo*) que nous allons maintenant décrire un peu plus précisément dans cette section.

Supposons pour simplifier que le fondamental de l'hamiltonien électronique H corresponde à une valeur propre simple isolée. Notons E_0 l'énergie fondamentale, ψ_0 un fondamental normalisé (ψ_0 est alors unique au signe près et vérifie l'équation de Schrödinger stationnaire $H\psi_0 = E_0\psi_0$) et $\gamma = \mathrm{d}(E_0, \sigma(H) \setminus \{E_0\}) > 0$ la distance entre E_0 et le reste du spectre de H.

Les méthodes DMC reposent sur la remarque suivante : si $\psi_I \in \bigwedge_{i=1}^{N} H^1(\mathbb{R}^3)$ est telle que $\|\psi_I\|_{L^2} = 1$, la solution ϕ du problème d'évolution

$$\begin{cases} \dfrac{\partial \phi}{\partial t} = -H\phi = \dfrac{1}{2}\Delta\phi - \mathcal{V}\phi \\ \phi(0, x) = \psi_I(x) \end{cases} \tag{11.35}$$

est telle que

$$\| \exp(E_0 t)\, \phi(t) - (\psi_0, \psi_I)_{L^2}\, \psi_0 \|_{L^2} \leq \| \psi_I - (\psi_0, \psi_I)_{L^2}\, \psi_0 \|_{L^2}\, \exp(-\gamma t).$$

Si $(\psi_0, \psi_I)_{L^2} \neq 0$, on a aussi

$$|E_0 - E(t)| \leq \frac{((H\psi_I, \psi_I)_{L^2} - E_0)}{(\psi_0, \psi_I)_{L^2}^2}\, \exp(-\gamma t)$$

où l'on a posé

$$E(t) = \frac{(H\psi_I, \phi(t))_{L^2}}{(\psi_I, \phi(t))_{L^2}}. \tag{11.36}$$

Comme l'équation (11.35) est posée dans un espace de grande dimension (et qu'en outre le potentiel $\mathcal{V}$ présente des singularités), il paraît difficile de la résoudre numériquement à l'aide de méthodes déterministes.

On dispose en revanche d'une représentation stochastique de la solution de (11.35) qui pourrait a priori être utilisée pour évaluer $E(t)$. Il découle en effet de la formule de Feynman-Kac que

$$\phi(t, x) = \mathbb{E}\left(\psi_I\left(x + W_t\right) \exp\left(-\int_0^t \mathcal{V}\left(x + W_s\right) ds \right) \right)$$

où $(W_t)_{t \geq 0}$ désigne un processus de Wiener à valeurs dans $\mathbb{R}^{3N}$. Telle quelle, cette formule est cependant inexploitable car la variance de la variable aléatoire

$$Y_t = \psi_I\left(x + W_t\right) \exp\left(-\int_0^t V\left(x + W_s\right) ds \right)$$

croît trop vite avec t. Pour réduire la variance, les chimistes utilisent une technique d'*importance sampling* qui permet effectivement de mener à bien des calculs de structures électroniques avec une précision très correcte : dans la plupart des cas, on récupère environ 90% de l'énergie de corrélation.

Supposons que la fonction ψ_I (fontion d'importance) soit relativement proche de ψ_0 et telle que les quantités locales

$$b(x) = \frac{\nabla \psi_I(x)}{\psi_I(x)} \qquad \text{et} \qquad E_L(x) = \frac{(H\psi_I)(x)}{\psi_I(x)} = -\frac{1}{2}\frac{\Delta \psi_I(x)}{\psi_I(x)} + V(x) \quad (11.37)$$

ne soient pas trop coûteuses à évaluer numériquement (typiquement avec une complexité algorithmique en N^3) pour presque tout $x \in \mathbb{R}^{3N}$.

Considérons la fonction

$$f_1(t, x) = \psi_I(x)\, \phi(t, x).$$

L'expression (11.36) s'écrit aussi

$$E(t) = \frac{\displaystyle\int_{\mathbb{R}^3} E_L(x)\, f_1(t, x)\, dx}{\displaystyle\int_{\mathbb{R}^3} f_1(t, x)\, dx}, \qquad (11.38)$$

et un calcul simple montre que f_1 est solution de l'équation

$$\begin{cases} \dfrac{\partial f}{\partial t} = \dfrac{1}{2}\Delta f - \operatorname{div}\ (bf) - E_L f \\ f(0, x) = \psi_I^2(x), \end{cases} \qquad (11.39)$$

où les champs b et E_L sont définis presque partout par (11.37).

Pour comprendre l'intérêt de cette reformulation, supposons un instant que nous ayons affaire à des bosons plutôt qu'à des fermions. En clair, cela signifie qu'on s'intéresse dans ce paragraphe au problème de la recherche du fondamental de l'opérateur $H_B = -\frac{1}{2}\Delta + \mathcal{V}$ sur l'espace $\overset{N}{\underset{i=1}{\otimes_S}} L^2(\mathbb{R}^3)$ des fonctions symétriques (i.e. des fonctions $\psi \in L^2(\mathbb{R}^{3N})$ telles que $\psi(x_{p(1)}, \cdots, x_{p(N)}) = \psi(x_1, \cdots, x_N)$ pour toute permutation p des indices). On suppose en outre (pour simplifier) que le potentiel $\mathcal{V}$ est de classe C^∞. Dans ce cas, le fondamental bosonique ψ_B est non dégénéré, de classe C^∞ et (quitte à remplacer ψ_B par $-\psi_B$) strictement positif sur $\mathbb{R}^{3N}$. On peut alors choisir une fonction d'importance ψ_I possédant les mêmes propriétés de régularité et de positivité que ψ_B. Les champs b et E_L sont alors C^∞ et le problème (11.39) admet $f_1(t, x) = \psi_I(x)\left(e^{-tH_B}\psi_I\right)(x)$ pour unique solution faible dans $C_t^0 L_x^1$ (par exemple); en outre,

$$d\mu_t = \frac{1}{\int_{\mathbb{R}^{3N}} f_1(t, y)\, dy}\, f_1(t, x)\, dx$$

définit pour tout $t \geq 0$ une probabilité sur $\mathbb{R}^{3N}$ (puisque f_1 est positive en vertu du principe du maximum) qui permet d'écrire

$$E(t) = \int_{\mathbf{R}^{3N}} E_L \, d\mu_t. \tag{11.40}$$

Pour ψ_I choisie suffisamment proche de ψ_B pour que la variance $\mathrm{var}_{\mu_t}(E_L) = \int_{\mathbf{R}^{3N}} E_L^2 \, d\mu_t - \left(\int_{\mathbf{R}^{3N}} E_L \, d\mu_t \right)^2$ de E_L pour les mesures $d\mu_t$ soit faible (noter que $\mathrm{var}_{\mu_t}(E_L) = 0$ si $\psi_I = \psi_B$, puisqu'alors $E_L(x) = \mathrm{Cste}$), l'expression (11.40) fournit un moyen efficace de calculer $E(t)$. Pour simuler $d\mu_t$ on peut interpréter (11.39) comme l'équation de Fokker-Planck associée à un certain processus : les termes $\frac{1}{2}\Delta f$, $-\mathrm{div}\,(bf)$ et $-E_L f$ correspondent respectivement à un processus de diffusion, de dérive et de mort-naissance.

L'exploitation des formules (11.38) et (11.39) est une approche "exacte" et extrêmement efficace pour les systèmes bosoniques, mais "biaisée" (et de ce fait un peu moins efficace) pour les systèmes fermioniques. Elle introduit en effet une erreur systématique, sauf dans le cas très particulier où les surfaces nodales de ψ_0 et de ψ_I coïncident. Cela vient de ce que le processus qu'on associe à (11.39) ne peut pas franchir les surfaces nodales de ψ_I. D'un point de vue EDP, cela se traduit par le fait que le problème (11.39) possède plusieurs solutions faibles, et que celle qui nous intéresse, à savoir f_1, ne coïncide pas avec celle qu'on obtient en considérant la densité du processus associé à (11.39). L'approximation qui découle de l'introduction d'une fonction d'importance ψ_I qui n'a pas les mêmes surfaces nodales que ψ_0 est appelée la *Fixed Node Approximation* (FNA). Une analyse mathématique de la FNA, dans un cadre un peu simplifié, peut être lue dans [51].

La quasi-totalité des calculs *Quantum Monte Carlo* fermioniques effectués à l'heure actuelle sont basés sur la technique d'*importance sampling* décrite ci-dessus, et génèrent donc une erreur due à la FNA. Certains groupes ont certes développé des techniques pour corriger cette erreur systématique, mais dont l'utilisation est encore limitée soit aux systèmes à petit nombre d'électrons, soit aux gaz homogènes d'électrons (des calculs QMC très précis sur des gaz homogènes d'électrons permettent de caler les paramètres des fonctionnelles d'échange-corrélation utilisées en DFT). La construction de méthodes de Monte-Carlo qui s'affranchissent de la FNA est un défi majeur à relever.

A

Introduction à la mécanique quantique

Les problèmes de la chimie quantique que nous abordons dans ce livre se limitent à l'étude d'approximations de l'équation de Schrödinger stationnaire associée à un système moléculaire.

Nous avons cependant cru opportun de faire figurer en annexe une présentation de la mécanique quantique qui déborde ce cadre pour donner un aperçu du contexte physique dans lequel s'inscrit la simulation moléculaire *ab initio*.

Cette annexe se compose de trois parties. La section A.1 décrit une expérience simple (du moins sur le papier) qui met clairement en évidence l'incapacité de la mécanique classique à décrire l'échelle atomique. Il est nécessaire pour cela de recourir à la mécanique quantique, dont les principaux concepts sont introduits à la section A.2. La section A.3 décrit enfin certains aspects de la mécanique quantique spécifiques aux systèmes moléculaires.

A.1 Limites de l'approche classique

La mécanique classique semble rendre compte fidèlement de la réalité telle que nous l'observons au quotidien. Elle laisse cependant des questions importantes en suspens, notamment celles de la stabilité de la matière (les électrons, chargés négativement, devraient s'effondrer sur les noyaux, chargés positivement) et de la quantification de certaines grandeurs physiques (spectres d'émission et d'absorption lumineuse, etc.).

C'est en cherchant des réponses à ces questions que les physiciens de la première moitié du 20ᵉ siècle ont abouti à la construction de la mécanique quantique.

A.1.1 Rappels et compléments de mécanique classique

On considère une particule ponctuelle de masse m évoluant dans un potentiel extérieur régulier V selon les lois de la mécanique classique.

A tout instant t, la particule occupe une position $x(t)$ dans l'espace physique identifié à $\mathbb{R}^3$ par choix d'un repère galiléen. La loi d'évolution de $x(t)$ est donnée par l'équation de Newton

$$m\ddot{x}(t) = -\nabla V(x(t), t). \tag{A.1}$$

A tout instant t, l'état de la particule est complètement décrit par le couple position-vitesse $(x(t), \dot{x}(t))$: si on connaît ces deux grandeurs physiques, on peut prévoir le résultat de la mesure de n'importe quelle autre grandeur physique (impulsion, moment cinétique, énergie potentielle, énergie cinétique, énergie totale) associée à la dynamique de la particule. On peut en outre (en théorie) décrire la passé et le futur de la particule en intégrant l'équation de Newton.

Les lois de la mécanique classique peuvent être reformulées, comme d'ailleurs toute la physique classique, en un principe de moindre action. Rappelons de quoi il s'agit.

Pour un système décrit à l'instant t dans l'espace position-vitesse par le couple $(x(t), \dot{x}(t)) \in \mathbb{R}^n \times \mathbb{R}^n$, on définit l'action associée à un chemin

$$\begin{aligned} q : [t_0, t_1] &\longrightarrow \mathbb{R}^n \\ t &\longmapsto x(t) \end{aligned}$$

(qui peut être ou non une trajectoire physiquement admissible) par

$$S(q) = \int_{t_0}^{t_1} L\left(t, x(t), \dot{x}(t)\right) \, dt,$$

où L désigne le lagrangien du système. Dans le cas que nous examinons (un point matériel de $\mathbb{R}^3$ de masse m soumis à un potentiel extérieur V), le lagrangien est défini comme l'application

$$\begin{aligned} L : \mathbb{R} \times \mathbb{R}^3 \times \mathbb{R}^3 &\longrightarrow \mathbb{R} \\ (t, x, \dot{x}) &\longmapsto \frac{1}{2} m\,\dot{x}^2 - V(x, t). \end{aligned} \tag{A.2}$$

Le principe de moindre action[1] stipule que les trajectoires classiques[2] sont les points critiques de l'action. Si donc on a observé le système au point x_0 à l'instant t_0, puis au point x_1 à l'instant t_1, celui-ci aura emprunté entre ces deux instants une trajectoire $q \in H^1([t_0, t], \mathbb{R}^n)$ vérifiant $q(t_0) = x_0$, $q(t_1) = x_1$ et

$$\forall h \in H_0^1([t_0, t_1], \mathbb{R}^n), \qquad dS(q) \cdot h = 0.$$

---

[1] Qu'il faudrait en toute rigueur appeler principe d'action stationnaire.

[2] Les trajectoires classiques sont par définition les trajectoires que peuvent emprunter les particules classiques.

Un calcul simple (une intégration par partie) montre que cette relation s'écrit aussi

$$\forall h \in H_0^1([t_0, t_1], \mathbb{R}^n), \qquad \sum_{i=1}^n \int_{t_0}^{t_1} \left(\frac{\partial L}{\partial x_i} - \frac{d}{dt} \left(\frac{\partial L}{\partial \dot{x}_i} \right) \right) h_i = 0.$$

On a donc finalement le long d'une trajectoire classique

$$\forall 1 \le i \le n, \qquad \frac{d}{dt} \left(\frac{\partial L}{\partial \dot{x}_i} \right) - \frac{\partial L}{\partial x_i} = 0. \qquad (A.3)$$

Les équations (A.3) ne sont autres que les équations d'Euler-Lagrange qui découlent du principe de moindre action ; en utilisant la définition (A.2) du lagrangien, on obtient

$$\frac{d}{dt}(m\dot{x}) + \nabla V = 0.$$

On retrouve ainsi la loi de Newton (A.1).

Comme nous l'entreverrons section A.2.3.5, la formulation lagrangienne permet de quantifier le système d'une manière très élégante par la méthode des intégrales de chemins. Dans les cas qui nous intéressent (une particule, puis n particules en interaction), il est cependant plus efficace d'un point de vue pragmatique de quantifier le système à partir du formalisme hamiltonien, que nous décrivons ci-dessous en quelques mots.

Au lieu de travailler dans l'espace position-vitesse $(x, \dot{x}) \in \mathbb{R}^n \times \mathbb{R}^n$, on va maintenant travailler dans l'espace position-impulsion $(x, p) \in \mathbb{R}^n \times \mathbb{R}^n$, où l'impulsion (ou moment) est la variable définie par

$$p = \frac{\partial L}{\partial \dot{x}}.$$

On introduit ensuite l'hamiltonien du système

$$H = p \cdot \dot{x} - L(x, \dot{x}, t).$$

La fonction H qui dépend *a priori* de x, $\dot{x}$, p et t, ne dépend en fait que de x, p et t :

$$dH = \dot{x}\, dp + p\, d\dot{x} - \frac{\partial L}{\partial x}\, dx - \frac{\partial L}{\partial \dot{x}}\, d\dot{x} - \frac{\partial L}{\partial \dot{x}}\, dt = \dot{x}\, dp - \frac{\partial L}{\partial x}\, dx - \frac{\partial L}{\partial \dot{x}}\, dt.$$

On en déduit les relations

$$\begin{cases} \dot{x} = \dfrac{\partial H}{\partial p} \\ \dot{p} = -\dfrac{\partial H}{\partial x}, \end{cases} \qquad (A.4)$$

qui fournissent une dynamique. Pour la particule décrite par le lagrangien (A.2),

$$p = m\dot{x} \tag{A.5}$$

et

$$H(x, p, t) = \frac{p^2}{2m} + V(x, t). \tag{A.6}$$

Les équations du mouvement (A.4) s'écrivent alors

$$\begin{cases} \dot{x} = \dfrac{p}{m} \\[2mm] \dot{p} = -\dfrac{\partial V}{\partial x}. \end{cases} \tag{A.7}$$

En éliminant la variable p, on retrouve bien l'équation de Newton (A.1).

On voit, en combinant (A.5) et (A.6), que l'hamiltonien correspond à l'énergie totale du système :

$$H(x, p, t) = \frac{p^2}{2m} + V(x, t) = \frac{1}{2}m\dot{x}^2 + V(x, t) = E(t).$$

Ceci est une règle générale. En revanche, la relation de proportionalité entre la vitesse et l'impulsion est une spécificité du système considéré.

Pour un système isolé composé de N particules ponctuelles de masses m_1, m_2, ... , m_N, en interaction *via* le potentiel $V(x_1, \cdots, x_N)$, l'état du système à l'instant t est décrit par un point $(\{x_i(t)\}_{1 \leq i \leq n}, \{p_i(t)\}_{1 \leq i \leq n})$ de l'espace des phases $\mathbb{R}^{3N} \times \mathbb{R}^{3N}$. L'hamiltonien est autonome (il ne dépend pas explicitement du temps) et s'écrit

$$H(\{x_i\}, \{p_i\}) = \sum_{i=1}^{N} \frac{p_i^2}{2\,m_i} + V(x_1, \cdots, x_N)\ ;$$

les équations du mouvement sont données par

$$\begin{cases} \dot{x}_i = \dfrac{\partial H}{\partial p_i} \\[2mm] \dot{p}_i = -\dfrac{\partial H}{\partial x_i}. \end{cases}$$

On pourra à titre d'exercice :

1. exprimer les équations de Newton relatives à ce système ;

2. reformuler la dynamique sous la forme lagrangienne d'un principe de moindre action ;

3. vérifier qu'on passe de la formulation lagrangienne à la formulation hamiltonienne en posant $p_i = \partial L / \partial \dot{x}_i$.

Remarque A.1 *Cette présentation extrêmement succincte des différents formalismes de la mécanique classique n'a d'autre objectif que de préparer la quantification du système. La pertinence intrinsèque des points de vue lagrangiens et hamiltonien n'y est donc pas mise en évidence. Le lecteur intéressé par ces aspects pourra consulter par exemple :*

V.I. Arnold, Mathematical methods of classical mechanics, 2nd edition, Springer-Verlag 1989.

A.1.2 Preuve expérimentale de la dualité onde-particule

La technologie actuelle permet de réaliser des émetteurs d'électrons capables d'éjecter un électron chaque seconde (c'est un exemple) à une vitesse v à peu près constante en module. Réalisons avec un émetteur de ce type l'expérience des fentes d'Young consistant à observer les impacts des électrons émis[3] sur un détecteur à mémoire D placé derrière un écran E percé de deux fentes parallèles A et B qu'on peut éventuellement obturer (cf. figure A.1). On installe trois dispositifs expérimentaux de ce type correspondant aux trois cas de figure suivants

(a) seule la fente A est ouverte,

(b) seule la fente B est ouverte,

(c) les fentes A et B sont ouvertes.

Au bout d'un laps de temps suffisamment long pour qu'un grand nombre d'électrons aient atteint le détecteur, on obtient les résultats reproduits sur la figure A.2. Les résultats (a) et (b) n'étonneront pas un mécanicien classique. En revanche, le troisième résultat a de quoi troubler : l'intensité dans le cas (c) n'est pas la somme des intensités mesurées dans les cas (a) et (b). En particulier, on observe en le point M moins d'électrons quand les deux fentes sont ouvertes que quand une seule l'est !

Cette expérience s'interprète mal si on persiste à considérer l'électron comme un corpuscule classique. La tentation est alors de modéliser l'électron par une onde : les franges observées sur la figure (c) font en effet penser à une figure de diffraction semblable à celles qu'on rencontre en optique. Cette description n'est pourtant guère plus satisfaisante. Les résultats reportés sur la figure A.3, qui reproduisent l'état du détecteur à mémoire dans le cas (c) à six instants successifs, permettent de s'en convaincre. On observe en effet

1. que chaque électron a un impact ponctuel sur l'écran : un électron n'est donc pas une onde "diffuse" ;

---

[3] Insistons sur le fait que les électrons sont émis un par un, en ménageant un intervalle de temps suffisamment long entre deux émissions de façon à ce que deux électrons ne puissent pas interagir.

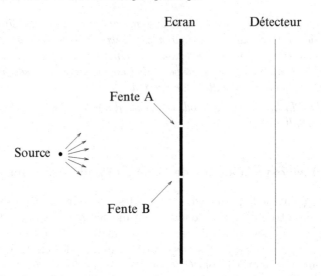

Fig. A.1. Schéma du dispositif expérimental des fentes d'Young

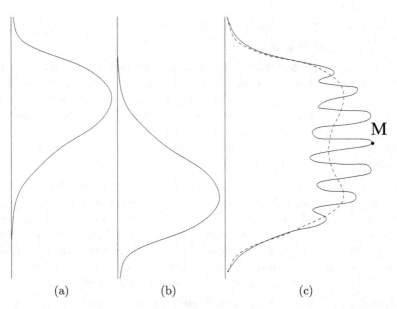

Fig. A.2. Intensité mesurée lorsque seule la fente A est ouverte (a), lorsque seule la fente B est ouverte (b), et lorsque les deux fentes sont ouvertes (c) (en pointillé la somme des intensités (a) et (b)).

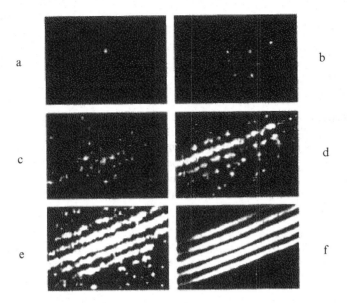

Fig. A.3. Construction progressive de la figure d'interférence (d'après P.G. Merli, G.F. Missiroli and G. Pozzi, *On the Statistical aspect of electron interference phenomena, Amer. J. Physics 44 (1976) 306, cité dans [14]*).

2. que les franges d'interférence se construisent peu à peu comme lors d'un tirage aléatoire.

Il est impossible d'interpréter cette expérience dans le cadre conceptuel de la théorie classique. Un électron, comme d'ailleurs tous les constituants de la matière, n'est en effet ni une onde ni une particule au sens classique du terme. Il faut se tourner vers la mécanique quantique pour obtenir une description satisfaisante de cet objet. Nous reviendrons sur l'expérience des fentes d'Young à la section A.2.3.5 après avoir introduit les bases de la théorie quantique.

A.2 Le paradigme quantique

Pour faciliter l'assimilation des différents concepts que nous allons introduire, nous illustrerons chacun d'eux sur l'exemple simple d'une particule sans spin[4] soumise à un potentiel extérieur, qui est l'analogue quantique du système classique décrit dans la section A.1.1. Nous ne lacherons ce fil d'Ariane qu'à la section A.2.4 dans laquelle nous aborderons les problèmes spécifiquement liés au fait que le système quantique comprend plusieurs particules de même nature.

Remarque A.2 *Ni le formalisme de la mécanique classique introduit à la section A.1.1, ni celui de la mécanique quantique que nous allons présenter*

[4] Nous verrons ce qu'est le spin à la section A.2.4.2.

maintenant ne tiennent la route lorsque les vitesses des objets considérés s'approchent de la célérité de la lumière, c'est-à-dire lorsque l'énergie cinétique classique $E_c = \frac{1}{2}mv^2$ n'est plus négligeable devant l'énergie au repos $E = mc^2$. Il faut alors travailler dans un cadre relativiste, mais cela est hors de notre propos (voir cependant la section A.3.1.4).

A.2.1 Notion d'état

Nous avons vu précédemment qu'en mécanique classique, une particule est complètement décrite à un instant t par un vecteur de $\mathbb{R}^3 \times \mathbb{R}^3$ (le couple position-vitesse en formulation newtonienne ou lagrangienne, le couple position-impulsion en formulation hamiltonienne). La situation est plus complexe en mécanique quantique.

Premier postulat. *A un système quantique donné, on peut associer un espace de Hilbert noté $\mathcal{H}$ tel que l'ensemble des états accessibles au système soit en bijection avec la sphère unité de $\mathcal{H}$. A tout instant t, le système est donc complètement décrit par un élément normalisé de $\mathcal{H}$ noté $\psi(t)$ et appelé vecteur d'état.*

Pour le cas d'une particule sans spin, l'espace $\mathcal{H}$ est isomorphe à $L^2(\mathbb{R}^3, \mathbb{C})$ et il est possible d'identifier l'espace $\mathbb{R}^3$ avec l'espace physique muni d'un repère galiléen. Le vecteur d'état $\psi(x, t)$ est alors une fonction de $\mathbb{R}^3 \times \mathbb{R}$ dans $\mathbb{C}$, qu'on appelle usuellement fonction d'onde. A t fixé, la fonction positive

$$x \;\mapsto\; |\psi(x, t)|^2$$

a une interprétation physique simple : elle représente la densité de probabilité à l'instant t d'observer la particule au point x. On comprend sur cet exemple qu'il est nécessaire que le vecteur d'état $\psi(t)$ soit normé : cette condition, qui s'écrit dans ce cadre

$$\int_{\mathbb{R}^3} |\psi(x, t)|^2 \, dx = 1,$$

indique simplement que la particule est effectivement à l'instant t quelque part dans l'espace.

Cet exemple suggère implicitement que la connaissance du vecteur d'état ψ ne permet pas de prédire à coup sûr le résultat d'une mesure (en l'occurence la position de la particule). On ne peut déduire de ψ qu'une loi de probabilité. Lorsque pareille situation se rencontre en mécanique classique, c'est que l'état du système n'est pas complètement connu : si on connaît uniquement la position $x(t)$ de la particule (ou uniquement sa vitesse $v(t)$), on ne pourra pas prédire le résultat de la mesure de l'énergie ; si en revanche l'état du système est complètement connu (si par exemple on dispose du couple position-vitesse) on pourra prédire le résultat de la mesure de n'importe quelle quantité (l'énergie, le moment cinétique, ...). Derrière la conception classique de l'aléatoire, il y a donc une notion de variable cachée : c'est parce qu'on ne dispose pas de toute l'information sur l'état du système qu'on ne sait pas prédire le résultat d'une mesure. Ce n'est pas le cas en mécanique quantique : l'état du système est *complètement* décrit par le vecteur d'état (il ne manque aucune information) et pourtant on ne peut pas prédire à coup sûr le résultat d'une mesure (sauf cas particulier, cf. section suivante). La mécanique quantique a donc un caractère intrinsèquement probabiliste.

Remarque A.3 *Plusieurs physiciens éminents n'ont jamais pu se résoudre à accepter ce caractère aléatoire ("Dieu ne joue pas aux dés", disait Einstein) et ont essayé de construire une théorie déterministe compatible avec la mécanique quantique, en introduisant des variables cachées (de façon à rendre le résultat d'une mesure prédictible à celui qui aurait connaissance de la valeur des variables cachées). En 1965, Bell a montré que cette tentative était (quasiment) vouée à l'échec : en calculant des corrélations entre mesures sur des particules "jumelles", il a en effet montré que les prédictions de la mécanique quantique ne pouvaient pas s'accorder avec une (très large classe de) théorie(s) à variables cachées. Le verdict expérimental est tombé en 1982, du moins pour les photons [4] : c'est la description quantique, intrinsèquement probabiliste, qui décrit correctement la réalité.*

A.2.2 Observables et mesures

En mécanique classique, une particule possède à tout instant t des caractéristiques bien définies (une position, une impulsion, une énergie, ...). Par ailleurs, on peut en principe mesurer l'une de ces grandeurs physiques sans modifier l'état du système : dans le cadre classique, la vitesse à laquelle la pomme tombe de l'arbre est définie indépendamment du fait qu'il y ait ou non un physicien pour la mesurer et celui-ci peut s'arranger pour effectuer la mesure sans modifier la vitesse de la pomme. La situation est radicalement différente en mécanique quantique : une grandeur physique ne prend une valeur déterminée que lorsqu'on la mesure, et mesurer une grandeur physique, c'est nécessairement modifier en profondeur l'état du système. Il faut se tourner vers la théorie spectrale pour formaliser ces assertions contre-intuitives de façon à les rendre opératoires.

A.2.2.1 Le postulat de la mesure

Enonçons sans plus attendre ce fameux postulat ; nous le discuterons par la suite.

Deuxième postulat. *A toute grandeur physique (scalaire) A on peut faire correspondre un opérateur auto-adjoint sur $\mathcal{H}$, noté $\hat{A}$ et appelé l'observable associée à A, qui vérifie les trois propriétés suivantes :*

1. *lorsqu'on mesure la grandeur physique A, le résultat obtenu ne peut être qu'un point du spectre de $\hat{A}$ (aux erreurs de mesure près) ;*

2. *si le système se trouve à l'instant t précédent la mesure dans l'état ψ_0, le résultat de la mesure se trouvera dans l'intervalle $]a, b]$ avec une probabilité égale à*

$$\mu^A(]a, b]) = \| \left(P_b^A - P_a^A \right) \cdot \psi_0 \|^2,$$

$(P_\lambda^A)_{\lambda \in \mathbf{R}}$ désignant la famille spectrale associée à l'opérateur auto-adjoint $\hat{A}$;

3. *si ψ_0 désigne l'état du système avant la mesure, et que le résultat de la mesure donne le réel a à Δa près[5], alors l'état du système après la mesure est*

$$\frac{\left(P_{a+\Delta a}^A - P_{a-\Delta a}^A \right) \cdot \psi_0}{\| \left(P_{a+\Delta a}^A - P_{a-\Delta a}^A \right) \cdot \psi_0 \|}.   \text{(A.8)}$$

Réciproquement, on peut associer à tout opérateur auto-adjoint une grandeur physique[6].

Cet énoncé appelle quelques commentaires :

1. La première assertion nous enseigne qu'une grandeur physique ne peut pas prendre n'importe quelle valeur réelle, comme c'est généralement le cas en mécanique classique. En effet, le résultat d'une mesure de la grandeur physique A est nécessairement un point du spectre de $\hat{A}$. Si donc $\hat{A}$ possède un spectre discret non vide, on observera une *quantification* des valeurs de la grandeur physique A. Ce phénomène arrive fréquemment en pratique, comme nous le verrons par la suite.

2. Le premier postulat nous dit qu'un système est *complètement* caractérisé à l'instant t par le vecteur d'état $\psi(t)$. La deuxième assertion du postulat de la mesure nous dit de son côté que pour un vecteur d'état $\psi(t)$ donné, la mesure de la grandeur physique A ne conduit pas à un résultat certain (sauf dans le cas très particulier où $\psi(t)$ est un vecteur propre de $\hat{A}$). Il faut se résoudre à admettre qu'en mécanique quantique, deux expériences effectuées exactement dans les mêmes conditions peuvent ne pas donner le même résultat. Il subsiste une incertitude essentielle (cf. sur ce point la remarque A.3). Si on répète un grand nombre de fois la même expérience (mesure de la même grandeur physique sur le même système décrit à l'instant de la mesure par le même vecteur d'état ψ_0), on obtiendra par la loi des grands nombres la valeur moyenne

$$\langle A \rangle = \int_{\mathbf{R}} \lambda \, d\mu^A(\lambda) = \int_{\mathbf{R}} \lambda \, d \left(P_\lambda^A \psi_0, P_\lambda^A \psi_0 \right) = \int_{\mathbf{R}} \lambda \, d(\psi_0, P_\lambda^A \psi_0)$$
$$= \langle \psi_0, \left(\int_{\mathbf{R}^3} \lambda \, dP_\lambda^A \right) \cdot \psi_0 \rangle = \langle \psi_0 | \hat{A} | \psi_0 \rangle$$

---

[5] L'incertitude Δa est ici liée au fait que tout appareil de mesure (même en physique classique) possède une résolution finie.

[6] Cette grandeur physique peut n'avoir aucun intérêt particulier : ce peut être par exemple l'énergie potentielle à la puissance 12.

avec un écart quadratique moyen

$$\Delta A = \left(\langle A^2\rangle - \langle A\rangle^2\right)^{1/2} = \left(\langle\psi_0|\hat{A}^2|\psi_0\rangle - \langle\psi_0|\hat{A}|\psi_0\rangle^2\right)^{1/2}.$$

3. On nomme généralement réduction du paquet d'onde le fait de projeter le vecteur d'état sur le sous-espace propre correspondant à la valeur mesurée. Cette troisième assertion a quelque chose de rassurant : si on répète immédiatement après une mesure de A, une nouvelle mesure de cette même grandeur physique, on trouvera à coup sûr deux fois le même résultat à la précision de l'appareil de mesure près (on effectue la deuxième mesure sur le paquet d'ondes réduit). Mais la réduction du paquet d'onde signifie aussi que le fait de mesurer la grandeur physique A a complètement modifié l'état du système. La mesure n'est donc plus comme en mécanique classique une opération extérieure au système, qu'on peut effectuer en principe sans perturber ce dernier. Mesurer une grandeur physique, c'est en mécanique quantique bouleverser complètement l'état du système. Autre conséquence du postulat de la mesure, si on mesure d'abord A puis imméditement après B puis immédiatement après de nouveau A, on n'obtiendra pas en général deux fois la même valeur de A, sauf si les observables $\hat{A}$ et $\hat{B}$ commutent (le vérifier en exercice). Cette troisième assertion contient donc implicitement le concept de mesures incompatibles : si $\hat{A}$ et $\hat{B}$ ne commutent pas, et si on mesure B juste après avoir mesuré A, on perd l'information sur la grandeur physique A. Cela se produit notamment pour les grandeurs physiques position et vitesse (ou position et impulsion) relatives à une particule (cf. section A.2.2.3).

La validité du postulat de la mesure n'a jamais été mise en défaut par l'expérience. Il n'en reste pas moins que son interprétation est délicate et peut donner lieu à un certain nombre de "paradoxes" dont celui, célèbre, du chat de Schrödinger [15].

A.2.2.2 Observables associées à une particule (sans spin) - Règles de correspondance

Nous avons dit plus haut que l'espace de Hilbert associé à une particule sans spin est isomorphe à $L^2(\mathbb{R}^3, \mathbb{C})$ et nous avons implicitement évoqué à cette occasion la représentation position ; dans cette représentation, $\mathbb{R}^3$ est identifié à l'espace usuel muni d'un repère galiléen et $|\psi(x,t)|^2$ désigne la densité de probabilité à l'instant t de mesurer la particule au point x : cela signifie que la probabilité à l'instant t de mesurer la particule dans l'ouvert Ω est

$$\int_\Omega |\psi(x,t)|^2\, dx.$$

Dans cette représentation, la grandeur physique "naturelle" est la position[7] et l'observable (vectorielle) associée, notée $\hat{x}$ est la multiplication par x : si on répète un grand nombre de fois l'expérience, la particule sera donc mesurée en moyenne au point

$$\langle x(t) \rangle = \langle \psi(t) | \hat{x} | \psi(t) \rangle = \int_{\mathbf{R}^3} x \, |\psi(x,t)|^2 \, dx$$

avec un écart quadratique moyen

$$\Delta x(t) = \left(\int_{\mathbf{R}^3} x^2 \, |\psi(x,t)|^2 \, dx - \left(\int_{\mathbf{R}^3} x \, |\psi(x,t)|^2 \, dx \right)^2 \right)^{1/2} .$$

Comme le spectre des observables scalaires $\hat{x}_k$ (multiplication par x_k) associées à chaque coordonnée x_k est $\mathbf{R}$ tout entier (le vérifier à titre d'exercice), la particule peut être mesurée en tout point de l'espace en lequel $\psi(x,t)$ n'est pas nul : la position n'est pas une grandeur physique quantifiée. Enfin si la particule est dans l'état $\psi(t_0 - 0)$ avant la mesure et qu'on l'observe (par une mesure de la position) dans une sphère de rayon $\epsilon > 0$ centrée en x_0, la fonction d'onde de la particule après la mesure sera donnée par

$$\psi(x, t_0 + 0) = \begin{cases} \dfrac{\psi_0(x, t_0 - 0)}{\left(\int_{|y - x_0| < \epsilon} |\psi(y, t_0 - 0)|^2 \, dy \right)^{1/2}} & \text{si } |x - x_0| < \epsilon, \\[2em] 0 & \text{sinon .} \end{cases}$$

En utilisant l'analogue quantique du théorème de Noether (cf. [180]), on peut montrer que l'observable $\hat{p}$ associée à l'impulsion est nécessairement proportionnelle à l'opérateur $-i\nabla$ qui est le générateur du groupe des translations d'espace dans la représentation position. La constante de proportionalité, notée $\hbar$, est appelée constante de Planck réduite. Elle a la dimension d'une action (une énergie multipliée par un temps) et vaut $\hbar = 1.0546 \, 10^{-34}$ J.s (Joule seconde) dans les unités du système international. On a donc

$$\hat{p} = -i\hbar\nabla.$$

Les autres grandeurs physiques habituellement associées à une particule sans spin sont sa vitesse, son moment cinétique, son énergie cinétique, son énergie potentielle et son énergie totale. Ce sont toutes des fonctions des grandeurs physiques position et impulsion et on peut donc déduire les observables associées à ces grandeurs physiques par le calcul fonctionnel *via* les régles de correspondance

---

[7] Nous n'avons défini ci-dessus que les observables correspondant à des grandeurs physiques scalaires. A une grandeur physique vectorielle, on associera tout simplement une observable scalaire par coordonnée.

$$x \longrightarrow \hat{x} \ = \ \text{multiplication par } x \qquad p \longrightarrow \hat{p} = -i\hbar\nabla. \qquad (A.9)$$

On obtient ainsi

Grandeur physique	Observable (représentation position)
Position x	$\hat{x}$: Multiplication par x
Impulsion p	$\hat{p} = -i\hbar\nabla$
Vitesse $v = p/m$	$\hat{v} = -i\frac{\hbar}{m}\nabla$
Moment cinétique $L = x \times p$	$\hat{L} = -i\hbar\hat{x} \times \nabla$
Energie cinétique $E_c = \frac{p^2}{2m}$	$\hat{E}_c = -\frac{\hbar^2}{2m}\Delta$
Energie potentielle V	$\hat{V}(t)$: Multiplication par $V(x,t)$
Energie totale $H(t) = \frac{p^2}{2m} + V$	$\hat{H}(t) = -\frac{\hbar^2}{2m}\Delta + \hat{V}(t)$

L'opérateur $\hat{H}(t)$ associé à l'énergie totale (i.e. à l'hamiltonien classique $H(t)$, cf. section A.1.1) est l'hamiltonien (quantique) du système. Nous verrons que cette observable joue un rôle central dans la dynamique du système.

Attention toutefois à l'application des règles de correspondance ! La grandeur physique "moment cinétique" fait intervenir dans sa définition classique, à la fois la position x et l'impulsion p. Or les opérateurs quantiques correspondants $\hat{x}$ et $\hat{p} = -i\hbar\nabla$ ne commutent pas : $[\hat{x}_k, \hat{p}_k] = i\hbar$. Il ne faut donc pas utiliser sans réfléchir les règles de correspondances (A.9). Ce qui fait que l'expression donnée dans le tableau ci-dessus est correcte, c'est que le produit vectoriel fait intervenir des termes croisés : on a ainsi par exemple $L_1 = x_2 p_3 - x_3 p_2$. Or il se trouve que $[\hat{x}_2, \hat{p}_3] = [\hat{x}_3, \hat{p}_2] = 0$ (la multiplication par x_2 commute avec la dérivation par rapport à x_3 et vice versa).

Remarque A.4 *Outre la représentation position, on utilise également en pratique la représentation impulsion dans laquelle on identifie le $\mathbb{R}^3$ de $L^2(\mathbb{R}^3, C)$ à l'espace des impulsions. L'interprétation physique de la fonction d'onde $\phi(p,t)$ (on note ϕ pour distinguer cette représentation de la représentation position) est que la densité de probabilité à l'instant t d'obtenir la valeur p lors d'une mesure de l'impulsion est égale à $|\phi(p,t)|^2$. Dans cette représentation, les expressions des observables usuelles sont les suivantes :*

Grandeur physique	Observable *(représentation impulsion)*
Position x	$\hat{x} = i\hbar\nabla_p$
Impulsion p	$\hat{p}$: *Multiplication par p*
Vitesse $v = p/m$	$\hat{v}$: *Multiplication par p/m*
Moment cinétique $L = x \times p$	$\hat{L} = \hat{x} \times \hat{p}$
Energie cinétique $E_c = \frac{p^2}{2m}$	$\hat{E}_c$: *Multiplication par $p^2/2m$*
Energie potentielle V	$\hat{V}(t)$: *Convolution par* $v(p,t) = \int_{\mathbf{R}^3} \frac{e^{-i\,p\cdot x/\hbar}}{(2\pi\hbar)^3} V(x,t)\,dx$
Energie totale $H(t) = \frac{p^2}{2m} + V$	$\hat{H}(t) = \frac{\hat{p}^2}{2m} + \hat{V}(t)$

Notons que les fonctions $\psi(x,t)$ et $\phi(p,t)$ sont les transformées de Fourier l'une de l'autre. Plus précisément (exercice),

$$\psi(x,t) = \frac{1}{(2\pi\hbar)^{3/2}} \int_{\mathbf{R}^3} \phi(p,t)\, e^{ip \cdot x/\hbar}\, dp$$

et

$$\phi(p,t) = \frac{1}{(2\pi\hbar)^{3/2}} \int_{\mathbf{R}^3} \psi(x,t)\, e^{-ip \cdot x/\hbar}\, dx.$$

A.2.2.3 Mesures incompatibles - Inégalité d'Heisenberg

Revenons au cadre général et considérons deux observables $\hat{A}$ et $\hat{B}$ associées respectivement aux grandeurs physiques A et B. Soit maintenant un état ψ fixé pour lequel on note

$$\Delta A = \langle \psi, (\hat{A} - \langle A \rangle)^2 \psi \rangle^{1/2} \qquad \text{et} \qquad \Delta B = \langle \psi, (\hat{B} - \langle B \rangle)^2 \psi \rangle^{1/2}$$

l'écart type sur la mesure de A et de B respectivement. Pour tout $\lambda \in \mathbb{R}$, on a

$$\|((\hat{A} - \langle A \rangle) + i\lambda(\hat{B} - \langle B \rangle)) \cdot \psi\|^2 = \lambda^2(\Delta B)^2 + \lambda \left(i\langle \psi, [\hat{A}, \hat{B}] \cdot \psi \rangle \right) + (\Delta A)^2,$$

$[\hat{A}, \hat{B}] = \hat{A}\hat{B} - \hat{B}\hat{A}$ désignant le commutateur des observables $\hat{A}$ et $\hat{B}$. Le polynôme en λ figurant dans le membre de droite étant positif pour tout λ réel, il s'ensuit que son discriminant est négatif. On en déduit l'inégalité d'Heisenberg

$$\Delta A\, \Delta B \geq \frac{1}{2} \left| \langle \psi, [\hat{A}, \hat{B}] \cdot \psi \rangle \right|.$$

L'exemple le plus classique correspond à la mesure simultanée de la coordonnée sur l'axe Ox_k de la position d'une particule ($\hat{A} = \hat{x}_k$) et de l'impulsion selon cette direction ($\hat{B} = \hat{p}_k = -i\hbar\frac{\partial}{\partial x_k}$). On vérifie en effet facilement que

$$[\hat{x}_k, \hat{p}_k] = i\hbar.$$

Il vient donc que pour tout état $\psi \in \mathcal{H} = L^2(\mathbb{R}^3, \mathbb{C})$ normalisé,

$$\Delta x_k\, \Delta p_k \geq \frac{\hbar}{2}.$$

Cette relation signifie qu'on ne peut pas trouver d'état ψ pour lequel on puisse connaître à l'avance le résultat d'une mesure de la position ($\Delta x = 0$) **et** de l'impulsion ($\Delta p = 0$). Si, et c'est un cas limite, on mesure la position d'une particule avec une précision infinie selon les trois axes ($\Delta x = 0$), le paquet d'ondes réduit est un "Dirac", c'est-à-dire une constante dans la représentation impulsion : toutes les impulsions sont équiprobables ($\Delta p = +\infty$). De même, un paquet d'ondes possédant une impulsion p_0 bien définie ($\Delta p = 0$) est nécessairement une onde plane $(-i\hbar\nabla\psi = p_0\psi \quad \Rightarrow \quad \psi \propto e^{ip_0 \cdot x/\hbar})$, qui est complètement délocalisée dans l'espace des positions : toutes les positions sont équiprobables ($\Delta x = +\infty$).

On pourra vérifier à titre d'exercice qu'en dimension 1, l'inégalité d'Heisenberg est optimale (en ce sens que l'inégalité est en fait une égalité) lorsque ψ est un paquet d'ondes gaussien de la forme

$$\psi(x) = A \, e^{-|x-x_0|^2/4\sigma^2} \, e^{ip_0 x/\hbar},$$

avec $x_0 \in \mathbb{R}$, $p_0 \in \mathbb{R}$ et $\sigma > 0$ (A désigne une constante de normalisation).

Remarque A.5 *Si on raisonne en incertitude sur la vitesse, et non sur l'impulsion, l'inégalité d'Heisenberg s'écrit :*

$$\Delta x_k \, \Delta v_k \geq \frac{\hbar}{2m},$$

m désignant la masse de la particule. Dans l'espace position-vitesse, les électrons, particules légères ($m_e = 9.11 \ 10^{-31}$ kg), seront donc beaucoup plus délocalisés que les noyaux atomiques qui sont des particules plus lourdes ($m_p = 1.67 \ 10^{-27}$ kg, pour le plus léger d'entre eux, le noyau d'Hydrogène).

A.2.2.4 Mesurer pour préparer

Pour simplifier, on suppose que tous les opérateurs dont il est ici question ont un spectre purement ponctuel. La troisième assertion du postulat de la mesure nous dit qu'après la mesure, l'état du système est dans le sous-espace propre associé à la valeur mesurée.

Si donc on connaît un ensemble fini de n observables $(\hat{A}_1, \hat{A}_2, \cdots, \hat{A}_n)$ qui commutent deux à deux et telles que tout sous-espace propre de $\mathcal{H}$ commun aux n observables, est de dimension 1, alors on peut, en mesurant simultanément les n grandeurs physiques $(A_1, A_2, \cdots, A_n)$, caractériser complètement l'état du système[8] (l'état *après* les mesures, faut-il le préciser). Bien qu'on soit incapable de forcer un système à adopter un état, on peut en partant d'un grand nombre de systèmes identiques (par exemple d'un faisceau de particules), s'arranger pour séparer spatialement les systèmes (les particules) qui sont dans l'état sur lequel on veut expérimenter (cf. l'expérience de Stern et Gerlach, section A.2.4.2). On peut ainsi réaliser des expériences de mécanique quantique en imposant la condition initiale. Cette opération s'appelle la préparation du système.

Un ensemble d'observables qui possède la propriété ci-dessus est appelé un ensemble complet d'observables qui commutent (ECOC). Nous rencontrerons un exemple d'ECOC lors de l'étude de l'ion hydrogénoïde, section 6.1.

---

[8] A une phase globale près, qui ne change rien aux résultats des mesures.

A.2.3 Evolution de l'état entre deux mesures

Si mesurer une grandeur physique est un processus essentiellement probabiliste, l'évolution du système entre deux mesures est en revanche parfaitement déterministe.

A.2.3.1 Equation de Schrödinger

Nous introduisons maintenant l'équation fondamentale de la mécanique quantique.

Troisième postulat. *Entre deux mesures, l'évolution de l'état du système est régie par l'équation de Schrödinger*

$$i\hbar\partial_t\psi = \hat{H}(t) \cdot \psi \qquad (A.10)$$

$\hat{H}(t)$ *désignant l'hamiltonien du système (l'observable associée à l'énergie totale).*

Lorsque l'hamiltonien est indépendant du temps, la solution de cette équation avec donnée initiale ψ_0 existe et est unique en vertu du théorème de Stone. Elle s'écrit $\psi(t) = U(t)\psi_0$, la famille d'opérateurs unitaires $U(t) = e^{-it\hat{H}/\hbar}$ désignant le propagateur associé à $\hat{H}$. Lorsque $\hat{H}$ dépend explicitement du temps, l'existence d'un propagateur n'est pas garantie *a priori*, mais se prouve au cas par cas pour tous les cas physiques dont nous avons connaissance.

Reprenons notre exemple d'une particule de masse m soumise à un champ de forces extérieur, mais en supposant maintenant qu'il s'agit d'une particule chargée évoluant dans un champ électromagnétique classique décrit par le potentiel scalaire $\mathcal{V}(x,t)$ et le potentiel vecteur $\mathcal{A}(x,t)$; c'est en fait une extension du cas étudié jusqu'à présent. L'hamiltonien classique s'écrit alors

$$H = \frac{1}{2m}(p - q\,\mathcal{A}(x,t))^2 + q\,\mathcal{V}(x,t).$$

Rappelons que le champ électrique $\mathcal{E}(x,t)$ et le champ magnétique $\mathcal{B}(x,t)$ s'obtiennent à partir des champs $\mathcal{V}(x,t)$ et $\mathcal{A}(x,t)$ par les relations

$$\mathcal{E}(x,t) = -\nabla\mathcal{V}(x,t) - \frac{\partial\mathcal{A}}{\partial t}(x,t), \qquad \mathcal{B}(x,t) = \mathrm{rot}\mathcal{A}(x,t).$$

Les équations du mouvement résultent des formules (A.4) de la mécanique hamiltonienne : on obtient après calcul

$$m\ddot{x} = q(\mathcal{E}(x,t) + \dot{x} \times \mathcal{B}).$$

Notons qu'on retrouve ainsi l'expression de la force de Lorentz $f = q(\mathcal{E}(x,t) + \dot{x} \times \mathcal{B})$.

En appliquant les règles de correspondance, l'hamiltonien quantique associé à ce système est donné par

$$\hat{H}(t) = \frac{1}{2m}(-i\hbar\nabla - q\,\mathcal{A}(x,t))^2 + q\,\mathcal{V}(x,t)$$

et l'équation de Schrödinger s'écrit

$$i\hbar\partial_t\psi = -\frac{\hbar^2}{2m}\Delta\psi + i\frac{\hbar q}{2m}\left(\nabla(\mathcal{A}\psi) + \mathcal{A}\nabla\psi\right) + \left(\frac{q^2}{2m}\mathcal{A}^2 + q\mathcal{V}\right)\psi.$$

A.2.3.2 Théorème d'Ehrenfest

Le théorème d'Ehrenfest exprime l'évolution entre deux mesures de la valeur moyenne d'une grandeur physique.

On considère une grandeur physique $A(t)$ dépendant *a priori* du temps décrite par l'observable $\hat{A}(t)$ et on cherche l'évolution de la valeur moyenne

$$\langle A(t)\rangle = \langle\psi(t)|\hat{A}(t)|\psi(t)\rangle.$$

Il vient en utilisant l'équation de Schrödinger (A.10)

$$\frac{d\langle A(t)\rangle}{dt} = \left\langle\frac{d\psi}{dt}(t)|\hat{A}(t)|\psi(t)\right\rangle + \left\langle\psi(t)|\frac{d\hat{A}}{dt}(t)|\psi(t)\right\rangle + \left\langle\psi(t)|\hat{A}(t)|\frac{d\psi}{dt}(t)\right\rangle$$

$$= \left\langle-\frac{i}{\hbar}\hat{H}(t)\psi(t)|\hat{A}(t)|\psi(t)\right\rangle + \left\langle\psi(t)|\frac{d\hat{A}}{dt}(t)|\psi(t)\right\rangle$$

$$+ \left\langle\psi(t)|\hat{A}(t)| - \frac{i}{\hbar}\hat{H}(t)\psi(t)\right\rangle$$

$$= \frac{i}{\hbar}\left\langle\psi(t)|\hat{H}(t)\hat{A}(t)|\psi(t)\right\rangle + \left\langle\psi(t)|\frac{d\hat{A}}{dt}(t)|\psi(t)\right\rangle$$

$$- \frac{i}{\hbar}\left\langle\psi(t)|\hat{A}(t)\hat{H}(t)|\psi(t)\right\rangle.$$

On obtient donc finalement (théorème d'Ehrenfest)

$$\frac{d\langle A(t)\rangle}{dt} = \left\langle\frac{dA}{dt}(t)\right\rangle + \frac{i}{\hbar}\langle\psi(t)|[\hat{H}(t),\hat{A}(t)]|\psi(t)\rangle.$$

Cette dernière expression a ceci de remarquable qu'elle ne fait pas intervenir la dérivée du vecteur d'état.

Remarque A.6 *Si l'hamiltonien et l'observable $\hat{A}$ ne dépendent pas explicitement du temps, une condition nécessaire et suffisante pour que la grandeur physique A soit conservée par la dynamique est que le commutateur $[\hat{H},\hat{A}]$ soit nul. En particulier, l'énergie est alors une quantité conservée puisque l'hamiltonien commute avec lui-même.*

Remarque A.7 *Le théorème d'Ehrenfest est à rapprocher de la formule de mécanique classique*

$$\frac{dA}{dt} = \frac{\partial A}{\partial t} + \{H, A\},$$

exprimant la variation de l'observable[9] *A le long d'une trajectoire de la dynamique hamiltonienne. La notation* $\{H, A\}$ *désigne le crochet de Poisson défini pour tout couple d'observables* (f, g) *par :*

$$\{f, g\} = \sum_{i=1}^{n} \frac{\partial f}{\partial x_i} \frac{\partial g}{\partial p_i} - \frac{\partial f}{\partial p_i} \frac{\partial g}{\partial x_i}.$$

Il est en fait possible de quantifier un système hamiltonien en utilisant la règle de correspondance

$$\{f, g\} \quad \longrightarrow \quad \frac{i}{\hbar}[\hat{f}, \hat{g}].$$

Appliquons à titre d'exemple le théorème d'Erhenfest pour exprimer l'évolution des valeurs moyennes de la position et de l'impulsion d'une particule de masse m évoluant dans un potentiel $V(x, t)$, pour laquelle l'hamiltonien s'écrit

$$\hat{H}(t) = -\frac{\hbar^2}{2m}\Delta + \hat{V}(t).$$

En remarquant que l'observable position (multiplication par x) commute avec l'observable énergie potentielle (multiplication par $V(x, t)$), que l'observable impulsion $(-i\hbar\nabla)$ commute avec l'observable énergie cinétique $(-\hbar^2/2m \; \Delta)$ et en utilisant les relations de commutation

$$[\Delta, \hat{x}] = 2\nabla, \qquad [\hat{V}(t), \hat{p}] = i\hbar\nabla V(t)$$

on obtient par un calcul simple

$$\frac{d}{dt}\langle x \rangle = \frac{1}{m}\langle p \rangle$$

$$\frac{d}{dt}\langle p \rangle = -\langle \nabla V(t) \rangle.$$

Les lois de la mécanique classiques (A.7) sont donc vérifiées *en moyenne*.

A.2.3.3 Dynamique d'un paquet d'onde - Effet tunnel

Avant de présenter l'effet tunnel, examinons l'exemple instructif de la dynamique libre[10] d'un paquet d'ondes gaussien initialement de la forme

---

[9] En mécanique classique, une observable est une fonction de x, p et t.
[10] C'est-à-dire en l'absence de toute action extérieure.

$$\psi(x, t = 0) = \psi_0(x) = \left(\frac{1}{2\pi\sigma_0^2}\right)^{3/4} \exp\left(\frac{-(x - x_0)^2}{4\sigma_0^2}\right) \exp\left(\frac{ip_0 \cdot x}{\hbar}\right),$$

pour lequel $\langle x(0)\rangle = x_0$ et $\langle p(0)\rangle = p_0$. L'équation de Schrödinger s'écrit pour ce système

$$i\hbar\partial_t\psi = -\frac{\hbar^2}{2m}\Delta\psi$$

et on obtient après calcul (exercice)

$$\forall t \geq 0, \qquad |\psi(x, t)|^2 = \left(\frac{1}{2\pi\sigma(t)^2}\right)^{3/2} \exp\left(\frac{-(x - (x_0 + p_0t/m))^2}{2\sigma(t)^2}\right)$$

avec $\sigma(t)^2 = \sigma_0^2 + \left(\Delta p_0^2/m^2\right)t^2$, $\Delta p_0 = \left(\langle\psi_0|\hat{p}^2|\psi_0\rangle - \langle\psi_0|\hat{p}|\psi_0\rangle^2\right)^{1/2} = \sqrt{3}\hbar/2\sigma_0$ désignant l'écart type sur l'impulsion à l'instant initial. A tout instant $t \geq 0$, la densité de probabilité de présence de la particule est donc une gaussienne de centre $x_0 + \frac{p_0}{m}t$ et d'écart type $\sigma(t)$. On en déduit les deux propriétés suivantes :

1. la particule se déplace en moyenne à la vitesse constante $v_0 = p_0/m$;

2. le paquet d'onde s'étale. L'incertitude sur la position de la particule

$$\Delta x = \sigma(t) = \left(\sigma_0^2 + \left(\Delta p_0^2/m^2\right)t^2\right)^{1/2}$$

s'accroît asymptotiquement comme $\Delta v_0\, t$, $\Delta v_0 = \Delta p_0/m$ désignant l'incertitude sur la vitesse à l'instant initial.

Le paquet d'onde correspondant à un électron localisé autour d'un point de l'espace avec un écart quadratique moyen de 10^{-10} m (la taille d'un atome) doublera de taille en $2 \cdot 10^{-16}$ s. Si vous posez ce livre sur une table, vous aurez une chance sur mille de le retrouver par terre par délocalisation du paquet d'onde au bout de 10^{30} s.

Un effet typiquement quantique : l'effet tunnel

Considérons maintenant le problème de mécanique classique à une dimension suivant : une particule d'énergie E s'approche d'une barrière de potentiel (cf. Fig. A.4) ; va-t-elle la franchir ?

Fig. A.4. Franchissement d'une barrière de potentiel.

D'un point de vue classique, la réponse est simple :
- si $E < V_{max}$, la particule franchit la barrière de potentiel,
- si $E > V_{max}$, la particule est réfléchie par la barrière de potentiel
- dans le cas particulier où $E = V_{max}$, la particule tend asymptotiquement vers le sommet de la barrière qui est un point d'équilibre instable.

Il en va tout autrement en mécanique quantique : quelle que soit l'énergie de la particule incidente, celle-ci traversera la barrière avec une probabilité p et sera réfléchie avec une probabilité $1 - p$. Plus précisément, à un instant t suffisamment grand, la probabilité d'observer la particule en amont (resp. en aval) de la barrière de potentiel sera égale à $1 - p$ (resp. à p).

En particulier, lorsque $E < V_{max}$, la probabilité de franchissement p n'est pas nulle (contrairement au cas classique). Elle peut être calculée analytiquement pour une barrière rectangulaire de hauteur V_{max} et de largeur a : on obtient

$$p = 16\frac{E}{V_{max}} \left(1 - \frac{E}{V_{max}}\right) e^{-2a\sqrt{2m(V_{max}-E)/\hbar^2}}.$$

On voit que le facteur déterminant de cette formule est une exponentielle. L'effet tunnel est donc un phénomène extrêmement non linéaire relativement aux paramètres du problème (la masse et l'énergie de la particule, la hauteur et la largeur de la barrière de potentiel). La variation rapide de p avec la largeur de la barrière de potentiel permet d'utiliser l'effet tunnel pour étudier le relief d'une surface à l'échelle atomique : c'est le principe de la microscopie à effet tunnel qui permet d'atteindre une résolution d'une fraction de nanomètre ; on peut ainsi "voir" les atomes [28].

Toujours à cause de l'exponentielle, l'effet tunnel n'a aucune chance d'être observé à l'échelle macroscopique. Pour illustrer ce point, les cours de mécanique quantique proposent généralement un exemple de ce type[11] : considérons un cycliste de 70 kg (vélo compris) lancé à une vitesse $V = 36$ km/h s'apprêtant à franchir une colline de 20 m de haut et de 50 m de large. S'il s'arrête de pédaler, un calcul élémentaire de mécanique classique nous montre que son inertie est nettement insuffisante pour qu'il franchisse la colline. Pour ce faire, il devra ou bien pédaler ou bien parier sur l'effet tunnel qui lui laisse une chance sur $e^{6,7.10^{38}}$ environ de traverser la colline sans effort.

A.2.3.4 Etats stationnaires

On considère un système isolé, donc décrit par un hamiltonien indépendant du temps. Les états *stationnaires* jouent alors un rôle privilégié dans l'analyse de l'équation de Schrödinger qui lui est associée. Ce sont par définition les états $\Psi(t)$ dont la dépendance en temps s'exprime sous la forme

$$\Psi(t) = \psi\, e^{-iEt/\hbar} \tag{A.11}$$

---

[11] Les valeurs numériques sont empruntées au cours de J.-L. Basdevant [14]

pour un certain E réel, ψ désignant un élément de l'espace des états physiques $\mathcal{H}$ *non nécessairement normalisable*.

On peut s'étonner de ce qu'un état stationnaire ait une dépendance temporelle. Ce qui justifie cette dénomination, c'est que la dépendance temporelle ne se manifeste qu'à travers une phase globale $e^{-iEt/\hbar}$, qui ne modifie pas réellement l'état du système : le résultat (probabiliste) d'une mesure quelconque n'est pas modifié si on remplace le vecteur d'état ψ par $e^{-iEt/\hbar}\psi$, cf. l'énoncé du deuxième postulat.

Il est immédiat que la fonction ψ intervenant dans (A.11) est alors solution de l'*équation de Schrödinger stationnaire*

$$\hat{H}\,\psi \,=\, E\,\psi,$$

E désignant l'*énergie* de ψ. Si ψ est normé (ce qui implique que E est dans le spectre ponctuel de $\hat{H}$), $\Psi(t) = \psi\,e^{-iEt/\hbar}$ est une solution physiquement admissible de l'équation de Schrödinger. On dit alors que ψ est un *état lié* du système. Si au contraire ψ n'est pas normalisable, $\Psi(t) = \psi\,e^{-iEt/\hbar}$ n'est pas une solution physiquement admissible, et on dit alors que ψ est un *état de diffusion*.

Il existe donc un lien immédiat entre états stationnaires et états propres (généralisés) de l'observable énergie : après une mesure de l'énergie, le système va se trouver dans un état stationnaire.

Remarquons que la dynamique du système s'exprime facilement si on connaît la décomposition spectrale de l'hamiltonien. La solution de l'équation de Schrödinger

$$i\hbar\partial_t\psi = \hat{H}\psi$$

avec condition initiale $\psi(0) = \psi_0$ est en effet donné par

$$\psi(t) = \int_{\mathbf{R}} e^{-i\lambda t/\hbar}dP_\lambda\psi_0,$$

$(P_\lambda)_{\lambda\in\mathbf{R}}$ désignant la famille spectrale associée à l'hamiltonien $\hat{H}$.

Précisons enfin qu'un minimiseur du problème variationnel quadratique

$$\inf\left\{\langle\psi,\hat{H}\psi\rangle,\quad \psi\in\mathcal{H},\quad \|\psi\|=1\right\}$$

est appelé un *état fondamental* (ou par ellipse un *fondamental*) du système. C'est en particulier un état lié de plus basse énergie, donc un état physiquement "stable". La recherche du fondamental d'un système moléculaire est le thème central de ce livre.

Quelques exemples significatifs de quantification de l'énergie

– Particule confinée dans une boîte

Une particule confinée dans une boîte rectangulaire de dimension $L_x \times L_y \times L_z$ est décrite à tout instant t par une fonction d'onde

$$\psi(t) \in H_0^1(]0, L_x[\times]0, L_y[\times]0, L_z[).$$

Imposer $\psi = 0$ aux bords de la boîte revient à dire que la particule ne peut pas sortir de la boîte même par effet tunnel : cela équivaut à représenter les parois de la boîte par une barrière de potentiel infinie.

La particule se déplaçant librement à l'intérieur de la boîte, l'hamiltonien qui lui est associé est donné par

$$\hat{H} = -\frac{\hbar^2}{2m}\Delta.$$

Le spectre de $\hat{H}$ est connu : c'est un spectre purement ponctuel (l'inverse du laplacien de Dirichlet est compact sur $]0, L_x[\times]0, L_y[\times]0, L_z[)$ composé des nombres positifs

$$E_{lmn} = \frac{\hbar^2}{2m}\left(\frac{\pi^2 l^2}{L_x^2} + \frac{\pi^2 m^2}{L_y^2} + \frac{\pi^2 n^2}{L_z^2}\right)$$

(l, m, n) parcourant l'ensemble $\mathbb{N}^* \times \mathbb{N}^* \times \mathbb{N}^*$; la valeur propre E_{lmn} est associée au vecteur propre normalisé

$$\psi_{lmn}(x, y, z) = \sqrt{\frac{8}{L_x L_y L_z}} \sin(\pi\, l\, x/L_x) \sin(\pi\, m\, y/L_y) \sin(\pi\, n\, z/L_z).$$

– Oscillateur harmonique à une dimension

L'hamiltonien classique décrivant un oscillateur harmonique s'écrit

$$H = \frac{p^2}{2m} + \frac{1}{2}kx^2.$$

En appliquant les règles de correspondance (A.9) on obtient l'hamiltonien quantique

$$\hat{H} = -\frac{\hbar^2}{2m}\frac{d^2}{dx^2} + \frac{1}{2}kx^2.$$

Le potentiel $\frac{1}{2}kx^2$ est suffisamment confinant pour rendre compact l'inverse de l'opérateur $\hat{H}$. Le spectre de $\hat{H}$ est donc purement ponctuel ; ses valeurs propres, toutes de multiplicité égale à un, sont données par

$$E_n = \left(n + \frac{1}{2}\right)\hbar\omega$$

avec $\omega = (k/m)^{1/2}$. Remarquons que la pulsation ω de l'oscillateur quantique coïncide avec celle de l'oscillateur classique. Les vecteurs propres correspondants sont les

$$\psi_n(x) = C_n e^{-\frac{m\omega}{2\hbar}|x|^2} H_n\left(\left(\frac{m\omega}{\hbar}\right)^{1/2} x\right)$$

les $H_n(x)$ désignant les polynômes d'Hermite [73] et les C_n des constantes de normalisation.

Les ψ_n formant une base de vecteurs propres de $\mathcal{H} = L^2(\mathbb{R})$, on peut récrire l'hamiltonien $\hat{H}$ sous la forme

$$\hat{H} = \sum_{n=0}^{+\infty} \left(n + \frac{1}{2}\right) \hbar\omega \hat{N}_n$$

où l'opérateur $\hat{N}_n$, appelé nombre d'occupation de l'état n, désigne en fait le projecteur orthogonal sur ψ_n. Ce formalisme, dit de la seconde quantification, est très répandu en théorie quantique des champs ; il est également utilisé en chimie quantique pour décrire les états vibrationnels des molécules (cf. section A.3.2.2).

– Ion hydrogénoïde (pour mémoire)

L'ion hydrogénoïde est le système moléculaire le plus simple : il est constitué d'un noyau et d'un électron. Sous l'approximation de Born-Oppenheimer (cf. section A.3.2), il est décrit par l'hamiltonien

$$\hat{H} = -\frac{\hbar^2}{2m}\Delta - \frac{Ze^2}{4\pi\epsilon_0 |x|}$$

opérant dans $L^2(\mathbb{R}^3)$. Dans l'expression ci-dessus, m et e désignent respectivement la masse et la charge de l'électron, ϵ_0 la permittivité diélectrique du vide, et Z le nombre de protons que comporte le noyau. L'étude complète du spectre de $\hat{H}$ est effectuée à la section 6.1.

A.2.3.5 Retour sur l'expérience des fentes d'Young

Nous sommes maintenant en mesure d'interpréter l'expérience des fentes d'Young à l'aide du formalisme de la mécanique quantique. Lorsqu'un électron est émis à l'instant t_0 par la source S_0, il se trouve dans un état ψ_0 localisé en position au voisinage du point x_0 et en impulsion au voisinage de la sphère $|p| = mv$. Sa probabilité de présence à l'instant t en un point M de l'écran E est $|\psi(M, t)|^2$ avec

$$\begin{cases} i\hbar\partial_t\psi = -\frac{\hbar^2}{2m}\Delta\psi + V\psi \\ \psi(t = 0) = \psi_0, \end{cases}$$

où $V = 0$ en dehors de la zone correspondant à l'écran E, où V prend une valeur "très grande". On peut s'amuser à simuler numériquement cette situation et on verra effectivement se dessiner une figure d'interférence à l'avant du détecteur.

Une interprétation plus esthétique consiste à utiliser le formalisme de l'intégrale de chemins [203]. On montre en effet que si une particule a été observée au point x_0 à l'instant t_0, l'amplitude de probabilité de présence à l'instant t de la particule au point x, qui est solution de l'équation de Schrödinger avec donnée initiale $\psi(t = t_0) = \delta_{x_0}$, s'exprime de manière équivalente sous la forme

$$\psi(x,t) = C(t) \int_{\substack{q(t_0) = x_0 \\ q(t) = x}} e^{iS(q)/\hbar} \, \mathcal{D}(q) \qquad (A.12)$$

où la notation $\int_{\substack{q(t_0) = x_0 \\ q(t) = x}} \mathcal{D}(q)$ désigne l'intégrale sur l'ensemble des chemins q reliant x_0 à l'instant t_0 à x à l'instant t, $S(q)$ l'action classique associée au chemin q (définie à la section A.1.1), et $C(t)$ un facteur de normalisation[12].

Formellement, lorsque $dS(q_0)$ est non nul, l'intégrande oscille au voisinage de q_0 et la contribution totale des chemins du voisinage sera approximativement nulle. Donc seuls les voisinages des chemins q_0 pour lesquels l'action est stationnaire ($dS(q_0) = 0$), autrement dit des trajectoires classiques, donneront une contribution non négligeable à l'intégrale.

Dans le contexte de l'expérience (c), il y a **deux** trajectoires classiques reliant S_0 à M, l'une notée q_A passant par le trou A, l'autre notée q_B passant par le trou B.

La probabilité d'observer l'électron en M à l'instant t_1 varie donc selon

$$p(M, t_1) \sim |C(t_1)|^2 \left| e^{iS(q_A)/\hbar} + e^{iS(q_B)/\hbar} \right|^2$$

$$\sim |C(t_1)|^2 \left(1 + \cos\left(\frac{S(q_A) - S(q_B)}{\hbar} \right) \right).$$

Le long des trajectoires classiques q_A et q_B, la particule demeure pratiquement toujours dans la zone où V est nul et la vitesse de la particule reste donc pratiquement constante en module, par conservation de l'énergie. On en déduit

---

[12] On peut donc quantifier le système en *postulant* la relation (A.12). Cette méthode de quantification, dite par intégrale de chemins, est en fait de portée générale : elle permet de quantifier n'importe quelle théorie classique pour laquelle existe une formulation lagrangienne, et en particulier les théories de jauges. Notons que l'introduction de la constante de Planck réduite est ici très naturelle : elle sert à rendre la phase adimensionnelle.

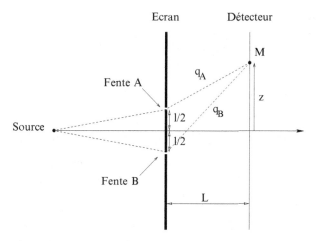

Fig. A.5. Expérience des fentes d'Young et intégrales de chemin.

$$S(q_A) - S(q_B) \simeq \frac{m}{2} \left(\int_{t_0}^{t_1} \dot{x}_A^2 \, dt - \int_{t_0}^{t_1} \dot{x}_B^2 \, dt \right) \simeq m \frac{L_A + L_B}{2(t_1 - t_0)} (L_A - L_B),$$

L_A et L_B désignant les longueurs respectives des trajectoires q_A et q_B. Si donc la distance l entre les fentes est très petite devant la distance L séparant l'écran du détecteur, on obtient $L_A - L_B = (L^2 + (l/2 - z)^2)^{1/2} - (L^2 + (l/2 + z)^2)^{1/2} \simeq -lz/L$. Finalement,

$$p(M, t_1) \sim |C(t_1)|^2 \left(1 + \cos \left(2\pi \frac{z}{Z(t_1)} \right) \right),$$

avec $1/Z(t_1) = \dfrac{m}{\hbar} \dfrac{L_A + L_B}{2(t_1 - t_0)} \dfrac{l}{L}$. L'état initial ψ_0 étant localisé en impulsion autour de $p = mv$, la probabilité de mesurer l'électron en un point de l'écran est maximale autour de l'instant T qui vérifie $v \simeq L_1/(T - t_0) \simeq L_2/(T - t_0)$. On en déduit,

$$p(M, T) \propto 1 + \cos \left(2\pi \frac{z}{Z} \right),$$

avec $1/Z = \dfrac{p}{\hbar} \dfrac{l}{L}$. L'interfrange Z que l'on vient de calculer coïncide effectivement avec la valeur expérimentale. C'est la valeur obtenue en optique lorsqu'on effectue cette expérience de diffraction avec une onde électromagnétique de nombre d'onde[13] k. On comprend mieux ainsi la relation de de Broglie

$$p = \hbar k,$$

qui établit la dualité onde-corpuscule en associant à une particule d'impulsion p une onde de nombre d'onde $k = p/\hbar$ et réciproquement.

---

[13] Le nombre d'onde k est relié à la longeur d'onde λ par l'égalité $k\lambda = 2\pi$.

A.2.4 Indiscernabilité des particules identiques

Nous nous sommes limités jusqu'à présent à des exemples de systèmes ne comportant qu'une seule particule. L'application du formalisme quantique au cas où le système comporte plusieurs particules pose un problème supplémentaire lié au concept fondamental d'indiscernabilité des particules identiques.

A.2.4.1 Notion d'indiscernabilité : le jeu de dés quantique

L'exemple suivant permet d'illustrer le concept d'indiscernabilité. On lance deux dés (à six faces) "identiques" ; le résultat du tirage est un entier compris entre 2 (double un) et 12 (double six). Avec un jeu de dés classique la probabilité d'obtenir le nombre 4 est, avec des dés non pipés, $p_4 = 1/12$: trois combinaisons donnent en effet ce résultat ((1,3), (2,2) et (3,1)) sur les 36 possibles.

Si on a affaire à des dés indiscernables au sens de la mécanique quantique, les paires $(1,3)$ et $(3,1)$ ne forment qu'un seul et même état. La probabilité d'obtenir le nombre 4 devient $\tilde{p}_4 = 2/21$: deux combinaisons ((1,3) et (2,2)) donnent ce résultat sur les 21 possibles. Si cette façon de raisonner, qui est correcte lorsqu'on travaille avec des objets quantiques comme les électrons d'un système moléculaire, heurte notre intuition, c'est que tous les objets qui nous manipulons au quotidien sont discernables : deux dés peuvent se ressembler au point d'être indiscernables au sens courant du terme, mais il ne le sont jamais au sens quantique du terme.

	2	3	4	5	6	7	8	9	10	11	12
Jeu classique	1/36	1/18	1/12	1/9	5/36	1/6	5/36	1/9	1/12	1/18	1/36
Jeu quantique	1/21	1/21	2/21	2/21	1/7	1/7	1/7	2/21	2/21	1/21	1/21

Cette façon de dénombrer les configurations possibles d'un système joue un rôle fondamental en physique statistique [11], où l'on considère souvent des systèmes formés d'un très grand nombre de particules indiscernables.

A.2.4.2 Un concept de plus : le spin

L'espace physique est isotrope : si on reproduit une expérience dans un référentiel galiléen après avoir fait effectuer au système et aux appareils de mesure, une rotation globale, les résultats de l'expérience[14] ne seront pas modifiés. Pour décrire cette propriété, il faut donc imposer aux lois de la Physique d'être invariantes par rotation. Examinons pour cela comment les objets mathématiques qui constituent ces lois se transforment lorsqu'on opère une rotation de vecteur directeur n et d'angle θ (cf. figure ci-dessous).

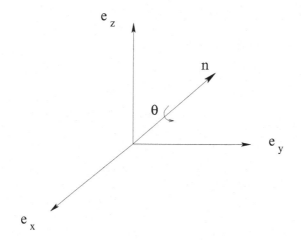

Fig. A.6. Rotation de vecteur directeur n et d'angle θ.

En notant A la valeur de la grandeur physique relative au système de référence, $A_{n,\theta}$ la valeur de cette grandeur physique relative au système après rotation, et $R_{n\theta}$ la matrice[15]

$$R_{n,\theta} = e^{-i\theta n \cdot J}$$

avec

$$J_1 = \begin{pmatrix} 0 & 0 & 0 \\ 0 & 0 & -i \\ 0 & i & 0 \end{pmatrix} \quad J_2 = \begin{pmatrix} 0 & 0 & i \\ 0 & 0 & 0 \\ -i & 0 & 0 \end{pmatrix} \quad J_3 = \begin{pmatrix} 0 & -i & 0 \\ i & 0 & 0 \\ 0 & 0 & 0 \end{pmatrix},$$

on obtient ainsi

– pour un champ[16] scalaire,

$$S_{n,\theta}(x) = S\left(R_{n,\theta}^{-1} \cdot x\right) \qquad (A.13)$$

– pour un champ de vecteurs,

---

[14] En probabilités pour ce qui est de la mécanique quantique.

[15] Même si cela ne saute pas aux yeux, la matrice $R_{n,\theta}$ est bien la matrice 3×3 à coefficients réels habituellement associée à la rotation de vecteur directeur n et d'angle θ. Pour s'en convaincre, on peut considérer pour commencer le cas où $n = e_3$; on obtient alors

$$R_{e_3,\theta} = e^{-i\theta J_3} = \exp\begin{pmatrix} 0 & -\theta & 0 \\ \theta & 0 & 0 \\ 0 & 0 & 0 \end{pmatrix} = \begin{pmatrix} \cos\theta & -\sin\theta & 0 \\ \sin\theta & \cos\theta & 0 \\ 0 & 0 & 1 \end{pmatrix}.$$

Pour plus de précisions, on pourra se reporter à un ouvrage sur les groupes de Lie ([180] par exemple).

[16] On raisonne sur des champs car les objets qui nous intéressent *in fine* sont les fonctions d'ondes.

$$V_{n,\theta}(x) = R_{n,\theta} \cdot V(R_{n,\theta}^{-1} \cdot x) \tag{A.14}$$

– pour un champ de tenseurs d'ordre 2,

$$T_{n,\theta} = R_{n,\theta} \cdot T(R_{n,\theta}^{-1} \cdot x) \cdot R_{n,\theta}^{-1}$$

– etc.

Une première constatation est que ces trois objets ne se transforment pas selon les mêmes règles et que la connaissance de la loi de transformation permet de discriminer entre ces trois objets.

Cette remarque incite à renverser la problématique : au lieu de partir des objets fournis par la physique (scalaires, vecteurs, tenseurs, ...) et de regarder comment ils se comportent vis-à-vis des rotations d'espace, étudions de façon abstraite les représentations du groupe des rotations afin de recenser toutes les natures d'objets susceptibles de correspondre à des champs physiques. Cette analyse conduit à définir des objets élémentaires associés aux représentations irréductibles du groupe des rotations, qui se trouvent être indicées par un nombre positif entier ou demi entier. Ce nombre, c'est le spin.

De façon générale, l'objet associé à la représentation de spin j possède $2j + 1$ composantes complexes (c'est un élément de $\mathbb{C}^{2j+1}$). On repère ces composantes par une variable $\sigma \in \Sigma$, la variable de spin, Σ désignant un ensemble fini de cardinal $2j + 1$. La fonction d'onde à un instant t d'une particule de spin j peut donc s'écrire

$$\psi \,:\, \mathbb{R}^3 \times \Sigma \longrightarrow \mathbb{C}$$
$$(x, \sigma) \,\mapsto\, \psi(x, \sigma)$$

ou de façon équivalente sous forme matricielle

$$\psi \,:\, \mathbb{R}^3 \longrightarrow \mathbb{C}^{2j+1}$$
$$x \,\mapsto\, \begin{pmatrix} \psi(x, j) \\ \psi(x, j-1) \\ \cdot \\ \cdot \\ \cdot \\ \psi(x, -j+1) \\ \psi(x, -j) \end{pmatrix}.$$

Les trois exemples de représentation irréductibles ci-dessous sont significatifs.

Représentation de spin 0. C'est la représentation la plus simple. L'objet qui lui est associé ne possède qu'une composante : c'est le champ scalaire, qui se transforme selon la loi (A.13). Pour décrire une particule de spin nul, il est bien évidemment inutile d'introduire une variable de spin puisque celle-ci ne pourrait prendre de toute façon qu'une seule valeur. Cela justifie le formalisme adopté dans les sections précédentes.

Représentation de spin 1. Les objets qui correspondent aux représentations de spin 1 ont trois composantes : ce sont les champs de vecteurs, qui se transforment selon la loi (A.14). La variable de spin peut alors prendre trois valeurs : $\mathrm{Card}(\Sigma) = 3$.

Représentation de spin 1/2. Ce sera pour nous la représentation la plus importante car elle permet de décrire l'électron. Les objets qui lui sont associés ont deux composantes souvent appelées *spin up* et *spin down* ou α et β ; la variable de spin prend deux valeurs et on adopte généralement l'une des notations suivantes : $\Sigma = \{|1/2\rangle, |-1/2\rangle\}$, $\Sigma = \{|+\rangle, |-\rangle\}$ ou $\Sigma = \{|\uparrow\rangle, |\downarrow\rangle\}$. Un champ de spin 1/2 peut aussi se représenter par un vecteur à deux composantes complexes

$$\psi(x) = \begin{pmatrix} \psi(x, |+\rangle) \\ \psi(x, |-\rangle) \end{pmatrix}. \tag{A.15}$$

La loi de transformation s'écrit dans ce formalisme

$$\begin{pmatrix} \psi_{n,\theta}(x, |+\rangle) \\ \psi_{n,\theta}(x, |-\rangle) \end{pmatrix} = \tilde{R}_{n,\theta} \cdot \begin{pmatrix} \psi(R_{n,\theta}^{-1}x, |+\rangle) \\ \psi(R_{n,\theta}^{-1}x, |-\rangle) \end{pmatrix}$$

avec

$$\tilde{R}_{n,\theta} = \cos\frac{\theta}{2} - i\sin\frac{\theta}{2}\,\sigma \cdot n,$$

où σ_1, σ_2 et σ_3 désignent les matrices de Pauli

$$\sigma_1 = \begin{pmatrix} 0 & 1 \\ 1 & 0 \end{pmatrix} \qquad \sigma_2 = \begin{pmatrix} 0 & -i \\ i & 0 \end{pmatrix} \qquad \sigma_3 = \begin{pmatrix} 1 & 0 \\ 0 & -1 \end{pmatrix}.$$

Une conséquence curieuse de cette loi de transformation est qu'une rotation de 2π autour d'un axe fixé ne donne pas l'identité mais "moins l'identité"[17].

Remarque A.8 *Exception faite du noyau d'Hydrogène, les noyaux atomiques sont des assemblages de protons et de neutrons et il ne leur correspond pas de représentation irréductible. Pour un noyau comportant K nucléons (les nucléons sont les protons et les neutrons), la variable de spin peut prendre $\frac{1}{4}(K+2)^2$ valeurs si K est pair, $\frac{1}{4}(K+1)(K+3)$ valeurs si K est impair.*

Lorsqu'on considère la dynamique d'une seule particule, le fait qu'elle possède ou non un spin intervient à la marge[18]. L'hamiltonien et les autres observables usuelles (vitesse, impulsion, moment cinétique, énergie potentielle, énergie cinétique) sont en général indépendants du spin : un calcul de mécanique quantique mené en oubliant la variable de spin donnera donc un résultat conforme à l'expérience. Une exception notable à cette règle concerne le cas où la particule est soumise à un champ magnétique car celui-ci introduit dans l'hamiltonien un terme couplant les variables d'espace et de spin. Ainsi pour

---

[17] Ceci est lié au fait que le groupe des rotations SO(3) n'est pas simplement connexe.
[18] La situation est tout autre lorsqu'il y a plusieurs particules, cf. section suivante.

un électron, particule élémentaire de spin $1/2$, de masse m_e et de charge $q = -e$ (e désignant la charge élémentaire), l'hamiltonien en présence d'un champ électromagnétique s'écrit dans la représentation matricielle (A.15)

$$H = \begin{pmatrix} H_0 & 0 \\ 0 & H_0 \end{pmatrix} + \frac{e\hbar}{2m_e} \sigma \cdot \mathcal{B}(x, t)$$

avec

$$H_0 = \frac{1}{2m_e}(-i\hbar\nabla + e\,\mathcal{A}(x, t))^2 - e\,\mathcal{V}(x, t).$$

H_0 agit ici sur $L^2(\mathbb{R}^3, \mathbb{C})$ et H sur $L^2(\mathbb{R}^3, \mathbb{C}^2)$. Dans le cas particulier où le champ magnétique $\mathcal{B}$ est stationnaire et colinéaire à e_3, on obtient

$$H = \begin{pmatrix} H_0 + \frac{e\hbar}{2m_e} B & 0 \\ 0 & H_0 - \frac{e\hbar}{2m_e} B \end{pmatrix}.$$

L'évolution spatiale des composantes *spin down* et *spin up* n'est donc pas la même. On peut utiliser cette propriété pour envoyer les électrons de *spin up* dans une direction et les électrons de *spin down* dans une autre direction (c'est la célèbre expérience de Stern et Gerlach [14]). La mesure de l'état de spin conduit ainsi à une préparation du système (cf. section A.2.2.4).

Remarque A.9 *Le modèle de Fermi-Amaldi étudié à la section 3.6 n'est autre qu'un modèle de type Thomas-Fermi (cf. section 1.5.2) dans lequel un champ magnétique introduit une dissymétrie entre densités électroniques de spin up et de spin down.*

Remarque A.10 *On dit souvent que le spin est le moment cinétique interne de la particule. C'est en effet un moment cinétique dans la mesure où, comme le moment cinétique orbital $L = x \times p$, il est directement relié au groupe des rotations qui traduit l'isotropie de l'espace (en mécanique classique, le moment cinétique orbital est la quantité conservée associée par le théorème de Noether à l'invariance de l'action vis-à-vis des rotations). Les opérateurs de moment cinétique orbital $\hat{L}$ et de spin $\hat{S}$ (qui vaut par exemple $\hat{S} = \frac{1}{2}\sigma$ pour l'électron) s'additionnent pour donner l'opérateur de moment cinétique total $\hat{J} = \hat{L} + \hat{S}$. C'est l'observable associée à la grandeur physique "moment cinétique", directement mesurable par séparation spatiale des composantes du moment cinétique sous l'action d'un champ magnétique. Le qualificatif "interne" vient du fait que le spin peut prendre des valeurs demi-entières et ne peut alors pas se représenter, comme le moment cinétique orbital, par un vecteur de $\mathbb{R}^3$.*

A.2.4.3 Bosons et fermions

Lorsque le système comporte plusieurs particules, le vecteur d'état peut s'écrire, en munissant l'espace d'un repère galiléen, sous la forme d'une fonction d'onde

$$\psi(t; x_1, \sigma_1; \cdots; x_N, \sigma_N),$$

$x_k \in \mathbb{R}^3$ et $\sigma_k \in \Sigma_k$ désignant respectivement les variables d'espace et de spin de la k-ième particule. La fonction d'onde s'interprète toujours comme une amplitude de probabilité de présence :

$$|\psi(t; x_1, \sigma_1; \cdots; x_N, \sigma_N)|^2$$

représente la densité de probabilité à l'instant t de mesurer simultanément la particule 1 au point x_1 dans l'état de spin σ_1, la particule 2 au point x_2 dans l'état de spin σ_2, etc. La condition de normalisation s'écrit ici

$$\sum_{\sigma_1, \cdots, \sigma_N} \int_{\mathbf{R}^{3N}} |\psi(t; x_1, \sigma_1; \cdots; x_N, \sigma_N)|^2 \, dx_1 \cdots dx_N = 1. \qquad (A.16)$$

La situation se complique à cause du

Quatrième postulat. *Les particules de même nature sont indiscernables.*

Une conséquence de ce postulat est que l'espace $\mathcal{H}$ n'est pas l'espace

$$L^2(\mathbb{R}^3 \times \Sigma_1, \mathbb{C}) \otimes \cdots \otimes L^2(\mathbb{R}^3 \times \Sigma_N, \mathbb{C})$$

tout entier (sauf si les N particules sont toutes différentes les unes des autres). Pour comprendre cela, limitons-nous dans un premier temps au cas de deux particules identiques et introduisons l'opérateur P de permutation des deux particules défini par

$$(P\psi)(x_1, \sigma_1; x_2, \sigma_2) = \psi(x_2, \sigma_2; x_1, \sigma_1),$$

pour tout $\psi \in \mathcal{H}$ et tout $((x_1, \sigma_1), (x_2, \sigma_2)) \in (\mathbb{R}^3 \times \Sigma) \times (\mathbb{R}^3 \times \Sigma)$. En raison du principe d'indiscernabilité, ψ et $P\psi$ doivent donner le même résultat (en probabilité) pour la mesure de n'importe quelle grandeur physique. Cela signifie en particulier que pour toute observable $\hat{A}$ et tout vecteur d'état $\psi \in \mathcal{H}$ normalisé

$$\langle P\psi, \hat{A}(P\psi) \rangle = \langle \psi, \hat{A}\psi \rangle.$$

Donc pour toute observable $\hat{A}$,

$$P^* \hat{A} P = \hat{A},$$

ce qui s'écrit aussi $P\hat{A} = \hat{A}P$ (puisque $P = P^* = P^{-1}$). Comme seules les homothéties commutent avec tous les opérateurs, il en résulte que

$$P|_{\mathcal{H}} = \lambda I_{\mathcal{H}}.$$

Or P a deux valeurs propres $+1$ et -1 associées aux espaces propres

$$\mathcal{H}_S = L^2(\mathbb{R}^3 \times \Sigma) \otimes_S L^2(\mathbb{R}^3 \times \Sigma) \quad \text{et} \quad \mathcal{H}_A = L^2(\mathbb{R}^3 \times \Sigma) \bigwedge L^2(\mathbb{R}^3 \times \Sigma)$$

des fonctions de $L^2(\mathbb{R}^3 \times \Sigma, \mathbb{C}) \otimes L^2(\mathbb{R}^3 \times \Sigma, \mathbb{C})$ respectivement symétriques et antisymétriques vis-à-vis de l'échange des coordonnées d'espace et de spin des deux particules. On est donc face à l'alternative suivante :

– ou bien le vecteur d'état ψ vit dans l'espace $\mathcal{H} = \mathcal{H}_S$, ce qui signifie que la fonction d'onde est toujours symétrique :

$$\psi(x_2, \sigma_2; x_1, \sigma_1) = \psi(x_1, \sigma_1; x_2, \sigma_2),$$

et on dit que les particules sont des bosons ;

– ou bien il vit dans l'espace $\mathcal{H} = \mathcal{H}_A$, ce qui signifie que la fonction d'onde est toujours antisymétrique :

$$\psi(x_2, \sigma_2; x_1, \sigma_1) = -\psi(x_1, \sigma_1; x_2, \sigma_2),$$

et on dit alors que les particules sont des fermions.

Le comportement collectif d'un ensemble de particules indiscernables est complètement conditionné par le fait que ces particules sont des bosons et des fermions. Supposons ainsi par exemple que les deux particules soient des fermions. Une conséquence de l'antisymétrie de la fonction d'onde est que

$$\forall (x, \sigma) \in \mathbb{R}^3 \times \Sigma, \qquad \psi(x, \sigma; x, \sigma) = 0.$$

La densité de probabilité de mesurer simultanément les deux particules au même endroit de l'espace dans le même état de spin est nulle : c'est le fameux principe d'exclusion de Pauli. De façon plus générale, on peut dire qu'on ne peut pas trouver deux fermions identiques au même moment dans le même état. A l'inverse, mais c'est un peu plus difficile à voir, les bosons ont un comportement grégaire : la probabilité de trouver un boson dans un certain état sera d'autant plus élevée que le nombre de bosons occupant déjà cet état est grand.

Une propriété remarquable, qui se démontre dans le cadre de la théorie quantique des champs, établit un lien simple et direct entre spin et comportement statistique (bosonique ou fermionique) :

– les bosons sont les particules de spin entier ;

– les fermions sont les particules de spin demi-entier.

La généralisation de ce qui précède à un système comportant plusieurs particules éventuellement de différentes natures s'exprime de la façon suivante : le système est décrit par une fonction d'onde

$$\psi(t; x_1, \sigma_1; \cdots; x_N, \sigma_N),$$

normalisée au sens (A.16), qui est

– symétrique vis-à-vis de l'échange des coordonnées d'espace et de spin de deux particules indiscernables si ces particules sont des bosons, c'est-à-dire des particules de spin entier ;

– antisymétrique vis-à-vis de l'échange des coordonnées d'espace et de spin de deux particules identiques si ces particules sont des fermions, c'est-à-dire des particules de spin demi-entier.

A.3 Application à la chimie quantique

Nous allons maintenant mettre en application les principes généraux de la mécanique quantique sur le cas particulier des systèmes moléculaires.

A.3.1 Description quantique d'un système moléculaire

Il est d'usage de travailler en chimie quantique en unités atomiques. Ce système d'unités est obtenu en imposant

$$m_e = 1, \quad e = 1, \quad \hbar = 1, \quad \frac{1}{4\pi\epsilon_0} = 1$$

(m_e désigne la masse de l'électron, e la charge élémentaire, $\hbar$ la constante de Planck réduite, et ϵ_0 la permittivité diélectrique du vide). L'unité de masse vaut alors 9.11×10^{-31} kg, l'unité de longueur (notée a_0 et appelée rayon de Bohr) 5.29×10^{-11} m, l'unité de temps 2.42×10^{-17} s, et l'unité d'énergie (le hartree, noté Ha) 4.36×10^{-18} J, soit 27.2 eV, soit encore 627 kcal/mol. Ce système d'unités permet d'une part de simplifier l'écriture des équations et d'autre part de travailler à l'échelle moléculaire avec des valeurs numériques accessibles à l'intuition : ainsi, pour l'atome d'Hydrogène par exemple, la "distance moyenne" entre l'électron et le noyau vaut 1 et l'énergie du fondamental vaut -0.5. La vitesse de la lumière vaut $1/\alpha$ dans ce système d'unités (où $\alpha = \frac{e^2}{4\pi\epsilon_0\hbar c}$ est la constante - adimensionnelle - de structure fine), c'est-à-dire environ 137.

A.3.1.1 Fonctions d'onde et hamiltonien

Considérons un système moléculaire isolé formé de M noyaux et de N électrons. D'après ce qui précède, ce système est complètement décrit dans le cadre de la mécanique quantique (non relativiste) par une fonction d'onde

$$\Psi(t; \bar{x}_1, \bar{\sigma}_1; \cdots; \bar{x}_M, \bar{\sigma}_M; x_1, \sigma_1; \cdots; x_N, \sigma_N) \tag{A.17}$$

à valeur dans $\mathbb{C}$, t désignant la variable de temps, $\bar{x}_k$ et $\bar{\sigma}_k$ les variables de position et de spin du k-ième noyau, x_i et σ_i les variables de position et de spin du i-ième électron. Les variables $\bar{x}_k$ et x_i sont des variables continues qui appartiennent à $\mathbb{R}^3$; les variables de spin sont des variables discrètes qui prennent leurs valeurs dans un ensemble de cardinal fini. Pour un électron, particule élémentaire de spin $1/2$, la variable σ ne peut prendre que deux valeurs qu'on notera ici $|+\rangle$ (composante *spin up*) et $|-\rangle$ (composante *spin down*). Pour un noyau comportant K nucléons, la variable de spin peut prendre $\frac{1}{4}(K+2)^2$ valeurs si K est pair, $\frac{1}{4}(K+1)(K+3)$ valeurs si K est impair.

D'un point de vue physique $|\Psi(t; \bar{x}_1, \bar{\sigma}_1; \cdots; \bar{x}_M, \bar{\sigma}_M; x_1, \sigma_1; \cdots; x_N, \sigma_N)|^2$ représente la densité de probabilité à l'instant t de mesurer simultanément le noyau k en $\bar{x}_k$ dans l'état de spin $\bar{\sigma}_k$ et l'électron i en x_i dans l'état de spin σ_i pour tout $1 \le k \le M$ et tout $1 \le i \le N$.

Rappelons que toutes les fonctions Ψ de la forme (A.17) ne décrivent pas un état physiquement admissible du système. Pour cela, $\Psi(t, \cdot)$ doit vérifier à tout instant t les deux propriétés suivantes :

– *Propriété 1.* Etre normée pour la norme L^2, c'est-à-dire vérifier

$$\|\Psi(t, \cdot)\|^2 = \int_{\mathbf{R}^{3M}} d\bar{x}_1 \cdots d\bar{x}_M \sum_{\bar{\sigma}_1 \cdots \bar{\sigma}_M} \int_{\mathbf{R}^{3N}} dx_1 \cdots dx_N \sum_{\sigma_1 \cdots \sigma_N}$$
$$\left| \Psi(t; \bar{x}_1, \bar{\sigma}_1; \cdots; \bar{x}_M, \bar{\sigma}_M; x_1, \sigma_1; \cdots; x_N, \sigma_N) \right|^2 = 1.$$

Cette propriété se déduit directement de l'interprétation de $|\Psi(t, \cdot)|^2$ en termes de densité de probabilité.

– *Propriété 2.* Respecter le principe d'*indiscernabilité des particules identiques*[19]. Plus précisément, la fonction d'onde $\Psi(t, \cdot)$ doit être

– *symétrique* vis-à-vis de l'échange des coordonnées d'espace et de spin de deux particules identiques si ces particules sont des bosons, c'est-à-dire des particules de spin entier. Dans le cadre que nous considérons ici, les bosons sont les noyaux comportant un nombre pair de nucléons ;

– *antisymétrique* vis-à-vis de l'échange des coordonnées d'espace et de spin de deux particules identiques si ces particules sont des fermions, c'est-à-dire des particules de spin demi-entier. Ici, les fermions sont les noyaux comportant un nombre impair de nucléons et les électrons. En particulier, $\Psi(t, \cdot)$ doit donc être complètement antisymétrique par rapport à l'échange des coordonnées d'espace et de spin des électrons :

$$\Psi(t; \{\bar{x}_k, \bar{\sigma}_k\}; x_{p(1)}, \sigma_{p(1)}; x_{p(2)}, \sigma_{p(2)}; \cdots; x_{p(N)}, \sigma_{p(N)}) \quad (A.18)$$
$$= \epsilon(p) \Psi(t; \{\bar{x}_k, \bar{\sigma}_k\}; x_1, \sigma_1; x_2, \sigma_2; \cdots; x_N, \sigma_N),$$

p désignant une permutation quelconque des indices électroniques $\{1, 2, \cdots, N\}$, et $\epsilon(p)$ sa signature.

L'évolution en temps du système est régie par l'*équation de Schrödinger*

$$i\, \partial_t \Psi = H\, \Psi, \tag{A.19}$$

dans laquelle l'opérateur

$$H = -\sum_{k=1}^{M} \frac{1}{2\, m_k} \Delta_{\bar{x}_k} - \sum_{i=1}^{N} \frac{1}{2} \Delta_{x_i} - \sum_{i=1}^{N} \sum_{k=1}^{M} \frac{z_k}{|x_i - \bar{x}_k|} \tag{A.20}$$
$$+ \sum_{1 \le i < j \le N} \frac{1}{|x_i - x_j|} + \sum_{1 \le k < l \le M} \frac{z_k\, z_l}{|\bar{x}_k - \bar{x}_l|}$$

---

[19] Les électrons sont des particules identiques. Deux noyaux sont identiques s'ils comportent le même nombre de protons et le même nombre de neutrons, si bien que les noyaux de deux isotopes différents d'un même élément ne sont pas des particules identiques.

désigne l'*hamiltonien* du système. On a noté m_k la masse du noyau k et z_k sa charge. Il s'obtient à partir de l'hamiltonien de la mécanique classique

$$H_{cl} := \sum_{k=1}^{M} \frac{p_{\bar{x}_k}^2}{2 m_k} + \sum_{i=1}^{N} \frac{p_{x_i}^2}{2} - \sum_{i=1}^{N} \sum_{k=1}^{M} \frac{z_k}{|x_i - \bar{x}_k|}$$
$$+ \sum_{1 \le i < j \le N} \frac{1}{|x_i - x_j|} + \sum_{1 \le k < l \le M} \frac{z_k \, z_l}{|\bar{x}_k - \bar{x}_l|}$$

par les règles de correspondance $x \to$ multiplication par x et $p_x \to -i\nabla_x$. On voit ainsi que dans l'expression (A.20) de l'hamiltonien quantique H, les deux premiers termes correspondent à l'énergie cinétique des noyaux et des électrons respectivement et les trois derniers à l'énergie d'interaction électrostatique entre électrons et noyaux, entre électrons et entre noyaux respectivement.

L'équation de Schrödinger est linéaire ; l'hamiltonien H n'agit que sur les variables d'espace et est auto-adjoint sur $L^2(\mathbb{R}^{3M}) \otimes L^2(\mathbb{R}^{3N})$. Le théorème de Stone assure donc l'existence et l'unicité de la solution du problème de Cauchy

$$\begin{cases} i\,\partial_t \Psi = H\Psi, \\ \Psi(0, \cdot) = \Psi^0, \end{cases} \qquad (\text{A.21})$$

pour une fonction d'onde Ψ^0 normée pour la norme L^2.

En outre, on vérifie aisément que l'équation de Schrödinger (A.19) assure la propagation en temps des propriétés 1 et 2 (de norme et d'indiscernabilité des particules identiques) énoncées ci-dessus : si Ψ^0 satisfait ces deux propriétés, alors la solution du problème de Cauchy (A.21) vérifie pour tout $t > 0$

1. la propriété 1, qui est une conséquence directe de l'unitarité du propagateur e^{-itH} ;

2. la propriété 2 en raison de la symétrie de l'hamiltonien par rapport à l'échange des coordonnées d'espace et de spin de deux particules identiques (qui ont en particulier même masse et même charge).

A.3.1.2 Espace des états physiques

Dans toute la suite, on fera comme si les noyaux étaient des particules toutes discernables. C'est le cas pour de petites molécules comportant des noyaux tous différents, comme la molécule HCN, ou encore la molécule CO_2 à condition qu'elle comporte deux isotopes différents de l'oxygène. En règle générale, ce n'est qu'une approximation, mais une approximation très raisonnable car, comme nous allons le voir plus loin (cf. section A.3.2), les noyaux ont tendance à être "localisés", c'est-à-dire à se comporter en première approximation comme des particules classiques, donc discernables. En revanche, faire la même hypothèse pour les électrons, qui sont des particules fortement délocalisées, conduirait à des résultats aberrants.

Comme en l'absence d'interaction avec l'extérieur, l'hamiltonien H n'agit pas sur les variables de spin, celles-ci n'interviennent donc qu'à travers le principe d'indiscernabilité des particules identiques. En conséquence, on peut résoudre l'équation de Schrödinger état de spin par état de spin pour les particules présentes en un seul exemplaire sans imposer aucune contrainte à la fonction d'onde concernant les coordonnées spatiales de ces particules. Ainsi, si tous les noyaux du système moléculaire sont de natures différentes, on peut raisonner sans introduire d'approximation en supposant que les noyaux n'ont pas de variable de spin[20].

Sous l'hypothèse de discernabilité des noyaux et selon la remarque faite ci-dessus, l'espace des états physiques prend la forme

$$\mathcal{H} = \mathcal{H}_n \otimes \mathcal{H}_e,$$

avec

$$\mathcal{H}_n = L^2(\mathbb{R}^{3M}, \mathbb{C}),$$

$$\mathcal{H}_e = \bigwedge_{i=1}^{N} L^2(\mathbb{R}^3 \times \{|+\rangle, |-\rangle\}, \mathbb{C}).$$

A.3.1.3 Etat fondamental

La première difficulté à laquelle il faut faire face est que l'hamiltonien (A.20) n'a aucune valeur propre, donc en particulier pas de fondamental. En effet, en récrivant cet hamiltonien en fonction des coordonnées x_G du centre de masse et de coordonnées invariantes par translation [215], on obtient

$$H = -\frac{1}{2m_G} \Delta_{x_G} + H_I \qquad (A.22)$$

où $m_G = \sum_{k=1}^{M} m_k + N$ est la masse totale du système et où l'hamiltonien H_I s'exprime uniquement en fonction des coordonnées invariantes par translation. Comme le spectre de $-\frac{1}{2m_G} \Delta_{x_G}$ est purement continu, il en est de même pour celui de H. L'*énergie fondamentale* du système est en revanche parfaitement définie par le problème de minimisation

$$\inf \{\langle \psi, H\psi \rangle, \quad \psi \in \mathcal{H}, \quad \|\psi\| = 1\} \qquad (A.23)$$

bien que l'infimum ne soit pas atteint (toute suite minimisante est évanescente). Notons que l'hamiltonien H_I peut avoir des valeurs propres. Quand

---

[20] En revanche, on doit tenir compte des spins des noyaux lorsque le système est soumis à un champ magnétique extérieur car l'hamiltonien comporte alors un terme supplémentaire qui couple les variables d'espace et de spin (cf. section A.2.4.2); ce terme est en particulier à l'origine du phénomène de résonance magnétique nucléaire (RMN). Il en est de même lorsqu'on s'intéresse aux corrections relativistes de type *spin-orbite* ou *spin-spin* [71, 131].

on parle du fondamental d'un système moléculaire isolé, c'est qu'on se réfère à cet hamiltonien ou qu'on adopte implicitement l'approximation de Born-Oppenheimer qui, nous le verrons à la section A.3.2, permet entre autres choses de donner un sens au fondamental.

A.3.1.4 Sur les effets relativistes

Il est des cas où les effets relativistes dominent le comportement du système étudié, comme par exemple lorsque celui-ci comporte des atomes lourds (tel l'Uranium), dont les électrons de cœur sont relativistes. Calculer un tel système en résolvant l'équation de Schrödinger conduit purement et simplement à un résultat faux. Il faut alors, ou bien "réduire" le système en ne considérant que les électrons de valence (qui sont non relativistes) et en modélisant l'effet des électrons de coeur sur les électrons de valence à l'aide de *pseudopotentiels* [9, 223, 231] ou bien avoir recours à un modèle relativiste de type Dirac-Fock [186, 187] (voir [85] pour une étude mathématique du modèle de Dirac-Fock).

Il est aussi des cas où les effets relativistes jouent à la marge, mais sont néanmoins mesurables et donnent lieu à des phénomènes importants qu'il est intéressant de pouvoir modéliser. Il en est ainsi en particulier des corrections relativistes dues aux interactions fines (spin-orbite) et hyperfines (spin-spin) [71, 131]. Ce dernier type d'interaction est par exemple à l'origine de la raie de 21 cm de l'Hydrogène qui joue un rôle fondamental en astrophysique. Ces interactions peuvent être intégrées au formalisme de Schrödinger et leurs effets évalués par une méthode de perturbation. Il est également possible de prendre en compte dans l'équation de Schrödinger un effet relativiste de masse ajoutée [195, 186, 187].

A.3.2 Approximation de Born-Oppenheimer

L'approximation de Born-Oppenheimer repose sur le fait que les noyaux sont beaucoup plus lourds que les électrons (de trois à cinq ordres de grandeur selon les noyaux[21]). Dans l'article original de 1927 [41], Born et Oppenheimer résolvent l'équation de Schrödinger stationnaire par une méthode de perturbation en cherchant une solution sous la forme d'une série de puissances du petit paramètre $\epsilon = (m_e/m_n)^{1/4}$, $m_e = 1$ désignant la masse de l'électron et $m_n >> 1$ la masse caractéristique des noyaux. Des travaux mathématiques ultérieurs [126] ont montré que la série ainsi obtenue était asymptotique à la solution exacte de l'équation de Schrödinger à tous les ordres en ϵ.

Adoptons ici une approche plus heuristique pour retrouver les deux premiers termes de la série de Born-Oppenheimer, qui s'avèrent en général suffisants pour résoudre le problème (A.23) avec une excellente précision. Commençons

---

[21] En unités atomiques, la masse d'un électron vaut 1, celle d'un proton 1836, celle d'un neutron 1839.

par supposer qu'on peut factoriser la fonction d'onde ψ en le produit d'une fonction d'onde nucléaire ψ_n et d'une fonction d'onde électronique ψ_e, ce qui revient à approcher le problème (A.23) par

$$\inf\left\{\langle\psi, H\psi\rangle, \quad \psi = \psi_n\psi_e, \quad \psi_n \in \mathcal{H}_n, \quad \|\psi_n\| = 1, \quad \psi_e \in \mathcal{H}_e, \quad \|\psi_e\| = 1\right\}.$$

On voit alors facilement que ce problème se récrit sous la forme

$$\inf\left\{\sum_{k=1}^{M} \frac{1}{2m_k} \int_{\mathbf{R}^3} |\nabla_{\bar{x}_k}\psi_n|^2 + \int_{\mathbf{R}^3} W|\psi_n|^2, \quad \psi_n \in \mathcal{H}_n, \quad \|\psi_n\| = 1\right\} \quad (A.24)$$

avec

$$W(\bar{x}_1, \cdots, \bar{x}_M) = U(\bar{x}_1, \cdots, \bar{x}_M) + \sum_{1 \le k < l \le M} \frac{z_k\, z_l}{|\bar{x}_k - \bar{x}_l|} \quad (A.25)$$

$$U(\bar{x}_1, \cdots, \bar{x}_M) = \inf\left\{\langle\psi_e, H_e^{\{\bar{x}_k\}} \cdot \psi_e\rangle, \quad \psi_e \in \mathcal{H}_e, \quad \|\psi_e\| = 1\right\} \quad (A.26)$$

$$H_e^{\{\bar{x}_k\}} = -\sum_{i=1}^{N} \frac{1}{2}\Delta_{x_i} - \sum_{i=1}^{N}\sum_{k=1}^{M} \frac{z_k}{|x_i - \bar{x}_k|} + \sum_{1 \le i < j \le N} \frac{1}{|x_i - x_j|}.$$

L'hamiltonien $H_e^{\{\bar{x}_k\}}$, appelé *hamiltonien électronique*, n'agit que sur les variables électroniques. Les variables de position $\bar{x}_k$ des noyaux y font figure de simples paramètres. Le potentiel U peut être interprété comme un potentiel effectif créé par les électrons et subi par les noyaux. Remarquons que l'expression (A.26) du potentiel U peut être remplacée par

$$\inf\left\{\langle\psi_e, H_e^{\{\bar{x}_k\}}\psi_e\rangle, \quad \psi_e \in \bigwedge_{i=1}^{N} H^1(\mathbf{R}^3 \times \{|+\rangle, |-\rangle\}, \mathbf{R}), \quad \|\psi_e\|_{L^2} = 1\right\}.$$

En effet, on doit en toute rigueur restreindre l'ensemble sur lequel on minimise aux fonctions d'onde ψ_e de classe H^1, afin que chaque terme de la fonctionnelle d'énergie $\langle\psi_e, H_e^{\{\bar{x}_k\}}\psi_e\rangle$ soit correctement défini (notamment l'énergie cinétique $\frac{1}{2}\int_{\mathbf{R}^{3N}} |\nabla\psi_e|^2$), et on *peut* se limiter à considérer des fonctions d'onde à valeurs réelles puisque les minimiseurs de (A.26) sont les vecteurs propres fondamentaux normalisés de l'opérateur auto-adjoint $H_e^{\{\bar{x}_k\}}$, dont un au moins est réel (car si ψ est vecteur propre de $H_e^{\{\bar{x}_k\}}$, Re ψ et Im ψ sont aussi vecteurs propres de cet opérateur pour la même valeur propre).

A.3.2.1 Approximation des noyaux classiques

Faisons tendre maintenant les masses m_k vers l'infini. A la limite, l'infimum du problème (A.24) vaut

$$\inf \left\{ W(\bar{x}_1, \cdots, \bar{x}_M), \quad (\bar{x}_1, \cdots, \bar{x}_M) \in \mathbb{R}^{3M} \right\} \qquad (A.27)$$

et il est obtenu en concentrant ψ_n sur l'ensemble des minima globaux de W.

La résolution du problème (A.23) est ainsi ramenée à la minimisation de W, fonction de $\mathbb{R}^{3M}$ à valeurs dans $\mathbb{R}$, elle-même définie par (A.25)-(A.26) en tout point de $\mathbb{R}^{3M}$ comme l'infimum d'un problème variationnel sur la variété $\{\psi_e \in \mathcal{H}_e, \|\psi_e\| = 1\}$. Calculer W en un point $(\bar{x}_1, \cdots, \bar{x}_M) \in \mathbb{R}^3$, c'est-à-dire en pratique résoudre (A.26), c'est résoudre le *problème électronique* pour une *configuration nucléaire* donnée. Les méthodes pour y parvenir sont l'objet d'étude principal de ce livre. Minimiser W sur $\mathbb{R}^{3M}$, c'est résoudre le problème d'*optimisation de géométrie*.

En chimie quantique et dorénavant dans ce texte, c'est en fait cette approximation des noyaux classiques qu'on appelle (un peu abusivement si on se réfère à l'article originel [41]) approximation de Born-Oppenheimer.

Contrairement à la situation décrite à la section A.3.1.3, le système moléculaire peut admettre sous l'approximation de Born-Oppenheimer un état fondamental, puisqu'en rendant infinies les masses des noyaux, on a supprimé le terme de translation uniforme dans l'hamiltonien (A.22) qui était cause de l'évanescence des suites minimisantes. Remarquons cependant que, s'il existe, l'état fondamental n'est jamais unique en raison de l'invariance par les isométries de $\mathbb{R}^3$. On préfère donc souvent exprimer la géométrie de la configuration optimale des noyaux, qui sont ici des points matériels, dans des coordonnées internes invariantes par translation et par rotation, et significatives d'un point de vue chimique : longueurs des liaisons entre atomes, angles et angles dièdres entre liaisons (Fig. A.7).

L'invariance de l'énergie par symétrie par rapport à un plan de $\mathbb{R}^3$ (qui se manifeste dans les coordonnées internes par un changement de signe dans les angles dièdres) n'a pas le même statut que l'invariance par translation-rotation : deux conformations symétriques l'une de l'autre par rapport à un plan mais non superposables ne peuvent être identifiées car elles n'ont pas les mêmes propriétés physico-chimiques en présence d'un environnement extérieur : elles peuvent se comporter très différemment dans les réactions chimiques et ont des propriétés optiques "inversées". Cette notion de *chiralité* jouent un rôle central en chimie et est étudiée d'un point de vue mathématique à l'aide d'outils sophistiqués de topologie [119, 197].

A.3.2.2 Translation - rotation - vibration

Considérons pour commencer une molécule diatomique pour laquelle le problème (A.24) s'écrit

$$\inf \left\{ \langle \psi_n, H_n \psi_n \rangle, \quad \psi_n \in L^2(\mathbb{R}^6, \mathbb{C}), \quad \|\psi_n\| = 1 \right\}, \qquad (A.28)$$

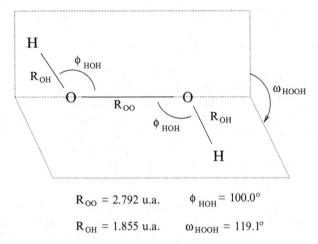

$$R_{OO} = 2.792 \text{ u.a.} \qquad \phi_{HOH} = 100.0°$$

$$R_{OH} = 1.855 \text{ u.a.} \qquad \omega_{HOOH} = 119.1°$$

Fig. A.7. Représentation à l'aide de coordonnées internes de l'état fondamental de la molécule d'eau oxygénée (valeurs expérimentales [106]).

l'hamiltonien nucléaire étant donné par

$$H_n = -\frac{1}{2m_1}\Delta_{\bar{x}_1} - \frac{1}{2m_2}\Delta_{\bar{x}_2} + W(\bar{x}_1, \bar{x}_2).$$

Effectuons le changement de coordonnées défini dans $\mathbb{R}^6$ par

$$\bar{x}_G = \frac{m_1}{m_1 + m_2}\bar{x}_1 + \frac{m_2}{m_1 + m_2}\bar{x}_2, \qquad \bar{x} = \bar{x}_2 - \bar{x}_1,$$

de façon à isoler le mouvement libre du centre de masse. Dans ce système de coordonnées, un calcul simple montre que l'hamiltonien du système s'écrit

$$H_n = -\frac{1}{2m}\Delta_{\bar{x}_G} - \frac{1}{2\mu}\Delta_{\bar{x}} + \widetilde{W}(|\bar{x}|),$$

avec $m = m_1 + m_2$ et $\mu = m_1 m_2/(m_1 + m_2)$. Le potentiel $\widetilde{W}(|\bar{x}|) = W(\bar{x}_1, \bar{x}_2)$ ne dépend effectivement que du module de $\bar{x}$ en raison de l'invariance par translation et par rotation ; on suppose ici, comme c'est d'ailleurs le cas en pratique, que la fonction $\widetilde{W}$ admet un unique minimum global r_0 sur $\mathbb{R}^+$.

Le problème (A.28) se récrit dans les nouvelles coordonnées

$$\inf\left\{\frac{1}{2m}\int_{\mathbf{R}^3}|\nabla_{\bar{x}_G}\psi_n|^2 + \frac{1}{2\mu}\int_{\mathbf{R}^3}|\nabla_{\bar{x}}\psi_n|^2\right.$$

$$\left. + \int_{\mathbf{R}^3}\widetilde{W}|\psi_n|^2, \quad \psi_n \in L^2(\mathbb{R}^6, \mathbb{C}), \quad \|\psi_n\| = 1\right\}.$$

Comme les masses des noyaux, et donc de ce fait les masses m et μ sont grandes devant 1, il est raisonnable d'affirmer que pour approcher l'infimum du problème ci-dessus, il faut localiser ψ_n autour de l'ensemble des points $(\bar{x}_G, \bar{x})$ tels que $|\bar{x}| = r_0$, le terme cinétique $\frac{1}{2\mu} \int_{\mathbf{R}^3} |\nabla_{\bar{x}} \psi_n|^2$ empêchant seulement un effondrement de la fonction d'onde ψ_n sur l'hypersurface formée par ces points. Or on a au voisinage de ces points, en utilisant les coordonnées sphériques $(r, s) \in \mathbb{R}^+ \times S^2$ pour décrire la variable $\bar{x}$,

$$\widetilde{W}(r) \simeq \widetilde{W}(r_0) + \frac{1}{2} \frac{d^2 \widetilde{W}}{dr^2}(r_0)(r - r_0)^2 \qquad (A.29)$$

$$|\nabla_{\bar{x}} \psi_n|^2 \simeq |\frac{d\psi_n}{dr}|^2 + \frac{1}{r_0^2} |\nabla_s \psi_n|^2. \qquad (A.30)$$

En reportant ces approximations dans la fonctionnelle d'énergie, on voit que tout se passe comme si le mouvement des noyaux était régi par l'hamiltonien

$$H_n = \widetilde{W}(r_0) + H_t + H_r + H_v \qquad (A.31)$$

avec

$$H_t = -\frac{1}{2m} \Delta_{\bar{x}_G}, \quad H_r = -\frac{1}{2\mu r_0^2} \Delta_s, \quad H_v = -\frac{1}{2\mu} \frac{d^2}{dr^2} + \frac{1}{2} \frac{d^2 \widetilde{W}}{dr^2}(r_0)(r - r_0)^2,$$

où les hamiltoniens de translation H_t, de rotation H_r et de vibration H_v agissent sur des variables indépendantes ($\bar{x}_G$, s et r respectivement). Cela permet de découpler les modes propres de H_n en modes propres de translation, de rotation et de vibration :

- les états propres de l'hamiltonien de translation H_t ne sont pas quantifiés (c'est la raison pour laquelle l'hamiltonien H_n n'admet pas de fondamental) : ce sont les ondes planes de la forme $A e^{i \bar{k} \cdot \bar{x}}$, avec $A \in \mathbb{C}$ et $\bar{k} \in \mathbb{R}^3$, qui sont des états de diffusion correspondant aux translations uniformes du centre de masse ;
- les états propres de l'hamiltonien de rotation H_r sont les états propres de rotation de la molécule considérée comme un solide rigide : ils sont quantifiés et connus. Le fondamental rotationnel correspond physiquement à une molécule qui ne tourne pas sur elle-même et son énergie est nulle ;
- on reconnaît dans H_v l'hamiltonien de l'oscillateur harmonique, qu'on peut récrire dans le formalisme de la seconde quantification

$$H_v = \sum_{n=0}^{+\infty} (n + 1/2) \omega N_n$$

ω désignant la pulsation de l'oscillateur, égale ici à $(\frac{d^2 \widetilde{W}}{dr^2}(r_0)/\mu)^{1/2}$, et N_n l'opérateur *nombre d'occupation* du n-ième état excité. On a pour tout $n \in \mathbb{N}$, $0 \leq N_n \leq 1$ et $\sum_{n \in \mathbb{N}} N_n = 1$. Si pour tout $k \in \mathbb{N}$, $\langle \psi, N_k \psi \rangle = \delta_{nk}$, la molécule décrite par la fonction d'onde ψ se trouve dans le fondamental vibrationnel si $n = 0$ et dans le n-ième état excité vibrationnel sinon. Remarquons que l'énergie du fondamental vibrationnel n'est pas nulle : elle vaut $1/2 \, \omega$.

L'approximation (A.29) constitue l'*approximation harmonique* et les fréquences de vibration ainsi obtenues sont appelées *fréquences harmoniques*. L'approximation (A.30) permet quant à elle de découpler modes de vibration et modes de rotation.

Dans le cas général d'une molécule polyatomique, les mêmes approximations conduisent également à une décomposition de l'hamiltonien nucléaire de la forme (A.31), mais l'hamiltonien H_v est alors somme de $3N - 6$ oscillateurs harmoniques indépendants correspondant aux $3N - 6$ modes de vibration normaux de la molécule[22]. L'hamiltonien H_n s'écrit alors sous la forme

$$H_n = W(\bar{x}_1^0, \cdots, \bar{x}_M^0) + H_t + H_r + H_v$$

avec

$$H_t = -\frac{1}{2}\Delta_{\bar{x}_G}, \qquad H_r = \frac{1}{2I_x}L_x^2 + \frac{1}{2I_y}L_y^2 + \frac{1}{2I_z}L_z^2,$$

$$H_v = \sum_{\alpha=1}^{3N-6}\sum_{n=0}^{+\infty}(n + 1/2)\omega_\alpha N_n^\alpha,$$

I_x, I_y et I_z désignant les moments d'inertie principaux de la molécule[23] en la géométrie optimale, L_x, L_y et L_z les opérateurs de moment cinétique associés aux axes d'inertie principaux de la molécule, ω_α la pulsation du α-ième mode de vibration normal et $(N_n^\alpha)_{n \in \mathbf{N}}$ les opérateurs nombre d'occupation de ce mode ($0 \leq N_n^\alpha \leq 1$ et $\sum_{n \in \mathbf{N}} N_n^\alpha = 1$ pour tout $1 \leq \alpha \leq N - 6$).

A.3.2.3 Energie de point zéro

Finalement, l'énergie fondamentale de la molécule, c'est-à-dire l'infimum du problème (A.23), vaut sous les approximations retenues

$$W(\bar{x}_1^0, \cdots, \bar{x}_M^0) + \frac{1}{2}\sum_{\alpha=1}^{3N-6}\omega_\alpha.$$

Le terme correctif $\frac{1}{2}\sum_{\alpha=1}^{3N-6}\omega_\alpha$ est l'*énergie de point zéro* de la molécule dans son état fondamental. Elle apporte une correction d'origine quantique à l'approximation des noyaux classiques (on peut considérer que c'est en fait le terme d'ordre 2 de la série de Born-Oppenheimer : $\omega \sim (m_e/m_n)^{1/2} \sim \epsilon^2$).

---

[22] En général une molécule compte trois degrés de liberté de translation, trois de rotation et $3N - 6$ de vibration. Une molécule linéaire ne comptant cependant que deux degrés de liberté de rotation, ses modes de vibration normaux sont au nombre de $3N - 5$. On retrouve ainsi que pour une molécule diatomique ($N = 2$), il y a effectivement un degré de liberté de vibration.

[23] On se contente en pratique de calculer les moments d'inertie principaux de la distribution des noyaux puisque la masse des électrons est négligeable.

Elle est toujours positive et se calcule après optimisation de géométrie en diagonalisant la hessienne du potentiel W dans des coordonnéees adéquates. Tenir compte de l'énergie de point zéro n'apporte donc aucune correction à la géométrie de la molécule (longueurs des liaisons, angles et angles dièdres entre les liaisons), mais cela peut jouer un rôle non négligeable lorsqu'on cherche à comparer les énergies fondamentales de plusieurs systèmes comme c'est le cas par exemple dans les calculs d'énergies de réaction.

A.4 Bibliographie de cette annexe

Il est impossible de raconter la mécanique quantique en une trentaine de pages ; de nombreux points ont donc été laissés dans l'ombre. Nous renvoyons le lecteur désireux d'en savoir plus vers les classiques :
- J.-L. Basdevant, J. Dalibard et M. Joffre, *Mécanique quantique*, Ecole Polytechnique 2002 ;
- C. Cohen-Tannoudji, B. Diu et F. Laloë, *Mécanique quantique*, Hermann 1977 ;
- R. Feynman, R. Leightom, M. Snads, *Le cours de physique de Feynman. 3 - Mécanique quantique*, InterEditions 1979 ;
- L. Landau et E. Lifchitz, *Mécanique quantique*, 3e édition, Editions MIR 1974 ;
- Messiah, *Mécanique quantique*, en deux tomes, Dunod, 1995 ;

et lui recommendons vivement le recueil de problèmes :
- J.-L. Basdevant et J. Dalibard, *Problèmes quantiques*, Ecole Polytechnique 2004.

Pour ce qui est de la chimie quantique, le lecteur pourra consulter les ouvrages de référence :
- R.M. Dreizler and E.K.U. Gross, *Density functional theory*, Springer 1990.
- W.J. Hehre, L. Radom, P.v.R. Schleyer and J.A. Pople, *Ab initio molecular orbital theory*, Wiley 1986.
- I.N. Levine, *Quantum chemistry*, 4th edition, Prentice Hall 1991.
- R. McWeeny, *Methods of molecular quantum mechanics*, 2nd edition, Academic Press 1992.
- R.G. Parr and W. Yang, *Density-functional theory of atoms and molecules*, Oxford University Press 1989.
- A. Szabo and N.S. Ostlund, *Modern quantum chemistry : an introduction to advanced electronic structure theory*, Macmillan 1982.

Enfin, une présentation plus mathématique de la chimie quantique peut être lue dans
- E. Cancès, M. Defranceschi, W. Kutzelnigg, C. Le Bris and Y. Maday, *Computational quantum chemistry : a primer*, in : Handbook of numerical analysis. Volume X : special volume : computational chemistry, Ph. Ciarlet and C. Le Bris eds (Elsevier, 2003).

Introduction à la théorie spectrale

Le but de cette annexe est de rappeler en quelques pages les bases de la théorie spectrale qui nous seront utiles pour analyser des opérateurs apparaissant dans les modèles de Mécanique Quantique que nous manipulerons, à savoir les opérateurs, dits *de Schrödinger*, de la forme

$$H = -\Delta + V, \tag{B.1}$$

où $V = V(x)$ est un potentiel multiplicatif. Le plus souvent, ces opérateurs agissent sur un espace comme $L^2(\mathbf{R}^3)$. Ponctuellement, il nous arrivera de traiter d'opérateurs plus généraux (comme l'opérateur de Fock), mais les opérateurs de Schrödinger resteront notre centre d'intérêt principal.

Nous allons montrer qu'un opérateur H de la forme (B.1) admet typiquement comme spectre (c'est-à-dire comme ensemble de "valeurs propres", en un sens étendu qui sera précisé plus loin) l'ensemble suivant (voir Figure B.2) : une suite croissante de valeurs propres (réelles) partant du niveau fondamental de H, et tendant vers la "limite" du potentiel V à l'infini (par exemple pour le potentiel de Coulomb $V(x) = -\dfrac{1}{|x|}$, cette limite vaut zéro), puis au delà un continuum formé par la demi-droite réelle commençant à cette limite du potentiel V à l'infini. Tout ceci sera évidemment précisé plus loin. De même, on dira quelques mots sur les cas (plus compliqués) où le potentiel V n'admet pas de limite à l'infini.

En même temps que nous identifierons le spectre de l'opérateur, nous expliquerons comment décomposer l'espace ambiant suivant ce spectre. La propriété qui jouera un rôle crucial dans tout cela est que l'opérateur H est auto-adjoint (en un sens proche de celui que le lecteur connaît, et qui sera lui-aussi précisé plus loin). De façon heuristique, nous allons étendre au cadre d'un espace de Hilbert de dimension infinie le célèbre théorème d'algèbre linéaire

Théorème B.1 *Toute matrice symétrique réelle (ou hermitienne complexe) a toutes ses valeurs propres réelles et est diagonalisable dans une base orthonormée.*

Comme nous ne pouvons pas attaquer de façon abrupte l'étude d'un opérateur du type (B.1), ou pis encore l'étude d'un opérateur comme l'opérateur de Fock, nous allons procéder par étapes. Nous verrons d'abord quelles sont les différences cruciales entre l'étude du spectre d'un opérateur en dimension finie et en dimension infinie. D'un point de vue intuitif, c'est là que se situera la véritable "révolution culturelle" pour le lecteur novice en ce domaine. Nous reverrons à cette occasion quelques définitions de base de la théorie des opérateurs de dimension infinie. Dès lors, nous nous restreindrons pour la suite au cas des opérateurs auto-adjoints. Nous verrons ce qu'il en est pour le spectre d'un opérateur auto-adjoint compact (nous définirons ce terme), pour le spectre d'un opérateur auto-adjoint dont l'inverse est compact, et enfin pour le spectre d'un opérateur auto-adjoint quelconque.

B.1 La dimension infinie n'est pas la dimension finie

Commençons par une liste d'observations de base, stigmatisant les différences entre la dimension finie et la dimension infinie (dans le contexte qui nous intéresse, bien sûr)[1]. Certaines de ces observations sont reliées (elles sont plusieurs facettes d'un même phénomène), voire redondantes.

- En dimension infinie, une application linéaire n'est pas forcément continue.
- En dimension infinie, toutes les normes ne sont pas équivalentes.
- En dimension infinie, la boule unité fermée n'est pas compacte.
- En dimension infinie, il n'y a pas équivalence pour une application linéaire d'un espace vectoriel dans lui-même entre le caractère injectif et le caractère surjectif. En d'autres termes, si E désigne un espace vectoriel de dimension infinie, ce n'est pas parce que le noyau d'un opérateur T de E dans E est réduit à $\{0\}$ qu'on peut forcément inverser T.
- En dimension infinie, on peut très bien avoir un opérateur A tel que $(Ax, x) > 0$ pour tout vecteur $x \neq 0$, et pourtant n'avoir l'existence d'aucune constante $c > 0$ telle que $(Ax, x) \geq c\|x\|^2$. Penser par exemple à l'application $\varphi \mapsto \int_{\mathbf{R}^3} |\nabla \varphi|^2$ définie sur $H^1(\mathbb{R}^3)$, que l'on testera sur des fonctions $\varphi_\sigma(\cdot) = \sigma^{3/2}\varphi_0(\sigma\cdot)$ où φ_0 est une fonction fixée.

Ces observations devraient suffire à semer le trouble dans la pensée du lecteur. Très bien. Avançons donc prudemment dans ce contexte de la dimension infinie.

---

[1] Nous conseillons au lecteur de chercher pour chacune d'entre elles un exemple.

B.2 Définitions de base

B.2.1 Théorie des opérateurs

Commençons par rappeler qu'une application linéaire T entre deux espaces de Banach E et F est appelée aussi un *opérateur* entre ces espaces. On a alors

Definition B.1. *Si*

$$\sup_{x \neq 0 \in E} \frac{\|Tx\|_F}{\|x\|_E} < +\infty, \tag{B.2}$$

on dit que T est un opérateur borné, *ce qui, dans ce contexte, signifie* continu.

On a alors une notion qui va au-delà de la continuité, c'est la compacité.

Definition B.2. *L'opérateur borné T est dit compact si l'image de la boule unité de E est non seulement bornée dans F, mais qu'elle y est relativement compacte, c'est-à-dire qu'elle est contenue dans un compact.*

Profitons-en pour faire un avertissement, valable dans toute cette annexe : quand on parle d'ensemble borné, compact, quand on parle de continuité, etc.,... il est toujours sous-entendu *pour la topologie naturelle des espaces ambiants* (en l'occurence la topologie de la norme). Se tromper de topologie rend l'exposé incompréhensible, et le résultat presque toujours faux !

Si on parle d'opérateurs bornés, c'est bien sûr parce que tous ne le sont pas (cf. notre première observation de la Section B.1). Pour de tels opérateurs, on va être amené à introduire la notion de *domaine*, qui est l'ensemble des points "où tout va bien se passer". Plus précisément, on définit $D(T)$, le domaine de l'opérateur T comme le sous-espace de l'espace E sur lequel T peut être défini et prend ses valeurs dans F. Dans le cas où on ne peut pas prendre $D(T) = E$, l'opérateur T est dit *non borné*. Très souvent, on rencontre le cas où $D(T)$ est seulement dense dans E, mais pas égal à E. On dira alors que T est *à domaine dense*. Par exemple, pour définir l'opérateur Laplacien de $L^2(\mathbb{R}^3)$ dans lui-même, opérateur qui à une fonction $L^2(\mathbb{R}^3)$ associe son Laplacien au sens des distributions, on ne peut pas se placer sur tout $L^2(\mathbb{R}^3)$. Le domaine $D(T)$ de cet opérateur est en fait $H^2(\mathbb{R}^3)$, et on est effectivement dans un cas d'opérateur à domaine dense.

Une notion qui nous sera utile est celle de l'*extension* d'un opérateur. Bien sûr, c'est la notion à laquelle tout le monde pense :

Definition B.3. *On dira que T_2 est une* extension *de T_1 si le domaine de T_2 contient celui de T_1 et si les deux opérateurs coïncident sur le domaine de T_1.*

Une autre notion pourra aussi nous être utile :

Definition B.4. *On dit qu'un opérateur T de E dans F de domaine $D(T)$ est fermé si son graphe, c'est-à-dire l'ensemble*

$$\Gamma(T) = \{(u, Tu), \quad u \in D(T)\},$$

est un fermé de $E \times F$.

A partir de là, nous pouvons donner (enfin) la définition d'un opérateur auto-adjoint. On se place maintenant dans le cas où l'opérateur T va d'un espace de Hilbert $\mathcal{H}$ dans lui-même. Dans toute la suite de cette annexe, nous désignons par $(\cdot, \cdot)$ le produit scalaire sur $\mathcal{H}$, et par $\| \cdot \|$ la norme associée.

Definition B.5. *Soit $\mathcal{H}$ un Hilbert et T un opérateur sur $\mathcal{H}$ à domaine dense. Soit $D(T^*)$ l'ensemble défini par*

$$D(T^*) = \{u \in \mathcal{H}, \quad \exists v \in \mathcal{H}, \quad (Tw, u) = (w, v), \quad \forall w \in D(T)\}.$$

L'opérateur linéaire T^* sur $\mathcal{H}$ à domaine $D(T^*)$ défini par

$$T^*u = v$$

(si v existe, v est unique par le théorème de Riesz) est appelé l'adjoint de T.

Evidemment, si l'opérateur T est défini sur tout l'espace $\mathcal{H}$, on retrouve la définition classique de l'opérateur adjoint d'un opérateur borné.

Definition B.6. *On dit pour un opérateur T à domaine $D(T)$ dense*
  – *que T est* symétrique *si T^* est une extension de T, autrement dit si*

$$\forall(u, v) \in D(T) \times D(T), \qquad (Tu, v) = (u, Tv) ;$$

  – *que T est* auto-adjoint *si $T^* = T$;*
  – *que T est* essentiellement auto-adjoint *si T^* admet une unique extension auto-adjointe ;*
  – *que T est* hermitien *si T est auto-adjoint et $D(T) = \mathcal{H}$.*

Dans la pratique la physique fournit des opérateurs "formellement" symétriques, c'est-à-dire symétriques si on les définit sur un espace de fonctions très régulières (comme $\mathcal{D}(\mathbb{R}^3)$). Or c'est pour les opérateurs auto-adjoints qu'on dispose de propriétés mathématiques vraiment intéressantes (théorème de décomposition spectrale, théorème de Stone, calcul fonctionnel, ...). Quand on est face à un opérateur "formellement" symétrique T issu d'un problème physique et qu'on définit dans un premier temps sur un espace de fonctions très régulières, il faut donc se demander si cet opérateur se prolonge (de façon unique) en un opérateur auto-adjoint auquel on pourra appliquer les résultats puissants dont on dispose. C'est cela qui justifie l'introduction de la notion d'opérateur essentiellement auto-adjoint.

Comme il n'est pas toujours simple de montrer qu'un opérateur donné est auto-adjoint, essentiellement auto-adjoint, ou encore jouit d'une propriété donnée, on se ramène souvent à un problème plus simple en disant que l'opérateur en question est une "perturbation" d'un autre opérateur mieux connu. Ainsi, le résultat qui vient peut s'avérer très utile. Avant de l'énoncer, nous avons besoin de définir une "perturbation" dans ce contexte. Ceci fait l'objet des deux définitions suivantes.

Definition B.7. *Soient H_0 et K deux opérateurs non bornés sur un espace de Hilbert $\mathcal{H}$. On dit que K est H_0-borné (ou relativement borné par rapport à H_0) si $D(H_0) \subset D(K)$ et s'il existe deux constantes a et b telles que*

$$\forall x \in D(H_0), \quad \|Kx\| \leq a\|H_0 x\| + b\|x\|. \tag{B.3}$$

L'infimum des a tels que la propriété ci-dessus soit vraie est appelée la borne relative de K par rapport à H_0.

Definition B.8. *Dans les mêmes conditions, K est dit H_0-compact (ou relativement compact par rapport à H_0), si K est non seulement un opérateur borné, mais un opérateur compact de $D(H_0)$ muni de la norme du graphe $|x|^2 = \|H_0 x\|^2 + \|x\|^2$ dans $\mathcal{H}$.*

Remarque B.2 *Evidemment, un opérateur borné est relativement borné par rapport à tout autre opérateur (de borne relative égale à 0) et un opérateur compact est relativement compact par rapport à tout autre.*

Dès lors, nous avons le

Théorème B.3 (dit de Kato-Rellich) *Soit H_0 un opérateur auto-adjoint, et K un opérateur symétrique H_0-borné, de borne relative strictement inférieure à 1. Alors $H = H_0 + K$ défini sur le domaine $D(H) = D(H_0)$ est auto-adjoint,*

et aussi le résultat suivant

Proposition B.9. *Soit H_0 un opérateur essentiellement auto-adjoint, et K un opérateur symétrique H_0-compact. Alors $H = H_0 + K$ est essentiellement auto-adjoint sur $D(H_0)$.*

Il n'est peut-être pas inutile de terminer cette section en faisant fonctionner toutes ces notions sur l'exemple qui sera pour nous l'exemple canonique, à savoir l'opérateur Laplacien, qui joue un rôle clé en Mécanique Quantique - comme d'ailleurs dans beaucoup d'autres domaines de la Physique. Considérons donc l'opérateur $-\Delta$ sur l'espace $L^2(\mathbb{R}^3)$. Son domaine est par définition

$\{u \in L^2(\mathbb{R}^3),\ -\Delta u \in L^2(\mathbb{R}^3)\}$, c'est-à-dire ni plus ni moins l'espace $H^2(\mathbb{R}^3)$ (raisonner par transformée de Fourier). On remarque bien sûr que ce domaine est dense dans $L^2(\mathbb{R}^3)$. Sur ce domaine, l'opérateur est évidemment non borné, car on peut sans difficulté trouver une suite $(u_n)_{n \in \mathbb{N}}$ de fonctions de $H^2(\mathbb{R}^3)$, toutes de norme L^2 égale à un, telles que la suite des Laplaciens explose en norme L^2. En revanche, cet opérateur est fermé, car si une suite $(u_n, -\Delta u_n)_{n \in \mathbb{N}}$ converge vers (u, v) dans $L^2(\mathbb{R}^3) \times L^2(\mathbb{R}^3)$ alors $(-\Delta u_n)_{n \in \mathbb{N}}$ tend vers $-\Delta u$ au sens des distributions et donc $v = -\Delta u$. De plus, cet opérateur est symétrique, puisque pour deux fonctions u et v de $H^2(\mathbb{R}^3)$, on peut écrire $\int_{\mathbb{R}^3} -\Delta u\, v = \int_{\mathbb{R}^3} -\Delta v\, u$, par exemple en utilisant le fait que la transformée de Fourier est une isométrie sur L^2. Toujours en utilisant la transformée de Fourier, on montre sans peine en se basant sur la Définition B.5 de l'adjoint que l'opérateur $-\Delta$, défini sur le domaine $H^2(\mathbb{R}^3)$, est auto-adjoint sur $L^2(\mathbb{R}^3)$.

L'application numéro un que nous allons faire de toute la théorie se fera sur des opérateurs de type $-\Delta + V$ où V est un opérateur de multiplication (qu'on appelle un potentiel, pour des raisons physiques évidentes)[2]. De tels opérateurs sont appelés *opérateurs de Schrödinger*. Le jeu auquel nous nous livrerons sera donc de déterminer, en fonction des qualités de V, celles des propriétés de l'opérateur $-\Delta$ qui se transmettront à l'opérateur de Schrödinger étudié.

B.2.2 Définition du spectre

On revient pour un instant au cas où l'espace ambiant est un Banach, et pas nécessairement un Hilbert. On le note E pour que ce soit plus clair.

Soit T un opérateur non nécessairement borné de E dans E, de domaine $D(T)$. On définit alors l'ensemble résolvant de T, de la façon suivante.

Définition B.10. *L'ensemble résolvant de T, noté $\rho(T)$, est l'ensemble des complexes $\lambda \in C$ tels que*

1. *l'opérateur $(T - \lambda I)^{-1}$ existe[3] (ceci ne signifie pas autre chose que : $(T - \lambda I)$ est injectif de $D(T)$ dans E);*

2. *son domaine, à savoir l'image de $D(T)$ par $T - \lambda I$, est dense dans E,*

3. *l'opérateur $(T - \lambda I)^{-1}$ est continu de $(T - \lambda I)(D(T))$, muni de la topologie induite de E, dans E.*

En fait, dans le cas où l'opérateur T est fermé, dire que λ appartient à $\rho(T)$ équivaut à dire que $(T - \lambda I)^{-1}$ est un opérateur borné de E dans lui-même. De

---

[2] Une des rares exceptions à cette règle sera l'opérateur de Fock, apparaissant dans le modèle de Hartree-Fock, et qui comporte une partie non locale, correspondant à la modélisation de l'échange électronique.

[3] On l'appelle alors la *résolvante* de T, sous-entendu au point λ.

plus, dans ce cas, on peut montrer que $\rho(T)$ est un ouvert de $\mathbb{C}$. Autrement dit, son complémentaire, le spectre de T, que nous allons définir ci-dessous est un ensemble fermé.

A partir de là, on s'attend bien sûr à la définition suivante.

Definition B.11. *Le spectre de T, noté $\sigma(T)$, est le complémentaire de $\rho(T)$ dans C.*

Si λ est élément du spectre, c'est parce qu'il ne vérifie pas l'*ensemble* des trois assertions de la Définition B.10. Selon qu'il ne vérifie aucune des trois assertions ou qu'il vérifie la première et pas la deuxième, ou encore qu'il vérifie les deux premières et pas la troisième, on a donc la partition suivante du spectre.

Definition B.12. *Le spectre $\sigma(T)$ est la réunion disjointe de trois ensembles :*

1. *le spectre* ponctuel *(noté $\sigma_p(T)$) formés des $\lambda \in \sigma(T)$ pour lesquels $T - \lambda I$ n'est pas inversible, c'est-à-dire n'est pas injectif; de tels λ sont bien sûr appelés les* valeurs propres *de T,*

2. *le spectre* résiduel *(noté $\sigma_{res}(T)$) formés des $\lambda \in \sigma(T)$ pour lesquels $T - \lambda I$ est bien inversible mais $(T - \lambda I)^{-1}$ est de domaine non dense dans E,*

3. *le spectre* continu *(noté $\sigma_{cont}(T)$) formés des $\lambda \in \sigma(T)$ pour lesquels $T - \lambda I$ est bien inversible, de domaine dense dans E, mais $(T - \lambda I)^{-1}$ est non borné.*

Le moins que l'on puisse faire est de donner des exemples où apparaissent ces fameux spectres continus et résiduels de la Définition B.12, le cas du spectre ponctuel étant plus classique puisque, en dimension finie, spectre et spectre ponctuel sont des notions identiques (si E est un espace de dimension finie, tout opérateur linéaire T de E dans E est continu, et T est inversible si et seulement si T est injectif). Nous reportons de tels exemples en exercice, le corrigé pouvant être trouvé dans la bibliographie.

Exercice B.4 *Montrer que l'opérateur $f \mapsto x.f$ défini d'un sous-espace à préciser de $L^2(\mathbb{R})$ dans $L^2(\mathbb{R})$, est auto-adjoint, que son spectre ponctuel et son spectre résiduel sont vides, et que son spectre continu est la droite réelle. On utilisera pour cela la suite*

$$\varphi_n(x) = \begin{cases} \varphi(x), & x \notin \left[\lambda - \dfrac{1}{n}, \lambda + \dfrac{1}{n}\right] \\ \\ 0, & x \in \left[\lambda - \dfrac{1}{n}, \lambda + \dfrac{1}{n}\right] \end{cases} \tag{B.4}$$

où ϕ désigne une fonction de $\mathcal{D}(\mathbb{R})$.

Exercice B.5 *Montrer que l'opérateur de shift à droite dans l^2, qui à un vecteur $(u_1, u_2, \cdots)$ de l^2 associe le vecteur $(0, u_1, u_2, \cdots)$, a un spectre résiduel non vide.*

Quand on traite d'un opérateur auto-adjoint, il arrive que l'on soit encore plus précis, en subdivisant le spectre ponctuel en deux parties disjointes :
- ce qu'on appelle le *spectre discret* (noté $\sigma_{disc}(T)$), formé des valeurs propres isolées[4], de multiplicité finie[5],
- et son complémentaire qui est donc formé des valeurs propres qui ne sont pas isolées ou sont de multiplicité infinie (l'un n'étant pas exclusif de l'autre)

Definition B.13. *On appelle* spectre essentiel *(noté $\sigma_{ess}(T)$) le complémentaire du spectre discret dans le spectre.*

La caractérisation suivante du spectre essentiel, connue sous le nom de *critère de Weyl*, peut être utile : un nombre complexe λ appartient à $\sigma_{ess}(T)$ s'il existe une suite $(\psi_n)_{n \in \mathbb{N}}$ d'éléments de $D(T)$ telle que : $\|\psi_n\| \equiv 1$ pour tout $n \in \mathbb{N}$, $(\psi_n)_{n \in \mathbb{N}}$ tend faiblement vers 0, $(T\psi_n - \lambda\psi_n)_{n \in \mathbb{N}}$ tend fortement vers 0.

Remarque B.6 *On peut aussi identifier dans le spectre une partie dite* spectre absolument continu *(noté $\sigma_{abs}(T)$) et une partie dite* spectre singulier *(noté $\sigma_{sing}(T)$) ; ceci sera vu plus loin, lorsque nous verrons (rapidement) la notion de mesure spectrale.*

Que le lecteur se rassure, nous verrons que dans le cas particulier des opérateurs qui vont intervenir dans les modèles de Mécanique Quantique que nous manipulerons, la plupart de ces diverses composantes sont vides. D'ailleurs, commençons déjà à déblayer le terrain en mentionnant le résultat suivant

Proposition B.14. *Dans un espace de Hilbert séparable, le spectre d'un opérateur auto-adjoint est contenu dans la droite réelle et son spectre résiduel est vide.*

La première assertion est bien sûr à rapprocher du fait qu'une matrice symétrique a toutes ses valeurs propres réelles (cf. Théorème B.1).

Comme dans la section précédente, testons maintenant les différentes notions que nous avons acquises sur l'exemple canonique du Laplacien agissant sur $L^2(\mathbb{R}^3)$. En tant qu'opérateur auto-adjoint, nous savons déjà que le Laplacien

---

[4] C'est-à-dire des points du spectre ponctuel qui sont des points isolés du spectre (tout court).

[5] L'espace $\text{Ker}(T - \lambda I)$ est de dimension finie.

0

Fig. B.1. Le spectre du Laplacien sur $L^2(\mathbb{R}^3)$.

n'a pas de spectre résiduel. Supposons qu'un certain λ soit une valeur propre de $-\Delta$. On aurait alors l'existence d'une fonction $\varphi \in H^2(\mathbb{R}^3)$ non nulle telle que, pour presque tout $x \in \mathbb{R}^3$, $-\Delta\varphi(x) = \lambda\varphi(x)$. En utilisant alors la transformée de Fourier des deux membres, on obtient $-|\xi|^2\hat{\varphi}(\xi) = \lambda\hat{\varphi}(\xi)$ pour presque tout $\xi \in \mathbb{R}^3$, ce qui n'est possible que si $\hat{\varphi}$ et donc φ est identiquement nulle. Le spectre ponctuel est donc vide. Reste le spectre continu (qui est donc ici égal au spectre essentiel, puisqu'il n'y a pas de valeurs propres, même non isolée ou de multiplicité infinie). Un raisonnement analogue à celui conduit dans l'Exercice B.4, et utilisant lui-aussi la transformation de Fourier, permet de montrer que le spectre essentiel est égal à $[0, +\infty[$. La seule petite modification par rapport à l'Exercice B.4 est une question de signe sur λ. Tout $\lambda \geq 0$ est donc dans le spectre essentiel. "Moralement", un tel λ est associé à des fonctions propres généralisées, vivant dans un espace plus gros que $L^2(\mathbb{R}^3)$, à savoir aux ondes planes $\phi(x) = e^{i\sqrt{\lambda}\,e\cdot x}$, où e désigne un vecteur unitaire de $\mathbb{R}^3$. La Figure B.1 représente la situation.

Pour clore cette section, signalons quelques éléments de vocabulaire supplémentaires, utiles dans le contexte de la Mécanique Quantique, et qui permettent aussi de relier ces objets mathématiques que sont pour le moment les éléments du spectre, à des réalités physiques.

Une fonction associée à un élément du spectre discret d'un opérateur de Schrödinger, c'est-à-dire à une valeur propre isolée et de multiplicité finie, est appelé un *état lié*[6]. Celle qui est associée à la plus petite valeur propre discrète (quand elle existe) est appelé *l'état fondamental* (les opérateurs de la Mécanique Quantique sont auto-adjoints et donc, le spectre étant réel, on peut parler de la plus *petite* valeur propre, lorsque l'opérateur est minoré en tout cas). Nous verrons que dans les cas physiques, cette première valeur propre est strictement en-dessous du spectre essentiel : on dit alors que le système est *stable*.

Au contraire, les fonctions qui, au moins formellement, peuvent être associées à des éléments du spectre essentiel sont appelées des *états de diffusion* ou des états non liés (penser à la fonction d'onde d'un électron de conduction dans un solide).

---

[6] Quelquefois, on réserve cette appellation aux fonctions propres associées aux éléments du spectre discret *qui sont de plus situés strictement en-dessous* du spectre essentiel, ou bien on l'étend à tous les éléments du spectre ponctuel.

B.3 Opérateurs auto-adjoints compacts

Ce cas est le plus proche de la dimension finie. Il a donc une grande valeur pédagogique et c'est pourquoi nous le mentionnons bien que, dans les applications de Mécanique Quantique, il se produise rarement (un cas est cependant indiqué ci-dessous). La raison essentielle est que notre cadre de travail est par essence fait de fonctions définies sur l'espace $\mathbb{R}^3$ tout entier, ce qui rend la propriété de compacité beaucoup plus rare. En revanche, le cas d'un opérateur compact intervient fréquemment dans les problèmes de Mécanique des fluides ou des structures où il est usuel de travailler sur des domaines bornés.

Pour simplifier l'exposé, nous allons supposer que le domaine de l'opérateur H qu'on considère est $\mathcal{H}$ tout entier. Commençons par le cas où H est supposé compact. Nous avons alors le résultat suivant que bien sûr nous ne démontrerons pas, et qui résume l'ensemble des propriétés que l'on peut établir dans ce cas.

Théorème B.7 *Soit H un opérateur hermitien compact sur un espace de Hilbert $\mathcal{H}$ de dimension infinie.*

1. *Le spectre de H est réel. Il est de la forme $\sigma(H) = (\mu_n) \cup \{0\}$ où (μ_n) est ou bien une suite finie de valeurs propres réelles, ou bien une suite dénombrable de valeurs propres réelles convergeant vers 0.*

2. *Pour chaque valeur propre λ non nulle, l'espace propre E_λ est de dimension finie.*

3. *Le réel 0 est éventuellement valeur propre (selon que H est injectif ou non) et l'espace propre associé (le noyau de H) peut alors être de dimension finie ou infinie. Si le réel 0 n'est pas valeur propre (i.e. n'est pas dans le spectre discret), il est dans le spectre continu. Dans tous les cas, c'est l'unique élément du spectre essentiel de H.*

4. *Les espaces propres E_λ sont orthogonaux deux à deux, et $\mathcal{H}$ est la somme directe hilbertienne des E_λ :*

$$\mathcal{H} = \bigoplus_{\lambda \in \sigma(H)} E_\lambda \tag{B.5}$$

Autrement dit, les espaces propres E_λ engendrent un sous-espace vectoriel dont l'adhérence est $\mathcal{H}$.

5. *Du coup, l'opérateur H peut s'écrire comme la somme pondérée des opérateurs de projection P_{E_λ} sur chaque sous-espace propre E_λ :*

$$H = \sum_{\lambda \in \sigma(H)} \lambda P_{E_\lambda}. \tag{B.6}$$

On retrouve donc quasiment mot pour mot la situation de la dimension finie décrite dans le Théorème B.1. Bien sûr, on ne peut pas espérer que $\mathcal{H}$ soit la somme d'un nombre fini d'espaces propres de dimension finie, d'où les différents cas possibles.

Il est crucial de souligner la puissance d'un tel résultat. En termes imagés, on a ramené n'importe quel opérateur auto-adjoint compact, aussi compliqué soit-il, à une somme d'opérateurs de multiplications "composante par composante".

Il est utile de donner un exemple d'opérateur compact qui apparaît dans le cadre de la Mécanique Quantique (penser dans ce qui suit au cas de l'échange électronique). Il s'agit du cas des opérateurs dits *de Hilbert-Schmidt* qui, quand ils agissent sur $L^2(\mathbb{R})$, sont exactement les opérateurs de la forme

$$T : f \mapsto Tf, \quad \text{avec} \quad \forall x \in \mathbb{R}, \quad Tf(x) = \int_{\mathbb{R}} K(x,y)f(y)\,dy, \qquad (B.7)$$

où $K \in L^2(\mathbb{R} \times \mathbb{R})$. De tels opérateurs sont compacts. La fonction $K(x,y)$ est appelée le *noyau* de l'opérateur de Hilbert-Schmidt. Si le noyau vérifie $K(y,x) = K(x,y)^*$ alors l'opérateur T est en plus hermitien.

Une conséquence importante du résultat ci-dessus est ce qu'on appelle l'alternative de Fredholm, laquelle permet de décider exactement quand l'équation $Ax = b$ a une solution lorsque $A = I + K$ oú K est un opérateur auto-adjoint compact. Cette propriété généralise au cas de la dimension infinie la situation bien connue de la dimension finie où, pour une matrice A symétrique, l'équation $Ax = b$ admet une solution si et seulement si b est orthogonal au noyau de A, la solution générale s'écrivant alors comme somme d'une solution particulière et d'un quelconque élément du noyau de A. Nous renvoyons le lecteur aux références bibliographiques pour en savoir plus sur le sujet.

A partir du résultat ci-dessus, il est aussi direct d'établir un résultat analogue pour les opérateurs auto-adjoints dont l'inverse est compact, ou plus généralement les opérateurs pour lesquels il existe un $\mu \in \mathbb{R}$ tel que $(T - \mu I)^{-1}$ soit compact, situation très fréquente en Sciences de l'ingénieur.

Encore une fois, il nous faut signaler que ce cas n'est pas courant dans le contexte où nous travaillerons. Il est beaucoup plus courant dans les situations où on travaille dans des ouverts bornés. Ainsi, ce cas des opérateurs à inverse compact est typiquement celui des problèmes de la thermique (penser à l'équation de la chaleur sur un domaine borné), ou de la Mécanique des fluides (problème de Stokes sur un domaine borné), ou de la Mécanique des structures (élasticité linéaire), ... Il survient aussi en Mécanique Quantique dans des problèmes qui ne sont pas les nôtres (particule dans une boîte, oscillateur harmonique, ...), et se produit dans la version "numérique" de nos problèmes où tout est (au moins heuristiquement) ramené sur un ouvert borné. Pour toutes ces raisons, il paraît important de le signaler.

A partir du Théorème B.7 ci-dessus, il est facile d'obtenir le résultat suivant

Théorème B.8 *Soit H un opérateur auto-adjoint, non borné dans $\mathcal{H}$, de domaine $D(H)$ dense dans $\mathcal{H}$. On suppose de plus que pour un certain $\mu \in \mathbb{R}$, $(H - \mu I)^{-1}$ existe et est un opérateur compact sur $\mathcal{H}$. Alors,*

1. *le spectre de H est entièrement ponctuel (et réel) ;*

2. *les valeurs propres $\lambda \in \sigma_p(H)$ peuvent être rangées en une suite $(\lambda_n)_{n \in \mathbb{N}}$ telle que $\lim\limits_{n \to +\infty} |\lambda_n| = +\infty$;*

3. *les sous-espaces propres E_λ sont de dimension finie et orthogonaux deux à deux, et $\mathcal{H}$ est la somme directe hilbertienne des E_λ.*

Remarque B.9 *Les mêmes propriétés sont vraies dans le cas où l'opérateur, compact ou d'inverse compact, n'est pas supposé auto-adjoint, mais* normal, *c'est-à-dire s'il commute avec son adjoint.*

B.4 Opérateurs auto-adjoints quelconques

Comme nous l'avons dit, la plupart des opérateurs auto-adjoints issus de la Mécanique Quantique ne sont ni compacts ni d'inverse compact. Il nous faut donc comprendre comment adapter les résultats de la section précédente à de tels opérateurs. Plus précisément, il nous faut comprendre comment généraliser la décomposition (B.5) de $\mathcal{H}$ en sous-espaces propres, et la décomposition de l'opérateur lui-même selon la somme hilbertienne (B.6).

Avant d'attaquer ceci, revenons un instant sur le cas d'un opérateur auto-adjoint compact. Pour des raisons techniques, nous introduisons la suite de sous-espaces G_λ, indexée par λ réel et définie comme suit :

$$G_\lambda = \bigoplus_{\lambda_k \leq \lambda} E_{\lambda_k}, \tag{B.8}$$

où les λ_k sont bien sûr les valeurs propres de l'opérateur H, et les E_{λ_k} les espaces propres associés.

Il est alors simple de voir qu'en raison des résultats du Théorème B.7, on a les propriétés suivantes des opérateurs de projection P_λ sur G_λ :

$$\begin{cases} P_\lambda \cdot P_\mu = P_{\inf(\lambda,\mu)}, \\ \operatorname*{s-lim}_{\mu \to \lambda,\, \mu > \lambda} P_\mu = P_\lambda, \\ \operatorname*{s-lim}_{\lambda \to -\infty} P_\lambda = 0, \quad \operatorname*{s-lim}_{\lambda \to +\infty} P_\lambda = I. \end{cases} \tag{B.9}$$

Les limites ci-dessus, notées s-lim (pour *strong limit*), ont la signification suivante

$$\operatorname*{s-lim}_{\mu \to \mu_0} P_\mu = A \qquad \text{signifie} \qquad \forall x \in \mathcal{H}, \quad P_\mu x \xrightarrow[\mu \to \mu_0]{} Ax,$$

la convergence de la famille $(P_\mu x)$ vers Ax ayant lieu dans $\mathcal{H}$ pour la topologie forte. Cette notion de limite est

– plus forte que la notion de limite faible d'opérateur (*weak limit*) notée
w-lim et définie par

$$\text{w-}\lim_{\mu \to \mu_0} P_\mu = A \qquad \text{si} \qquad \forall x \in \mathcal{H}, \quad P_\mu x \underset{\mu \to \mu_0}{\rightharpoonup} Ax,$$

la convergence de la famille $(P_\mu x)$ vers Ax ayant lieu cette fois-ci dans
$\mathcal{H}$ pour la topologie faible ;

– moins forte que la notion de limite pour la norme d'opérateurs définie
par $\|P_\mu - A\|_{\mathcal{L}(\mathcal{H})} = \sup\limits_{x \in \mathcal{H},\, x \neq 0} \dfrac{\|P_\mu x - Ax\|}{\|x\|} \xrightarrow[\mu \to \mu_0]{} 0.$

De plus, on peut vérifier que l'application $\lambda \mapsto P_\lambda$ est continue, sauf précisément en les valeurs $\lambda = \lambda_k$ appartenant au spectre ponctuel, pour lesquelles
on a une discontinuité "par valeurs inférieures"

$$\text{s-}\lim_{\mu \to \lambda_k,\, \mu < \lambda_k} P_\mu = P_{\lambda_k} - P_{E_{\lambda_k}}, \tag{B.10}$$

où on rappelle que $P_{E_{\lambda_k}}$ désigne l'opérateur de projection orthogonale sur
l'espace propre E_{λ_k}.

De manière symbolique (et en fait on peut donner un sens rigoureux à ceci,
nous le ferons rapidement plus loin), on peut donc écrire la décomposition
de l'espace $\mathcal{H}$ (c'est-à-dire la décomposition de l'opérateur identité I), et la
décomposition de l'opérateur H sous la forme "intégrale" suivante

$$I = \int_{-\infty}^{+\infty} dP_\lambda, \tag{B.11}$$

$$H = \int_{-\infty}^{+\infty} \lambda \, dP_\lambda, \tag{B.12}$$

où dP_λ est une *mesure* sur la droite réelle à valeurs dans l'ensemble des projecteurs orthogonaux, faite dans ce cas d'une somme de mesures de Dirac
placées en les points du spectre ponctuel et affublées chacune d'un poids égal
au projecteur sur l'espace-propre associé :

$$dP_\lambda = \sum_{\lambda_k \leq \lambda} \delta(\cdot - \lambda_k) \otimes P_{E_\lambda}. \tag{B.13}$$

Ce que nous allons expliquer maintenant en quelques lignes, c'est que ces deux
décompositions sous forme intégrale (B.11) et (B.12) peuvent être généralisées
telles quelles au cas des opérateurs non compacts (dont l'inverse n'est pas
compact non plus).

Commençons par un point de vocabulaire.

Définition B.15. *Une famille* $(P_\lambda)_{\lambda \in \mathbf{R}}$ *de projecteurs orthogonaux de* $\mathcal{H}$
vérifiant les propriétés (B.9) est appelée une famille spectrale, *ou aussi une*
résolution de l'identité *(cette dernière appellation se justifiant évidemment par
la formulation (B.11)).*

Si l'on se donne une famille spectrale, on peut alors établir que pour $x \in \mathcal{H}$, l'application

$$\lambda \mapsto P_\lambda x \tag{B.14}$$

est une fonction localement à variation bornée de la variable λ. Dès lors, pour toute fonction continue f de la variable réelle, on peut définir, pour $\alpha < \beta$ l'intégrale

$$\int_\alpha^\beta f(\lambda)\, dP_\lambda x \tag{B.15}$$

pour tout $x \in \mathcal{H}$, comme la limite forte dans $\mathcal{H}$ des sommes de Riemann

$$\sum_j f(\mu_j')(P_{\mu_{j+1}} - P_{\mu_j})x \tag{B.16}$$

lorsque $\max_j |\mu_{j+1} - \mu_j| \longrightarrow 0$. Dans la formule (B.16), les μ_j forment une discrétisation du segment $[\alpha, \beta]$, et les μ_j' sont choisis dans les intervalles $]\mu_j, \mu_{j+1}[$. Le fait que les sommes de Riemann (B.16) convergent bien, et de manière indépendante du découpage, est dû à la propriété de $\lambda \mapsto P_\lambda x$ d'être localement à variation bornée. En faisant ensuite tendre α vers $-\infty$ et β vers $+\infty$, on donne donc un sens rigoureux aux intégrales (B.11) et (B.12), dès que la famille $(P_\lambda)_{\lambda \in \mathbf{R}}$ est une famille spectrale.

Une famille spectrale étant donnée, on peut construire un opérateur auto-adjoint à partir de cette famille spectrale en procédant de la façon suivante : on commence par définir le domaine

$$D = \left\{ x \in \mathcal{H}, \quad \int_{-\infty}^{+\infty} |\lambda|^2 d\|P_\lambda x\|^2 < +\infty \right\}, \tag{B.17}$$

qui est en fait dense dans $\mathcal{H}$, puis on définit l'opérateur H sur D par

$$\forall x \in D, \quad Tx = \int_{-\infty}^{+\infty} \lambda\, dP_\lambda x. \tag{B.18}$$

On vérifie facilement que l'opérateur T ainsi défini est auto-adjoint. Réciproquement, il y a moyen de passer d'un opérateur auto-adjoint à une famille spectrale. On le sait déjà pour les opérateurs auto-adjoints compacts, mais c'est vrai pour tous. C'est ce qu'exprime le résultat suivant.

Théorème B.10 (dit Théorème spectral) *Soit $\mathcal{H}$ un espace de Hilbert séparable. L'application de l'ensemble des familles spectrales sur $\mathcal{H}$ à valeurs dans l'ensemble des opérateurs auto-adjoints sur $\mathcal{H}$ définie par (B.17)-(B.18) est bijective.*

On dit de plus que la formule (B.12) est la *représentation spectrale* de l'opérateur auto-adjoint.

Avec ce théorème, on voit donc que d'un certain point de vue, manipuler des opérateurs auto-adjoints, c'est exactement manipuler des familles spectrales.

Il est donc naturel que les propriétés du spectre de l'opérateur se traduisent sur les propriétés de la famille spectrale, et réciproquement. On peut montrer le résultat suivant.

Théorème B.11 *Soit H un opérateur auto-adjoint dans l'espace de Hilbert séparable $\mathcal{H}$. Alors*

1. *(rappel) le spectre de H est réel et le spectre résiduel de H est vide,*

2. *$\lambda \in \sigma_p(H)$ équivaut à $s\text{-}lim_{\mu \to \lambda, \mu < \lambda} P_\mu \neq P_\lambda$*

3. *$\lambda \in \sigma_c(H)$ équivaut à*

$$
\begin{cases}
\underset{\mu \to \lambda,\, \mu < \lambda}{s\text{-}lim} \quad P_\mu = P_\lambda \\
\forall \varepsilon > 0, \quad P_{\lambda-\varepsilon} \neq P_{\lambda+\varepsilon}
\end{cases}
$$

Heuristiquement, les éléments du spectre ponctuels sont les points où la mesure "saute" (sous-entendu d'une masse de Dirac), et les éléments du spectre continu les points où cette mesure varie, mais continûment. La nomenclature devient plus parlante!

Terminons cette section par deux commentaires sur des notions plus avancées.

En allant un peu plus loin, on peut dire que manipuler des opérateurs auto-adjoints c'est aussi manipuler des mesures sur la droite réelle. En effet, si $(P_\lambda)_{\lambda \in \mathbf{R}}$ est la famille spectrale associée à l'opérateur, on a vu que la dérivée par rapport à la variable λ de P_λ peut être identifiée à une mesure dP_λ sur la droite réelle, mesure qui est à valeurs dans l'espace des projecteurs orthogonaux sur $\mathcal{H}$. C'est la *mesure spectrale*. Ainsi, tout moyen de classifier une mesure permettra de classifier aussi le spectre de l'opérateur. C'est ce que nous avons vu ci-dessus, avec la notion de spectre continu et de spectre ponctuel[7].

Remarque B.12 *Il existe dans la littérature des critères pour localiser le spectre absolument continu et le spectre singulier, critères de même type que ceux que nous verrons plus loin pour la localisation du spectre essentiel et du spectre discret.*

---

[7] Le lecteur connaît peut-être le théorème de Lebesgue de décomposition des mesures, stipulant que toute mesure peut être décomposée en la somme de mesures ponctuelles, de mesures absolument continues (i.e. de la forme $f\,dx$ où f est L^1 et dx est la mesure de Lebesgue), et de mesures singulières. Une telle décomposition donne naissance à une décomposition analogue pour le spectre en parties ponctuelle, absolument continue, et singulière. C'est ce que nous avions annoncé à la Remarque B.6. Nous n'en dirons pas plus sur ce sujet.

Notre second commentaire concerne la décomposition que nous avons faite de l'espace $\mathcal{H}$ sous la forme (B.11). Il y a un point sur lequel cette décomposition est franchement moins bonne que celle que nous avions obtenue au Théorème B.7 pour le cas des opérateurs compacts. Cette décomposition n'est pas une somme hilbertienne. Cela vient évidemment du fait que nous avons fait la transformation préalable des espaces propres E_{λ_k} en les espaces G_λ. En fait, il existe pour les opérateurs auto-adjoints généraux une analogue de la décomposition (B.5). Cette décomposition est donnée par le Théorème de Von Neumann-Dixmier, pour lequel nous renvoyons à la bibliographie.

Remarque B.13 *Soit T un opérateur auto-adjoint sur l'espace de Hilbert $\mathcal{H}$ et f une fonction de $\mathbb{R}$ dans $\mathbb{C}$. On définit l'opérateur $f(T)$ par*

$$D(f(T)) = \left\{ x \in \mathcal{H}, \quad \int_{-\infty}^{+\infty} |f(\lambda)|^2 \, d\|P_\lambda x\|^2 < +\infty \right\},$$

et

$$\forall x \in D(f(T)), \qquad f(T) \cdot x = \int_{-\infty}^{+\infty} f(\lambda) \, dP_\lambda x,$$

où $(P_\lambda)_{\lambda \in \mathbb{R}}$ désigne la famille spectrale associée à l'opérateur T. Si T est borné et si f est développable en une série entière en 0 de rayon de convergence supérieur à $\|T\|$, cette définition de $f(T)$ coïncide avec la définition usuelle. Ce procédé, à la base du calcul fonctionnel auto-adjoint, permet ainsi de donner un sens à des opérateurs tels que $e^{t\Delta}$ (semi-groupe de la chaleur), $e^{-it\Delta}$ (propagateur libre en mécanique quantique), ...

B.5 Propriétés complémentaires sur le spectre

A ce stade, nous savons ce qu'est le spectre, comment il peut être subdivisé en différentes parties, et comment il peut servir pour décomposer l'opérateur auto-adjoint, de sorte á obtenir une décomposition de l'opérateur et de l'espace ambiant du type de celle donnée par le Théorème B.1, ou presque.

Ce qu'il nous reste à faire, c'est à déterminer, pour les opérateurs auto-adjoints du type de ceux que nous rencontrerons, quels sont les éléments du spectre. En d'autres termes, il nous faut répondre à la question : où se trouve le spectre, et quelle est sa structure ?

C'est ce que nous allons faire ici, et nous en profiterons pour mentionner des propriétés complémentaires bien utiles.

Remarque B.14 *Dans la suite, nous allons donner quelques résultats généraux qui peuvent s'appliquer en fait aussi à des opérateurs non nécessairement fermés. Il est alors sous-entendu que lorsqu'on parlera de leur spectre, on parlera en fait du spectre de leur fermeture.*

B.5.1 Localisation du spectre essentiel

La première réponse que nous allons apporter est la localisation du spectre essentiel. Comme l'intégralité des opérateurs que nous manipulerons seront des opérateurs perturbations du Laplacien, et que nous savons déjà que $\sigma_{ess}(-\Delta) = [0, +\infty[$, nous avons besoin d'un résultat reliant le spectre essentiel d'une perturbation du Laplacien au spectre essentiel du Laplacien. Le voici.

Théorème B.15 (dit de Weyl) *Soit H_0 un opérateur auto-adjoint de domaine $D(H_0)$ et W un opérateur symétrique. On suppose que W est une perturbation H_0-compacte (au sens de la Définition B.8 ci-dessus). Alors l'opérateur $H = H_0 + W$ défini sur $D(H) = D(H_0)$, qui est auto-adjoint (d'après le Théorème B.9), vérifie $\sigma_{ess}(H + W) = \sigma_{ess}(H)$.*

Ce théorème entraîne de nombreux corollaires, déclinant chacun diverses perturbations relativement compactes d'un opérateur donné. Contentons-nous d'en citer un, et de renvoyer pour les autres à la bibliographie.

Corollaire B.16 *Soit V un potentiel possédant la propriété suivante : pour tout $\varepsilon > 0$, on peut écrire V sous la forme $V = V_1 + V_2$ avec $V_2 \in L^\infty(\mathbb{R}^3)$, $\|V_2\|_{L^\infty(\mathbb{R}^3)} \leq \varepsilon$ et $V_1 \in L^2(\mathbb{R}^3)$. On note cette propriété $V \in L^2(\mathbb{R}^3) + \left(L^\infty(\mathbb{R}^3)\right)_\varepsilon$. Un cas particulier important d'un tel potentiel V est $V(x) = -\dfrac{1}{|x|}$. Alors V est une perturbation relativement compacte du Laplacien et donc $\sigma_{ess}(-\Delta + V) = [0, +\infty[$.*

Remarque B.17 *La même conclusion est vraie pour un potentiel V appartenant à $L^p(\mathbb{R}^3) + (L^\infty(\mathbb{R}^3))_\varepsilon$, $p \geq 2$ (c'est encore une perturbation relativement compacte du Laplacien), ou encore appartenant à $R(\mathbb{R}^3) + (L^\infty(\mathbb{R}^3))_\varepsilon$, c'est-à-dire pour un potentiel pouvant s'écrire $V = V_1 + V_2$ toujours avec $V_2 \in L^\infty(\mathbb{R}^3)$, $\|V_2\|_{L^\infty(\mathbb{R}^3)} \leq \varepsilon$ arbitrairement petit et V_1 appartenant à la classe de Rollnik R, c'est-à-dire vérifiant*

$$\iint_{\mathbb{R}^3 \times \mathbb{R}^3} \frac{V(x)V(y)}{|x - y|^2} \, dx \, dy < \infty. \tag{B.19}$$

Pour traiter de perturbations plus générales du Laplacien, en particulier de perturbations qui ne tendent pas vers 0 à l'infini, même dans un sens faible (remarquer en effet que si on dit par exemple $V \in L^2(\mathbb{R}^3) + (L^\infty(\mathbb{R}^3))_\varepsilon$, cela exprime au moins dans un sens faible que V tend vers 0 à l'infini), il existe des outils, comme le Théorème dit HVZ permettant de relier le spectre essentiel de l'opérateur perturbé à celui de l'opérateur non perturbé $-\Delta$. Encore une fois, nous renvoyons le lecteur à la bibliographie.

Pour nous, retenons heuristiquement que si un potentiel tend vers l à l'infini raisonnablement, alors l'opérateur de Schrödinger a pour spectre essentiel $[l, +\infty[$.

La question du spectre essentiel étant réglée, attachons nous maintenant à localiser les valeurs propres. Deux cas se présentent : le cas des valeurs propres ponctuelles non discrètes, c'est-à-dire non isolées ou de multiplicité infinie, c'est-à-dire encore de valeurs propres appartenant au spectre essentiel (on dit souvent *plongées* dans le spectre essentiel), et le cas de valeurs propres isolées et de multiplicité finie (spectre discret).

Commençons par les premières.

B.5.2 Valeurs propres dans le spectre essentiel

Considérons uniquement le cas où l'opérateur est de type Schrödinger, et où son spectre essentiel est $[0, +\infty[$. En fait, la question posée peut se subdiviser en deux sous-questions : *existe-t-il des valeurs propres strictement positives ? Le bas du spectre essentiel (0 dans ce cas) est-il une valeur propre ?*

La seconde question est en fait redoutablement difficile, et dans certains cas très particuliers, on y apporte une réponse (partielle[8]) dans le cours du texte. Il n'est pas possible de la traiter en toute généralité. Reste donc le cas des valeurs propres strictement positives. Là, on a par exemple le résultat suivant :

Proposition B.16. *Soit V un potentiel à valeurs réelles que l'on suppose $-\Delta$-borné avec une borne relative strictement inférieure à 1. Supposons de plus que V est homogène de degré α avec $0 < \alpha < 2$. Alors $-\Delta + V$ n'a pas de valeur propre strictement positive.*

Ceci s'applique à $-\Delta - \frac{1}{|x|}$. En effet, comme $V = -\frac{1}{|x|}$ est $-\Delta$-compact, il est *a fortiori* $-\Delta$-borné, avec une borne relative égale à zéro. On sait que le spectre essentiel de $-\Delta - \frac{1}{|x|}$ est $[0, +\infty[$, et par la proposition ci-dessus, qu'il n'y a pas de valeur propre strictement positive, donc qu'il n'y a pas de valeur propre strictement plongée dans le spectre essentiel.

En fait, l'existence d'une valeur propre strictement positive pourrait paraître un peu saugrenue d'un point de vue physique : il s'agirait d'un état lié, dans une zone d'énergie où il n'aurait aucune raison de l'être. En effet, on se trouve alors au-dessus du bas du spectre essentiel, donc ("moralement") au dessus de la limite du potentiel à l'infini. Pourtant, dans certains cas, correspondant par exemple à un potentiel V tendant vers 0 à l'infini avec des oscillations, comme quelque chose du genre $V(x) \approx -\dfrac{\sin |x|}{|x|}$, on peut exhiber une valeur propre égale à 1 ! On prendra donc garde à ce genre de canulars.

---

[8] Car on va regarder cette question surtout dans le cadre où, *en plus*, la valeur propre 0 serait la plus petite de toutes !

B.5.3 Sur les valeurs propres discrètes et leur nombre

Regardons maintenant le cas des valeurs propres discrètes.

Le premier point consiste à étendre au cas des opérateurs auto-adjoints en dimension infinie une propriété bien connue des matrices symétriques de dimension finie.

Théorème B.18 (Principe du min-max, ou formules de Courant-Fischer) *Soit H un opérateur auto-adjoint, que l'on suppose borné inférieurement, c'est-à-dire tel que $H \geq c\,I$ pour un certain réel c. On définit*

$$\lambda_n(H) = \sup_{\varphi_1, \varphi_2, \ldots, \varphi_{n-1}} \inf_{\substack{\psi \in D(H), \|\psi\| = 1, \\ \psi \in (\varphi_1, \varphi_2, \ldots, \varphi_{n-1})^\perp}} (H\psi, \psi) \qquad (B.20)$$

Alors, pour chaque n,

1. soit *il y a n valeurs propres (comptées avec leur multiplicité) en dessous du spectre essentiel de H, et λ_n est la n-ième valeur propre de H (toujours comptée avec la multiplicité),*

2. soit *λ_n est le bas du spectre essentiel, auquel cas il y a au plus $n-1$ valeurs propres (comptées avec leur multiplicité) en dessous de λ_n.*

Remarque B.19 *Noter qu'on ne suppose pas les φ_j indépendants dans (B.20).*

Remarque B.20 *Tout comme en dimension finie, on peut donner une autre caractérisation de $\lambda_n(H)$ par la formule suivante :*

$$\lambda_n(H) = \inf_{V_n \in \mathcal{V}_n} \sup_{\substack{\psi \in V_n, \\ \|\psi\| = 1}} (H\psi, \psi) \qquad (B.21)$$

où $\mathcal{V}_n$ désigne l'ensemble des sous-espaces vectoriels de $D(H)$ de dimension n.

Bien sûr, ce théorème laisse libre le fait qu'il y ait un nombre fini de valeurs propres (c'est-à-dire que pour un certain n fini, l'option 2 se produise), ou qu'il y ait une infinité de valeurs propres (c'est-à-dire que l'option 2 ne se produise jamais, sauf pour $n = +\infty$). Il faut donc des informations sur la forme de l'opérateur auto-adjoint pour pouvoir en dire plus.

Dans le cas des opérateurs de Schrödinger que nous allons rencontrer, la question est traitée par le résultat suivant.

Théorème B.21 *On considère l'opérateur $-\Delta + V$ sur $L^2(\mathbb{R}^3)$.*

1. *si $V \in R + (L^\infty)_\varepsilon$ (au sens défini à la Remarque B.17) et si V vérifie*

$$V(x) \le -a \frac{1}{|x|^{2-\varepsilon}}, \tag{B.22}$$

pour $a > 0$, $\varepsilon > 0$, et $|x|$ assez grand, alors le spectre discret de $-\Delta + V$ est infini.

2. *si $V \in R + (L^\infty)_\varepsilon$ (au sens défini à la Remarque B.17) et si V vérifie*

$$V(x) \ge -\frac{b}{4} \frac{1}{|x|^2}, \tag{B.23}$$

pour $b < 1$ et $|x|$ assez grand, alors le spectre discret de $-\Delta + V$ est fini.

Ce théorème nous permet de régler définitivement le cas d'un de nos opérateurs auto-adjoints favoris, l'opérateur $-\Delta - \frac{1}{|x|}$ sur $L^2(\mathbb{R}^3)$ (dont on rappelle qu'il n'est rien d'autre que l'hamiltonien associé à l'atome d'Hydrogène). En regroupant tous les résultats ci-dessus, nous savons que son spectre essentiel est $\sigma_{ess} = [0, +\infty[$, qu'il n'a pas de valeur propre strictement positive, qu'il possède une infinité de valeurs propres discrètes formant une suite tendant vers 0, le bas du spectre essentiel. Le dernier point qui reste est de savoir si 0 est lui-même une valeur propre ou non, et la réponse est non : cela relève du Théorème 3.13 cité dans le cours du texte. La Figure B.2 regroupe ces informations.

Que le spectre discret soit infini, auquel cas on a envie de savoir comment sont distribuées les valeurs propres, ou bien qu'il soit fini, auquel cas on voudrait bien avoir des informations sur le nombre de valeurs propres, on peut vouloir aller plus loin dans la connaissance qualitative du spectre discret. Ceci est possible grâce à une catégorie de résultats qui ont pour but d'estimer des sommes du genre $\sum_{\lambda \in \sigma_{disc}} |\lambda|^p$ pour différents p ($p = 0$ donne bien sûr le nombre de valeurs propres discrètes). Ces estimations concernent donc ce qu'on appelle les *moments* des valeurs propres discrètes (c'est-à-dire leurs puissances p-ièmes). Donnons-en seulement deux ici.

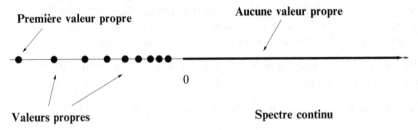

Fig. B.2. Le spectre de l'Hamiltonien hydrogénoïde $-\Delta - \frac{1}{|x|}$ sur $L^2(\mathbb{R}^3)$.

Proposition B.17. (Borne de Ghirardi-Rimini) *Soit V un potentiel. Alors, le nombre $N(c)$ de valeurs propres de $-\Delta + V$ inférieures à un certain réel $-c^2$ peut se borner comme suit*

$$N(c) \leq \left(\frac{1}{4\pi}\right)^2 \iint_{\mathbf{R}^3 \times \mathbf{R}^3} \frac{V_-(x)V_-(y)}{|x-y|^2}\, e^{-2c|x-y|}\, dx\, dy, \tag{B.24}$$

où V_- désigne la partie négative de V.

Remarque B.22 *Si le membre de droite est fini quand $c = 0$, cette borne donne un critère pour avoir un nombre fini de valeurs propres discrètes.*

Proposition B.18. (Borne de Lieb-Thirring) *La somme des valeurs absolues des valeurs propres discrètes d'un opérateur $-\Delta + V$ sur $L^2(\mathbf{R}^3)$ peut se borner comme suit*

$$\sum_{\lambda \in \sigma_{disc}(-\Delta+V)} |\lambda| \leq \frac{4}{15\pi} \int_{\mathbf{R}^3} |V_-|^{5/2}\, dx. \tag{B.25}$$

Remarque B.23 *En fait, on pourrait citer encore une autre estimation, qui borne le nombre de valeurs propres discrètes de $-\Delta + V$ par $C^{te} \int_{\mathbf{R}^3} |V_-|^{3/2}$. Pour une telle borne, et d'autres, nous renvoyons à la bibliographie.*

B.5.4 Propriétés de l'état fondamental

Qualitativement, il nous reste une dernière information à donner. Cette information concerne une valeur propre particulière : la plus petite valeur propre d'un opérateur auto-adjoint borné inférieurement. Rappelons que physiquement cette valeur propre correspond à l'état fondamental du système considéré (tout au moins quand elle se trouve en dessous du spectre essentiel).

On sait que cette valeur propre, qu'on appelle la *première valeur propre*, vérifie

$$\lambda_1 = \inf_{\psi \in D(H),\, \|\psi\|=1} (H\psi, \psi). \tag{B.26}$$

En fait dans certains cas favorables, cette propriété n'est pas la seule caractérisation de la première valeur propre. Plus précisément dans le cas où cette première valeur propre est *en-dessous* du spectre essentiel, nous allons pouvoir affirmer que la première valeur propre est de multiplicité égale à un, et qu'elle est associé à une fonction propre strictement positive. La seconde de ces deux propriétés est d'ailleurs une caractérisation de la première fonction propre (ce qu'on comprend intuitivement car les autres fonctions propres sont nécessairement orthogonales à la première, donc changent nécessairement de signe !). Précisons cela.

Théorème B.24 *Soit $V = V_1 + V_2$ tel que $V_1 \geq 0$, $V_1 \in L^1_{loc}(\mathbb{R}^3)$, et $V_2 \in L^\infty(\mathbb{R}^3) + L^{3/2}(\mathbb{R}^3)$. Alors l'infimum du spectre de l'opérateur $H = -\Delta + V$ vérifie l'une des deux propriétés suivantes :*

- *soit il n'est pas une valeur propre*
- *soit c'est une valeur propre de multiplicité égale à un.*

Dans le cas où il s'agit d'une valeur propre, qui est donc notée λ_1, on sait alors qu'il existe un ψ de norme unité tel que

$$\int_{\mathbf{R}^3} |\nabla\psi|^2 + \int_{\mathbf{R}^3} V\psi^2 = \inf_{\int_{\mathbf{R}^3} \varphi^2 = 1} \int_{\mathbf{R}^3} |\nabla\varphi|^2 + \int_{\mathbf{R}^3} V\varphi^2. \qquad (B.27)$$

En changeant au besoin ψ en $|\psi|$, ce qui laisse invariant le membre de gauche, on peut donc toujours supposer que $\psi \geq 0$. L'inégalité de Harnack, que l'on peut par exemple appliquer dès que le potentiel est $L^{3/2}_{loc}(\mathbb{R}^3)$ nous permet alors d'affirmer que $\psi > 0$. En fait, comme annoncé, cette dernière propriété caractérise la première fonction propre, au sens suivant

Théorème B.25 *Soit V un potentiel tel que $V_- \in L^{3/2}(\mathbb{R}^3)$ et $V_+ \in L^1_{loc}(\mathbb{R}^3)$ vérifiant mes $\{x \in \mathbb{R}^3, V_+(x) \geq \delta\} < +\infty$ pour tout $\delta > 0$. Supposons que $\lambda > 0$ et $\psi \in L^2(\mathbb{R}^3)$, $\psi > 0$ vérifient $-\Delta\psi + V\psi = -\lambda\psi$. Alors $-\lambda$ et ψ sont respectivement la première valeur propre et la première fonction propre de $-\Delta + V$.*

Remarque B.26 *Evidemment, de nombreuses variantes de ces deux théorèmes sont possibles. Sous cette forme, ils suffisent par exemple à régler le cas du potentiel $-\dfrac{1}{|x|}$.*

B.6 Autres compléments

Dans les sections ci-dessus, nous nous sommes en fait consacrés le plus souvent au cas de potentiels tendant vers une limite donnée (par exemple vers 0) à l'infini. Evidemment, ceci est le cas de la plupart des potentiels qui apparaîtront dans les modèles moléculaires de champ moyen (type Hartree-Fock et Kohn-Sham), et donc les éléments de théorie développés ci-dessus nous suffiront. Cependant, il existe des cas d'intérêt crucial qui n'obéissent pas à cette propriété. Citons en deux. Il faut savoir, pour ces deux exemples, comme pour l'ensemble des cas où le potentiel V ne tend pas vers 0 à l'infini que la situation est alors beaucoup plus compliquée que la situation "simple" du cas où le potentiel tend effectivement vers 0 à l'infini.

Le premier cas est celui de l'hamiltonien à N corps

$$H_N = -\frac{1}{2} \sum_{i=1}^{N} \Delta_{x_i} + \sum_{i=1}^{N} V(x_i) + \frac{1}{2} \sum_{i=1}^{N} \sum_{j=1, j \neq i}^{N} W(x_i - x_j), \qquad (B.28)$$

où le potentiel W est typiquement le potentiel coulombien.

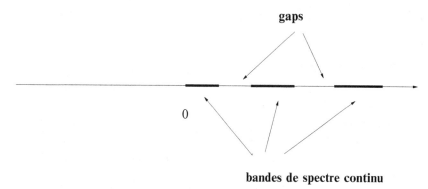

Fig. B.3. Le spectre d'un opérateur du type $-\Delta + V_{per}$ sur $L^2(\mathbb{R}^3)$.

Dans cette situation, il est immédiat de voir que le "potentiel" ne tend pas vers une limite à l'infini dans $\mathbb{R}^{3N}$: il suffit de considérer des (x_i, x_j) qui s'en vont à l'infini en restant proches l'un de l'autre. La situation est alors très complexe.

Le second cas est celui où le potentiel V est pris périodique. L'opérateur

$$H = -\Delta + V_{per} \qquad (B.29)$$

peut alors par exemple modéliser un électron dans un solide. L'effet d'un potentiel périodique est d'*ouvrir des trous* dans le spectre essentiel du Laplacien $[0, +\infty[$, menant ainsi à un spectre essentiel comme celui indiqué sur la Figure B.3. On appelle ces trous des *gaps*. L'étude de tels opérateurs conduit à la théorie des *bandes*, laquelle théorie explique notamment le caractère isolant, semi-conducteur ou conducteur d'un matériau cristallin. Là encore, l'étude mathématique est beaucoup plus compliquée que celle que nous avons menée. Elle n'est pas éloignée de choses que nous exposons au Chapitre 10.

Enfin, signalons en marge de ces deux exemples que bien sûr toute la Mécanique Quantique ne relève pas des opérateurs de Schrödinger $-\Delta + V$. Ainsi, dans le cas où on considère des molécules dans une théorie quantique *relativiste*, ce n'est plus le Laplacien qui joue un rôle central, mais l'opérateur de Dirac, qui présente la difficulté nouvelle d'être un opérateur non minoré, dont le spectre essentiel est $] - \infty, -1] \cup [1, +\infty[$. Et ça, c'est une autre histoire !

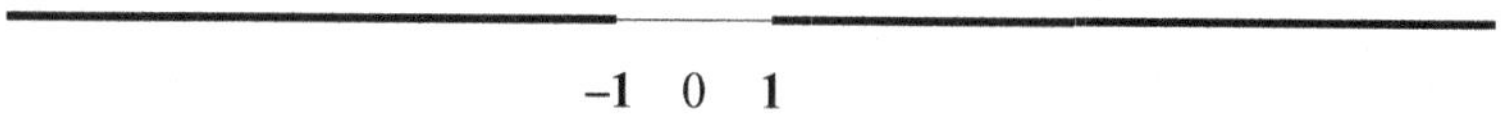

−1   0   1

Fig. B.4. Le spectre de l'opérateur de Dirac sur $L^2(\mathbb{R}^3)$.

B.7 Bibliographie de cette annexe

L'ensemble des résultats résumés dans cette annexe sont essentiellement issus des traités de base suivants

R. Dautray et J-L. Lions, *Analyse mathématique et Calcul numérique pour les sciences et les techniques*, Masson 1984.

M. Reed and B. Simon, *Methods of modern mathematical physics*, Tomes I à IV, Academic Press 1975-1980.

M. Schechter, *Operator Methods in Quantum Mechanics*, North Holland 1981.

W. Thirring, *A course in mathematical physics*, tome III, Springer 1981.

Références

1. M. Abramowitz and I.A. Stegun (eds.), *Handbook of mathematical functions*, Dover Publications 1972.

2. M.P. Allen and D.J. Tildesley, *Computer simulation of liquids*, Oxford Science Publications 1987.

3. N. W. Ashcroft and N. D. Mermin, *Solid-state physics*, Saunders College Publishing 1976.

4. A. Aspect, P. Grangier and R. Roger, *Experimental realization of Einstein-Podolsky-Rosen gedankenexperiment, a new violation of Bell's inequalities*, Phys. Rev. Lett. 49 (1982) 91–94.

5. G. Auchmuty and W. Jia, *Convergent iterative methods for the Hartree eigenproblem*, M^2AN 28 (1994) 575–610.

6. A. Auger, C. Dion, A. Ben-Haj-Yedder, E. Cancès, A. Keller, C. Le Bris and O. Atabek, *Optimal laser control of chemical reactions : methodology and results*, M3AS 12 (2002) 1281–1315.

7. I. Babuska and J. Osborn, *Eigenvalue problems*, in : Handbook of Numerical Analysis, Vol II, Ph.G. Ciarlet and J.L. Lions, eds., North Holland 1991, 641–787.

8. V. Bach, E.H. Lieb, M. Loss and J.P. Solovej, *There are no unfilled shells in unrestricted Hartree-Fock theory*, Phys. Rev. Letters 72 (1994) 2981–2983.

9. G.B. Bachelet, D.R. Hamman and M. Schlueter, *Pseudopotentials that work : Form H to Pu*, Phys. Rev. B 26 (1982) 4199–4228.

10. G.B. Bacskay, *A quadratically convergent Hartree-Fock (QC-SCF) method. Application to closed shell systems*, Chem. Phys. 61 (1961) 385–404.

11. R. Balian, *From microphysics to macrophysics ; methods and applications of statistical physics*, in 2 volumes, Springer 1991.

12. A. Bandrauk, M. Delfour, and C. Le Bris (editors) *Quantum control : mathematical and numerical challenges*, CRM proceedings series, American Mathematical Society 2004.

13. C. Bardos, F. Golse, A. Gottlieb and N. Mauser *Mean-field dynamics of fermions and the time-dependent Hartree-Fock equation*, JMPA 82 (2003) 665–683.

14. J.-L. Basdevant, J. Dalibard et M. Joffre, *Mécanique quantique*, Ecole Polytechnique 2002.

15. J.-L. Basdevant et J. Dalibard, *Problèmes quantiques*, Ecole Polytechnique 2004.

16. L. Baudoin, O. Kavian and J.-P. Puel, *Regularity for a Schrödinger equation with singular potentials and application to bilinear optimal control*, J. Diff. Eq. 216 (2005) 188–222.

17. A.D. Becke, *Density functional exchange energy approximation with correct asymptotic behavior*, Phys. Rev. A 38 (1988) 3098–3100.

18. A.D. Becke, *Density-functional thermochemistry. III. The role of exact exchange*, J. Chem. Phys. 98 (1993) 5648–5652.

19. A. Ben Haj-Yedder, E. Cancès and C. Le Bris, *Optimal laser control of chemical reactions using automatic differentiation*, in : Proceedings of Automatic Differentiation 2000 : From Simulation to Optimization, Nice, George Corliss, Christèle Faure, Andreas Griewank, Laurent Hascoët, and Uwe Naumann (eds.), Springer-Verlag 2001, 203–213.

20. A. Ben-Haj-Yedder, A. Auger, C. Dion, E. Cancès, A. Keller, C. Le Bris and O. Atabek, *Numerical optimization of laser fields to control molecular orientation*, Phys. Rev. A 66 (2002) 063401.

21. R. Benguria, H. Brezis and E.H. Lieb, *The Thomas-Fermi-von Weizsäcker theory of atoms and molecules*, Comm. Math. Phys. 79 (1981) 167–180.

22. R. Benguria and E.H. Lieb, *The most negative ion in the Thomas-Fermi-von Weizsäcker theory of atoms and molecules*, J. Phys. B 18 (1985) 1045–1059.

23. R. Benguria and C.S. Yarur, *Sharp condition on the decay of the potential for the absence of the zero-energy ground state of the Schrödinger equation*, J. Phys. A 23 (1990) 1513–1518.

24. Ph. Benilan, J.A. Goldstein and G.R. Rieder, *The Fermi-Amaldi correction in spin polarized Thomas-Fermi theory*, in : Differential equations and mathematical physics, C. Bennewitz (ed.), Academic 1991, 25–37.

25. J. Bergh and J. Löfström, *Interpolation spaces. An introduction*, Springer 1976.

26. C. Bernardi et Y. Maday, *Approximations spectrales de problèmes aux limites elliptiques*, Springer 1992.

27. D. Bicout and M. Field (eds.), *Quantum mechanical simulation for studying biological systems*, Springer 1995.

28. G. Binnig, H. Rohrer, C. Gerber and E. Heibel, *Tunneling through a controllable vacuum gap*, Appl. Phys. Lett. 40 (1982) 178–180.

29. X. Blanc, *A mathematical insight into ab initio simulations of the solid phase*, in : Lecture Notes in Chemistry 74 (2001).

30. X. Blanc, *Geometry optimization for crystals in Thomas-Fermi type theories of solids*, Comm. P.D.E. 26 (2001) 207–252.

31. X. Blanc and C. Le Bris, *Optimisation de géométrie dans le cadre des théories de Thomas-Fermi pour les cristaux périodiques*, C. R. Acad. Sci. Paris Série I 329 (1999) 551–556.

32. X. Blanc and C. Le Bris, *Thomas-Fermi type models for polymers and thin films*, Adv. Diff. Eq. 5 (2000) 977–1032.

33. X. Blanc and C. Le Bris, *Periodicity of the infinite-volume ground-state of a one-dimensional quantum model*, Nonlinear Analysis, Theory, Methods, and Applications 48 (2002) 791–803.

34. X. Blanc, C. Le Bris and P-L. Lions, *From molecular models to continuum mechanics*, Archive for Rational Mechanics and Analysis 164 (2002) 341–381.

35. X. Blanc, C. Le Bris and P-L. Lions, *A definition of the ground state energy for systems composed of infinitely many particles*, Comm. P.D.E 28 (2003) 439–475.

36. X. Blanc, C. Le Bris and P-L. Lions, *Convergence de modèles moléculaires vers des modèles de mécanique des milieux continus*, C. R. Acad. Sci. Paris Série I 332 (2001) 949–956.

37. O. Bokanowski and B. Grébert, *A decomposition theorem for wavefunctions in molecular quantum chemistry*, Math. Mod. and Meth. in App. Sci. 6 (1996) 437–466.

38. O. Bokanowski and B. Grébert, *Deformations of density functions in molecular quantum chemistry*, J. Math. Phys. 37 (1996) 1553–1557.

39. O. Bokanowski and M. Lemou, *Fast multipole method for multidomensional integrals*, C. R. Acad. Sci. Paris Série I 326 (1998) 105–110.

40. J.-F. Bonnans, J.-C. Gilbert, C. Lemaréchal and C. Sagastizabal, *Optimisation Numérique : aspects théoriques et pratiques*, Springer 1997.

41. M. Born and R. Oppenheimer, *Zur Quantentheorie der Molekeln*, Ann. Phys. 84 (1927) 457–484.

42. F. A. Bornemann, P. Nettersheim and Ch. Schütte, *Quantum-classical molecular dynamics as an approximation to full quantum dynamics*, J. Chem. Phys. 105 (1996) 1074–1083.

43. F.A. Bornemann and Ch. Schütte, *A mathematical investigation of the Car-Parrinello method*, Konrad-Zuse-Zentrum für Informationstechnik Berlin, Numer. Math. 78 (1998) 359–376

44. A. Bove, G. Da Prato and G. Fano, *On the Hartree-Fock time-dependent problem*, Commun. Math. Phys. 49 (1976) 25–33.

45. S.F. Boys, *Electronic wavefunction I. A general method of calculation for the stationary states of any molecular system*, Proc. Roy. Soc. A 200 (1950) 542–554.

46. D. Braess, *Asymptotics for the approximation of wave functions by sums of exponential sums*, J. Approximation Theory 83 (1995) 93–103.

47. H. Brézis, *Analyse fonctionnelle, théorie et applications*, Masson 1983.

48. P. Brumer and M. Shapiro, *Laser control of chemical reactions*, Scientific American (March 1995) 34–39.

49. A.G. Butkovskii and Yu.I. Samoilenko, *Control of quantum-mechanical processes and systems*, Kluwer Academic Publishers 1990.

50. E. Cancès, M. Defranceschi, W. Kutzelnigg, C. Le Bris and Y. Maday, *Computational quantum chemistry : a primer*, in : Handbook of numerical analysis. Volume X : special volume : computational chemistry, Ph. Ciarlet and C. Le Bris (eds), North Holland 2003.

51. E. Cancès, B. Jourdain and T. Lelièvre, *Quantum Monte Carlo simulations of fermions. A mathematical analysis of the fixed node approximation*, preprint.

52. E. Cancès and B. Mennucci, *The escaped charge problem in solvation continuum models*, J. Chem. Phys. 115 (2001) 6130–6135.

53. E. Cancès, *SCF algorithms for Hartree-Fock electronic calculations*, in : Lecture Notes in Chemistry 74 (2001) 17–43.

54. E. Cancès and C. Le Bris, *On the convergence of SCF algorithms for the Hartree-Fock equations*, M^2AN 34 (2000) 749–774.

55. E. Cancès and C. Le Bris, *On the perturbation methods for some nonlinear Quantum Chemistry models*, Math. Mod. and Meth. in App. Sci. 8 (1998) 55–94.

56. E. Cancès and C. Le Bris, *On the time-dependent Hartree-Fock equations coupled with a classical nuclear dynamics*, Mathematical Models and Methods in Applied Sciences, 9, 7, pp 963–990, 1999.

57. E. Cancès, C. Le Bris and M. Pilot, *Contrôle optimal bilinéaire sur une équation de Schrödinger*, C. R. Acad. Sci. Paris Série 1 330 (2000) 567–571.

58. E. Cancès, C. Le Bris, Y. Maday and G. Turinici, *Towards reduced basis approaches in ab initio electronic computations*, J. Scientific Computing 17 (2002) 461–469.

59. E. Cancès, C. Le Bris, B. Mennucci and J. Tomasi, *Integral Equation Methods for Molecular Scale Calculations in the liquid phase*, Math. Mod. and Meth. in App. Sci 9 (1999) 35–44.

60. E. Cancès and C. Le Bris (2000), *Can we outperform the DIIS approach for electronic structure calculations*, Int. J. Quantum Chem. 79 (2000) 82–90.

61. I. Catto and P.-L. Lions, *Binding of atoms and stability of molecules in Hartree and Thomas-Fermi type theories*, Parts I, II, III, IV, Comm. Part. Diff. Equ., 17 and 18 (1992 and 1993).

62. R. Car and M. Parrinello, *Unified approach for molecular dynamics and density functional theory*, Phys. Rev. Letters 55 (1985) 2471–2474.

63. I. Catto, C. Le Bris and P.-L. Lions, *Limite thermodynamique pour des modèles de type Thomas-Fermi*, C. R. Acad. Sci. Paris Série I 322 (1996) 357–364.

64. I. Catto, C. Le Bris and P.-L. Lions, *Mathematical theory of thermodynamic limits : Thomas-Fermi type models*, Oxford University Press 1998.

65. I. Catto, C. Le Bris and P.-L. Lions, *Sur la limite thermodynamique pour des modèles de type Hartree-Fock*, C. R. Acad. Sci. Paris Série I 327 (1998) 259–266.

66. I. Catto, C. Le Bris and P-L. Lions, *On the thermodynamic limit for Hartree-Fock type models*, Annales de l'Institut Henri Poincaré, Analyse non linéaire 18 (2001) 687–760.

67. I. Catto, C. Le Bris and P-L. Lions, *On some periodic Hartree-type models for crystals*, Annales de l'Institut Henri Poincaré, Analyse non linéaire 19 (2002) 143–190.

68. I. Catto, C. Le Bris and P-L. Lions, *Recent mathematical results on the quantum modelling of crystals*, dans *Mathematical models and methods for ab initio Quantum Chemistry*, Lecture Notes in Chemistry 74, pages 95–119.

69. G. Chaban, M.W. Schmidt, and M.S. Gordon, *Approximate second order method for orbital optimization of SCF and MCSCF wavefunctions*, Theor. Chem. Acc. 97 (1997) 88–95.

70. J.M. Chadam and R.T. Glassey, *Global existence of solutions to the Cauchy problem for time-dependent Hartree equations*, J. Math. Phys. 16 (1975) 1122–1230.

71. C. Cohen-Tannoudji, B. Diu et F. Laloë, *Mécanique quantique*, en 2 tomes, Hermann 1977.

72. J.W.D. Conolly, *The Xα method*, Semi-empirical methods of electronic structure calculation, G.A. Segal (ed.), Plenum Press 1977.

73. M. Crouzeix and A. L. Mignot, *Analyse numérique des équations différentielles*, Masson 1989.

74. R. Dautray et J.-L. Lions, *Analyse mathématique et calcul numérique pour les sciences et les techniques*, en 3 tomes, Masson 1985.

75. E.B. Davis, *Some time-dependent Hartree equations*, Ann. Inst. Henri Poincaré 31 (1979) 319–337.

76. M. Defranceschi and P. Fischer, *Numerical solution of the Schrödinger equation in a wavelet basis for hydrogen-like atoms*, SIAM J. Num. Anal. 35 (1998) 1–12.

77. M. Defranceschi and C. Le Bris, *Computing a molecule : A mathematical viewpoint*, J. Math. Chem. 21 (1997) 1–30.

78. M. Defranceschi and C. Le Bris, *Computing a molecule in its environment : A mathematical viewpoint*, International Journal of Quantum Chemistry, 71, pp 227–250, 1999.

79. J.W. Demmel, *Applied numerical linear algebra*, SIAM 1997

80. C. Dion, A. Ben-Haj-Yedder, E. Cancès, A. Keller, C. Le Bris and O. Atabek *Optimal laser control of orientation : the kicked molecule*, Phys. Rev. A 65 (2002) 063408-1/063408-7.

81. P.A.M. Dirac, *Note on exchange phenomena in the Thomas atom*, Proc. Camb. Phil. Soc. 26 (1930) 376–385.

82. R.M. Dreizler and E.K.U. Gross, *Density functional theory*, Springer 1990.

83. A. Edelman, T.A. Arias and S.T. Smith, *The geometry of algorithms with orthonormality constraints*, SIAM J. Matrix Anal. Appl. 20 (1998) 303–353.

84. M.J. Esteban and P.-L. Lions, *Stationary solutions of nonlinear Schrödinger equations with an external magnetic field*, Partial Differential Equations and the calculus of variations, vol. 1, F. Colombini and al. (eds.), Birkhaüser 1989.

85. M.J. Esteban and E. Séré, Solutions of the Dirac-Fock equations for atoms and molecules, Comm. Math. Phys. 203 (1999) 499–530.

86. C. Fefferman, *The atomic and molecular nature of matter*, Rev. Mat. Iberoamericana 1 (1985) 1–44.

87. T.H. Fischer and J. Almlöf, *General methods for geometry and wave function optimization*, J. Phys. Chem. 96 (1992) 9768–9774.

88. J.B. Foresman and A. Frisch, *Exploring chemistry with electronic structure methods*, 2nd edition, Gaussian Inc. 1996.

89. D. Frenkel and B. Smit, *Understanding molecular simulation*, Academic Press 1996.

90. G. Friesecke, *The multiconfiguration equations for atoms and molecules : charge quantization and existence of solutions*, Arch. Rat. Mech. Analysis 169 (2003) 35–71.

91. M.J. Frisch, G.W. Trucks, H.B. Schlegel, G.E. Scuseria, M.A. Robb, J.R. Chee-seman, V.G. Zakrzewski, J.A. Montgomery, R.E. Stratmann, J.C. Burant, S. Dapprich, J.M. Millam, A.D. Daniels, K.N. Kudin, M.C. Strain, O. Farkas, J. Tomasi, V. Barone, M. Cossi, R. Cammi, B. Mennucci, C. Pomelli, C. Adamo, S. Clifford, J. Ochterski, G.A. Petersson, P.Y. Ayala, Q. Cui, K. Morokuma, D.K. Malick, A.D. Rabuck, K. Raghavachari, J.B. Foresman, J. Cioslowski, J.V. Ortiz, B.B. Stefanov, G. liu, A. Liashenko, P. Piskorz, I. Kpmaromi, G. Gomperts, R.L. Martin, D.J. Fox, T. Keith, M.A. Al-Laham, C.Y. Peng, A. Nanayakkara, C. Gonzalez, M. Challacombe, P.M.W. Gill, B.G. Johnson, W. Chen, M.W. Wong, J.L. Andres, M. Head-Gordon, E.S. Replogle and J.A. Pople, Gaussian 98 (Revision A.7), Gaussian Inc., Pittsburgh PA 1998.

92. A. Gerschel, *Liaisons intermoléculaires, les forces en jeu dans la matière condensée*, InterEditions/CNRS Editions 1995.

93. D. Gilbarg and N.S. Trudinger, *Elliptic partial differential equations of second order*, 3rd edition, Springer 1998.

94. P.M.W. Gill, *Molecular integrals over gaussian basis functions*, Adv. Quantum Chem. 25 (1994) 141–205.

95. S. Goedecker, *Linear scaling electronic structure methods*, Rev. Mod. Phys. 71 (1999) 1085–1123.

96. G.H. Golub and C.F. Van Loan, *Matrix computations*, North Oxford Academic 1986.

97. L. Greengard and V. Rokhlin, *A new version of the fast multipole method for the Laplace equation in three dimensions*, Acta Numerica 6, Cambridge University Press 1997, 229–269.

98. W. Hackbusch, *Integral equations - Theory and numerical treatment*, Birkhäuser Verlag 1995.

99. G.A. Hagedorn, *A time-dependent Born-Oppenheimer approximation*, Commun. Math. Phys. 77 (1980) 77–93.

100. G.A. Hagedorn, *Crossing the interface between Chemistry and Mathematics*, Notices of the AMS 43 (1996) 297–299.

101. E. Hairer, C. Lubich, and G.Wanner, *Geometric numerical integration*, Springer 2002.

102. E. Hairer, S.P. Norsett and G. Wanner *Solving ordinary differential equations I*, 2nd edition, Springer 1993.

103. E. Hairer and G. Wanner *Solving ordinary differential equations II*, 2nd edition, Springer 1996.

104. B.L. Hammond, W.A. Lester Jr. and P.J. Reynolds, *Monte-Carlo methods in ab initio quantum chemistry*, World Scientific 1994.

105. D.R. Hartree, *The calculation of atomic structures*, Wiley 1957.

106. W.J. Hehre, L. Radom, P.v.R. Schleyer and J.A. Pople, *Ab initio molecular orbital theory*, Wiley 1986.

107. J. Hinze and C.C.J. Roothaan, *Multi-configuration self-consistent-field theory*, Progress Theoret. Phys. Suppl. 40 (1967) 37–51.

108. M.R. Hoffmann and H.F. Schaefer, *A full coupled-cluster single double and triple models for the description of electron correlation*, Adv. Quantum Chem. 18 (1986) 207–279.

109. P. Hohenberg and W. Kohn, *Inhomogeneous electron gas*, Phys. Rev. 136 (1964) B864–B871.

110. B. Honig and A. Nicholls, *Classical electrostatics in Biology and Chemistry*, Science 268 (1995) 1144–1149.

111. S. Huzinaga, *Gaussian basis sets for molecular calculations*, Elsevier 1984.

112. R. J. Iorio, Jr and D. Marchesin, *On the Schrödinger equation with time-dependent electric fields*, Proc. Royal Soc. Edinburgh 96 (1984) 117–134.

113. H. Isozaki, *On the existence of solutions to time-dependent Hartree-Fock equations*, Res. Inst. Math. Sci. 19 (1983) 107–115.

114. R.O. Jones and O. Gunnarsson, *The density functional formalism, its applications and prospects*, Rev. Mod. Phys. 61 (1989) 689–746.

115. M.M. Karelson and M.C. Zerner, *Theoretical treatment of solvent effects on electronic spectroscopy*, J. Phys. Chem. 96 (1992) 6949–6957.

116. T. Kato, *Perturbation theory for linear operators*, Springer 1980.

117. D.E. Keyes, Y. Saad and D.G. Truhlar (eds.), *Domain-based parallelism and problem decomposition methods in computational science and engineering*, SIAM 1995.

118. R.J. Kikuchi, Chem. Phys. 22 (1954) 148.

119. R.B. King and D.H. Rouvray (eds.), *Graph theory and topology in chemistry*, Studies in Physical and Theoretical Chemistry 51, Elsevier 1987.

120. J.G. Kirkwood, *Theory of solutions of molecules containing widely separated charges with special application to amphoteric ions*, J. Chem. Phys. 2 (1934) 351–361.

121. C. Kittel, *Physique de l'état solide*, 5e édition, Dunod 1983.

122. B. Klahn and W.E. Bingel, *The convergence of the Raighley-Ritz method in Quantum Chemistry. 1- The criteria of convergence*, Theoret. Chem. Acta 44 (1977) 9–26.

123. B. Klahn and W.E. Bingel, *The convergence of the Raighley-Ritz method in Quantum Chemistry. 2- Investigation of the convergence for special systems of Slater, Gauss, and two-electrons functions*, Theoret. Chem. Acta 44 (1977) 27–43.

124. B. Klahn and J.D. Morgan III, *Rates of convergence of variational calculations of expectation values*, J. Chem. Phys. 81 (1984) 410–433.

125. A. Klamt and G. Schüürmann, *COSMO : A new approach to dielectric screening in solvents with expressions for the screening energy and its gradient*, J. Chem. Soc. Perkin Trans. 2 (1993) 799–805.

126. M. Klein, A. Martinez, R. Seiler and X.P. Wang, *On the Born-Oppenheimer expansion for polyatomic molecules*, Commun. Math. Phys. 143 (1992) 607–639.

127. W. Kohn, *Theory of the insulating state*, Phys. Rev. 133 (1964) A171–A181.

128. W. Kohn and L.J. Sham, *Self-consistent equations including exchange and correlation effects*, Phys. Rev. 140 (1965) A1133–A1138.

129. R. Kosloff, S.A. Rice, P. Gaspard, S. Tersigni, and D.J. Tannor, *Wavepacket dancing : achieving chemical selectivity by shaping light pulse*, Chem. Phys. 139 (1989) 201–220.

400   Références

130. W. Kutzelnigg, *Theory of the expansion of wave functions in a Gaussian basis*, Int. J. Quantum Chem. 51 (1994) 447–463.

131. L. Landau et E. Lifchitz, *Mécanique quantique*, 3e édition, Editions MIR 1974.

132. L. Landau et E. Lifchitz, *Electrodynamique quantique*, 2e édition, Editions MIR 1989.

133. L. Landau et E. Lifchitz, *Electrodynamique des milieux continus*, 2e édition, Editions MIR 1990.

134. C. Le Bris, *Some results on the Thomas-Fermi-Dirac-von Weizsäcker model*, Differential and Integral Equations 6 (1993) 337–353.

135. C. Le Bris, *Quelques problèmes mathématiques en chimie quantique moléculaire*, Thèse de l'Ecole Polytechnique, 1993.

136. C. Le Bris, *A general approach for multiconfiguration methods in quantum molecular chemistry*, Ann. Inst. Henri Poincaré, Anal. non linéaire 11 (1994) 441–484.

137. C. Le Bris, *On the spin polarized Thomas-Fermi model with the Fermi-Amaldi correction*, Nonlinear Anal. 25 (1995) 669–679.

138. C. Le Bris, *Problématiques numériques pour la simulation moléculaire*, Actes du 32ème Congrès national d'analyse numérique, 6 – 9 juin 2000, Port d'Albret, ESAIM : Proceedings, volume 11, p 127–140, 2002.

139. C. Lee, W. Yang and R.G. Parr, *Development of the Colle-Salvetti correlation energy formula into a functional of the electron density*, Phys. Rev. B 37 (1988) 785–789.

140. C. Leforestier, *Grid methods applied to molecular quantum calculations*, Computing methods in applied sciences and engineering, R. Glowinski (ed.), Nova Science Publisher 1991.

141. J.-F. Léon, *Excited states for Coulomb systems in the Hartree-Fock approximation*, Commun. Math. Phys. 120 (1988) 261–268.

142. I.N. Levine, *Quantum chemistry*, 4th edition, Prentice Hall 1991.

143. M. Lewin, *The multiconfiguration methods in quantum chemistry : Palais-Smale condition and existence of minimizers*, Comptes Rendus de l'Académie des Sciences, Série I, 334 (2002) 299–304.

144. G.N. Lewis, *Valence and the structure of atoms and molecules*, Dover Publications 1966.

145. X.-P. Li, R.W. Numes and D. Vanderbilt, *Density-matrix electronic structure method with linear system size scaling*, Phys. Rev. B 47 (1993) 10891–10894.

146. D.R. Lide (ed.), *Handbook of chemistry and physics*, 78th edition, CRC Press 1997.

147. E.H. Lieb and M. Loss, *Analysis*, Graduate Studies in Mathematics 14, AMS 1997.

148. E. H. Lieb, *Existence and uniqueness of the minimizing solution of Choquard's nonlinear equation*, Studies in Appl. Math. 57 (1977) 93–105.

149. E. H. Lieb, *Thomas-Fermi and related theories of atoms and molecules*, Rev. Mod. Phys. 53 (1981) 603–641.

150. E.H. Lieb, *Density Functional for Coulomb systems*, Int. J. Quant. Chem. 24 (1983) 243–277.

151. E.H. Lieb, *Bound on the maximum negative ionization of atoms and molecules*, Phys. Rev. A 29 (1984) 3018–3028.

152. E. H. Lieb, *The stability of matter : from atoms to stars*, Bull. A.M.S. 22 (1990) 1–49.

153. E.H. Lieb and B. Simon, *The Hartree-Fock theory for Coulomb systems*, Commun. Math. Phys. 53 (1977) 185–194.

154. E. H. Lieb and B. Simon, *The Thomas-Fermi theory of atoms, molecules and solids*, Adv. in Math. 23 (1977) 22–116.

155. P.-L. Lions, *Solutions of Hartree-Fock equations for Coulomb systems*, Comm. Math. Phys. 109 (1987) 33–97.

156. P.-L. Lions, *Hartree-Fock and related equations*, Nonlinear partial differential equations and their applications, Collège de France Seminar Vol. 9 (1988) 304–333.

157. P.-L. Lions, *Remarks on mathematical modelling in quantum chemistry*, Computational Methods in Applied Sciences, Wiley 1996, 22–23.

158. P.O. Löwdin, *Correlation problem in many-electron quantum mechanics*, Adv. Chem. Phys. 2 (1959) 207.

159. B. Luquin et O. Pironneau, *Introduction au calcul scientifique*, Masson 1996.

160. J.N. Lyness and R. Cools, *A survey of numerical cubature over triangles*, Proceedings of Symposia in Applied Mathematics 48 (1994) 127–150.

161. Y. Maday, A.T. Patera and G. Turinici, *A priori convergence theory for reduced-basis approximations of single-parameter elliptic partial differential equations*, J. Sci. Comput. 17 (2002) 437–446.

162. Y. Maday and G. Turinici, *Analyse numérique de la méthode des variables adiabatiques pour l'approximation de l'hamiltonien nucléaire*, C. R. Acad. Sci. Paris Série I 326 (1998) 397–402.

163. Y. Maday and G. Turinici, *Error bars and quadratically convergent methods for the numerical simulation of the Hartree-Fock equations*, Numer. Math. 94 (2003) 739–770.

164. N.H. March, *Electron density theory of atoms and molecules*, Academic Press 1992.

165. D.A. Mazziotti, *Realization of quantum chemistry without wave functions through first-order semidefinite programming*, Phys. Rev. Lett. 93 (2004) 213001.

166. R. McWenny, *The density matrix in self-consistent field theory I. Iterative construction of the density matrix*, Proc. R. Soc. London Ser. A 235 (1956) 496–509.

167. R. McWeeny, *Methods of molecular quantum mechanics*, 2nd edition, Academic Press 1992.

168. S.G. Mikhlin, *Multidimensional singular integrals and singular operators*, Pergamon Press 1965.

169. J.C. Nédélec and J. Planchard, *Une méthode variationelle d'éléments finis pour la résolution d'un problème extérieur dans* $\mathbb{R}^3$, RAIRO 7 (1973) 105–129.

170. J.C. Nédélec, *Curved finite element methods for the solution of singular integral equations on surface in* $\mathbb{R}^3$, Comput. Methods Appl. Mech. Engrg. 8 (1976) 61–80.

171. J.C. Nédélec, *New trends in the use and analysis of integral equations*, Proceedings of Symposia in Applied Mathematics 48 (1994) 151–176.

172. A. Neumaier, *Molecular modeling of proteins and mathematical prediction of protein structure*, SIAM Rev. 39 (1997) 407–460.

173. L. Onsager, *Electric moments of molecules in liquids*, J. Am. Chem. Soc. 58 (1936) 1486–1492.

174. P. Ordejón, D.A. Drabold, M.D. Grumbach and R.M. Martin, *Unconstrained minimization approach for electronic computations that scales linearly with system size*, Phys. Rev. B 48 (1993) 14646–14649.

175. A. Palser and D. Manopoulos, *Canonical purification of the density matrix in electronic structure theory*, Phys. Rev. B 58 (1998) 12704–12711.

176. R.G. Parr and W. Yang, *Density-functional theory of atoms and molecules*, Oxford University Press 1989.

177. M.C. Payne, M.P. Teter, D.C. Allan, T.A. Arias and J.D. Joannopoulos, *Iterative minimization techniques for ab initio total-energy calculations : molecular dynamics and conjugate gradients*, Rev. Mod. Phys. 64 (1992) 1045–1097.

178. P.W. Payne, *Density functionals in unrestricted Hartree-Fock theory*, J. Chem. Phys. 71 (1979) 490–496.

179. J.P. Perdew and Y. Wang, *Accurate and simple analytic representation of the gas correlation energy*, Phys. Rev. B 45 (1992) 13244–13249.

180. G. Pichon, *Groupes de Lie. Représentation linéaires et applications*, Hermann 1973.

181. C. Pisani (ed.), *Quantum mechanical ab initio calculation of the properties of crystalline materials*, Lecture Notes in Chemistry 67, Springer 1996.

182. N.A. Plate, *Liquid-crystal polymers*, Plenum Press 1993.

183. R. Poirier, R. Kari and I.G. Csizmadia, *Handbook of gaussian basis sets*, Elsevier 1985.

184. P. Pulay, *Improved SCF convergence acceleration*, J. Comp. Chem. 3 (1982) 556–560.

185. P. Pulay, *Analytical derivative methods in quantum chemistry*, Adv. Chem. Phys. 69 (1987) 241–286.

186. P. Pyykkö, *Relativistic quantum chemistry*, Adv. Quantum Chem. 11 (1978) 354–409.

187. P. Pyykkö, *Relativistic effects in structural chemistry*, Chem. Rev. 88 (1988) 563–594.

188. A. Quarteroni and A. Valli, *Numerical approximation of partial differential equations*, 2nd edition, Springer 1997.

189. D.F. Rapaport, *The art of molecular dynamics simulations*, Cambridge University Press 1995.

190. M. Reed and B. Simon, *Methods of modern mathematical physics I. Functional analysis*, Academic Press 1980.

191. M. Reed and B. Simon, *Methods of modern mathematical physics II. Fourier analysis and self-adjointness*, Academic Press 1975.

192. M. Reed and B. Simon, *Methods of modern mathematical physics III. Scattering theory*, Academic Press 1979.

193. M. Reed and B. Simon, *Methods of modern mathematical physics - IV : Analysis of operators*, Academic Press 1978.

194. D. Rinaldi, M.F. Ruiz-Lopez and J-L. Rivail, *Ab initio SCF calculations on electrostatically solvated molecules using a deformable three axes ellipsoidal cavity*, J. Chem. Phys. 78 (1983) 834–838.

195. J.L. Rivail, *Eléments de chimie quantique*, 2e édition, InterEditions/CNRS Editions 1994.

196. C.C.J. Roothaan, *New developments in molecular orbital theory*, Rev. Mod. Phys. 23 (1951) 69–89.

197. D.H. Rouvray, *Predicting chemistry from topology*, Sci. Amer. 255 (1986) 40–47.

198. D.F. Feller and and K. Ruedenberg, *Systematic approach to extended even-tempered orbital bases for atomic and molecular calculations*, Theoret. Chim. Acta 52 (1979) 231–251.

199. J. Sadlej, *Semi-empirical methods of quantum chemistry*, Horwood 1985.

200. J.M. Sanz-Serna and M. P. Calvo, *Numerical Hamiltonian Problems*, Chapman and Hall, 1994.

201. V.R. Saunders and I.H. Hillier, *A "level-shifting" method for converging closed shell Hartree-Fock wave functions*, Int. J. Quantum Chem. 7 (1973) 699–705.

202. H.B. Schlegel and J.J.W. McDouall, *Do you have SCF stability and convergence problems ?*, Computational Advances in Organic Chemistry, C. Ögretir and I.G. Csizmadia (eds.), Kluwer Academic 1991, 167–185.

203. L.S. Schulman, *Techniques and applications of path integration*, Wiley 1981.

204. E. Schwegler and M. Challacombe, *Linear scaling computation of the Fock matrix*, Theor. Chem. Acc. 104 (2000) 344–349.

205. G.A. Segal, *Semiempirical methods of electronic structure calculations*, in 2 volumes, Plenum 1977.

206. A. Severo Pereira Gomes and R. Custodio, *Exact Gaussian expansions of Slater-type atomic orbitals*, J. Comput. Chem. 23 (2002) 1007–1012.

207. I. Shavitt and M. Karplus, *Gaussian-transform method for molecular integrals. I. Formulation for energy integrals*, J. Chem. Phys. 43 (1965) 398–414.

208. R. Shepard, *The Multiconfiguration self-consistent field method*, Adv. Chem. Phys. 69 (1987) 63–200.

209. R. Shepard, *Elimination of the diagonalization bottleneck in parallel direct-SCF methods*, Theor. Chim. Acta 84 (1993) 343–351.

210. S. Shi and H. Rabitz, *Optimal control of selectivity of unimolecular reactions via an excited electronic state with designed lasers*, J. Chem. Phys. 97 (1992) 276–287.

211. J. P. Solovej, *Universality in the Thomas-Fermi-von Weizsäcker model of atoms and molecules*, Comm. Math. Phys. 129 (1990) 561–598.

212. J.P. Solovej, *Proof of the ionization conjecture in a reduced Hartree-Fock model*, Invent. Math. 104 (1991) 291–311.

213. L. Spruch, *Pedagogic notes on Thomas-Fermi theory (and some improvements) : atoms, stars, and the stability of bulk matter*, Rev. Mod. Phys. 63 (1991) 151–209.

214. J.I. Steinfeld, J.S. Francisco and W.L. Hase, *Chemical kinetics and dynamics*, 2nd edition, Prentice Hall 1998.

215. B. Sutcliffe, *Molecular properties in different environments*, Problem solving in Computational Molecular Science - Molecules in different environments, Kluwer 1997, 1–36.

216. A. Szabo and N.S. Ostlund, *Modern quantum chemistry : an introduction to advanced electronic structure theory*, Macmillan 1982.

217. D. Tabor, *Gases, liquids and solids and other states or matter*, 3rd edition, Cambridge University Press 1991.

218. E. Teller, *On the stability of molecules in the Thomas-Fermi theory*, Rev. Mod. Phys. 51 (1973) 60–69.

219. W. Thirring, *A course in mathematical physics*, in 4 volumes, Springer 1980.

220. J. Tomasi and M. Persico, *Molecular interactions in solution : An overview of methods based on continuous distribution of solvent*, Chem. Rev. 94 (1994) 2027–2094.

221. M.E. Tuckerman and M. Parrinello, *Integrating the Car-Parrinello equations. I. Basic integration techniques*, J. Chem. Phys. 101 (1994) 1302–1315.

222. M.E. Tuckerman and M. Parrinello, *Integrating the Car-Parrinello equations. II. Multiple time scale techniques*, J. Chem. Phys. 101 (1994) 1316–1329.

223. D. Vanderbilt, *Soft self-consistent pseudopotentials in a generalized eigenvalue formalism*, Phys. Rev. B 41 (1990) 7892–7893.

224. N.S. Vjačeslavov, *On the uniform approximation of $|x|$ by rational functions*, Soviet Math. Dokl. 16 (1975) 100–104.

225. A.C. Wahl and G. Das, *The Multiconfiguration self-consistent field method*, Methods of electronic structure theory, H.F. Schaefer (ed.), Plenum Press, 1977.

226. C.F. von Weiszäcker, *Zur Theorie der Kernmassen*, Z. Phys. 96 (1935) 431–458.

227. H-J Werner and W. Meyer, *A quadratically convergent multiconfiguration-self-consistent field method with simultaneous optimization of orbitals and CI coefficients*, J. Chem. Phys. 73 (1980) 2342–2356.

228. S. Wilson (ed.), *Electron correlation in molecules*, Clarendon Press 1984.

229. U. Wüller, *Existence of time evolution for Schrödinger operators with time dependent singular potentials*, Ann. Inst. Henri Poincaré Sect. A. 44 (1986) 155–171.

230. K. Yajima, *Existence of solutions for Schrödinger evolution equations*, Commun. Math. Phys. 110 (1987) 415–426.

231. M.T. Yin and M.L. Cohen, *Theory of ab initio pseudopotential calculations*, Phys. Rev. B 25 (1982) 7403–7412.

232. R.J. Zauhar and R.S. Morgan, *Computing the electric potential of biomolecules : applications of a new method of molecular surface triangulation*, J. Comput. Chem. 11 (1990) 603–622.

233. M.C. Zerner and M. Hehenberger, *A dynamical damping scheme for converging molecular SCF calculations*, Chem. Phys. Letters 62 (1979) 550–554.

234. W.P. Ziemer, *Weakly differentiable functions*, Springer 1989.

235. *Mathematical challenges from theoretical/computational chemistry*, National Research Council, National Academic Press (Washington D.C.) 1995.

Index

Déjà parus dans la même collection

Déjà parus dans la même collection